高职高专"十二五"规划教材

过程控制仪表

第三版

刘巨良　李忠明　杨洪升　编著

化学工业出版社

·北京·

本书分模拟控制仪表和数字控制仪表两篇。第一篇详细讲述了模拟变送器、调节器、执行器的构成原理、线路分析、使用方法及调校、故障分析处理等内容。第二篇具体讲述了智能变送器、C3900过程控制器、智能阀门定位器、变频器的特点、构成、工作原理、编程组态和应用等内容。

本书除可作为高等、中等职业教育自动化类和仪表类专业教学用书外，亦可作为仪表专业从业人员的培训教材，也可供从事生产过程自动化工作的工程技术人员和仪表工阅读。

图书在版编目（CIP）数据

过程控制仪表/刘巨良，李忠明，杨洪升编著．—3版．
北京：化学工业出版社，2013.10（2024.8重印）
高职高专“十二五”规划教材
ISBN 978-7-122-18679-9

Ⅰ.①过… Ⅱ.①刘…②李…③杨… Ⅲ.①过程控制仪表-高等职业教育-教材 Ⅳ.①TH89

中国版本图书馆CIP数据核字（2013）第244186号

责任编辑：唐旭华　郝英华　　　文字编辑：孙　科
责任校对：顾淑云　　　装帧设计：张　辉

出版发行：化学工业出版社（北京市东城区青年湖南街13号　邮政编码100011）
印　　装：北京科印技术咨询服务有限公司数码印刷分部
787mm×1092mm　1/16　印张23¼　字数609千字　　2024年8月北京第3版第8次印刷

购书咨询：010-64518888　　售后服务：010-64518899
网　　址：http://www.cip.com.cn
凡购买本书，如有缺损质量问题，本社销售中心负责调换。

定　　价：49.80元

第三版前言

本书是在 2008 年出版的高职高专“十一五”规划教材《过程控制仪表》（第二版）的基础上，为适应生产过程自动化技术迅速发展的新形势和高等职业教育的需要而进行修订的。

本书紧紧围绕高等职业教育的培养目标，贯彻“实际应用，突出技能，工学结合，服务现场”的原则，体现“职教”特色，力图使学生获得生产第一线过程控制仪表方面的新知识和基本技能。

本书对第二版内容作了大刀阔斧的增删和重写，删除了应用较少的陈旧内容：运算器、积算器和一些辅助仪表，增加了现场应用较多的典型性仪表——C3900 过程控制器。在智能变送器中增加了 475 现场通信器的使用操作，变频器的内容从使用操作角度进行了重写，力求在内容上反映自动化仪表的先进水平。

本书共分为两篇七章。第一篇为模拟控制仪表，主要介绍模拟式变送器、调节器、执行器；第二篇为数字控制仪表，主要介绍智能变送器（智能差压变送器、智能温度变送器）、C3900 过程控制器、智能阀门定位器、变频器。在介绍仪表时，尽量强化使用，突出操作，注重启发学生的思维，增强学生分析问题和解决问题的能力；对于仪表的调校、使用、编程、组态、故障处理、操作等实践性很强的内容本书有详细叙述。各章附有小结、思考题与习题，以帮助学生归纳和消化学习内容。

参加本书修订的有刘巨良（绪论、第二章、第四章、第五章、第六章），李忠明（第一章、第三章），杨洪升（第七章）。全书由刘巨良统稿，沈阳化工大学温静馨教授主审。

本书在修订过程中，中国石油大连石化分公司仪表车间主任张本钊，中国石油锦西石化分公司仪表车间主任李占龙、书记祁世宽，中国石油锦州石化分公司仪表车间主任李士文都给予了大力支持和帮助，并提出了很多来自生产第一线的建设性宝贵意见；浙江中控自动化仪表有限公司、西门子（中国）有限公司自动化与驱动集团大连办事处、重庆横河川仪有限公司大连办事处提供了部分资料；参加上次修订工作的刘慧敏、张丽文、于辉、高宪文也对本书修订给予了大力支持，在此一并深表谢意。

由于编者水平有限，书中难免存在不足之处，恳请读者批评指正。

编著者

2013 年 8 月

目　录

第一篇　模拟控制仪表

第二篇 数字控制仪表

绪　论

一、过程控制仪表与控制系统

过程控制仪表是实现工业生产过程自动化的重要工具，它被广泛地应用于石油、化工、制药等各工业部门。在自动控制系统中。过程检测仪表（变送器）将被控变量转换成统一标准信号后，送至控制器进行控制、显示、记录等，从而实现生产过程自动化，使被控变量达到预期的要求。

简单控制系统如图 0-1 所示。图中控制对象代表生产过程中的某个环节。控制对象输出的是被控变量（如压力、流量、温度、液位等工艺变量）。这些工艺变量经变送器转换成相应的统一标准信号后，送到控制器中，与给定值进行比较。控制器将比较后的偏差值进行一定的运算后，发出控制信号控制执行器动作，将阀门开大或关小，改变控制量（如生产工艺中的燃料油、蒸汽等介质流量的多少），直至被控变量与给定值相等为止。

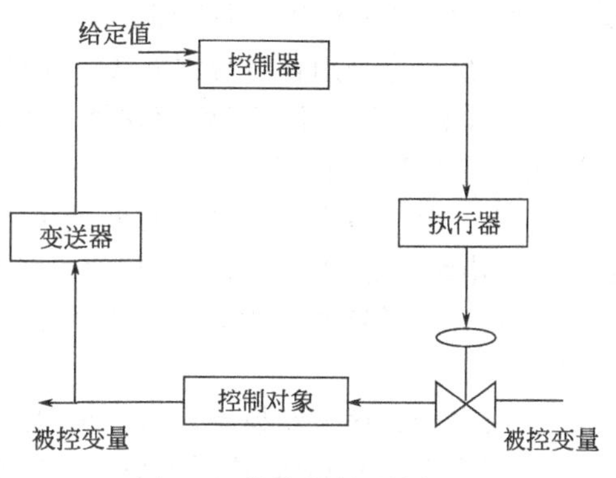

图 0-1　简单控制系统框图

由图 0-1 可以看出，对于不同的控制对象只需变更一个或几个仪表，就可以组成各种不同的控制系统。为满足各种复杂控制系统的需要，除了图中给出的几种控制仪表外，还要用到一些转换、辅助仪表。

二、过程控制仪表的分类

（一）按能源形式分类

过程控制仪表按所使用能源的不同，主要分为气动控制仪表和电动控制仪表。气动控制仪表通常采用 1.4×10^{2}kPa 的压缩空气为能源，它的特点是结构简单、价格便宜、性能稳定、工作可靠、安全防爆、易于维修，特别适用于石油、化工等有爆炸危险的场所。其中气动执行器、电/气转换器、电/气阀门定位器在各种控制仪表组成的各类控制系统中得到了十分广泛的应用，经久不衰。

电动控制仪表采用 220V 交流供电或 24V 直流供电，以电流或电压为传输信号。它的主要特点是能源选取方便，信号传送快，无滞后，传输距离远，是实现远距离集中显示和控制的理想仪表。由于采用了直流低电压、小电流的本安型防爆电路以及安全栅等措施，有效解决了防爆问题，因而这类仪表同样能应用于易燃易爆的危险场所。

（二）按结构形式分类

按结构形式过程控制仪表可分为基地式控制仪表、单元组合式控制仪表、多功能一体式控制仪表等。

1. 基地式控制仪表

这类仪表是以指示、记录仪表为主体，附加某些控制机构而组成。基地式控制仪表一般结构比较简单，价格便宜，它不仅能对某些工艺变量进行指示和记录，而且还具有控制功能，因此它比较适用于单变量的就地控制系统。

2. 单元组合式控制仪表

这类仪表是根据检测系统和控制系统中各组成环节的不同功能和使用要求，将整套仪表划分成能独立实现一定功能的若干单元，各单元之间采用统一信号进行联系。使用时可根据控制系统的需要，对各单元进行选择和组合，从而构成多种多样的、复杂程度各异的自动检测和控制系统。

在我国广泛使用的单元组合式控制仪表有电动单元组合仪表（DDZ型）和气动单元组合仪表（QDZ型）。这两种仪表都经历了Ⅰ型、Ⅱ型、Ⅲ型发展阶段。这两种仪表不仅可以各自灵活地组合成各种控制系统，还可以联合使用。这类仪表使用灵活，通用性强，同时，使用、维护工作也很方便，它适用于各种企业的自动控制。过去的数十年，它们在实现我国工业生产过程自动化中发挥了重要作用。

3. 多功能一体式控制仪表

它集显示、记录、分析、报警、流量累积、流量补偿、复杂运算、程序控制、ON/OFF控制、PID控制、通信、存储等于一体。实现了控制仪表和计算机一体化，达到了过程控制器的高级水平。控制器除了在控制规律、操作习惯、信号制及外形尺寸等方面与传统控制器有共同点之外，在设计思想上都有独到之处，它的主要特点有以下几点。

① 采用微处理器和TFT彩色液晶显示屏。

② 编程组态语言简单，全部采用可提示的简体中文界面，只通过正面板上几个按键的操作，即可完成编程组态的全部工作。

③ 用户程序采用在线编制方式，即过程控制器本身带有编程器，用户可任意编程组态、变更各种参数。采用不挥发性存储器，不但停电时不丢失数据，而且改变程序时也不用擦除器擦除，便于现场改程序。

④ 有2个或多个回路PID控制模块，通过编程组态可实现2个或多个单回路分别控制，还可实现串级、分程、三冲量、比值等各种复杂控制。

⑤ 具有流量累积、流量补偿应用程序，通过组态可实现流体流量的准确测量和流量累积。

⑥ 有多个程序控制模块，通过编程组态可实现程序控制功能。

⑦ 有多个ON/OFF控制模块，通过编程组态可实现开关量控制。

⑧ 具有控制的自整定功能，通过编程组态可实现P、I、D参数的自整定。

⑨ 具有自诊断功能，在编程组态中，如哪一步出错，随时提醒。系统出现异常，立即显示故障状态标志，并保持输出。

⑩ 输入输出种类和点数多。

⑪ 供电方式可选100～240V AC或24V DC。

⑫ 还具有供配电功能，输出为24V DC，可为两线制现场变送器提供电源。

（三）按信号形式分类

按信号形式过程控制仪表可分为模拟控制仪表和数字控制仪表两大类。

模拟控制仪表的传输信号和它所处理的信号通常为连续变化的模拟量，如气压信号、直流电压信号和直流电流信号。这种仪表由于生产、使用的历史较长，并经历了多次的升级换代，无论是制造者还是使用者都积累了丰富的经验。尤其在当前变送器和执行器都是模拟式的情况下，选用模拟式控制仪表组成控制系统，一般是简单易行的。

数字控制仪表的外部传输信号有两种，即连续变化的模拟量和断续变化的数字量。但它内部处理的信号都是数字量，即直接输入的数字量或经模/数转换输入的数字量。这种仪表的特点是以微处理器为核心，模拟仪表和计算机一体化，模拟技术与数字技术混合使用，并保留了模拟控制仪表（控制器）的面板操作形式；其控制功能、运算功能由软件完成；编程技术采用模块化、表格化、菜单化；并具有通信功能和自诊断故障功能。

三、过程控制仪表的信号制与传输方式

为了方便有效地把自动化系统中各类现场仪表与控制室内的仪表和装置连接起来，构成各种各样的控制系统，仪表之间应有统一的标准信号进行联络和合适的传输。

（一）信号制

信号制是指在成套仪表系列中，各个仪表的输入输出之间采用何种统一的标准信号进行联络和传输的问题。

采用统一标准信号后，可使同一系列的各种仪表很容易地构成系统，还可通过各种转换器，将不同系列的仪表连接起来混合使用，从而扩大了仪表的应用范围。另外，由于各种变量被转换为统一的标准信号，因此各类控制仪表同集散型控制系统等现代化技术工具配合使用，也更加方便。

过程控制仪表使用的联络信号一般可分为气压信号和电信号。对于气动控制仪表，国际上统一使用 20～100kPa 的模拟气压信号，作为仪表之间的联络与传输信号制。

电动控制仪表联络与传输信号主要是模拟信号和数字信号两大类。在实际应用中无论是从现场仪表传输至控制室，还是控制室内的各仪表之间的联络信号，用得最多最普遍的还是模拟信号。即使是数字式仪表（如多回路可编程控制器），除了保证同类仪表使用数字信号进行联络外，还设有输入、输出模拟信号，以达到同模拟式仪表相配合使用的目的。电动模拟信号在国际上规定的统一标准信号制是 4～20mA DC 或 1～5V DC、现在国内外仪表大多数采用这种信号制。

鉴于模拟信号是过程控制仪表和装置中所采用的主要联络和传输信号，故这里将重点讨论。

（二）电模拟信号制及传输方式

电模拟信号有直流电流、直流电压、交流电流、交流电压四种。直流信号不受传输线路中的电感、电容及负荷性质的影响，抗干扰能力强，不存在相移问题；用直流信号容易进行模数转换，从而可方便地与集散型控制系统等配合使用；直流信号获取方便、应用灵活。所以，在过程控制仪表及装置中直流信号得到了广泛应用，在世界各国都以直流电流和直流电压作为统一信号。

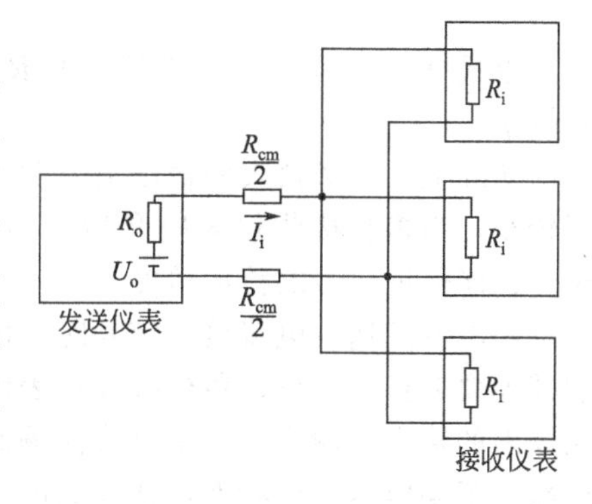

图 0-2　电压信号传输时仪表之间的连接

1. 电压发送电压接收方式

应用直流电压作为传输信号时，一台发送仪表的输出电压要同时送给几台接收仪表，这些接收仪表均应并联，如图 0-2 所示。现在控制室中的各仪表之间和集散型控制系统等内部各组件间的信号传输，即属此种信号传输方式。

由于是并联连接，各接收仪表的输入电阻又不是无穷大，因此信号电压 U_o 将在发送仪表内阻 R_o 及导线电阻 R_{cm} 上产生电压降，从而造成传输误差。

电压信号的传输误差可用如下公式表示，即

$$\varepsilon=\frac{U_o-U_i}{U_o}=\frac{U_o-\dfrac{\dfrac{R_i}{n}}{R_o+R_{cm}+\dfrac{R_i}{n}}U_o}{U_o}\times 100\%=\frac{R_o+R_{cm}}{R_o+R_{cm}+\dfrac{R_i}{n}}\times 100\% \tag{0-1}$$

为了减小传输误差，应满足$\frac{R_i}{n}\gg R_o+R_{cm}$的要求。故有

$$\varepsilon \approx n\frac{R_o+R_{cm}}{R_i}\times 100\% \qquad (0\text{-}2)$$

由式（0-2）可见，当发送仪表 R_o 及导线电阻 R_{cm} 越小，同时接收仪表的输入电阻 R_i 足够大，接收仪表的台数（n）越少时，传输误差越小。因为接收仪表是并联工作的，所以取消或增加某个仪表不会影响其他仪表工作，而且这些仪表都有公共接地点，便于与其他装置联用；对发送仪表的输出级耐压要求可以降低，从而提高仪表的可靠性。这种传输方式的接收仪表输入阻抗很高，易引入干扰，所以电压信号不适于作远距离传输。

2. 电流发送电流（电压）接收方式

现场变送器与控制室二次仪表之间的联系都属此种。

应用直流电流发送电流接收方式传输信号时，一台发送仪表的输出电流同时传输给几台接收仪表，所有接收仪表均应串联，如图 0-3 所示。

因为发送仪表的输出电阻 R_o不可能是无穷大，在负载电阻和传输导线电阻变化时，输出电流也将发生变化，从而引起传输误差。

电流信号的传输误差可用下式表示，即

$$\varepsilon=\frac{I_o-I_i}{I_o}=\frac{I_o-\dfrac{R_o}{R_o+(R_{cm}+nR_i)}I_o}{I_o}\times 100\%=\frac{R_{cm}+nR_i}{R_o+R_{cm}nR_i}\times 100\% \qquad (0\text{-}3)$$

为保证传输误差在允许误差范围之内，要求 $R_o \gg R_{cm}+nR_i$，故有

$$\varepsilon \approx \frac{R_{cm}+nR_i}{R_o}\times 100\% \qquad (0\text{-}4)$$

由式（0-4）可见，发送仪表的 R_o 越大，接收仪表 R_i的总和及 R_{cm}越小，则信号传输误差越小。

实际上，发送仪表的输出电阻 R_o 均很大，相当于一个恒流源；接收仪表的输入电阻 R_i 都较小，当多台接收仪表串联后，其传输导线的长度在较大范围内变化（即远距离传输）时，仍能保证信号的传输精度。

用电流发送、电流接收信号时，由于多台仪表是串联工作的，当一台仪表出故障时将影响其他仪表正常工作；各台接收仪表没有公共接地点。若要和计算机等其他装置联用，则需在仪表的输入、输出之间采用直流隔离电路；因为负载串联工作，所以造成变送器等仪表输出端处于高电压工作状态，使仪表的功放管易被击穿损坏，从而使仪表可靠性降低。

此外，对于要求电压输入的仪表，在电流回路中串入一个合适电阻 R_L，从该电阻两端引出电压 V_i，作为接收仪表输入。则图 0-3 演变为图 0-4 所示，即为电流发送电压接收方式。

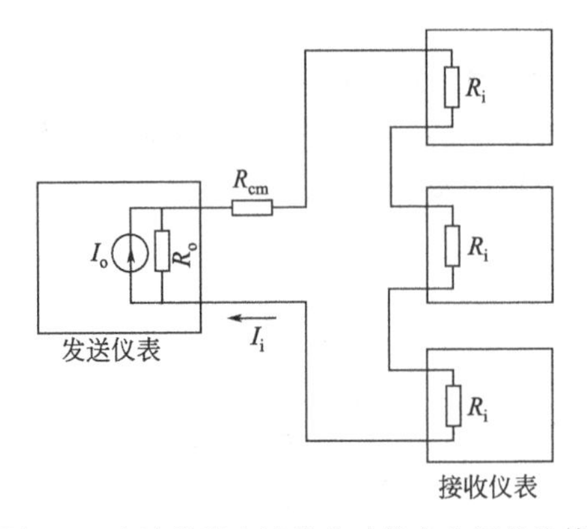

图 0-3 电流发送电流接收时仪表之间的连接

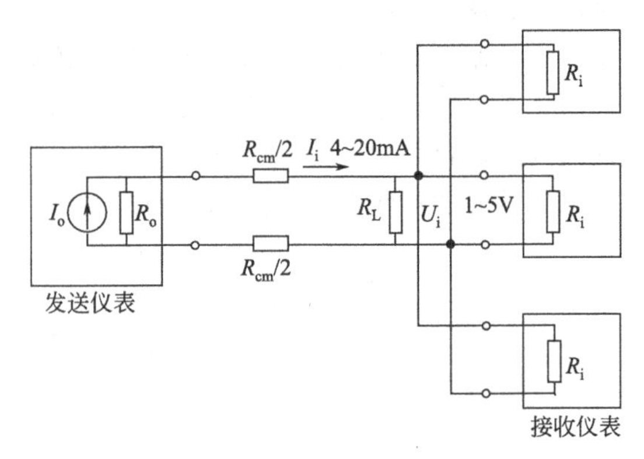

图 0-4 电流发送电压接收时仪表之间的连接

由图 0-4 分析可见，导线电阻 R_{cm} 越小，接收仪表台数 n 越少，则信号传输误差越小。为保证传输精度，要求 $R_L//\frac{R_i}{n}\approx R_L$，可使接收仪表的输入电压 $U_i=I_iR_L$；当 $I_i=4\sim20$mA DC，$R_L=250\Omega$ 时，$U_i=1\sim5$V DC。在设计接收仪表的输入时已考虑了消除传输导线电阻 R_{cm} 的影响因素，使其传输误差在要求范围之内。

（三）变送器信号与电源传输方式

变送器是现场仪表，其供电电源来自控制室，而输出信号又要传送到控制室去。变送器的信号传送和供电方式通常有两种。

1. 四线制传输

供电电源和输出信号分别用两根导线传输，如图 0-5 所示。图中的变送器为四线制变送器。这种传输方式，由于电源与信号分别传送，因此对电流信号的零点及元器件的功耗无严格要求。

2. 两线制传输

变送器与控制室之间仅用两根导线传输，这两根导线既是电源线，又是信号线，如图 0-6 所示。图中的变送器为两线制变送器。

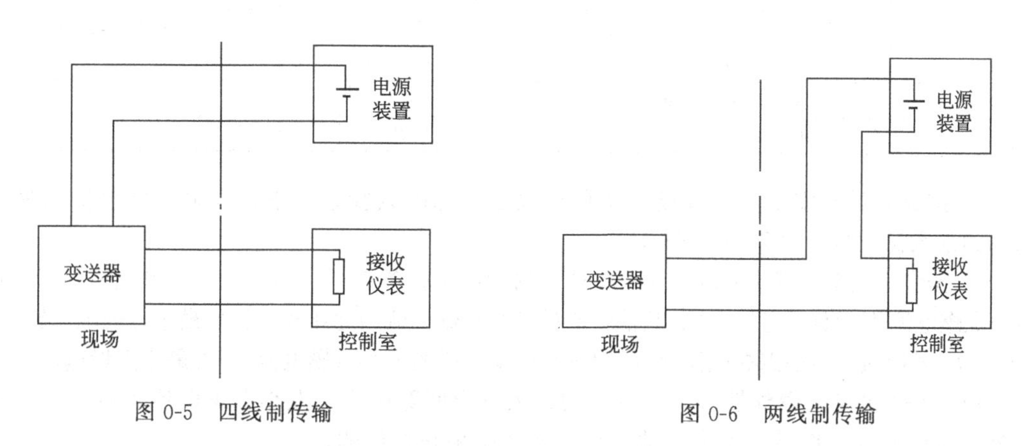

图 0-5　四线制传输　　图 0-6　两线制传输

采用两线制的变送器，不仅可节省大量电缆线和安装费用，而且有利于安全防爆，因此这种变送器得到了较快的发展，以后介绍的现场变送器（电容式、电感式、扩散硅式、振弦式）都属此种。

要实现两线制传输，必须采用活零点的电流信号。因为两线制其电源线与信号线公用，电源供给变送器的功率是通过信号电流提供的，在变送器输出电流下限值时。应保证它的内部元器件仍能正常工作。国际统一标准电流信号采用 4～20mA DC，为制作两线制变送器创造了有利条件。

四、安全防爆仪表的基本知识

（一）安全防爆的基本知识

在石油、化工等工业部门中，某些生产场所存在着易燃易爆的气体、蒸气或固体粉尘，它们与空气混合成为具有火灾或爆炸危险的混合物，使其周围空间成为具有不同程度爆炸危险的场所。安装在这些场所的现场检测仪表和执行器如果产生的火花或热效应能量能点燃危险混合物，则会引起火灾或爆炸。因此，用于危险场所的控制仪表必须具有防爆的性能。

1. 爆炸危险场所的分类、分级

爆炸危险场所的分类、分级如表 0-1 所示。

表 0-1　爆炸危险场所的分类、分级

分　类	区　域　等　级	
气体爆炸危险场所	0 区	在正常情况下,爆炸性气体混合物连续、频繁地出现或长时间存在的场所
	1 区	在正常情况下,爆炸性气体混合物有可能出现的场所
	2 区	在正常情况下,爆炸性气体混合物不可能出现,仅在不正常情况下偶尔或短时间出现的场所
粉尘爆炸危险场所	10 区	在正常情况下,爆炸性粉尘或可燃纤维与空气的混合物可能连续、频繁地出现或长时间存在的场所
	11 区	在正常情况下,爆炸性粉尘或可燃纤维与空气的混合物不可能出现,仅在不正常情况下偶尔或短时间出现的场所

不同的等级区域对防爆电气设备选型有不同的要求，例如 0 区（或 10 区）要求选用本质安全型电气设备；1 区选用隔爆型、增安型等电气设备。

2. 爆炸性物质的分级、分组

（1）爆炸性气体、蒸气的分级　如表 0-2 所示。

表 0-2　爆炸性气体、蒸气的分级

级别	最大试验安全间隙(MESG)	最小点燃电流比(MICR)	说明
无	MESG＝1.14mm	MICR＝1.0	以甲烷为起始点
A	0.9mm＜MESG＜1.14mm	0.8＜MICR＜1.0	
B	0.5mm＜MESG≤0.9mm	0.45＜MICR≤0.8	
C	MESG≤0.5mm	MICR≤0.45	

① 按最大试验安全间隙分级：就是在规定的标准试验条件下，火焰不能传播的最大间隙称为最大试验安全间隙（MESG）。

② 按最小点燃电流比分级：就是在规定的标准试验条件下，调节最小点燃电流，以甲烷的最小点燃电流为标准，定为 1.0。其他物质的最小点燃电流与之比较，得出最小点燃电流比（MICR）为：某物质的最小点燃电流比（MICR）＝某物质的最小点燃电流/甲烷最小点燃电流。

由表 0-2 可见，爆炸性气体、蒸气的最大安全间隙越小，最小点燃电流也越小。按最小点燃电流比分级与按最大安全间隙分级，两者结果是相似的。

（2）爆炸性粉尘的分级　爆炸性粉尘的分级是按粉尘的物理性质划分的。爆炸性粉尘的分级如表 0-3 所示。

表 0-3　爆炸性粉尘的分级

级别	物　理　性　质
A	非导电性的可燃粉尘与非导电性的可燃纤维
B	导电性的爆炸性粉尘与火药、炸药粉尘

（3）爆炸性物质的分组　爆炸性物质按引燃温度分组。在没有明火源的条件下，不同物质加热引燃所需的温度是不同的，因为自燃点各不相同。按引燃温度可分为六组，见表 0-4。

表 0-4　引燃温度与组别划分

组别	T1	T2	T3	T4	T5	T6
引燃温度 t/℃	＞450	450≥t＞300	300≥t＞200	200≥t＞135	135≥t＞100	100≥t＞85

用于不同组别的防爆电气设备，其表面允许最高温度各不相同，不可随便混用。例如适用于 T5 的防爆电气设备可以适用于 T1～T4 各组，但是不适用于 T6，因为 T6 的引燃温度

比 T5 低，可能被 T5 适用的防爆电气设备的表面温度所引燃。

3. 防爆电气设备的分类、分组和防爆标志

(1) 防爆电气设备的分类、分组　按照国家标准 GB 3836.1 规定，防爆电气设备分为两大类。

①Ⅰ类煤矿用电气设备。

②Ⅱ类工厂用电气设备。

Ⅱ类工厂用电气设备按爆炸性气体特性，可进一步分为ⅡA、ⅡB、ⅡC 三级。

工厂用电气设备的防爆型式共有八种，其类型及标志如下：

隔爆型	d	充油型	o
本质安全型	i	充砂型	q
增安型	e	浇封型	m
正压型	p	无火花型	n

与爆炸性气体引燃温度的分组相对应，Ⅱ类工厂用电气设备可按最高表面温度分为 T1～T6 六组，如表 0-5 所示。

表 0-5　Ⅱ类工厂用电气设备的最高表面温度分组

组别	T1	T2	T3	T4	T5	T6
最高表面温度/℃	450	300	200	135	100	85

(2) 防爆标志　电气设备的防爆标志是在“Ex”防爆标记后依次列出防爆类型、气体级别和温度组别三个参量。

例如防爆标志 ExdⅡBT3 表示Ⅱ类隔爆型 B 级 T3 组，其设备适用于气体级别不高于Ⅱ类 B 级，气体引燃温度不低于 T3（200℃）的危险场所。又如 ExiaⅡCT5 表示Ⅱ类本质安全型 ia 等级 C 级 T5 组，其设备适用于所有气体级别、引燃温度不低于 T5（100℃）的 0 区危险场所。

(二) 防爆型控制仪表

常用的防爆型控制仪表分隔爆型和本质安全型两类仪表。

1. 隔爆型仪表

隔爆型仪表具有隔爆外壳，仪表的电路和接线端子全部置于防爆壳体内，其表壳的强度足够大，隔爆接合面足够宽，它能承受仪表内部因故障产生爆炸性气体混合物的爆炸压力，并阻止内部的爆炸向外壳周围爆炸性混合物传播。这类仪表适用于 1 区和 2 区危险场所。

隔爆型仪表安装及维护正常时，能达到规定的防爆要求，但当揭开仪表外壳后，它就失去了防爆性能，因此不能在通电运行的情况下打开表壳进行检修或调整。

2. 本质安全型仪表

本质安全型仪表（简称本安仪表）的全部电路均为本质安全电路，电路中的电压和电流被限制在一个允许的范围内，以保证仪表在正常工作或发生短接和元器件损坏等故障情况下产生的电火花和热效应不致引起其周围爆炸性气体混合物爆炸。

本安仪表可分为 ia 和 ib 两个等级，如表 0-6 所示。

表 0-6　本安仪表等级

等级	说　明
ia	是指在正常工作、一个故障和两个故障时均不能点燃爆炸性气体混合物；ia 等级的本安仪表可用于危险等级最高的 0 区危险场所
ib	是指在正常工作和一个故障时不能点燃爆炸性气体混合物；ib 等级的本安仪表只适用于 1 区和 2 区危险场所

本安仪表不需要笨重的隔爆外壳，具有结构简单、体积小、质量轻的特点，可在带电工况下进行维护、调整和更换仪表零件的工作。

（三）控制系统的防爆措施

处于爆炸危险场所的控制系统必须使用防爆型控制仪表及其关联设备，在化工、石油等部门的生产现场，往往要求控制系统具有本质安全的防爆性能。

1. 本安防爆系统

要使控制系统具有本安防爆性能，应满足两个条件。

① 在危险场所使用本质安全型防爆仪表，如本安型变送器、电/气转换器、电/气阀门定位器等。

② 在控制室仪表与危险场所仪表之间设置安全栅，以限制流入危险场所的能量。

图 0-7 表示本安防爆系统的结构。

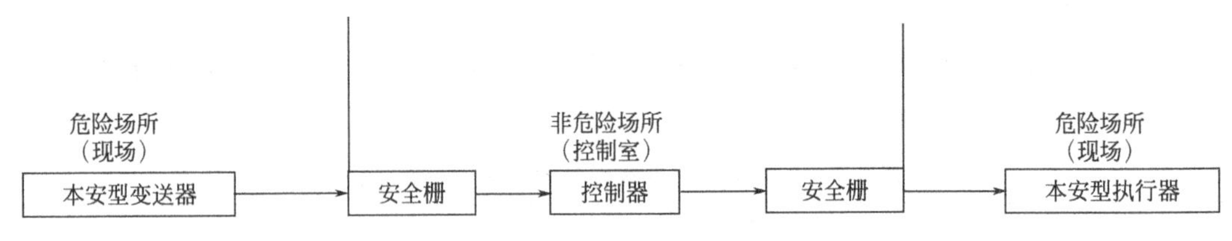

图 0-7 本安防爆系统

应当指出，使用本安仪表和安全栅是系统的基本要求，要真正实现本安防爆的要求，还需注意系统的安装和布线：按规定正确安装安全栅，并保证良好接地；正确选择连接电缆的规格和长度，其分布电容、分布电感应在限制值之内；本安电缆和非本安电缆应分槽（管）敷设，慎防本安回路与非本安回路混触等。详细规定可参阅安全栅使用说明书和国家有关电气安全规程。

2. 齐纳式安全栅

安全栅作为本安仪表的关联设备，一方面传输信号，另一方面控制流入危险场所的能量在爆炸性气体或混合物的点火能量以下，以确保系统的本安防爆性能。

安全栅的构成形式主要有齐纳式安全栅、电阻式安全栅、中继放大式安全栅、隔离式安全栅等多种。其中齐纳式安全栅应用最多、最普遍。

齐纳式安全栅是基于齐纳二极管反向击穿性能而工作的。其原理如图 0-8 所示。

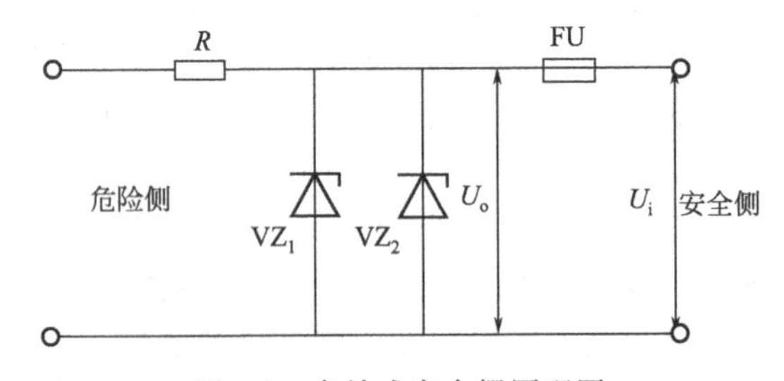

图 0-8 齐纳式安全栅原理图

图中，VZ_1、VZ_2 为齐纳二极管，R 和 FU 分别为限流电阻和快速熔断丝。在正常工作时，安全栅不起作用。

当现场发生事故，如形成短路时，由 R 限制过大电流进入危险侧，以保证现场安全。当安全栅端电压 U_i 高于额定电压 U_o 时，齐纳二极管击穿，进入危险侧的电压将被限制在 U_o 值上。同时，安全侧电流急剧增大，使 FU 很快熔断，从而使高电压与现场隔离，也保护了齐纳二极管。

齐纳式安全栅结构简单、经济可靠、通用性强、使用方便、应用广泛。

思考题与习题

0-1　过程控制仪表主要有几种分类方法？按结构形式它可分为哪几种仪表？

0-2　举例说明控制仪表与控制系统的关系。

0-3　简述电压发送电压接收、电流发送电压接收信号传输方式各自特点。

0-4　什么是两线制传输方式？两线制传输有什么优点？

0-5　防爆电气设备如何分类？防爆标志 ExiaⅡAT5 和 ExdⅡBT4 是何含义？

0-6　常用的防爆型控制仪表有哪几类？各有什么特点？

0-7　如何使控制系统实现本安防爆的要求？

0-8　什么是安全栅？说明齐纳式安全栅的构成和特点。

第一篇 模拟控制仪表

模拟控制仪表处理的信号通常是连续变化的模拟量，如气压信号、直流电流信号和直流电压信号。本篇将对现场应用较多的、具有代表性的典型仪表（变送器、调节器、执行器等）的特点原理、结构和应用等方面进行分析和讨论，为学习其他仪表奠定基础。

模拟控制仪表，结构合理，功能完善，采用集中统一供电（24V DC）和国际标准信号制(1～5V DC 和 4～20mA DC)；模拟控制仪表通过各种组合可构成各种简单或复杂的控制系统。因仪表本身有安全防爆措施，故可组成各种安全火花型防爆系统，仪表稳定、安全、可靠。

模拟控制仪表可与数字控制仪表混合使用。

第一章　变　送　器

第一节　概　　述

一、变送器的用途和种类

变送器在自动检测和控制系统中的作用，是将各种被测工艺变量，如压力、流量、液位、温度等物理量变换成相应的统一标准信号，并传送到指示记录仪、运算器和调节器，供指示、记录和控制。

按照被测工艺变量不同，变送器主要分为压力变送器、差压变送器、流量变送器、液位变送器、温度变送器等。本章在讨论了变送器的共性问题之后，将重点介绍两种常用的典型变送器，即差压变送器和温度变送器。

二、变送器的构成原理

变送器的构成原理图如图 1-1 所示。

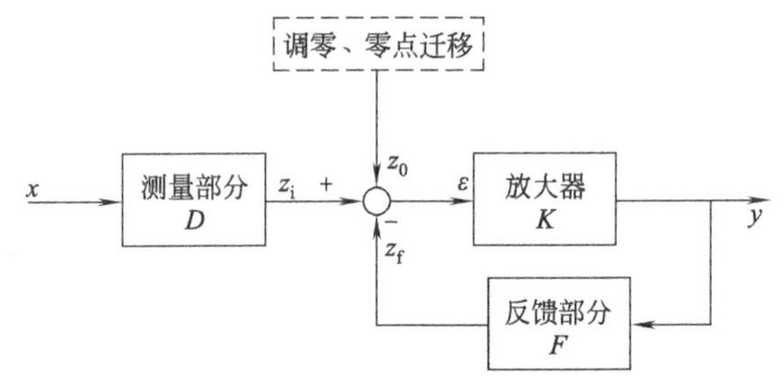

图 1-1　变送器的构成原理图

变送器主要由测量部分（即输入转换部分）、放大器和反馈部分组成。

测量部分的作用是检测工艺变量 x，并把变量 x 转换成电压、电流、位移、作用力或力矩等物理量，作为放大器的输入信号 z_i。反馈部分则把变送器的输出信号 y 转换成反馈信号 z_f，输入信号 z_i 与调零信号 z_0 的代数和同反馈信号进行比较，其差值 ε 送给放大器进行放大，并转换成标准的电压或直流电流输出信号 y。

根据负反馈放大器原理，由图 1-1 可以求得整个变送器输出与输入关系为

$$y=\frac{K}{1+KF}(Dx+z_0) \tag{1-1}$$

式中，D 为测量部分的转换系数；K 为放大器的放大系数；F 为反馈部分的反馈系数。

当放大器的放大系数足够大，且满足 $KF\gg1$ 时，上式变为

$$y=\frac{1}{F}(Dx+z_0) \tag{1-2}$$

由式（1-2）可见，在满足 $KF\gg1$ 的条件下，变送器的输出与输入之间的关系仅取决于测量部分和反馈部分的特性，而与放大器的特性几乎无关。变送器的量程确定后，其测量部分转换系数 D 和反馈系数 F 都是常数，因此变送器的输出与输入关系为线性关系，如图 1-2 所示。

图中，x_{max}、x_{min} 分别为变送器测量范围的上限值和下限值，且 $x_{min}=0$；y_{max}、y_{min} 分别为输出信号的上限值和下限值。

三、变送器的量程调整、零点调整和零点迁移

（一）量程调整

量程调整的目的是使变送器的输出信号的上限值 y_{max} 与测量范围的上限值 x_{max} 相对应。

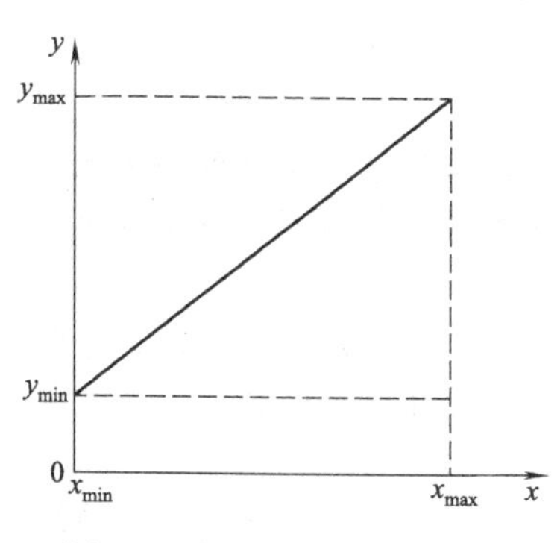

图 1-2　变送器输出输入关系

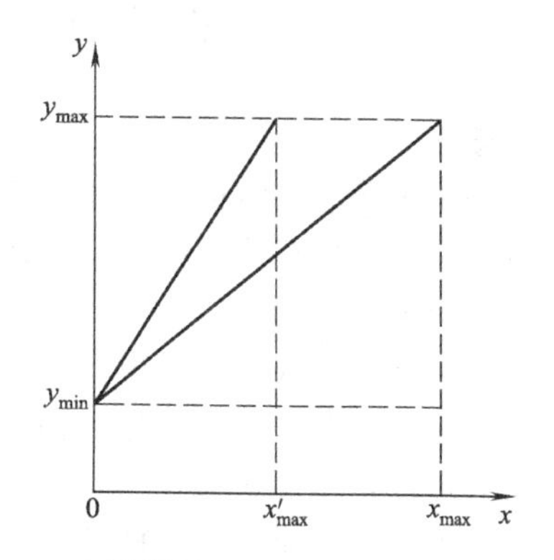

图 1-3　变送器量程调整前后的输入输出特性

图 1-3 为变送器量程调整前后的输入输出特性。由图可见，量程调整相当于改变输入输出特性曲线的斜率，也就是改变变送器输出信号 y 与输入信号 x 之间的比例系数。

量程调整的方法，通常是改变反馈部分的反馈系数 F。F 越大，量程就越大；F 越小，量程就越小。有些变送器还可以用改变测量转换部分的转换系数 D 来调整量程。

（二）零点调整和零点迁移

在实际测量中，为正确选择变送器的量程大小，提高测量精度，常常需要将测量的起始点迁移到某一数值（正值或负值），这就是所谓的零点迁移。在未加迁移时，测量起始点为零；当测量的起始点由零变为某一正值，称为正迁移；反之，当测量起始点由零变为某一负值，称为负迁移。图 1-4 为变送器零点迁移前后的输入输出特性。由图 1-4 可见，零点迁移后，变送器的输入输出特性曲线沿 x 坐标向右或向左平移了一段距离，其斜率并没有改变，即变送器的量程不变。若采用零点迁移后，再辅以量程压缩，可以提高仪表的测量精度和灵敏度。

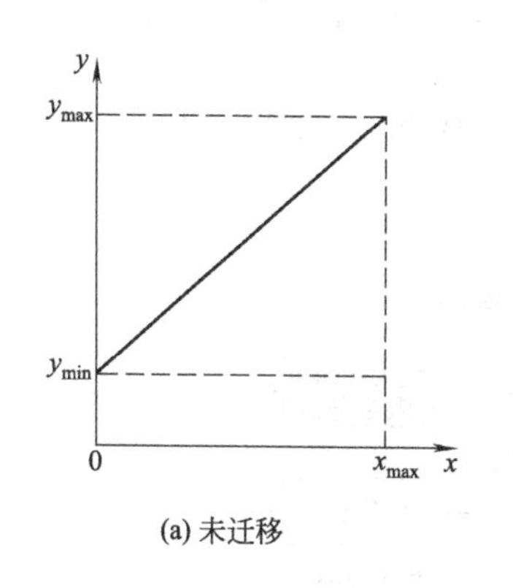

(a) 未迁移

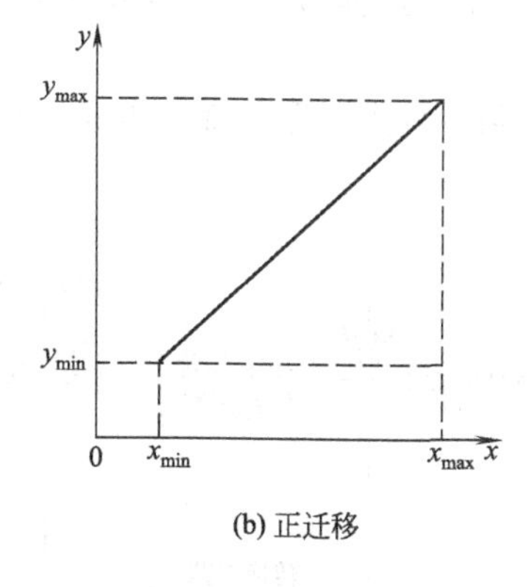

(b) 正迁移

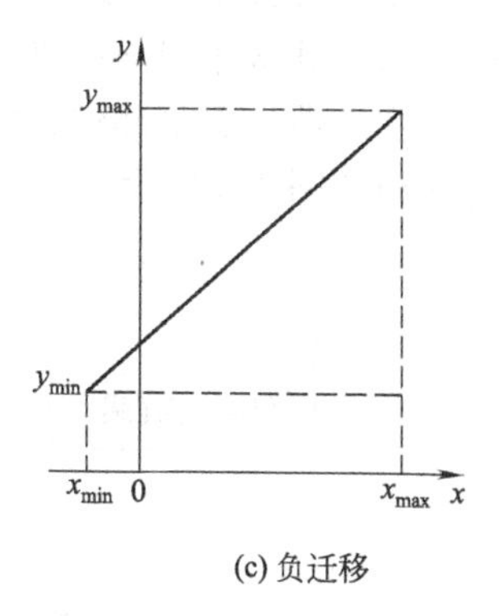

(c) 负迁移

图 1-4　变送器零点迁移前后的输入输出特性

零点调整和零点迁移的目的，都是使变送器输出信号的下限值 y_{min} 与测量信号的下限值 x_{min} 相对应。在 $x_{min}=0$ 时为零点调整；在 $x_{min}\neq 0$ 时为零点迁移调整。

实现零点调整和零点迁移的方法，是在负反馈放大器的输入端加上一个零点调整信号 z_0，如图 1-1 所示。当 z_0 为负值时可实现正迁移；而当 z_0 为正值时则可实现负迁移。

第二节　电容式差压变送器

一、概述

差压变送器用于将液体、气体或蒸气的差压、压力、流量、液位等被测工艺变量转换成统一的标准信号，然后将此统一信号送至指示、记录仪表或调节器等，以实现对上述工艺变量的显示、记录和自动控制。

差压变送器类型很多，其中有电容式差压变送器、扩散硅式差压变送器、振弦式差压变送器、电感式差压变送器、矢量机构式差压变送器；还有比较先进的智能差压变送器。本节首先讨论电容式差压变送器。

电容式差压变送器是没有杠杆系统和电磁反馈机构的微位移式变送器，整体结构无机械传动及调整装置。它以差动电容作为测量敏感元件，并且采用全密封焊接的固体化结构。因此整机的精度高、稳定性好、可靠性高、抗振性强，其基本误差一般为±0.2%或±0.25%。

敏感元件的中心感压膜片是在施加预张力条件下焊接的，其最大位移量为0.1mm，既可使感压膜片的位移与输入差压成线性关系，又可以大大减小正负压室法兰的张力和力矩影响而产生的误差。中心感压膜片两侧的固定电极为弧形电极，可以有效地克服静压的影响和更有效起到单向过压的保护作用。

因为采用开环原理，不需要笨重的反馈及传动装置，所以克服了力平衡式变送器的固有缺点，使整个变送器体积小、重量轻。

结构组件化、插件化、固体化，按功能制造统一尺寸的线路板，零部件和印刷线路板以插件方式连接，因此通用性强，互换性好，便于维修。

采用两线制方式，输出电流为4～20mA DC国际标准统一信号，可和其他接受4～20mA DC信号的仪表配套使用，构成各种控制系统。

变送器设计小型化，品种多，型号全，可以在任意角度下安装而不影响其精度，量程和零点外部可调，安全防爆，全天候使用，即安装、调校和使用非常方便。

本节仅以1151系列电容式差压变送器为例，来讨论电容式差压变送器的工作原理。

二、结构原理与线路分析

变送器由测量部件、转换电路、放大电路三部分组成。其构成框图如图1-5所示，原理电路图如图1-6所示。

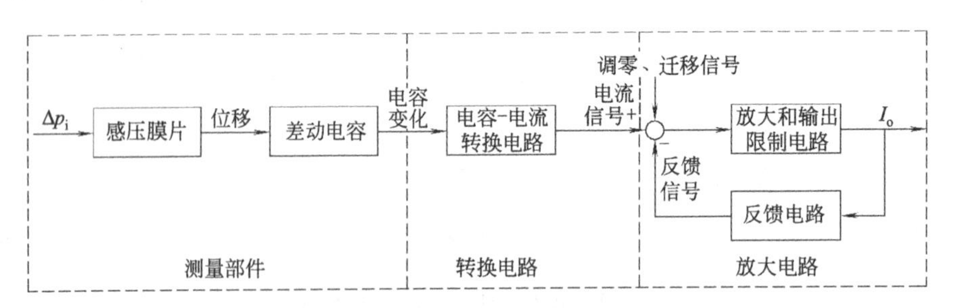

图1-5　电容式差压变送器构成框图

输入差压Δp_i作用于测量部件的中心感压膜片，使其产生位移S，从而使感压膜片（即可动电极）与两弧形电极（即固定电极）组成的差动电容器的电容量发生变化。此电容变化量由电容-电流转换电路转换成直流电流信号，该电流信号与调零信号的代数和同反馈信号进行比较，其差值送入放大电路，经放大后得到变送器整机的输出电流信号I_o。

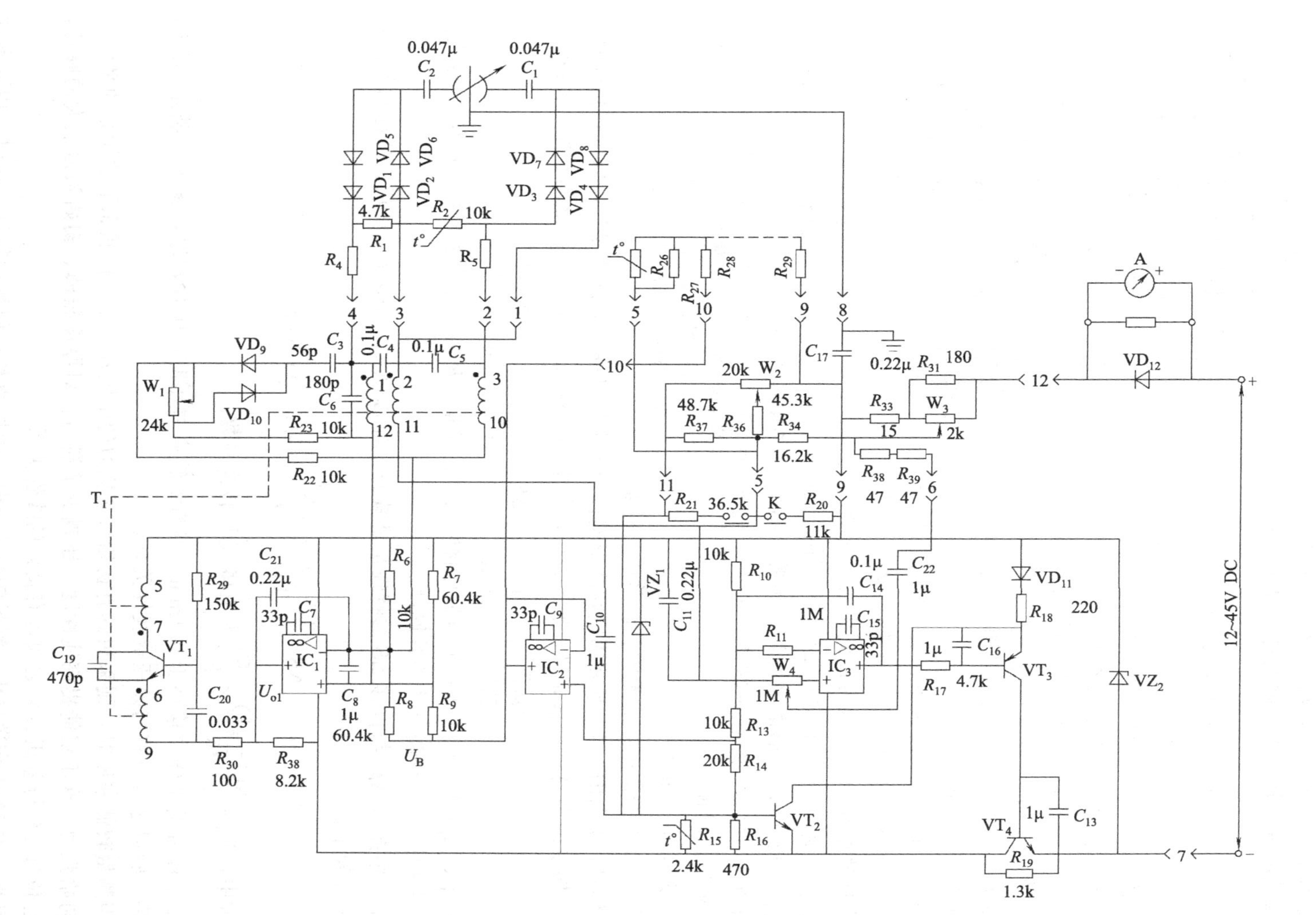

图 1-6　电容式差压变送器原理电路图

（一）测量部件

测量部件的作用是把被测差压 Δp_i 转换成电容量的变化。它由正、负压测量室和差动电容敏感元件等部分组成。测量部件结构如图 1-7 所示。

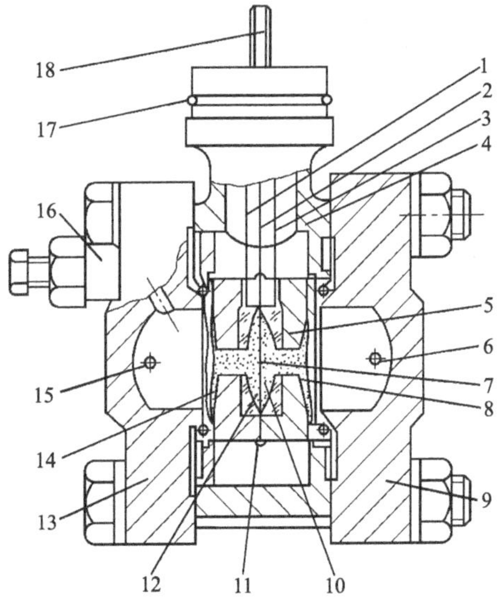

图 1-7　测量部件结构

1～3—电极引线；4—差动电容膜盒座；5—差动电容膜盒；6—负压侧导压口；7—硅油；8—负压侧隔离膜片；9—负压室基座；10—负压侧弧形电极；11—中心感压膜片；12—正压侧弧形电极；13—正压室基座；14—正压侧隔离膜片；15—正压侧导压口；16—放气排液螺钉；17—O 形密封环；18—插头

差动电容敏感元件包括中心感压膜片（可动电极），正、负压侧弧形电极（固定电极），电极引线，正、负压侧隔离膜片和基座等。在差动电容敏感元件的空腔内充有硅油，用以传递压力。中心感压膜片和正压侧弧形电极构成的电容为 C_{i1}，中心感压膜片和负压侧弧形电极构成的电容为 C_{i2}，无差压输入时，$C_{i1}=C_{i2}$，其容量为 150～170pF。

当被测压差 Δp_i 通过正、负压侧导压口引入正、负压室，作用于正、负侧隔离膜片上时，由硅油作媒介，将压力传到中心感压膜片两侧，使膜片产生微小位移 ΔS，从而使中心感压膜片与其两边弧形电极的间距不等，结果使一个电容（C_{i1}）的容量减小，另一个电容（C_{i2}）的容量增加。

1. 差压-位移转换

在 1151 变送器中，无论测量高差压、低差压或微差压都采用周围夹紧并固定在环形基体中的金属平膜片做感压膜片，以得到相应的差压-位移转换。平膜片形状简单，加工方便，其中心位移 ΔS 与差压 Δp_i 之间有如下关系。

$$\frac{\Delta p_i R^4}{Et^4}=\frac{16}{3(1-\mu^2)}\times\frac{\Delta S}{t}+\frac{2}{21}\times\frac{23-9\mu}{1-\mu}\left(\frac{\Delta S}{t}\right)^3 \tag{1-3}$$

式中，Δp_i 为被测差压；E 为膜片材料的弹性模量；R 为膜片周边半径；μ 为泊松系数；ΔS 为膜片中心处位移；t 为膜片厚度。

上式中差压 Δp_i 与位移 ΔS 的特性是衰减的，若 $\Delta S \ll t$，忽略高次项后，位移与差压的挠度公式如下。

$$\Delta S=\frac{3(1-\mu^2)}{16}\times\frac{R^4}{Et^3}\times\Delta p_i=K_1\times\Delta p_i \tag{1-4}$$

式中，$K_1=\frac{3(1-\mu^2)}{16}\times\frac{R^4}{Et^3}$为位移-差压转换系数。

由于膜片的工作位移小于 0.1mm，当测量较高差压时，膜片较厚，很容易满足 $\Delta S \ll t$ 的条件，所以这时位移与差压成线性关系。

当测量较低差压时，则采用具有初始预紧应力的平膜片；在自由状态下被绷紧的平膜片具有初始张力，这不仅能提高线性度，还减少了滞后。对厚度很薄、初始张力很大的膜片，其中心位移 ΔS 与差压 Δp_i 之间也有良好的线性关系。

可见，在 1151 变送器中，测量较高差压时，用厚膜片；而测量较低差压时，用张紧的薄膜片。两种情况均有良好的线性，即通过改变膜片厚度可得到变送器不同的测量范围，且测量范围改变后，其整机尺寸无多大变化。

2. 位移-电容转换

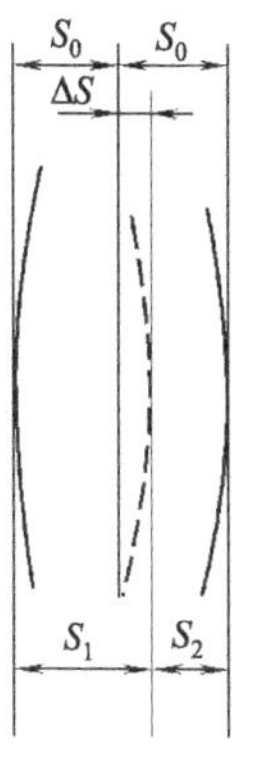

图 1-8 差动电容变化示意图

中心感压膜片位移 ΔS 与差动电容的电容量变化示意图如图 1-8 所示。

设中心感压膜片与两边弧形电极之间的距离分别为 S_1、S_2。

当被测差压 $\Delta p_i=0$ 时，感压膜片与两边弧形电极之间的距离相等，设其间距为 S_0，则 $S_1=S_2=S_0$。

当被测差压 $\Delta p_i\neq 0$ 时，中心感压膜片在 Δp_i 作用下将产生位移 ΔS，则

$$S_1=S_0+\Delta S, S_2=S_0-\Delta S \tag{1-5}$$

若不考虑边缘电场影响，中心感压膜片与两边弧形电极构成的电容 C_{i1} 和 C_{i2}，可近似地看成是平行板电容器，其电容量可分别表示为

$$C_{i1}=\frac{\varepsilon_1 A_1}{S_1}=\frac{\varepsilon A}{S_0+\Delta S} \tag{1-6}$$

$$C_{i2}=\frac{\varepsilon_2 A_2}{S_2}=\frac{\varepsilon A}{S_0-\Delta S} \tag{1-7}$$

式中，ε_1、ε_2 为电容 C_{i1}、C_{i2} 内介质的介电常数，现两个电容中的介质相同，故 $\varepsilon_1=\varepsilon_2=\varepsilon$；$A_1$、$A_2$ 为电容 C_{i1}、C_{i2} 的弧形电极板的面积，制造时让两个电容极板的面积相等，则 $A_1=A_2=A$。

两电容之差为

$$\Delta C=C_{i2}-C_{i1}=\varepsilon A\left(\frac{1}{S_0-\Delta S}-\frac{1}{S_0+\Delta S}\right) \tag{1-8}$$

可见，两电容量的差值与中心感压膜片的位移 ΔS 成非线性关系，显然不能满足高精度的要求。若取两电容量之差与两电容量之和的比值，则有

$$\frac{C_{i2}-C_{i1}}{C_{i2}+C_{i1}}=\frac{\varepsilon A\left(\frac{1}{S_0-\Delta S}-\frac{1}{S_0+\Delta S}\right)}{\varepsilon A\left(\frac{1}{S_0-\Delta S}+\frac{1}{S_0+\Delta S}\right)}=\frac{\Delta S}{S_0}=K_2\Delta S \tag{1-9}$$

式中，$K_2=\frac{1}{S_0}$为比例系数。

由式（1-9）可见：

① 差动电容的相对变化值$\frac{C_{i2}-C_{i1}}{C_{i2}+C_{i1}}$与 ΔS 成线性关系，因此转换电路就是将这一相对变化量变换为直流电流信号；

② $\frac{C_{i2}-C_{i1}}{C_{i2}+C_{i1}}$与介电常数 ε 无关，这一点非常重要，因为 ε 是随温度变化的，现 ε 不出现在式中，无疑可减小温度对变送器的影响；从原理上消除了灌充液介电常数的变化给测量带来的误差；

③ $\frac{C_{i2}-C_{i1}}{C_{i2}+C_{i1}}$的大小与 S_0 有关，S_0 愈小，差动电容的相对变化量越大，即灵敏度越高；

④ 如果差动电容结构完全对称，可以得到良好的稳定性。

（二）转换电路

转换电路的作用是将差动电容的相对变化值$\frac{C_{i2}-C_{i1}}{C_{i2}+C_{i1}}$成比例地转换成差动电流信号 I_i，并实现非线性补偿功能。其等效电路如图 1-9 所示。它由振荡器、解调器、振荡控制放大器、线性调整电路等组成。

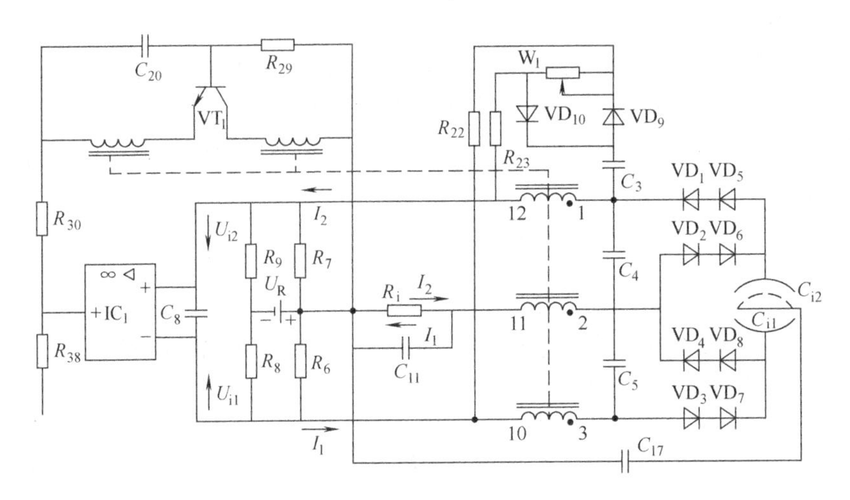

图 1-9　转换电路

1. 振荡器

振荡器的作用是向差动电容 C_{i1}、C_{i2} 提供高频电流，它由晶体管 VT_1、变压器 T_1 及有关电阻、电容组成。其电路如图 1-10 所示。

图中，U_{o1} 为运算放大器 IC_1 的输出电压，作为振荡器的供电电源，因此 U_{o1} 的大小可以控制振荡器的输出幅度。变压器 T_1 有三组输出绕组（1-12、2-11、3-10），图中画出了输出绕组回路的等效电路，其等效电感为 L，等效负载电容为 C，它的大小取决于变送器的差动电容值。

振荡器为变压器反馈型振荡电路，在电路设计时，只要适当选择电路元件参数，便可满足振荡条件。

等效电容 C 和输出绕组的电感 L 构成并联谐振回路，其谐振频率就是振荡器的振荡频率，约为 32kHz。由于敏感元件的差动电容值是随输入差压 Δp_i 变化的，因此振荡器的振荡频率也是变化的。

2. 解调器

解调器的作用是将通过随差动电容 C_{i1}、C_{i2} 相对变化的高频电流进行整流，转换成差动电流 $I_i(I_i=I_2-I_1)$ 和共模电流 $I_C(I_C=I_1+I_2)$ 两组信号。差动电流 I_i 随输入差压 Δp_i 而变化，此信号与调零及反馈信号叠加后送入运算放大器 IC_3 进行放大后，再经功放、限流输出 4～20mA DC 电流信号。共模信号 I_C 与基准电压进行比较，其差值经放大后，作为振荡器的供电，只要共模信号保持恒定不变，就能保证差动电流与输入差压之间成单一的比例关系。

解调器主要由二极管 VD_1～VD_8，电阻 R_1、R_4、R_5、热敏电阻 R_2 及电容 C_1、C_2、C_{17} 等组成，与测量部分连接，如图 1-11 所示。

图中，R_i 为并在电容 C_{11} 两端的等效电阻。U_R 是运算放大器 IC_2 的输出电压，此电压恒定不变，可看成是一个恒压源，提供基准电压。

由于差动电容器的容量很小，其值远远小于 C_{11} 和 C_{17}。因此在振荡器输出幅度恒定的情况下，流过 C_{i1} 和 C_{i2} 电流的大小，主要由这两个电容的容量决定。

由图 1-11 可知，绕组 2-11 输出的高频电压，经 VD_4、VD_8 和 VD_2、VD_6 整流得到直流电流 I_2 和 I_1。

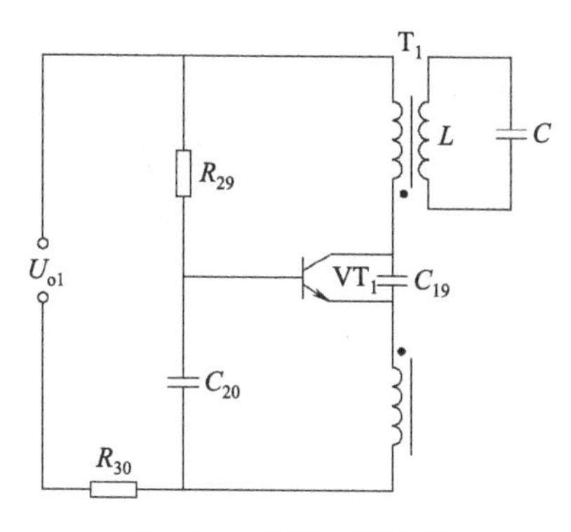

图 1-10 振荡器原理图

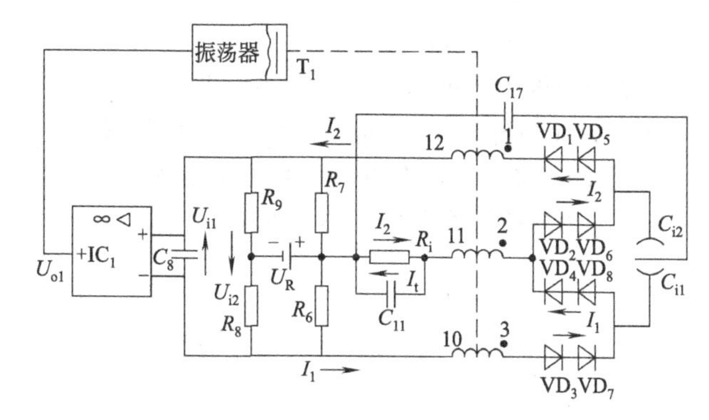

图 1-11 解调和振荡控制电路

I_1 的流经路线是

$$\mathrm{T}_1(11)\rightarrow R_i\rightarrow C_{17}\rightarrow C_{i1}\rightarrow \mathrm{VD}_8、\mathrm{VD}_4\rightarrow \mathrm{T}_1\ (2)$$

I_2 的流经路线是

$$\mathrm{T}_1(2)\rightarrow \mathrm{VD}_2、\mathrm{VD}_6\rightarrow C_{i2}\rightarrow C_{17}\rightarrow R_i\rightarrow \mathrm{T}_1\ (11)$$

绕组 3-10 和绕组 1-12 输出的高频电压，经 VD_3、VD_7 和 VD_1、VD_5 整流同样得到 I_1 和 I_2。此时

I_1 的流经路线是

$$\mathrm{T}_1(3)\rightarrow \mathrm{VD}_3、\mathrm{VD}_7\rightarrow C_{i1}\rightarrow C_{17}\rightarrow R_6//R_8\rightarrow \mathrm{T}_1\ (10)$$

I_2 的流经路线是

$$\mathrm{T}_1(12)\rightarrow R_7//R_9\rightarrow C_{17}\rightarrow C_{i2}\rightarrow \mathrm{VD}_5、\mathrm{VD}_1\rightarrow \mathrm{T}_1\ (1)$$

由图可见，经 VD_2、VD_6 及 VD_4、VD_8 整流后流过 R_i 的两路电流 I_2 和 I_1，方向是相反的，两者之差（I_2-I_1）即为解调器输出的差动电流 I_i。I_i 在 R_i 上的压降 U_i，即为放大电路的输入信号。经 VD_3、VD_7 和 VD_1、VD_5 整流而流经 $R_6//R_8$ 和 $R_7//R_9$ 的两路电流 I_2 和 I_1，方向是一致的，两者之和（I_2+I_1）即为解调器输出的共模信号 I_C。

解调器线路中每一电流回路均用两只二极管相串联进行整流，目的是提高电路的可靠性。

在$\dfrac{1}{2\pi fC_{i1}}$或$\dfrac{1}{2\pi fC_{i2}}\gg\left(\dfrac{1}{2\pi fC_{11}}+\dfrac{1}{2\pi fC_{17}}\right)$的情况下，可认为 C_{i2}、C_{i1} 两端电压的变化等于振荡器输出高频电压的峰-峰值 U_{PP}，故流过 C_{i1}、C_{i2} 电流 I_1 和 I_2 的平均值可分别表示为

$$I_1=\frac{U_{PP}}{T}C_{i1}=U_{PP}fC_{i1} \tag{1-10}$$

$$I_2=\frac{U_{PP}}{T}C_{i2}=U_{PP}fC_{i2} \tag{1-11}$$

式中，T、f 分别为高频电压振荡周期和频率。于是

$$I_C=I_1+I_2=U_{PP}(C_{i1}+C_{i2})f \tag{1-12}$$

$$I_i=I_2-I_1=U_{PP}(C_{i2}-C_{i1})f \tag{1-13}$$

将式（1-13）除以式（1-12）可得

$$I_i=I_2-I_1=(I_2+I_1)\frac{C_{i2}-C_{i1}}{C_{i2}+C_{i1}} \tag{1-14}$$

由上式可见，只要设法使 $I_C=I_2+I_1$ 维持恒定，即可使差动电流 I_i 与差动电容的相对变化

值之间成线性关系。

3. 振荡控制放大器

振荡控制放大器的作用就是让共模电流 $I_C=I_2+I_1$ 等于常数。

由图 1-11 可知，U_{i1}是基准电压U_R 在 R_9 和 R_8 上的压降；U_{i2}是 I_2+I_1 在 $R_6//R_8$ 和 $R_7//R_9$ 上的压降。这两个电压信号之差送入 IC_1，经放大得到U_{o1}，去控制振荡器。

当 IC_1 为理想运算放大器时，则有

$$U_{i1}=U_{i2} \tag{1-15}$$

从电路分析可知，这两个电压信号分别为

$$U_{i1}=\frac{U_R}{R_6+R_8}R_8-\frac{U_R}{R_7+R_9}R_9$$

$$U_{i2}=\frac{R_6R_8}{R_6+R_8}I_1+\frac{R_7R_9}{R_7+R_9}I_2$$

因为 $R_6=R_9$，$R_7=R_8$，故上两式可分别简化为

$$U_{i1}=\frac{R_8-R_9}{R_6+R_8}U_R \tag{1-16}$$

$$U_{i2}=\frac{R_6R_8}{R_6+R_8}(I_1+I_2) \tag{1-17}$$

将 U_{i1}、U_{i2}值代入式（1-15）可求得

$$I_1+I_2=\frac{R_8-R_9}{R_6R_8}U_R \tag{1-18}$$

上式中，$R_6=R_9=10\text{k}\Omega$，$R_8=60.4\text{k}\Omega$，$U_R=3.2\text{V}$，均恒定不变，则 $I_1+I_2=0.267\text{mA}$ 为一常数。

假定 I_1+I_2 增加，使$U_{i1}>U_{i2}$，IC_1 的输出U_{o1}减小（U_{o1}是以 IC_1 的电源正极为基准），从而使振荡器的振荡幅值减小，变压器 T_1 输出电压幅值减小，直至 I_1+I_2 恢复到原来的数值。显然，这是一个负反馈的自动调节过程，最终使 I_1+I_2 保持不变。

设 $K_3=\frac{R_8-R_9}{R_8R_6}U_R$，再将式（1-18）代入式（1-14）得

$$I_i=I_2-I_1=K_3\frac{C_{i2}-C_{i1}}{C_{i2}+C_{i1}} \tag{1-19}$$

上式表明，转换电路的输出差动电流与差动电容相对变化值之间为线性关系。

4. 线性调整电路

在上述分析中，差动电容的相对变化量，并未考虑分布电容的影响。事实上，由于分布电容 C_0 的存在，差动电容的相对变化量变为

$$\frac{(C_{i2}+C_0)-(C_{i1}+C_0)}{(C_{i2}+C_0)+(C_{i1}+C_0)}=\frac{C_{i2}-C_{i1}}{C_{i2}+C_{i1}+2C_0}$$

由上式可知，在相同输入差压 Δp_i 的作用下，分布电容 C_0 将使差动电容的相对变化量减小，使 $I_i=I_2-I_1$ 减小，从而给变送器带来非线性误差。为了克服这一误差，保证仪表

精度，因而在电路中设置了线性调整电路。

该电路采用提高振荡器输出电压幅度，以增大解调器输出电流的方法，来补偿分布电容所产生的非线性。线性调整电路由 VD_9、VD_{10}、C_3、R_{22}、R_{23}、W_1 等元件组成，其原理简图如图 1-12 所示。

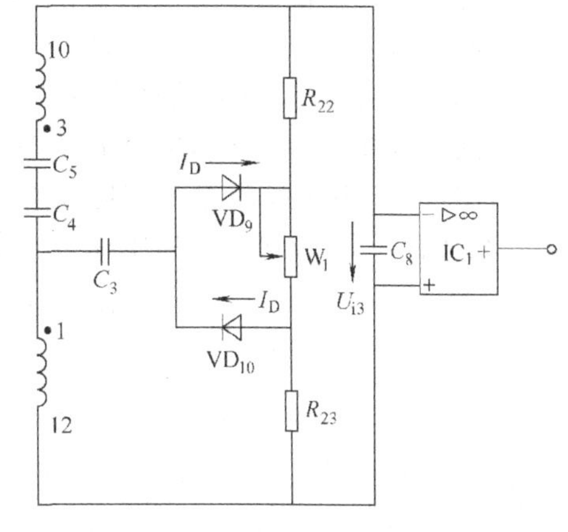

图 1-12　线性调整电路

绕组 3-10 和绕组 1-12 输出的高频电压经 VD_9、VD_{10} 半波整流，电流 I_D 在 R_{22}、W_1、R_{23} 形成直流压降，经 C_8 滤波后得到线性调整电压 U_{i3}。

$$U_{i3}=I_D(R_{W_1}+R_{23})-I_DR_{22}$$
$$=I_D(R_{22}+R_{W_1})-I_DR_{23}$$

因为 $R_{22}=R_{23}$，因此

$$U_{i3}=I_DR_{W_1} \tag{1-20}$$

由上式可见，线性调整电压 U_{i3} 的大小，通过调整 W_1 电位器的阻值 R_{W_1} 来决定；当 $R_{W_1}=0$ 时，$U_{i3}=0$，无补偿作用。当 $R_{W_1}\neq 0$ 时，$U_{i3}\neq 0$（U_{i3} 的方向如图 1-12 所示）。该调整电压 U_{i3} 作用于 IC_1 的输入端，使 IC_1 的输出电压降低，振荡器供电电压 U_{o1} 增加，从而使振荡器振荡幅度增大，提高了差动电流 I_i，这样就补偿了分布电容所造成的误差。

（三）放大电路

放大电路的作用是将转换电路输出的差动电流 I_i 放大并转换成 4～20mA 的直流输出电流 I_o。其电路原理如图 1-13 所示。

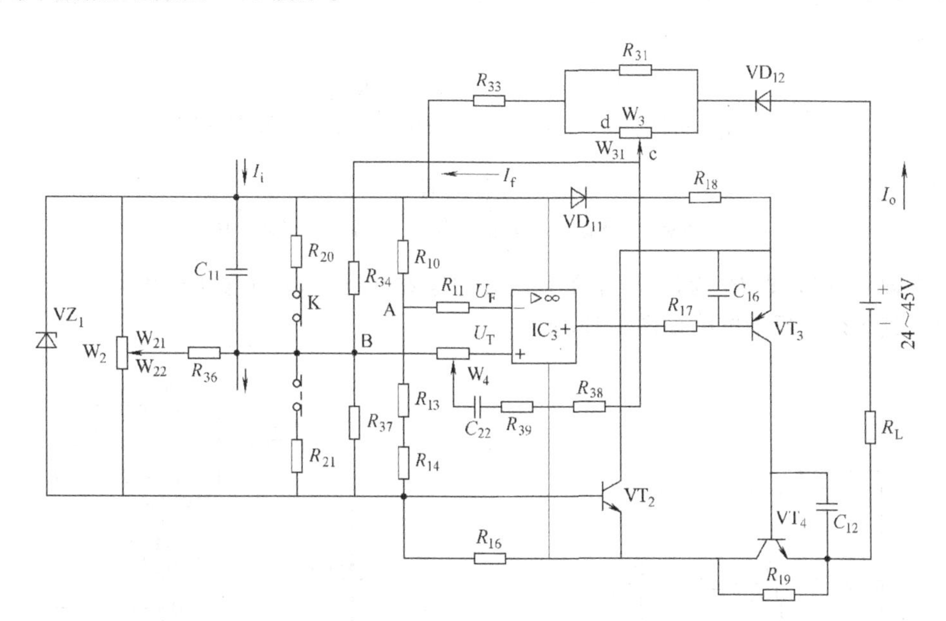

图 1-13　放大及输出限制电路原理图

放大电路主要由集成运算放大器 IC_3 和晶体管 VT_3、VT_4 等组成。IC_3 为前置放大器，VT_3、VT_4 组成复合管功率放大器，将 IC_3 的输出电压转换成变送器的输出电流 I_o。电阻 R_{31}、R_{33}、R_{34} 和电位器 W_3 组成反馈电阻网络，输出电流 I_o 经这个网络分流，形成反馈电流 I_f，I_f 送至放大器输入端，构成深度负反馈，从而保证输出电流 I_o 与输入差动电流 I_i 之

间成线性关系。调整电位器 W_3，可以调整反馈电流 I_f 的大小，从而调整变送器的量程。

电路中 W_2 为零点调整电位器，用以调整输出零点。开关 K 为正、负迁移调整开关，用 K 接通 R_{20} 或 R_{21}，实现变送器的正向或负向迁移。

下面分析放大电路输出电流 I_o 与输入差动电流 I_i 的关系。

由图可知，IC_3 反相输入端电压 U_F 是 VZ_1 稳定电压 V_{VZ_1} 通过 R_{10}、R_{13}、R_{14} 分压值 U_A 与晶体管 VT_2 发射结正向压降 U_{be_2} 之和，即

$$U_F=U_A+U_{be_2}=U_{VZ_1}\frac{R_{13}+R_{14}}{R_{10}+R_{13}+R_{14}}+U_{be_2}=6.4\frac{10+30}{10+10+30}+0.7=5.5\ (\mathrm{V})$$

式中，U_{VZ_1} 为稳压管 VZ_1 的稳压值，实际值为 6.4V；U_A 是相对 U_{VZ_1} 负极对 A 点电压，该电压进入了 IC_3 的共模输入电压范围之内，从而保证了集成运算放大器的正常工作。

IC_3 同相输入端电压 U_T 是 B 点电压 U_B 与 U_{be_2} 之和。U_B 是由三个信号叠加而成，即

$$U_B=U_i+U_z+U_f \tag{1-21}$$

式中，U_B 为相对 U_{VZ_1} 负极对 B 点电压；U_i 为解调器输出差动电流 I_i 在 B 点产生的电压；U_z 为调零电路在 B 点产生的调零电压；U_f 为负反馈电路的反馈电流 I_f 在 B 点产生的电压。

在求取 U_i 电压时，设 R_i 为并在 C_{11} 两端的等效电阻（见图 1-11），则

$$U_i=-I_iR_i \tag{1-22}$$

式中，U_i 为负，因为 C_{11} 上的压降为上正下负，即 B 点电压随 I_i 的增加而降低。

在求取 U_z 电压时，设 R_z 为计算 U_z 在 B 点处的等效电阻，其等效的调零电路如图 1-14 所示。则

$$U_z=\frac{U_{VZ_1}}{R_{W_{21}}+R_{W_{22}}//(R_{36}+R_z)}\times\frac{R_{W_{22}}}{R_{W_{22}}+R_{36}+R_z}R_z=\alpha U_{VZ_1} \tag{1-23}$$

式中
$$\alpha=\frac{R_{W_{22}}R_z}{[R_{W_{21}}+R_{W_{22}}//(R_{36}+R_z)](R_{W_{22}}+R_{36}+R_z)}$$

在求取 U_f 时，设 R_f 为计算 U_f 在 B 点处的等效电阻，R_d 为电位器滑动触点 c 和 d 之间的电阻，其等效负反馈电路如图 1-15 所示。

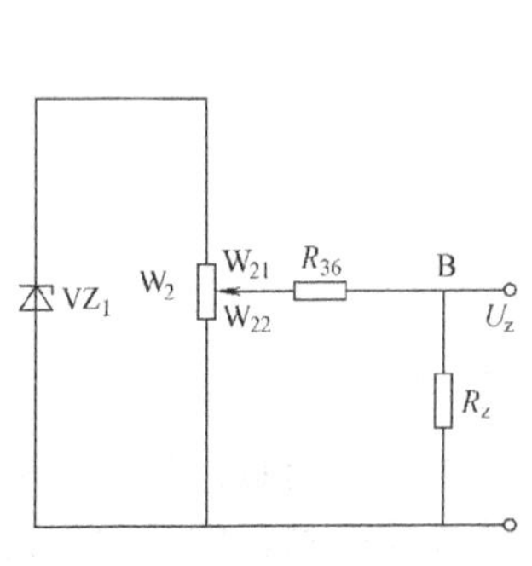

图 1-14 调零等效电路

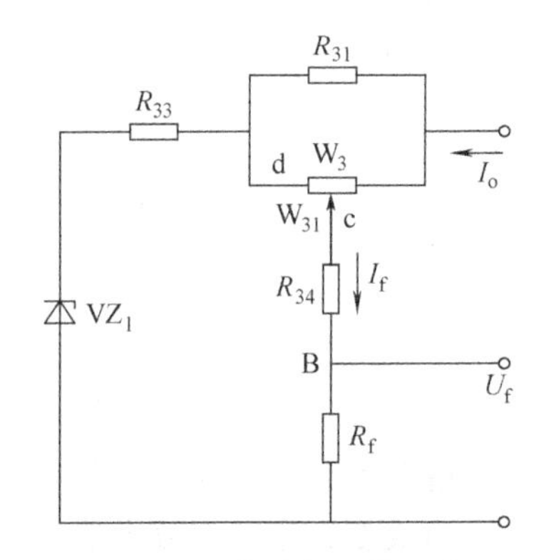

图 1-15 等效负反馈电路

根据 Δ-Y 变换方法可求得

$$R_{\mathrm{d}}=\frac{R_{\mathrm{W}_{31}}R_{31}}{R_{\mathrm{W}_3}+R_{31}}$$

由于 $R_{34}+R_{\mathrm{f}}\gg R_{\mathrm{d}}+R_{33}$，故可近似地求得反馈电流 I_{f} 为

$$I_{\mathrm{f}}=\frac{R_{\mathrm{d}}+R_{33}}{R_{34}+R_{\mathrm{f}}}I_{\mathrm{o}}$$

所以

$$U_{\mathrm{f}}=R_{\mathrm{f}}I_{\mathrm{f}}=R_{\mathrm{f}}\frac{R_{33}+R_{\mathrm{d}}}{R_{34}+R_{\mathrm{f}}}I_{\mathrm{o}}=\frac{R_{\mathrm{f}}}{\beta}I_{\mathrm{o}} \tag{1-24}$$

式中

$$\beta=\frac{R_{34}+R_{\mathrm{f}}}{R_{33}+R_{\mathrm{d}}}$$

当 IC_3 为理想运算放大器时，$U_{\mathrm{T}}=U_{\mathrm{F}}$（即 $U_{\mathrm{A}}=U_{\mathrm{B}}$），则

$$U_{\mathrm{A}}=U_{\mathrm{i}}+U_{\mathrm{z}}+U_{\mathrm{f}} \tag{1-25}$$

将 U_{i}、U_{z}、U_{f} 代入上式得

$$I_{\mathrm{o}}=\frac{\beta R_{\mathrm{i}}}{R_{\mathrm{f}}}I_{\mathrm{i}}+\frac{\beta}{R_{\mathrm{f}}}(U_{\mathrm{A}}-\alpha U_{\mathrm{VZ}_1}) \tag{1-26}$$

设 $K_4=\frac{\beta R_{\mathrm{i}}}{R_{\mathrm{f}}}$，$K_5=\frac{1}{R_{\mathrm{i}}}$，并将式（1-4）、式（1-9）、式（1-19）代入上式得

$$I_{\mathrm{o}}=K_1K_2K_3K_4\Delta p_{\mathrm{i}}+K_4K_5(U_{\mathrm{A}}-\alpha U_{\mathrm{VZ}_1}) \tag{1-27}$$

由式（1-27）可见以下几点。

① 变送器的输出电流 I_{o} 与输入差压 Δp_{i} 成线性关系。

② 式中，$K_4K_5(U_{\mathrm{A}}-\alpha U_{\mathrm{VZ}_1})$ 为调零项，在输入差压为下限值时，调整该项使变送器输出电流为 4mA；α 值通过调整 W_2 和 K 接通 R_{20} 或 R_{21} 来实现；当 R_{20} 接通时，α 增加，则输入差压 Δp_{i} 增加（保证输出电流 I_{o} 不变），从而实现正向迁移；当 R_{21} 接通时，α 减小，则输入差压 Δp_{i} 减小，从而实现负向迁移。

③ $K_4=\frac{\beta R_{\mathrm{i}}}{R_{\mathrm{f}}}$，改变 β 值，可改变变送器量程，通过调整电位器 W_3 来实现。

④ 调整 W_3（改变 β 值），不仅调整了变送器的量程，而且也影响了变送器的零位信号，同样，调整 W_2 不仅改变变送器的零位，同时也影响变送器的满度输出，但量程不变。因此，在仪表调校时要反复调整零点和满度，直至都满足要求为止。

（四）其他电路

1. 输出限制电路

输出限制电路由晶体管 VT_2、电阻 R_{18}、二极管 VD_{11} 等组成，如图 1-16 所示。

输出限制电路的作用是防止输出电流过大，损坏变送器的元器件。当变送器正向压力过载或因其他原因造成输出电流超过允许值时，电阻 R_{18} 上压降加大，因为 U_{AB} 恒定为 7.1V 左右，迫使晶体管 VT_2 的 U_{ce2} 下降，使其工作在饱和区，所以流经 VT_2 的电流减小；同时，晶体管 VT_3、VT_4 也失去放大作用，从而使流过 VT_4 的电流受到限制。当 $R_{18}=220\Omega$ 时，其实际限制电流值为

$$I_{\mathrm{o}}'=\frac{U_{\mathrm{AB}}-U_{\mathrm{VD}_{11}}-U_{\mathrm{ces2}}}{R_{18}}=\frac{7.1-0.7-0.3}{220}=28.7\ (\mathrm{mA})$$

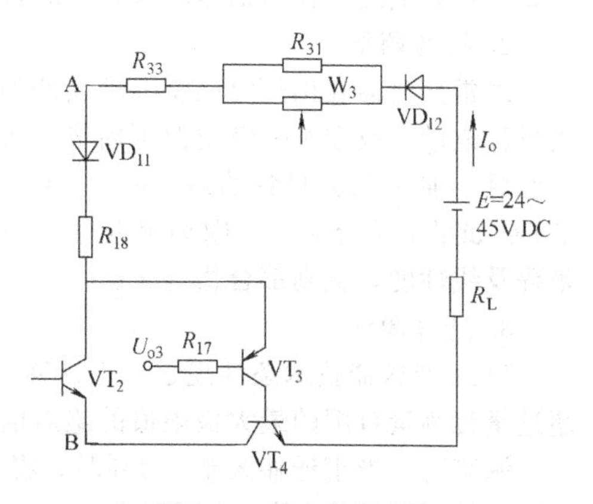

图 1-16　输出限制电路

式中，$U_{VD_{11}}$为二极管 VD_{11}上管压降，取 $U_{VD_{11}}=0.7V$；U_{ces2}为晶体管 VT_2 的饱和压降，$U_{ces2}=0.3V$。

可见，输出限制电路远远满足输出电流不大于 30mA 的指标要求。

2. 阻尼电路

阻尼电路由 R_{38}、R_{39}、C_{22}和 W_4 组成，用于抑制变送器输出因被测差压变化所引起的波动。调节 W_4 可改变动态反馈量，阻尼调整范围为 0.2～1.67s。

3. 反向保护电路

VD_{12}用于在指示仪表未接通时，为输出电流提供通路，同时当电源接反时，起反向保护作用。VZ_2 除起稳压作用外，当电源反接时，它还提供反向通路，以防止器件损坏。

4. 温度补偿电路

R_1、R_4、R_5、热敏电阻 R_2 用于量程温度补偿；R_{27}、R_{28}、热敏电阻 R_{26}用于零点温度补偿。

三、调校

（一）调校接线

1151 电容式差压变送器校验接线如图 1-17 所示。

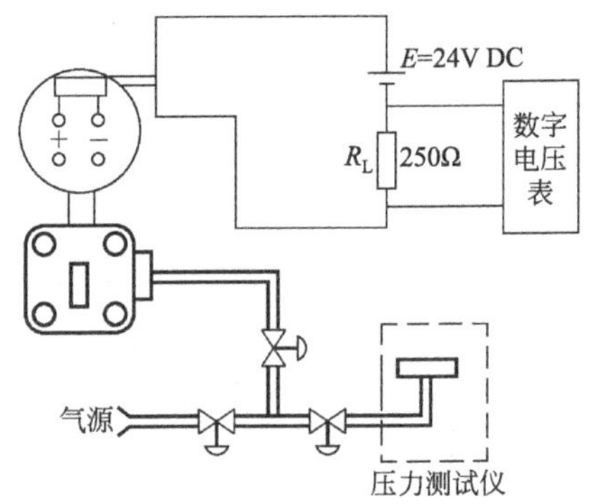

图 1-17　1151 电容式差压变送器校验接线

（二）调校方法

在对变送器进行调校之前，先将阻尼电位器 W_4 按逆时针方向旋到极限位置，使阻尼关闭；并接通电源 15～30min 后开始调校。

1. 零点、量程调整

首先将迁移取消（即将迁移插头插到无迁移的中间位置上，断开正、负迁移电阻 R_{20}、R_{21}），然后进行零点、量程等项调整。

让输入信号 Δp_i 为满量程值，调整量程螺钉，使输出电流为 20mA，即电压表指示为(5±0.004)V DC。

让输入信号 $\Delta p_i=0$，调整零点螺钉，使输出电流为 4mA，即电压表指示为（1±0.004)V DC。因为调整量程螺钉时将影响零点输出，而调整零点螺钉时不影响量程范围，所以，零点和满度要反复调整，直至都符合要求为止。

零点和量程调整螺钉位于变送器电气壳体的铭牌后面，上方为调零点螺钉，标记为 Z，下方为调量程螺钉，标记为 R。移开铭牌即可进行调整。输入差压 Δp_i 不变时，顺时针转动调整螺钉，变送器输出信号增大，逆时针转动则输出信号减小。

2. 线性调整

通常变送器在出厂时已将线性度调到了最佳状态，一般不在现场调整，如果实际使用时需量程改动，或在某一特定范围内线性要求较高时，可按下述步骤进行调整：在调好零点和量程后，加入 50%量程的差压信号，此时输出电流应为 12mA，即电压表指示（3±0.004）V DC 如果不符合要求，则调整线性电位器 W_1，直到满足要求为止，然后重复检查零点、量程及线性度，直到都合格为止。

3. 迁移调整

1151 变送器技术条件规定，正迁移可达 500%，负迁移可达 600%。但是被测差压不能超过量程测量范围的最大极限值的绝对值，也不能压缩到允许最小测量范围的绝对值以下。

调整时，当正迁移大于 300%时，将迁移插头插到 SZ 侧；当负迁移大于 300%时，将迁移插头插到 EZ 侧。然后，输入测量下限差压信号 Δp_{imin}，调整零点螺钉，使输出电流 I_o

为 4mA。若迁移量较小，可直接通过调整零点螺钉来实现。

迁移调整正确后，根据实际测量范围（$\Delta p_{imin} \sim \Delta p_{imax}$）再复校零点和满度（一般无须调整）。

4. 改变量程

1151 变送器量程调整的范围均很宽，除微差压外，所有的变送器都可在最大量程和最大量程的$\frac{1}{6}$范围内连续调整。为使调整迅速，可按下述原则进行改变量程的调整。

① 调整零点。取消原有正、负迁移量，输入差压 $\Delta p_i=0$，顺时针调整零点螺钉，使输出电流 I_o 为 4mA，即电压表指示为 (1±0.004)V DC。

② 调整量程到需要值。若量程缩小，则当输入差压 Δp_i 为零时，顺时针转动量程螺钉，使输出电流 $I_o=\frac{原有量程}{所需量程}\times 4mA$；若量程增大，则当输入差压 Δp_i 为原有量程差压值时，逆时针转动量程螺钉，使输出电流 $I_o=\frac{原有量程}{所需量程}\times 20mA$。

③ 复校零点和满度，最后进行零点迁移调整。

5. 阻尼调整

放大器板上装有阻尼调整电位器 W_4，用来抑制由被测差压引起的输出快速波动。其时间常数在 0.2s（正常值）和 1.67s 之间连续可调。出厂时，调整到逆时针极限位置上，时间常数为 0.2s。由于变送器的静态精度不受阻尼调整的影响，所以阻尼调整可根据需要在现场进行。

阻尼调整电位器最大转动角度为 280°，两端有止挡，强拧容易损坏电位器。

四、故障检查与排除方法

1151 电容式变送器无机械传动部分，敏感组件采用全焊接结构。转换部分线路板采用波峰焊接，接插式安装。坚固、耐用，故障甚少。如果发现运行中的变送器工作不正常时，首先应排除现场故障。再不正常，属变送器本身故障，需把变送器从现场拆下送到实验室进行检查和故障排除。检查时按校验原理接好电路和测压回路。

（一）故障现象：通电后无输出

1. 检查方法

① 用数字电压表检查电源端子电压，特别要注意极性。电源端子上无电压或极性接反时，整机将无输出。

② 检查插针 12-7 之间电压，如果无电压，则二极管 VD_{12} 断开。这时可用短路线将测试端子短接（如带指示表，将指示表取下后检查）。

③ 断电，用欧姆表检查插针 12 与右侧测试端、检查左侧测试端与正电源端、检查插针 7 与负电源端。其中有一项断开时，整机无输出。

④ 断电，用欧姆表检查插针 12-9。其阻值约为 180Ω，断开时，整机无输出。

2. 故障排除方法

将接插件插实；更换放大线路板。

（二）故障现象：通电后输出大于 20mA

1. 检查方法

① 先调整零点螺钉，但输出仍很大，输入差压变化时，输出也无反应，这样需对线路进行检查。

② 断电，用万用表欧姆挡检查插针 9 与 7，黑笔接 7，红笔接 9，这时阻值应小，反之

阻值大。如果正反测试阻值均小，则稳压管 VZ_2 短路，或者漏电流大，VZ_2 短路或漏电流大均使输出大。

③ 通电，用数字电压表检查插针 9-11 端电压，如果大于 6.8V，则 VZ_1 稳压管坏。如果小于 6.8V，则 VZ_1 稳压管好。再检查 U_{R18}，如果 $U_{R18}<2V$，VZ_2 漏电。再检查 IC_3 的 6-7 端电压，当大于 3V 时，则 IC_3 或 W_4 有故障，如果 6-7 端电压小于 2V，则晶体管 VT_3、VT_4 有故障。

2. 故障排除方法

需更换放大线路板。

（三）故障现象：通电后输出很小（小于 4mA），输入差压变化时输出无反应

1. 检查方法

① 通电，检查振荡控制部分，IC_1 的 6 端与 7 端电压应为 3～5V DC。变压器 T 1-12 的峰-峰值 U_{pp} 应为 25～35V。频率约为 32kHz。如果这些数值不对，断电，用万用表检查 VT_1、T_1、R_{28}、R_{30}。

② 如果振荡器工作正常，就要检查 IC_3、VT_3、VT_4；通电，检查 IC_3 的 6-7 端电压，如果小于 2V，则 IC_3 有故障。另外，VT_3、VT_4 或变压器开路也是造成输出信号减小的重要原因。

2. 故障排除方法

需要更换放大线路板。

（四）故障现象：通电后输出不稳定

故障原因：C_{22} 漏电，或者是 IC_3、C_{14}、C_{17} 质量不好。

排除方法：更换放大线路板。

（五）故障现象：输入差压变化时，输出有反应；但调整调零、调量程螺钉时，输出无反应

故障原因：调零、调量程电位器损坏。

排除方法：更换校验板。

（六）故障现象：调线性电位器时，输出无反应

故障原因：线性电位器 W_1 断开引起，或是线性电路有故障。

排除方法：更换放大线路板。

（七）变送器测量部分的检查

变送器测量部分的故障，同样是引起变送器工作不正常的重要原因。测量组件采用全焊接结构，无法修理，可以从以下几方面检查。

① 拆下法兰，检查传压膜片是否碰坏或漏油。

② 拆下补偿板，敏感元件不需要从放大器壳体取下。检查插针对壳体的绝缘电阻，除第 8 针对壳体短接外，其余绝缘电阻均大于 100MΩ（用电压小于 100V 的兆欧表测量）。

③ 短接插针 1-2，检查此点对壳体的电容，约为 150pF；短接插针 3-4，检查此点对壳体的电容约为 150pF。

以上如有故障，必须更换。

总之，当变送器工作不正常时，使用者一定要仔细分析，按序检查，逐个排除。

第三节　其他差压变送器简介

一、扩散硅式差压变送器

扩散硅式差压变送器是无杠杆系统，微位移式两线制差压变送器。它采用硅杯压阻传感

器为敏感元件，具有体积小、重量轻、结构简单、稳定性好和精度高等优点。

扩散硅式差压变送器由测量部件和放大电路两部分组成。

（一）测量部件

测量部件结构如图 1-18 所示。

测量部件由正、负压导压口，隔离膜片，硅杯，支座，玻璃密封，引线等构成。硅杯是敏感元件，它是由两片研磨后的硅应变片胶合而成，按平衡电桥四个臂的要求对称分布，它既是弹性元件又是检测元件。当硅杯受压时，压阻效应作用使其扩散电阻（即应变电阻）阻值发生变化，使检测桥路失去平衡，产生不平衡电压输出。

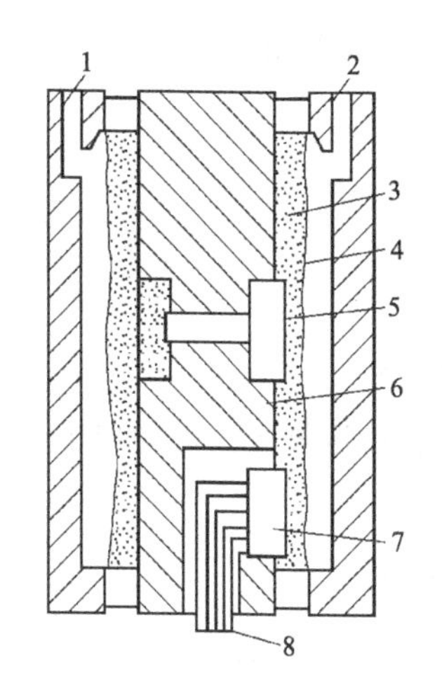

图 1-18 测量部件结构

1—负压导压口；2—正压导压口；3—硅油；4—隔离膜片；5—硅杯；6—支座；7—玻璃密封；8—引线

硅杯两面浸在硅油中，硅油和被测介质之间用金属隔离膜片分开。硅杯上各应变电阻通过金属丝连到印刷线路板上，再穿过玻璃密封部分引出。当被测差压 Δp_i 作用于测量室内隔离膜片时，膜片通过硅油将压力传递给硅杯压阻传感器，于是电桥就有电压信号输出。

（二）电路原理

扩散硅式差压变送器的电路原理图如图 1-19 所示。

图中，R_A、R_B、R_C、R_D 为应变电阻，当 $\Delta p_i=0$ 时，$R_A=R_B=R_C=R_D$；I'是不平衡电桥供电恒流源，$I'=1\text{mA}$；I_1、I_2 分别为两个桥臂电流，$I_1=I_2=0.5\text{mA}$；R_0 为零点调整电阻；R_f 为量程调整电阻。

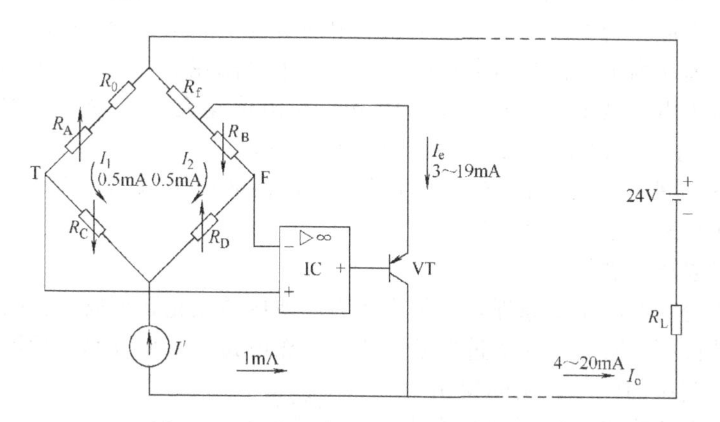

图 1-19 扩散硅式差压变送器电路原理图

当变送器输入差压信号 Δp_i 时，使硅杯受压，R_A、R_D 的阻值增加 ΔR，而 R_B、R_C 的阻值减小 ΔR，此时 T 点电位降低，而 F 点电位升高，于是电桥失去平衡而有电压输出。该信号经运算放大器 IC 和晶体管 VT 进行电压和功率放大后使输出电流 I_o 增加。在差压变化的量程范围内，晶体管 VT 的发射极电流 I_e 为 3～19mA，所以整机输出电流 I_o 为 4～20mA。

输入输出关系分析如下。

被测差压信号 Δp_i 与应变电阻变化值之间关系可写成

$$\Delta R=K_1\Delta p_i \tag{1-28}$$

式中，K_1 为差压-电阻转换系数；ΔR 为应变电阻变化值。

根据图 1-19 可得

$$U_T = -I_1(R_A + \Delta R + R_0) \tag{1-29}$$

$$U_F = -I_2(R_B - \Delta R) - (I_2 + I_e)R_f$$

因为

$$I_2 + I_1 + I_e = I_o$$

所以

$$U_F = -I_2(R_B - \Delta R) - (I_o - I_1)R_f \tag{1-30}$$

设 IC 运算放大器为理想运算放大器，则

$$U_F = U_T$$

可得

$$I_o = K_2 \Delta R + \frac{1}{2}K_2(R_0 + R_f) \tag{1-31}$$

式中，$K_2 = \frac{1}{R_f}$，为应变电阻变化量的电阻值与输出电流转换系数。

将式（1-28）代入式（1-31）可得

$$I_o = K_1 K_2 \Delta p_i + \frac{1}{2}K_2(R_0 + R_f) \tag{1-32}$$

由式（1-32）可知以下几点。

① 被测差压与输出电流成线性关系。

② 式中，$\frac{K_2}{2}$（$R_0 + R_f$）为零点调整或零点迁移项，调整电阻 R_0 可以调整零点或进行零点迁移。

③ R_f 为负反馈电阻，改变其阻值的大小，可改变变送器量程。因为 R_f 作为电桥桥臂电阻的一部分，而晶体管的发射极又接于该电阻的负端，因而 R_f 上将有 3.5～19.5mA 的电流流过。当输入差压增加而使输出电流增加时，这个电流在 R_f 上形成的压降会使 F 点电压降低，从而使输出电流减小，起到负反馈作用。R_f 阻值越大，K_2 越小，负反馈作用越强，所以调整 R_f 的大小，可改变 K_2 的大小，即可调整量程。

④ 调整量程时影响零点，调整零点时影响变送器的满度输出，但不影响量程，因此，仪表调校时，应反复调整零点和满度值。

二、振弦式差压变送器

振弦式差压变送器的基本原理，就是将压力或差压的变化转换成振弦张力的变化，从而使振弦的固有谐振频率变化，并通过振弦去改变谐振电路的谐振频率。检测出这个电信号的频率就检测到了差压的大小。实际使用中可以将这个频率直接输出，也可以变换成电流输出。

（一）检测器的结构

图 1-20 所示为振弦式差压变送器的检测器结构原理图。图中，振弦被拉紧在永久磁铁（S、N）产生的磁场中。振弦的右端与受压元件连接，接点可随受压元件移动并经受压元件接地。左端是固定的，但与振荡电路连接。因此，振荡电路的输出电流（i）可经振弦到地形成闭合回路。

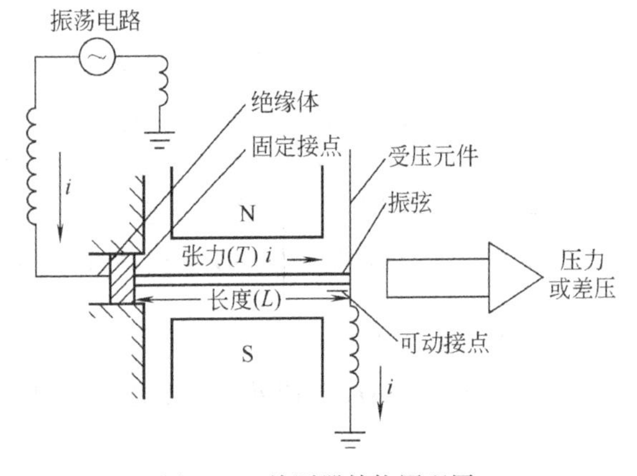

图 1-20　检测器结构原理图

图 1-20 中所示受压元件为膜片，在实际使用中，也有采用膜盒、波纹管和螺旋波登管的。

图 1-21 所示为膜盒型检测器结构示意图。图中，振弦被张紧在膜盒中部，高压侧和低压侧膜片都分别封入填充液，并由导压孔沟通传递压力。振弦的可动端在低压侧，当差压或压力作用于高压侧膜片时，经过填充液传递压力，将低压膜片向外压去，使振弦受到张力。

（二）信号变换过程

图 1-22 所示为压力或差压变换成电振荡频率，再变成电流的过程。

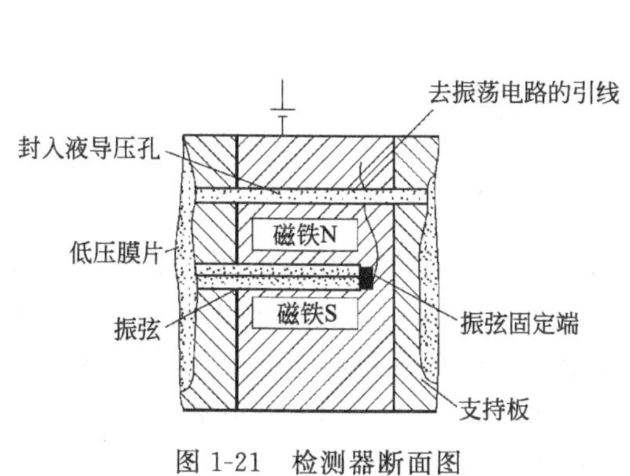

图 1-21 检测器断面图

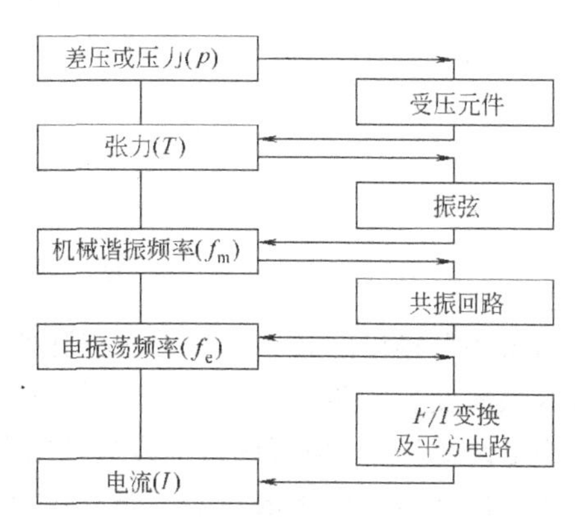

图 1-22 压力-电流变换过程

1. 压力或差压变换成张力

图 1-20 已经表明，差压或压力经受压元件变换成图示箭头方向的集中力，这个力显然与压力或差压成正比。由于振弦的一端固定，一端焊在受压元件上，振弦上就受到一个张力，其大小等于受压元件变换来的集中力。

若设张力为 T，压力或差压为 p，则有

$$p \propto T \tag{1-33}$$

2. 张力变换成机械固有频率

振弦的机械固有频率（f_m）与张力（T）之间有如下关系。

$$f_m = \frac{1}{2L}\sqrt{\frac{T}{M}} \tag{1-34}$$

式中，L 为振弦长度；M 为振弦质量。

设振弦受张力时长度 L 及质量 M 并不变化，所以有

$$f_m \propto \sqrt{T} \text{或} f_m^2 \propto T$$

据式（1-33）可得振弦的机械固有频率（f_m）和压力（或差压）之间的关系为

$$f_m^2 \propto p \tag{1-35}$$

3. 机械固有谐振频率变换成电振荡频率

由图 1-20 可知，振弦上流过的电流是来自振荡器的交变电流，而振弦又置于永久磁铁形成的磁场中，于是振弦上就受到一个始终与磁场方向垂直的交变力作用，所以振弦就以电流频率振动。当振荡器电流的频率与振弦机械固有谐振频率相等时，振弦处于共振状态。当压力或差压变化引起张力变化时，振弦的机械固有谐振频率变化，从而使振弦的振动脱离共振状态。因为振弦也是振荡电路的一部分，通过反馈，就会使电振荡频率随之变化，以保持振弦在共振状态。即

$$f_m = f_e \tag{1-36}$$

因此

$$f_e^2 \propto p \tag{1-37}$$

这就是说振荡电路的频率（f_e）反映了压力或差压的大小，从而实现了压力-电信号的转换。频率（f_e）为检测器的输出。

4. 频率变成电流

图 1-23 所示为频率-电流变换原理示意图。

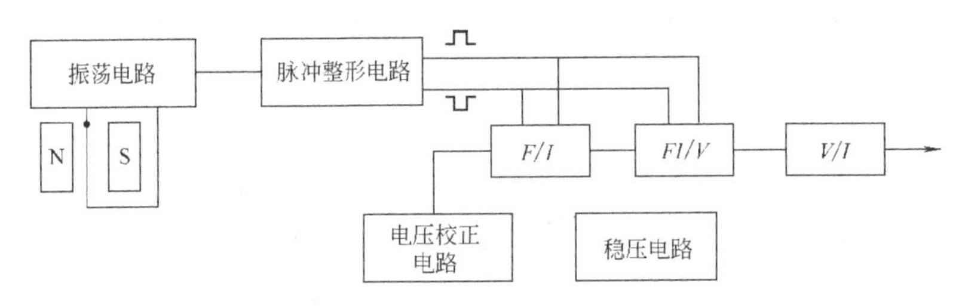

图 1-23 频率-电流变换原理

由振荡器输出的频率信号被送到脉冲整形电路，形成两个相位相反的频率信号，分别加到两级频率变换电路（F/I 及 FI/V），F/I 的输出与频率成正比，这个输出又加到下一级频率变换电路 FI/V，使其成为平方变换电路，所以第二级频率变换电路的电压输出与频率的平方成正比。这个电压进入 V/I 变换电路，以 4～20mA 或 10～50mA 的电流输出。于是有

$$p \propto T \propto f_m^2 = f_e^2 \propto I \tag{1-38}$$

即

$$p \propto I \tag{1-39}$$

可见，经过图 1-22 所示的一系列变换得到的振弦式差压变送器的输出电流（I）与输入压力或差压成正比。

三、DELTAPI K 系列电感式变送器

DELTAPI K 系列电感式变送器是英国肯特公司使用先进的测量技术设计而成。它以单元组合方式，用于过程控制系统中，能在各种危险或恶劣的工业环境中，为差压、压力、流量、液位和料位提供精确和可靠的测量。

K 系列电感式变送器采用统一的 4～20mA DC 标准输出信号，在系统中以二线制传输，兼容于所有二线制仪表。该变送器采用现场安装方式，在设计中考虑了安全火花防爆和防腐等特殊要求。K 系列变送器的品种规格齐全，基本上满足了工业过程检测和控制的要求。

（一）特点

K 系列变送器具有如下优点。

① 采用微位移式电平衡工作原理，没有机械传动、转换部分。

② 外形美观，结构小巧，重量轻。

③ 调整方便，零点、满量程、阻尼均在仪表外部调整，且零点和满量程调整时互不影响。

④ 具有独特的电感检测元件，敏感检测元件所在的测量头部分采用全焊接密封结构；计算机进行温度、压力补偿，不需要调整静压误差。

⑤ 除测量头部分外，零部件通用性高，均可互换。

⑥ 调整、维修方便。

⑦ 精度为 0.25%，MTBF≥15 年。

（二）工作原理

整机是由敏感元件——膜盒、放大器、显示表头、外壳和测量室等几大部分组成。

1. 测量部分

测量部分如图 1-24 所示，它主要由膜盒、敏感膜片、固定电磁电路、隔离膜片、灌充液、过程连接口等构成。

被检测的工业过程流体（液体、气体或蒸汽）的压力或差压通过膜盒的隔离膜片和灌充液（硅油）传递到中心敏感膜片上，从而使中心敏感膜片变形，即产生位移，其位移的大小与过程压力（或差压）成正比。中心敏感膜片的中央部位装有铁淦氧磁片，它与两侧固定的电磁回路组成一差动变压器。差动变压器电感量的变化与中心敏感膜片的位移量成正比，从而实现了将压力（或差压）变化转换成电参数（电感量）变化的目的。

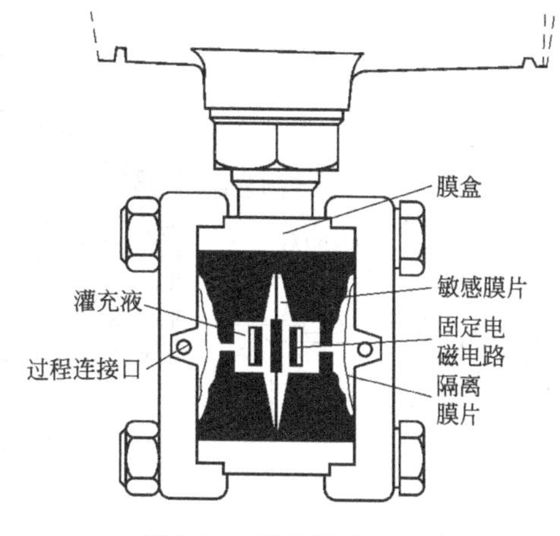

图 1-24　测量部分示意图

2. 结构组成

K 系列电感式变送器的组成部件图如图 1-25 所示。

（三）调校方法

1. 调校接线

K 系列电感式变送器调校接线如图 1-26 所示，它采用两线制接法，即电源与信号线共用两根导线。

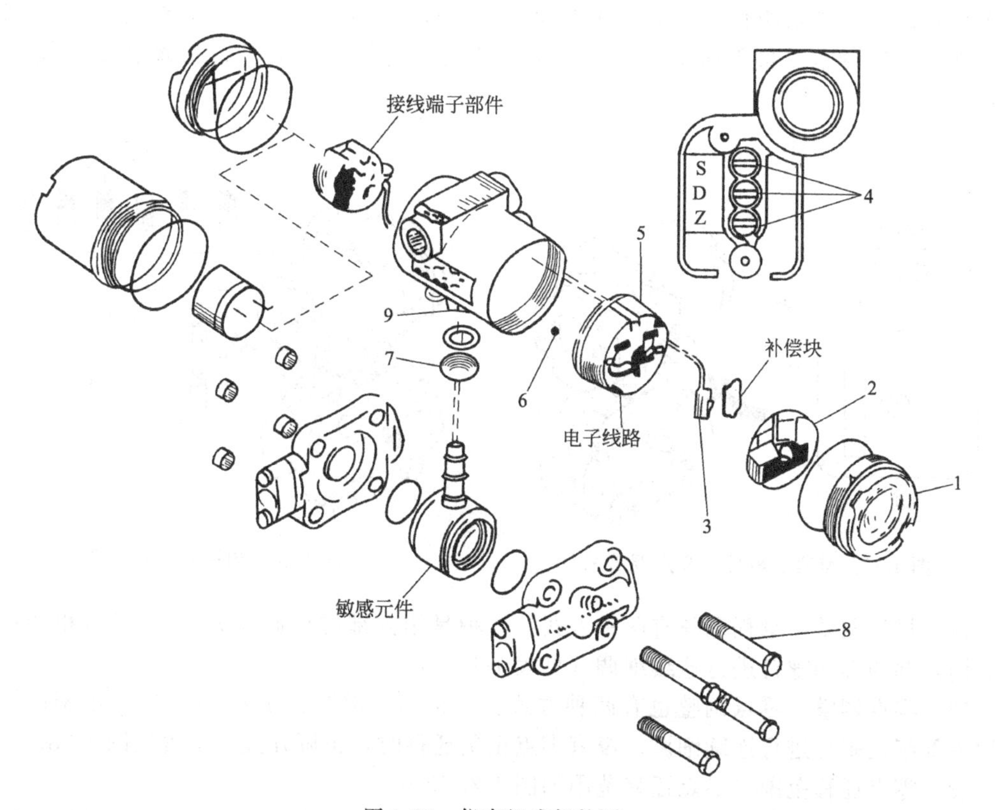

图 1-25　仪表组成部件图

1—盖；2—放大器盒盖；3—敏感元件输出电缆及插头；4—零点、阻尼、量程调节螺钉；5—放大器；6—定位螺钉；7—外壳锁紧螺母；8—容室紧固螺栓；9—外壳

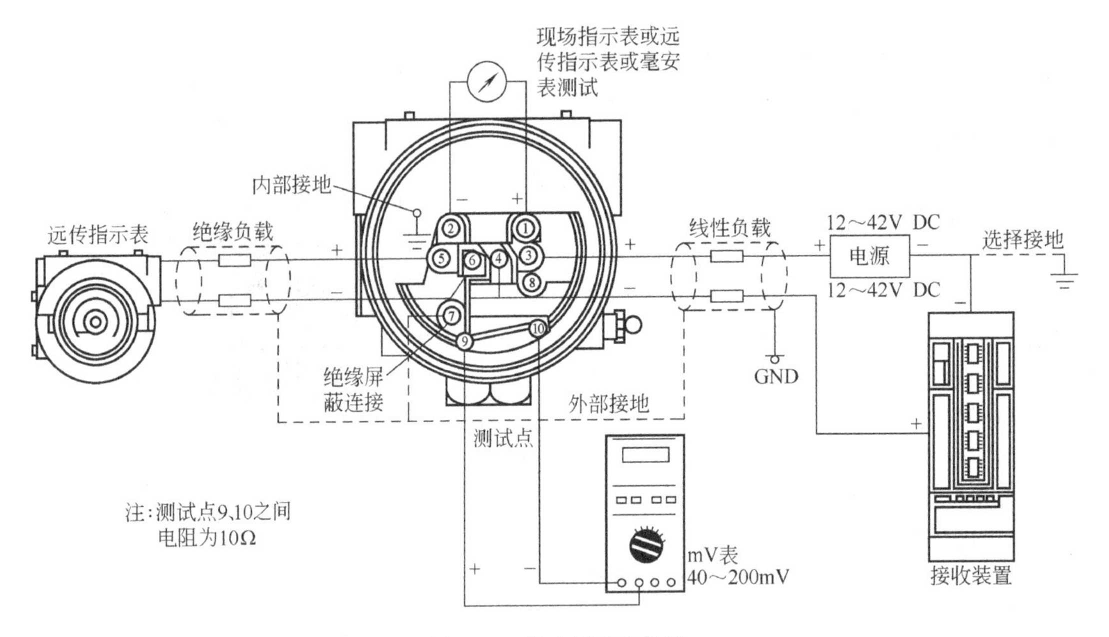

图 1-26 仪表测试接线图

2. 调校

零点、量程和阻尼细调是用细调螺钉进行调整的，细调螺钉可以从外部看到，并用一个可转动的调节盖板保护，如图 1-27 所示。拧松紧固螺钉后，逆时针方向旋转调节盖板，即可进行调整。量程和零点正、负迁移是用一组粗调开关进行选择调节，如图 1-28 所示。

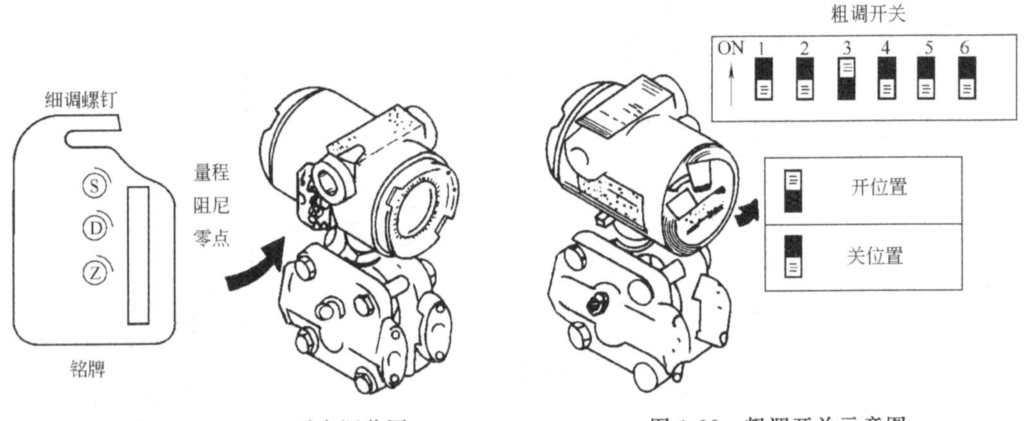

图 1-27 量程、阻尼、零点调节图　　图 1-28 粗调开关示意图

（1）量程调整　量程调整有两种方式：一种是用内部的粗调开关“6”进行粗调；另一种是用外部的细调螺钉进行连续细调（见表 1-1）。

（2）零点调整　零点调整也有两种方式：一是用内部开关 1-2-3-4-5 进行粗调；另一种是用外部细调螺钉进行连续细调。没有零点正负迁移时，粗调开关的位置见图 1-28。

（3）零点迁移范围　零点迁移范围如图 1-29 所示。

（4）零点负迁移范围　用内部粗调开关可实现零点负迁移的粗调整，迁移范围可达最大量程范围的 10%～50%。每一种量程范围选择可根据表 1-2 所示的内部开关位置确定。

表 1-1 量程调节

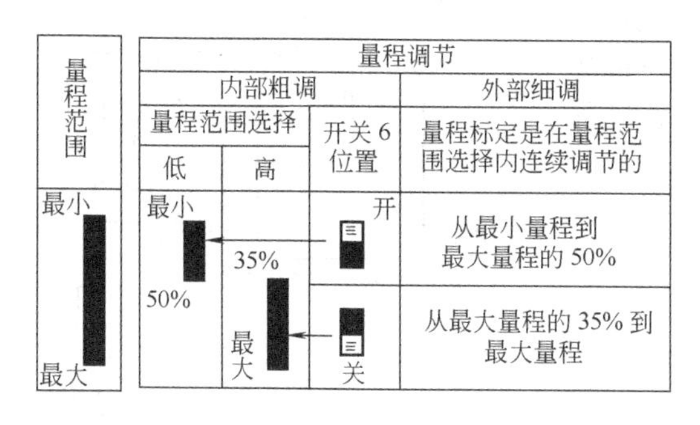

粗调开关位置						量程选择范围
1	2	3	4	5	6	
关	关	开	关	关	开	低
关	关	开	关	关	关	高

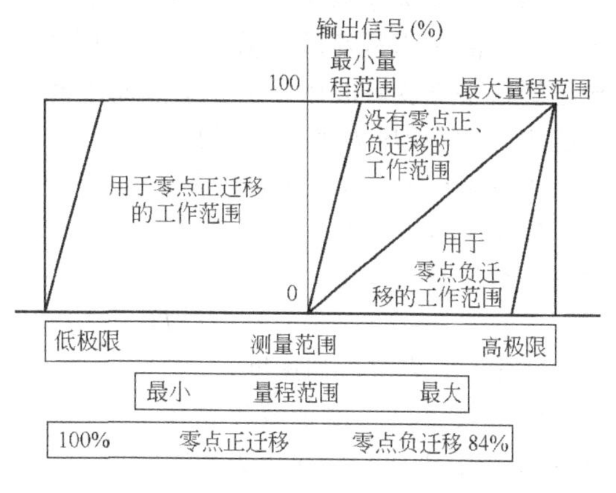

图 1-29 零点迁移范围（对于 K-DA 为 90%）

表 1-2 零点负迁移范围

粗调开关位置						量程范围选择	负迁移(约)/%
1	2	3	4	5	6		
关	关	关	开	关	开	低	10
关	关	关	开	关	关	高	10
关	关	关	关	开	开	低	50
关	关	关	关	开	关	高	50

(5) 零点正迁移范围　正迁移方法与负迁移相同，正常情况下最大正迁移为 70%（见表 1-3），通过粗调开关及外部细调螺钉可将正迁移量扩大为 100%。

表 1-3 零点正迁移范围

粗调开关位置						量程范围选择	正迁移(约)/%
1	2	3	4	5	6		
关	开	关	关	关	开	低	30
关	开	关	关	关	关	高	30
开	关	关	关	关	开	低	70
开	关	关	关	关	关	高	70

第四节 差压变送器的应用

在石油化工生产过程中，差压变送器经常用来与节流装置配合测量液体、蒸汽和气体流量，或用来测量液位、液体分界面及差压等参数。

一、应用举例

(一) 液位的测量

化工生产过程中常常需要测量储罐（槽）或反应设备的液位，普遍采用的仪表是差压变送器。

1. 差压变送器测量液位的原理

用差压变送器测量液位的原理可用图 1-30 表示。图中，被测液体蒸发后不易冷凝，差压变送器与液体导压管水平安装，液体导压管至液面距离为 H，液体密度为 ρ，气相压力为 $p_气$，则

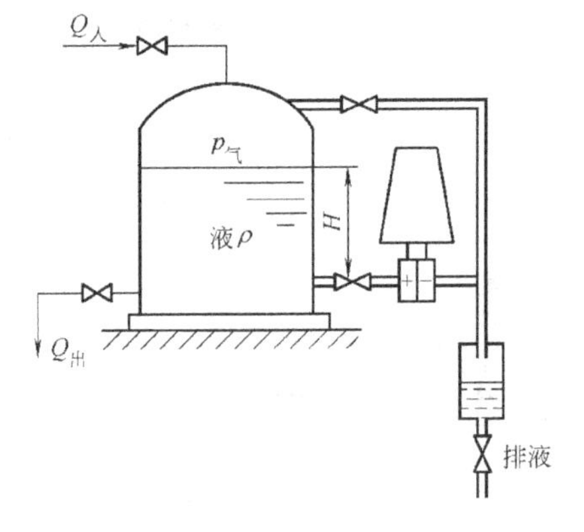

图 1-30 差压变送器测液位示意图

正压室压力 $p_1=p_气+H\rho g$

负压室压力 $p_2=p_气$

故正、负压室的差压为

$$\Delta p=p_1-p_2=H\rho g$$

式中，g 为重力加速度。

由上式可见，由于液体密度 ρ 一定，故差压 Δp 与液位高度 H 成一一对应关系，知道了差压值就知道了液位的高度，这样就把测量液位的问题归结为测量差压的问题。而用差压变送器可以很方便地把差压测量出来，并转换成统一标准信号。这就是差压变送器测量液位的原理。

2. 测量液位的迁移问题

用差压变送器或单法兰差压变送器测量液位时，因变送器安装位置低于零液位，于是便有液体进入变送器正压室或负压室中。因此，在液面处于零液位时，虽然被测液位发生的差压为零，但变送器测量膜盒感受的差压并不为零，而有一个附加差压存在，故应进行零点迁移。由于测量的具体情况不同，故有正迁移和负迁移两种。

（1）正迁移情况　被测介质无腐蚀性，气相又不冷凝，差压变送器安装位置低于设备下部取压口，如图 1-31 所示。

在液面处于零位（$H=0$）时，有

正压室压力 $p_1=\rho g(h_1+h_2)+p_气$

负压室压力 $p_2=p_气$

式中，ρ 为被测介质密度，kg/m^3；g 为重力加速度，$g=9.81m/s^2$；h_1 为零液位与下取压口高度差，m；h_2 为差压变送器安装位置与下取压口高度差，m；$p_气$ 为气相压力，Pa。

则迁移量 B 为

$$B=p_1-p_2=\rho g(h_1+h_2) \tag{1-40}$$

可见，此时为正迁移。

当液位处于测量上限 H 时，被测液体产生的压差为

$$\Delta p_{max}=\rho gH \tag{1-41}$$

式中，H 为液位测量范围。

此时，差压变送器测量膜盒承受的差压为

$$A=B+\Delta p_{max}=\rho g(h_1+h_2+H) \tag{1-42}$$

从以上分析可知，差压变送器的量程应按 Δp_{max} 的数值调校，迁移量应按 B 的数值调校。

（2）负迁移的情况　当被测介质有腐蚀性时，采用如图 1-32 所示的测液位装置。在工艺设备的上取压口和下取压口安装有隔离液装置，用以防止差压变送器和导压管被腐蚀。

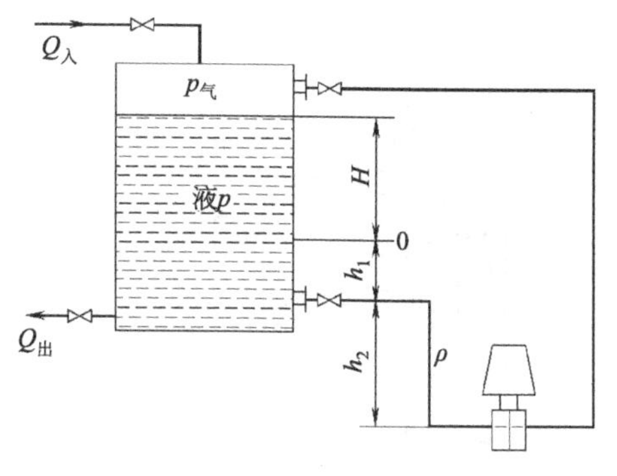

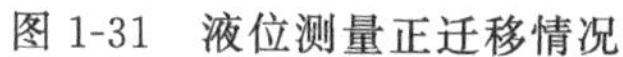
图 1-31　液位测量正迁移情况

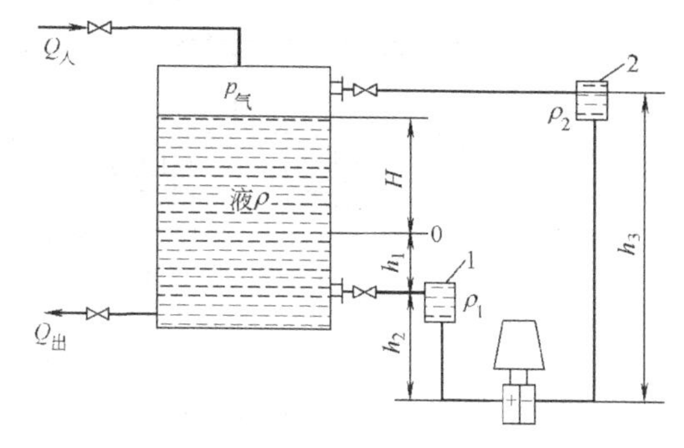

图 1-32　液位测量负迁移情况

因气相压力 $p_气$ 同时作用于测量膜盒的正、负压两侧而互相抵消，所以在求迁移量的计算公式时不再引入，而只计算由液柱产生的压力。

在零位液位时

正压室液柱压力　$p_1=\rho gh_1+\rho_1 gh_2$

负压室液柱压力　$p_2=\rho_2 gh_3$

式中，ρ 为被测介质密度，kg/m^3；ρ_1 为隔离液装置 1 中液体密度，kg/m^3；ρ_2 为隔离液装置 2 中液体密度，kg/m^3；h_1 为零位液面与下取压口高度差，m；h_2 为下取压口与变送器高度差，m；h_3 为上取压口与变送器高度差，m；g 为重力加速度，$g=9.81\text{m/s}^2$。

则迁移量为

$$B=p_1-p_2=g(\rho h_1+\rho_1 h_2-\rho_2 h_3) \tag{1-43}$$

因为 $\rho h_1+\rho_1 h_2<\rho_2 h_3$（一般 $\rho_2=\rho_1>\rho$），所以为负迁移。

当液位在测量上限 H 时，被测液体产生的差压为

$$\Delta p_{\max}=\rho gH \tag{1-44}$$

此时差压变送器测量膜盒承受的差压 A 为

$$A=B+\Delta p_{\max}=g(\rho h_1+\rho_1 h_2-\rho_2 h_3+\rho H) \tag{1-45}$$

可见，式（1-43）表示了差压测量范围的下限值，也就是在零液位时膜盒承受的差压值。式（1-45）表示差压测量范围的上限值，也就是在最高液位时膜盒承受的差压值。式（1-44）表示差压变送器量程的大小。

必须指出，用差压变送器或单法兰差压变送器测量液位时，其变送器安装位置不能高于零位液面。另外，变送器进行零点迁移后，其测量的上限值不能超过该表所规定的上限值；迁移后量程不得小于该表的最小量程。

（二）流量的测量

在化工生产过程中，差压变送器与节流孔板配套使用，被广泛用来测量管道中的流量。从节流原理知道，流体流经孔板后，在孔板两边就会产生压力差。当管道、孔板和工艺条件确定后，这个差压的大小与流量有一个确定的关系：$M=K_1\sqrt{\Delta p}$。这个差压可以通过差压变送器很方便地测量出来，于是流量也就随即确定。这就是用差压变送器测量流量的原理。其测量装置如图 1-33 所示。

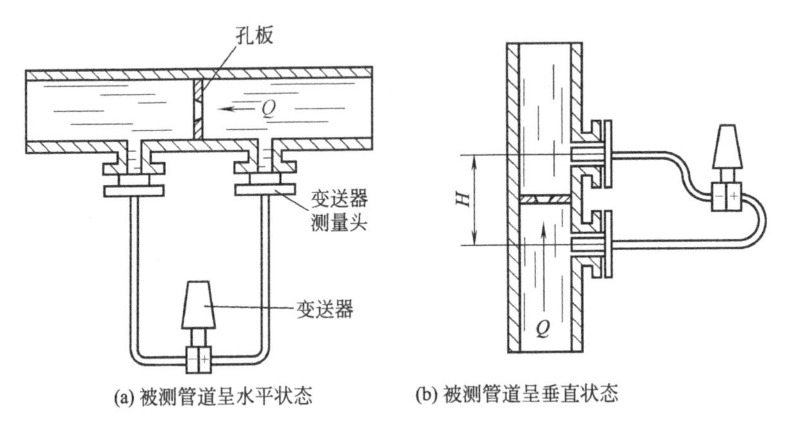

(a) 被测管道呈水平状态　　(b) 被测管道呈垂直状态

图 1-33　用差压变送器测量流量原理图

(三) 液体分界面的测量

图 1-34 为用差压变送器测量液体分界面的原理图。若上层液体的密度为 ρ_1、下层液体的密度为 ρ_2，其他参数如图所示。从图可知，变送器的正、负压室受力情况为

正压室压力

$$p_1=\rho_2 g H_0+\rho_1 g(h_0+h_1)$$

负压室压力

$$p_2=\rho_1 g(h_0+h_1+H_0)$$

正、负压室的压差为

$$\Delta p=p_1-p_2=H_0(\rho_2 g-\rho_1 g)$$

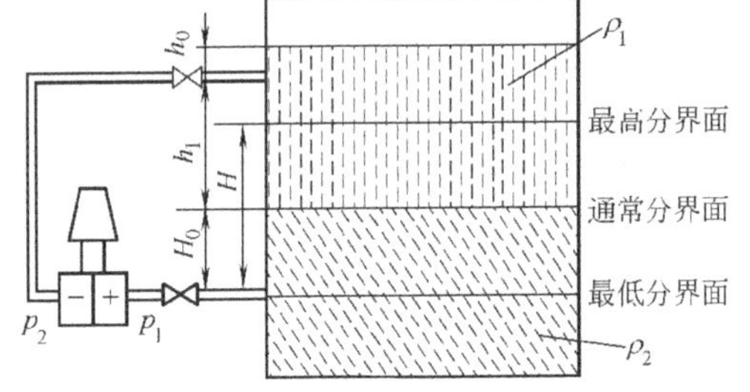

图 1-34　用差压变送器测量分界面原理图

因为 $\rho_2 g-\rho_1 g$ 是已知的，所以差压 Δp 与液体分界面 H_0 成一一对应关系，知道了差压就可以确定分界面高度。图中最高分界面为 H，故变送器量程为 $\Delta p_{max}=H(\rho_2 g-\rho_1 g)$。

二、差压变送器的选用原则

差压变送器的选型，一般应根据量程（或测量范围）、工作压力、防爆等级、防腐与安装要求而定。下面就精度要求、介质性质、量程与压力等确定差压变送器的选型作简要介绍。

(一) 按测量精度要求选型

① 对于一般性介质，在测量精度要求不高的场合，且气源又方便，则可选用气动差压变送器。

② 对于测量精度要求较高，环境温度变化又大，宜选用电容式、电感式、扩散硅式等差压变送器。

③ 对于测量精度要求很高，控制装置采用可编程调节器或集散型控制系统的，则可选用测量精度高、故障率低的智能型差压变送器。

(二) 按测量范围与工作压力选型

差压变送器的型号规格应根据工艺上要求测量的量程及工艺设备或管道内工作压力来确定。

① 变送器实际测量的量程应大于或等于仪表本身所能测量的最小量程，而小于或等于仪表本身所能测量的最大量程。变送器进行零点迁移后，实际测量的正、负极限值应小于或等于仪表本身所能测量的最高量程上限值。

② 变送器应用场合的实际工作压力（即静态工作压力）应小于或等于变送器所能承受的额定工作压力。

（三）按被测介质性质选型

① 被测介质黏度大，易结晶、沉淀或聚合引起堵塞的场合，宜采用单平法兰式差压变送器，如图 1-35 所示。

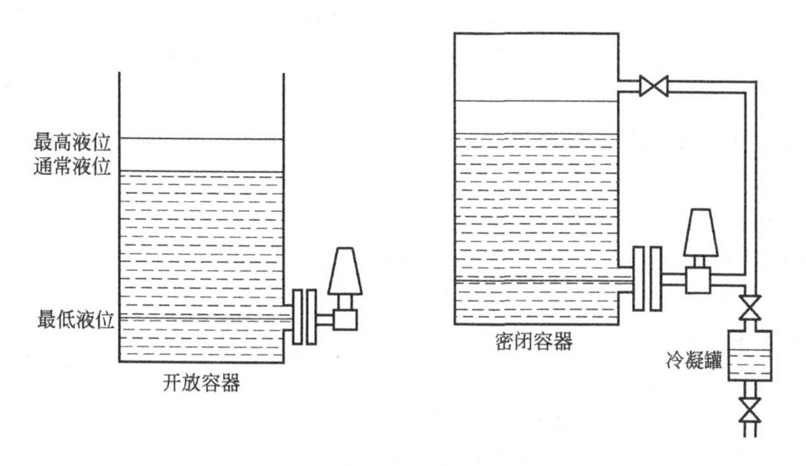

图 1-35 单平法兰式差压变送器测量液位

② 被测介质有大量沉淀或结晶析出，致使容器壁上有较厚的结晶或沉淀时，宜采用单插入式法兰差压变送器，如图 1-36（b）所示；若上部容器壁和下面一样，也有较厚的结晶层时，常用双插入式法兰差压变送器，如图 1-36（c）所示。

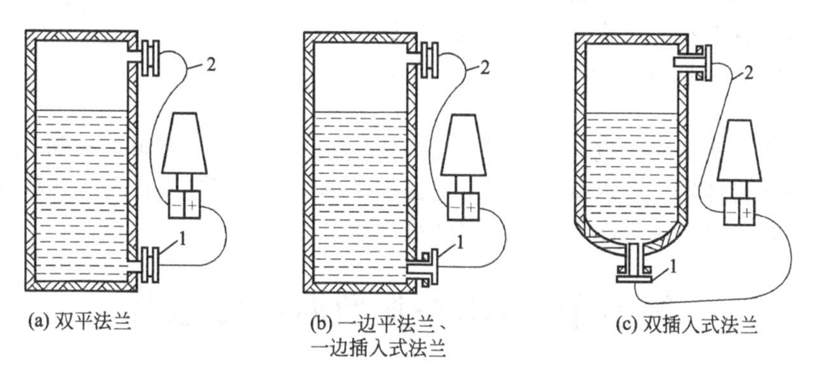

图 1-36 双法兰式差压变送器测量液位

1—法兰式测量头；2—毛细管

③ 被测介质腐蚀性较强而负压室又无法选用合适的隔离液时，可选用双平法兰式差压变送器，如图 1-36（a）所示。

三、差压变送器的安装

差压变送器与差压源之间导压管的长度应尽可能短，一般在 3～50m 范围内；其内径不宜小于 8mm；导压管应保持有不小于 1∶10 的倾斜度，即水平方向敷设 10m 时，其两端高度差为 1m。导压管的坡向应满足当被测介质为气体时，应能使气体中的冷凝液自动顺着导压管流回工艺管道或设备中去，所以变送器安装位置最好高于取压源，如在实际安装中做不到这一点，则应在导压管路的最低点装设液体收集器和排液阀门；当被测介质为液体时，应能使液体中析出的气体顺着导压管流回工艺管道或设备中去，否则应在导压管路的最高点装设气体收集器和放气阀门，所以变送器安装位置最好低于取压源。总之，导压管线的坡度和坡向，都是要保证在导压管线和差压变送器中只有单相介质（气相或液相）存在，以保证测量的稳定性和防止产生附加误差。

当被测介质为蒸汽时，在导压管路中应装冷凝容器，以防差压变送器因高温蒸汽进入而损坏。冷凝器安装位置，应保证两根导压管中的冷凝液液位长期保持在同一水平面上。从冷凝容器至变送器的导压管路，应按被测介质为液体时的要求敷设。

对于有腐蚀性的介质，在导压管路中应安装相应的隔离设备，以防差压变送器被腐蚀。在被测介质黏度很大、容易沉淀或结晶、气液相转换温度低、易自聚等情况下，也应采取相应的隔离设备，以防导压管被堵塞。

四、差压变送器使用时注意事项

① 差压变送器在使用前必须对其测量范围、零点迁移量、精度、静压误差等进行复校。

② 变送器安装后，开车之前还需检查一次各种变送器的工作压力、工作温度、测量范围、迁移量等，看是否和实际情况相符，若有不符之处，必须查明原因并纠正后才能开车。

③ 开启和停用时，应避免仪表承受单向静压。

为了避免使用时单向受压，每台差压变送器应附带一套三阀组件，通常把它安装在差压变送器的上方，如图 1-37 所示。其中阀 1 和阀 3 分别为高压和低压切断阀，阀 2 为平衡阀。平衡阀 2 在开表和停表时用以保护差压变送器和便于调零位。

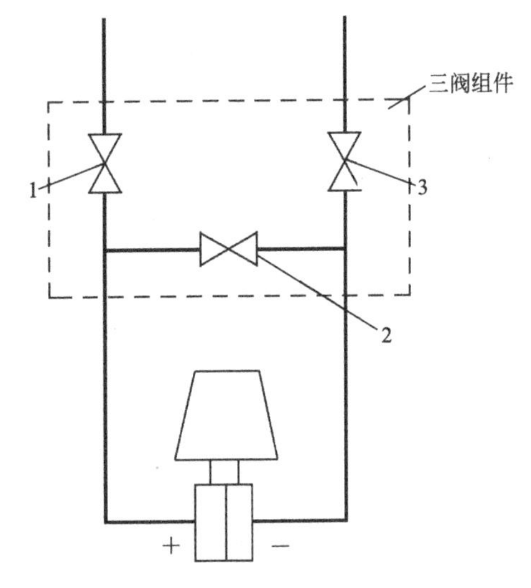

图 1-37　三阀组件

1—高压阀；2—平衡阀；3—低压阀

在开启差压变送器时，应先开平衡阀 2，然后再开阀 1 和阀 3；当阀 1 和阀 3 全开后，再关闭阀 2。

在停用差压变送器时，也应先打开平衡阀 2，然后再分别关闭阀 1 和阀 3。按以上顺序开启或停用差压变送器，可以避免差压变送器承受单向静压而过载；对于有冷凝液或隔离液的差压变送器，也可以避免冷凝液或隔离液被冲跑。

第五节　DDZ-Ⅲ型温度变送器

DDZ-Ⅲ型温度变送器属于控制室内架装仪表。它有三类品种：毫伏变送器、热电偶温度变送器、热电阻温度变送器。它的作用是将毫伏信号或经热电偶、热电阻检测出的温度信号线性地转换成 1～5V DC 或 4～20mA DC 的统一输出信号。

DDZ-Ⅲ型温度变送器具有如下主要特点。

① 采用低漂移、高增益的集成运算放大器，使仪表的可靠性和稳定性有所提高。

② 线路中采用了安全火花防爆措施，兼有安全栅的功能，所以能测量来自危险场所的直流毫伏信号或温度信号。

③ 在热电偶和热电阻温度变送器中设置了线性化电路，从而使变送器的输出信号和被测温度之间呈线性关系，提高了变送器精度，并方便指示和记录。

直流毫伏、热电偶、热电阻这三类变送器都采用四线制连接方式，在线路结构上都分为量程单元和放大单元两个部分。它们分别设置在两块印刷线路板上，用插件互相连接，其中放大单元是三者通用，而量程单元则随品种、测量范围的不同而不同。

变送器总体结构如图 1-38 所示。毫伏（或反映温度大小的 E_t、R_t 转换来的）输入信号 U_i 与桥路部分的输出信号 U_z' 及反馈信号 U_f' 相叠加，送入集成运算放大器进行电压放大，再由功率放大器和隔离输出电路转换成统一的 4～20mA 直流电流和 1～5V 直流电压输出。三类变送器的区别在于反馈回路，直流毫伏变送器的反馈回路是一个线性电阻网络，热电偶及热电阻变送器的反馈回路里有不同的线性化环节。

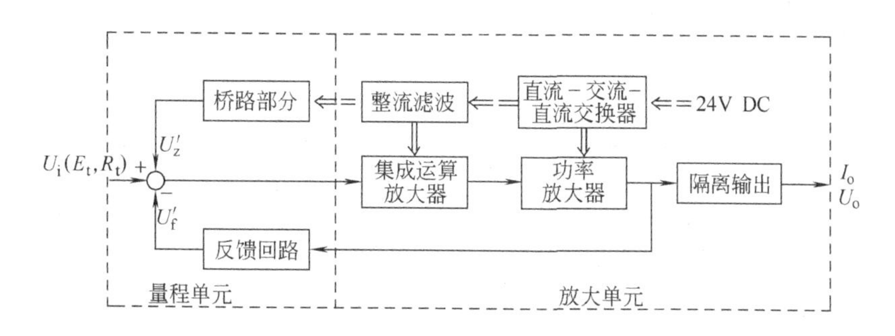

图 1-38　温度变送器结构框图

方框图中，空心箭头表示供电回路，实线箭头表示信号回路。

一、直流毫伏变送器

直流毫伏变送器原理电路如图 1-39 所示。由图可见，直流毫伏变送器由量程单元和放大单元两大部分组成。

（一）量程单元

直流毫伏变送器量程单元原理电路如图 1-40 所示。它包括信号输入回路①、调零电路②、反馈回路③三部分。

输入回路中的电阻 R_{i1}、R_{i2} 及稳压管 VZ_{i1}、VZ_{i2} 分别起限流和限压作用，它使流入危险场所的电能量限制在安全电平以下。R_{i1}、R_{i2} 与电容 C_i 组成低通滤波器，用以滤去输入信号 U_i 中的交流分量。

调零电路由电阻 R_{i3}、R_{i4}、R_{i5}、R_{i6}、R_{i7} 及零点调整电位器 W_i 等组成。它实质是一个桥路，基准电压 U_z 可由集成稳压器提供。这里场效应管 VT_z 和电阻 R_z 构成一个恒流源，给稳压管 VZ_z 提供一个稳定的工作点，从而提高了电压稳定度。

反馈回路由电阻 R_{f1}、R_{f2}、R_{f3} 及量程电位器 W_f 等组成，电位器滑动触点直接与运算放大器反相输入端相连。反馈电压 U_f 来自放大单元的隔离反馈部分，R_{f1} 电阻是反馈电压源内阻，其阻值远远小于电阻 R_{f2}。

电容 C_f 用来改善集成运算放大器 IC_2 的频率特性，以提高仪表的稳定性。

由图 1-40 可知，IC_2 同相输入端正电压 U_T 是输入信号 U_i 和调零信号 U_z' 共同作用的结果；而它的反相输入端电压 U_F（即 U_f'）则是分别由基准电压 U_z 和反馈电压 U_f 共同作用的结果。按叠加原理，运算放大器同相输入端和反相输入端的电压分别为

$$U_T=U_i+U_Z'=U_i+\frac{R_{W_{i1}'}+R_{i3}}{R_{i3}+R_{W_i}/\!/R_{i4}+R_{i5}}U_z \tag{1-46}$$

$$U_F=U_f'=\frac{R_{i6}/\!/R_{i7}+R_{f3}+R_{W_{f1}}}{R_{i6}/\!/R_{i7}+R_{f3}+R_{f2}+R_{W_f}+R_{f1}}U_f+\frac{R_{i6}}{R_{i6}+R_{i7}}\times\frac{R_{W_{f2}}+R_{f2}+R_{f1}}{R_{i6}/\!/R_{i7}+R_{f3}+R_{f2}+R_{f1}+R_{W_f}}U_z \tag{1-47}$$

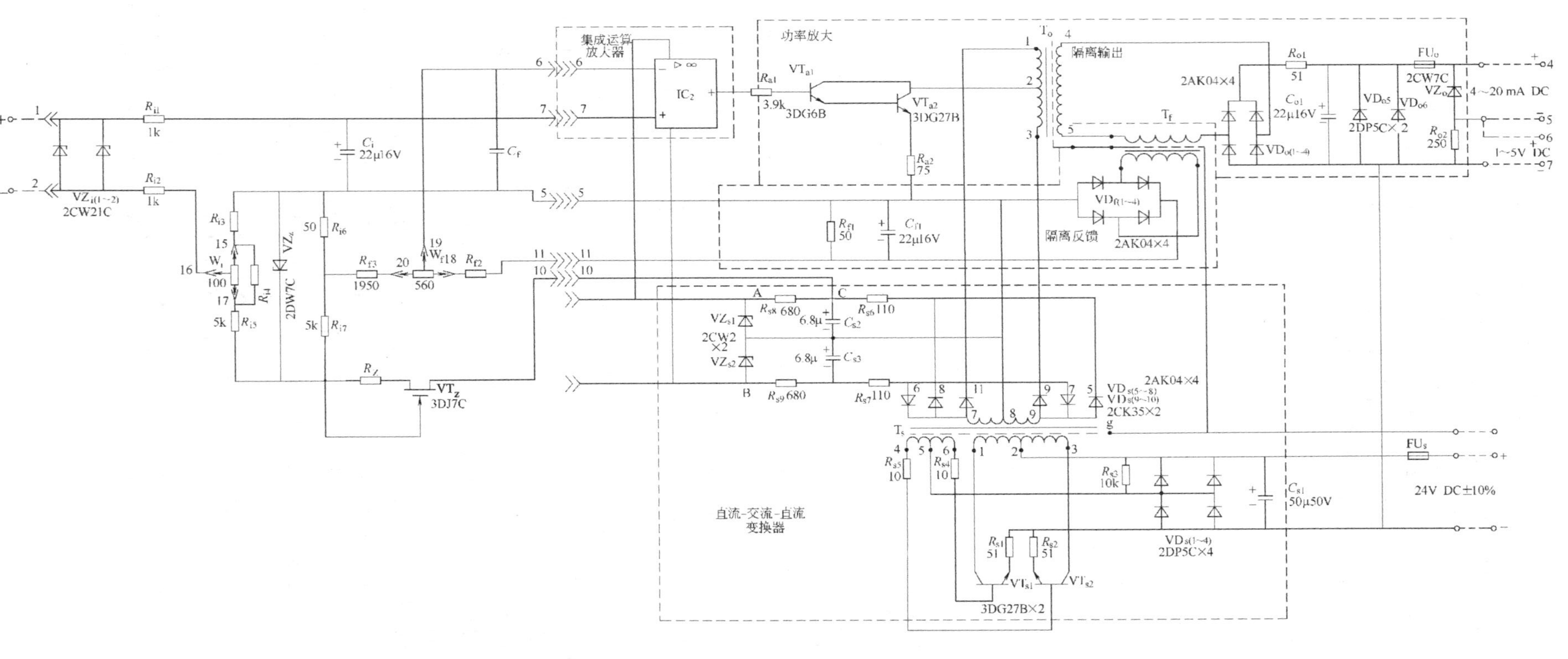

图1-39 直流毫伏变送器原理线路图

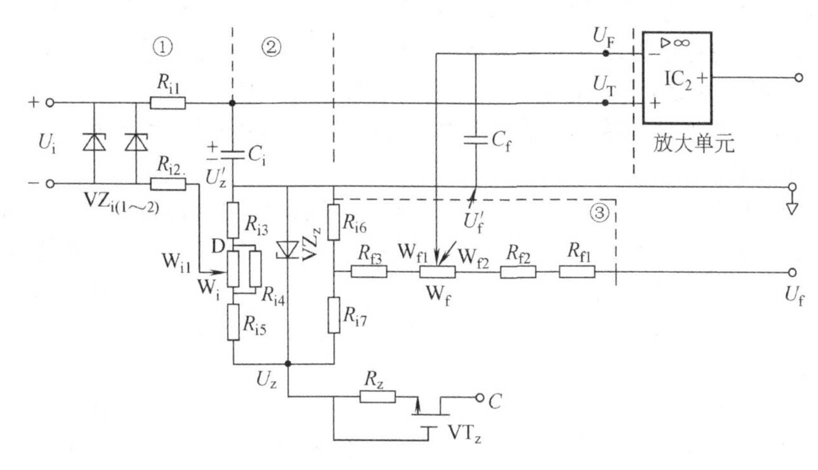

图 1-40 直流毫伏变送器量程单元原理图

式中，$R_{W_{i1}'}$ 为电位器 W_i 滑动触点与 D 点之间的等效电阻，其值为

$$R_{W_{i1}'}=\frac{R_{W_{i1}}R_{i4}}{R_{W_i}+R_{i4}}$$

在线路设计时，使

$$R_{i5}\gg R_{i4}/\!/R_{W_i}+R_{i3},\quad R_{i5}=R_{i7},\quad R_{i7}\gg R_{i6},\quad R_{f2}\gg R_{f3}+R_{W_f}+R_{f1}$$

则式（1-46）、式（1-47）可简化为

$$U_T=U_i+\frac{R_{W_{i1}'}+R_{i3}}{R_{i5}}U_z \tag{1-48}$$

$$U_F=\frac{R_{W_{f1}}+R_{f3}+R_{i6}}{R_{W_f}+R_{f2}+R_{f3}+R_{i6}+R_{f1}}U_f+\frac{R_{i6}}{R_{i7}}U_z \tag{1-49}$$

现设 $\alpha=\dfrac{R_{W_{i1}'}+R_{i3}}{R_{i5}}$，$\beta=\dfrac{R_{W_f}+R_{f2}+R_{f3}+R_{i6}+R_{f1}}{R_{W_{f1}}+R_{f3}+R_{i6}}$，$\gamma=\dfrac{R_{i6}}{R_{i7}}$

当 IC_2 为理想运算放大器时，$U_T=U_F$，可从式（1-48）和式（1-49）求得

$$U_f=\beta[U_i+(\alpha-\gamma)U_z] \tag{1-50}$$

在放大单元的设计中，保证了输出电压 U_o 与反馈电压 U_f 之间有确定的关系，即

$$U_o=5U_f$$

因此，整机的输出电压 U_o 与和输入电压 U_i 之间就有下列关系。

$$U_o=5\beta[U_i+(\alpha-\gamma)U_z] \tag{1-51}$$

由此式可以得出下面三项结论。

① 调零信号是式中的 $(\alpha-\gamma)U_z$ 项，当 $\alpha>\gamma$ 时，即 $R_{W_{i1}'}+R_{i3}>R_{i6}$ 时，得到正向调零信号，即可实现负向迁移；反之，当 $\alpha<\gamma$ 时，即 $R_{W_{i1}'}+R_{i3}<R_{i6}$ 时，得到负向调零信号，可实现正向迁移。调整电位器 W_i，可以获得满量程的±5%的零点调整范围；更换电阻 R_{i3} 则可大幅度调零。

② 5β 为输入输出之间的比例系数，调整电位器 W_f，可以小范围改变比例系数，获得满量程的±5%的调整范围；改变 R_{f2} 的阻值可大幅度地调整量程。

③ 调整 W_f 的滑动触点位置，不仅对量程有影响，而且对零点也有影响，这就是说调量程会影响零点。造成这种现象的原因是由于输出信号不是从零开始，而是从 1 开始。另一方面，调 W_i，不仅改变了零位，而且满度输出也会相应改变。

因此，在进行调校时，零位和量程必须反复调整，才能满足精度要求。

（二）放大单元

放大单元由集成运算放大器 IC_2，功率放大器、隔离输出和隔离反馈、直流-交流-直流变换器等部分组成，其线路见图 1-39。放大单元的作用是将量程单元送来的毫伏信号进行电压放大和功率放大，输出统一的直流电流信号 I_o（4～20mA）和直流电压信号 U_o（1～5V）。同时，输出电流又经隔离反馈转换成反馈电压信号 U_f，送至量程单元。

1. 电压放大电路

电压放大电路主要由集成运算放大器 IC_2 构成，由于来自量程单元的输入信号很微小，且直流毫伏变送器的放大电路采用直接耦合方式，因此对集成运算放大器的温度漂移必须加以限制，这里温度漂移系数主要是指失调电压 U_{os} 随温度而变化的数值 $\left(\frac{\partial U_{os}}{\partial t}\right)$。

若设变送器使用环境温度变化范围为 Δt，失调电压温度漂移系数为 $\frac{\partial U_{os}}{\partial t}$，则在温度变化 Δt 时失调电压的变化量 ΔU_{os} 为

$$\Delta U_{os}=\frac{\partial U_{os}}{\partial t}\Delta t \tag{1-52}$$

现设 η 为由于 ΔU_{os} 的变化给仪表带来的附加误差，即 $\eta=\frac{\Delta U_{os}}{\Delta U_i}$，则由式（1-52）可知

$$\eta=\frac{\partial U_{os}}{\partial t}\times\frac{\Delta t}{\Delta U_i} \tag{1-53}$$

式（1-53）表示了集成运算放大器的温度漂移系数和仪表相对误差的关系，温漂系数越大，输入信号量程越小，则引起的相对误差就越大。例如，当温度变送器的最小量程 ΔU_i 为 3mV，温升 Δt 为 30℃，要求 $\eta\leqslant 0.3\%$ 时，按式（1-53）就要求

$$\frac{\partial U_{os}}{\partial t}=\frac{\Delta U_i}{\Delta t}\eta\leqslant 0.3\mu V/℃$$

可见，因为变送器的输入信号很微小（毫伏级），特别是在量程较小的情况下，对集成运算放大器温度漂移系数的要求是很高的。为了满足这一要求，变送器中运算放大器所采用的线性集成电路必须是高增益低漂移型运算放大器。

2. 功率放大器

功率放大器的作用是把运算放大器输出的电压信号，转换成具有一定带负载能力的电流信号，同时，把该电流调制成交流信号，通过 1∶1 的隔离变压器实现隔离输出。

功率放大器线路如图 1-41 所示。它由复合管 VT_{a1}、VT_{a2} 及其射极电阻 R_{a2}、隔离变压器 T_o 等组成。

功率放大器由直流-交流-直流变换器输出方波电压供电，因而它不仅具有放大作用，还有调制作用，以便通过隔离变压器传递信号。

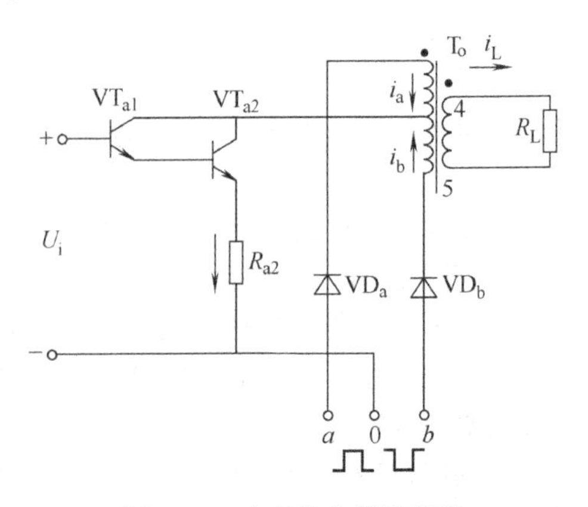

图 1-41 功率放大器原理图

在方波电压的前半个周期（其极性如图 1-41 所示），二极管 VD_a 导通，VD_b 截止，由输入信号产生电流 i_a；在后半个周期内，二极管 VD_b 导通，VD_a 截止，从而产生电流 i_b。由于 i_a、i_b 轮流通过隔离变压器 T_o 的两个原边绕组，于是在铁芯中产生交变磁通，这个交变磁通使 T_o 的副边产生交变电流 i_L，从而实现了隔离输出。

功率放大器采用复合管的目的是为了提高输入阻抗，减小线性集成电路的功耗。引入射极电阻 R_{a2} 是为了稳定功率放大器的工作状态。

3. 隔离输出与隔离反馈

为了避免输出与输入之间有直接电的联系，在功率放大器与输出回路之间以及输出回路与反馈回路之间，采用隔离变压器 T_o 和 T_f 来传递信号。

隔离输出与隔离反馈部分原理线路如图 1-42 所示。T_o 副边电流 i_L，经过桥式整流和 R_{o1}、C_o 组成的阻容滤波电路滤波，得到 4～20mA 的直流输出电流 I_o，并在阻值为 250Ω 的电阻 R_{o2} 上得到 1～5V 的直流输出电压 U_o。稳压管 VZ_o 的作用在于当电流输出回路断线时，输出电流 I_o 可以通过 VZ_o 而流向 R_{o2}，从而保证电压输出信号不受影响。

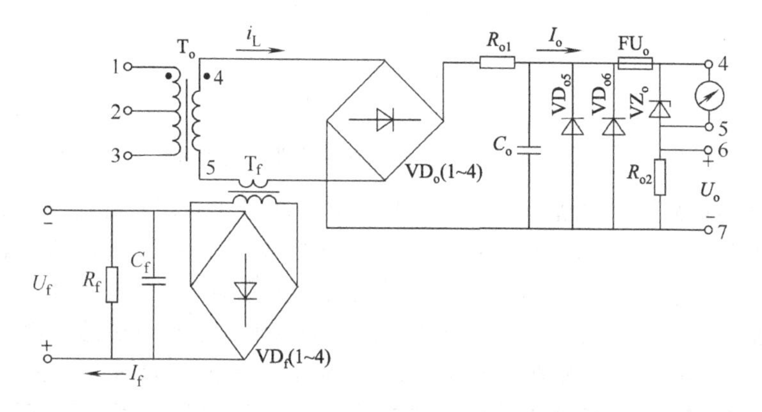

图 1-42 隔离输出与隔离反馈部分原理线路图

反馈隔离变压器 T_f 的原边与 T_o 的副边串在一起，电流 i_L 流经 T_f 转换成副边的交变电流，再经过桥式整流、电容滤波而成为反馈电流信号 I_f，I_f 又经 R_f 转换成反馈电压 U_f。由于 T_f 原、副边绕组匝数相等，所以 I_f 与 I_o 相等，亦为 4～20mA。因为 $R_{o2}=250\Omega$，而 $R_f=50\Omega$，所以

$$U_o=5U_f$$

此反馈电压经量程单元送到运算放大器的输入端，使整机形成闭环负反馈。

反馈回路的输入信号取自变压器 T_o 的副边，主要是为了将 T_o 包括在负反馈的闭环回路中，以克服它的非线性影响。

4. 直流-交流-直流（DC/AC/DC）变换器

DC/AC/DC 变换器用来对仪表进行隔离式供电。该变换器在 DDZ-Ⅲ型仪表中是一种通用部件，除了温度变送器以外，安全栅也用它。它把 24V 直流电压转换成一定频率（4kHz）的交流方波电压，再经过整流、滤波和稳压，提供直流电压。在温度变送器中，它既为功率放大器提供方波电源，又为集成运算放大器和量程单元提供直流电源。

（1）工作原理 直流-交流（DC/AC）变换器是 DC/AC/DC 变换器的核心部分。DC/AC 变换线路如图 1-43 所示，它实质上是一个磁耦合对称推挽式多谐振荡器。图中，晶体管 VT_{s1}、VT_{s2} 起两只开关作用，R_{s1}、R_{s2} 为射极电阻，用来稳定两个管的工作点；电阻 R_{s3}、R_{s4} 和 R_{s5} 为基极偏流电阻，R_{s3} 阻值应选合适，太大会影响启振，太小则会使基极损耗增加。

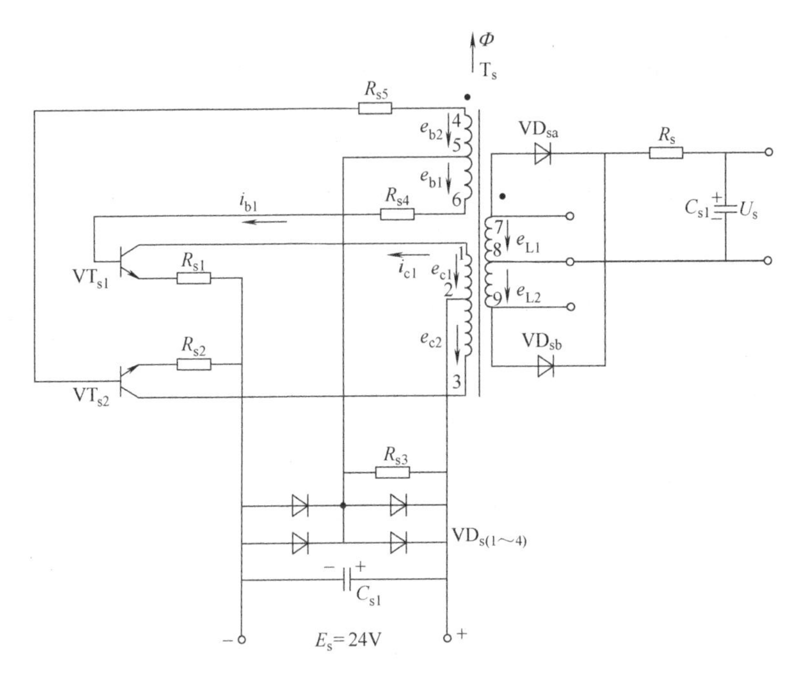

图 1-43　直流-交流-直流变换器原理线路图

二极管 VD_s 主要是为了保护晶体管 VT_{s1}、VT_{s2} 的发射结不致因电源接反而被击穿。

电源接通后，电源电压 E_s 通过 R_{s3} 为两个晶体管 VT_{s1}、VT_{s2} 提供基极偏流，从而使它们的集电极电流都具有增加的趋势。由于两个晶体管的参数不可能完全相同，现假定晶体管 VT_{s1} 的集电极电流 i_{c1} 增加得快，则磁通 Φ 向正方向增加。根据电磁感应原理，在两个基极绕组 $W_{4\text{-}5}$、$W_{5\text{-}6}$（W_b）上分别产生感应电势 e_{b2} 和 e_{b1}，其方向如图 1-43 所示。由于同名端的正确安排，感应电势的方向遵循正反馈的关系，e_{b2} 将使晶体管 VT_{s2} 截止，而 e_{b1} 则使 VT_{s1} 的基极回路产生 i_{b1}，这使 i_{c1} 增加，i_{c1} 的增加又使 i_{b1} 更大。这样，瞬间的正反馈作用使 i_{b1} 立即达到最大值，从而使 VT_{s1} 立即进入饱和状态，且其管压降 U_{ce1} 极小，在此瞬时，可认为电源电压 E_s 等于集电极绕组 $W_{1\text{-}2}$（W_c）上的感应电势 e_{c1}，则其基极绕组上的感应电势的大小为

$$e_{b1}=\frac{W_b}{W_c}e_{c1}\approx\frac{W_b}{W_c}E_s \tag{1-54}$$

因为感应电势的大小与磁通的变化率成正比，即

$$|e_{c1}|=W_c\frac{d\Phi}{dt} \tag{1-55}$$

而 $|e_{c1}|\approx E_s$，近似为一常数，所以铁芯中磁通将随时间线性增加，在铁芯磁化曲线的线性范围内，励磁电流 i_M 亦随时间线性增加。这时，由于 VT_{s1} 发射极电位的不断增加，基极电流 i_{b1} 将要下降，可从 VT_{s1} 的基极回路列出以下关系式。

$$i_{b1}=\frac{e_{b1}-U_{be1}-U_{VD_s}-i_{e1}R_{s1}}{R_{s4}} \tag{1-56}$$

式中，U_{be1} 为晶体管 VT_{s1} b-e 间压降；U_{VD_s} 为二极管的正向压降。

由此可见，在集电极电流 i_{c1}（近似等于 i_{e1}）随时间线性增加的同时，基极电流 i_{b1} 将随时间线性下降，直至两者符合晶体管电流放大的基本规律 $i_{c1}=\beta_1 i_{b1}$ 为止。这时 VT_{s1} 的工作状态由饱和区退到放大区，集电极电流达最大值 i_{CM}，与此同时磁通 Φ 也达最大值 Φ_M。由

于$\frac{d\Phi}{dt}=0$，基极绕组感应电势e_{b1}立即等于零，i_{c1}也立即由i_{CM}变为零。根据电磁感应原理，感应电势立即转变方向。在反向e_{b1}作用下，VT_{s1}立即截止，而反向e_{b2}使VT_{s2}立即饱和导通，这是另一方向的正反馈过程。随后i_{c2}开始向负方向增加，磁通Φ继续下降，基极电流i_{b2}的绝对值逐渐减小，直至使VT_{s2}自饱和区退到放大区。此时集电极电流达负向最大，磁通Φ为$-\Phi_M$。按照同样的道理，使VT_{s2}截止，VT_{s1}又重新导通，如此周而复始，形成自激振荡。

由于两个集电极绕组$W_{1\text{-}2}$和$W_{2\text{-}3}$匝数相等，副边两个绕组$W_{7\text{-}8}$和$W_{8\text{-}9}$匝数也相等，因而根据电磁感应原理，副边两个绕组的感应电势的大小相等，相位相反，从而在纯阻性负载情况下，铁淦氧罐形磁芯的副边就输出交流方波电压。

(2) 振荡频率 对于理想的变换器，当晶体管集电极电流达到最大值时，罐形磁芯接近饱和，即在$\frac{T}{2}$时间内磁通由$-\Phi_M$增加到$+\Phi_M$。因此，根据电磁感应公式$|e_c|=W_c\frac{d\Phi}{dt}$可求振荡周期。式中，$e_c$为绕组$W_c$中的感应电势，其绝对值为

$$|e_c|=E_s-U_{ce1}-U_{R_{s1}}\approx E_s$$

从电磁感应公式可求得

$$E_s\approx W_c\frac{\Phi_M-(-\Phi_M)}{\frac{T}{2}-0}=\frac{4W_cB_mS}{T}$$

$$f=\frac{1}{T}=\frac{E_s}{4B_mSW_c} \tag{1-57}$$

式中，$B_mS=\Phi_M$，B_m为对应的磁感应强度，T；S为磁芯截面积，m^2。

从上式可以看出频率与电源电压的幅值成正比关系。

二、热电偶温度变送器

热电偶温度变送器与各种热电偶配合使用，可以将温度信号转换成4～20mA DC电流信号和1～5V DC电压信号输出。它的原理电路如图1-44所示。它也是由量程单元和放大单元两部分组成。

热电偶温度变送器的主要特点是采用非线性负反馈回路来实现线性化。这个特殊的反馈回路能按照热电偶温度-毫伏信号间的非线性关系调整反馈电压，以保证输入温度t与整机输出I_o或U_o间的线性关系。

(一) 热电偶温度变送器的量程单元

热电偶温度变送器量程单元原理电路如图1-45所示。

由图可见，热电偶温度变送器的量程单元由信号输入回路①、零点调整及冷端补偿回路②以及非线性反馈回路③等部分组成。

输入信号E_t为热电偶所产生的热电势，输入回路中限流电阻R_{i1}、R_{i2}和限压稳压管VZ_{i1}、VZ_{i2}为安全火花防爆元件；电阻R_{i1}、R_{i2}还与电容C_i组成了低通滤波器。

零点调整、量程调整电路的工作原理与直流毫伏变送器大致相仿。所不同的是：在热电偶温度变送器的输入回路中增加了由铜电阻R_{Cu}等元件组成的热电偶冷端温度补偿电路；同时把调零电位器W_i移到了反馈回路的支路上；在反馈回路中增加了由运算放大器IC_1等组成的线性化电路。下面就量程单元的主要部分进行分析。

1. 线性化原理及电路分析

线性化电路的作用是使热电偶温度变送器的输出信号（U_o、I_o）与被测温度信号t之间呈线性关系。

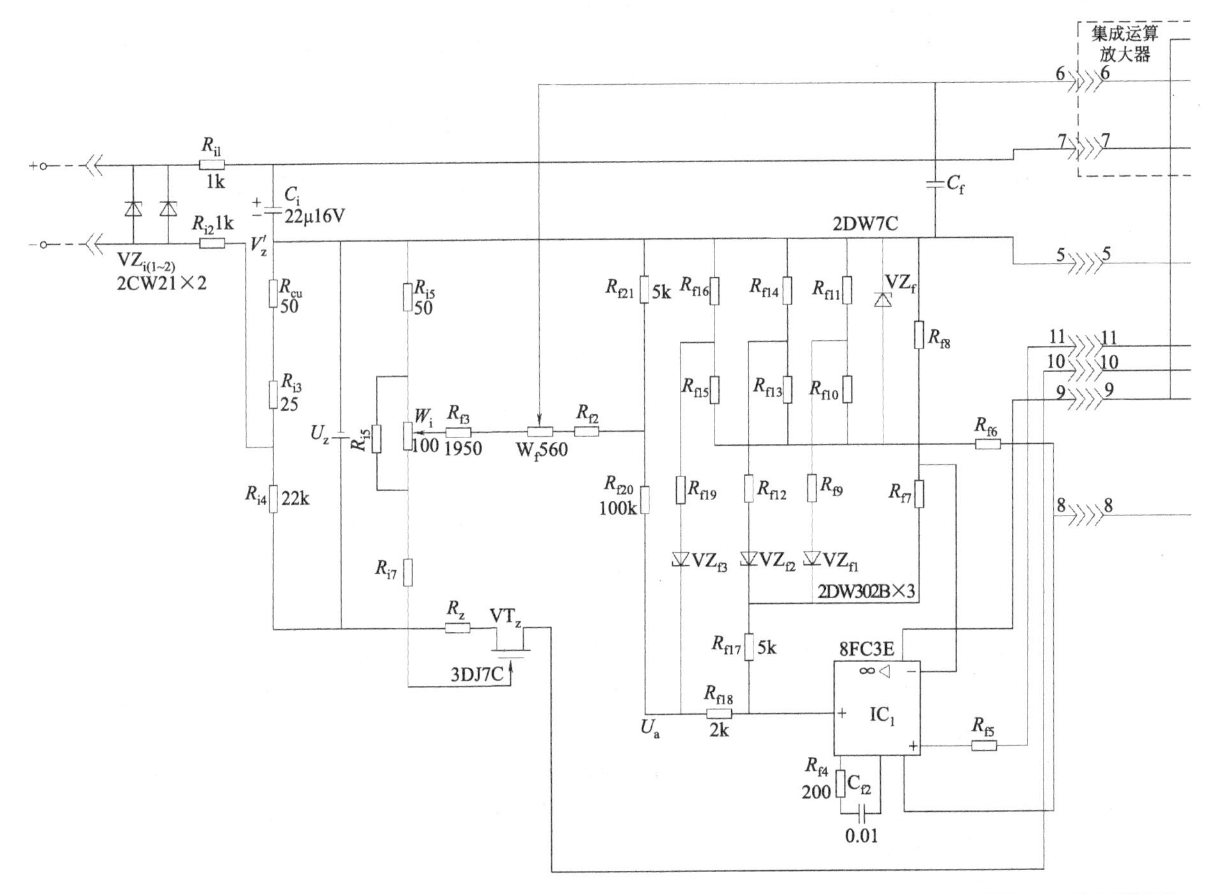
集成运算
放大器
R_{i1}
1k
C_i
22μ16V
R_{i2}1k
V_z'
$VZ_{i(1\sim2)}$
2CW21×2
R_{cu}
50
R_{i3}
25
R_{i4} 22k
U_z
R_{i5}
R_{i5}
50
W_i
100
R_{f3}
1950
W_f560
R_{f2}
R_{i7}
R_z
VT_z
3DJ7C
C_f
2DW7C
R_{f21} 5k
R_{f16}
R_{f14}
R_{f11}
VZ_f
R_{f8}
R_{f15}
R_{f13}
R_{f10}
R_{f6}
R_{f20}
100k
R_{f19}
R_{f12}
R_{f9}
R_{f7}
VZ_{f3}
VZ_{f2}
VZ_{f1}
2DW302B×3
R_{f17} 5k
8FC3E
IC_1
R_{f18}
2k
U_a
R_{f5}
R_{f4}
200
C_{f2}
0.01
6
7
5
11
10
9
8

图1-44　热电偶温度

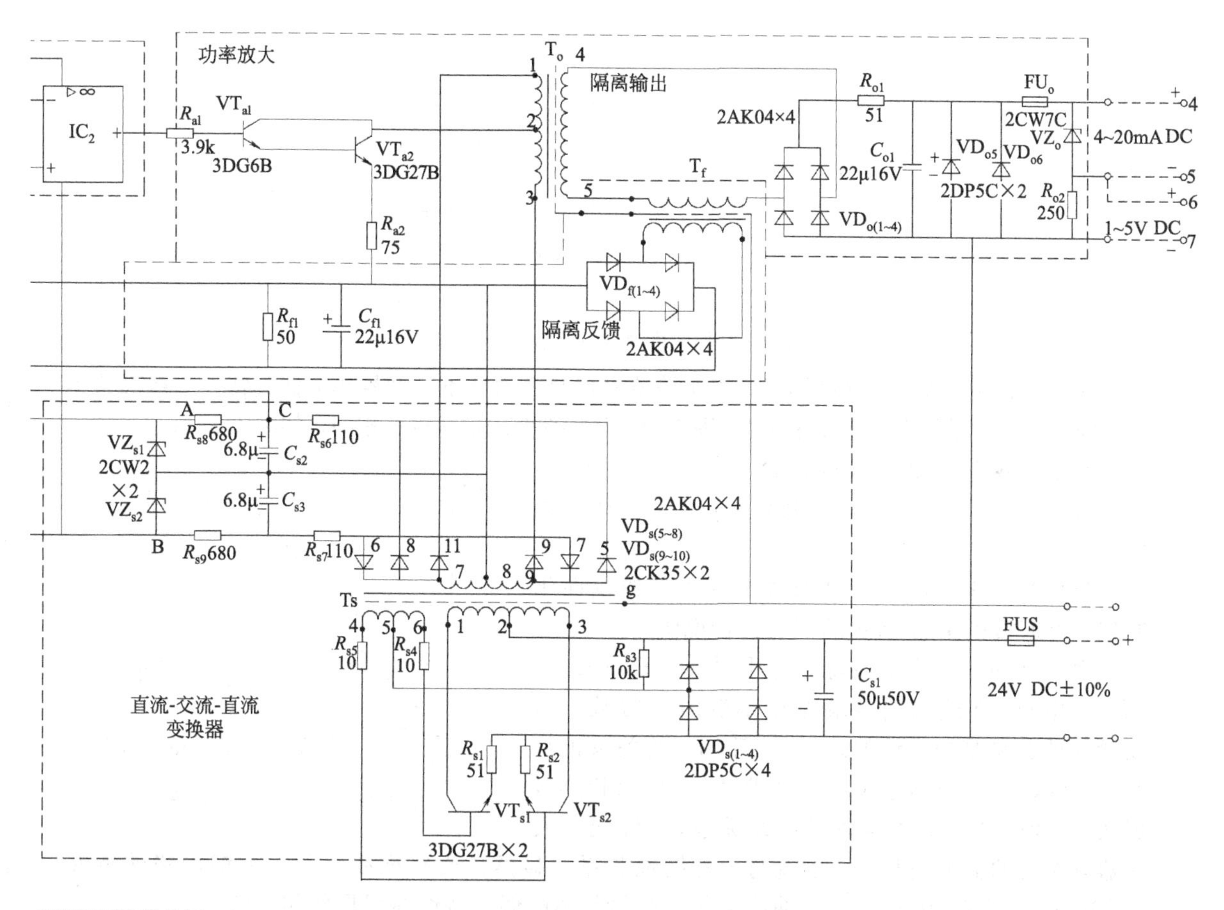

功率放大
隔离输出
隔离反馈
直流-交流-直流
变换器
IC2
VTa1
3DG6B
VTa2
3DG27B
Ra1
3.9k
Ra2
75
To
Tf
Ts
2AK04×4
Ro1
51
Co1
22μ16V
FUo
2CW7C
VZo
VDo5
VDo6
2DP5C×2
Ro2
250
4~20mA DC
1~5V DC
VDo(1~4)
VDf(1~4)
Rf1
50
Cf1
22μ16V
VZs1
2CW2
×2
VZs2
Rs8680
Rs6110
Rs9680
Rs7110
6.8μ
Cs2
Cs3
VDs(5~8)
VDs(9~10)
2CK35×2
Rs5
10
Rs4
10
Rs3
10k
Cs1
50μ50V
FUS
24V DC±10%
VDs(1~4)
2DP5C×4
Rs1
51
Rs2
51
VTs1
VTs2
3DG27B×2

变送器原理线路图

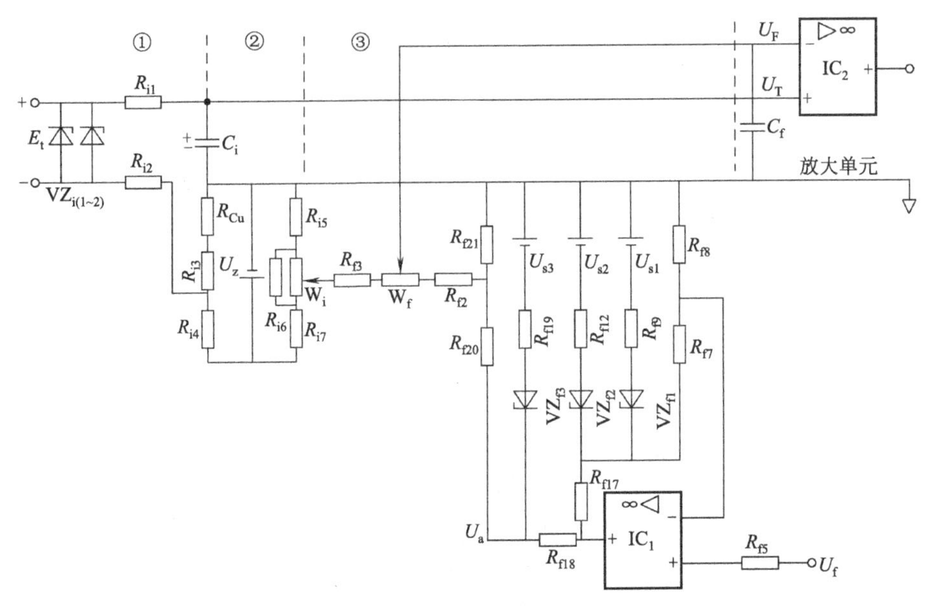

图 1-45　热电偶温度变送器量程单元原理电路图

热电偶的热电势 E_t 与被测温度 t 之间存在非线性关系，不同型号热电偶其特性曲线形状不同。即使是同一型号的热电偶因测温范围不同，其特性曲线形状也不相同，如图 1-46 所示。

为了实现热电偶温度变送器的输出信号（U_o、I_o）与温度 t 呈线性关系，在电路上必须采取线性化措施。

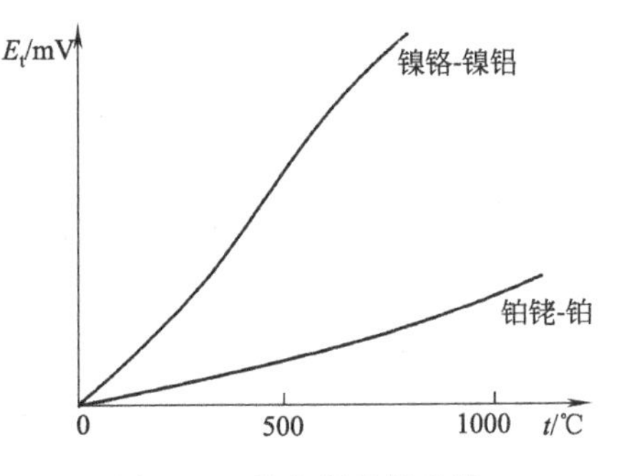

图 1-46　热电偶特性曲线

（1）线性化原理　热电偶温度变送器的线性化原理，可通过图 1-47 所示的框图进行说明。

由图可知，放大器的输入信号为 $\varepsilon = E_t + U'_z - U'_f$，其中 U'_z 在热电偶冷端温度不变时为常数，而 E_t 和 t 的关系是非线性的。如果 U'_f 与 t 的关系也是非线性的，并且同热电偶 E_t-t 的非线性关系相对应，那么，差值 ε 与 t 的关系就呈线性关系，ε 经线性放大器放大后的输出信号 U_o 也就与 t 呈线性关系。显然，要实现线性化，反馈回路的特性（U'_f-U_o 的特性亦即U'_f-t特性）曲线形状，必须与热电偶的特性曲线形状相一致。

（2）线性化电路　线性化电路，即非线性运算电路，实际上是一个折线电路，它是用折

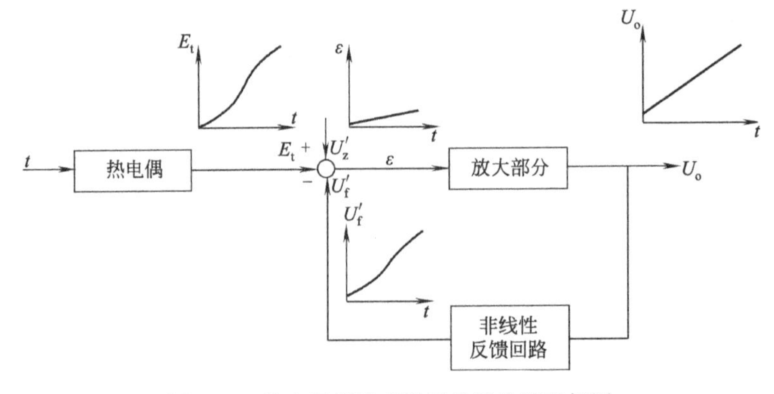

图 1-47　热电偶温度变送器线性化原理框图

线的方法来近似表示热电偶的特性曲线的。从理论上讲，折线段数越多，近似程度就越好。实际上，折线段数越多，线路也越复杂，容易带来误差。一般情况下，用4～6段折线近似表示热电偶的某段特性曲线时，所产生的误差小于0.2%。

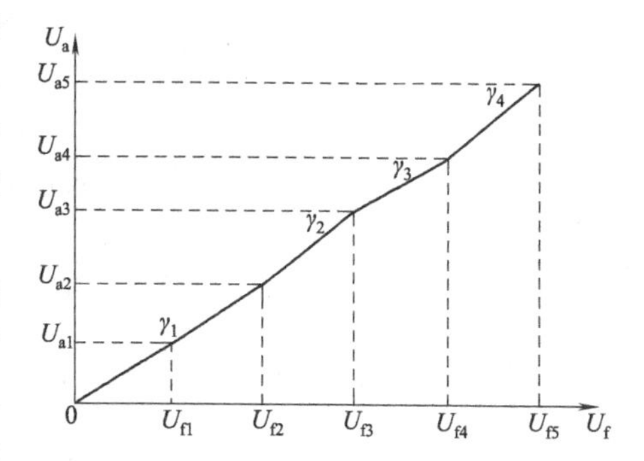

图 1-48　非线性运算电路特性曲线示例

图1-48所示是由4段折线来近似表示某非线性特性所组成的曲线，图中，U_f为反馈回路的输入信号，U_a为非线性运算电路的输出信号，γ_1、γ_2、γ_3、γ_4分别代表4段直线的斜率。由于变送器输出信号$U_o=1\sim5V$，而$U_f=\frac{1}{5}U_o$，因而相应于被测温度下限时，$U_{f1}=200mV$，而相应于被测温度上限时，$U_{f5}=1000mV$。

要实现图1-48所示的特性曲线，可采用图1-49所示的典型运算电路结构。图中，VZ_{f1}、VZ_{f2}、VZ_{f3}均为理想稳压管，它们的稳压数值为U_D。U_{s1}、U_{s2}、U_{s3}是基准电压回路提供的基准电压，对公共点而言，均为负值。基准电压回路由稳压管VZ_f和电阻分压回路R_{f10}、R_{f11}、R_{f13}、R_{f14}、R_{f15}、R_{f16}组成。R_a为反馈回路的等效负载。

IC_1、R_{f17}、R_{f7}、R_{f8}、R_{f18}和R_a组成运算电路的基本线路，该线路决定了第一段直线的斜率γ_1。当要求后一段直线的斜率大于前一段时，如图中的$\gamma_2>\gamma_1$，则可在R_{f7}和R_{f8}电阻上并联一个电阻，如图中的R_{f9}，此时，负反馈减小，输出增加。如果要求后一段直线的斜率小于前一段时，如图中$\gamma_3<\gamma_2$，则可在负载电阻R_a上并联一个电阻，如图中的R_{f19}，此时输出U_a减小。并联上去电阻的大小，决定于对新线段斜率的要求，而基准电压的数值和稳压管的击穿电压，则决定了什么时候由一段直线过渡到另一段直线，即决定折线的拐点。

下面逐段分析图1-49所示运算电路是如何实现图1-48所示特性曲线的。

第一段直线，即$U_f\leqslant U_{f2}$，这段直线要求斜率是γ_1。

在此段直线范围内，要求$U_c\leqslant U_D-U_{s1}$，$U_c<U_D-U_{s2}$，$U_a<U_D-U_{s3}$，此时VZ_{f1}、VZ_{f2}、VZ_{f3}均未导通，则图1-49可以简化成图1-50。

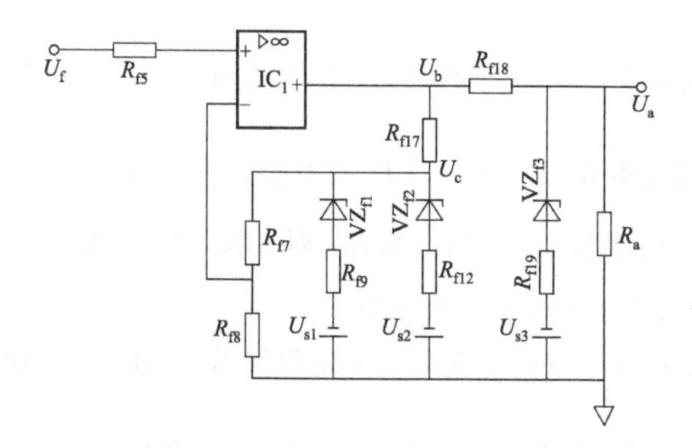

图 1-49　非线性运算电路原理图

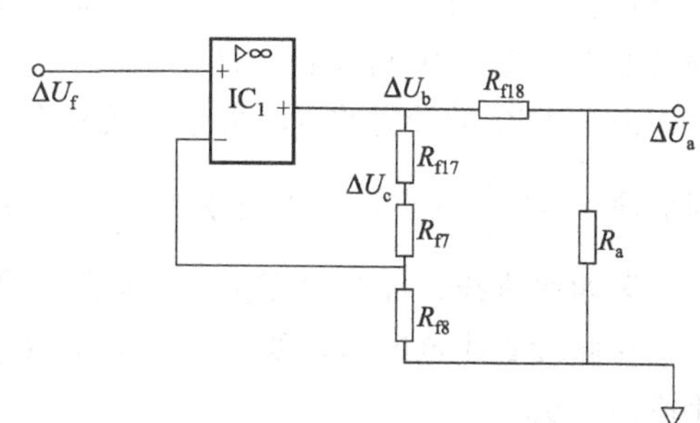

图 1-50　非线性运算原理简图之一

现把IC_1看成是理想运算放大器，则由图1-49可得第一段直线范围内的信号关系为

$$\Delta U_f=\frac{R_{f8}}{R_{f7}+R_{f8}}\Delta U_c \tag{1-58}$$

$$\Delta U_c=\frac{R_{f7}+R_{f8}}{R_{f7}+R_{f8}+R_{f17}}\Delta U_b \tag{1-59}$$

$$\Delta U_a=\frac{R_a}{R_{f18}+R_a}\Delta U_b \tag{1-60}$$

设

$$\beta_1=\frac{R_{f7}+R_{f8}+R_{f17}}{R_{f7}+R_{f8}},\quad \delta_1=\frac{R_a}{R_{f8}+R_a}$$

将式（1-58）、式（1-59）、式（1-60）联立求解，并将 β_1、δ_1 代入可得

$$\Delta U_a=\beta_1\delta_1\frac{R_{f7}+R_{f8}}{R_{f8}}\Delta U_f$$

对照图 1-48 可知

$$\gamma_1=\frac{\Delta U_a}{\Delta U_f}=\beta_1\delta_1\frac{R_{f7}+R_{f8}}{R_{f8}} \tag{1-61}$$

第二段直线，即 $U_{f2}<U_f\leqslant U_{f3}$，这段直线的斜率要求为 γ_2，且 $\gamma_2>\gamma_1$。

在此段直线范围内，应要求 $U_D-U_{s1}<U_c\leqslant U_D-U_{s2}$，$U_a<U_D-U_{s3}$，此时 VZ_1 处于导通状态，而 VZ_{f2}、VZ_{f3} 均未导通，在这种情况下图 1-49 可简化成图 1-51。

由于 VZ_{f1} 的导通将 R_{f9} 并联在 R_{f7} 和 R_{f8} 上，使 ΔU_c 降低，IC_1 反相端电位 U_{F1} 降低，对于同样的 ΔU_f，必将引起 ΔU_b 升高，亦即 ΔU_a 升高，因此 $\gamma=\dfrac{\Delta U_a}{\Delta U_f}$增加，即实现了 $\gamma_2>\gamma_1$。

可见，在 R_{f7} 和 R_{f8} 上并联一个电阻，可增加特性曲线的斜率，根据需要的斜率 γ_2，只需在已定的 γ_1 的基础上，适当选配 R_{f9} 即可满足 $\gamma_2>\gamma_1$ 的要求。

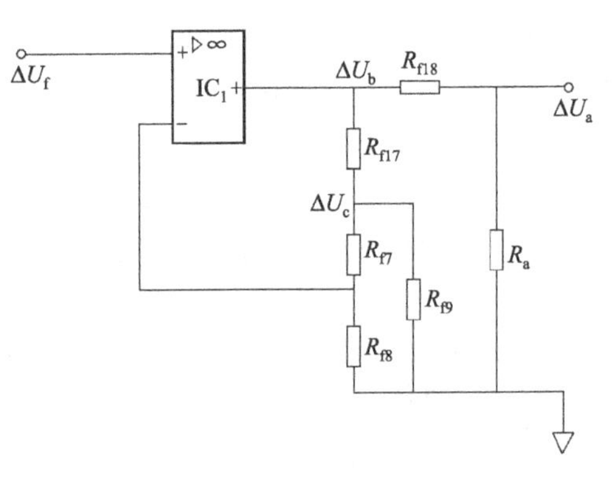

图 1-51 非线性运算原理简图之二

第三段直线，即 $U_{f3}<U_f\leqslant U_{f4}$，这段直线的斜率要求为 γ_3，且 $\gamma_3<\gamma_2$。

在此段直线范围内，要求 $U_c>U_D-U_{s1}$，$U_a>U_D-U_{s3}$，$U_c\leqslant U_D-U_{s2}$，即此时 VZ_{f1} 和 VZ_{f3} 处于导通状态，而 VZ_{f2} 则未导通，在这种情况下，图 1-49 可简化为图 1-52。

由于 VZ_{f3} 的导通将 R_{f19} 并联在等效负载电阻 R_a 上，R_{f19} 与 R_a 并联后，将使 ΔU_a 减小，因而使 $\gamma=\dfrac{\Delta U_a}{\Delta U_f}$减小，所以有 $\gamma_3<\gamma_2$。在 γ_2 的基础上，适当选配 R_{f19} 即可满足 γ_3 的要求。

第四段直线，即 $U_f>U_{f4}$，此段直线的斜率要求为 γ_4，且 $\gamma_4>\gamma_3$。

在此段直线范围内，要求 $U_c>U_D-U_{s2}$，此时 VZ_{f1}、VZ_{f2}、VZ_{f3} 都导通，则图 1-49 简化成图 1-53。

不难分析，只要在 R_{f9} 上再并联一个适当阻值的 R_{f12}，就可实现 $\gamma_4>\gamma_3$ 的要求。

从上面几段折线的分析可见，改变和稳压管相串联的电阻阻值就可以改变折线相应直线段的斜率。如果折线中后一段直线的斜率大于前一段，稳压管和相应的电阻应并联在图 1-49 中的电阻 R_{f7} 和 R_{f8} 上。如果后一段直线的斜率小于前一段，则应并在负载电阻 R_a 上。

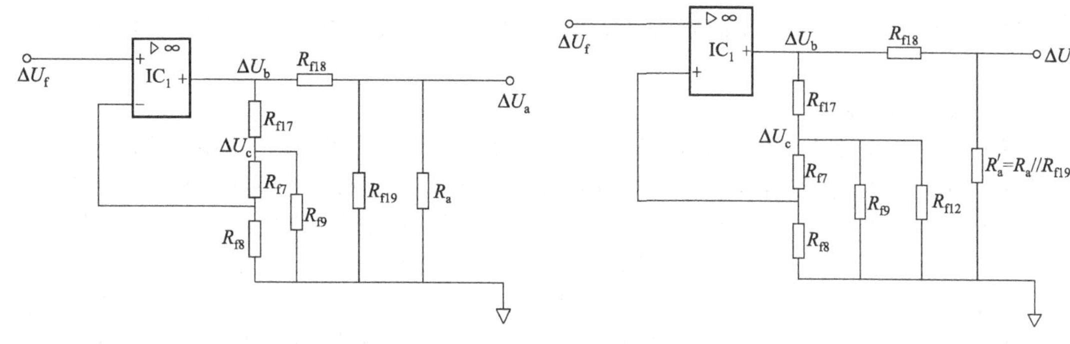

图 1-52　非线性运算原理简图之三　　　　图 1-53　非线性运算原理简图之四

改变基准电压的数值和稳压管的击穿电压，就可以相应地改变折线的拐点。

另外，必须指出，非线性运算电路的结构和元件参数，是由热电偶的非线性特性所决定，测温范围不同时热电偶特性都不相同，所以在调整仪表的零点和量程时，必须同时改变非线性运算电路的结构和元件参数，这样才能保证仪表的精度。

2. 热电偶冷端温度补偿

零点调整回路中的铜电阻 R_{Cu} 是起热电偶冷端温度补偿作用的。

分析图 1-45 所示的电路可知，当热电偶冷端温度为 0℃时，运算放大器 IC_2 同相输入端的输入信号为

$$U_{T1}=E(t,0)+I_1(R_{Cu_o}+R_{i3}) \tag{1-62}$$

其中

$$I_1=\frac{U_z}{\Delta R_{Cu}+R_{Cu_o}+R_{i3}+R_{i4}}$$

因为

$$\Delta R_{Cu}+R_{Cu_o}+R_{i3}\ll R_{i4}$$

则

$$I_1\approx\frac{U_Z}{R_{i4}}$$

当热电偶冷端温度由 0℃升至 t_1 时

$$U_{T2}=E(t,0)-E(t_1,0)+I_1(\Delta R_{Cu}+R_{Cu_o}+R_{i3}) \tag{1-63}$$

式中，R_{Cu_o} 为冷端温度为 0℃时的铜电阻值；ΔR_{Cu} 为冷端温度为 t_1 时的铜电阻增量阻值；$E(t,0)$ 为工作端温度为 t，冷端温度为 0℃时热电偶的热电势值；$E(t_1,0)$ 为冷端温度为 t_1，相对冷端温度为 0℃时的热电偶的热电势值。

根据自动补偿条件，$U_{T1}=U_{T2}$，将式（1-63）减去式（1-62）可得

$$-E(t_1,0)+I_1\Delta R_{Cu}=0 \tag{1-64}$$

即 $E(t_1,0)=I_1\Delta R_{Cu}$ 时才能满足自动补偿条件。

在 $t_1=0\sim50$℃的情况下，热电势与温度 t_1 间可认为是线性关系，即

$$E(t_1,0)=kt_1$$

式中，k 代表热电偶每摄氏度的电势值，其大小与热电偶的品种有关。

冷端温度补偿电阻随温度 t_1 变化量为

$$\Delta R_{Cu}=R_{Cu_o}\alpha t_1$$

式中，α 为铜电阻的温度系数。

由式（1-64）可得

$$R_{Cu_o}=\frac{k}{\alpha I_1} \tag{1-65}$$

由以上分析可见，当热电势 E_t 随冷端温度变化而变化时，铜电阻 R_{Cu} 两端的电压也随之变化，在 U_z、k、α 等已知的情况下，选择合适的 R_{Cu_0} 数值，即可实现冷端温度自动补偿。

3. 零点和量程调整

图 1-45 所示电路中，R_{i4}、R_{i3}、R_{Cu} 和 R_{i7}、R_{i5} 及 U_z 组成零点调整回路；R_{f3}、W_f、R_{f2} 组成量程调整回路，非线性反馈运算电路的输出经 R_{f20}、R_{f21} 分压后送入量程调整回路。

不难看出，改变 W_i 可以小范围调整零点，通常调整范围为满度的±5%；改变 W_f 可以小范围调整量程，其调整范围为满度的±5%。改变 R_{i3} 可以大幅度地改变变送器的零点，实现零点迁移。改变 R_{f2} 可以大幅度调整量程。但是，在附有线性化机构的热电偶温度变送器中，由于不同测量范围的热电偶特性曲线并不相同，因而简单地改变测量范围则不能保证仪表的精度，它需要同时改变非线性反馈回路的结构和有关元件的参数才行。

(二) 放大单元

热电偶温度变送器的放大单元与直流毫伏变送器的放大单元完全一样，在此不再重述。

三、热电阻温度变送器

热电阻温度变送器与各种测温热电阻配合使用，可将温度信号线性地转换为 4～20mA DC 电流信号或 1～5V DC 电压信号输出，它的原理电路如图 1-54 所示。它也是由量程单元和放大单元两部分组成。

(一) 热电阻温度变送器的量程单元

热电阻温度变送器量程单元原理电路如图 1-55 所示。

量程单元由热电阻 R_t 及引线电阻补偿回路①、桥路部分②以及反馈回路③等部分组成。其中限压稳压管 $VZ_{i(1\sim4)}$ 为安全火花防爆元件，它使进入危险场所的电能量限制在安全电平以下。

热电阻 R_t 以及引线电阻 r_1、r_2、r_3 与零点调整电路一起组成了不平衡电桥。当被测温度 t 改变时，R_t 两端电压改变，此电压作为集成运算放大器 IC_2 的输入信号。零点调整原理与前述两种变送器相同。更换电阻 R_{i3}，即大幅度地改变零点迁移量；调整调零电位器 W_i，可获得满量程±5%的零点调整范围。桥路的基准电压 U_z 由标准稳压管和场效应管组成的稳压器提供，其电路与直流毫伏变送器相同。

反馈回路有正、负反馈两部分，负反馈回路起量程调整作用，与直流毫伏变送器相同；更换 R_{f2} 就可以大幅度地改变变送器的量程范围，调整电位器 W_f 可获得满量程±5%的量程调整范围；正反馈回路由电阻 R_{f4} 等组成，反馈电压引入到同相输入端，它起线性化作用。

1. 线性化原理

热电阻温度变送器线性化的实现，是在整机的反馈回路中引出一支路，经电阻 R_{f4} 将反馈电压加到热电阻 R_t 的两端，构成一路随 R_t 增加而不断加深的正反馈，使整机的增益随信号的增大而不断增大，从而校正了热电阻阻值随被测温度增加而变化量逐渐减小的趋势。

根据图 1-55 可知，集成运算放大器同相输入端的输入信号由两部分组成：一是电源电压 U_z 在热电阻 R_t 上形成的电压信号；二是反馈电压 U_f 在 R_t 上形成的电压信号。而反相输入端的输入信号则包括电源电压 U_z 和反馈电压 U_f 在量程调整电位器 W_f 滑动触点与公共端间形成的电压。

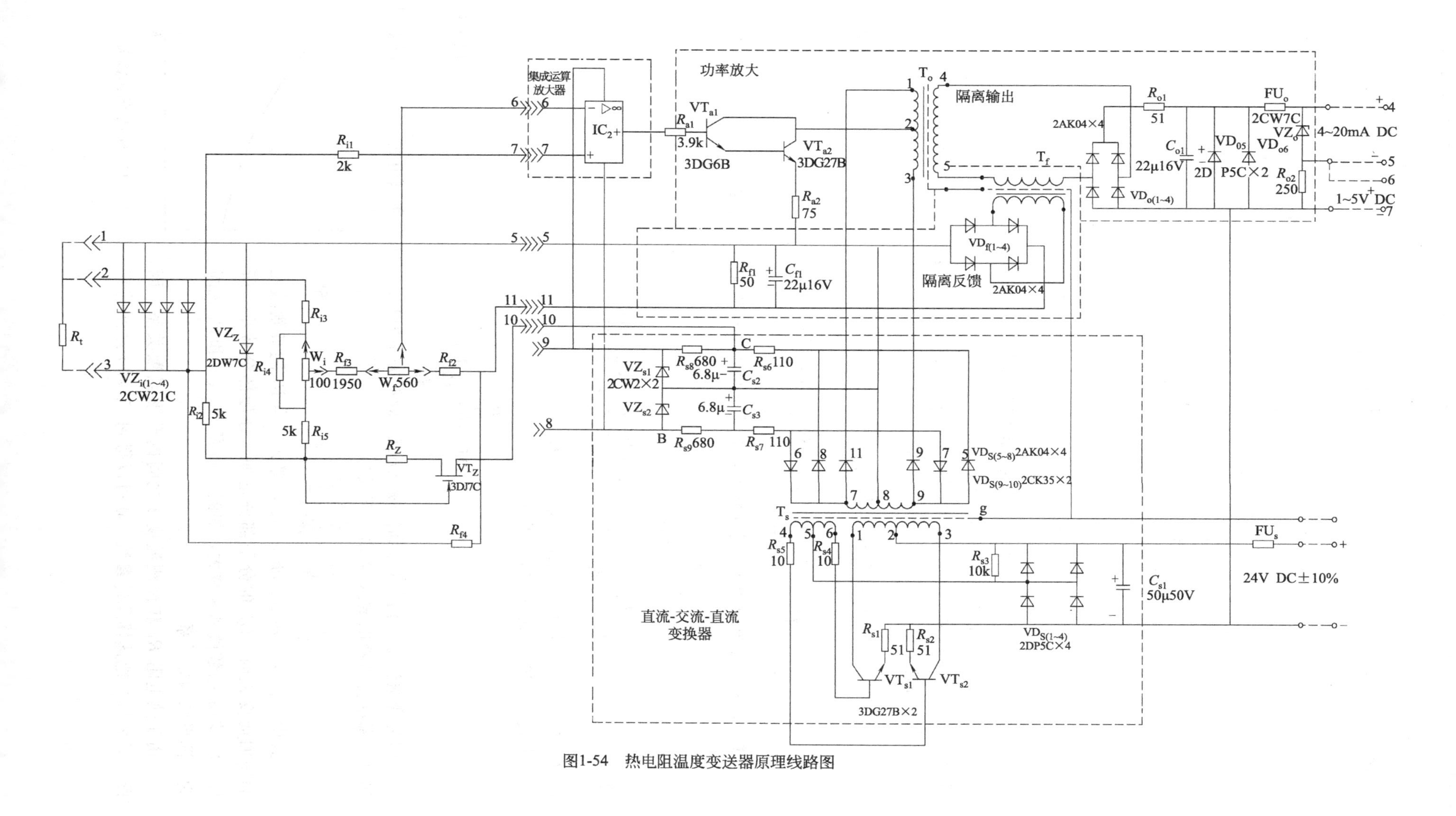

图1-54 热电阻温度变送器原理线路图

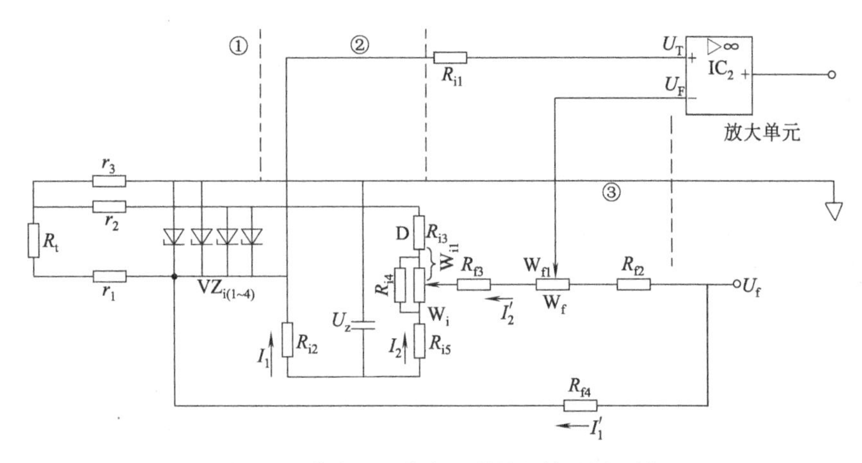

图 1-55　热电阻温度变送器量程单元原理图

在电路设计中取 $R_{f4} \gg R_t$；$R_{i2} \gg R_t$；$R_{i5} \gg R_{i3} + R_{W_i} /\!/ R_{i4}$；$R_{f2} \gg R_{W_f} + R_{f3} + R_{W_{i1}'} + R_{i3}$；同时在求输出-输入关系时暂时忽略热电阻三根引线电阻 r_1、r_2 和 r_3 的影响。

按叠加原理，U_T 和 U_F 可分别表示为

$$U_T = \frac{R_t}{R_{i2}} U_z + \frac{R_t}{R_{f4}} U_f \tag{1-66}$$

$$U_F = \frac{R_{i3} + R_{W_{i1}'}}{R_{i5}} U_z + \frac{R_{W_{f1}} + R_{f3} + R_{i3} + R_{W_{i1}'}}{R_{f2}} U_f \tag{1-67}$$

式中，$R_{W_{i1}'}$ 为电位器 W_i 滑动触点与 D 点之间的等效电阻，其值为

$$R_{W_{i1}'} = \frac{R_{W_{i1}} R_{i4}}{R_{W_i} + R_{i4}}$$

现设

$$\alpha = \frac{R_{i3} + R_{W_{i1}'}}{R_{i5}}, \beta = \frac{R_{f3} + R_{W_{f1}} + R_{i3} + R_{W_{i1}'}}{R_{f2}}$$

把 IC_2 看成是理想运算放大器，即 $U_T = U_F$。

由式（1-66）、式（1-67）可求得

$$U_f = \frac{\dfrac{R_t}{R_{i2}} - \alpha}{\beta - \dfrac{R_t}{R_{f4}}} U_z \tag{1-68}$$

因为变送器输出信号 U_o 和反馈电压 U_f 间的关系为 $U_o = 5U_f$，所以由式（1-68）可求得热电阻温度变送器的输入-输出关系式为

$$U_o = 5 \frac{R_{f4}}{R_{i2}} \times \frac{R_t - \alpha R_{i2}}{\beta R_{f4} - R_t} U_z \tag{1-69}$$

式中，若 $R_t > \alpha R_{i2}$，$\beta R_{f4} > R_t$，那么，当 R_t 随被测温度的增加而变大时，U_o 的分子部分增加，分母部分减小。所以，U_o 增加的数值越来越大，如图 1-56 所示，U_o 和 R_t 之间为下凹形的函数关系。

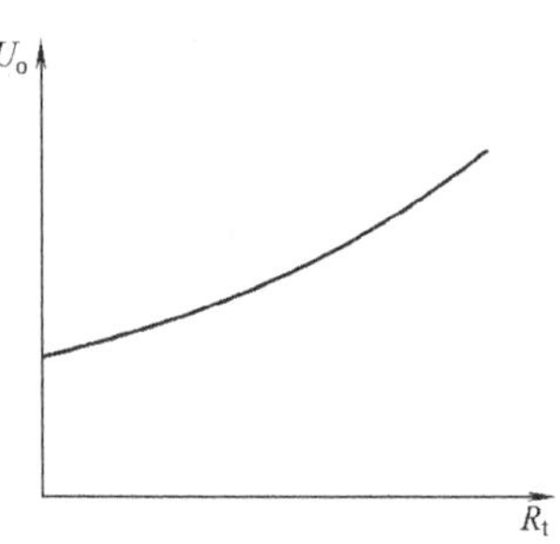

图 1-56　U_o 与 R_t 的函数关系

由于热电阻 R_t 和被测温度 t 之间的凸形函数关系，因此，只要恰当地选择元件参数，就可以得到 U_o 和 t 之间的直

线函数关系。

对于被测温度范围为 50～150℃的热电阻温度变送器，现取 $R_{i2}=R_{i5}=5k\Omega$，$R_{i4}=112\Omega$，$R_{f4}=36k\Omega$，$R_{f2}=44k\Omega$，实验证明，它的非线性误差小于 0.1%。

2. 引线补偿

热电阻与桥路之间采用三线制的连接方式，如图 1-55 所示，目的是克服引线电阻所带来的误差。图中，r_1、r_2、r_3 分别代表三根引线的电阻值，要求

$$r_1=r_2=r_3=1\Omega$$

由图可见，对于差动式输入来说，运算放大器同相输入端和反相输入端的输入信号都包括有 r_3 上的电压降，因而互相抵消掉了。只有 r_1 和 r_2 上的电压信号会引起误差。

在电路设计时，取 $R_{i2}=R_{i5}=5k\Omega$，R_t 和 R_{i3} 与 R_{i2} 和 R_{i5} 相比很小，因此两个分支的电流 I_1、I_2 主要取决于 R_{i2} 和 R_{i5}，两者几乎相等。但实际上，当测量范围为 0～500℃时，对 Cu100 来说，R_t 将从 100Ω 变化至 282.8Ω。这样，为使变送器有 4～20mA 电流输出，R_{i3} 要比 R_t 在 0℃时的数值小一些，I_1 也就略小于 I_2。

从正、负反馈回路可以看出，正反馈回路上的 R_{f4} 和负反馈回路上的 R_{f2} 两者的数值比较接近，但 R_{f4} 略小于 R_{f2}，所以流经 R_{f4} 上的 I_1' 要略大于 R_{f2} 上的电流 I_2'。

由上面的分析可见，在 r_1 和 r_2 上流过的总电流 I_1+I_1' 和 I_2+I_2' 几乎是相等的。因为是差动式输入，引线电阻 r_1 和 r_2 上的电压降也差不多相互抵消了。因此，引线电阻所带来的误差是很小的，实际计算表明，在各种量程时，引线电阻所造成的误差都小于 0.1%。

（二）放大单元

热电阻温度变送器的放大单元与毫伏变送器的放大单元完全一样，这里不再赘述。

四、安全火花型防爆措施

在Ⅲ型温度变送器的线路中设置了“三道防线”，以适用于防爆等级为 HⅢe 的场所。

① 输入、输出及电源回路之间通过变压器相互隔离，在变压器中设有“防止短接板”。这样，在仪表的输出端或电源部分可能存在的高电压就不可能传到输入端，即不能传到现场去。

所谓“防止短接板”，就是在变压器的原副边绕组之间绕上一层厚度 $\delta>0.1mm$ 的开口铜片，这个铜片与大地连接。高电压由原边绕组向副边绕组传递的途中将碰到防止短接板而进入大地。

② 在输入端设有限压元件（稳压管）、限流元件（电阻），以防止高电能传递到现场。

③ 在输出端及电源端装有大功率二极管及熔断丝，当高的交流电压或高的正向电压（对大功率二极管而言）加到输出端或电源两端时，将在二极管回路产生一个大电流，从而把熔断丝烧毁，断开电源，保护了回路中的其他元件。由于二极管功率较大，因而在熔断丝烧毁过程中不致损坏。

五、调校

（一）校验接线

① 毫伏、热电偶变送器校验接线如图 1-57 所示。

② 热电阻变送器校验接线如图 1-58 所示。

（二）调校步骤

1. 毫伏变送器的校验方法

（1）零位与量程调整　根据不同的量程范围，调 UJ-36 的测量刻度盘为输入信号的下限值 $U_{i下}$，再调毫伏信号发生器使 UJ-36 平衡，此时变送器的输入信号为下限值 $U_{i下}$。调整零

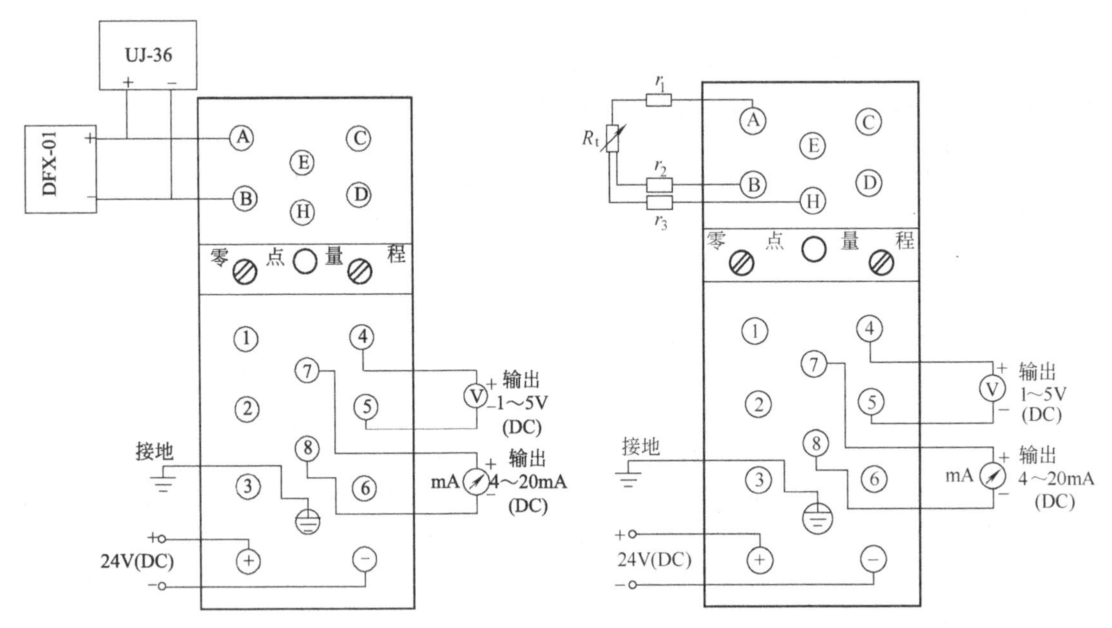

图 1-57　Ⅲ型毫伏、热电偶变送器校验接线图　　图 1-58　Ⅲ型热电阻变送器校验接线图

位电位器，使输出为 4mA 或 1V。用上述方法调 UJ-36 和毫伏信号发生器，给出输入信号的上限值 $U_{i上}$，调整量程电位器，使输出为 20mA 或 5V。反复进行多次，直到零点和量程都满足要求为止。

(2) 精度检验　用 UJ-36 和毫伏信号发生器配合，分别给出输入信号量程范围（$U_{i上}-U_{i下}$）的 0%、25%、50%、75%、100%所对应的毫伏值，再加上 $U_{i下}$，输出电流分别为 4mA、8mA、12mA、16mA、20mA。如果超差，则要重新调整零位和量程，然后再检查精度。这样做之后如仍然超差，则必须在电路上查找原因，排除故障。

2. 热电偶温度变送器的校验方法

(1) 零位与量程调整　根据不同的温度测量范围，调 UJ-36 的测量刻度盘为测量温度下限 $t_下$ 所对应的热电势值 $E_{t下}$，再调毫伏信号发生器，使 UJ-36 平衡，此时变送器的输入信号为温度下限值 $t_下$ 所对应的热电势值 $E_{t下}$。调整零位电位器，使输出为 4mA 或 1V。用上述方法，调 UJ-36 和毫伏信号发生器，给出温度上限值 $t_上$ 所对应的热电势值 $E_{t上}$，调整量程电位器，使输出为 20mA 或 5V。反复进行多次，直到零位和量程都满足要求为止。

(2) 精度检验　用毫伏信号发生器和 UJ-36 配合，分别给出温度测量范围（$t_上-t_下$）的 0%、25%、50%、75%、100%所对应的热电势值，再加上 $t_下$ 对应的热电势值 $E_{t下}$，则输出电流应分别为 4mA、8mA、12mA、16mA、20mA，否则要进行零点和量程重新调整和查找有关原因。

(3) 注意的问题　热电偶在实际使用中，由于冷端温度变化会引起测量误差，故在仪表设计时，线路上采用铜电阻或二极管对其进行补偿。在实验或调校中，各校验温度点所对应的热电势值为

$$E(t,t_1)=E(t,0)-E(t_1,0)$$

式中，t 为被测点温度；t_1 为热电偶冷端温度（变送器端子排温度），用玻璃棒温度计测得。

这样就避免了将温度补偿元件（铜电阻或二极管）换成对应热电偶冷端为0℃的固定电阻值。

3. 热电阻温度变送器的校验方法

（1）零位与量程调整　使 $r_1=r_2=r_3=1\Omega$，用直流精密电阻箱代替 R_t，根据仪表测量范围调节 R_t。当温度为下限值 $t_下$ 时，调电阻箱，使其值为相应的下限电阻值 $R_{t下}$。同时调节零点电位器，使输出为4mA或1V。调节电阻箱，使其为上限温度 $t_上$ 所对应的热电阻值 $R_{t上}$，同时调节量程电位器，使输出为20mA或5V，如此反复进行多次，直到零点和满度都满足要求为止。

（2）精度检验　零点和满度调好后，调节 R_t（即电阻箱），分别给出（$t_上-t_下$）的0%、25%、50%、75%、100%所对应的热电阻值，再加上 $R_{t下}$，其输出分别为4mA、8mA、12mA、16mA、20mA。否则应进行调整或检查出故障予以排除。

六、故障分析与处理

（一）故障分析举例

1. 故障现象：热电偶温度变送器通电后无输出

故障分析：可能原因较多。

先检查电源保险 FU_s 和输出保险 FU_o，未见损坏。查电源电压和集成稳压器输出电压，亦正常。

输入一个量程内的毫伏信号，发现有输出，但低于理论值。

从以上检查可大体看出变送器电源及放大环节基本正常，应首先怀疑调零电路有故障。测有关电阻上压降，发现 R_{i4} 上电压达4V以上，可能断线。仔细检查，证明 R_{i4} 脱焊。重新焊好后整机输出正常。

故障原因：R_{i4} 脱焊，使所在支路得不到调零电源电压，IC_2 同相输入端调零电压为零，不能维持零输出时的1V电压，当有较大毫伏信号输入时，由于同相输入端能得到这一信号电压，所以此时有输出。输出偏低则是因为零点不对造成。

2. 故障现象：一台运行中的热电阻温度变送器突然输出达最大值

故障分析：首先打开表壳，用万用表测电路中电源电压均为正常值，测得 IC_2 同相输入端电压为5V左右，这说明造成输出达最大值的主要原因在输入电路和调零电路。有经验的仪表工，用旋具紧几下固定热电阻三根引线端子上的螺钉，整机输出恢复正常。

故障原因：热电阻温度变送器为消除引线电阻误差影响而采用三线制接法，仪表上固定三根引线端子上的螺钉松动或接触不良，就相当于图1-55中三根引线电阻 r_1、r_2、r_3 任一个断线开路，图中热电阻 R_t 以及引线电阻 r_1、r_2、r_3 与零点调整回路一起组成了不平衡电桥，当被测温度 t 改变时，R_t 阻值改变，R_t 上压降由 U_Z 经 R_{i2} 流过 R_t 上的电流产生后，直接送到 IC_2 的同相端，去控制整机输出的大小。

当 r_1 断线时：U_z 没经 R_{i2} 与 R_t 分压；而直接经 R_{i2} 加到 IC_2 的同相端，这个电压比正常时大得多，因此输出会达最大值。

当 r_2 断线时：U_z 通过 R_{i5}、W_{i1}、R_{f3}、W_{f1} 加到 IC_2 反相端，这个电压比正常时大得多，因此输出值将减小。

当 r_3 断线时：IC_2 同相端和反相端都接近 U_z 和 U_f 的叠加，即 IC_2 同相端和反相端输入电压几乎接近相等，所以其整机输出会下降或者近似为零。

（二）故障处理举例

序号	故障现象	可　能　原　因
1	无输出	①电源回路熔断丝断线，输出回路熔断丝断线 ②直流-交流变换器不工作或不正常，致使副边无交变电压，或波形严重畸变 ③电流互感器原副边有断线 ④IC_2 坏，无输出电压或输出值对整机公共点是负电压 ⑤有虚焊、脱焊
2	输出最大	①反馈回路开路 ②IC_2 损坏 ③热电阻温度变送器零点调整回路或热电阻断路 ④桥路部分故障

本章小结

变送器主要包括压力（差压、流量、物位）变送器和温度变送器。

本章重点讲述了电容式差压变送器和温度变送器的电路原理、仪表的调校、故障处理及维护等内容；简单介绍了扩散硅式、振弦式、电感式差压变送器的工作原理；同时也讲述了差压变送器的使用等。

电容式差压变送器属于微位移式变送器。它采用差动电容为检测元件，整个变送器无机械传动等调整装置，并且测量部件采用全封闭焊接的固体化结构，因此它具有结构简单、体积小、重量轻、维护方便、故障率低、调校容易、稳定性好、精度高等优点。

电容式差压变送器主要由测量部件、转换电路和放大电路组成。输入差压信号作用在测量部件的中心感压膜片上，使其产生位移，从而感压膜片（即可动电极）与两固定电极所组成的差动电容器的电容量发生变化。此电容变化量由电容-电流转换电路转换为直流电流信号，与调零信号的代数和，同反馈信号进行比较，其差值送入放大电路，经放大得到整机的输出电流 I_O。

电容式差压变送器在使用上可与其他差压变送器兼容，它的量程和零点调整都在外部通过两个螺钉（电位器）进行；通过改变中心感压膜片的厚度可改变其测量范围，所以在各种测量范围的变送器中，其外形尺寸并无多大变化。

电容式差压变送器是二线制、现场安装仪表，在线路上采用了安全火花防爆措施，使电路在正常或故障情况下都不会产生非安全火花，它与输入式安全栅配合使用，可构成安全火花型防爆检测系统，适用于各种危险场所。

扩散硅式、振弦式、电感式差压变送器同电容式差压变送器相类似，都是根据开环原理设计而成的微位移式变送器。主要不同点是测量部件。因测量部件不同，所以其电路部分也各有差异。在测量系统中它们都有电容式变送器的共同优点。

Ⅲ型温度变送器有三种：毫伏变送器、热电偶温度变送器、热电阻温度变送器。三种变送器的主要区别在于反馈回路。直流毫伏变送器的反馈回路是一线性电阻网络，而热电偶和热电阻变送器则分别采用不同的线性化环节来保证输出信号与被测温度之间的线性关系。变送器的放大器采用低漂移、高增益、高输入阻抗的集成运算放大器，并在线路中采用安全火花防爆措施，所以Ⅲ型温度变送器不仅本身为安全火花型仪表，而且不需另加安全栅就可以构成安全火花型防爆系统。在放大单元中设有DC/AC/DC变换器，用以实现电源与输入输出及输入与输出间的隔离，从而提高了仪表的防爆性能。

热电偶温度变送器采用非线性负反馈来实现线性化。它要求反馈回路的特性曲线和热电偶的特性曲线相一致，在线路中采用折线逼近法来近似热电偶特性。当仪表大范围改变零点或量程时，则应同时改变非线性电路结构和有关元件参数。

热电阻温度变送器采用正反馈来实现线性化。随 R_t 增加而不断加深的正反馈，使整机的增益随信号的增大而不断增大，从而校正了热电阻随被测温度增加而变化量逐渐下降的趋势。为了克服引线电阻所带来的测量误差，热电阻与桥路之间采用三线制连接方式。

变送器主要应用于压力、液位、流量和温度的检测和控制系统中，在使用时要根据测量精度的要求、量程范围的大小、被测介质的性质进行选型，根据安装的位置来确定是否要进行零点迁移，或零点迁移量的大小及迁移方向的正负。

各种变送器在使用前必须进行测量范围、零点迁移量、精度、静压误差等方面的检查和校验。仪表校验时要按要求、步骤和方法有序稳妥地进行，防止损坏仪表。

仪表的故障处理是难点内容，进行故障处理时，要根据仪表的故障现象，先分析确定故障是在表内还是表外，如果是发生于表内，要大致确定故障部位，通过各方面检查，逐渐缩小范围，才能动手排除；要杜绝在没弄清楚故障原因的情况下就动手排除的盲目做法，否则会使故障越修越多。故障处理能力要经过日常工作经验的日积月累，工作中反复实践来逐步提高。

思考题与习题

1-1 变送器主要包括哪些仪表？各有何用途？

1-2 变送器是基于什么原理构成的？如何使输入信号与输出信号之间呈线性关系？

1-3 何谓零点迁移？为什么要进行零点迁移？零点迁移有几种？

1-4 矢量机构式差压变送器是如何实现量程调整的？试分析说明为什么改变矢量角就能改变量程。

1-5 什么是差压变送器的静压误差？静压误差产生的原因有哪些？如何消除静压误差？

1-6 电容式、扩散硅式、电感式、振弦式差压变送器与矢量机构式差压变送器相比有什么优点？

1-7 1151电容式差压变送器如何实现差压-位移转换？差压-位移转换如何满足高精度的要求？

1-8 1151电容式差压变送器如何保证位移-电容转换关系是线性的？

1-9 在1151电容式差压变送器调校时，为什么调量程影响零点，而调零点不影响量程？

1-10 对于不同测量范围的1151电容式差压变送器，为什么整机尺寸无太大差别？

1-11 简述扩散硅式、电感式、振弦式差压变送器力-电转换的基本原理。

1-12 试说明Ⅲ型温度变送器采用隔离式供电和隔离输出的原因。在线路上是如何实现的？

1-13 试说明Ⅲ型直流毫伏变送器调量程和调零点为什么会互相影响。

1-14 Ⅲ型温度变送器是如何使被测温度和输出信号之间呈线性关系的？

1-15 简述热电偶温度变送器实现线性化的原理。

1-16 简述热电阻温度变送器实现线性化的原理。

1-17 热电偶温度变送器的非线性反馈电路中，为什么 R_{f9} 接入会使热电偶特性曲线斜率变大，而 R_{f19} 接入会使斜率变小？

1-18 若毫伏变送器的量程单元中电阻 R_{i3} 开路，输出有何变化？R_{i6} 开路呢？U_f 开路呢？

1-19 热电阻温度变送器中，若 R_t 引线断线或 R_{i3} 断线输出有何变化？

1-20 Ⅲ型温度变送器中，采取了哪些安全火花型防爆措施？

1-21 有一Ⅲ型热电偶温度变送器，量程为0～1000℃，求输入为200℃、500℃时输出为多少？若环境温度从0℃变化到30℃输出如何变化？

1-22 Ⅲ型热电偶温度变送器是如何实现热电偶冷端温度补偿的？

第二章　调　节　器

在生产过程中，调节器是构成自动控制系统的核心仪表。它将来自变送器的测量值与给定值相比较后所产生的偏差进行比例、积分、微分（PID）运算，并输出统一标准信号，去控制执行机构的动作，以实现对温度、压力、流量、液位等工艺变量的自动控制。

第一节　调节器的运算规律

一、概述

图 2-1 是单回路控制系统框图，在该自动控制系统中，由于干扰作用使被控变量偏离给定值，从而产生偏差

$$\varepsilon = x_i - x_s$$

式中，ε 为偏差；x_i 为测量值；x_s 为给定值。

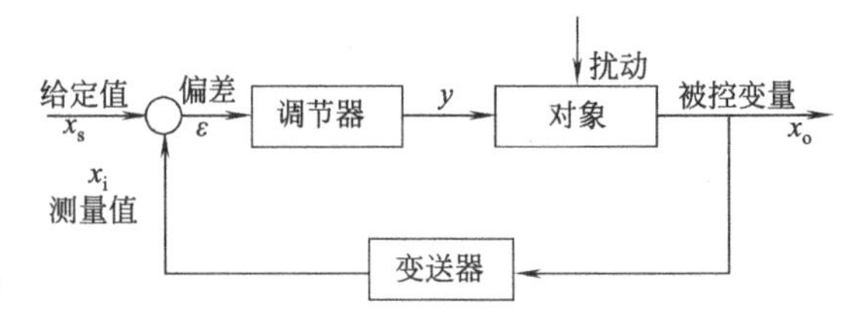

图 2-1　单回路控制系统框图

调节器接受了偏差信号后，按一定的运算规律使其输出信号变化，通过执行器作用于被控对象，以抵消干扰对被控变量的影响，从而使被控变量回到给定值上来。

被控变量能否回到给定值上来，或者以什么样的途径，经过多长时间回到给定值上来，即控制过程的品质如何，这不仅与控制对象特性有关，而且还与调节器本身特性，即调节器的运算规律有关。

调节器的运算规律是指调节器的输出信号与输入偏差之间随时间变化的规律，也称为调节器的特性。

必须强调指出，在研究调节器特性时，调节器的输入信号是被控变量的测量值与给定值间的偏差 ε，其初值为零。因此 ε 既是变化量，又是实际值。调节器的输出信号通常指的是变化量 Δy。

对调节器而言，习惯上，$\varepsilon>0$ 称为正偏差，$\varepsilon<0$ 称为负偏差。

如 $\varepsilon>0$ 时，对应的输出信号变化量 $\Delta y>0$，则称该调节器为正作用调节器；如 $\varepsilon<0$ 时，对应的输出信号变化量 $\Delta y>0$，则称该调节器为反作用调节器。

调节器的基本运算规律（控制规律）有比例（P）、积分（I）、微分（D）三种，将这些基本运算规律进行不同的组合，即可构成 P、PI、PD 和 PID 等多种工业常用的调节器。

二、调节器的运算规律

下面分别介绍常见的 P、PI、PD、PID 调节器的运算规律。为方便起见，假设调节器为正作用，并以 ε 表示调节器的输入偏差，以 Δy 表示调节器的输出变化量。

（一）P 运算规律

只具有比例运算规律的调节器称为 P 调节器。P 调节器的输出与输入关系为

$$\Delta y = K_P \varepsilon \tag{2-1}$$

传递函数为

$$W_P(s)=K_P \tag{2-2}$$

阶跃响应特性如图 2-2 所示。

1. 比例度

在实际调节器中常用比例度（或比例带）δ 来表示比例作用的强弱。比例度的一般表达式为

$$\delta=\frac{\dfrac{\varepsilon}{\varepsilon_{max}-\varepsilon_{min}}}{\dfrac{\Delta y}{y_{max}-y_{min}}}\times 100\% \tag{2-3}$$

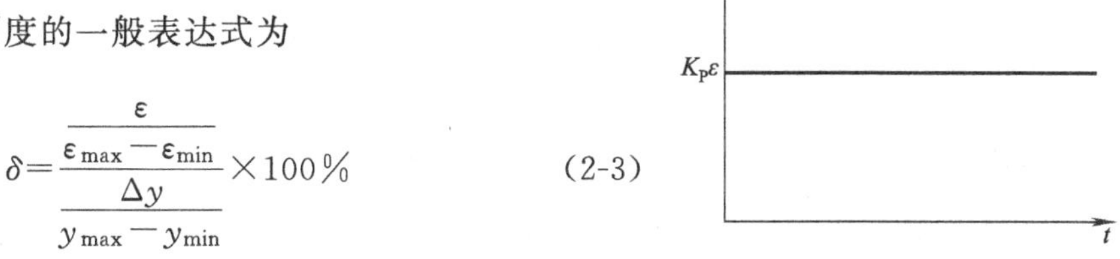

图 2-2 比例调节器的阶跃响应特性

式中，ε 为偏差；$\varepsilon_{max}-\varepsilon_{min}$ 为偏差变化范围；$y_{max}-y_{min}$ 为输出信号变化范围；Δy 为输出信号变化量。

在单元组合仪表中，$\varepsilon_{max}-\varepsilon_{min}=y_{max}-y_{min}$，此时，比例度可表示为

$$\delta=\frac{1}{K_P}\times 100\% \tag{2-4}$$

式中，K_P 为比例增益。

在实际调节器上，上两式中的"%"一般不在比例度盘上刻出来。

可见，δ 与 K_P 成反比。δ 愈小，K_P 愈大，比例作用愈强。反之亦然。

2. P 运算规律的特点

P 控制作用及时迅速，由于 P 调节器的输出与输入成比例关系，只要有偏差存在，调节器的输出立刻与偏差成比例地变化。

P 控制作用将会使系统出现余差，也就是说，当被控变量受干扰影响而偏离给定值后，调节器的输出必定发生变化。由于比例关系，在系统稳定后，被控变量就不可能回到原先数值上，因为如果被控变量值和给定值之间的偏差为零，调节器输出为零，系统也就无法保持平衡。

存在余差是 P 调节器应用方面的一个缺点，在调节器的输出变化量相同的情况下，比例度 δ 越小（即 K_P 越大），余差越小。但是比例度过分减小，系统容易产生振荡，甚至发散。

此外，余差的大小还与干扰的幅度有关，其干扰幅度越大，在相同的比例度 δ 下，余差也越大。由于负荷的变化通常是系统的一种干扰，因此负荷变化不大，允许有余差的系统，可以采用 P 调节器。

（二）PI 运算规律

具有比例积分运算规律的调节器称为 PI 调节器。

1. PI 调节器特性

实际 PI 调节器的传递函数为

$$W_{PI}(s)=K_P\frac{1+\dfrac{1}{T_I s}}{1+\dfrac{1}{K_I T_I s}} \tag{2-5}$$

在阶跃偏差信号作用下，利用拉氏反变换可求出实际 PI 调节器的输出随时间变化的关

系式

$$\Delta y = K_P\varepsilon[1+(K_I-1)(1-e^{-\frac{t}{K_I T_I}})] \tag{2-6}$$

式中，K_I 为积分增益；T_I 为积分时间。

当积分增益 $K_I \to \infty$ 时，实际 PI 调节器变为理想 PI 调节器，其表达式为

$$\Delta y = K_P\left(\varepsilon + \frac{1}{T_I}\int_0^t \varepsilon \mathrm{d}t\right) \tag{2-7}$$

传递函数为

$$W_{PI}(s) = K_P\left(1+\frac{1}{T_I s}\right) \tag{2-8}$$

阶跃响应特性如图 2-3 和图 2-4 所示。

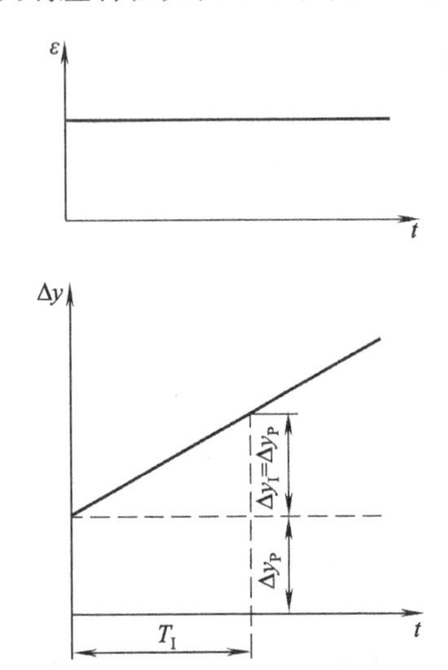

图 2-3 理想 PI 调节器的阶跃响应特性

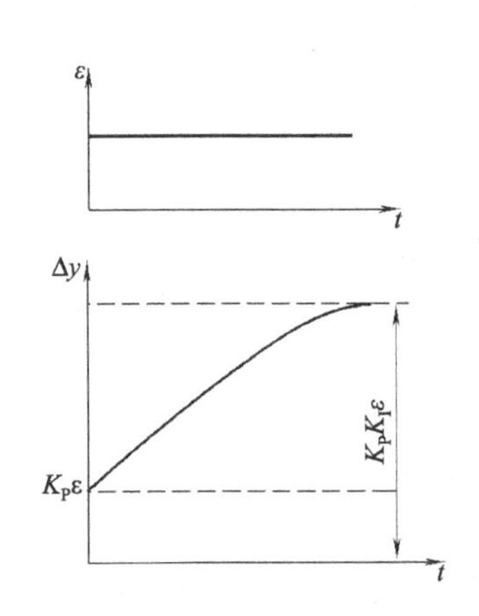

图 2-4 实际 PI 调节器的阶跃响应特性

2. PI 运算规律的特点

由图 2-3 可知，PI 调节器输出可表示为比例作用的输出与积分作用的输出之和，即

$$\Delta y = \Delta y_P + \Delta y_I$$

式中

$$\Delta y_P = K_P\varepsilon,\ \Delta y_I = \frac{K_P}{T_I}\int_0^t \varepsilon \mathrm{d}t$$

由积分项可见，只要调节器输入偏差存在，积分作用的输出就会随时间不断地变化，只有当偏差等于零时，输出才稳定不变。这就是积分作用能记忆输出和能消除余差的原因。

由于积分作用的输出与偏差存在的时间有关，即使有一个较大的偏差存在，而一开始积分作用的输出总是比较小的。它与比例作用相比，存在调节速度慢和不及时的缺点。因此，积分作用一般不单独使用，而是与比例作用一起组成 PI 调节器，用于控制系统中。

在阶跃作用下的理想 PI 调节器的输出随时间变化的表达式为

$$\Delta y = K_P\left(1+\frac{t}{T_I}\right)\varepsilon \tag{2-9}$$

当 $t=T_I$ 时

$$\Delta y = 2K_P\varepsilon \tag{2-10}$$

从而可得积分时间的定义和测定积分时间的依据。也就是说，在阶跃信号作用下，积分作用的输出值变化到等于比例作用的输出值所经历的时间就是积分时间；或者说，在阶跃信

号作用下，PI 调节器的总输出为 2 倍的比例作用输出时所经历的时间就为积分时间。

3. 控制点、控制点偏差与控制精度

对于具有积分作用的调节器，当偏差基本为零时，其输出可以稳定在任一值上，此值称为控制点。

实际 PI 调节器的积分增益虽然比较大，但仍为一有限值，因此当调节器的输出稳定在某一值时，偏差依然存在，这种偏差通常称为控制点偏差。当调节器的输出变化为满度时，控制点的偏差达最大，其值可表示为

$$\varepsilon_{\max}=\frac{y_{\max}-y_{\min}}{K_{\mathrm{P}}K_{\mathrm{I}}} \tag{2-11}$$

控制点最大偏差占输入信号范围的百分数称为控制精度，即

$$\Delta=\frac{\varepsilon_{\max}}{x_{\max}-x_{\min}}\times100\% \tag{2-12}$$

因为调节器输入信号和输出信号的变化范围是相等的，故有

$$\Delta=\frac{1}{K_{\mathrm{P}}K_{\mathrm{I}}}\times100\% \tag{2-13}$$

控制精度是具有积分作用调节器的重要指标，它表征调节器消除余差的能力，显然，K_{I} 越大，控制精度越高，消除余差的能力越强。

（三）PD 运算规律

具有比例微分运算规律的调节器称为 PD 调节器。

1. PD 调节器的特性

实际 PD 调节器的传递函数为

$$W_{\mathrm{PD}}(s)=K_{\mathrm{P}}\frac{1+T_{\mathrm{D}}s}{1+\dfrac{T_{\mathrm{D}}}{K_{\mathrm{D}}}s} \tag{2-14}$$

在阶跃偏差信号作用下，利用拉氏反变换可求得实际 PD 调节器的输出随时间变化的关系式

$$\Delta y=K_{\mathrm{P}}\varepsilon\left[1+(K_{\mathrm{D}}-1)\mathrm{e}^{-\frac{K_{\mathrm{D}}}{T_{\mathrm{D}}}t}\right] \tag{2-15}$$

式中，K_{D} 为微分增益；T_{D} 为微分时间。

当微分增益 $K_{\mathrm{D}}\to\infty$ 时，实际 PD 调节器变为理想 PD 调节器，其表达式为

$$\Delta y=K_{\mathrm{P}}\left(\varepsilon+T_{\mathrm{D}}\frac{\mathrm{d}\varepsilon}{\mathrm{d}t}\right) \tag{2-16}$$

传递函数为

$$W_{\mathrm{PD}}(s)=K_{\mathrm{P}}(1+T_{\mathrm{D}}s) \tag{2-17}$$

实际 PD 调节器阶跃响应特性如图 2-5 所示。

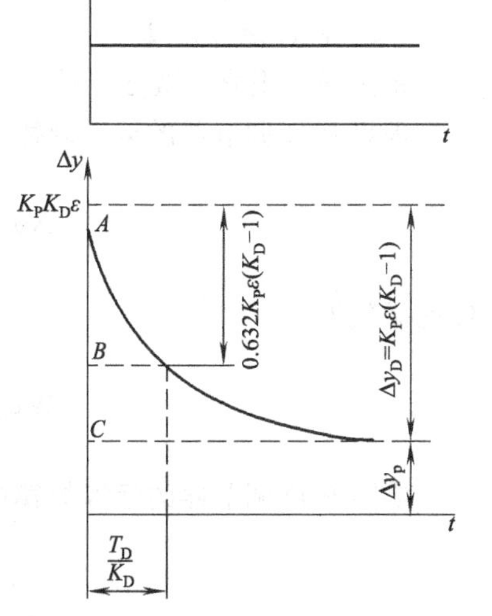

图 2-5　实际 PD 调节器的阶跃响应特性

2. PD 运算规律的特点

微分作用是根据偏差变化速度进行控制的，只要偏差出现很小的变化趋势，就有控制输出，根据偏差变化的趋势提前采取控制措施称为超前控制。因此，微分作

用也称为超前作用。在温度等容量滞后较大的控制系统中，往往引入微分作用，用以改善控制过程的动态特性。但是，在偏差恒定不变时，不管这个偏差有多大，微分作用的输出总是零，故微分作用也不能单独使用。

由式（2-16）可见，当偏差为阶跃信号时，在偏差出现的瞬间，其变化速度很大，所以理想 PD 调节器输出此时也非常大。这实际上是很难实现的，而且在实际控制系统中也无应用价值，所以在控制系统中使用的都是实际 PD 调节器。

实际 PD 调节器的输出由比例作用的输出和微分作用的输出两部分组成；由阶跃响应特性可知，调节器输出首先跳上去，即初值为 $K_P K_D \varepsilon$，然后，按指数规律下降，其时间常数为$\frac{T_D}{K_D}$，最终稳定在比例输出 $K_P \varepsilon$ 值上，初始值的最大上跳幅度取决于 K_D 的大小。

3. 微分增益与微分时间

微分增益的定义是，在阶跃信号作用下，实际 PD 调节器输出变化的初始值与最终值（比例作用输出值）的比值。

$$K_D = \frac{\Delta y(0)}{\Delta y(\infty)}$$

K_D 越大，微分作用越趋近理想，一般取 $K_D = 5 \sim 10$。

在实际 PD 调节器中，K_D 是定值，而微分作用的强弱是靠调微分时间来确定的，微分时间越长，微分作用越强，反之亦然。

微分时间 T_D 的测定：在阶跃信号作用下，实际 PD 调节器的输出是 Δy_P 和 Δy_D 之和。当 $t = \frac{T_D}{K_D}$时，由式（2-15）可得

$$\Delta y_D\left(\frac{T_D}{K_D}\right) = K_P \varepsilon (K_D - 1) e^{-1} = 0.368 K_P \varepsilon (K_D - 1)$$

此值就是图 2-5 中的$\overline{BC}$，$\overline{AB}$为 $0.632 K_P \varepsilon$（$K_D - 1$）。

可见，在阶跃信号作用下，实际 PD 调节器的输出从最大值下降到微分输出幅度的 36.8%所经历的时间，就是微分时间常数$\left(\frac{T_D}{K_D}\right)$。此时间常数再乘上 K_D 即为微分时间 T_D。

（四）PID 运算规律

将比例、积分、微分三种基本运算规律组合起来，可组成 PID 三作用调节器。

理想 PID 调节器的运算规律可用下式表示。

$$\Delta y = K_P \left(\varepsilon + \frac{1}{T_I}\int_0^t \varepsilon \mathrm{d}t + T_D \frac{\mathrm{d}\varepsilon}{\mathrm{d}t}\right) \tag{2-18}$$

传递函数为

$$W_{PID}(s) = K_P \left(1 + \frac{1}{T_I s} + T_D s\right) \tag{2-19}$$

实际 PID 调节器的运算规律的传递函数常用下式表示。

$$W_{PID}(s) = K_P F \frac{1 + \frac{1}{F T_I s} + \frac{T_D}{F} s}{1 + \frac{1}{K_I T_I s} + \frac{T_D}{K_D} s} \tag{2-20}$$

实际 PID 调节器由于相互干扰系数 F 的存在，且其值与 $\frac{T_D}{T_I}$ 有关，故 P、I、D 参数的实际值 FK_P、FT_I、$\frac{T_D}{F}$ 与刻度值 K_P、T_I、T_D 有差异，同时，在整定某个参数时，还将影响其他参数，所以在进行参数整定时要注意互相影响。

当偏差为阶跃信号时，利用拉氏反变换，由式（2-20）可求得实际 PID 调节器输出的时间函数关系式为

$$\Delta y=K_P\varepsilon\left[F+(K_I-F)\left(1-e^{\frac{t}{K_I T_I}}\right)+(K_D-F)e^{-\frac{K_D}{T_D}t}\right] \tag{2-21}$$

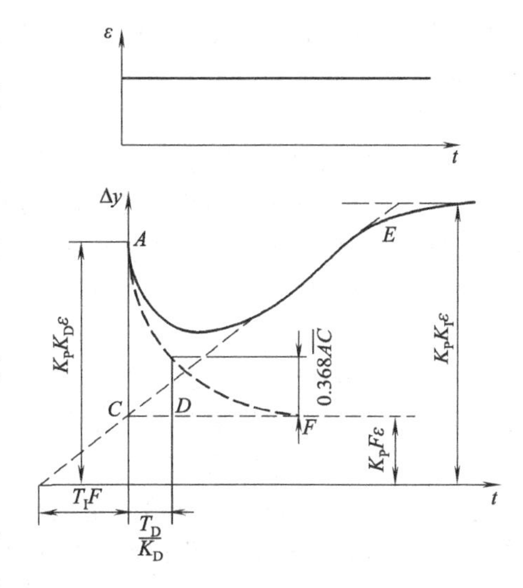

图 2-6 实际 PID 调节器的阶跃响应特性

实际 PID 调节器的阶跃响应特性如图 2-6 所示。

当 $t=0$ 时 $\Delta y(0)=K_PK_D\varepsilon$

当 $t=\infty$时 $\Delta y(\infty)=K_PK_I\varepsilon$

可见，PID 调节器特性曲线是由 PI 阶跃响应特性和 PD 阶跃响应特性两曲线叠加而成的。PID 调节器同时具有 P、PI、PD 三种运算规律的优点，因此可以得到满意的控制效果，它是目前过程控制中使用非常普通的一种调节器。

三、PID 运算规律的构成

PID 运算规律是由基本的 P、PI 和 PD 运算电（气）路，按不同的方式连接构成的，如图 2-7 所示。

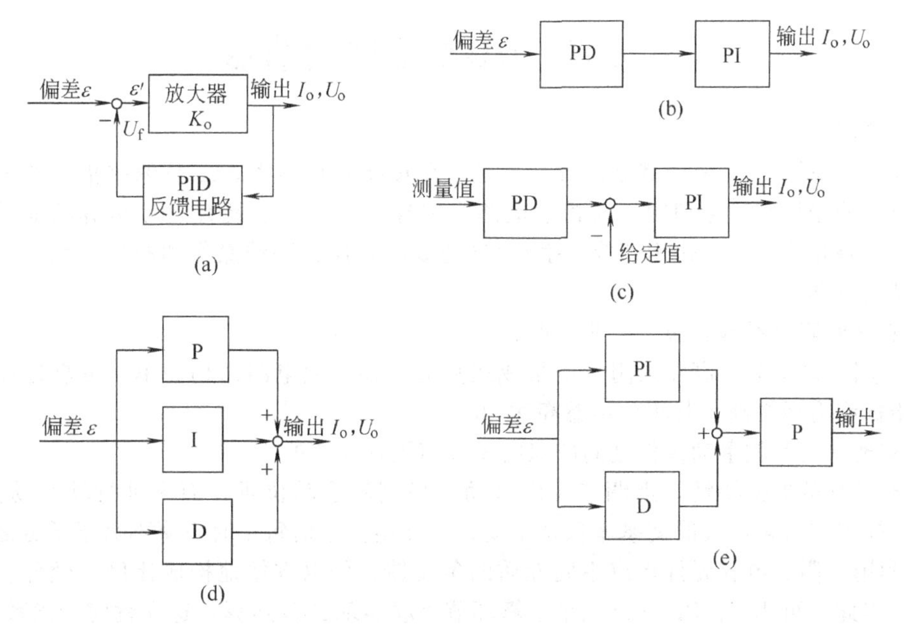

图 2-7 PID 运算电路构成框图

1. 由放大器和 PID 反馈构成的运算电路

具有放大器和 PID 反馈的运算电路如图 2-7（a）所示，图中的放大器是直流放大器，

PID 反馈电路是由 RC 微分和积分环节串联组成的复合电路。以这种方式构成的 PID 运算电路结构简单，但 K_P、T_D、T_I 三者间的相互干扰较大，它应用于 DDZ-Ⅱ型调节器及某些基地式调节器之中。

2. 由 PD 和 PI 串联组成的 PID 运算电路

图 2-7（b）所示的框图为 PD 和 PI 两种运算电路串联而成的 PID 运算电路。在这种构成方式中，参数的相互干扰小。但由于电路串联，各级误差将被积累和放大，因此对各部分电路的精度要求较高，它们通常由集成运算放大器及 RC 电路组成。DDZ-Ⅲ型调节器采用了这种构成方式。

对这种电路的组成方式稍加变动，可构成测量值微分先行的调节器，如图 2-7（c）所示，测量值先经比例增益为 1 的 PD 电路后再与给定值比较，差值送入 PI 电路。这样在改变给定值时，由于给定值没有经过微分环节，调节器输出就不会因此而发生大幅度跳动。微分先行调节器通常被应用于给定值变化较为频繁，又需要引入微分作用的生产过程控制系统，EK 系列调节器就采用了微分先行的构成方式。

3. 由 P、I、D 并联构成的 PID 运算电路

图 2-7（d）所示为由 P、I、D 三个运算电路并联而成的，其输出为 P、I、D 三部分各自的输出相叠加。

这种运算电路的特点是，由于三个运算电路并联连接，避免了级间累积放大，有利于保证整机精度，并可消除 δ、T_I、T_D 变化对整机实际整定参数的影响。但 K_P 的改变仍然对实际的积分时间和微分时间产生干扰。

4. 由 P、I、D 串、并联构成的 PID 运算电路

为了消除 K_P、T_I 和 T_D 参数间的相互干扰，可采用串、并联组合电路，如图 2-7（e）所示。在这种结构中，PI 与 D 电路并联后再与 P 电路相串联。这种结构方式不仅可以避免级间误差累积放大，还可以消除调节器参数间的相互干扰。

第二节　DDZ-Ⅲ型调节器

一、概述

DDZ-Ⅲ型调节器有两个基型品种：一是全刻度指示调节器，二是偏差指示调节器。这两种调节器的结构和线路相同，仅指示电路有差异。它们除了具有 PID 运算功能外，还有内给定、偏差指示、正反作用切换、手动/自动双向切换、手动操作和阀位指示等功能，故称为基型调节器。

DDZ-Ⅲ型调节器具有如下一些特点。

① 采用了高增益、高输入阻抗的集成运算放大器，使电路结构简单，可靠性和其他各项电路指标都有所提高，其积分增益高达 10^4。

② 实现自动和软手动操作之间的双向无平衡无扰动切换。

③ 有良好的保持特性，当调节器由自动切换到软手动位置，而未进行软手动操作时，调节器的输出信号可以长时间基本保持不变，即输出信号值每小时下降不大于千分之一。

④ 利用电阻、电容元件构成不同性质的负反馈，可以方便地构成比例、微分、积分运算电路。因此，可用 P、PI、PD 三个运算环节串联实现 PID 运算，这样就使干扰系数减小，使积分增益和微分增益都与比例增益无关。

⑤ 在基型调节器的基础上，易于构成各种特种调节器，如间歇调节器、自选调节器、前馈调节器、非线性调节器等；还易于在基型调节器的基础上附加某些单元，如输入报警、

偏差报警、输出限幅等；同时还便于构成与计算机联用的调节器，如SPC系统用调节器和DDC备用调节器。

本节着重讨论全刻度指示调节器。全刻度指示调节器的主要性能指标如下。

测量信号 1～5V DC

内给定信号 1～5V DC

外给定信号 4～20mA DC

测量和给定信号指示精度 ±1%

输入阻抗的影响 ≤满刻度的0.1%

比例度 2%～500%

积分时间 0.01～25min（分两挡）

微分时间 0.04～10min

输出信号 4～20mA DC

负载电阻 250～750Ω

输出保持特性 −0.1%/h

控制精度 <±0.5%

二、基型调节器线路分析

基型调节器的构成框图如图2-8所示，整机电路见图2-9。

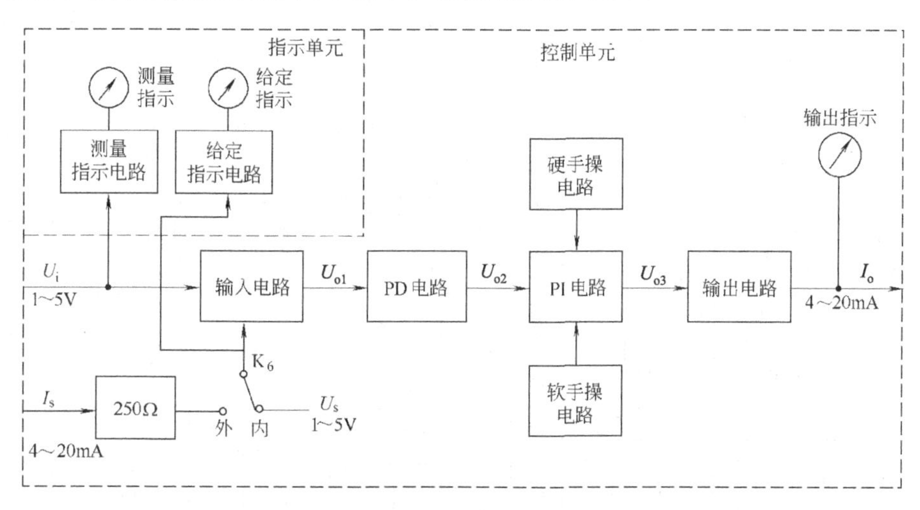

图2-8 基型调节器框图

由图可见，基型调节器由指示单元和控制单元两部分组成。指示单元包括测量指示电路和给定指示电路；控制单元包括输入电路、PD运算电路、PI运算电路、输出电路及软手操和硬手操电路等。

调节器的测量信号和内给定信号均为1～5V DC，它们都通过各自的指示电路，由双针指示表进行指示。两指示值之差即为输入偏差。外给定信号为4～20mA DC，经250Ω的精密电阻后，也被转换成1～5V DC。内、外给定由开关K_6选择，在外给定时，仪表面板上的外给定指示灯亮。

切换K_1、K_2联动开关，可使调节器分别工作于“自动”、“保持”、“软手操”、“硬手操”四种状态。

当调节器处于自动状态时，测量信号与给定信号在输入电路中进行比较后产生偏差，再进入运算电路进行PID运算，然后经输出电路转换成4～20mA DC输出。

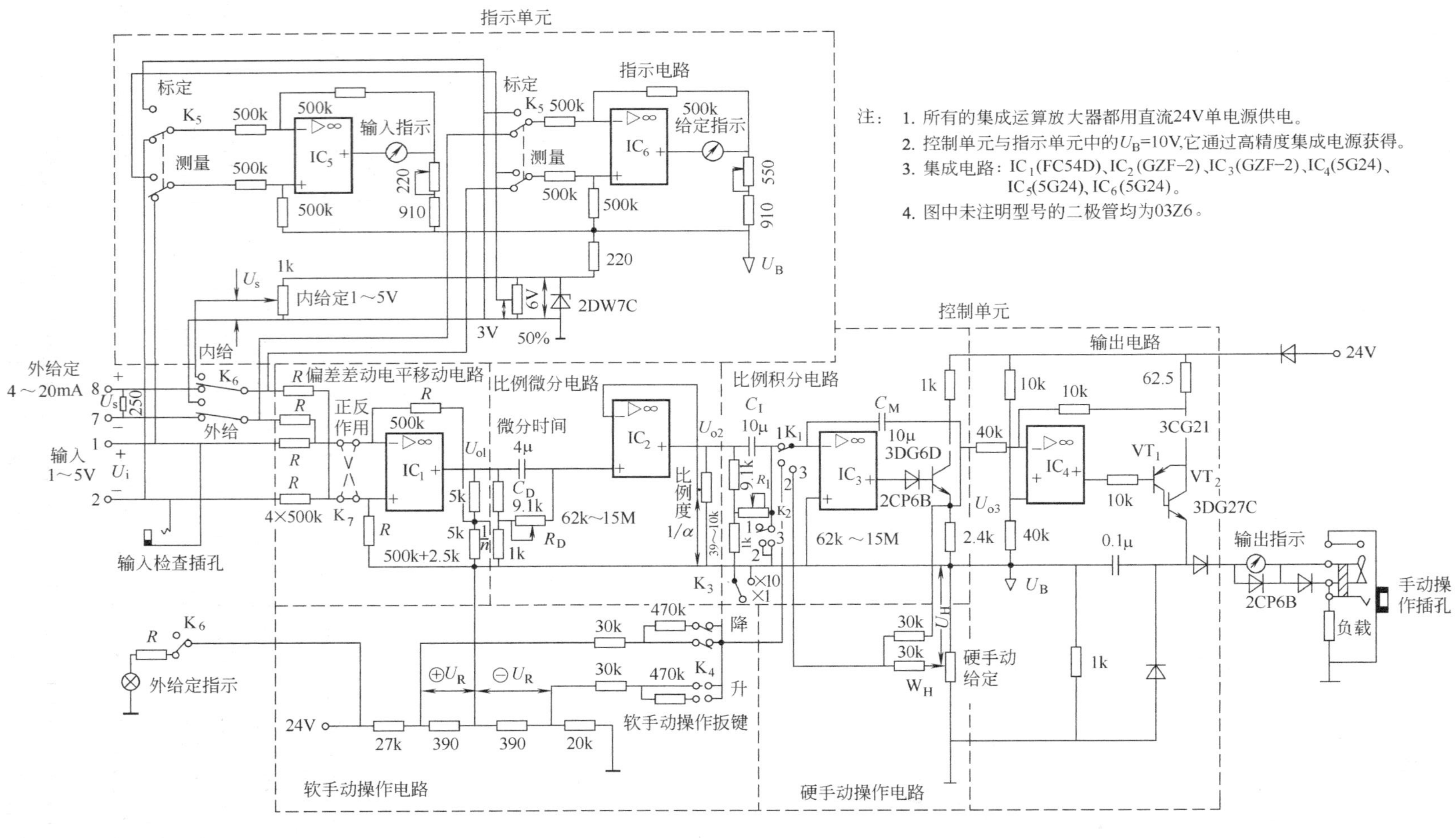

注：1. 所有的集成运算放大器都用直流24V单电源供电。
2. 控制单元与指示单元中的U_B=10V，它通过高精度集成电源获得。
3. 集成电路：IC_1(FC54D)、IC_2(GZF-2)、IC_3(GZF-2)、IC_4(5G24)、IC_5(5G24)、IC_6(5G24)。
4. 图中未注明型号的二极管均为03Z6。

图 2-9　全刻度指示调节器原理图

当调节器处于软手操状态时，可操作按键 K_4，当 K_4 处于不同的位置时，可分别使调节器处于保持状态、输出电流的快速增加（或减小）以及输出电流的慢速增加（或减小）。

当调节器处于硬手操状态时，移动硬手操操作杆，能使调节器的输出迅速地改变所需要的数值。

自动与软手操间的切换是双向无平衡无扰动；由硬手操切换至软手操或由硬手操切换至自动均为无平衡无扰动切换；只有自动切换至硬手操及由软手操切换至硬手操，则必须进行预先平衡方可达到无扰动切换。

通过切换开关 K_7，可实现调节器的正、反作用。

在调节器输入端与输出端分别设置了输入检测插孔和手动输出插孔，当调节器出现故障需要维修时，可利用这两个插孔与便携式手操器配合，进行手动操作。

（一）输入电路

输入电路主要由 IC_1 等组成的偏差差动电平移动电路构成，此外还包括内、外给定电路，内、外给定选择开关 K_6 和正、反作用选择开关 K_7 等部分。

输入电路原理如图 2-10 所示，它的主要作用有两个：一是将测量信号 U_i 与给定信号 U_s 相减，获得输入偏差信号，再将偏差信号放大两倍；二是要进行电平移动，将以 0V 为基准的 U_i 和 U_s 转换成以电平 U_B（10V）为基准的输出信号 U_{o1}。

1. 采用差动输入

输入电路采用图 2-10 所示的偏差差动输入方式，是为了消除集中供电导线电阻压降引入的误差。因为Ⅲ型仪表现场二线制变送器采用 24V DC 集中并联供电，如果采用图 2-11 所示的普通差动输入方式，信号传输过程中将在传输导线上产生压降，从而影响调节器的精度。如图 2-11 所示，两线制变送器的输出电流除在 250Ω 电阻上产生 U_i 外，同时在导线电阻 R_{CM1} 上也产生压降 R_{CM1}，这时调节器的输入信号就不单是 U_i，而是 $I_i(250\Omega+R_{CM1})=U_i+U_{CM1}$，电压 U_{CM1} 就会引起运算误差。误差的大小与导线的长度、粗细及变送器的输出电流 I_i 有关。同样，外给定信号在传输导线上的压降 U_{CM2} 也会引入附加误差。

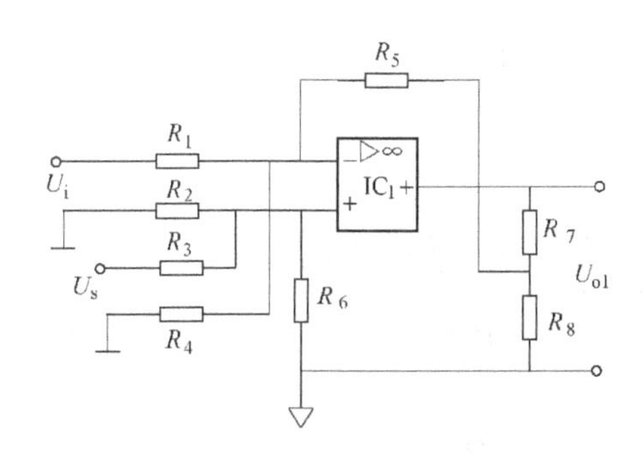

图 2-10　输入电路原理图

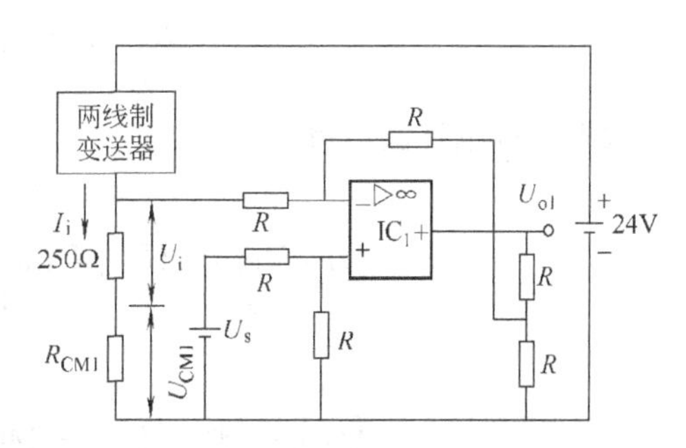

图 2-11　集中供电在普通差动运算电路中引入误差的原理图

为了消除 U_{CM} 的影响，实际输入电路的连接方式如图 2-12 所示。

由图可见，输入信号 U_i 跨接在 IC_1 的同相和反相输入端上，而将给定信号 U_s 反极性地跨接在这两端，这样，两导线电阻压降 U_{CM1} 和 U_{CM2} 都成为输入电路的共模输入电压信号，由于集成运算放大器对共模输入信号有很强的抑制能力，因此 U_{CM1} 和 U_{CM2} 不会影响运算精度。

2. 进行电平移动

电平移动的目的是使运算放大器 IC_1 工作在允许的共模输入电压范围之内。共模电压输入范围是集成运算放大器的一项重要指标，它将由电路结构和供电方式决定，当用 24V DC

单电源供电时，其共模输入允许电压范围为2～22V。如果输入信号不能全部进入共模输入电压允许范围，运算放大器将无法正常工作。因为$U_i=U_s=1\sim5V$ DC，若不进行电平移动，即$U_B=0$，则在信号下限时，反映到IC_1同相端和反相端的电压U_T、U_F将小于1V，而不在共模输入电压允许范围之内，运算放大器不能正常工作。现在，在同相输入端通过电阻R_6接到电压为10V的基准电平U_B上，这样就提高了IC_1的输入端电平（见图2-12），而且输出电压U_{o1}也是以U_B为基准，其输出电平也随之提高，从而保证了本级电路及其后各级电路中的运算放大器都能正常工作。

3. 运算关系

由图2-12可求出输出信号U_{o1}与测量信号U_i和给定信号U_s之间的运算关系。

为分析方便，可运用戴维南定理将IC_1的输出端与反馈回路等效，如图2-13所示。

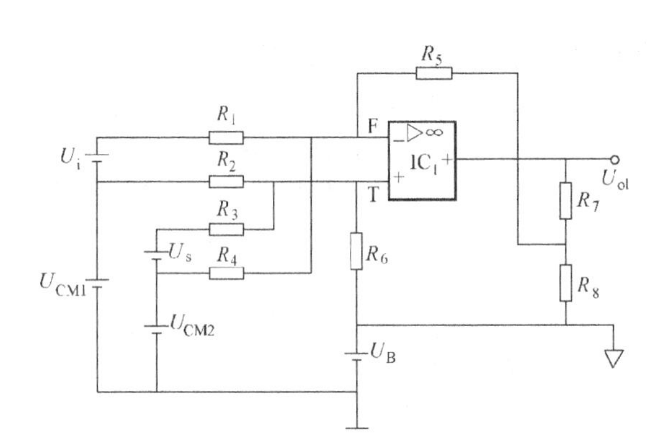

图2-12　引入导线电阻压降后的输入电路原理图

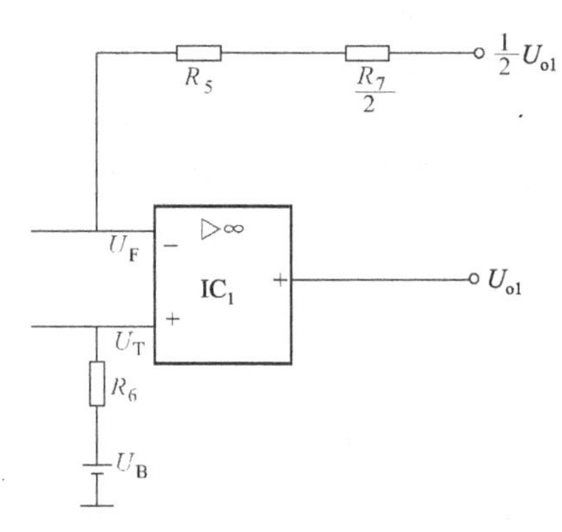

图2-13　IC_1输出端与反馈回路等效电路

若将IC_1看做理想运算放大器，并取$R_1=R_2=R_3=R_4=R_5=R=500k\Omega$，$R_7=R_8=5k\Omega$，为保证偏差差动电平移动电路的对称性，$R_6$不应与$R$相等，其阻值实际为

$$R_6=R+\frac{R_7}{2}=502.5\ (k\Omega)$$

根据节点电流法可得

$$\frac{U_i+U_{CM1}-U_F}{R}+\frac{U_{CM2}-U_F}{R}=\frac{U_F-\left(\frac{1}{2}U_{o1}+U_B\right)}{R+\frac{R_7}{2}} \tag{2-22}$$

$$\frac{U_s+U_{CM2}-U_T}{R}+\frac{U_{CM1}-U_T}{R}=\frac{U_T-U_B}{R+\frac{R_7}{2}} \tag{2-23}$$

所以反相输入端电压U_F和同相输入端电压U_T分别为

$$U_F=\frac{1}{2+\frac{2R}{2R+R_7}}\left[U_i+U_{CM1}+U_{CM2}+\frac{2R}{2R+R_7}\left(\frac{1}{2}U_{o1}+U_B\right)\right] \tag{2-24}$$

$$U_T=\frac{1}{2+\frac{2R}{2R+R_7}}\left(U_s+U_{CM1}+U_{CM2}+\frac{2R}{2R+R_7}U_B\right) \tag{2-25}$$

由于$U_F=U_T$，故由上述两式可求得

$$U_{o1}=-2\left(1+\frac{\frac{R_7}{2}}{R}\right)(U_i-U_s) \tag{2-26}$$

因为$\frac{R_7}{2}\ll R$，如果忽略$\frac{R_7}{2}$的影响可得

$$U_F=\frac{1}{3}\left(U_i+U_{CM1}+U_{CM2}+U_B+\frac{1}{2}U_{o1}\right) \tag{2-27}$$

$$U_T=\frac{1}{3}(U_s+U_{CM1}+U_{CM2}+U_B) \tag{2-28}$$

$$U_{o1}=-2(U_i-U_s) \tag{2-29}$$

由上述关系式可以看出以下几点。

① 由于采用了差动输入方式，使输入电路的输出信号U_{o1}与测量值信号U_i和给定值信号U_s的差值成正比，而与导线电阻上的附加电压U_{CM1}和U_{CM2}无关，从而保证了运算精度。

② 实现了电平移动，由关系式（2-28）可知，当$U_i=U_s=1\sim5$V DC，$U_B=10$V时，IC_1输入电压U_T、U_F是在运算放大器共模输入电压的允许范围（2～22V）之内，所以电路能正常工作。

③ 电路将以0V为基准的、变化范围为1～5V DC的输入信号，转换成以10V为基准的、变化范围为0～±8V的偏差输出信号；若以0V为基准，U_{o1}的变化范围则为2～18V，从而满足了后级运算放大器共模输入电压允许范围的要求，这也是比例系数取2的原因。

（二）PD电路

PD电路如图2-14所示，它的作用是将以U_B为基准的输入电路的输出电压信号ΔU_{o1}进行PD运算，然后输出电压信号ΔU_{o2}给PI电路。该电路由运算放大器IC_2、微分电阻R_D、微分电容C_D、比例电阻R_P等组成。调整R_P和R_D可改变调节器的比例度和微分时间。

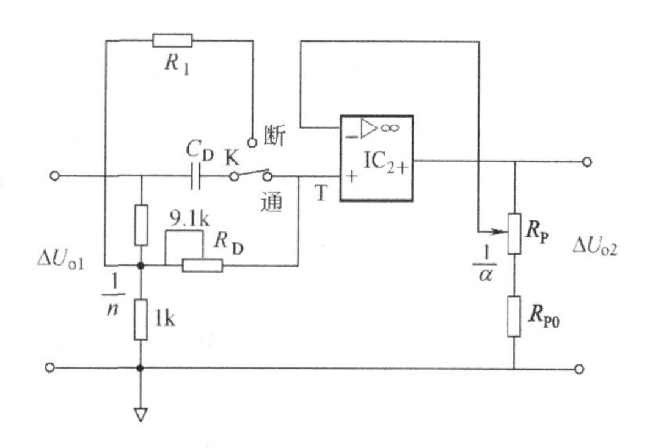

图2-14　PD电路

PD电路实际上是由无源比例微分网络和比例运算放大器两部分串联而成，它们分别实现对输入信号进行比例微分运算和比例放大作用。

由于电路中采用同相输入方式，其输入阻抗很高，因此在分析同相端电压ΔU_T与输入信号ΔU_{o1}的运算关系时，可以不考虑比例运算放大器的影响，单独分析无源比例微分电路。

1. 定性分析

图中的开关K置于“通”位时，电路对输入信号ΔU_{o1}作比例微分运算。当输入信号ΔU_{o1}为一阶跃作用时，在$t=0^+$，即刚一加入阶跃信号的瞬间，由于电容C_D上的电压不能突变，输入信号ΔU_{o1}全部加到IC_2同相端T点，因此，T点电压一开始就有一跃变，其数值为

$$\Delta U_T(0^+)=\Delta U_{o1} \tag{2-30}$$

随着电容C_D充电过程的进行，C_D两端电压从0V起按指数规律不断上升，而ΔU_T则

按指数规律不断下降。当充电时间足够长，输入电压 ΔU_{o1} 在 9.1kΩ 电阻上的分压全部充到 C_D 电容上，于是充电结束，这时则有

$$\Delta U_T(\infty)=\frac{1}{n}\Delta U_{o1} \tag{2-31}$$

并保持该值不变。

比例运算放大器的比例系数为 α，其输出信号 ΔU_{o2} 与同相端 T 点电压 ΔU_T 为简单的比例放大关系，即

$$\Delta U_{o2}=\alpha\Delta U_T \tag{2-32}$$

2. 定量分析

在定量分析 PD 电路的运算关系时，将 IC_2 看成理想运算放大器，则比例微分网络有如下关系式。

$$\Delta U_T(s)=\frac{\Delta U_{o1}(s)}{n}+\frac{n-1}{n}\times\frac{R_D}{R_D+\frac{1}{C_D s}}\Delta U_{o1}(s)$$

$$=\frac{1}{n}\times\frac{1+nR_DC_Ds}{1+R_DC_Ds}\Delta U_{o1}(s) \tag{2-33}$$

对于比例运算放大器则有

$$\Delta U_{o2}(s)=\alpha\Delta U_F(s)$$

因为

$$\Delta U_T(s)=\Delta U_F(s)$$

所以

$$\Delta U_{o2}(s)=\alpha\Delta U_T(s) \tag{2-34}$$

由式（2-33）、式（2-34）可得

$$\Delta U_{o2}(s)=\frac{\alpha}{n}\times\frac{1+nR_DC_Ds}{1+R_DC_Ds}\Delta U_{o1}(s)$$

设 $K_D=n$，$T_D=nR_DC_D$，则

$$\Delta U_{o2}(s)=\frac{\alpha}{K_D}\times\frac{1+T_Ds}{1+\frac{T_D}{K_D}s}\Delta U_{o1}(s)$$

因此，PD 电路的传递函数为

$$W_{PD}(s)=\frac{\Delta U_{o2}(s)}{\Delta U_{o1}(s)}=\frac{\alpha}{K_D}\times\frac{1+T_Ds}{1+\frac{T_D}{K_D}s} \tag{2-35}$$

在电路中，$R_D=62\text{k}\Omega\sim15\text{M}\Omega$，$C_D=4\mu\text{F}$，$R_P=0\sim10\text{k}\Omega$，$R_{P0}=39\Omega$（$R_{P0}$ 用以限制 α 的最大值）。α 是通过调整 R_P 电位器来实现的，α 的变化范围是 1～250。其中，微分增益 $K_D=n=10$；微分时间 $T_D=0.04\sim10\text{min}$；比例增益 $\frac{\alpha}{K_D}=\frac{1}{10}\sim25$。

在阶跃信号作用下，PD 电路输出随时间变化的表达式为

$$\Delta U_{o2}(t)=\frac{\alpha}{K_D}\left[1+(K_D-1)\mathrm{e}^{-\frac{K_D}{T_D}t}\right]\Delta U_{o1} \tag{2-36}$$

阶跃响应特性如图 2-15 所示。

3. R_1 的作用

当开关 K 置于“断”位置时，微分作用被切除，电路只有比例作用，即 $\Delta U_T=\frac{1}{n}\Delta U_{o1}$。这时电容 C_D 通过电阻 R_1 接至$\frac{1}{n}\Delta U_{o1}$上，C_D 电容被充电，C_D 的电压始终跟踪 9.1kΩ 电阻上的电压，$U_{CD}=\frac{n-1}{n}\Delta U_{o1}$，因此稳态时 C_D 上的电压与 9.1kΩ 电阻上的压降相等，即 C_D 右端的电平与 U_T 相等，这样就保证了开关从“断”位切换到“通”位的瞬间，即接通微分作用时，ΔU_{o2} 不发生突变，对控制系统不产生扰动。

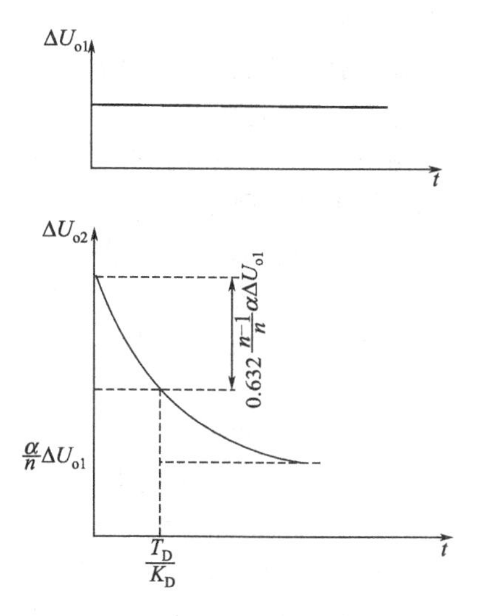

图 2-15 PD 电路阶跃响应特性

从前述分析可见以下几点。

① 在阶跃信号加入瞬间，因为 $t=0$，$e^{-0}=1$，则 $\Delta U_{o2}(0)=\alpha\Delta U_{o1}$；随着时间 t 的增长，$\Delta U_{o2}(t)$ 呈指数曲线下降，当 $t\to\infty$时，$\Delta U_{o2}(\infty)=\frac{\alpha}{K_D}\Delta U_{o1}$，即此时为比例作用的输出，并稳定不变。

② 当 $t=\frac{T_D}{K_D}$时，$e^{-1}=\frac{1}{e}=0.368$ 时

$$\Delta U_{o2}\left(\frac{T_D}{K_D}\right)=\frac{\alpha}{K_D}[1+(K_D-1)\times 36.8\%]\Delta U_{o1} \tag{2-37}$$

用上式可求微分时间 T_D。

③ 电路的结构形式，决定了 PD 电路用较小的电阻 R_P 获得了较宽的比例度，用较小的微分电阻 R_D、微分电容 C_D 获得了较长的微分时间，从而降低了对电阻 R_P、R_D、电容 C_D 的质量要求。

（三）PI 电路

PI 电路如图 2-16 所示。

PI 电路的主要作用是将 PD 电路的输出电压信号 ΔU_{o2} 进行 PI 运算，输出以 U_B 为基准

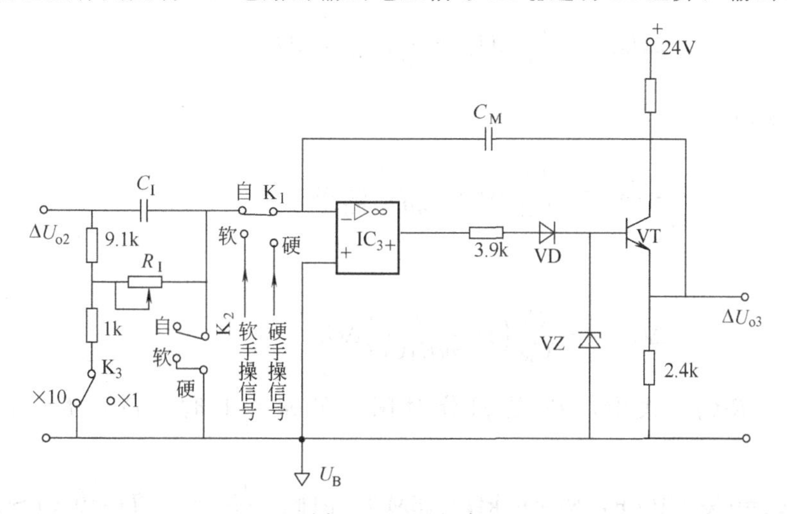

图 2-16 PI 电路

的电压信号 ΔU_{o3}（1～5V DC）至输出电路。本电路由运算放大器 IC_3、电阻 R_I、电容 C_I、C_M 等组成有源 PI 运算电路。

图中，K_3 为积分挡开关；K_1、K_2 为联动的自动、软手动、硬手动切换开关，调节器的手操信号也从本级输入。为了获得正向输出电压和便于加接输出限幅器，在 IC_3 的输出端接有限流电阻、二极管和射极跟随器等，稳压管起正向限幅作用。

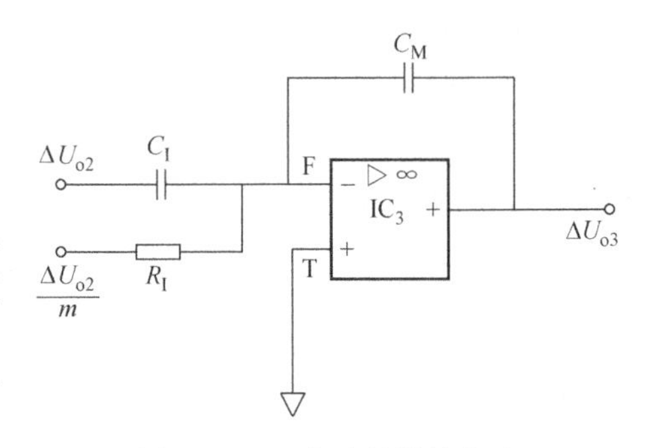

图 2-17　PI 电路的等效电路

考虑到射极跟随器的输出电压和 IC_3 的输出电压几乎相等，可把射极跟随器包括在 IC_3 中，使 PI 电路等效成如图 2-17 所示。

1. PI 电路理想运算关系

由图 2-17 可知，电路由两部分组成：C_I、C_M 组成比例运算电路，R_I、C_M 组成积分运算电路。其输出信号 ΔU_{o3}是二者的叠加。m 的数值视 K_3 的位置而定，当 K_3 在"×1"挡时，$m=1$；当 K_3 在"×10"挡时，$m=10$。

把 IC_3 看成理想运算放大器（即开环增益 $A_3=\infty$，输入电阻 $R_i=\infty$），由图 2-17 可得比例运算关系式为

$$\Delta U_{o3P}(s)=-\frac{\frac{1}{C_M s}}{\frac{1}{C_I s}}\Delta U_{o2}(s)$$

$$\Delta U_{o3P}=-\frac{C_I}{C_M}\Delta U_{o2} \tag{2-38}$$

积分运算关系式为

$$\Delta U_{o3I}=-\frac{1}{C_M}\int\frac{\Delta U_{o2}/m}{R_I}dt=-\frac{1}{mC_M R_I}\int\Delta U_{o2}dt \tag{2-39}$$

将上两式相加得

$$\Delta U_{o3}=-\frac{C_I}{C_M}\Delta U_{o2}-\frac{1}{mC_M R_I}\int\Delta U_{o2}dt$$

当 ΔU_{o2}为常数时

$$\Delta U_{o3}=-\frac{C_I}{C_M}\Delta U_{o2}-\frac{t}{mC_M R_I}\Delta U_{o2}$$

整理得

$$\Delta U_{o3}=-\frac{C_I}{C_M}\left(1+\frac{t}{mR_I C_I}\right)\Delta U_{o2} \tag{2-40}$$

设 $T_I=mR_I C_I$，式中，T_I 是积分时间。在 $m=1$ 时，$T_I=R_I C_I$；$m=10$ 时，$T_I=10R_I C_I$。

电路中 $C_I=C_M=10\mu F$，$R_I=62k\Omega\sim15M\Omega$。因此，$\frac{C_I}{C_M}=1$，$T_I=0.01\sim2.5min$（$m=$

1 时）或 $T_I=0.1\sim25\text{min}$（$m=10$ 时）。

式（2-40）是理想的 PI 电路运算关系。

2. PI 电路实际运算关系

实际的 IC_3 并非理想，开环增益 A_3 不等于∞。当考虑开环增益 A_3 为有限值、输入阻抗 $R_i=\infty$时，由图 2-17 可得

$$\frac{\Delta U_{o2}(s)-\Delta U_F(s)}{\frac{1}{C_I s}}+\frac{\frac{\Delta U_{o2}(s)}{m}-\Delta U_F(s)}{R_I}=\frac{\Delta U_F(s)-\Delta U_{o3}(s)}{\frac{1}{C_M s}} \tag{2-41}$$

因 A_3 为有限值，所以 $U_F\neq0$（对 U_B 而言），则有

$$\Delta U_{o3}(s)=-A_3\Delta U_F(s) \tag{2-42}$$

由式（2-41）、式（2-42）可求得

$$\Delta U_{o3}(s)=-\frac{\frac{C_I}{C_M}\left(1+\frac{1}{mR_IC_Is}\right)}{1+\frac{1}{A_3}\left(1+\frac{C_I}{C_M}\right)+\frac{1}{A_3R_IC_Ms}}\Delta U_{o2}(s)$$

因为 $A_3\geqslant10^5$，故$\frac{1}{A_3}\left(1+\frac{C_I}{C_M}\right)\ll1$，可略去不计。则上式可简化为

$$\Delta U_{o3}(s)=-\frac{C_I}{C_M}\times\frac{1+\frac{1}{mR_IC_Is}}{1+\frac{1}{A_3R_IC_Ms}}\Delta U_{o2}(s)$$

设 $K_I=\frac{A_3}{m}\times\frac{C_M}{C_I}$，$T_I=mR_IC_I$，即可得实际 PI 电路的传递函数为

$$W_{PI}(s)=-\frac{C_I}{C_M}\times\frac{1+\frac{1}{T_Is}}{1+\frac{1}{K_IT_Is}} \tag{2-43}$$

在阶跃作用下，该电路输出的时间函数表达式为

$$\Delta U_{o3}(t)=-\frac{C_I}{C_M}\left[K_I-(K_I-1)e^{-\frac{t}{K_IT_I}}\right]\Delta U_{o2} \tag{2-44}$$

图 2-18 是 PI 电路的阶跃响应特性，利用此阶跃响应特性可用实验法求取积分时间 T_I。

（四）整机传递函数

调节器 PID 运算电路由输入电路、PD 电路和 PI 电路的局部反馈，串联构成如图 2-19 所示。因此，整机的传递函数应是这三个电路各自传递函数的积。

$$W(s)=\frac{2\alpha}{K_D}\times\frac{C_I}{C_M}\times\frac{1+T_Ds}{1+\frac{T_D}{K_D}s}\times\frac{1+\frac{1}{T_Is}}{1+\frac{1}{K_IT_Is}}$$

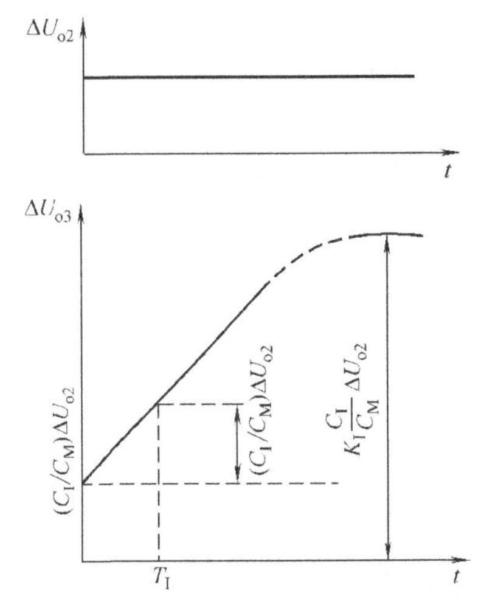

图 2-18　PI 电路阶跃响应特性

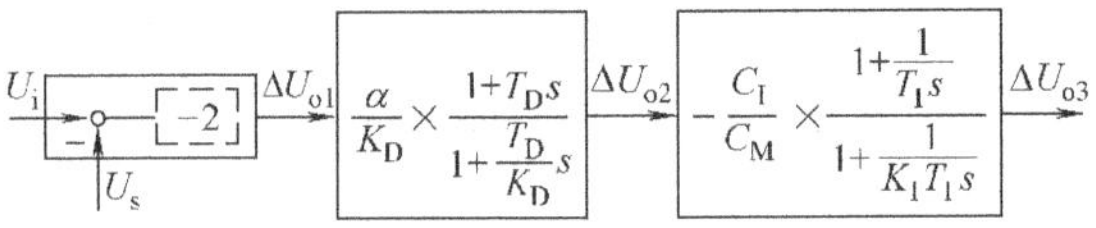

图 2-19　调节器 PID 电路传递函数框图

$$=\frac{2\alpha C_{\mathrm{I}}}{nC_{\mathrm{M}}}\times\frac{1+\dfrac{T_{\mathrm{D}}}{T_{\mathrm{I}}}+\dfrac{1}{T_{\mathrm{I}}s}+T_{\mathrm{D}}s}{1+\dfrac{T_{\mathrm{D}}}{K_{\mathrm{D}}K_{\mathrm{I}}T_{\mathrm{I}}}+\dfrac{1}{K_{\mathrm{I}}T_{\mathrm{I}}s}+\dfrac{T_{\mathrm{D}}}{K_{\mathrm{D}}}s}$$

设 $K_{\mathrm{P}}=\dfrac{2\alpha C_{\mathrm{I}}}{nC_{\mathrm{M}}}$，$F=1+\dfrac{T_{\mathrm{D}}}{T_{\mathrm{I}}}$，则得

$$W(s)=K_{\mathrm{P}}F\,\frac{1+\dfrac{1}{FT_{\mathrm{I}}s}+\dfrac{T_{\mathrm{D}}}{F}s}{1+\dfrac{1}{K_{\mathrm{D}}K_{\mathrm{I}}T_{\mathrm{I}}}+\dfrac{1}{K_{\mathrm{I}}T_{\mathrm{I}}s}+\dfrac{T_{\mathrm{D}}}{K_{\mathrm{D}}}s} \tag{2-45}$$

式中各项参数取值范围如下。

比例度　$\delta=\dfrac{1}{K_{\mathrm{P}}}\times100\%=\dfrac{nC_{\mathrm{M}}}{2\alpha C_{\mathrm{I}}}\times100\%=2\%\sim500\%$

积分时间　$T_{\mathrm{I}}=mR_{\mathrm{I}}C_{\mathrm{I}}$，当 $m=1$ 时，$T_{\mathrm{I}}=0.01\sim2.5\mathrm{min}$；当 $m=10$ 时，$T_{\mathrm{I}}=0.1\sim25\mathrm{min}$

微分时间　$T_{\mathrm{D}}=nR_{\mathrm{D}}C_{\mathrm{D}}=0.04\sim10\mathrm{min}$

微分增益　$K_{\mathrm{D}}=n=10$

积分增益　$K_{\mathrm{I}}=\dfrac{A_3C_{\mathrm{M}}}{mC_{\mathrm{I}}}$，当 $m=1$ 时，$K_{\mathrm{I}}\geqslant10^5$；当 $m=10$ 时，$K_{\mathrm{I}}\geqslant10^4$

相互干扰系数　$F=1+\dfrac{T_{\mathrm{D}}}{T_{\mathrm{I}}}$

实际整定参数与刻度值之间的关系为

$$K'_{\mathrm{P}}=FK_{\mathrm{P}},\quad T'_{\mathrm{I}}=FT_{\mathrm{I}},\quad T'_{\mathrm{D}}=\frac{T_{\mathrm{D}}}{F}$$

式中，K'_P、T'_I、T'_D为实际值；K_P、T_I、T_D 为 $F=1$ 时的刻度值。

在阶跃输入信号作用下，式（2-45）利用拉氏反变换，可求出整机输出的时间函数表达式为

$$\Delta U_{o3}(t)=K_P[F+(K_I-F)(1-e^{-\frac{t}{K_I T_I}})+(K_D-F)e^{-\frac{K_D}{T_D}t}](U_i-U_s) \quad (2\text{-}46)$$

阶跃响应特性见图 2-20。

当 $t=0$ 时，$\Delta U_{o3}(0)=K_D K_P\ (U_i-U_s)$；（2-47）

当 $t=\infty$时，$\Delta U_{o3}(\infty)=K_I K_P\ (U_i-U_s)$。（2-48）

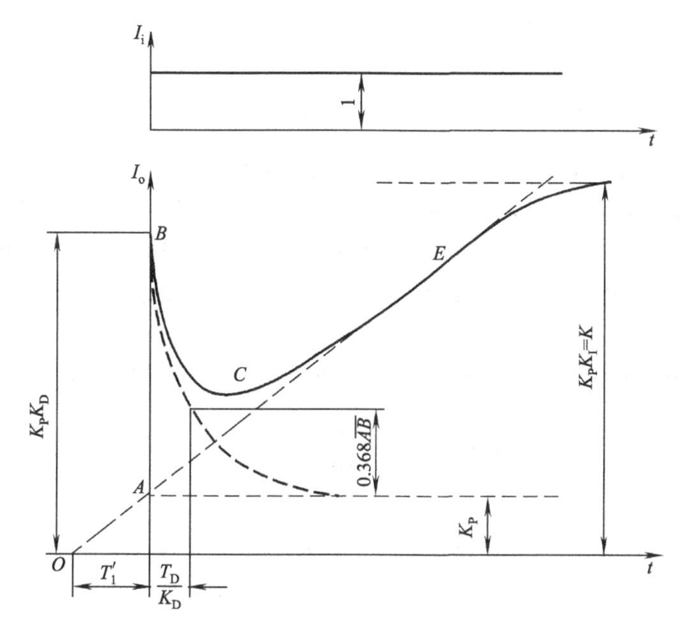

图 2-20　PID 调节器输出响应特性

因此，调节器的静态误差为

$$\varepsilon=U_i-U_s=\frac{1}{K_P K_I}\Delta U_{o3}(\infty) \quad (2\text{-}49)$$

当 $K_P=K_{Pmin}$，$K_I=K_{Imin}$，ΔU_{o3}（∞）取最大值 4V 时，调节器最大静态误差为

$$\varepsilon_{max}=\frac{\Delta U_{o3}(\infty)}{K_{Pmin}K_{Imin}}=\frac{4}{0.2\times10^4}=2\ (\text{mV})$$

在不考虑放大器的漂移、积分电容的漏电等因素时，Ⅲ型调节器的控制精度为

$$\Delta=\frac{1}{K_{Pmin}K_{Imin}}\times100\%=0.05\%$$

显然比性能指标中给出的控制精度±0.5%高得多。

由上面分析可见Ⅲ型调节器的优点如下。

① 相互干扰系数小。

② 可以用较小的 RC 值获得较大的 T_D、T_I。

③ 积分增益高，控制精度高。

（五）输出电路

图 2-21 为调节器的输出电路。

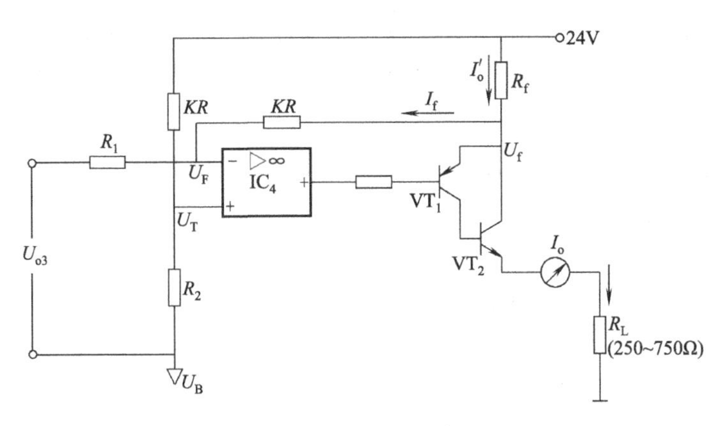

图 2-21　输出电路

输出电路的任务是将 PI 电路送来的以 U_B 为基准的 1～5V 电压信号，转换成流经一端接地的负载电阻 R_L 的 4～20mA DC 输出电流。它实质上是一个具有电平移动的电压-电流转换器。晶体管 VT_1、VT_2 组成复合管以提高放大倍数，并降低 VT_1 的基极电流，使输出电流 I_o 尽可能与流过 R_f 的电流 I'_o 相近。若忽略其基极电流的影响时，则有

$$I_o = I'_o - I_f \tag{2-50}$$

为了求得 I'_o，将 IC_4 看做理想运算放大器，并设 $R_1 = R_2 = R$，由图 2-21 可写出下列方程。

$$\begin{cases} U_F = U_T = \dfrac{24 - U_B}{(1+K)R}R + U_B = \dfrac{24 + KU_B}{1+K} \\ \dfrac{U_F - (U_{o3} + U_B)}{R} = \dfrac{U_f - U_F}{KR} \\ I'_o = \dfrac{24 - U_f}{R_f} \end{cases}$$

解上述方程组，得

$$I'_o = \frac{U_{o3}}{R_f/K} \tag{2-51}$$

由图 2-21 还可求得

$$I_f = \frac{U_F - (U_{o3} + U_B)}{R}$$

即

$$I_f = \frac{24 - U_B - (1+K)U_{o3}}{(1+K)R} \tag{2-52}$$

将式（2-51）及式（2-52）代入式（2-50）得

$$I_o = \frac{KU_{o3}}{R_f} - \frac{24 - U_B - (1+K)U_{o3}}{(1+K)R} \tag{2-53}$$

由以上关系式可见以下几点。

① 当 $R_f = 62.5\Omega$，$K = \dfrac{1}{4}$，$U_{o3} = 1\sim5V$ 时，$I'_o = 4\sim20mA$。

② 其中 I_f 为运算误差，当 $U_{o3} = 1V$（最小）时，最大误差为 $-0.255mA$；为了减小 I_f 的运算误差，实际电路中取 $R_1 = 40k\Omega + 250\Omega$，$R_2 = 40k\Omega$，$R_f = 62.5\Omega$，$KR = 10k\Omega$，这样

使误差为零。

③ 当电源电压为24V，基准电压$U_B=10V$时，IC_4的$U_T=U_F=21.2V$，其共模输入电压很高，接近电源电压，另外IC_4的最大输出电压也接近电源电压，所以在选择元件时要同时满足这两项要求。

④ 只要电路参数选得合适，则$I_o=\dfrac{U_{o3}}{R_f/K}$，而与电源电压24V无关，即$I_o$与$U_{o3}$之间关系不受电源波动的影响。

（六）手动操作电路

手动操作电路分为软手操和硬手操两种方式，电路如图2-22所示。它通过PI电路上的附加手操电路来实现。图中，K_1、K_2为双联三挡开关，用它实现自动、软手动、硬手动的切换；K_{41}、K_{42}、K_{43}、K_{44}为软手操按键；W_H为硬手操电位器。

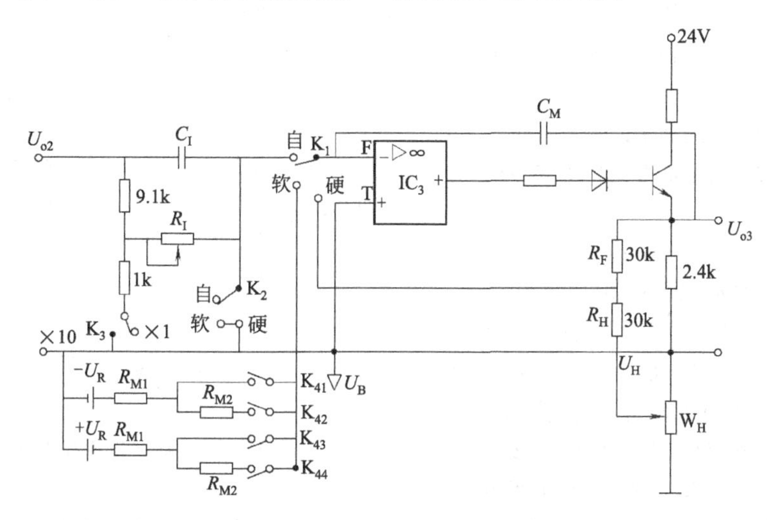

图2-22 手动操作电路

1. 软手动操作电路

将开关K_1、K_2置于“软手操”位置，这时IC_3的反相端断离自动输入信号ΔU_{o2}，并通过R_M接至$+U_R$或$-U_R$，组成积分电路，同时，K_2将C_I与R_I的公共端短接到电平U_B上，使U_{o2}储存至C_I中。

图2-23为软手动操作电路。

软手操输入信号为$+U_R$和$-U_R$，由K_4实现切换。当K_4扳向$-U_R$时，输出电压U_{o3}按积分规律上升；当K_4扳向$+U_R$时，输出电压U_{o3}按积分规律下降。其变化关系式为

$$\Delta U_{o3}=-\frac{\pm U_R}{R_M C_M}\Delta t \tag{2-54}$$

式中，Δt为K_4接通U_R的时间。

当Δt一定时，输入电压U_{o3}的上升或下降速度，取决于R_M与C_M的数值。根据上式可求出软手操输出电压变化满量程1～5V所需的时间为

$$T=\frac{4}{U_R}R_M C_M \tag{2-55}$$

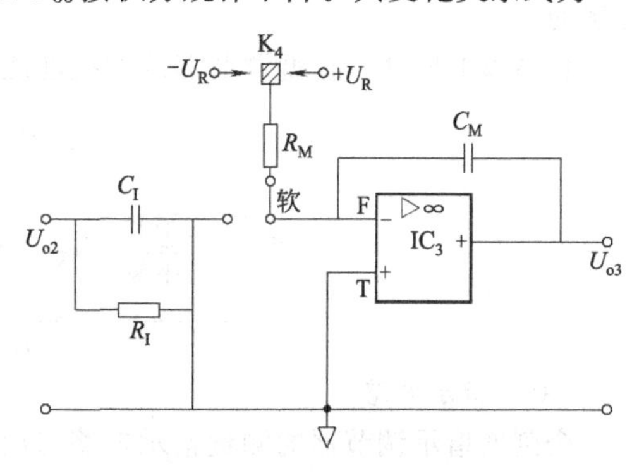

图2-23 软手动操作电路

在电路中，$R_{M1}=30k\Omega$，$R_{M2}=470k\Omega$，$C_M=$

10μF，$U_R=0.2$V。当接通 K_{41} 或 K_{43} 时，满量程变化所需的时间为

$$T_1=\frac{4}{0.2}\times 30\times 10^3\times 10\times 10^{-6}=6\ (\text{s})$$

接通 K_{42} 或 K_{44} 时，满量程变化所需的时间为

$$T_2=\frac{4}{0.2}\times 500\times 10^3\times 10\times 10^{-6}=100\ (\text{s})$$

当软手动操作开关 K_4 处于断位时，这时 IC_3 输入端浮空，输出电压 U_{o3} 将保持在原数值上。显然保持特性的好坏，将取决于运算放大器的输入阻抗和积分电容 C_M 的漏阻的大小，此外还与接线端子绝缘性能有关。

2. 硬手动操作电路

将 K_1、K_2 置于"硬手操"位置，这时 IC_3 的反相端经 R_H 接至电位器 W_H 的滑动触头，并将电容 C_M 和电阻 R_F 并联；因为硬手动输入信号 U_H 为变化缓慢的直流信号，再有 R_F 的阻值也不大，所以可忽略 C_M 的作用影响。

硬手动操作电路如图 2-24 所示。当 $R_F=R_H$ 时，此电路即为比例系数为 1 的比例电路。即

$$U_{o3}=-U_H$$

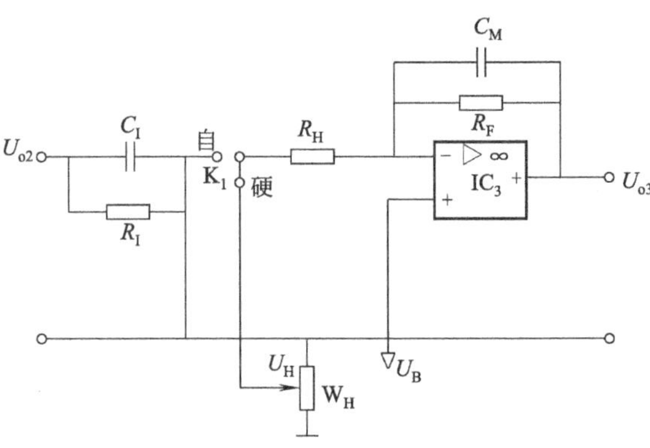

图 2-24 硬手动操作电路

3. 自动与手动操作的相互切换

在Ⅲ型调节器中有无平衡无扰动和有平衡无扰动两种切换：无平衡无扰动切换是指在自动和手动相互切换时，无须事先平衡，可以随时切换至所要求的位置，且在切换瞬间整机输出不发生变化，对生产过程无扰动；有平衡无扰动切换，是指在自动和手动相互切换前，必须先对位平衡，才能达到无扰动的目的。

由于软手操电路开关 K_4 的"断"位置，使电路浮空而具有保持特性；又由于调节器处于手动操作状态时，电容 C_I 与 R_I 的公共端接在 U_B 电平上，U_{o2} 被储存于 C_I 上，使 C_I 两端电压始终等于 U_{o2}。因此，调节器自动与软手操间相互切换，硬手操向软手操的切换，以及硬手操向自动的切换，都是无平衡无扰动切换。

因为硬手操电路是一个比例运算电路，所以从自动向硬手操切换及从软手操向硬手操切换，则必须先作平衡调整，即先拨动硬手操拨杆，使其与输出电流相对位，才能实现切换时无扰动。

总结以上所述，Ⅲ型调节器的切换性能可表示如下：

无 平 衡

自动 $\underset{\text{无平衡}}{\overset{\text{无平衡}}{\rightleftarrows}}$ 软 手 动 $\underset{\text{有平衡}}{\overset{\text{无平衡}}{\rightleftarrows}}$ 硬 手 动

有 平 衡

（七）指示电路

全刻度指示调节器的测量指示电路与给定指示电路完全一样，下面以测量指示电路为例进行讨论。

图 2-25 为全刻度指示电路。该电路也是一个电压-电流转换器。它把以 0V 为基准的1～5V DC 输入信号转换成以 U_B 电平为基准的 1～5mA DC 电流，用 0%～100%刻度的双针指示电流表显示。

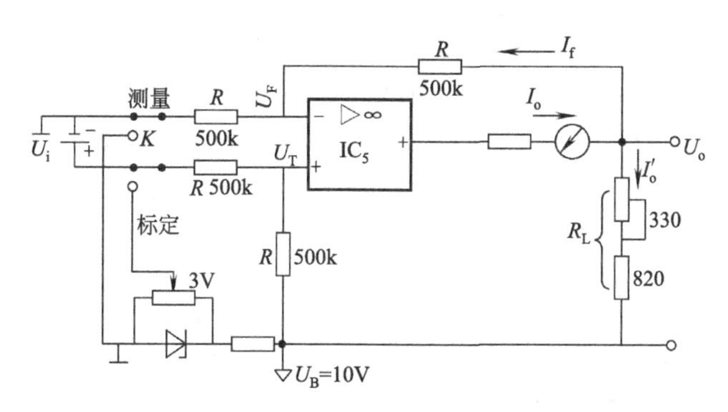

图 2-25 全刻度指示电路

考虑到集成运算放大器共模输入电压范围的要求，及消除传输导线电阻带来的运算误差，全刻度指示电路采用差动电平移动电路。

当开关 K 处于“测量”位置时，设 IC_5 为理想运算放大器，R 均为 500kΩ，由图可求出

$$U_o = U_i$$

于是

$$I'_o = \frac{U_o}{R_L} = \frac{U_i}{R_L} \tag{2-56}$$

流过电流表的电流为

$$I_o = I'_o + I_f \tag{2-57}$$

式中，I_f 为反馈电流，其值为

$$I_f = \frac{U_F}{R} = \frac{U_B + U_i}{2R} \tag{2-58}$$

将式（2-56）、式（2-58）代入式（2-57）可得

$$I_o = \left(\frac{1}{R_L} + \frac{1}{2R}\right)U_i + \frac{1}{2R}V_B \tag{2-59}$$

由上式可见：

① I_o 与电流表内阻无关，因此当电流表内阻随温度变化时，不会影响测量精度；

② 用调整 R_L 略大于 1kΩ 和调整电流表机械零点的办法来满足当 U_i＝1V 时指针指示 0%，当 U_i＝5V 时指针指示 100%的要求；

③ 当开关 K 切至“标定”时，电流表应指示在 50%的刻度上，否则应调整 R_L 和电流表的机械零点。

第三节 基型调节器的调校

一、校验接线

调节器的开环校验接线如图 2-26 所示。

调节器的闭环校验接线如图 2-27 所示。

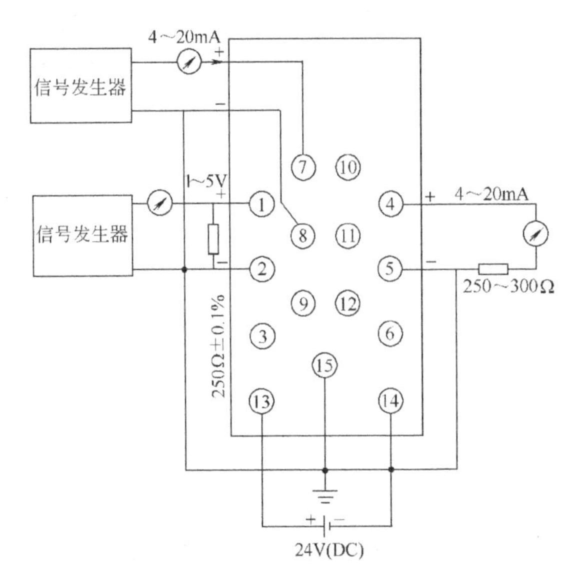

图 2-26　Ⅲ型调节器开环校验接线

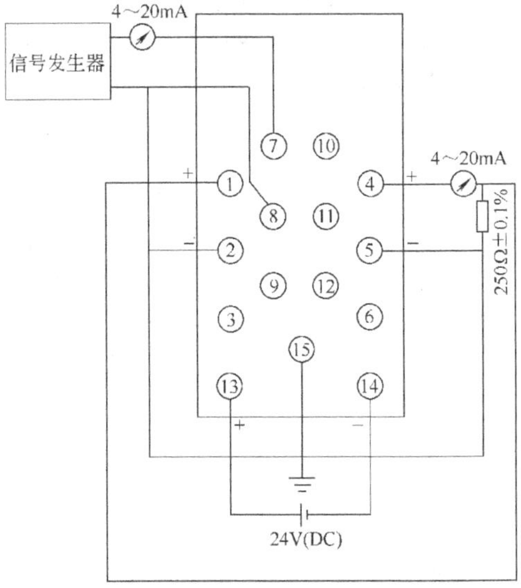

图 2-27　Ⅲ型调节器闭环校验接线

二、校验方法和步骤

（一）测量、给定双针指示表的校验

① 调节器按开环校验接线图接线，有关开关分别置“外给定”、“测量”、“正作用”、“软手动”位置。比例度置最大，微分时间置“断”，积分时间置“最大”。

接通电源，加输入信号和外给定信号，用软手动使输出为适当值，预热 30min。

② 当输入信号电流为 4mA、12mA、20mA，即电压分别为 1V、3V、5V 时，测量指针应分别指示 0%、50%、100%处。若误差超过±1%（即±40mV）时，应调整双针指示表头左侧的机械零点调整器和指示单元的量程电位器。

③ 当给定信号电流分别为 4mA、12mA、20mA 时，给定指针应分别指示 0%、50%、100%。误差超过±1%（即±40mV）时，应调整双针指示表头右侧的机械零点调整器和指示单元中的量程电位器。

④ 把测量/标定开关切换到“标定”位置，这时测量指针和给定指针都应指示 50%±1%。当误差超过±1%时，应调整指示单元中“标定电压调整器”，使标定电压为 3V。调整完毕，重新把开关切到“测量”位置。

（二）手动操作特性和输出指示表的校验

① 调节器仍按开环校验接线图接线，并将各开关分别置“软手动”、“外给定”、“测量”位置。

② 当软手动扳键（也有为按键型的），向右按时，输出均匀增加，向左按时，输出均匀减少。要注意按动扳键分轻按和重按两种，调节器输出相应有两种变化速度（即慢速和快速）：轻按（即慢速）输出变化速度为 100s/满量程；重按（即快速）输出变化速度为 6s/满量程。当松开时，输出应保持。把输出调节到 100%，并使之处于保持状态，经 1h 后检查保持特性是否满足小于－0.1%/h。

③ 把输出调节到输出表的 0%、50%、100%的刻度值，用精密电流表检查输出电流是否对应为 4mA、12mA、20mA，绝对误差不应超过±0.4mA（即±2.5%）。若超差应调输出电流表（一般不允许轻易调整）。注意对输出指示表读数时应垂直圆弧方向。

④ 把自动/软手动/硬手动切换开关置“硬手动”位置，拨动硬手动操作杆，输出电流

应能在4～20mA范围内变化。

把硬手动操作杆置于0%、50%、100%，输出电流应为4mA、12mA、20mA，绝对误差不应超过±0.8mA（即在±5%之内）。当误差超过±5%时，取下辅助单元的盖板，调整辅助单元印刷电路板上的“零点调整”和“量程调整”。

（三）P、I、D特性校验

1. 比例度δ的校验

调节器按开环校验接线图接线，将微分时间“关断”，积分时间置“最大”，正反作用开关置“正作用”，自动/软手动/硬手动切换开关拨到“软手动”位置，调输入信号和给定信号均为3V（即50%），比例度置欲校刻度，并用软手动使输出电流为4mA，然后把切换开关拨到“自动”位置，改变输入信号，使输出电流为20mA。

实际比例度按下式计算。

$$\delta_{实}=\frac{输入信号变化量/4}{(20-4)/16}\times100\%=\frac{输入信号变化量}{4}\times100\%$$

比例度δ的测试在2%、100%、500%三点进行，比例度误差不得大于±25%。

比例度误差按下式计算。

$$\Delta\delta=\frac{\delta_{例}-\delta_{实}}{\delta_{刻}}\times100\%$$

校验后，将P旋钮置于真正100%的位置上，继续进行下面校验。

2. 微分增益K_D和微分时间T_D的校验

调节器按开环校验接线图接线。将微分时间“关断”，积分时间置最大，正反作用开关置于“正作用”位置，把自动/软手动/硬手动切换开关拨到“软手动”位置，调整输入信号和给定信号为3V，用软手动使输出电流为4mA，然后将切换开关拨到“自动”位置，改变输入信号变化0.25V（即输入信号从3V变化到3.25V），调整比例度为实际的100%，此时输出电流应变化1mA（从4mA变化到5mA）。把C_D短路，将微分时间旋至被校某刻度，此时调节器输出电流应为14mA。可按下式计算出微分增益K_D。

$$K_D=\frac{(14-4)\ \mathrm{mA}}{1\mathrm{mA}}=10$$

解除微分电容C_D的短路状态，并同时启动秒表计时，调节器输出按指数规律下降，当下降到8.3mA时［即14－(14－5)×63.2%＝8.3（mA)］，停表计时，该时间即为微分时间常数T。则

$$T_D=K_DT$$

微分时间误差按下式计算。

$$\Delta T_D=\frac{T_{D刻}-T_{D实}}{T_{D刻}}\times100\%$$

微分时间在0.04min、1min、10min三点进行测试。

微分时间误差ΔT_D不得大于＋50%、－20%。

3. 积分时间T_I的校验

调节器按开环校验图接线，微分时间置“关断”，正反作用开关置“正作用”，积分时间旋至最大，把自动/软手动/硬手动切换开关拨到“软手动”位置。调输入信号和给定信号为

3V，用软手动使输出电流为4mA。然后把切换开关拨到"自动"位置，使输入信号改变0.25V（即输入信号从3V变化到3.25V），调整比例度为实际的100%，此时输出电流应变化1mA（从4mA变化到5mA）。把积分时间迅速旋至被校验的某刻度（注意×1挡或×10挡），同时启动秒表，调节器输出电流逐渐上升，当上升到6mA时，停表计时，此时间即为实测积分时间。

积分时间的测试点；"×1"挡为0.01min、1min、2.5min；"×10"挡为0.1min、10min、25min。

积分时间误差按下式计算。

$$\Delta T_{\mathrm{I}}=\frac{T_{\mathrm{I刻}}-T_{\mathrm{I实}}}{T_{\mathrm{I刻}}}\times 100\%$$

积分时间误差 ΔT_{I} 不得大于+50%、−20%。

（四）自动/软手动/硬手动切换特性校验

① 调节器按闭环校验接线图接线，并在①、②端子上接数字电压表，正反作用开关置"反作用"，自动/软手动/硬手动切换开关拨到"自动"，给定方式置"外给定"，在闭环跟踪（2%或500%）稳定下来后进行切换特性校验。

② 自动→软手动：把自动/软手动/硬手动切换开关从"自动"切向"软手动"，调节器输出值的变化量应小于±10mV（即±0.25%）。

③ 软手动→自动：切换开关处在"软手动"位置，把积分时间旋至最大，这时从"软手动"向"自动"切换所引起的输出变化量应小于±10mV。

④ 软手动→硬手动：切换开关处于"软手动"位置，调整硬手动操作杆，使操作杆的位置与输出电流指针重合。然后将切换开关从软手动切向硬手动，此时调节器输出变化量应小于±200mV（即±5%）。

⑤ 硬手动→软手动：当切换开关从"硬手动"位置向"软手动"位置切换时，调节器输出变化量应小于±10mV（即±0.25%）。

（五）闭环跟踪特性校验

① 调节器按闭环校验图接线，将各开关位置置于"自动"、"反作用"、"外给定"、"测量"位置，微分时间"关断"，积分时间旋至最小。

② 把比例度 δ 放到2%，改变给定值分别为1V、3V、5V，检查输出信号，看250Ω电阻上电压是否为1V、3V、5V，绝对误差不得超过±20mV（即±0.5%）。如果跟踪误差超过±0.5%，应调整控制单元印刷板上的"2%跟踪调整"电位器。

③ 把比例度调到500%，重复上述校验，检查跟踪精度。如果跟踪误差超过±0.5%，应调整控制单元印刷板上的"500%跟踪调整"电位器。要注意，这时跟踪速度较慢，所以测量和调整应等到跟踪稳定后进行。

第四节　基型调节器的使用与维护

一、使用与维护

（一）仪表的使用

1. 通电准备

① 检查电源端子接线极性是否正确。

② 根据工艺要求确定正、反作用开关的位置。

③ 按照调节阀的特性放好阀位指示器的方向。

2. 用手动操作启动

(1) 用软手动操作 把自动/手动开关拨到软手动位置，用内给定轮调整给定信号，用软手动操作扳键调整调节器的输出信号，使输入信号尽可能靠近给定信号。

(2) 用硬手动操作 把自动/手动开关拨到硬手动，用内给定轮调整给定信号，用硬手动操作杆调整调节器的输出信号，使输入信号尽可能靠近给定信号。硬手动操作适用于较长时间手动操作的情况。

3. 由手动切换到自动

用手动操作使输入信号接近给定信号，待工艺过程稳定后把自动/手动开关拨到自动位置。在切换前，若不知 PID 参数值，应使仪表处于比例度最大、微分断、积分时间最大等状态。

由手动切换到自动是无平衡无扰动切换。

4. 自动控制

把调节器切换到自动状态后，需整定 PID 参数。若已知 PID 参数，则可以直接调整 PID 刻度盘到所需要的数值（在调整 PID 参数时，首先把自动/手动开关拨到软手动后再调整 PID 刻度盘，以免产生扰动）。若未知 PID 参数，则可按下述方法确定 PID 参数。

(1) PI 控制 调节器的微分置于“断”，积分置于最大位置。把比例度从最大逐段阶梯式减小（例如 200%→100%→50%），每减小比例度一次，观察输入信号的变化，直至出现周期工况；当周期工况出现时，把比例度稍微增大到周期工况消失为止。比例度调整完毕后，把积分时间从最大逐段阶梯式减小（例如 25min→10min→5min），每减小积分时间一次，观察输入信号的变化，直至出现周期工况。当出现周期工况时，把积分时间稍微增大一些，使周期工况停止。

(2) PID 控制 置调节器的积分时间为最大，微分时间为最小。把调节器的比例度从最大逐段阶梯式减小。每变化一次比例度，观察输入信号的变化，直至出现周期工况为止；当出现周期工况时，增大微分时间，使周期工况消失；然后又减小比例度，此时又出现周期工况；再增大微分时间，使周期工况停止。重复上述过程。当比例度过小时，增大微分时间也不能使周期工况停止，这时停止增大微分时间，并且把比例度稍微增大一些，使周期工况消失。

确定比例度和微分时间之后，再逐段阶梯式减小积分时间，直至周期工况重新出现为止。此时，稍微增大积分时间，使周期工况停止即可。

5. 由自动切换到手动

① 由自动切换到软手动，可以直接切换。

② 由自动切换到硬手动，必须预先调整硬手动操作杆使之与自动输出相重合，然后切换到硬手动。

6. 内给定与外给定的切换

(1) 由外给定切换到内给定 为了进行无扰动切换，将自动/手动开关切换到软手动位置，然后由外给定切换到内给定，并调整内给定值，使其等于外给定的数值，再把自动/手动开关拨到自动位置。

(2) 由内给定切换到外给定 先把自动/手动开关拨到软手动位置，然后由内给定切换到外给定，调整外给定信号使其和内给定指示值相等，再把自动/手动开关切换到自动位置。

(二) 仪表的维护

1. 输入信号的检查

在调节器运行过程中需要检查输入信号时，可用便携式手动操作器或其他指示计（其输入电阻大于 250kΩ）进行检查。当用便携式手动操作器检查时，把它的输入插头插入调节器外壳下部的输入检测插孔，此时，便携式手动操作器的输入指示计上指示出输入信号的大小。

2. 用便携式手动操作器替换调节器

当调节器出现故障或需要卸下检修时，可以用便携式手动操作器无扰动地把调节器替换下来，进行手动操作。替换步骤如下。

① 把便携式手动操作器面板上的开关置于“调整”位置，调整其手动操作输出信号，使它的输出信号与调节器的输出信号相等。

② 把便携式手动操作器面板上的开关置于“控制”位置，然后把便携式手动操作器的输入插头和手动操作插头分别插入调节器的输入检测插孔和输出手动操作插孔，此时，便携式手动操作器的输入指示计和输出指示计分别指示测量信号和手动操作信号。

③ 拉出调节器，拔去调节器尾部的连接插头，移走调节器，同时，把连接插头插在便携式手动操作器的插座上，这时便携式手动操作器便由 24V 供电。

④ 把便携式手动操作器推入调节器的壳体内。

3. 用调节器替换便携式手动操作器

把便携式手动操作器从壳体内拉出来，拔去连接插头，并把连接插头插到调节器的插座上。用软手动使调节器的输出信号等于便携式手动操作器的输出信号，并且拔去便携式手动操作器的输入插头和手动操作插头。然后把调节器的自动/手动开关拨到自动位置，这时，调节器就投入自动运行。

二、调节器的故障检查

进行必要的故障检查，是使用分析的方法进行推理、判断、找出故障部位，更换损坏元件，恢复仪表功能的过程。

当调节器发生故障时，在排除仪表外故障的前提下，首先应分析故障情况，估计仪表故障部位，然后作停电检查。停电检查就是通过目测看是否有元件损坏、虚焊等现象，是否有断线和元件烧焦等异常情况。排除这些异常情况后，再作通电检查。

通电检查，主要是通过“眼看”、“手摸”、“鼻闻”、“表测”迅速找出故障部件及损坏的元件。

Ⅲ型调节器型号较多，因生产厂家不同，其电路也不完全相同，但都可通过以下几个方面的检查，将故障缩小到某一范围，再作相应的处理。这是一般故障检查的基本思路。

① 检查电源电压，包括各级运算放大器和集成稳压电源的供电电压是否为 24V。

② 检查控制单元和指示单元电平 U_B 是否为 10V。

③ 把测量/标定开关置“标定”，检查两指针是否指在 50%。如果不是，应首先排除指示电路故障，方可继续进行检查。

④ 使输入信号和给定信号相等，检查输入电路的输出是否接近 0V 且可调，改变输入或给定信号，输出是否为偏差 2 倍左右，且输出幅度能否达到±8V。

⑤ 当输入信号和给定信号相等时，检查比例微分电路的输出是否在 0.1V（比例度为 2%）或 0V（比例度为 50%）左右。

⑥ 扳软手动操作键和硬手动操作杆，检查积分电路的输出是否在 1～5V 范围内升降。

⑦ 检查输出电路能否把 1～5V 输入信号转换成 4～20mA。

⑧ 检查所有集成运算放大器两输入端电压是否在几毫伏范围内（必须用高输入阻抗的数字电压表）。

⑨ 当怀疑跟踪及自动与手动切换有问题时，还可进行有关项目的校验。

上述检查有助于将故障判断缩小到某一范围。

本章小结

Ⅲ型调节器采用线性集成运算放大器组成输入电路、比例微分电路、比例积分电路、输出电路，以局部反馈方式实现PID调节规律。

全刻度指示调节器是普遍使用的Ⅲ型调节器。其输入电路采用偏差差动电平移动电路，将输入信号与给定信号进行比较形成偏差，并能消除共用母线影响，实现电平移动。比例微分运算电路，实现比例和微分作用，由于采用了集成运算放大器，因而具有较宽的比例度，并能以较小的电阻和电容值获得较长的微分时间，通过开关K，可以无扰动地切除（或加上）微分作用。比例积分运算电路主要实现积分作用，由于采用高增益的集成运算放大器，因而具有很高的积分增益，使控制精度大大提高。积分时间的调整范围也较宽。

对调节器进行动态分析时，可采用定性分析法和传递函数分析法，配以阶跃响应曲线，可以更形象、直观。Ⅲ型调节器的相互干扰系数虽然较小，但在进行调节器的参数整定时，也要注意其影响。

基型调节器备有软手操和硬手操两种手操电路。除软手操切换到硬手操需事先平衡外，自动⇌软手动、硬手动→软手动的切换都可以无平衡无扰动地进行。

输出电路将1～5V电压线性地转换成4～20mA电流输出。由于采用了复合管构成的射极输出方式，因而具有较好的恒流特性。

指示电路也是一个电压-电流转换器。这里，流过指示计的电流大小与调整电阻R_L有极大关系，通常调整R_L为1kΩ来保证指示电流在1～5mA范围内。

Ⅲ型调节器的校验、使用与维护也是重要的内容，应结合实验和实习认真掌握。

思考题与习题

2-1 试说明P、PI、PD、PID运算规律的特点以及这几种运算规律在控制系统中的作用。

2-2 试定性画出调节器偏差输入为阶跃信号、矩形脉冲信号和斜坡信号时的P、PI、PD、PID特性的响应曲线。

2-3 试说明积分增益和微分增益的物理意义。它的大小对调节器的输出有什么影响？

2-4 什么是比例度、积分时间、微分时间？如何测定这些参数？

2-5 什么是调节器的控制精度？实际PI调节器用于控制系统中，控制结果能否完全消除余差？为什么？

2-6 实际PI调节器用于控制系统中，当输入偏差为零时，其输出为什么能稳定在某一数上而不下降？

2-7 积分电容C_M（C_I）漏电，将对PID调节器产生什么影响？

2-8 PID调节器的构成方式有哪几种？各有什么特点？

2-9 Ⅲ型调节器由哪几部分组成？各部分主要起什么作用？

2-10 Ⅲ型调节器输入电路为什么采用差动输入方式？为什么要进行电平移动？

2-11 Ⅲ型调节器的比例微分电路中如何保证开关K从“断”位置（比例作用）切至“通”位置（比例微分）时输出信号保持不变？

2-12 Ⅲ型调节器接受阶跃信号输入时，调节器的输入电路、比例微分电路和比例积分电路的输出响应曲线各是什么样？定性说明为什么是这样？

2-13 Ⅲ型调节器的输出电路与指示电路均为U-I转换器，为什么用不同的线路？输出电路采用指示电路结构行不行？

2-14 Ⅲ型调节器的软手动、硬手动和自动保持电路有什么作用？为什么软手动⇌自动及硬手动→软手动不用平衡，而软手动→硬手动要事先平衡？

2-15 若Ⅲ型调节器处于反作用，当U_s正端开路时，试分析说明输入电路的输出会如何变化？整机输出如何变化？

2-16 某台Ⅱ型调节器在控制系统中，刚开始运行时比例积分电路中的$U_{CM}(0)=0$，试问：

(1) $U_{o2}=0$时，$U_{o3}=$？

(2) $U_{o2}>0$时，$U_{o3}=$？此时IC_3、二极管（2CP6B)、晶体管VT各处于何种状态？

2-17 Ⅲ型调节器软手操电路的手操电压U_R的极性可通过扳键K_4来选择。现已知：$U_R=0.2V$，$R_M=30k\Omega$，$C_M=10\mu F$。试问：

(1) 假设C_M上没有初始电压，当K_4处于中间位置时，$U_{o3}=$？

(2) 为使软手操输出$U_{o3}=3V$，K_4应如何操作？

(3) 当$U_{o3}=3V$时，立即断开扳键K_4，这时$U_{o3}=$？

(4) 如果希望手操输出由3V继续升到5V，K_4如何操作？手操时间需要多久？

(5) 如果手操输出由3V降到1V，K_4又应如何操作？手操时间需要多久？

2-18 Ⅲ型调节器中，如将积分电位器R_I由原来的15MΩ换成10MΩ，问能用否？有何影响？

2-19 有一温度控制系统，温度变送器和调节器均采用DDZ-Ⅲ型。温度变送器量程范围为600～1100℃；调节器处于PID、正作用工作状态，且取$m=1$，$P=100\%$。系统稳定时测得被控温度为850℃，调节器的输出电流为8mA。扰动作用下，被控温度偏离了给定值，经过一段时间的自动控制，系统又重新稳定时调节器的输出电流已从8mA增加至16mA。试问控制结果被控温度应为多少？（温度变送器误差不计）。

2-20 Ⅲ型调节器的输出电路中（参照图2-21），已知：$R_1=R_2=KR=30k\Omega$，$R_f=250\Omega$，试通过计算说明该电路对运算放大器共模输入电压范围的要求及负载电阻的范围。

第三章　执　行　器

第一节　气动调节阀的作用及构成原理

一、执行器在过程控制系统中的作用及组成

执行器是过程控制仪表中重要仪表之一，它包括气动、电动和液动三种类型。执行器在过程控制系统中的作用是：接受调节器或其他仪表的控制信号，控制管道内物料流量，使过程变量稳定在工艺所要求的范围内，从而代替人工的直接操作，实现生产过程自动化。因此，执行器是过程控制系统中十分重要的、必不可少的组成部分。

执行器由执行机构和调节机构组成。执行机构是指产生推力或位移的装置，调节机构是指直接改变能量或物料输送量的装置，通常指调节阀。在电动执行器中执行机构和调节机构基本是可分的两个部件，在气动执行器中两者是不可分的，是统一的整体，习惯上将气动执行器称为气动调节阀。

二、气动执行器的特点

气动执行器在石油、化工、冶金、电力等工业部门中得到了最广泛的应用，所以本章将作重点讲述。

气动执行器以压缩空气为能源，以20～100kPa气压信号为输入控制信号。它具有结构简单，动作可靠，性能稳定，输出推力大，维修方便，本质安全防爆和价格低廉等特点。若能正确选择气动执行器和它的流量特性，可以改善控制系统的控制质量，满足工艺过程的要求。

气动执行器应用于生产现场，直接控制工艺介质，经常处在易燃、易爆、高温高压、强腐蚀、易渗透、高黏度、易结晶等复杂恶劣的环境条件下。若对它选择或使用维护不当，很可能给生产带来事故，降低控制水平，影响产品产量与质量。因而，对执行器的正确选用、安装及维护等各个环节都必须重视。

三、气动调节阀的结构原理

气动调节阀由气动执行机构和阀两部分组成。气动执行机构是气动调节阀的推动装置，它接受输入的气压信号，产生相应的推力，使推杆发生位移，推动阀门动作。阀就是指与管路连接的阀体组件部分，它接受执行机构的推杆推力，改变阀杆位移，从而改变阀门的开度，最终控制阀内流体的流量变化。气动调节阀外形如图3-1所示。

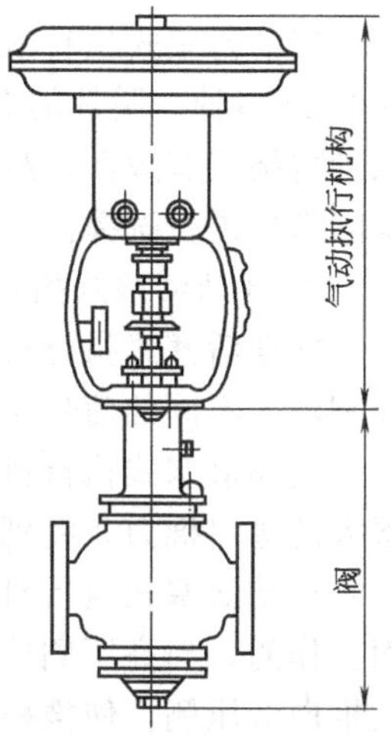

图3-1　气动薄膜调节阀

（一）气动执行机构

气动执行机构主要有气动薄膜式执行机构和气动活塞式执行机构两种。

1. 气动薄膜式执行机构

气动薄膜式执行机构分为有压缩弹簧和无压缩弹簧两种，现以前者为例进行说明。它的结构如图3-2所示。

气动薄膜式执行机构分正作用和反作用两种形式，国产型号为ZMA（正作用）和ZMB（反作用）。输入信号压力增加，推杆向下移动的叫正作用；而输入信号压力增加，推杆向上移动的叫反作用。正、反作用执行机构的结构基本相同。均由上、下膜盖，

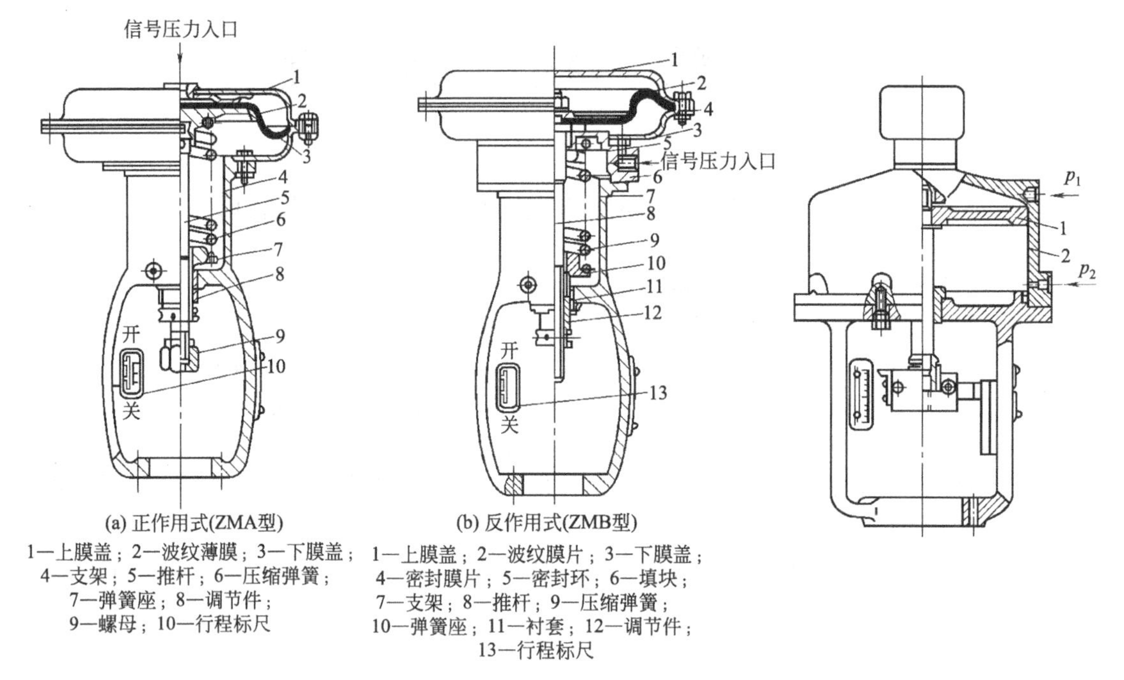

图 3-2　气动薄膜式执行机构

图 3-3　气动活塞式执行机构

1—活塞；2—汽缸

波纹薄膜，推杆，支架，压缩弹簧，弹簧座，标尺等组成。正作用执行机构可改为反作用执行机构，只要在正作用执行机构膜头下方加上一个装有“O”形密封圈的填块，更换个别零件，将输入信号从膜头下方引入即可实现。

该种执行机构的输出特性是比例式的（忽略膜头气室的气容作用），即推杆的位移变化量和输入气压信号变化量之间成线性关系。当输入信号压力在膜头内膜片上方（按正作用）产生一个作用力，使推杆产生位移，并压缩弹簧；当弹簧的反作用力与输入信号产生的力在膜片上相平衡时，推杆就停止位移，稳定在一个新的位置上。输入信号压力越大，在薄膜上产生的推力就越大，与其平衡的弹簧反力越大，即推杆位移越大。推杆位移就是执行机构的直线输出位移，也称行程。

气动薄膜式执行机构（有弹簧）的行程规格有 10mm、16mm、25mm、40mm、60mm、100mm 多种。膜片的有效面积有 $200cm^2$、$280cm^2$、$400cm^2$、$630cm^2$、$1000cm^2$、$1600cm^2$ 六种规格，有效面积越大，膜头体积越大，执行机构的推力和位移越大。具体使用时可根据实际需要进行选择。

2. 气动活塞式执行机构

气动活塞式执行机构如图 3-3 所示。它的活塞随汽缸两侧的压差而移动，在汽缸两侧可分别输入不同的信号 p_1 和 p_2，其中可以有一个是固定信号，或两个都是变动信号。

气动活塞式执行机构的汽缸操作压力允许为 500kPa，因为没有弹簧反作用力，所以有很大的输出推力，特别适合于高静压、高压差的场合，也是一种常用的气动执行机构。

气动活塞式执行机构的输出特性有两位式和比例式两种。两位式是根据活塞两侧的压差而工作的，当高压侧压力与低压侧压力作用在活塞两侧时，压差产生某个方向的推力，活塞被推向低压侧，使推杆由一个极端位置移动到另一个极端位置，这种执行机构的行程一般为 25～100mm。比例式必须带有阀门定位器，如图 3-4 所示，这种执行机构工作原理较复杂

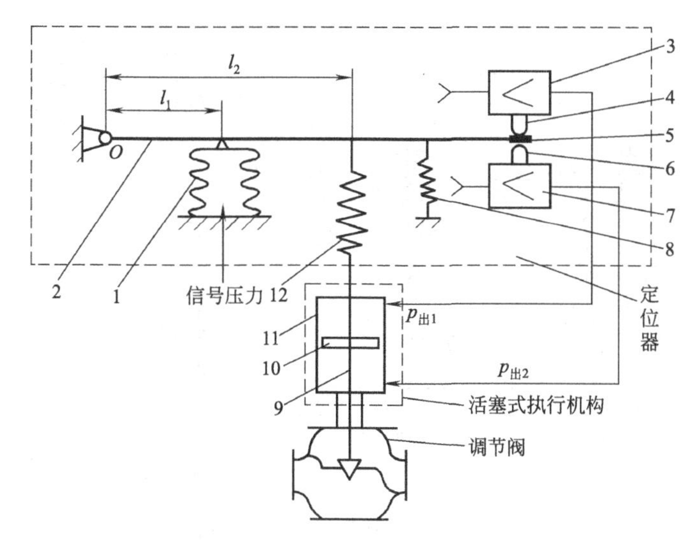

图 3-4 带定位器的活塞式执行机构

1—波纹管；2—杠杆；3,7—功率放大器；4—上喷嘴；5—挡板；6—下喷嘴；8—调零弹簧；9—推杆；10—活塞；11—汽缸；12—反馈弹簧

些，信号压力输入定位器波纹管 1 中，产生输入力矩 M_1，使杠杆 2 绕支点 O 作逆时针方向偏转，挡板 5 靠向喷嘴 4 而远离喷嘴 6，所以放大器 3 的输出压力值 $p_{出1}$增加，放大器 7 的输出压力值 $p_{出2}$减小，活塞 10 上的合力使活塞向下移动。同时，与活塞相连的反馈弹簧 12 受到一个向下的拉力，对杠杆产生一个反馈力矩 M_2，使杠杆 2 绕支点 O 作顺时针方向偏转。当作用在杠杆上的输入力矩 M_1 和反馈力矩 M_2 相平衡时，活塞就停止在一个新的位置而稳定不变。此时的活塞位移量和输入信号压力成比例，从而可得活塞位移 S 与信号压力 p_i 之间的关系。

$$S=\frac{l_1 A}{l_2 C}p_i \tag{3-1}$$

式中，p_i 为输入信号压力；A 为波纹管 1 的有效面积；l_1，l_2 为力臂长度；C 为反馈弹簧 12 的刚度。

当为反作用时，可把波纹管 1 的位置安装在杠杆 2 的上方，使输入力矩反向。

另外，还有一种带定位器的长行程执行机构，如图 3-5 所示。它的作用是用以控制蝶阀、风门挡板等，可输出 0°～90°的转角。它具有转矩大、行程长（200～400mm）等特点。长行程机构的工作原理基于力矩平衡原理，与定位器配合工作，在输入信号 p_i 的作用下，使输出摇臂 6 产生 0°～90°的转角，而且转角与输入信号之间成对应关系。可通过更换反馈凸轮 1 形状，实现执行机构的特性。详细工作原理本文不作介绍，读者可自行分析。

（二）阀

阀即指调节阀下部的阀体组件部分，它是一个局部阻力可以改变的节流元件。阀芯在阀杆的推动下，在阀体内部移动，改变了阀芯与阀座间的流通面积，即改变了阀的阻力系数，使被控介质的流量发生改变，从而达到控制工艺变量的目的。

1. 阀的结构类型

阀的结构类型很多，主要介绍常见的几种。

（1）直通单座阀 直通单座阀的阀体内有一个阀芯、一个阀座。它是由上、下阀盖、阀体、阀座、阀芯、阀杆、填料和压板等部件组成，如图 3-6 所示。阀的公称直径 D_g 和阀座

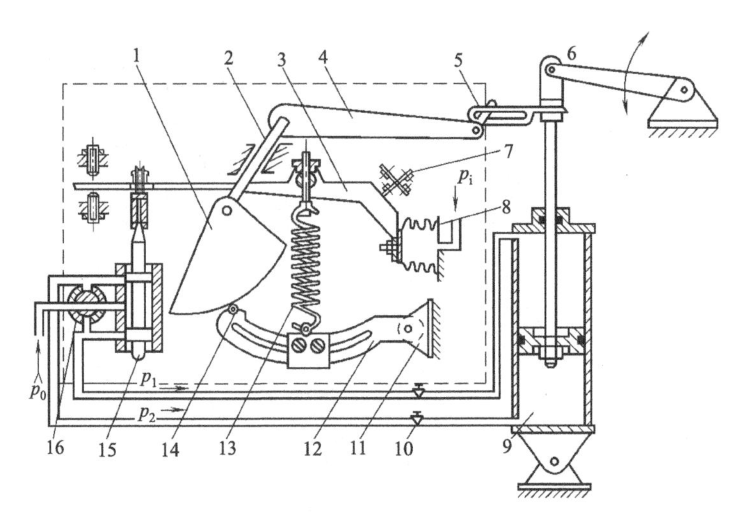

图 3-5 气动长行程执行机构

1—反馈凸轮；2—转轴；3—杠杆；4—反馈杆；5—导槽；6—输出摇臂；7—杠杆支点；8—波纹管；9—汽缸；10—针形阀；11—弧形杠杆支点；12—弧形杠杆；13—反馈弹簧；14—滚轴；15—滑阀；16—平衡阀

直径 d_g 标志着阀的规格大小。

阀芯和阀杆之间有两种连接方法，口径较大的阀，阀杆和阀芯之间靠螺纹连接，并有固定销固紧，如图 3-7（b）所示；口径较小的阀；阀杆直接嵌入阀芯内部，并用两个互相垂直的圆柱销固紧，如图 3-7（a）所示。

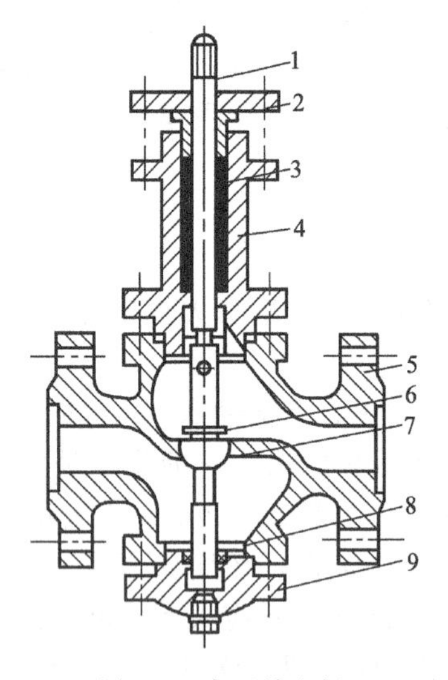

图 3-6 直通单座阀

1—阀杆；2—压板；3—填料；4—上阀盖；5—阀体；6—阀芯；7—阀座；8—衬套；9—下阀盖

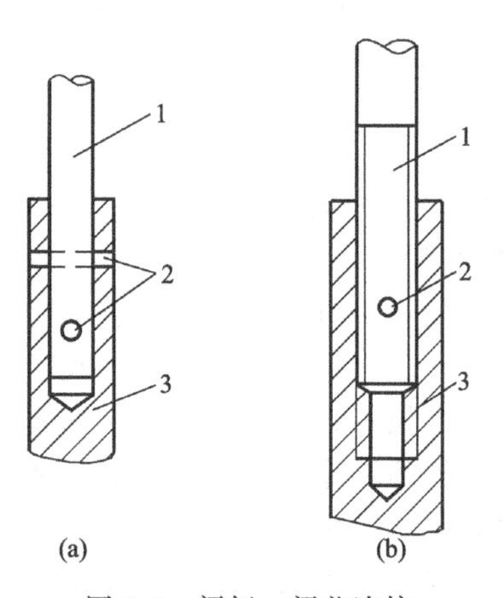

图 3-7 阀杆、阀芯连接

1—阀杆；2—阀柱销钉；3—阀芯

直通单座阀的上、下阀盖内都装有衬套，阀芯移动时起导向作用；由于上、下都可以导向，所以称为双导向。阀盖内部具有斜孔，将阀盖内腔和阀的内腔连通起来，当阀芯上下移动时，阀盖内腔的介质可以经斜孔流入阀的内腔，或阀内腔的介质经斜孔流入阀盖内腔，保证阀芯上下移动时不受影响。所以，在使用期间不应将斜孔堵塞，阀盖内腔也不要有杂物存在。以免影响正常工作。

直通单座阀的特点是泄漏量小，易于关闭，可以将流体完全切断；但是因为是单座阀，流体流动时产生的单方向的不平衡力大，尤其是在高压差、大口径、大流量情况下更为严重。该阀适应于低压差场合，否则应适当选择推力大的执行机构，或配备阀门定位器。

阀有正装和反装两种类型。当阀芯向下移动时，若阀芯与阀座间的流通截面积减小，则称为“正装”阀；反之称为“反装”阀，图 3-6 所示结构为双导向正装直通单座阀。如果把阀杆与阀芯的下端连接，并把上、下阀盖的位置互换后安装在阀体上，即把阀体倒置，使阀杆在上方，就把正装阀变成了反装阀。对于 $D_g \geqslant 25$mm 的阀，因其阀芯为双导向，所以正、反装可以互换；对于 $D_g < 25$mm 的单座阀，因其阀芯为单导向，所以只能正装而不能反装。

气动调节阀的气开与气关方式，是由执行机构的正、反作用和阀的正、反装相配合而实现的。气开或气关方式参见本章第四节表 3-2 和图 3-21 所示。

(2) 直通双座阀　直通双座阀在阀体内有两个阀芯和阀座，流体从左侧进入，通过阀座和阀芯后，从右侧流出，结构如图 3-8 所示。它比同口径的单座阀能流过更多的介质，流量系数增大 20%～50%。流体作用在上、下阀芯上的不平衡力可以互相抵消，所以不平衡力小，允许压差大。缺点是泄漏量较大，流体流路复杂，在高压差情况下使用时流体对阀体内部冲刷和汽蚀损伤较大，不适用于高黏度介质和含纤维、有悬浮颗粒的介质。双座阀也能较方便地实现正装和反装。

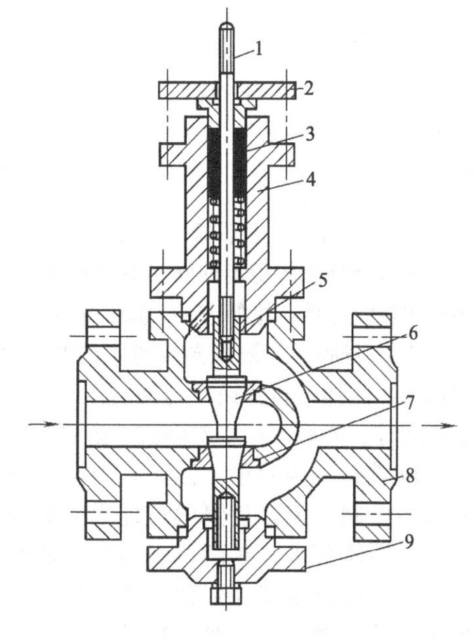

图 3-8　直通双座调节阀

1—阀杆；2—压板；3—填料；4—上阀盖；5—衬套；6—阀芯；7—阀座；8—阀体；9—下阀盖

(3) 高压阀　高压阀结构如图 3-9 所示。它是一种用于高静压和高压差的特殊阀门，最大公称压力 p_g 为 32MPa，多为角形单座阀。上、下阀体为锻造结构形式，填料箱与阀体做成整体，下阀体与阀座分开制造，这种结构加工简单，便于配换阀座。阀芯为单导向结构，只能正装；阀的不平衡力大，一般要配用阀门定位器。

在高压差情况下，流体对材料的冲刷和汽蚀很严重，为提高阀的使用寿命，可以从结构和材料上进行考虑。采用的措施有：阀芯头部可采用硬质合金或渗铬，或整个阀芯用钨铬钴合金制作，也可以用特殊合金；根据多级降压原理，目前已采用多级阀芯来提高其使用寿命。

(4) 角形阀　角形阀如图 3-10 所示，它的阀体为角形，其他结构与直通单座阀相似。它的流路简单，阻力小，适用于高压差、高黏度、含悬浮物和颗粒状物质流体的控制，可避免堵塞和结焦，便于自净和清洗。

角形阀在使用时一般是让流体从底部进入，从侧面流出；但在高压差场合，为了延长阀芯使用寿命，可采用侧进底出方式。

角形阀的阀芯为单向结构，只能正装，当采用气开式调节阀时，只能配用反作用的执行机构。

(5) 套筒阀　套筒阀也叫笼式阀，是一种新型结构的阀，结构如图 3-11 所示。它的阀体与一般单座阀相似，阀体内有一个可拆装的圆柱形套筒（也叫笼子），在套筒上开有流体流通的窗口，根据流量系数的大小，窗口可为四个、两个或一个。阀芯可在套筒内上下移动，从而改变了套筒的节流面积，实现对流量的控制。套筒的节流面形状决定阀的特性。套筒在阀内被固定，可对阀芯起导向作用。

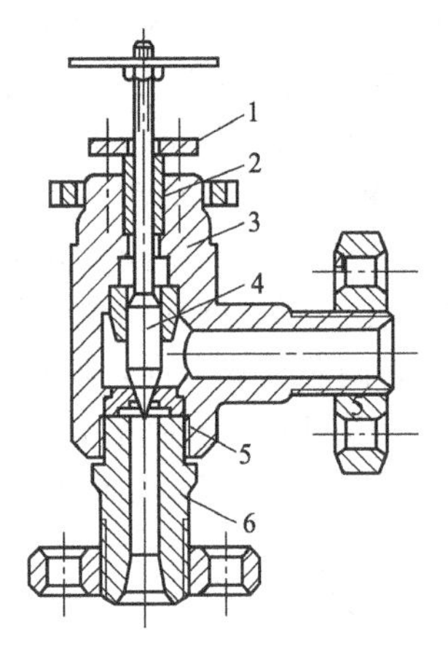

图 3-9　角形高压阀

1—压板；2—填料；3—上阀体；4—阀芯；5—阀座；6—下阀体

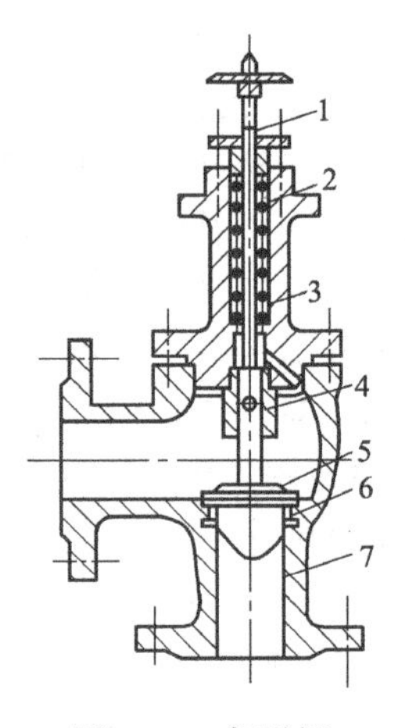

图 3-10　角形阀

1—阀杆；2—填料；3—阀盖；4—衬套；5—阀芯；6—阀座；7—阀体

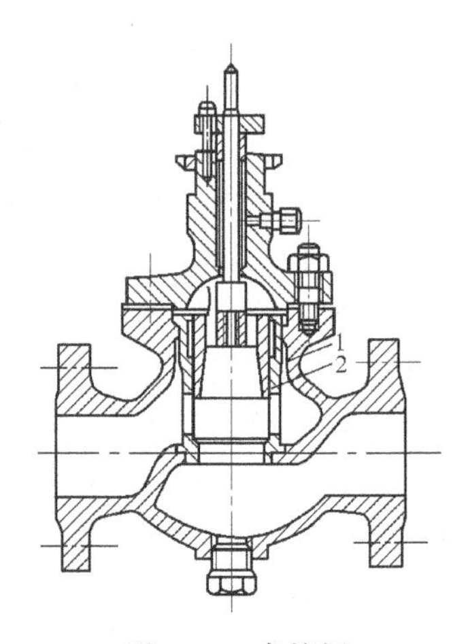

图 3-11　套筒阀

1—套筒；2—阀芯

由于套筒阀采用平衡型阀芯结构，阀芯上下受压相同，不平衡力较小，并且由于套筒的导向作用，所以此种阀的稳定性好，不易振荡，阀芯不易受损，可减小噪声，允许较大压差。套筒阀的阀座不用螺纹连接，维修方便，加工容易，通用性好，所以套筒阀得到较快的发展和应用。

（6）隔膜阀　隔膜阀用耐腐蚀的衬里和隔膜代替阀座和阀芯，通过隔膜的开闭起到控制流量的作用。阀体用铸铁或不锈钢制作，内部衬上各种耐腐蚀、耐磨的材料。隔膜材料有橡胶和聚四氟乙烯等。隔膜阀用于对强酸、强碱等强腐蚀性介质的控制，其结构如图 3-12 所示。

隔膜阀结构简单，流路阻力小，流量系数较大，无泄漏量；能用于高黏度及有悬浮颗粒流体的控制。流体被隔膜与外界隔离开，故无须用填料函流体也不会外漏。由于隔膜和衬里的材料性质所限，其耐压、耐温性能较差，一般用于压力为 1MPa、温度为 150℃的环境条件下。它的流量特性近似于快开特性。当采用正作用气动薄膜执行机构时，与隔膜阀相配可组成气关式调节阀；当采用反作用执行机构时，可组成气开式调节阀。

（7）蝶阀　蝶阀又叫翻板阀，一般与长行程执行机构相配合。它由阀体、挡板、挡板轴和轴封等部分组成，如图 3-13 所示。其特点是阻力损失小，结构简单、紧凑，使用寿命长，特别适用于低压差、大口径、大流量气体及悬浮液流体的场合。因其泄漏量大，一般使用在 60°转角内较好，不宜工作在小角度范围内。

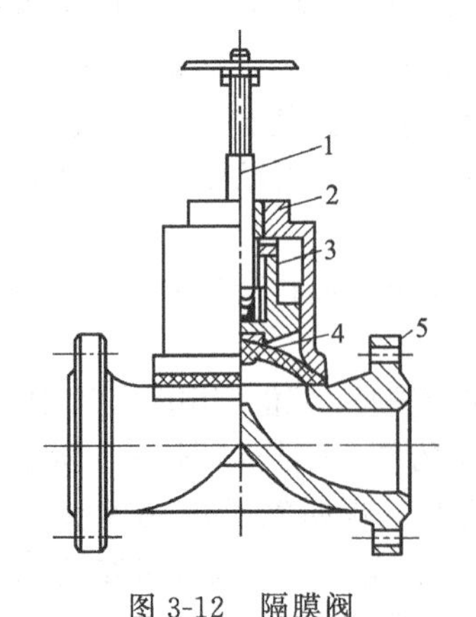

图 3-12　隔膜阀

1—阀杆；2—阀盖；3—阀芯；4—隔膜；5—阀体

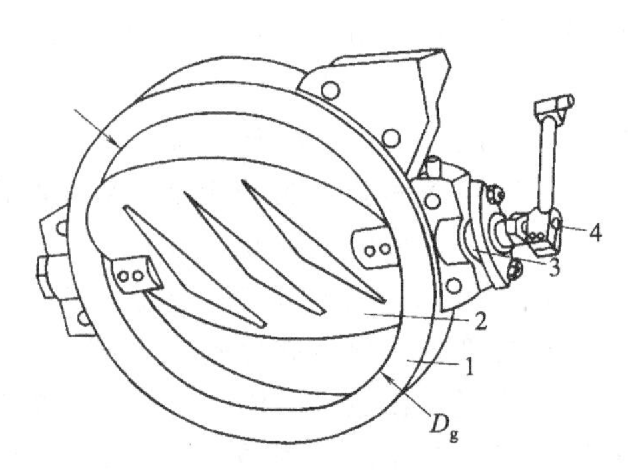

图 3-13　蝶阀结构示意图

1—阀体；2—挡板；3—轴封；4—挡板轴

2. 阀芯结构形式

阀芯是阀的最关键零件，其性能及质量关系到整个阀的使用情况，应十分重视对它的选择、使用和维护。阀芯一般分为直行程阀芯和角行程阀芯两大类。

(1) 直行程阀芯　种类形状如图 3-14 所示。

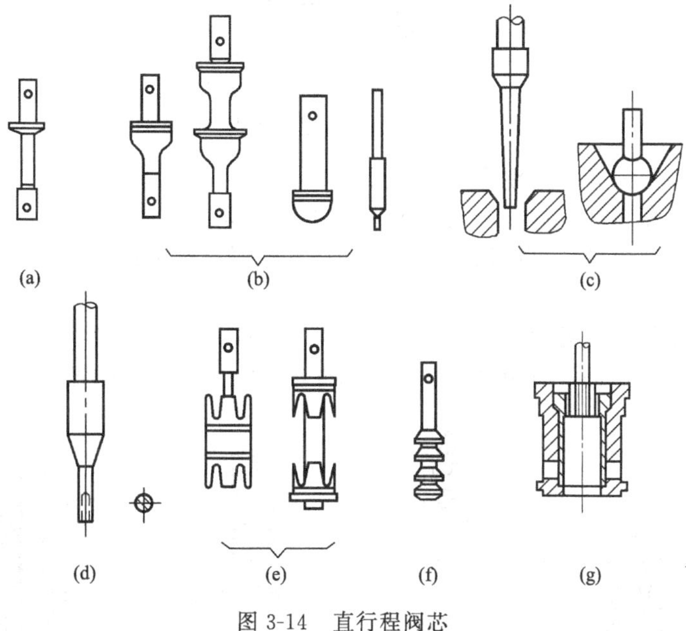

图 3-14　直行程阀芯

① 平板型阀芯［图 3-14 (a)］　其结构简单，加工容易，具有快开特性，可作两位式控制。

② 柱塞型阀芯［图 3-14 (b)、(c)、(d)］　柱塞型阀芯可分为上、下双导向及上导向两种。图 3-14 (b) 中左边两种为双导向阀芯，特点是可以上下倒装，倒装后可使阀变为反装式结构。图 3-14 (b) 中右边两种为上导向阀芯，它适用于角形阀、高压阀和小口径的直通单座阀。图 3-14 (c) 中为针形、球形阀芯；图 3-14 (d) 中为圆柱开槽型阀芯，它们适用于小流量阀中。柱塞型阀芯常见的特性有直线和等百分比两种。

③ 窗口型阀芯［图 3-14 (e)］　图 3-14 (e) 左边的为合流型，右边的为分流型，适用于三通阀中。窗口型阀芯常见的特性有直线、等百分比和抛物线三种。

④ 多级阀芯［图 3-14 (f)］　多级阀芯是把几个阀芯串联在一起，起到逐级降压作用，适用于高压阀中，可防止汽蚀的破坏作用。

⑤ 套筒阀芯［图 3-14 (g)］　套筒阀芯为圆筒状，套在套筒内，在阀杆带动下作上下移动。适用于干净气体或液体的控制，是较新的一种结构。

(2) 角行程阀芯（见图 3-15）　角行程阀芯通过旋转运动来改变它与阀座间的流通面积。偏心旋转阀芯见图 3-15 (a)，它用于偏旋阀。蝶形阀芯见图 3-15 (b)，它用于蝶阀。球形阀芯见图 3-15 (c)，它用于球形阀，它有“O”形和“V”形两种。

3. 上阀盖形式

为适应不同的工作温度和密封要求，上阀盖有四种常见的结构形式，如图 3-16 所示。

(1) 普通型　见图 3-16 (a)，它适用于常温环境，工作温度为－20～＋200℃。

(2) 散（吸）热型　见图 3-16 (b)，它适用于高低温变化大的环境，工作温度为－60～＋450℃，散（吸）热片的作用是散掉高温流体传给阀体的热量，或吸收外界传给阀

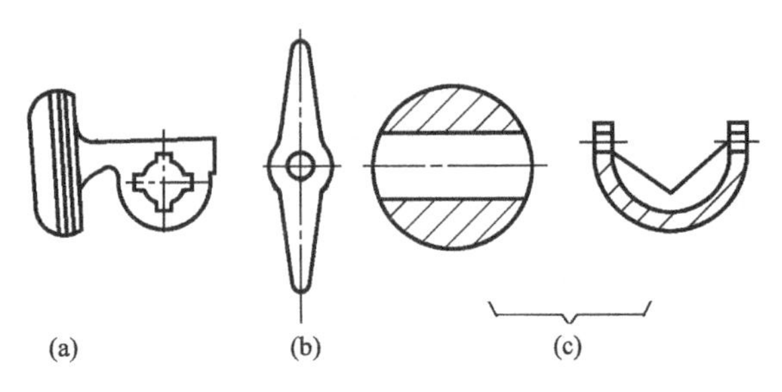

图 3-15　角行程阀芯

的热量，以保证填料在允许的温度范围内工作。

(3) 长颈型　见图 3-16 (c)，它适用于深度冷冻场合，工作温度为－60～－250℃。它的上阀盖增加了一段直颈，可以保证填料在允许的低温范围不被冻结，颈的长短取决于温度高低和阀的口径。

(4) 波纹管密封型　见图 3-16 (d)，它适用于有毒性、易挥发或贵重的流体，可避免介质外泄漏，减少漏损耗，避免易燃、有毒的介质外泄漏所产生的危险。

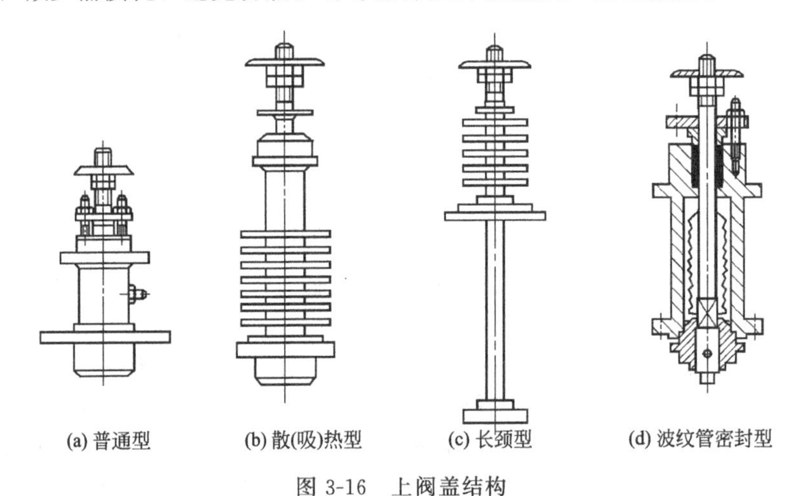

图 3-16　上阀盖结构

上阀盖内具有填料室，内装聚四氟乙烯或石墨、石棉及柔性石墨填料，起到密封的作用。

第二节　调节阀的节流原理

一、调节阀的节流原理和流量系数

调节阀是一个局部阻力可以改变的节流元件，如同普通阀门一样，都对流体产生阻碍作用。流体流过调节阀的阀芯与阀座间流通截面时，因截面的局部缩小而产生局部阻力，流体的能量就产生了一定损失。通常用调节阀前后的压差来表示能量损失的大小。由于调节阀的口径与其前后管道的直径一致，流速相同，可根据流体能量守恒原理而得到流体在调节阀中的能量损失 H 与阀前后静压差（p_1-p_2）之间关系，即

$$H=\frac{p_1-p_2}{\rho} \tag{3-2}$$

式中，H 为单位质量流体流经阀的能量损失；p_1，p_2 为阀前后的压力，Pa；ρ 为流体密度，kg/m^3。

假设调节阀的开度不变，流经阀门的流体是不可压缩的，即密度不变，那么单位质量流体的能量损失与流体的动能成正比，即

$$H=\xi\frac{\mu^2}{2} \tag{3-3}$$

式中，μ 为流体的平均速度，m/s；ξ 为调节阀的阻力系数。

流体在调节阀中的平均速度为

$$\mu=\frac{Q}{A} \tag{3-4}$$

式中，Q 为流体的体积流量，m^3/s；A 为调节阀管口的截面积，m^2。

联立式（3-2）、式（3-3）、式（3-4），得调节阀的流量方程式为

$$Q=\frac{A}{\sqrt{\xi}}\sqrt{\frac{2(p_1-p_2)}{\rho}}=\frac{A}{\sqrt{\xi}}\sqrt{\frac{2\Delta p}{\rho}} \tag{3-5}$$

式中，Δp 为阀前后压差，$\Delta p=p_1-p_2$，单位为 Pa。

若式（3-5）中各量单位为：A，cm^2；ρ，g/cm^3；Δp，100kPa；Q，m^3/h。则调节阀实际应用的流量方程式为

$$Q=5.09\frac{A}{\sqrt{\xi}}\sqrt{\frac{\Delta p}{\rho}} \tag{3-6}$$

由式（3-6）可看出，当调节阀口径截面 A 一定，阀两端压差 Δp 保持不变，流体密度不变，则流经调节阀的流量由阻力系数 ξ 来决定。阀开度越大，阻力系数 ξ 越小，流量 Q 则越大；反之，阀开度越小，ξ 越大，流量 Q 越小。也就是说，通过改变阀的流通截面积，可改变阻力系数，达到调节流量的目的。可把式（3-6）改写成如下简式：

$$Q=C\sqrt{\frac{\Delta p}{\rho}} \tag{3-7}$$

式中

$$C=5.09\frac{A}{\sqrt{\xi}}$$

一般称 C 为调节阀的流量系数，它与阀芯及阀座的结构、流体性质等因素有关，它表示调节阀的流通能力。

我国所用流量系数的定义为：在调节阀全开、阀两端压差为 100kPa、流体密度为 $1g/cm^3$ 时通过阀的流体体积流量数值（m^3/h），就是该调节阀的流量系数 C。例如有一个调节阀的流量系数 C 值为 40，则表示该阀在全开、阀前后静压力之差为 100kPa、流体密度为 $1g/cm^3$ 时的水的流量为 $40m^3/h$。

在式（3-7）中，压差单位采用 100kPa，如果取压差单位为 kPa，则式（3-7）改为

$$Q=\frac{C}{10}\sqrt{\frac{\Delta p}{\rho}} \tag{3-8}$$

由式（3-8）可得流体流过调节阀的质量流量 M 为

$$M=10^2C\sqrt{\rho\Delta p}\quad (kg/h) \tag{3-9}$$

当压差单位为 Pa 时

$$Q=\frac{C}{316}\sqrt{\frac{\Delta p}{\rho}} \tag{3-10}$$

二、流体在调节阀中的流动状态

在前面推导流量系数 C 时，没有考虑流体在阀门内的流动状态及阀门结构对流体流动的影响，流体流动状态关系到调节阀有关计算及应用的问题。流体流经节流孔时的工作情

况，与调节阀在某一固定开度下的情况类似，如图 3-17 所示。当压力为 p_1 的流体流经节流孔时，在节流孔前的流体流束发生收缩运动，流速急剧增加，而静压力急剧下降。流过节流孔的流束在惯性作用下继续收缩，因此在节流孔后某一位置的流束截面最小。把节流孔后的最小截面叫缩流处。在缩流处流体的流速最大，而静压力最小。在缩流处之后，流体的流束截面逐渐扩大，流速逐渐减小，静压逐渐回升，静压力回升到 p_2。把以上现象叫压力恢复。由于调节阀内部对流体产生摩擦损失，所以阀后流体静压 p_2 并不能恢复到阀前的静压 p_1 数值大小，即产生了阀两端的静压力差 Δp，这就是压力损失。

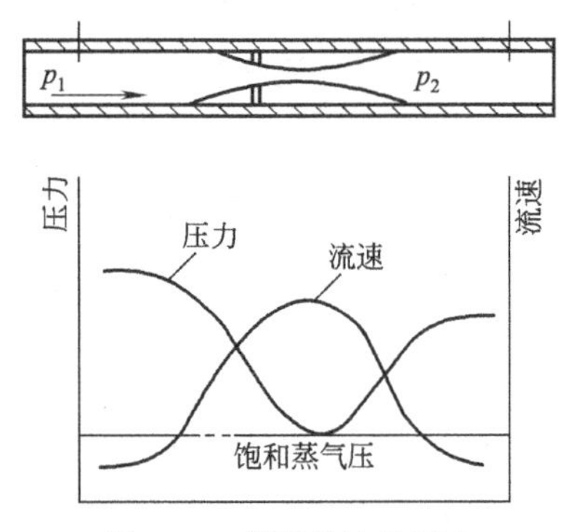

图 3-17　管道节流处压力和流速变化

对于气体介质，由于它具有可压缩性，当阀入口压力 p_1 保持恒定，并逐渐降低阀出口压力 p_2，使阀上压差达到某一临界值时，通过调节阀的流体流量将达到一个极限值，这时再继续降低阀出口压力 p_2，增大两端压差 Δp，流量也不会再增大，这时的极限流量称为阻塞流。开始产生阻塞流时的阀两端压差，称为临界压差 Δp_T。所以，在阀两端压差 Δp 小于临界压差 Δp_T 时，流过阀的流体流量随压差而变化；而在 Δp 大于 Δp_T 时，形成阻塞流，流量就不再随差压 Δp 变化。

对于液体介质，流体在缩流处的静压 p_{VC} 降低到等于或小于该液体在入口温度下的饱和蒸气压力 p_V 时，部分液体汽化而形成气泡，这种现象称为闪蒸。液体产生闪蒸后，继续向后流动，流束截面逐渐扩大，静压力逐渐恢复，当静压力恢复到大于该液体在入口温度下对应的饱和蒸气压 p_V 时，气泡又迅速破裂转化成液体，这种现象称为空化。因此，在 $p_{VC}<p_V$ 和 $p_2<p_V$ 时，阀内液体仅有闪蒸；在 $p_{VC}<p_V$ 和 $p_2>p_V$ 时，阀内液体既有闪蒸又有空化。液体介质出现闪蒸和空化时，也会出现阻塞流。

产生闪蒸时，液体对阀芯、阀座等材料有侵蚀破坏，还影响液体流量系数计算的准确性。产生空化时，气泡的破裂所产生的能量在液体中会出现强大的局部阻力，从而发出噪声的振动，破坏材质，缩短阀的寿命。这种因闪蒸和空化所造成的对阀芯、阀座及阀体材质的破坏现象，称为汽蚀。在阀的应用中应尽力克服汽蚀的出现。

已知流体在缩流处的静压力最小，所以阻塞流产生于缩流处及其下游。产生阻塞流时，缩流处与阀前的压差 Δp_{VC} 并不等于该时刻阀两端的压差 Δp_T（临界压差），这是因为缩流处后的压力有所恢复，$\Delta p_{VC}>\Delta p_T$，可用压力恢复系数 F_L 来说明，用公式表示如下。

$$F_L=\frac{Q_T}{Q}=\frac{\sqrt{\Delta p_T}}{\sqrt{\Delta p_{VC}}}=\frac{\sqrt{p_1-p_2}}{\sqrt{p_1-p_{VCT}}} \tag{3-11}$$

或

$$\Delta p_T=F_L^2(p_1-p_{VCT}) \tag{3-12}$$

式中，Q_T 为开始时产生阻塞流时的最大流量；Q 为开始产生阻塞流时，以缩流处与阀前的压差 Δp_{VC} 按非阻塞流条件计算而得到的理论流量；Δp_T 为开始产生阻塞流时阀两端临界压差，$\Delta p_T=p_1-p_2$；Δp_{VC} 为开始产生阻塞流时缩流处与阀前的压差，$\Delta p_{VC}=p_1-p_{VCT}$；$p_{VCT}$ 为开始产生阻塞流时缩流处的绝对压力；p_1，p_2 为开始产生阻塞流时阀入口、出口处的绝对压力。

压力恢复系数 F_L 值与阀体内部几何形状有关，它表示阀内流体经缩流处之后动能转变成静压能的恢复能力。它只与阀的结构、流路形状有关，而与口径无关，对于一个确定的阀，它的 F_L 值也是确定的。不同的阀，F_L 值是不同的。在计算调节阀时可查表 3-1 给出的数据。

表 3-1 各种调节阀的系数值（F_L、x_T）

调节阀形式	阀内组件形式	流向	F_L	x_T
单座阀	柱塞形	流开	0.90	0.72
	柱塞形	流闭	0.80	0.55
	V 形	任意	0.90	0.75
	套筒形	流开	0.90	0.75
	套筒形	流闭	0.80	0.70
双座阀	柱塞形	任意	0.85	0.70
	V 形	任意	0.90	0.75
偏心旋转阀		流开	0.85	0.61
角形阀	套筒形	流开	0.85	0.65
	套筒形	流闭	0.80	0.60
	柱塞形	流开	0.90	0.72
	柱塞形	流闭	0.80	0.65
	文丘里	流闭	0.50	0.20
球阀	标准 O 形	任意	0.55	0.15
	开特性孔口	任意	0.57	0.25
蝶阀	90°全开	任意	0.55	0.20
	60°全开	任意	0.68	0.38

一般 $F_L=0.5\sim0.98$，F_L 越小，阀两端压差越小，压力恢复越大。有的阀门流路好，阻力小，具有较高的压力恢复能力，这种阀称为高压力恢复阀，如球阀、蝶阀、文丘里角阀等。有的阀结构和流路复杂，阻力大，摩擦力大，压力恢复能力差，这种阀称为低压力恢复阀，如单座阀、双座阀。

第三节 调节阀流量系数的计算

在进行过程控制系统的设计及技术改造中，经常遇到对调节阀的选择和计算问题，首先要进行的是阀口径的确定及选型，为此，要掌握调节阀流量系数的计算原则及方法。在计算出流量系数后，方可从调节阀系列标准及产品目录中确定出具体的调节阀类型及型号，从而满足控制系统的要求。

调节阀流量系数的计算，应根据生产工艺提供的流体流量、阀两端压差及有关数据进行。

一、一般液体的 *C* 值计算

根据节流原理可知，流体流经调节阀时，当阀两端压差较小，液体没有产生闪蒸时，流量和压差的平方根成正比关系，曲线如图 3-18 所示。当产生闪蒸时，流量和差压的平方根关系被破坏，压差 Δp 越大，液体汽化现象越严重，最后出现了阻塞流。在曲线中，当压差 $\Delta p \geqslant \Delta p_T$ 时，就出现了阻塞流，流量不再随压差增大而增加。这说明在阻塞流前后的流量与压差的关系是不同的。所以，在进行调节阀流量系数计算时，需要判断出流体是否产生了阻塞流。

式（3-12）是判断是否产生阻塞流的最重要的依据。在开始产生阻塞流时缩流处压力 p_{VCT} 与入口温度下液体的饱和蒸气压 p_V 之比，称为该液体的临界压力系数 F_F，表示为

$$F_F=\frac{p_{VCT}}{p_V} \tag{3-13}$$

或

$$p_{VCT}=F_F p_V \tag{3-14}$$

由式（3-12）和式（3-14）可得

$$\Delta p_T=F_L^2(p_1-F_F p_V) \tag{3-15}$$

根据实验，临界压力系数 F_F 值与液体的饱和蒸气压 p_V 和液体热力学临界压力 p_C 之比有对应关系，只要查得 p_V 和 p_C，再根据 p_V/p_C 值，可从曲线上查出临界压力系数 F_F，见图 3-19 的曲线。

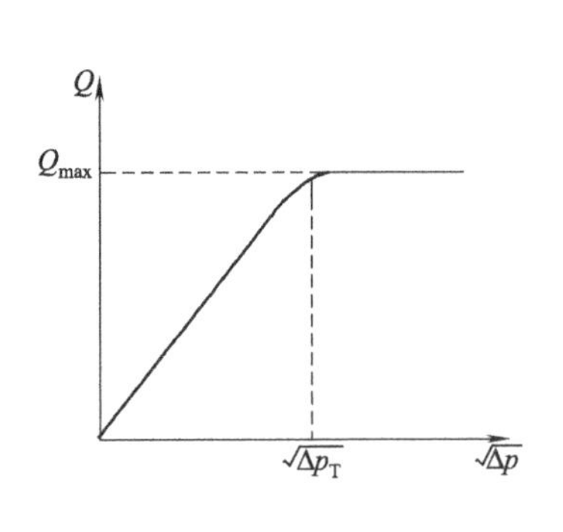

图 3-18 流量与压差的关系

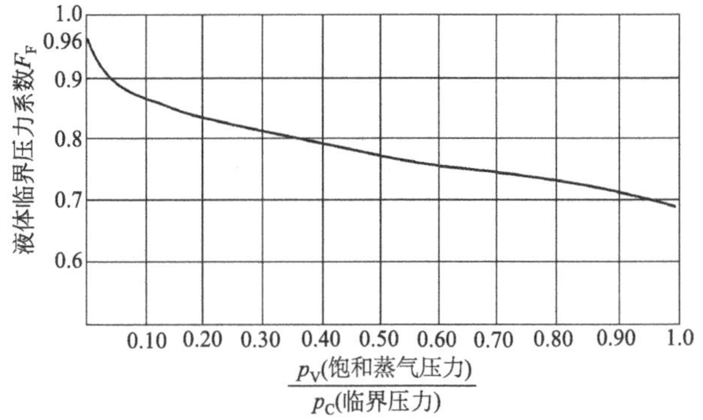

图 3-19 液体临界压力比系数 F_F

式（3-15）可判断是否产生阻塞流。如果 $\Delta p \geqslant \Delta p_T$，则产生阻塞流；若此时的阀出口压力 $p_2<p_V$，则只有闪蒸；若 $p_2>p_V$，则出现空化作用。

另外，F_F 系数的计算可用下面的公式直接进行确定。

$$F_F=0.96-0.28\sqrt{\frac{p_V}{p_C}} \tag{3-16}$$

1. 非阻塞流情况下调节阀流量系数的计算

当阀两端压差 $\Delta p<F_L^2(p_1-F_F p_V)$ 时，即为非阻塞流情况，调节阀流量系数 C 值计算公式为

按体积流量 Q_L 算

$$C=10Q_L\sqrt{\frac{\rho_L}{\Delta p}} \tag{3-17}$$

按质量流量 M_L 算

$$C=\frac{10^{-2}M_L}{\sqrt{\rho_L \Delta p}} \tag{3-18}$$

式中，Q_L 为流过阀的液体体积流量，m^3/h；M_L 为流过阀的液体质量流量，kg/h；Δp 为阀两端允许压差，$\Delta p=p_1-p_2$，kPa；p_1，p_2 为阀前、阀后的绝对压力，kPa；ρ_L 为在 p_1 和入口温度 T_1（热力学温度）条件下的液体密度，g/cm^3；p_V 为阀入口 T_1 温度下液体饱和蒸气压力（绝压），kPa。

其中所用数据可经计算或查表得到。当不能准确知道实际液体的密度时，可以合理估算，或用经验数据给出。液体密度一般相差不大，且 ρ_L 在公式根号内，对 C 值影响不大。

2. 阻塞流情况下调节阀流量系数的计算

当阀两端压差 $\Delta p>F_L^2(p_1-F_F p_V)$ 时，即产生了阻塞流，调节阀流量系数 C 值的计算

公式为

$$C=10Q_{\mathrm{L}}\sqrt{\frac{\rho_{\mathrm{L}}}{F_{\mathrm{L}}^{2}(p_{1}-F_{\mathrm{F}}p_{\mathrm{V}})}} \tag{3-19}$$

或

$$C=\frac{10^{-2}M_{\mathrm{L}}}{\sqrt{\rho_{\mathrm{L}}F_{\mathrm{L}}^{2}(p_{1}-F_{\mathrm{F}}p_{\mathrm{V}})}} \tag{3-20}$$

式（3-19）和式（3-20）中，用临界压差 Δp_{T} 代替了 Δp，即用阻塞流情况下的临界压差直接计算 C 值。

为防止和避免空化现象出现，应设法限制调节阀两端的压差 Δp，使其小于临界压差 Δp_{T}。

二、高黏度液体的 C 值计算

所谓高黏度液体，一般是其运动黏度大于 $20\times10^{-6}\mathrm{m}^2/\mathrm{s}$。由流体力学知道，当其他条件不变，液体的黏度过高将使雷诺数 Re 下降，当 $Re<2300$ 时，流体将处于层流流动状态，流量和压差之间不再保持平方根关系，而是逐渐趋于直线关系。调节阀的 C 值是在湍流条件下，即雷诺数高到一定程度时测得的，雷诺数增大时 C 值变化不大，但雷诺数减小时 C 值会减小。因此，对于高黏度液体，在计算 C 值时应在原来的基础上进行雷诺数修正。

当液体的雷诺数 $Re<3500$ 时，应对式（3-17）、式（3-18）、式（3-19）、式（3-20）所计算出的流量系数 C 进行低雷诺数修正。

雷诺数 Re 与阀的结构有关。对于直通单座阀、套筒阀、球阀等只有一个流路的阀，雷诺数的计算公式为

$$Re=70700\frac{Q_{\mathrm{L}}}{\nu\sqrt{C}} \tag{3-21}$$

对于直通双座阀、蝶阀等具有两个流路的阀，雷诺数计算公式为

$$Re=49490\frac{Q_{\mathrm{L}}}{\nu\sqrt{C}} \tag{3-22}$$

式中，Q_{L} 为流过调节阀的流体体积流量，m^3/h；ν 为液体在阀前温度下的运动黏度，mm^2/s（$1\mathrm{mm}^2/\mathrm{s}=10^{-6}\mathrm{m}^2/\mathrm{s}$）；$C$ 为按一般液体公式计算出的流量系数。

当计算出 Re 后，若需要进行低雷诺数修正，可根据计算出的 Re 值从图 3-20 中曲线查得修正系数 F_{R}。雷诺数修正系数 F_{R} 是在其他相同条件下，非湍流流体经过调节阀时的实测流量与按湍流条件下计算出的理论流量之比。修正后的流量系数用 C' 表示。

$$C'=\frac{C}{F_{\mathrm{R}}} \tag{3-23}$$

高黏度液体的流量系数计算步骤如下。

① 先按一般液体流量计算公式求出不考虑黏度修正的 C 值。

② 按式（3-21）或式（3-22）求出不同阀门的雷诺数 Re。

③ 根据雷诺数 Re，从图 3-20 中曲线查出 F_{R}。

④ 由式（3-23）求得高黏度液体修正后的流量系数 C'。

三、一般气体的 C 值计算

气体具有可压缩性，调节阀前后的密度因压力不同而不同，调节阀后的气体密度小于阀前的密度。因此，不能用液体的计算方法来计算气体的 C 值。计算气体 C 值方法很多，本文只介绍其中的膨胀系数法。这种方法在实验数据的基础上，又考虑了压力恢复系数的影响，计算较准确、合理。

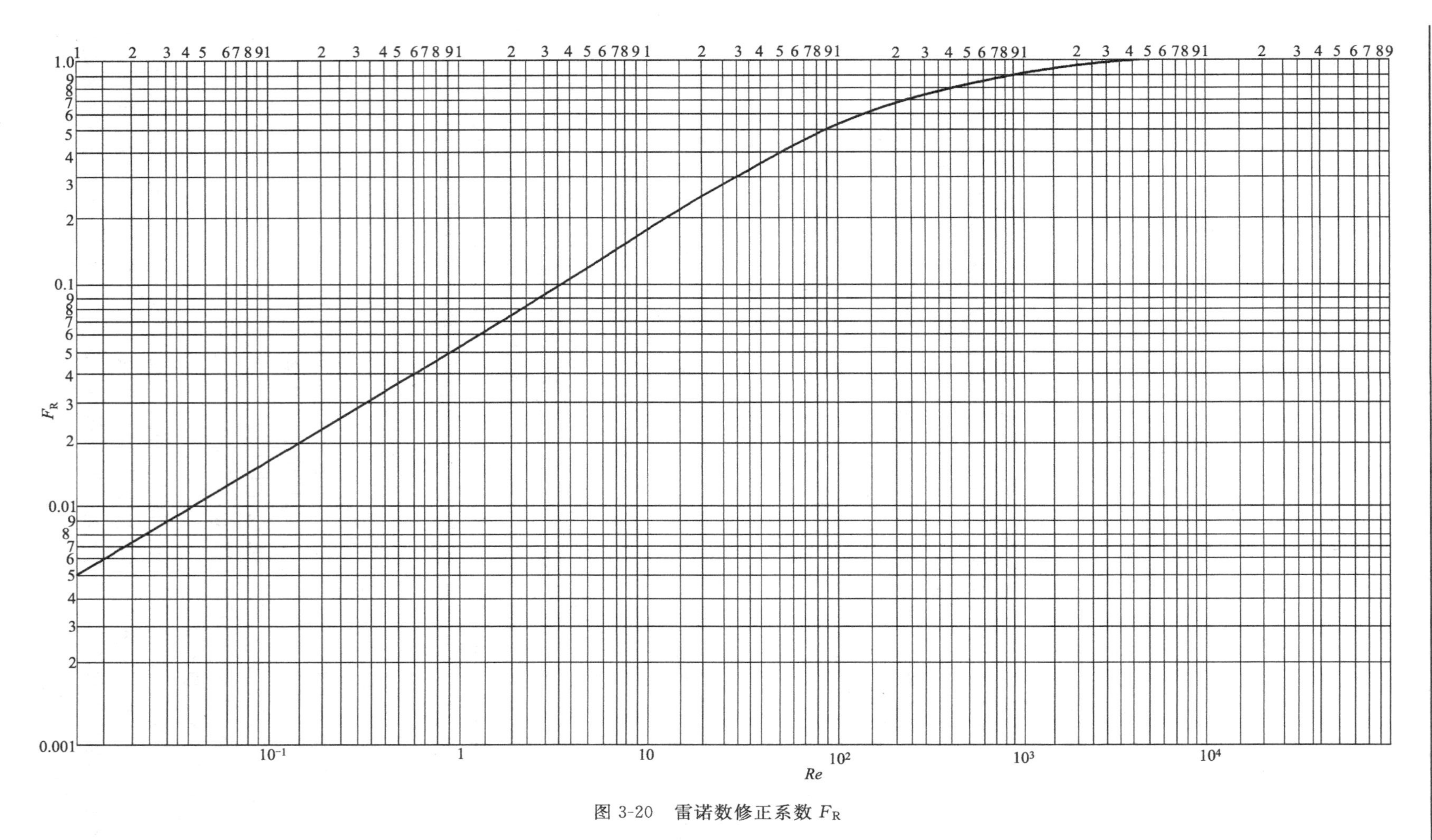

图 3-20　雷诺数修正系数 F_R

调节阀两端压差 Δp 与阀入口前压力 p_1 之比称为压差比，表示为

$$x=\frac{\Delta p}{p_1} \tag{3-24}$$

而气体开始产生阻塞流时压差比称为临界压差比，用 x_T 表示。各调节阀的临界压差比 x_T 见表 3-1，它是用空气实验而得出的。对于某一确定的调节阀，空气介质的临界压差比 x_T 是一个常数，它只与阀的结构、流路形状有关。对于同一个阀，在相同条件下，非空气气体的临界压差比 x_T' 和空气的临界压差比 x_T 并不相同，而是与气体的等熵指数有关。非空气气体的等熵指数 κ 与空气的等熵指数 $\kappa_{空}$ 之比，称为比热比系数，用 F_κ 表示，即

$$F_\kappa=\frac{\kappa}{\kappa_{空}}=\frac{\kappa}{1.4} \tag{3-25}$$

式中，κ 为非空气气体的等熵指数；$\kappa_{空}$ 为空气的等熵指数，$\kappa_{空}=1.4$。

气体流体在阀内开始产生阻塞流时的临界压差比 x_T' 为

$$x_T'=F_\kappa x_T \tag{3-26}$$

当气体压差比 $x<F_\kappa x_T$ 时，为非阻塞流状态；当气体的压差比 $x>F_\kappa x_T$ 时，为阻塞流状态。

1. 非阻塞流时气体的 C 值计算公式

$$C=\frac{Q_g}{5.19p_1 y}\sqrt{\frac{T_1\rho_H Z}{x}} \tag{3-27}$$

或

$$C=\frac{Q_g}{24.6p_1 y}\sqrt{\frac{T_1 m Z}{x}} \tag{3-28}$$

或

$$C=\frac{Q_g}{4.57p_1 y}\sqrt{\frac{T_1 G_o Z}{x}} \tag{3-29}$$

式中，Q_g 为气体在标准状态下的体积流量，m^3/h；ρ_H 为气体在标准状态下的密度，kg/m^3；y 为气体膨胀系数；p_1 为气体在阀前的绝对压力，kPa；T_1 为阀入口处的气体热力学温度，K；Z 为气体的压缩系数；x 为阀的压差比；$x=\frac{\Delta p}{p_1}$；Δp 为阀两端压差，kPa；m 为气体分子量；G_o 为气体对空气的密度比，$G_o=\frac{\rho_H}{\rho_{H空}}$（$\rho_{H空}$ 是空气在标准状态下的密度）。

公式中气体膨胀系数 y 用以校正气体在阀内流动时密度对 C 值的影响。理论上，y 值与流路形状、节流口面积与阀入口面积比、压差比、比热比系数等因素有关，与雷诺数关系不大，可用以下关系式计算出 y 值。

$$y=1-\frac{x}{3F_\kappa x_T} \tag{3-30}$$

2. 阻塞流时气体的 C 值计算公式

当 $x\geqslant F_\kappa x_T$ 时，气体出现了阻塞流，流量系数的计算公式为

$$C=\frac{Q_g}{2.9p_1}\sqrt{\frac{T_1\rho_H Z}{\kappa x_T}} \tag{3-31}$$

或

$$C=\frac{Q_g}{13.9p_1}\sqrt{\frac{T_1 m Z}{\kappa x_T}} \tag{3-32}$$

或

$$C=\frac{Q_g}{2.58p_1}\sqrt{\frac{T_1 G_o Z}{\kappa x_T}} \tag{3-33}$$

式中各符号含义同前。

四、蒸汽的 C 值计算

在一般气体 C 值计算方法基础上，对蒸汽的 C 值计算有以下几种方法。

1. 非阻塞流时蒸汽的 C 值计算公式

当 $x<F_{\kappa}x_{T}$ 时为非阻塞流

$$C=\frac{M_{s}}{3.16y}\sqrt{\frac{1}{xp_{1}\rho_{s}}} \tag{3-34}$$

或

$$C=\frac{M_{s}}{1.1p_{1}y}\sqrt{\frac{T_{1}Z}{xm}} \tag{3-35}$$

2. 阻塞流时蒸汽的 C 值计算公式

当 $x\geqslant F_{\kappa}x_{T}$ 时为阻塞流

$$C=\frac{M_{s}}{1.78}\sqrt{\frac{1}{\kappa x_{T}p_{1}\rho_{s}}} \tag{3-36}$$

或

$$C=\frac{M_{s}}{0.62p_{1}}\sqrt{\frac{1}{\kappa x_{T}m}} \tag{3-37}$$

式中，M_{s} 为蒸汽的质量流量，kg/h；ρ_{s} 为阀入口处蒸汽的密度，若为过热蒸汽，应代入过热蒸汽的实际密度，kg/m^{3}。

最后应当说明的是，上述各种流体的 C 值计算公式，是根据伯努力方程把调节阀作为一个节流装置来计算的，公式具有普遍性。但其中有的数据都是经具体调节阀实验测试后得到的，具有一定的局限性，如 F_{L}、x_{T} 等。因此以上各种 C 值计算公式只适用于已取得 F_{L} 和 x_{T} 实验数据的单座阀、双座阀、角形阀、套筒阀、蝶阀等。

上述各种流体的 C 值计算公式，适用于牛顿型不可压缩流体（液体）和可压缩流体（气体、蒸汽）及两种流体的均匀混合物，但不适用于非牛顿型流体，如不服从牛顿黏性定律的某些高分子溶液（聚合物）、胶体溶液及泥浆等流体。

实验测试 F_{L} 和 x_{T} 值是在调节阀口径和管道直径相一致条件下进行的，所以调节阀在使用时应安装在同口径的管道上，并保证阀两侧有一定的直管段长度。如果管道口径与阀口径不一致，应在阀和管道间安装一段过渡管道（异径管），并对流量系数进行适当修正。

第四节　气动调节阀的选择

在过程控制中，对气动调节阀的选择是一项十分重要的工作，一般要从以下几方面进行考虑：

① 根据工艺条件，选择合适的调节阀结构和类型；

② 根据工艺对象特点，选择合适的流量特性；

③ 根据工艺参数，计算流量系数，选择阀的口径；

④ 根据工艺要求选择执行机构和辅助装置。

一、气动调节阀类型的选择

在选择调节阀的结构类型时，应根据被控介质的工艺条件和流体特性，按有关阀的结构特点进行选择。在确定了阀的结构形式后，就可选择气动执行机构的类型。在过程控制系统中，大多数选用气动薄膜式执行机构；当阀的口径较大，压差较高时，可选用气动活塞式执行机构。

在选择气动调节阀时，还要确定调节阀的开关方式，如气开式或气关式。确定调节阀开关方式的原则是：当信号压力中断时，应保证工艺设备和生产的安全。如阀门在信号中断后处于打开位置，流体不中断最安全，则选用气关阀；如果阀门在信号压力中断后处于关闭位置，流体不通过最安全，则选用气开阀。例如，加热炉的燃料气或燃料油管路上的调节阀，应选用气开阀，当信号中断后，阀自动关闭，燃料被切断，以免炉温过高而发生事故；又例如锅炉进水管路上的调节阀，应选用气关阀，当信号中断后，阀自动打开，仍然向锅炉内送水，可避免锅炉烧坏。

已知执行机构有正作用和反作用两种作用方式，而阀有正装和反装两种结构方式，所以调节阀可组合成四种开启方式。见表 3-2 和图 3-21 所示。

表 3-2 气动执行器组合方式

序号	执行机构	阀	调节阀	序号	执行机构	阀	调节阀
(a)	正	正	气关	(c)	反	正	气开
(b)	正	反	气开	(d)	反	正	气关

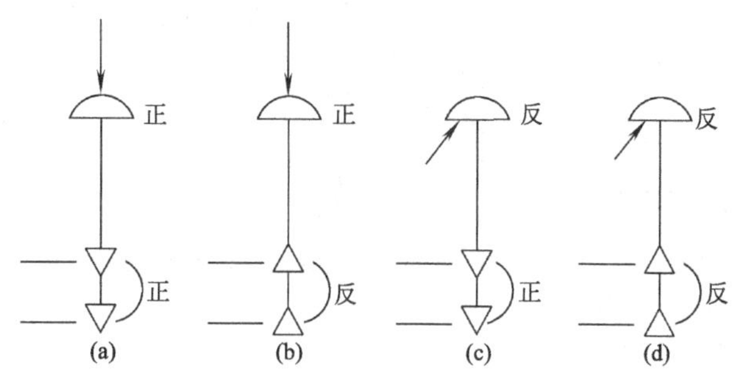

图 3-21 组合方式

对于双座阀和 $D_g>25$mm 以上的单座阀，推荐用图 3-21 中（a）、（b）两种组合方式，即执行机构为正作用，通过更换阀的正装或反装来实现气关或气开。对于单导向阀芯的高压阀、角形阀、三通阀、隔膜阀以及 $D_g<25$mm 以下的直通单座阀，因阀体只有正装一种形式，所以只能通过更换执行机构的正、反作用来实现调节阀的气关或气开。

二、调节阀流量特性的选择

调节阀的流量特性是指介质流过阀的相对流量与阀芯相对行程（阀门的相对开度）之间的关系，表达式为

$$\frac{Q}{Q_{100}}=f\left(\frac{L}{L_{100}}\right) \tag{3-38}$$

式中，$\frac{Q}{Q_{100}}$为相对流量，阀某一开度时的流量 Q 与阀全开时的流量 Q_{100} 之比；$\frac{L}{L_{100}}$为相对行程，阀某一开度时阀芯的行程 L 与阀全开时行程 L_{100} 之比。

在阀两端压差 Δp 保持不变时，阀的流量特性称为固有流量特性，又称理想流量特性。阀的固有流量特性除了与阀的几何形状有关外，还考虑了在压差不变情况下流量系数的影响。阀的结构特性是指阀芯行程与流通截面积之间的关系，它仅与阀芯大小及结构形状有关。应将以上两个概念区别开来。

固有流量特性主要有直线、等百分比（对数）、抛物线和快开四种类型，如图 3-22 所示。

一般情况下，改变阀的流通截面积就可改变流量，实现控制目的。在实际生产使用条件下，改变流通截面积的同时，阀两端的压差也就发生了变化，阀的固有流量特性已经发生了

畸变。阀在实际工作条件下的特性称为工作流量特性。在实际生产中，阀安装的管路条件是复杂的，阀的前后安装有设备、串并联支路或其他阀门，管路的阻力损失会随流量变化而变化，使得阀的固有流量特性畸变为工作流量特性。直线和等百分比阀在串联管道时的工作流量特性如图 3-23 所示。图中，Q_{100}表示存在着管道阻力时阀全开时的流量。S 为阀阻比，表示阀前后压差 Δp 与管路系统总压差$\sum\Delta p$ 之比。系统总压差$\sum\Delta p$ 是阀、全部工艺设备和管路系统上的各压差之和。

$$S=\frac{\Delta p}{\sum\Delta p} \tag{3-39}$$

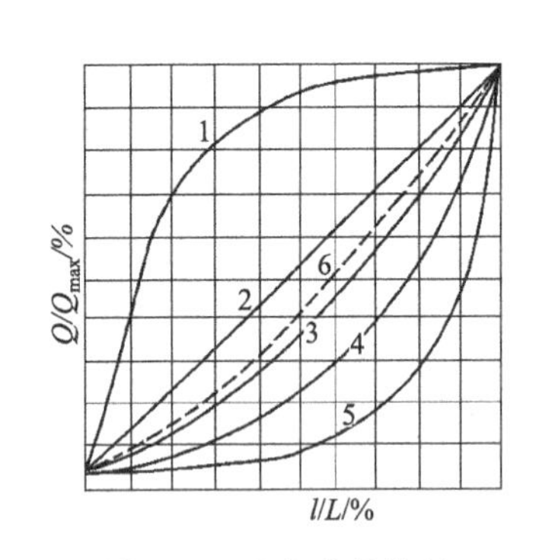

图 3-22　理想流量特性

1—快开；2—直线；3—抛物线；4—等百分比；5—双曲线；6—修正抛物线

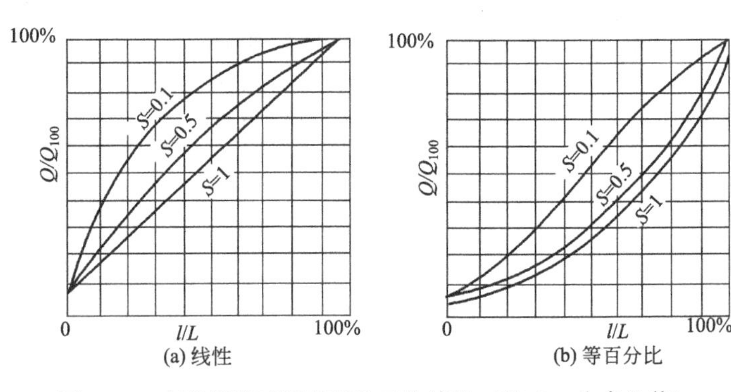

图 3-23　串联管道时调节阀的工作特性（以 Q_{100} 为参比值）

阀的固有流量特性，在生产中常用的是直线、等百分比和快开三种。抛物线特性介于直线和等百分比之间，一般用等百分比特性代替。快开特性主要用于二位式控制。目前，阀的流量特性选择多采用经验准则，可从以下几点分析考虑。

1. 从控制系统的控制质量方面分析

对于一个简单的控制系统，它是由控制对象、变送器、调节器和调节阀几个基本环节组成的，系统的总放大系数 K 为

$$K=K_1K_2K_3K_4K_5$$

式中，$K_1\sim K_5$ 分别表示变送器、调节器、执行机构、阀、控制对象的放大系数。在负荷变动的情况下，要使控制系统能保持预定的控制指标，希望总放大系数在控制系统的整个操作范围内保持不变。一般情况下，在一个确定的系统里，其中的测量变送系数 K_1、调节器系数 K_2、执行机构系数 K_3 是固定不变的。只有对象的放大系数 K_5，随着负荷的变化而变化，对象的特性又往往是非线性的。为此，适当选择阀的特性，使其流量特性变化来补偿对象特性的变化，即使得 K_4K_5 等于常数，保持乘积不变。例如，对于放大系数随负荷增大而减小的对象，应选用放大系数随负荷增大而增大的等百分比特性的调节阀；当对象特性为线性时，应选用直线流量特性的阀。总之，应使系统的总放大系数 K 保持不变。

2. 从工艺配管情况分析

调节阀总是与管道、设备连在一起使用的，管道阻力的存在必然会使阀的工作特性与固有特性不同。所以，应根据对象的特性选择合适的工作特性，再根据配管情况选择相应阀的固有流量特性。考虑工艺配管情况时，可参照表 3-3 来选择阀的固有流量特性。

表 3-3 考虑工艺配管状况表

配管状况	$S=1\sim0.6$		$S=0.6\sim0.3$		$S<0.3$
阀的工作特性	直线	等百分比	直线	等百分比	不宜控制
阀的固有特性	直线	等百分比	等百分比	等百分比	不宜控制

从表 3-3 和图 3-23 中可知，当 $S=1\sim0.6$ 时，所选固有流量特性和工作流量特性一致。当 $S=0.6\sim0.3$ 时，若需要工作流量特性是线性的，则应选固有流量特性为等百分比的。当 $S=0.6\sim0.3$ 时，若要求工作特性为等百分比的，则固有特性曲线应比该曲线更凹一些，此时可通过阀门定位器反馈凸轮来补偿。当 $S<0.3$ 时，畸变太严重，一般不采用。

3. 从负荷变化情况分析

直线特性调节阀在小开度时流量相对变化量大，过于灵敏，容易引起振荡，阀芯、阀座易损坏；在 S 值小、负荷变化幅度大的场合不宜采用。等百分比阀的放大系数随阀门行程增大而增大，流量相对变化量恒定不变，它对负荷波动有较强的适应性，所以在生产过程自动控制中等百分比阀被广泛采用。

三、调节阀口径的确定

调节阀口径的确定是指阀流量系数的计算和阀公称直径、阀座直径的确定。调节阀口径确定是在计算阀流量系数 C 的基础上进行的，是进行调节阀选择的重要内容。

（一）阀口径的计算步骤

1. 确定主要计算数据

由工艺专业技术人员提供出工艺过程在额定状态运行时的技术数据，包括正常流量 Q_n 或 M_n，正常阀压差 Δp_n，正常阀阻比 S_n，阀前流体密度、压力和温度等参数。对于其他用到的数据可通过查表、计算得到。

2. 判断是否产生阻塞流

根据流体状况，选择前面介绍的判断公式来判断是否产生阻塞流，然后选择相应的计算 C 值的公式进行计算。

3. 计算正常流量系数 C_n

根据给出的正常流量下有关数据，选用合适的计算 C 值公式，算出正常流量系数 C_n。

4. 求取最大流量时的流量系数 C_{max}

C_{max} 是在最大计算流量（Q_{max} 或 M_{max}）时的流量系数。一般不知最大计算流量，而是用已知的正常流量 Q_n 或 M_n 适当扩大一定倍数而得到。

在阀全开时，流过阀的最大流量应大于正常流量的 1.25 倍，即

$$n=\frac{Q_{max}}{Q_n}\geqslant1.25 \tag{3-40}$$

式中，n 为流量放大系数，是阀全开下的安全系数。

最大流量系数 C_{max} 与正常流量系数 C_n 之比叫流量系数放大倍数，用 m 表示，即

$$m=\frac{C_{max}}{C_n} \tag{3-41}$$

若求出了 m，因已经求出了 C_n，则可得到 C_{max}，以下任务就是求 m 值。若把 C_n 放大到 C_{max}，必须考虑阀两端压差 Δp 随流量变化所产生的影响，也就是要考虑系统的阀阻比 S 对 C 值的影响。应计算出最大计算流量 Q_{max} 时的阀阻比 S_{Qmax}。

对于调节阀上、下游均有恒压点的场合，最大阀阻比为

$$S_{Qmax}=1-n^2(1-S_n) \tag{3-42}$$

对于调节阀装于离心泵或风机出口，而下游有恒压点的场合，最大阀阻比为

$$S_{Q\max}=\left(1-\frac{\Delta h}{\sum\Delta p}\right)-n^2(1-S_n) \tag{3-43}$$

式中，Δh 为流量从 Q_n 增大到 $Q_{\max}$ 时，离心机或泵出口压力变化值，kPa；$\sum\Delta p$ 为在最大流量时管路系统总压降，kPa。

根据计算出的 $S_{Q\max}$ 和已知的 S_n 及 n 值，可用下式求出 m 值。

$$m=n\sqrt{\frac{S_n}{S_{Q\max}}} \tag{3-44}$$

由上式求出流量系数的放大倍数 m 值后，再求出最大流量系数 $C_{\max}$。

$$C_{\max}=mC_n \tag{3-45}$$

5. 流量系数的圆整

根据求得的 $C_{\max}$ 值，在所选用的调节阀产品形式标准系列中，选取大于 $C_{\max}$ 值并与其最接近的那一级的 C_{100}，C_{100} 为调节阀制造厂所提供的额定流量系数（按级分若干档次）。然后用 C_{100} 确定调节阀的口径 D_g 与 d_g。

6. 进行调节阀行程和可调比的验算

在串联管道场合，计算直线调节阀相对行程 l 的计算公式为

$$l=\frac{L}{L_{100}}=\frac{1}{29}\left(30\frac{C}{C_{100}}-1\right) \tag{3-46}$$

或简化为

$$l=\frac{C}{C_{100}} \tag{3-47}$$

式中，L 为调节阀某一行程；L_{100} 为调节阀的额定行程；C 为在行程 L 时调节阀的流量系数；C_{100} 为调节阀的额定流量系数。

在串联管道场合，计算等百分比特性调节阀的相对行程公式为

$$l=1+\frac{1}{\lg 30}\lg\frac{C}{C_{100}}$$

或

$$l=1+0.68\lg\frac{C}{C_{100}} \tag{3-48}$$

调节阀的可调比就是调节阀所能控制的最大流量与最小流量之比，也称可调范围，用 R 来表示，即

$$R=\frac{Q_{\max}}{Q_{\min}} \tag{3-49}$$

其中的最小流量是指阀的可调流量的下限值，它一般为最大流量的 2%～4%；而泄漏量与其不同，阀在全关时的泄漏量仅为最大流量 $Q_{\max}$ 的 0.1%～0.01%。

当调节阀上压差一定时，这时的可调比称为理想可调比，即

$$R=\frac{Q_{\max}}{Q_{\min}}=\frac{C_{\max}\sqrt{\frac{\Delta p}{\rho}}}{C_{\min}\sqrt{\frac{\Delta p}{\rho}}}=\frac{C_{\max}}{C_{\min}} \tag{3-50}$$

理想可调比就是最大流量系数与最小流量系数之比，一般情况下 $R=30$，它反映了调节阀调节能力的大小，是由阀的结构所决定的。调节阀在实际工作时，总是与管路连在一起的，当管路阻力发生变化时，调节阀的可调比也会发生变化，此时的可调比叫实际可调比 $R_{实}$。

在串联管道场合，验算调节阀实际可调比的公式为

$$R_{实}=R\sqrt{S_{100}} \tag{3-51}$$

式中，R 为理想可调比，我国的 $R=30$；S_{100} 为阀全开时的阀阻比，称为全开阀阻比。

对于全开阀阻比可分两种情况计算。

① 对于调节阀上、下游均有恒压点的场合，全开阀阻比计算公式为

$$S_{100}=\frac{1}{1+\left(\frac{C_{100}}{C_n}\right)^2\left(\frac{1}{S_n}-1\right)} \tag{3-52}$$

② 对于调节阀装于离心泵或风机出口，而下游有恒压点的场合，全开阀阻比计算公式为

$$S_{100}=\frac{1-\frac{\Delta h}{\sum\Delta p}}{1+\left(\frac{C_{100}}{C_n}\right)^2\left(\frac{1}{S_n}-1\right)} \tag{3-53}$$

若 S_{100} 不是太小，或对可调比要求不太高，可不必进行可调比的验算。

对于等百分比特性的调节阀，一般要求在最大流量时的相对行程小于 90%，最小流量时的相对行程大于 30%。对于直线特性的调节阀，一般要求在最大流量时的相对行程小于或等于 80%，最小流量时的相对行程大于 10%。一般要求调节阀的实际可调比不大于 10。

以上是在正常状态下进行流量系数计算和阀口径确定的步骤。如果工艺专业提供的工艺数据不是正常状态的数据，而是生产过程在最大生产能力时的数据，则可根据给出的最大计算流量 Q_{max} 或 M_{max} 直接求得流量系数 C_{max}，不必进行第 4 步。另外在求取流量系数的放大倍数 m 时，如果能确切地知道管路系统总压降 $\sum\Delta p$ 和 S 值，则应由式（3-44）求取 m 值。否则，在 $S\geqslant0.3$ 的一般情况下，可对 m 进行估算，即

$$\frac{C_{100}}{C_n}\geqslant m \quad 或 \quad C_{100}\geqslant mC_n \tag{3-54}$$

式中 m 的取值，直线特性调节阀取 $m=1.63$；等百分比特性调节阀 $m=1.97$。

（二）最大计算流量的确定

在按最大计算流量 Q_{max} 或 M_{max} 来确定调节阀口径时，若工艺上提供的是在最大生产能力下的稳定流量，则应以这个流量的 1.15～1.5 倍作为最大计算流量，以此计算出最大流量系数 C_{max}。这是因为在生产过程中流过调节阀的动态最大流量应比工艺过程在稳态时的最大流量大才能有调节的余量，以克服控制系统中出现的干扰作用。如果工业生产过程提供的就是在最大生产能力时为克服干扰作用流过调节阀的最大计算流量，则应按此流量作为最大计算流量 Q_{max} 或 M_{max}，不必再引入任何系数。

用以计算 C_{max} 值的最大计算流量 Q_{max} 应为正常流量 Q_n 的 1.25 倍。但流量放大系数 n 的数值不能太大，n 值偏大，会造成所选取的阀口径偏大，除增加了投资费用外，更重要的是使阀在工作中经常处于较小开度，可调比减小了，阀的特性得不到体现，影响控制质量或降低阀的使用寿命。所以，应合理确定最大计算流量，保证阀的正常使用。一般希望调节阀在正常流量范围内，直线特性调节阀的相对行程在 60%左右，等百分比特性的调节阀相对行程在 80%左右较为合适。

（三）计算压差的确定

调节阀若能够起到很好控制作用，就必然在阀前后存在一定的压差。阀阻比 S 越大，调节阀流量特性畸变越小，工作特性越接近理想特性，阀的性能越能得到保证。但是，阀阻比越大，阀前后压差就越大，阀上的阻力降就越大，动力消耗越大。因此，要兼顾调节阀性能和能量损耗两个方面，合理选择调节阀两端压差 Δp。

全开阀阻比 S_{100} 值一般不希望小于 0.3，常选 $S_{100}=0.3\sim0.5$。对于高压系统，为了尽量减少动力消耗，允许阀阻比降低到 0.15；但在低压或真空系统，由于允许压力损失较小，S_{100} 仍为 0.3～0.5 为宜。现在有的调节阀采用特殊的阀芯轮廓曲线，使阀阻比 $S=0.1$ 时，工作流量特性为线性或等百分比特性，大大降低了能量损失。调节阀的计算压差 Δp 主要是根据工艺管路、设备等所组成的系统总压降大小及变化情况来确定，具体步骤如下。

1. 选择管路系统中两个恒压点

把离调节阀位置最近，且压力基本稳定的两个设备作为调节阀两端的恒压点，以此作为管路系统的计算范围。

2. 计算系统中各个局部阻力件（不含调节阀）上的压力损失，并求出它们的总压力降 $\sum\Delta p_F$

在 $\sum\Delta p_F$ 中应包括与流量有关的所有阻力件上的动能损失，如弯头、管道、节流装置、手动阀门、工艺设备等的压力损失。但不包括管路系统两端的位差和静压差。

3. 计算出调节阀上的压力降 Δp

从两恒压点的压差中减去这两点的静压差，再减去系统压力损失 $\sum\Delta p_F$，剩余的压差即为调节阀上的压力降 Δp。

4. 求系统的阀阻比 S

用已经得到的 Δp 和 $\sum\Delta p_F$ 求系统的阀阻比 S，可用下式计算。

$$S=\frac{\Delta p}{\Delta p+\sum\Delta p_F} \tag{3-55}$$

如果 S 值不符合设计要求，如偏低，则与工艺方面协商，适当增大两恒压点间的压差，从而增大阀两端压差 Δp，提高 S 值。

若设备及系统中的静压经常波动，则会影响阀两端压差的变化，而使 S 值跟随变化。此时计算压差 Δp 应增加一定裕量，可增加系统设备中静压 p 的 5%～10%，即为

$$\Delta p=\frac{S\sum\Delta p_F}{1-S}+(0.05\sim0.1)p \tag{3-56}$$

但应注意，在确定计算压差 Δp 时，不能取得过大，以避免调节阀内出现汽蚀现象和噪声。

（四）调节阀计算的应用举例

【例 3-1】 液体介质为液氨，已知最大计算流量条件下的计算数据为

$$p_1=26200\text{kPa},\ D_1=D_2=17\text{mm}$$
$$\Delta p=24500\text{kPa},\ T_1=313\text{K}$$
$$M_L=6300\text{kg/h},\ \nu=0.1964\text{mm}^2/\text{s}$$
$$\rho_L=580\text{kg/m}^3$$

阀选型为气动角形高压阀（流开）。

计算步骤如下。

（1）判断是否为阻塞流　查得

$$F_L=0.9,\ p_c=11378\text{kPa},\ p_V=1621\text{kPa}$$

则临界压力系数为

$$F_F=0.96-0.28\sqrt{\frac{p_V}{p_c}}=0.96-0.28\sqrt{\frac{1621}{11378}}=0.85$$

产生阻塞流的最低压差为

$$\Delta p_T=F_L^2(p_1-F_F p_V)=(0.9)^2(26200-0.85\times1621)=20106\text{kPa}$$

已知最大计算压差为 $\Delta p=24500\text{kPa}$，所以 $\Delta p>\Delta p_T$，为阻塞流情况。

(2) 计算最大流量系数 C_{max} 值　因给出的压差及流量为最大计算值，可直接计算 C_{max} 值。

$$C_{max}=\frac{M_L\times10^{-2}}{\sqrt{\rho_L F_L^2(p_1-F_F p_V)}}=\frac{6300\times10^{-2}}{\sqrt{0.58\times20106}}=0.583$$

其中，ρ_L 换算为 $\rho_L=0.58\text{g/cm}^3$。

(3) 用 C_{max} 值查出阀口径和 C_{100}　初选阀口径

$$d_g=6\text{mm},\quad C_{100}=0.63$$

(4) 低雷诺数修正

$$Re=\frac{70700Q_L}{\nu\sqrt{C}}=\frac{70700\times6.3}{0.58\times0.1964\sqrt{0.583}}=5.3\times10^6$$

式中计算时将质量流量 M_L 换成了体积流量 Q_L。计算出的 $Re=5.3\times10^6$，大于规定的最小雷诺数 3500，不用作雷诺数修正。

(5) 口径确定　选 $C_{100}=0.63$，阀公称通径 $D_g=10\text{mm}$，阀座直径 $d_g=6\text{mm}$。

【例 3-2】 已知气体介质为氨气，在正常流量条件下的计算数据为

$$p_1=410\text{kPa},\ D_1=D_2=25\text{mm}$$
$$\Delta p=330\text{kPa},\ S_n=0.7$$
$$Q_g=252\text{m}^3/\text{h},\ n=1.3$$
$$\rho_H=0.771\text{kg/m}^3,\ T_1=271.5\text{K}$$

阀选型为气动单座阀（流开）。

计算步骤如下。

(1) 判断是否为阻塞流　查得

$$Z\approx1,\ x_T=0.72,\ \kappa=1.32$$

则有　　比热比系数　$F_\kappa=\frac{\kappa}{\kappa_{空}}=\frac{1.32}{1.4}=0.943$

临界压差比　$x_T'=F_\kappa x_T=0.943\times0.72=0.679$

压差比　$x=\frac{\Delta p}{p_1}=\frac{330}{410}=0.8$

所以 $x>x_T'$，为阻塞流情况。

(2) 计算正常流量系数 C_n

$$C_n=\frac{Q_g}{2.9p_1}\sqrt{\frac{T_1\rho_H Z}{\kappa x_T}}=\frac{252}{2.9\times410}\sqrt{\frac{271.5\times0.771\times1}{1.32\times0.72}}=3.15$$

(3) 计算最大流量系数 C_{max}

$$S_{Qmax}=1-n^2(1-S_n)=1-1.3^2(1-0.7)=0.49$$

$$m=n\sqrt{\frac{S_n}{S_{Qmax}}}=1.3\sqrt{\frac{0.7}{0.49}}=1.55$$

则　　$C_{max}=mC_n=1.55\times3.15=4.89$

(4) 口径确定　根据 $C_{max}=4.89$，选 $C_{100}=5$，口径 $D_g=d_g=20\text{mm}$。

【例 3-3】 已知流体为蒸汽介质，在正常流量条件下的计算数据为

$$p_1=1500\text{kPa},\ t_1=368℃$$
$$\Delta p=100\text{kPa},\ D_1=D_2=50\text{mm}$$
$$M_s=400\text{kg/h},\ n=1.25$$
$$\rho_s=5.09\text{kg/m}^3,\ S_n=0.48$$

阀选型为气动单座阀（流开）。

计算步骤如下。

（1）判断是否为阻塞流　查得

$$x_T=0.72，\kappa=1.29$$

则

$$\text{比热比系数}\quad F_\kappa=\frac{\kappa}{1.4}=\frac{1.29}{1.4}=0.92$$

$$\text{临界压差比}\quad x'_T=F_\kappa x_T=0.92\times0.72=0.66$$

$$\text{压差比}\quad x=\frac{\Delta p}{p_1}=\frac{100}{1500}=0.067$$

所以 $x<F_\kappa x_T$，为非阻塞流情况。

（2）计算正常流量系数 C_n

气体膨胀系数为

$$Y=1-\frac{x}{3F_\kappa x_T}$$

将数据代入得

$$Y=1-\frac{0.067}{3\times0.66}=0.97$$

$$C_n=\frac{M_s}{3.16Y}\sqrt{\frac{1}{xp_1\rho_s}}=\frac{400}{3.16\times0.97}\sqrt{\frac{1}{0.067\times1500\times5.09}}=5.77$$

（3）计算最大流量系数 C_{max}

$$S_{Qmax}=1-n^2(1-S_n)=1-1.25^2(1-0.48)=0.1875$$

$$m=n\sqrt{\frac{S_n}{S_{Qmax}}}=1.25\sqrt{\frac{0.48}{0.1875}}=2$$

最大流量系数 $C_{max}=mC_n=2\times5.77=11.54$

（4）阀口径确定　选 $C_{100}=12$，阀的口径为 $D_g=d_g=32$mm。

四、调节阀材料的选择

对调节阀的类型、流量系数及口径确定后，还应选择阀的有关材质、材料，应充分考虑到阀的使用环境，如工艺介质性状及阀的耐压、耐磨损、耐腐蚀等条件。

1. 阀体材料的选择

阀体在耐压等级、使用温度范围、耐腐蚀等方面应不低于对工艺管道的要求，应优先在调节阀的定型产品中选用。在水蒸气、含水较多的湿气体、易燃易爆的介质流体中，不宜选用铸铁阀体。在环境温度低于－20℃的场合，也不宜选用铸铁阀体。在需要防腐的场合，应查阅有关材料表，以确定阀体的材料类别。

2. 阀内件材料材质的选择

阀内件是指阀芯、阀座等部件。造成阀内件损坏的因素很多，但最基本的因素有流体中含有固体颗粒时产生的磨损；流体节流时产生闪蒸和空化所形成的汽蚀作用；化学浸蚀；高速流体的冲击破坏等。应根据不同的情况采取不同的措施。

对于非腐蚀性流体，一般选用 1Cr18Ni9Ti 或其他不锈钢。

对于腐蚀性强的流体，阀内件材料可选哈氏合金，它是含镍、铜、锰、铁的镍基合金。

对于冲击、振动、磨损严重的流体，可选用史太莱合金，它是含钴、铬、钨等金属的钨铬钴合金，是一种耐磨性能很强的材料，可堆焊于阀芯和阀座表面上增强耐磨性。

3. 填料函的选择

填料函的结构，一般选用单层填料结构。对于毒性较大的流体，应选用双层填料结构。

4. 上阀盖形式的选用

操作温度高于＋200℃，应选用散热型上阀盖；操作温度低于－20℃，应选用长颈型上阀盖；操作温度在－20～＋200℃，应选用普通型上阀盖。

第五节 调节阀汽蚀的避免

一、空化的破坏作用

在调节阀内液体流动出现闪蒸和空化作用时，将引起较强的噪声、振动和冲击。汽蚀的出现会对阀内材料产生严重的破坏作用，将大大缩短调节阀的使用寿命。

1. 阀门噪声

阀门噪声一般来自三个方面：阀芯振动造成的噪声，空化作用产生的噪声，高速气体造成的气体动力学噪声。在 8h 内连续大于 90dB 或 15min 内连续大于 115dB 的噪声，对人体健康都是有害的。调节阀噪声严重时会出现呼啸声和尖叫声，对环境就是一种噪声污染。

2. 阀芯振动

空化作用还能产生阀芯的振动。阀芯振动有垂直振动和水平振动两种，前者是由于流体对阀芯的垂直冲击而产生的；后者是由于流体的水平冲击而产生的。当振幅和频率较高时，可造成阀芯、阀座的机械性损伤，甚至破裂。

3. 材质的损坏

在空化时气泡破裂产生极大的冲击力，严重地损伤阀芯、阀座和阀体，产生汽蚀作用。当在高压差、大流速条件下，汽蚀现象十分严重，就连极硬的阀芯、阀座也只能使用很短的时间，造成材质的极大破坏。汽蚀严重时，会严重影响生产正常运行。

二、避免空化和汽蚀的方法

1. 从压差上考虑

根据闪蒸和空化原因，避免汽蚀的根本方法是使调节阀两端的压差小于临界压差 Δp_T。由式 $\Delta p_T = F_L^2(p_1 - p_V)$ 可知：一是选用压力恢复系数 F_L 值较大的调节阀；二是提高阀前压力 p_1，可在相同条件下避免闪蒸和空化。如果工艺条件使得 $\Delta p > \Delta p_T$，则可以用两个调节阀串联，使每个阀上的压差减小，低于临界压差 Δp_T，可避免调节阀的汽蚀。

当阀上压差 $\Delta p < 2.5$MPa 时，即使产生汽蚀，也很小，不会产生对材料的破坏作用，不必采取什么特殊措施。如果压差较高，就可能产生汽蚀问题。在使用调节阀时，可通过改变阀的流体进出方向减小汽蚀作用，如对角形阀采用流体从侧面进底部出的流向，可比采用流体从底部进侧面出的寿命长。另外，可在阀前或阀后装上限流孔板，也可吸收一些压降，减小汽蚀作用。

2. 从材料上考虑

一般来说，材料越硬，抗汽蚀的能力就越强。目前，从抗汽蚀的角度考虑，国内外最广泛采用的是史太莱合金（R_c45）、硬化工具钢（R_c60）、钨碳钢（R_c70）等。钨碳钢硬度高，但易脆裂；当用史太莱合金时，可在某些不锈钢基体上进行堆焊或喷镀，形成硬化表面。可根据使用条件，硬化表面可局限于阀座、阀芯和阀座的密封面处，也可以在整个表面或阀芯导向柱处。

3. 从结构上考虑

设计特殊结构的阀芯、阀座以避免汽蚀的破坏作用。

① 采用逐级降压原理，把调节阀内总的压差分成几个小压差，使每一级都不超过临界压差，可采用多级阀芯结构，如图 3-24 所示。

② 利用流体的多孔节流原理，在调节阀的套筒壁上或阀芯上开有许多特殊形状的孔。当液体从各对小孔喷射进去后，液体在套筒中心相互撞击，一方面由于碰撞消耗了能量，起到缓冲作用；另一方面，因气泡的破裂发生在套筒中心，这样就避免了对阀芯和套筒的直接破坏。图 3-25 就是一种多孔式阀芯的调节阀。

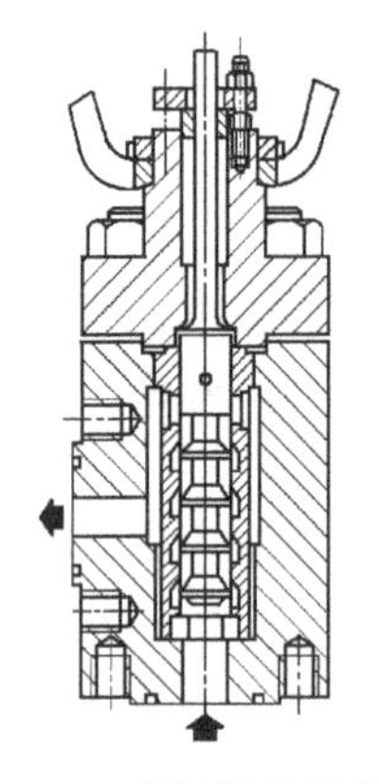

图 3-24　多级阀芯调节阀

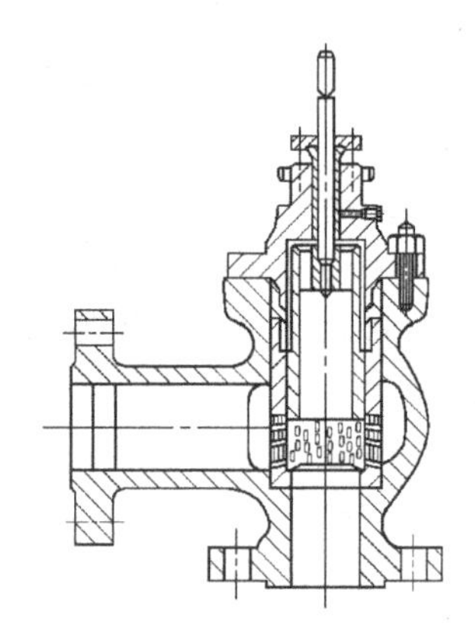

图 3-25　多孔式阀芯调节阀

第六节　气动调节阀的性能测试方法

一、气动调节阀的主要性能指标

以全国统一设计的气动薄膜调节阀为例，其主要技术性能指标有：最大气源压力为 250kPa；标准输入信号压力为 20～100kPa；基本误差限（或线性误差）；回差（或正反行程变差）；死区（或灵敏限）；始、终点偏差；允许泄漏量；流量系数误差；流量特性误差；耐压强度等。本文将常用的性能指标列入表 3-4 中，以供测试时执行。

表 3-4　气动薄膜调节阀主要技术性能（部分）

主要技术性能指标	调节阀种类									
	单座阀、双座阀、角形阀		三通阀		高压阀		低温阀		隔膜阀	
	不带定位器	带定位器	不带定位器	带定位器	不带定位器	带定位器	不带定位器	带定位器	不带定位器	带定位器
非线性偏差/%	±4	±1	±4	±1	±4	±1	±6	±1	±10	±1
正反行程变差/%	2.5	1	2.5	1	2.5	1	5	1	6	1
灵敏限/%	1.5	0.3	1.5	0.3	1.5	0.3	2	0.3	3	0.3
流量系数误差/%	±10（$C \leqslant 5$ 为±15）		±10		±10		±10（$C \leqslant 15$ 为±15）		±20	
流量特性误差/%	±10（$C \leqslant 5$ 为±15）		±10		±10		±10（$C \leqslant 15$ 为±15）			
允许泄漏量/%	单座角形阀 0.01 双座阀 0.1		0.1		0.01		单座阀 0.01 双座阀 0.1		无泄漏	

二、性能测试基本方法

1. 非线性偏差（基本误差）

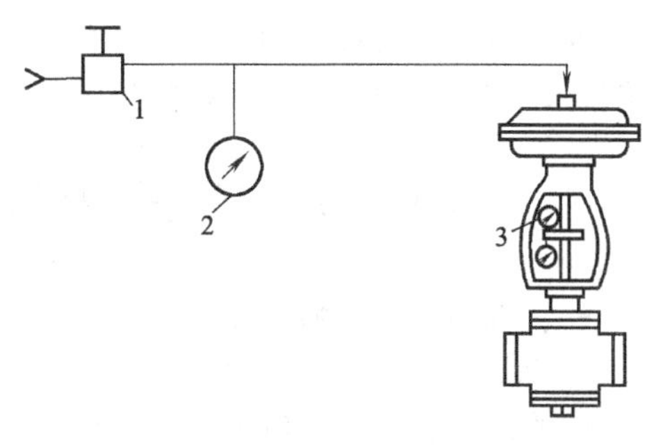

图 3-26 非线性偏差、变差及灵敏限测试装置
1—定值器；2—压力表；3—百分表

测试装置如图 3-26 所示。将 20kPa 的起始信号压力输入到薄膜气室中，将气压信号由 20kPa、40kPa、60kPa、80kPa、100kPa 逐点递增，直到最大信号 100kPa，并将阀的相对开度按 0%、25%、50%、75%、100%进行逐点对应，在信号上升过程中（正行程），逐点记录下实际行程值(mm)，算出各点误差。按同样方法将输入信号由最大到最小逐点进行测试，记录下各点实际行程与误差。比较各点的非线性偏差值，按表 3-4 误差要求计算出阀的基本误差或非线性偏差。

2. 正反行程变差

测试装置同图 3-26。要求同一信号压力值的阀杆正反行程变差不超过表 3-4 的规定。

3. 灵敏限

测试装置同图 3-26。分别在信号压力为 28kPa、60kPa、92kPa，对应阀杆行程的 10%、50%、90%位置上，增加和减小信号压力，当阀杆移动 0.01mm 时记下所需要的信号压力变化量，要符合表 3-4 中的规定值。

4. 流量系数和流量特性测试

测试装置如图 3-27 所示。在阀前、阀后分别有两个压力测点，用压力表测量 p_1 和 p_2。阀前取压点为 0.5～2.5D，阀后取压点为 4～6D（D 为管道直径）。当所加信号压力使阀全开时，从约 24m 高位槽来的恒压头的水经调节阀流到计量槽里，通过改变调节阀前的阀门 a 的开度，使阀前后的压差 Δp 恒定在 50～80kPa 之间，测出流过阀的实际流量，即可求出流量系数 C 值。要求实测值与规定值之差不超过表 3-4 中规定的误差。

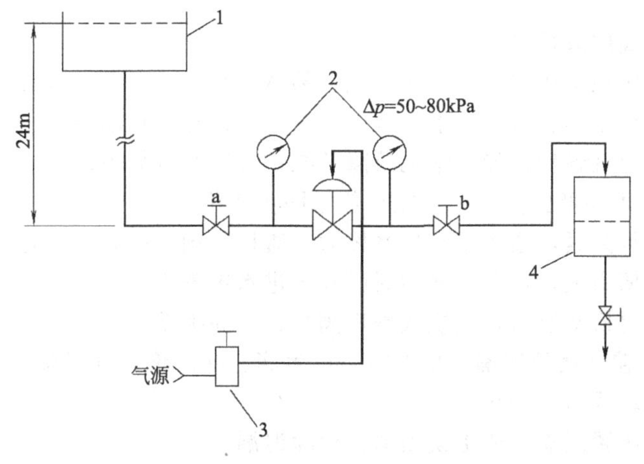

图 3-27 流量系数和流量特性测试装置
1—高位槽；2—压力表；3—定值器；4—计量槽

对于流量特性测试，在测试装置中，分别测取相对开度为 5%、10%、20%、30%、40%、50%、60%、70%、80%、90%、100%时的相应流量，由此得到调节阀的实测流量特性，应符合表 3-4 中规定的误差。

5. 允许泄漏量

在气室中输入规定的气压，使阀全关闭；将室温下的水以规定的压力输入到调节阀中（按流入方向），测量阀另一端的泄漏量。应符合表3-4中规定的误差。

第七节 气动调节阀的安装、维护及其应用

一、气动调节阀的安装

① 气动调节阀安装位置，距地面要求有一定的高度，阀的上下要留有一定空间，以便进行阀的拆装和修理。对于装有气动阀门定位器和手轮的调节阀，必须保证操作、观察和调整时方便。

② 调节阀应安装在水平管道上，并且上下与管道垂直，一般要在阀下加以支撑，保证稳固可靠。对于特殊场合下，需要调节阀水平安装在竖直的管道上时，也应将调节阀进行支撑（小口径调节阀除外）。

③ 安装时，要避免给调节阀带来附加应力，如管道与阀不同心或法兰不平行等。

④ 阀的工作环境温度要在－30～＋60℃，相对湿度不大于95％。因调节阀的薄膜和密封环等橡胶制品零件在低温时易硬化变脆、高温时老化，所以在安装时应注意安装位置，离开加热炉、高温管道。

⑤ 调节阀前后位置应有直管段，阀前后直管段长度不小于10倍的管道直径（$10D$），以避免阀的直管段太短而影响流量特性。

⑥ 调节阀的口径与工艺管道不同时，应采用异径管连接。在小口径调节阀安装时，可用螺纹连接。阀体上流体方向箭头应与流体方向一致。

⑦ 要设置旁通管道，目的是便于切换或手动操作，可在不停车情况下对调节阀进行检修。

⑧ 调节阀在安装前要彻底清除管道内的异物，如污垢、焊渣等。安装后用常温水进行试运行，试运时应将阀全打开，或将旁通阀打开。试运行时注意阀体与管道连接处的密封性等。

二、气动调节阀的故障与维修

气动调节阀应用在工作现场，处于易燃、易爆、高温、高压、有毒、振动、噪声大、有腐蚀或强腐蚀、有粉尘等恶劣环境下。调节阀多处于遥控或自动控制下，一般是无人直接监视的，不可避免地出现各种故障。常见故障及维护方法举例如下。

1. 阀杆、阀芯可动部分受阻，不能与信号同步变化

原因：填料压得太紧，增大了阀杆摩擦力；阀杆、阀芯同心度不好，或使用中造成阀杆变形而产生移动摩擦力大；在冬季使用时膜头内进水被冻等。

处理方法：应更换新填料，更换或修理阀杆，清除冻结。

2. 阀杆与上阀盖连接处泄漏介质严重，产生滴、漏、跑、冒现象

原因：阀盖松动或填料老化。

处理方法：应压紧阀盖，或更换填料，消除泄漏。

3. 阀在停止使用或小开度时，仍有较大流量通过调节阀

原因：阀的泄漏量大，阀芯、阀座磨损或被腐蚀；阀座内进入异物，阀关不死；阀芯与阀杆脱落等。

处理方法：应将阀芯、阀座重新研磨，或更换阀芯、阀座；取出阀体内异物；将阀杆与阀芯重新连接牢固。

4. 调节阀动作缓慢，输入信号对调节阀不能控制

原因：可能是薄膜老化而破裂，产生漏气现象，或信号管漏气、信号管与调节阀接头处泄漏，膜头的密封环破裂等。

处理方法：可更换膜片，更换信号管及信号接头，更换密封环等。

5. 调节阀的线性误差太大

原因：可能是调节阀执行机构的反馈弹簧性能不好或损坏，或阀杆摩擦力太大等。

处理方法：更换反馈弹簧，消除摩擦现象。

三、气动调节阀的应用实例

1. 调节阀与管路的配管情况（见图 3-28）

(1) 无旁路阀的情况　如图 3-28（a），调节阀前后应有截止阀。此种连接较简单，应用于要求不严格的场合。

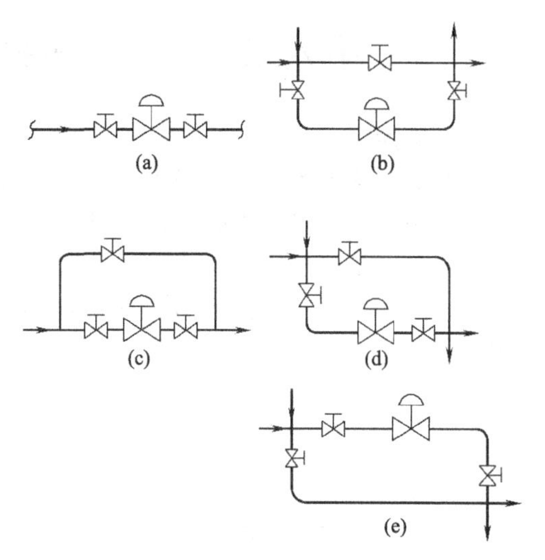

图 3-28　调节阀现场配管示意图

(2) 具有旁路阀的配管情况　如图 3-28（b）、(c)、(d)、(e)，在正常工作时旁路阀关闭，调节阀两端的截止阀打开；在调节阀维修时，旁路阀是打开的，人工进行操作，而调节阀两端的阀关闭，对流体进行隔离。图中，调节阀组的布置位置不同，一般情况下要把调节阀放在底部，水平放置，根据主管道的走向，可有不同的布置形式。

2. 调节阀与气路管线的配管情况（见图 3-29）

(1) 图 3-29（a）为有气动阀门定位器的配管图，定位器要配有气源过滤器。气动阀门定位器为辅助性仪表，具体结构原理见其他仪表。

(2) 图 3-29（b）中无阀门定位器，调节器来的信号压力直接通入调节阀膜头上。这种连接最简单，适用于口径较小，流量不太大，压差较小，阀上不平衡力较小的场合。

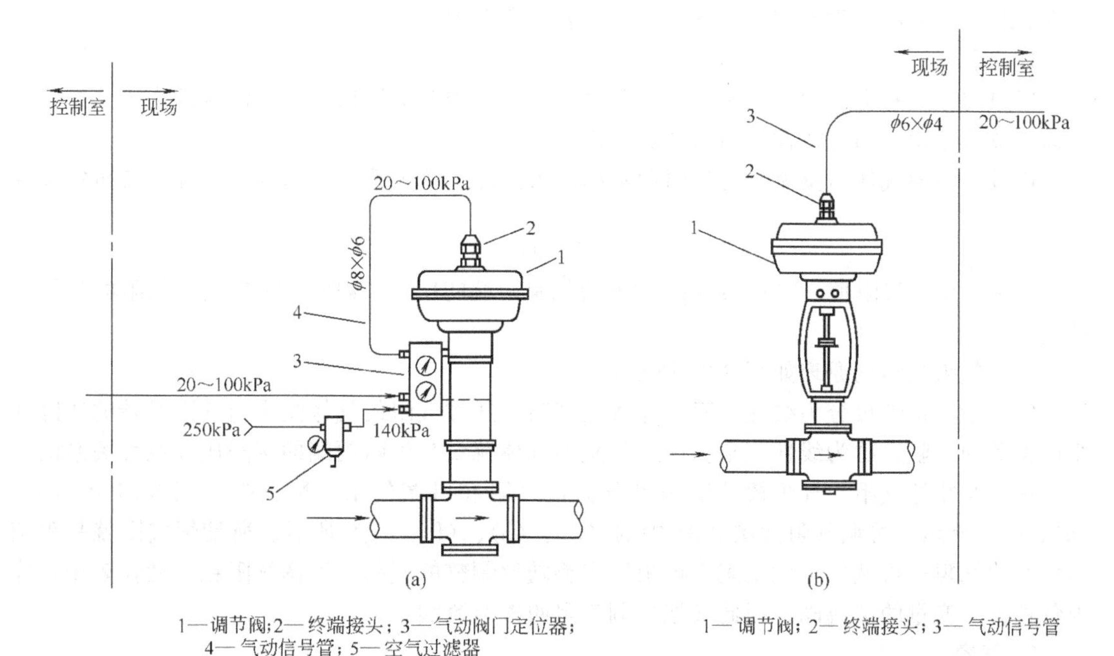

1—调节阀；2—终端接头；3—气动阀门定位器；4—气动信号管；5—空气过滤器

1—调节阀；2—终端接头；3—气动信号管

图 3-29　调节阀气路配管连接图

第八节　电/气转换器和电/气阀门定位器

一、概述

在石油、化工等生产过程中，有许多场合对防爆有比较严格的要求，因此，气动执行器的应用最为广泛。当采用电动仪表或计算机进行控制时，就要配用电/气转换器或电/气阀门定位器，将电量信号转换为标准气压信号，以便和薄膜式气动调节阀或活塞式气动调节阀配套使用。图 3-30（a）、（b）分别为电/气转换器和电/气阀门定位器与气动执行器配用的方框图。

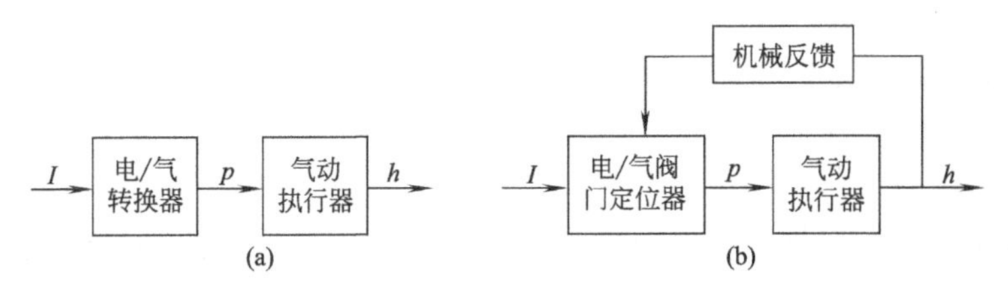

图 3-30　电/气转换示意图

电/气转换器用于将 4～20mA DC 转换成 20～100kPa 的标准气压信号，以便使气动执行器能接受电动调节器送来的统一标准信号。电/气阀门定位器除了能够将 4～20mA DC 转换成 20～100kPa 的标准气压信号外，还从调节阀推杆位移取得反馈信号使输入电流与调节阀位移之间有良好的线性关系。电/气阀门定位器反应速度快、线性好，能克服较大的阀杆摩擦力，可消除由于传动间隙所引起的误差，因此，其用途十分广泛，尤其在阀前后压差较大的场合也能正常工作。

二、气动元件及组件

在具体介绍电/气转换器和电/气阀门定位器之前，先介绍一下气动仪表中常用到的一些元件和组件，为以后学习和分析各种气动仪表奠定基础。

1. 气阻

气阻的作用和电路中的电阻相似，起着产生压降和调节所通过气体流量的作用，这种作用称为节流作用，因此也称气阻为节流元件。

通过气阻的气体质量流量与气阻两端的压力降之间的关系，即为气阻特性。气阻定义为

$$R=\frac{\Delta p}{M} \tag{3-57}$$

式中，R 为气阻值，kPa · s/kg；Δp 为气阻两端的压降，kPa；M 为流过气阻的气体质量流量，kg/s。

常见气阻的结构原理如图 3-31 所示。

气阻按其特性可分为线性气阻和非线性气阻。通过气阻的气体流量与气阻两端的压降成线性关系的气阻，称为线性气阻。通过气阻的气体流量与气阻两端的压降成非线性关系的气阻，称为非线性气阻。气阻按其结构可分为恒气阻和可调气阻。恒气阻如图 3-31 中（a）、（b）、（c）所示，可调气阻如图 3-31 中的（d）、（e）、（f）、（g）所示。所谓恒气阻就是阻值不可变的气阻；可调气阻就是阻值可根据需要随意调整的气阻。可调气阻在气动仪表中常作为各种整定变量的节流阀，因此又把可调气阻叫做节流阀。

2. 气容

在气路中能储存或放出气体的容室都可称为气容。为了能定量的表示容室（也称气室）

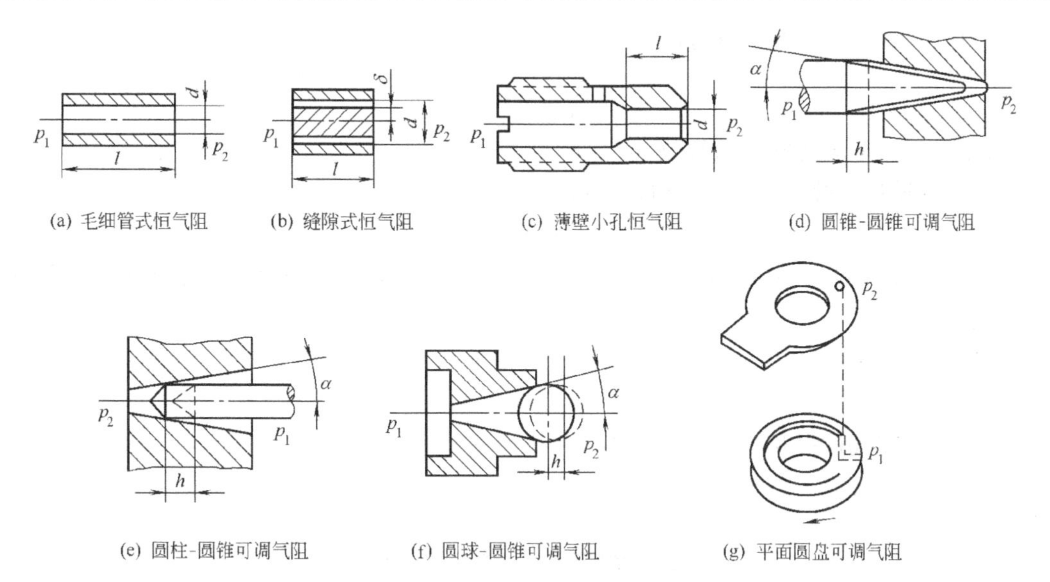

(a) 毛细管式恒气阻　(b) 缝隙式恒气阻　(c) 薄壁小孔恒气阻　(d) 圆锥-圆锥可调气阻

(e) 圆柱-圆锥可调气阻　(f) 圆球-圆锥可调气阻　(g) 平面圆盘可调气阻

图 3-31　常见气阻结构原理图

储存或放出气体能力的大小，可把气容定义为：每提高单位压力所需要增加的气体质量，即

$$C=\frac{\mathrm{d}M}{\mathrm{d}p} \tag{3-58}$$

气室的容积是固定的，称为定容气室，如图 3-32（a）所示。容积随气室里压力而变化的气室称为弹性气室，如图 3-32（b）所示。

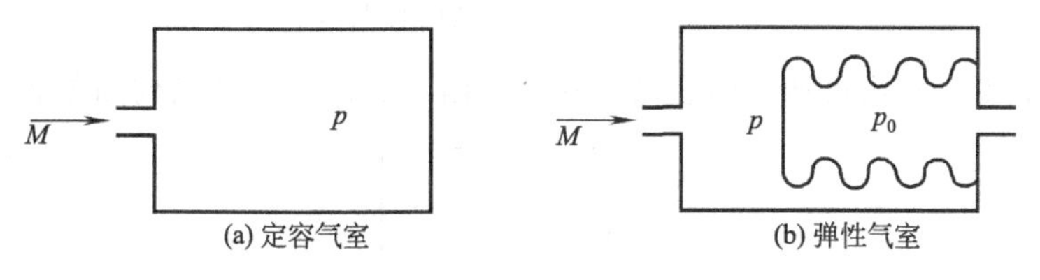

(a) 定容气室　(b) 弹性气室

图 3-32　定容气室和弹性气室

3. 阻容耦合元件

气容和气阻及导管连在一起，即可构成阻容耦合元件，常见的阻容耦合元件有节流盲室和节流通室。

（1）节流盲室　节流盲室由可调气阻和气容串联而成，如图 3-33 所示。当 $p_1>p_2$ 时，对节流盲室充气；当 $p_1<p_2$ 时，节流盲室对外放气。如果可调气阻 R 是线性气阻，则流过气阻的质量流量 M 为

$$M=\frac{p_1-p_2}{R} \tag{3-59}$$

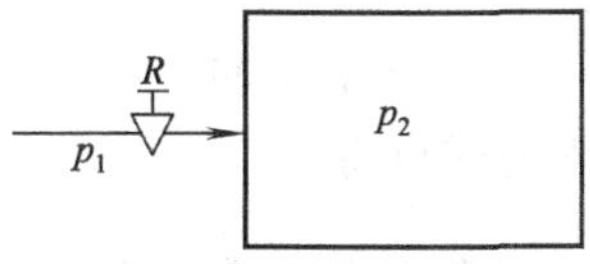

图 3-33　节流盲室

根据气容充气、放气特性方程则有

$$M=C\frac{\mathrm{d}p_2}{\mathrm{d}t} \tag{3-60}$$

由以上两式可求得节流盲室的微分方程为

$$T\frac{\mathrm{d}p_2}{\mathrm{d}t}+p_2=p_1 \tag{3-61}$$

式中，T 为节流盲室时间常数，$T=RC$。

若 p_1 为阶跃变化，对式（3-61）求解可得

$$p_2=p_1(1-\mathrm{e}^{-\frac{t}{T}}) \tag{3-62}$$

式（3-62）称为节流盲室充气的特性方程。它描述了节流盲室在充气过程中压力随时间变化的规律。

用同样的方法，可求出放气过程的特性方程为

$$p_2=p_1\mathrm{e}^{-\frac{t}{T}} \tag{3-63}$$

节流盲室充气过程和放气过程的特性曲线如图 3-34 所示。

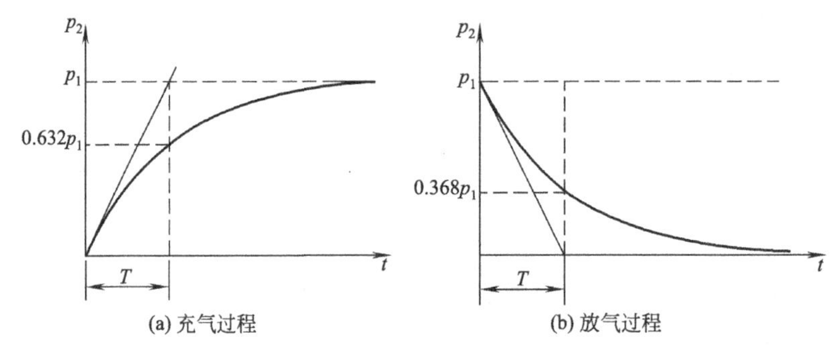

图 3-34　节流盲室特性曲线

（2）节流通室　它由可调气阻、气室和恒气阻串联而成，其结构如图 3-35 所示。

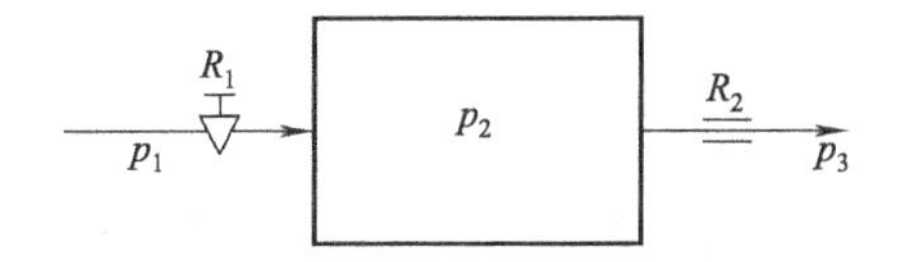

图 3-35　节流通室

若通过可调气阻 R_1 和恒气阻 R_2 的流体呈现层流状态，并假设气阻前后的气体密度 ρ 保持不变，那么通过 R_1 和 R_2 的气体质量流量分别为

$$M_1=\frac{p_1-p_2}{R_1} \tag{3-64}$$

$$M_2=\frac{p_2-p_3}{R_2} \tag{3-65}$$

由于中间气室的容积很小，可以忽略它的影响（即不考虑它充放气的过渡过程）。稳态时，根据流体连续性定理，则有

$$M_1=M_2$$

将式（3-64）、式（3-65）代入上式可得

$$\frac{p_1-p_2}{R_1}=\frac{p_2-p_3}{R_2} \tag{3-66}$$

若 p_3 为大气压力，即 $p_3=0$，则式（3-66）简化为

$$p_2=\frac{R_2}{R_1+R_2}p_1=Kp_1 \tag{3-67}$$

式中，K 为比例系数。

可见，节流通室的前后气阻 R_1、R_2 一定，即 K 为定值时，p_2 随 p_1 成比例变化。改变 R_1、R_2 中任一值，就可改变 p_1 与 p_2 间的比例关系。

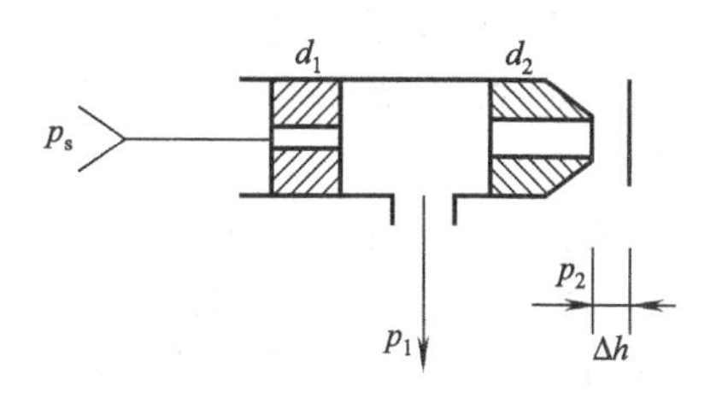

图 3-36　喷嘴挡板机构

4. 喷嘴挡板机构

喷嘴挡板机构是气动仪表中最基本的控制元件。它的作用是把微小的位移转换成相应的压力信号，因此有时也把喷嘴挡板机构称为转换元件或放大环节。

喷嘴挡板机构实际是一个由恒气阻、气容和喷嘴挡板型变气阻串联而成的节流通室，其结构原理如图 3-36 所示。

喷嘴前的气容称为喷嘴背压室，室内压力就是喷嘴挡板机构的输出压力，亦称喷嘴背压 p_1。

当气源 p_s 经恒气阻进入背压室后，再由喷嘴和挡板之间的间隙排出（一般排入大气）。根据节流通室的分压原理，显然可见，背压室压力 p_1 是随挡板位移 Δh 而变化的。当挡板靠近喷嘴时，背压室压力 p_1 上升；反之，挡板离开喷嘴时，背压室压力 p_1 下降。这就是说，挡板对穿过恒节流孔的气流造成了第二阻力，而且该阻力是随着挡板位置不同而变化的。喷嘴挡板之间的距离 Δh 不同，就有不同的背压 p_1 输出，从而完成了把挡板的微小位移转换成气压信号的任务。通过实验可以得到喷嘴挡板之间的距离 Δh 与背压室的输出背压 p_1 之间的特性曲线，如图 3-37 所示。

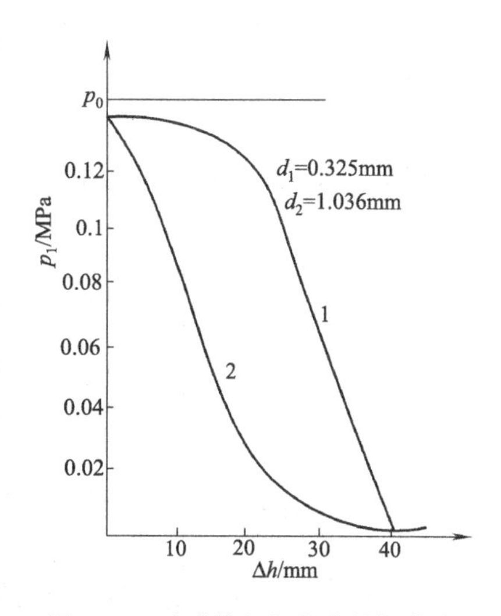

图 3-37　喷嘴挡板机构静特性曲线

1—理想特性曲线；2—实际特性曲线

5. 功率放大器

喷嘴挡板机构虽然可将挡板的微小位移转换成为压力信号，但输出压力功率很小，为了把信号远距离传送和推动执行器，通常是将喷嘴背压通过气动功率放大器进行放大。

功率放大器的种类很多，结构各异。下面介绍气动仪表中常用的节流式功率放大器，其结构如图 3-38 所示。

节流式功率放大器由金属膜片、排气锥阀、进气球阀、恒气阻、簧片等构成。阀杆的上下端有两个变气阻，一个是圆球-圆柱型（即球阀），另一个是圆锥-圆柱型（即锥阀）。球阀用来控制气源的进气量，只要使圆球有一微小位移，就能引起气量的很大变化，灵敏度很高，这就满足了放大气量的要求。锥阀用来控制排气量（排入大气）。这两个变气阻通过阀杆互相联系起来，成为一个统一体。

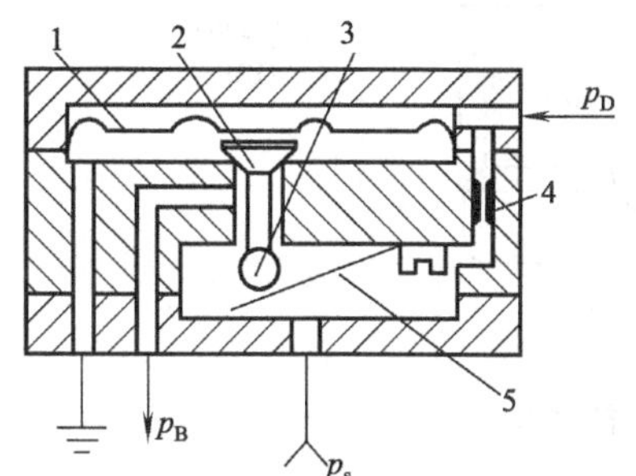

图 3-38　节流式功率放大器结构原理图

1—金属膜片；2—排气锥阀；3—进气球阀；4—恒气阻；5—簧片

当输入信号（喷嘴背压）p_D 增加时，金属膜片 1 上的作用力增大，产生向下推力，首先克服空程 h。使金属膜片与排气锥阀的上端面接触。若 p_D 继续增加，通过阀杆克服进气球阀下面簧片的预紧力，从而打开进气球阀，关小排气锥阀，使进气增加，排气减小，所以使输出压力 p_B 增加，从而实现了气量的放大作用。

节流式功率放大器是一个自动跟踪输入信号的分压器，输出压力 p_B 的大小取决于两个阀（可变气阻）的开度。因为稳态时它要向大气排气，所以又称为泄气（耗气）式功率放大器。

三、EPC1000 系列电/气转换器

EPC1000 系列电/气转换器可将不同输入电流信号转换成相对应输出的气压信号。该转换器内部有一个气动功率放大器，它可以得到较高输出功率的气压信号到各种气动执行机构，以提高执行机构的动作速度。该转换器由于具有较宽输入/输出信号范围，因而广泛应用于石油化工、冶炼、机械加工、电力、医药、食品等各个部门，是电动仪表与气动仪表之间联系不可缺少的仪表，应用最多的是与各种调节阀的气动执行机构配套，即将电信号转换成压力信号。

（一）工作原理

EPC1000 电/气转换器内部结构如图 3-39 所示。

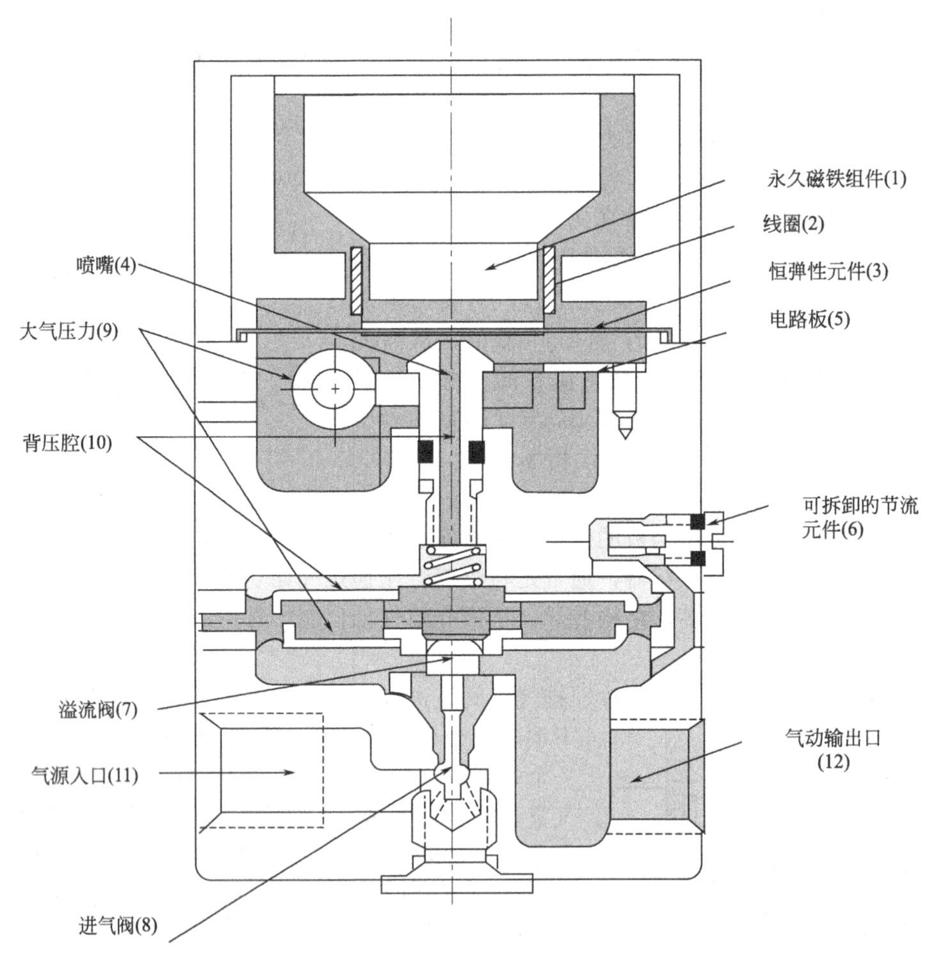

图 3-39 EPC1000 电/气转换器内部结构

EPC1000 电/气转换器是力平衡式仪表，在其内部磁场中悬浮一线圈（2），当电流信号送入线圈后，由于内部永久磁铁组件（1）的作用，使线圈和恒弹性元件（3）产生轴向位移，进行轴向位移的恒弹性元件接近（或远离）喷嘴（4），引起喷嘴背压增加（或减小），此背压作用在内部的气动功率放大器上，打开（或关闭）进气阀（8），以改变转换器的输出压力大小。

适当选择供气压力，就可以得到与输入电流信号成比例的不同输出功率的气动信号。

正作用的EPC电/气转换器，输出信号按输入信号的增加而成比例增加，反作用则与此相反。

(二) 特点

① EPC1000系列电/气转换器是直动式（无反馈）仪表，可以得到高功率的气动输出信号。

② 可靠性高，结构简单，外形小，重量轻。

③ 灵敏度高，中等精度（特别适用于输出回路）。

④ 现场可直接改变作用方式。

⑤ 外部带有跨度、零位调整装置，调校维护方便。

⑥ 转换器的内部线路中附有一热敏电阻，可以自动进行温度补偿。

⑦ 供气范围宽，适应各种不同场合使用。

⑧ 本转换器能直接用于不同输入电信号，如4～20mA DC或0～10mA DC。亦能使通过调整一台转换器的输入为4～12mA DC、另一台输入为12～20mA DC，输出均为20～100kPa，来实现由一台调节器控制两个调节阀，进行分程操作。要达到上述目的仅需调节“零位”及“跨度”调整装置。

⑨ 耗气量小。

⑩ 能任意角度安装（注：工作安装角度位置需与调校角度位置相符合）。

⑪ 防爆性能：本安型防爆标志ExiaⅡCT5，隔爆型防爆标志ExdⅡBT6。

(三) 安装接线

(1) 安装　EPC1000系列电/气转换器可安装在露天现场、管道、仪表盘、托架上的任何位置。安装时，最好按垂直安装方式。

(2) 接线　出厂时，转换器带一小接线盒及密封接头，并组装成整体出厂，用户只需将引线接至小接线盒端子上，并紧密封配件之后配上金属软管即可（注：转换器露天安装时，必须将进线口橡皮塞压紧）。

EPC1000系列电/气转换器的正作用方式是在制造厂调好的，若使用时需要改变成为反作用方式，可将输入信号线的极性反接并重新调整零位及跨度即可。

(四) 调整

转换器安装后应进行调校，如果转换器在垂直位置时调校过，那么变化角度安装后就必须重新调整“ZERO（零点）”，不必调整“SPAN（跨度）”。

① 把塑料盖从“ZERO”和“SPAN”调整螺钉孔上取下来。

② 按要求设置电流信号最小值。

③ 调整“ZERO（零点）”螺钉，直到输出压力值为所需要的压力。逆时针调整为增压，顺时针为减压。调整螺钉输出压力不变时，就逆时针调整，直到压力开始上升。

④ 按要求设置电流信号最大值。

⑤ 调整“SPAN（跨度）”螺钉，直到输出压力值能达到要求。

⑥ 重复②、③、④、⑤步骤，直到输出压力符合要求为止。

⑦ 盖上塑料保护盖。

分程调节范围：输入为4～20mA DC，输出为20～100kPa的转换器，可以调校成输出为0～60kPa或60～100kPa的分程输出气动信号的转换器。

四、EPP1000系列电/气阀门定位器

(一) 电/气阀门定位器的用途

电/气阀门定位器与气动执行器组成闭环回路，其主要用途如下。

1. 用于高压差的场合

当压差 Δp 大于 1MPa 时，可通过提高定位器的气源压力来增加执行机构的输出力，以克服介质对阀芯的不平衡力。

2. 用于高压、高温或低温介质的场合

能克服介质对阀芯的不平衡力，也能克服阀杆与填料间较大的摩擦力。

3. 用于介质中含有固体悬浮物或黏性流体的场合

能克服介质对阀杆移动时产生的较大阻力。

4. 用于调节阀口径较大的场合

当调节阀口径为 100mm 时，因为阀芯重量增加，阀杆的摩擦力也增加，采用定位器可克服这种阻力对阀门动作和定位的影响。

5. 用于实现分程控制

可使用两台定位器，只需通过调整一台定位器的输入为 4～12mA DC、另一台输入为 12～20mA DC，输出均为 20～100kPa，来实现由一台调节器控制两个调节阀，进行分程操作。

6. 用于改善调节阀的流量特性

调节阀的流量特性可通过改变 EPP1000 定位器的量程调整机构来改变，调节阀对定位器反馈量的改变，使定位器的输出特性变化，从而改变调节器的输出信号与调节阀位移之间的关系，即修正了流量特性。

（二）结构原理

EPP1000 系列电/气阀门定位器的作用是把调节装置输出的电信号变成驱动调节阀动作的气信号，而且具有阀门定位功能，即克服阀杆摩擦力，抵消被调介质压力变化而引起的不平衡力，从而使阀门开度对应于调节装置输出的控制信号，实现正确定位。由于本定位器具有防爆结构，故能使用于爆炸危险场所。

1. 结构

EPP1000 系列电/气阀门定位器的结构如图 3-40 所示。

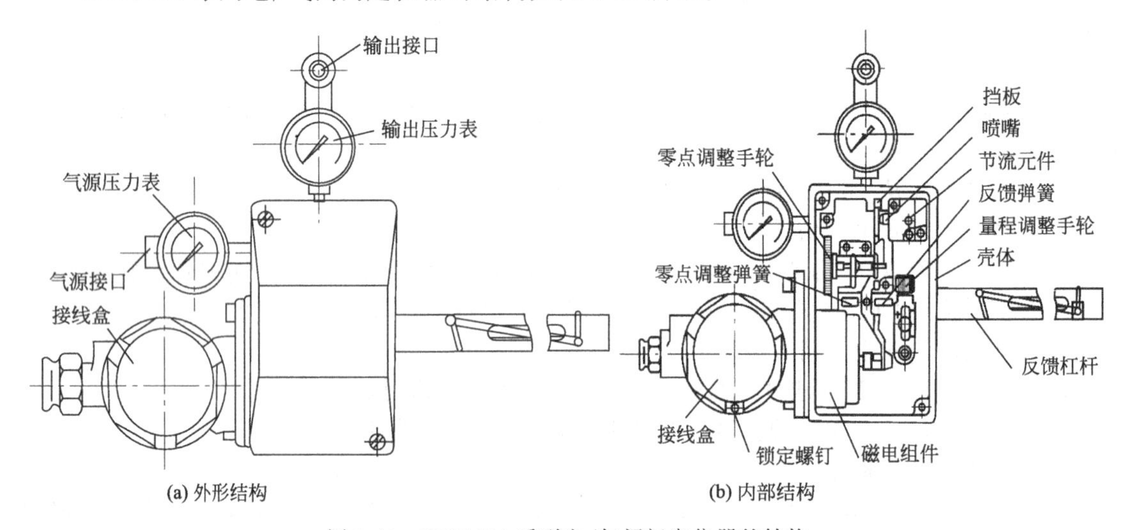

图 3-40　EPP1000 系列电/气阀门定位器的结构

2. 特点

① 可靠性高、体积小、重量轻。

② 磁电组件部分采用新型动圈结构，可靠、稳定、线性好。

③ 除防爆接线盒外，在危险性区域现场可打开壳盖进行调整及检修。

④ 量程、零点调整钮采用手轮式，调整方便，并带有锁定装置。

⑤ 配有与各类型执行机构相配的安装板及附件，故安装容易，调整方便。

⑥ 防爆性能：本安型防爆等级 ExiaⅡCT5（防爆证号 GYB02143），隔爆型防爆等级 ExdⅡCT6（防爆证号 GYB02142）。

3. 原理

EPP1000 系列电/气阀门定位器是基于力平衡原理而工作的。EPP1000 系列电/气阀门定位器工作原理图如图 3-41 所示。

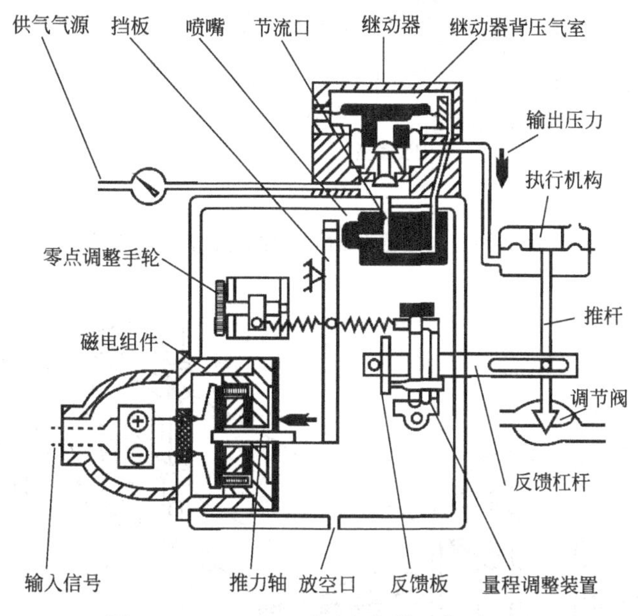

图 3-41 EPP1000 系列定位器工作原理图

在定位器处于稳定状态时，其反馈回路与力平衡系统处于平衡状态。当输入信号、阀杆摩擦力或流体作用力发生变化，磁电组件的作用力与因阀杆位置变化引起反馈回路产生的作用力就处于不平衡状态，定位器调节执行机构气室压力，其结果使反馈回路又处于平衡状态，阀杆停留在新的位置又与定位器输入信号相对应。

（三）安装

1. EPP1000 系列电/气阀门定位器在 ZM_B^A 型执行机构上的安装

EPP1000 系列电/气阀门定位器在 ZM_B^A 型执行机构上的安装图如图 3-42 所示。

（1）连接板-销钉部件的安装　先把连接板固定于执行机构的指针部件上，再把连接板-销钉部件用内六角螺钉固定于附连接板上。

（2）定位器的安装　按图 3-42 所示将定位器安装在 ZM_B^A 型执行机构上。出厂所配的 ZM_B^A 型安装板可适用于 2、3、4、5 号规格的执行机构，其安装孔请参阅安装板图。当定位器用在 ZM_B^A-6 型执行机构时，还需制作一“附加安装板”并按要求方法进行连接。

（3）位置调整　定位器和执行机构装妥后调整反馈杠杆位置的最重要两点如下。

① 用减压阀调整输入执行机构气室的供气压力，使阀位指针指于行程的中点。

② 调整定位器与反馈杠杆成 90°角度，最后把螺钉固定。

2. EPP1000 系列电/气阀门定位器在 ZH_B^A 型执行机构上的安装

EPP1000 系列电/气阀门定位器在 ZH_B^A 型执行机构上的安装图如图 3-43 所示。

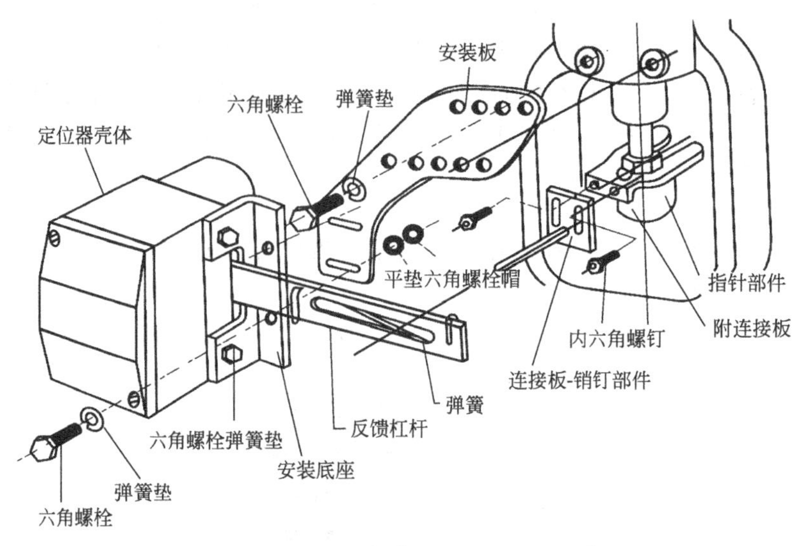

图 3-42　定位器在 ZM_B^A 型执行机构上安装图

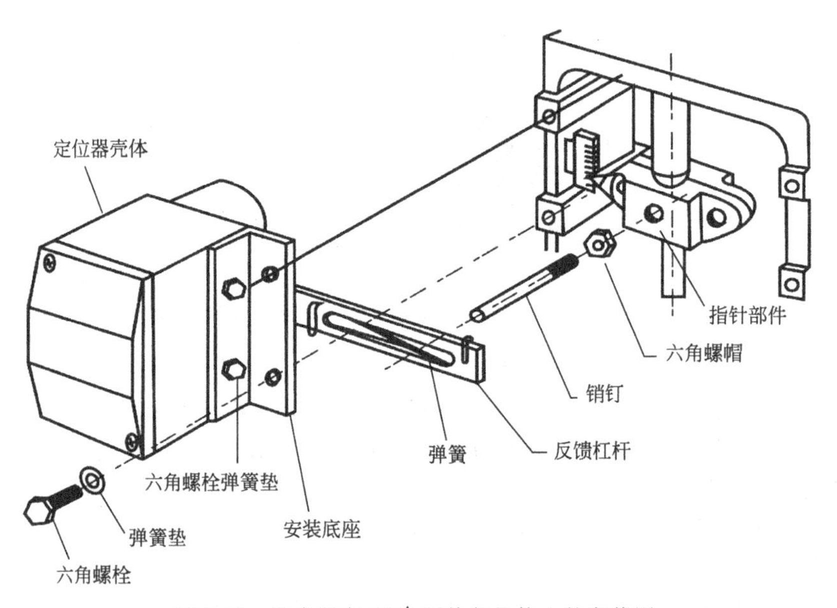

图 3-43　定位器在 ZH_B^A 型执行机构上的安装图

(1) 销钉部件的安装　把销钉和六角螺帽按图 3-43 所示装在指针部件上。

(2) 定位器的安装　用图 3-43 所示的六角螺栓（M10×20）和弹簧垫片把安装底座装在执行机构上，销钉穿在反馈杠杆的长槽内。

反馈杠杆上所配长条形弹簧的作用是消除执行机构在往复行程时销钉与反馈杠杆之间的间隙。安装时按执行机构作用形式（正作用或反作用），将弹簧装在销钉的上方或下方。以执行机构推杆往复动作时，销钉与反馈杠杆之间无间隙为准。定位器的安装底座固定在执行机构上时必须使用两个螺钉，以使安装稳妥可靠。

(3) 位置调整　定位器和执行机构装妥后调整反馈杠杆位置的最重要两点如下。

① 用减压阀调整输入执行机构气室的供气压力，使阀位指针指于行程的中点。

② 调整定位器与反馈杠杆成 90°角度，最后把螺钉固定。

（四）气路与电路连接

1. 气路连接

气路连接有两个：一个是供气接口，标有“SUP”（供气）字样，另一个是定位器输出接口，标有“OUT”（输出）字样。气路连接时注意不要让密封带或污物进入管路内。气管可使用 ϕ6mm 或 ϕ8mm 铜管。定位器出厂时一般配 ϕ6mm 卡套式气管接头。如需配用 ϕ8mm 铜管，应订货时指明。

2. 电路连接

① 拆下接线盒的盖子，把输入信号线的正负极与接线盒的正负极对应相接，牢固固定，不得松动。

② 隔爆定位器应确保两连接线间的爬电距离≥4mm，信号进线可采用防爆挠性软管连接，其接口螺纹为 G1/2，螺纹长度≥22mm。也可采用电缆直接连接，电缆外径为 ϕ (7.5±1)mm，导线截面积>1.5mm^2，电缆引入部分不得随意去掉密封塞、垫圈。压紧螺母必须压紧，确保密封。盖上盖子后将锁紧螺钉拧紧。

③ 本质安全定位器必须与关联设备安全栅配套使用，安全栅的安装、调试必须严格按安全栅的说明书进行。连接导线或电缆最高分布电容<0.03μF，最高分布电感<1.0mH。

3. 注意事项

① 断电源后开盖。

② 外壳接地。

③ 现场须遵守防爆电气设备安全规程。

④ 隔爆型外部接线接头应符合 dⅡCT6 防爆等级要求。

⑤ 本质安全型外部接线接头应符合 iaⅡCT5 防爆等级要求。

⑥ 安全栅与定位器的连接导线及电缆允许分布电容与电感值不得大于 0.03μF 和 1.0mH。

⑦ 本安电缆芯线截面积 S>0.5mm^2，屏蔽层在安全场所接地。

⑧ 安全栅的安装和调试必须遵守安全栅使用说明书有关规定。

（五）调整

当定位器新装在调节阀上后，或调节阀的行程不符合输入控制信号要求时需要调校，其方法如下。

1. 调校

① 供气管路通过减压阀接到执行机构上，用减压阀调节供气压力大小，使执行机构阀位指针指于行程中心。

② 然后，检查定位器是否与反馈杠杆成 90°角度。

③ 把供气管路从执行机构上拆卸下来，把它接到定位器的供气接口上（SUP）。再把定位器的输出接口（OUT）连接到执行机构的进气室上。

④ 零点调整步骤如下：输入一个 4mA 信号，使执行机构开始动作（标准输入信号为4～20mA），调节零点调整手轮，使零点符合要求。

⑤ 量程范围调整步骤如下：输入一个 20mA 信号，记录阀的行程。如果该行程小于额定量程，松开量程调整锁紧螺钉，旋动量程调整手轮使螺钉按箭头方向移动，调好后再将锁紧螺钉固定。

⑥ 重复上述步骤④和⑤，使量程和零点达到规定值。

2. 定位器正作用和反作用形式互换

定位器量程调整机构的安装位置取决于执行机构的作用形式。零点和量程调整机构如图

3-44所示，图中表示量程调整机构安装在反作用执行机构上的装配位置。对于正作用执行机构要把量程调整机构安装在“正作用执行机构安装座”上，也就是把图3-44所示的量程调整机构颠倒过来。安装方向如图上箭头所示，箭头向下表示正作用形式，箭头向上表示反作用形式。

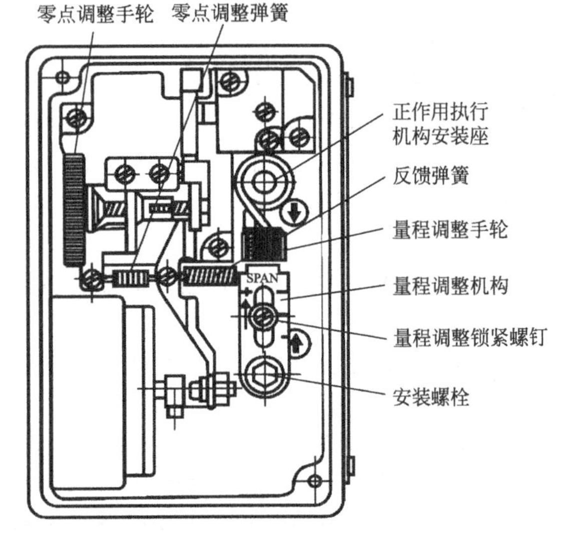

图3-44 零点和量程调整机构

改变量程调整机构安装位置的步骤如下。

首先，用尖嘴钳或镊子把靠挡板一侧的反馈弹簧连接部分从弹簧螺栓上取下。其次，松开安装螺栓，取下量程调整机构。安装时，只需把上述操作步骤倒过来即可。

3. 与输入信号匹配

EPP1000定位器的标准信号为4～20mA DC，但也可以接受其他输入信号。如果定位器接受大于4～20mA DC信号，要使用一个分路电阻。接受小于4～20mA DC信号可更换一个相应反馈弹簧，再把电位器的标准形式做些调整，而不必作其他更改。

如果执行机构行程为6～12mm，可用黄色反馈弹簧代替标准弹簧。定位器调节器连接时应注意阻抗匹配，以防引起调节器过载或磁电组件通过太大电流。

4. 与执行机构匹配

(1) 与供气压力匹配　定位器供气压力可以是0.14～0.16MPa或0.17～0.5MPa，只要执行机构弹簧范围与定位器供气压力范围相符合，并调节零点和量程范围即可。例如供气压力从0.17MPa变化至0.24MPa，应重调零点和量程。

(2) 反馈杆与执行机构大小匹配　EPP1000定位器配有一个长反馈杆或一个短反馈杆，对于小执行机构，定位器也可配用长反馈杆，但长反馈杆可能会和其他零件相碰。

(3) 与执行机构容积匹配　EPP1000定位器设有一个稳定装置，所以它能和各种规格执行机构相匹配。稳定装置有三个位置，即A、B、C。执行机构阀杆工作速度按C、B、A顺序变慢，以防止发生振荡。

改变稳定器安装位置，只要拆下继动器并转到所需位置，然后再将螺钉固定。定位器出厂时稳定器安装在位置B上。

(4) 改变定位器特性　改变EPP1000定位器的量程调整机构，可改变定位器的特性。因此，调节阀流量特性也会改变，不论执行机构的作用形式是正作用还反作用，定位器均有线性、等百分比和快开三种。具体改变方法请参阅有关资料。

(六) 维修与故障分析

1. 日常维护

① 供气气源应通过过滤器后进入定位器。

② 调整定位器时拆卸的零部件一定要旋紧，这几个零部件是：

a. 连接板，销钉部件的定位螺钉；

b. 量程调整机构上的安装螺栓；

c. 量程调整锁紧螺钉；

d. 零点调整机构具有锁定弹簧，故不需另行锁定。

③ 对磁电组件不准敲击、其输出推杆不准施加太大作用力，以免损坏内部零件、降低性能。

④ 定位器出厂时喷嘴、挡板位置已作调整，不得擅自改变其位置。但是当喷嘴、挡板位置不正常时，调整方法如下：松开喷嘴部件上的两个螺钉，对挡板施加一个小的作用力，使定位器的输出压力相当于供气压力，这时拧紧两个固定螺钉。

2. 故障分析

定位器出现故障时按表 3-5 进行检修。

表 3-5　定位器故障检修

症 状	原　因	解决方法
输入信号时定位器不工作	1. 磁电组件损坏 2. 供气压力不正常 3. 电气连接错误	1. 更换磁电组件 2. 提供正常供气压力 3. 检查接线
无输出压力	1. 节流孔堵死 2. 喷嘴、挡板位置不正确 3. 量程调整机构位置不正确 4. 零点不正确 5. 继动器故障 6. 节流元件 O 形圈损坏	1. 用 ϕ0.2 钢丝疏通节流孔并加以清洗 2. 加以调整喷嘴、挡板位置 3. 加以调整 4. 加以调整 5. 更换继动器 6. 更换 O 形圈
输出压力无变化	1. 继动器故障 2. 节流元件松动 3. 喷嘴-挡板工作面有污垢	1. 更换继动器 2. 固定好节流元件 3. 拆下喷嘴部件，清洗挡板、喷嘴工作面，装配调整
线性差	安装调整不正确	详细检查、安装、调整
回差大	1. 磁电组件故障 2. 螺钉松动 3. 喷嘴挡板位置不正确	1. 更换磁电组件 2. 拧紧螺钉 3. 调整其位置

本章小结

本章主要介绍了气动调节阀的结构特点、动作原理、特性分析和选择计算等内容。调节阀是自动控制系统中一个重要的环节，若选择计算不正确，使用维护不得当，将直接影响控制系统的控制质量，甚至造成严重的生产事故。为此，对调节阀的正确选用、安装和维修等各项工作都必须高度重视。若要正确选择调节阀和使控制系统中的调节阀正常运行，除了要掌握调节阀的结构原理外，还应掌握执行机构的特性、调节阀的固有流量特性和工作流量特性。

调节阀的计算是自动控制系统设计的重要计算内容之一。调节阀的计算就是根据工艺装置给出的已知数据和通过查阅有关图表而得到的各项数据，恰当地计算出流量系数（C 值），以此作为选择调节阀口径的重要依据。

调节阀汽蚀避免、性能测试、安装、使用与维护等，是实践性很强的技能，这些技能要通过对调节阀的认真研究和现场实践，逐步加强和提高。

随着工业自动化的发展，对气动调节阀的要求越来越高，这些要求包括新结构、新材料、高性能、低价格、节约能源和与计算机联用以及优越的动态性能等。目前，新的品种不断涌现，并投入使用，因此，对新调节阀的研究和学习也是摆在本专业技术人员面前的一项重要任务。

本章还介绍了气动仪表中常用的气动元件和组件，为学习分析气动仪表奠定基础。介绍了电/气转换器、电/气阀门定位器的工作原理和校验方法，电/气转换器、电/气阀门定位器是和气动调节阀紧密联系的仪表，也是现场应用最多的仪表。电/气阀门定位器在气动调节阀上的安装与联校是一项实践性很强的技术工作，所以需要平时多加训练，以待熟练和提高技术水平。

思考题与习题

3-1　气动薄膜调节阀由几部分组成？各部分的作用是什么？

3-2　什么是正作用和反作用执行机构？它们在结构上有什么区别？

3-3　什么样的阀可以将正装阀变为反装阀？如何改装？

3-4　套筒调节阀有什么优点？套筒开孔形状与流量特性有什么关系？

3-5　什么是调节阀的流量系数？它与哪些因素有关？

3-6　什么是闪蒸？什么是空化？它们是怎样产生的？

3-7　什么叫汽蚀现象？

3-8　什么是阻塞流？

3-9　已知介质为气态丙烯，在正常流量时，$p_1=0.6\text{MPa}$，$\Delta p=0.25\text{MPa}$，$t=0℃$，$Q_n=10210\text{m}^3/\text{h}$，$n=1.3$，$S_n=0.35$，求调节阀的流量系数。

3-10　已知介质为过热水蒸气，最大流量时的数据为：$p_1=1.6\text{MPa}$（绝压），$\Delta p=0.1\text{MPa}$，$Q_{max}=1200\text{kg/h}$，$t=250℃$。求调节阀的流量系数。

3-11　已知介质为精甲醇，最大流量时的数据为：$p_1=0.6\text{MPa}$（绝压），$\Delta p=0.1\text{MPa}$，$Q_{max}=5000\text{kg/h}$，$t_1=65℃$。求调节阀的流量系数。

3-12　汽蚀对调节阀有哪些损害？如何避免？

3-13　如何进行调节阀线性误差的测试？

3-14　调节阀在应用中常见的故障有哪些？如何处理？

3-15　构成气动仪表的基本元件和组件有哪些？

3-16　气阻在气路中起什么作用？它按结构特点可分为几种？

3-17　气容在气路中起什么作用？它一般分为几种？结构怎样？

3-18　常见的阻容耦合元件有哪些？各自怎样构成？各有何用途？

3-19　喷嘴挡板机构由哪些基本元件构成？是怎样进行工作的？

3-20　简述耗（泄）气式功率放大器的动作原理。

3-21　简述 EPC1000 系列电/气转换器和 EPP1000 系列电/气阀门定位器的工作原理。

3-22　简述 EPP1000 系列电/气阀门定位器在气动调节阀上的安装步骤。

3-23　简述 EPP1000 系列电/气阀门定位器与气动调节阀的联校步骤。

第二篇 数字控制仪表

数字控制仪表就是含有微处理器的过程控制仪表。它是随着计算机的发展而兴起的，具有丰富的控制功能、灵活多样的操作手段、形象直观的图形和数字显示及安全可靠的性能保证。数字控制仪表越来越广泛地应用于过程控制系统中，其优越性日益突显。

本篇精选在我国石化企业应用较多、反应较好、性价比较高的典型智能变送器、可编程控制器、智能阀门定位器、变频器作为编写内容；从应用者的角度，就其特点、组成、功能与使用方法加以叙述，达到举一反三，触类旁通。

为节省篇幅，保证应用，本篇尽量不讨论每种仪表宏观基本原理等共性内容，而是通过对具体典型仪表原理、功能、操作、应用的讨论，达到能操作使用同类仪表的目的。

第四章　智能变送器

智能变送器是以微处理器为核心，采用先进传感器与大规模集成电子技术，并具有通信和可编程功能。它可与模拟控制仪表混合使用。智能变送器主要分为两种类型：智能压力（差压、流量、物位）变送器和智能温度变送器。它与模拟变送器相比有如下特点。

① 测量精确度高，且响应速度快，性能稳定，安全可靠，其基本误差仅为±0.075%或±0.1%。

② 具有较宽的零点迁移范围和较大的量程调整比［(20∶1)～(100∶1)］。

③ 仪表结构紧凑，体积小巧。

④ 压力变送器具有温度和静压补偿功能。温度变送器具有非线性校正功能，并可通过软件设定，以保证仪表更高精度。

⑤ 有些智能变送器除检测功能外，还具有计算显示、报警、控制、诊断等功能。与智能执行器配合使用，可就地构成控制系统。

⑥ 可输出模拟信号（4～20mA DC）、数字信号或数字混合信号。

⑦ 通过现场通信器（又称手持终端、数据设定器或手操器）或其他组态工具对变送器进行就地或远程组态，包括调零、调量程及设置报警、阻尼、工程单位等变量。

⑧ 按照一定的通信协议（如 HART 通信协议）实现了智能变送器和现场通信器、DCS 之间的通信。

智能变送器是以微处理器为基础的仪表，它是由硬件和软件两大部分组成。不同厂家生产的智能变送器，其硬件部分和软件部分的系统程序与用户程序大致相同，所不同的是传感器、器件类型、电路形式、程序编码和软件功能等方面。其传感器部件视变送器的设计原理或功能而异。其中有电容式传感器、扩散硅式传感器、振弦式传感器、电感式传感器。变送器的电子部件均由微处理器、A/D 转换器、D/A 转换器、通信器件等组成，但各种产品在电路结构和软件功能上也各具特点。

第一节　DPharp EJA 智能变送器

DPharp EJA 差压、压力智能变送器是日本横河电机公司于 1994 年推出的，采用了世界上先进的单晶硅谐振式传感器技术，其各方面技术性能受到用户好评。1998 年横河电机公司再次对 DPharp EJA 系列进行改造，正式推出最新 DPharp EJA＊＊＊A 系列智能变送器，其性能指标大有提高。

一、工作原理

1. 构成

图 4-1 是 DPharp EJA 智能变送器外形结构和工作原理框图。

它是由单晶硅谐振式传感器和智能电气转换部件两个主要部分组成。单晶硅谐振式传感器上的两个 H 形振动梁分别将差压、压力信号转换为频率信号，并采用频率差分技术，将两频率差数字信号直接输出到脉冲计数器计数，计数得到的两频率差值传递到微处理器内进行数据处理。特性修正存储器的功能是储存单晶硅谐振式传感器在制造过程中的机械特性和物理特性，通过修正以满足传感器特性要求的一致性。

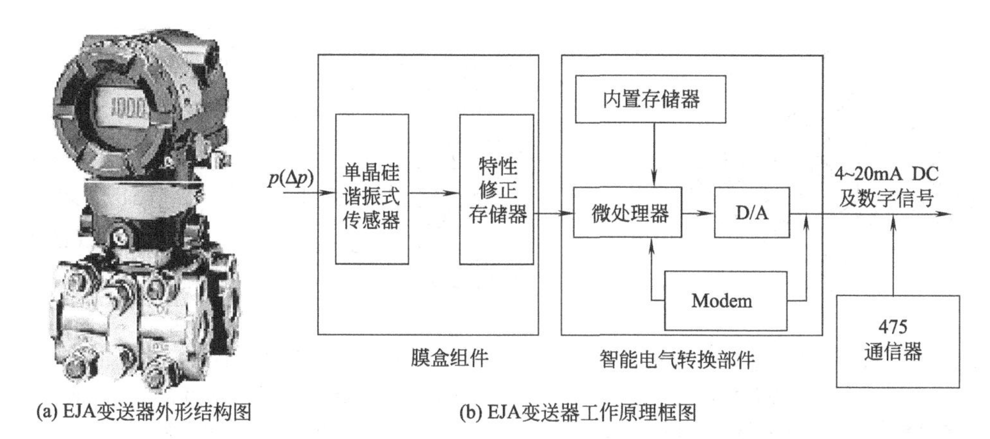

(a) EJA变送器外形结构图　　(b) EJA变送器工作原理框图

图 4-1 DPharp EJA 智能变送器外形结构和工作原理框图

智能电气转换部分采用超大规模集成电路，并将放大器制成专用集成化小型电路ASIC，从而减少了零部件，提高了放大器本身的可靠性，其体积也可做得很小。智能电气转换部分的功能是：将从传感器来的信号，经微处理器（CPU）处理，和 D/A 电路转换成一个对应于设定测量范围的 4～20mA DC 模拟信号输出；内置存储器存放单晶硅谐振式传感器在制造过程中的机械特性和物理特性，包括温度特性、静压特性、传感器输入输出特性以及用户信息（位号、测量范围、阻尼时间常数、输出方式和工程单位等），经 CPU 对它们进行运算处理和补正后，可使变送器获得优良的温度特性、静压特性及输入输出特性；通过输入输出接口（I/O）与外部设备（475 现场通信器或 DCS 中通信功能 I/O 卡），以通信的方式传递数据。由于叠加在模拟信号的平均值为 0，因此数字频率信号对 4～20mA DC 模拟信号不产生任何扰动影响。

EJA 有四种通信协议：BRAIN 通信协议、HART 通信协议、FF 现场总线通信协议、PROFIBUS 现场总线通信协议。四个协议不兼容，通信的数字信号都叠加在 4～20mA 模拟信号上，但只能是其中的一种，所以在订购仪表时必须指定。

2. 单晶硅谐振式传感器

传感器是变送器的核心部件，采用以微机械加工为基础的微型结构。微型结构传感器主要是以单晶硅为材料，体积小，功耗低，响应快，便于和信号处理部分集成。日本横河 EJA 变送器所采用的单晶硅谐振式传感器也是微型传感元件，它是在单晶硅芯片（4mm×4mm）上采用微电子机械技术（MEMS）加工成形状大小完全一样的两个 H 形谐振梁（1200μm×20μm×5μm），一个在硅片的中心位置，另一个在硅片的边缘，其原理结构如图 4-2 所示。硅梁被封在微型真空中，使其既不与充灌液接触，又在振动时不受空气阻力的影响。硅膜片与硅基底的连接采用 Si-Si 键合工艺完成。采用 Au-Si 共熔后，再将硅基底与接通压力部分的 Ni-Fe 合金固定连接。

硅梁振动信号，采用电磁激励和电磁耦合方式实现，如图 4-3 所示。由永久磁铁 1 提供磁场 N，通过激励线圈 A 的交变电流 i 激发 H 形硅梁振动，并由副边线圈 B 感应，送入自动增益放大器 6，一方面输出频率，另一方面将交流电流信号反馈给激励线圈 A，形成一个正反馈的自激振荡系统，以维持谐振梁连续等幅振荡。

硅梁的振荡频率取决于梁的几何形状及张力，而张力随信号压力的变化而变化。所以在几何尺寸一定的情况下，谐振梁的振荡频率就只取决于信号压力。当被测压力通入膜片空腔，并在膜片的上下表面形成差压时，膜片便产生位移变形，于是硅片中心处受到压缩力，

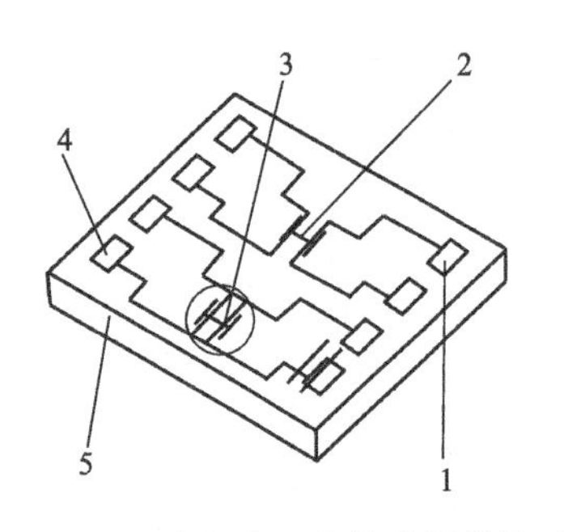

图 4-2　硅谐振式压力传感器结构图

1—检测电极；2—中心谐振梁；

2—边缘谐振梁；4—激励电极；5—硅片

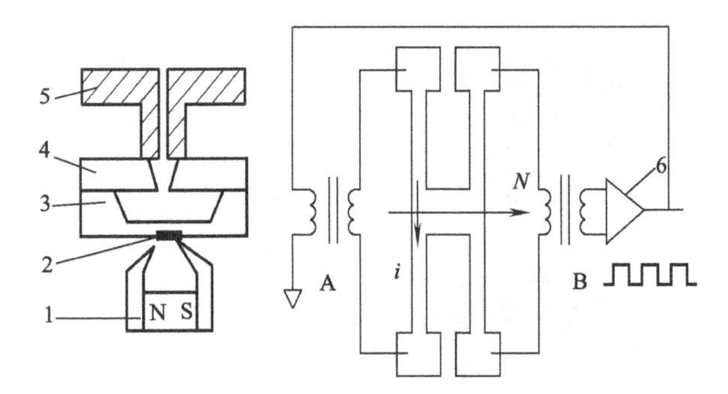

图 4-3　硅谐振器的自激振荡

1—永久磁铁；2—谐振子；3—硅膜片；4—硅基底；

5—接通压力部分；6—放大器；

A—激励线圈；B—副边线圈

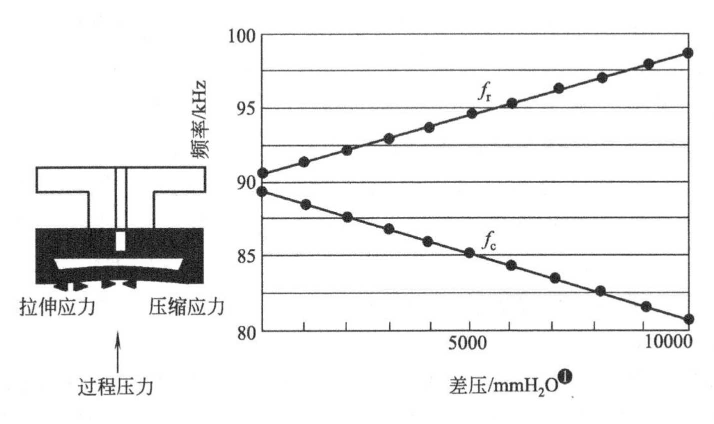

图 4-4　由差压变化形成的谐振梁频率变化

边缘处受到拉伸力，两个谐振梁感受不同的应变力作用，导致中心处的谐振梁因压缩而使振荡频率 f_c 下降，边缘处的谐振梁因拉伸而使振荡频率 f_r 增加，由差压变化而形成的两个谐振梁频率变化的特性如图 4-4 所示。

3. 性能特点

EJA 传感器采用了两个谐振梁的差动结构，因而保证了变送器的优良性能，仪表受环境温度变化的影响及静压变化的影响都十分微小。图 4-5 所示为环境温度变化时输入压力与谐振频率的关系。

在正常温度时，谐振片的频率如图中实线所示，边侧谐振片的频率 f_r 随着压力的增加而上升，中心谐振片的频率 f_c 随着压力的增加而减少。当温度上升时，由于两个谐振梁的几何形状和尺寸完全一致，故在相同温度下，频率的变化量也就完全一致，如图中虚线所示。由于传感器输出的是频率之差，因此它们可以相互抵消，于是因温度变化所产生的误差就自动消除。

设仪表常温时的输出电流为 $\Delta I(t_0)$，则

$$\Delta I(t_0) \propto f_r - f_c$$

❶ $1mmH_2O=0.980665Pa$。

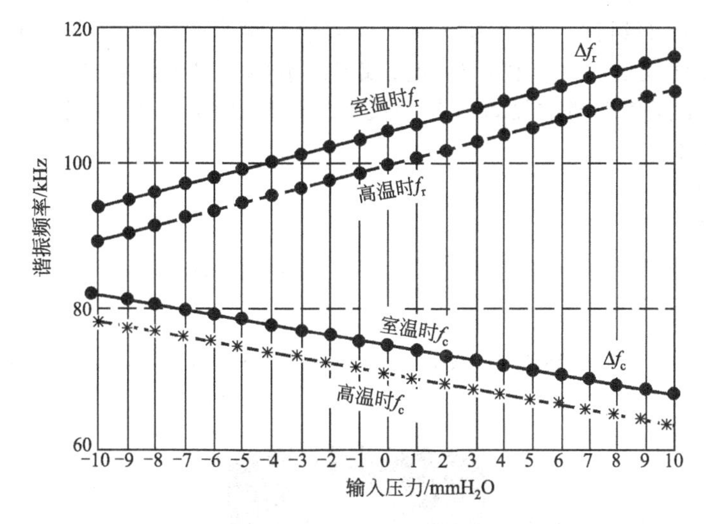

图 4-5　温度变化时输入压力与谐振频率的关系

设仪表高温时的输出电流为 $\Delta I(t)$，则

$$\Delta I(t)\propto(f_r-\Delta f_r)-(f_c-\Delta f_c)=f_r-f_c-(\Delta f_r-\Delta f_c)$$

因为 $$\Delta f_r=\Delta f_c$$

所以 $$\Delta I(t)\propto f_r-f_c$$

于是 $$\Delta I(t)=\Delta I(t_0)$$

同样，当静压改变时，由于两谐振片的形状、尺寸完全一样，故频率的变化量（减少）一样（如图中虚线所示）。因检测的是两频率之差，所以两频率的变化量相互抵消。

设仪表常压时的输出电流为 $\Delta I(p_0)$，则

$$\Delta I(p_0)\propto f_r-f_c$$

设仪表加静压时的输出电流为 $\Delta I(p)$，则

$$\Delta I(p)\propto(f_r-\Delta f_r)-(f_c-\Delta f_c)=f_r-f_c-(\Delta f_r-\Delta f_c)$$

因为 $$\Delta f_r=\Delta f_c$$

所以 $$\Delta I(p)\propto f_r-f_c$$

于是 $$\Delta I(p)=\Delta I(p_0)$$

由于输入压力增大到某一数值（即单相过压）时，接液（隔离）膜片与本体完全接触在一起，此时，外部压力不管怎样增大，硅油的压力也不会增加。因此，硅谐振传感器受到一定的压力后，就不会再受到更大的压力，有很好的保护作用。即使受到一定力的作用，由于单晶硅材料的恢复性能好，也能恢复到无差状态。

二、475 现场通信器简介

现场通信器是对智能变送器进行通信、校验、参数设置、信息检查、故障诊断、信息显示、调整测试和存储记录等不可缺少的设备。

475 现场通信器是美国艾默生（过程管理）电气公司，于 2011 年 9 月继 275、375 现场

通信器后推出的又一力作。它包括一个彩色 LCD 触摸屏、一块锂离子电池（电源模块）、一个 SH3 处理器、存储组件、系统卡以及集成通信与测量电路；它支持 HART 和 FOUNDATION 现场总线设备，可以在现场配置或排除故障；电子设备描述语言（EDDL）技术使得它能与各种不同生产商的设备（各种仪表）进行通信。475 现场通信器还支持多种语言，应订购时注明。

（一）外形结构

1. 正面布置

475 现场通信器（带有可选橡胶套）的正面布置如图 4-6 所示。它由彩色 LCD 触摸屏和按键区组成。

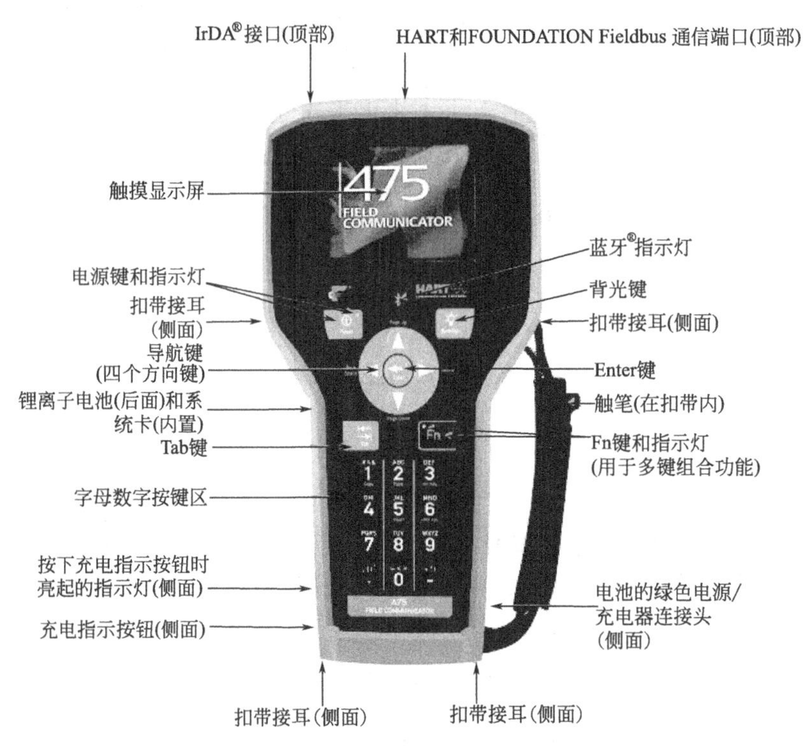

图 4-6　475 现场通信器（带有可选橡胶套的）正面布置图

（1）彩色 LCD 触摸屏　彩色 LCD 触摸屏尺寸约为 71mm×53.3mm（2.79in×2.10in），对角线为 3.5in，1/4 VGA（240×320 点阵）加硬表面技术。

用触摸屏软键和按键区按键配合，选择菜单项和输入文字。用随附的触笔或键盘区的上下方向键来选择菜单项。

触摸屏还支持 SIP 软键盘使用，进行字母数字输入。它可检测何时需要用 SIP 软键盘输入字符，并根据需要自动显示。

（2）按键区　按键区由以下组成。

电源键：打开和关闭 475 现场通信器，或使其进入待机状态。

背光键：调整屏幕光线的亮度。

四个导航（箭头）键：选择、打开和退出菜单项。

Enter 键：从现场通信器主菜单或设置菜单打开菜单项，并选择任意高亮显示的按钮。

Tab 键：在窗口中的不同按钮或字段间移动。

Fn 功能键：启用按键旁蓝色文本指示的备用功能。Fn 功能键旁蓝色字含义为：Hot

key—热键、Paste—粘贴、Copy—复制、Insert—插入、Page Up—上翻页、Page Down—下翻页、Back Space—退格、Delete—删除。

字母数字键：输入数据。

蓝牙符号（）：当蓝牙功能启用时，按键区上方的蓝色的蓝牙指示灯点亮。475 现场通信器必须获得蓝牙授权才能使用此功能。

2. 后面布置

475 现场通信器后面布置如图 4-7 所示。它主要由锂离子电池组、后机身盖（支架、机身标签、Bluetooth 认证标签、连接器针脚、扣带接耳、系统卡插槽及系统卡）等组成。

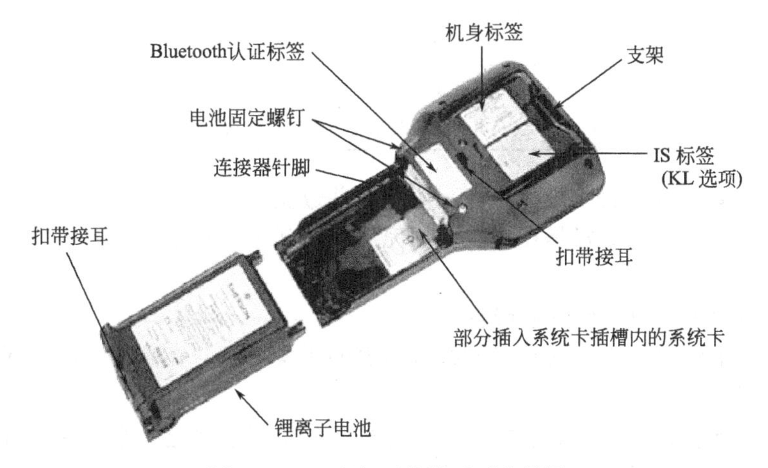

图 4-7　475 现场通信器后面布置图

（二）安装系统卡和电池

参照图 4-7 475 现场通信器的后面布置图，按以下步骤操作。

① 如果有保护橡胶套，将其移除。

② 将 475 现场通信器正面朝下放在平稳的表面上。

③ 松开电池固定螺钉。

④ 卸下电池后，将贴有“System Card”（系统卡）标签的安全数字系统卡的接触面朝上，滑入系统卡插槽，直到听到一声“咔哒”声，固定到位。系统卡插槽内装有弹簧。必须使用由 475 现场通信器生产商提供的系统卡，否则会使 IS 认证失效。

⑤ 仍然保持 475 现场通信器正面朝下，确保两个电池固定螺钉处于松动状态。

⑥ 使电池与 475 现场通信器的侧面平齐，并小心地向前滑动电池，直到固定到位。

⑦ 用手小心地将两个电池固定螺钉拧紧（不要拧得过紧，最大 0.5N·m 转矩）。螺钉的顶端应与 475 现场通信器基本平齐。

取出电池和系统卡进行反操作即可。

（三）电池充电

① 将电源/充电器插入电源插座中。

② 将电源/充电器的绿色连接头插入电池的绿色连接头。电源/充电器连接头的扁平侧应面向 475 现场通信器的正面；或当电池未装上 475 现场通信器时，连接头扁平侧应面向电池内侧。当电源/充电器的指示灯变为绿色时，表明电池已充满电。在第一次便携使用前，应将电池充满电。

电池可单独充电，也可连接到 475 现场通信器上充电。为电池充满电后，475 现场通信器可完全正常工作，电池充电充满需要 2～3h。电池充满后，继续连接到电源/充电器上不会造成过充。

电源/充电器上有三个指示灯，分别表示不同状态。每个指示灯显示不同颜色时的状态如表 4-1 所示。

表 4-1 指示灯显示不同颜色时的状态

颜 色	状 态
绿色	电池已充满电
闪烁绿色	电池即将充满电
黄色	电池正在充电
闪烁黄色	电源/充电器未连接到 475 现场通信器
闪烁黄色和红色	电池电量非常低
红色	无法充电。联系技术支持部门以获得更多信息

为了保持锂离子电池的性能和寿命，应理解并遵循以下指导原则。

应经常对电池充电，最好是在每次使用完后或夜间进行充电。如有可能，尽量减少完全放电的次数。

在高温下频繁使用可导致性能降低。

长时间储存电池时，应选用等于或接近室温的干燥场所。在高于室温的环境中长时间储存可导致性能降低。

如需长时间储存，应确保剩余电量为全部电量的一半或接近一半。储存过程中，剩余电量将缓慢释放。应定期对电池充电，以确保剩余电量不会过低。

（四）启动 475 现场通信器

① 按住键盘上的电源键，直至该键上的绿灯闪烁（约 2s）。启动过程中，475 现场通信器会提示是否安装系统卡上的升级文件。完成后将显示现场通信器的主菜单。

② 通过触摸屏或上下方向键来选择图标或菜单项。

③ 要关机，按下电源键并点击 Power Switch 屏幕上的 Shut down 按钮。点击 OK。与 PC 应用程序的通信 IrDA（红外）接口、Bluetooth（蓝牙）接口（如果有许可）和支持的读卡器，使得 475 现场通信器或其系统卡能与 PC 进行通信。有关 IrDA（红外）接口和系统卡的位置，参阅图 4-6 和图 4-7 所示。

（五）连接到设备（现场仪表）

使用提供的接线件将 475 现场通信器连接至回路、网段或设备。475 现场通信器顶端有三个连接接线件的通信端口。每个红色端口是其协议的正极，黑色端口则是两种协议共享的公用端口。端口上有一个保护盖，可以确保在任一时刻仅露出一对端口。端口旁有标记，指明哪一对端口对应哪一种协议。只能连接至一个 HART 回路和 FOUNDATION 现场总线网段。通信器需要有适合的设备描述（DD）。

（六）475 现场通信器主菜单

主菜单是启动 475 现场通信器后出现的第一个菜单。可使用该菜单运行：HART 功能、FF 现场总线功能、设置功能、PC 通信功能、书写面板功能或 ValveLink Mobile 功能。475 现场通信器主菜单如图 4-8 所示。主菜单各项功能含义如表 4-2 所示。

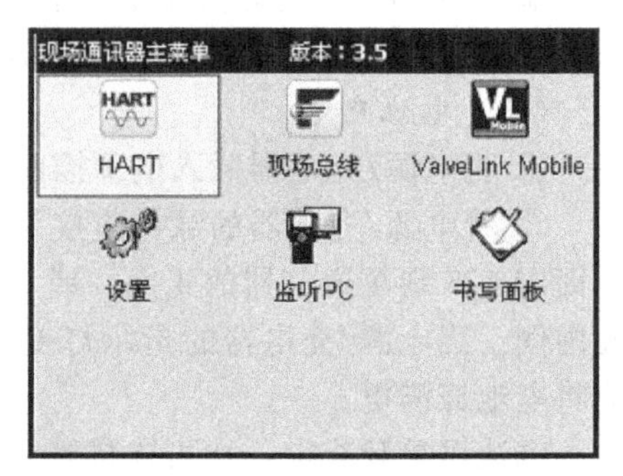

图 4-8 475 现场通信器主菜单

表 4-2　475 现场通信器主菜单各功能含义表

主菜单项	分菜单项	功　　能
HART 功能	离线	在离线菜单中，可以创建离线组态，查看并更改 475 现场通信器中储存的组态
	在线	通过正确接线，在在线菜单中，可对现场仪表进行各种参数设置
	实用工具	使用 HART 轮询选项配置 475 现场通信器，自动搜索全部或特定的已连接的设备
	HART 诊断	HART DC 电压测量功能，采样 HART 通信端口上的电压读数，并在窗口中显示
现场总线	现场总线应用程序	现场总线应用程序可使与已连接的现场设备进行通信，修改应用程序的设置，并运行诊断。475 现场通信器必须得到授权，使用 FOUNDATION 现场总线程序来运行此应用程序
ValveLink Mobile	图形界面	通过轻松使用的图形界面，可使用 ValveLink Mobile 来配置、校准并排除 Fisher HART 数字阀控制器(DVC)的故障。要打开 ValveLink Mobile，点击现场通信器主菜单上的 ValveLink Mobile 图标即可
设置功能	关于	用关于设置来查看 475 现场通信器中的软件修订版本
	背光	用背光设置来调整屏幕的背光亮度
	时钟	使用时钟设置，可设置 475 现场通信器的日期、时间和时区
	对比度	用对比度设置来调节窗口中最亮和最暗的区域
	授权	使用授权设置，可查看 475 现场通信器中启用和可用的授权
	电源	当 475 现场通信器使用电池供电时，可使用电源设置来设置电源管理选项
	电源按钮	使用电源按钮设置，可为电源开关对话设置缺省选项
	重校电池	使用重校电池设置，可为电池完全放电，这样电池就能够充电至其最大电量。若发现电池使用时间或性能有明显降低，则执行该操作。该操作无需经常执行，频繁执行该操作将损坏锂离子电池
	触摸屏	使用触摸屏设置来校准触摸显示屏。稳定准确地点击十字准线中心以及窗口上的各个位置。目标将持续移动，直到触摸屏对齐。触摸屏对齐将在启动时保留

续表

主菜单项	分菜单项	功　　能
设置功能	事件捕获	使用事件捕获设置来创建事件捕获文件（.rec），这是475现场通信器和HART设备间的通信、输入和输出的记录
	内存	可使用内存设置来查看系统卡中的可用空间、内部闪存或RAM
监听PC功能	选择IrDA或蓝牙	可使用监听PC选项来选择IrDA或蓝牙作为与PC通信的连接类型。要进入监听PC模式，点击现场通信器主菜单的监听PC图标。IrDA初始设置为缺省连接类型，并在打开监听PC时自动启用
书写面板	文本编辑器	书写面板是一种文本编辑器，可用于创建、打开、编辑并保存简单文本（.txt）文件。书写面板支持非常基本的格式。在现场通信器的主菜单，点击书写面板图标，即可运行应用程序

（七）HART功能

HART功能，是475现场通信器应用最多的功能。

1. 启动HART功能

① 按住电源键Power，直至该键上的绿色指示灯闪烁，打开475现场通信器。

② 点击HART现场通信器的主菜单。如果在线的HART设备与475现场通信器已连接，则会自动显示HART应用程序在线菜单。如果没有连接HART设备，则几秒后显示HART应用程序主菜单。HART应用程序主菜单如图4-9所示。

③ 要返回现场通信器主菜单，按下键盘上的向左键◁，或点击窗口上的后退箭头←。出现是否退出HART应用程序的提示时，选择是。

④ 在HART应用程序主菜单上，可选择：离线、在线、实用工具、HART诊断功能。

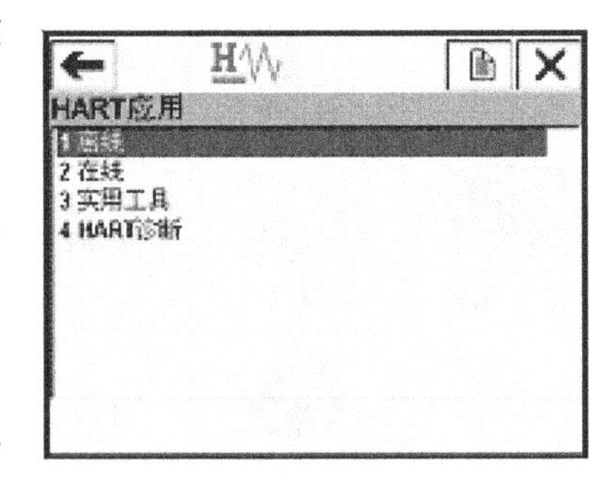

图4-9　HART应用程序主菜单

2. 离线组态的操作

在HART功能中离线组态的应用相对较少。

在HART应用程序主菜单上，点击离线，进入离线组态的操作状态。在离线菜单中，可以创建离线组态，查看并更改475现场通信器中储存的组态。有两种类型的HART组态：设备组态和用户组态。设备组态由一个已连接的在线HART设备创建，离线创建用户组态，或从其他程序传输到475现场通信器中。在475现场通信器中编辑设备组态时，将更改为用户组态。因离线组态的应用相对较少，所以有关离线组态的内容和操作，这里就不多介绍了。

3. 在线组态操作

在HART功能中在线组态的应用是最多的。在线组态的应用操作如下。

（1）在线组态连接　475现场通信器与具有HART协议功能的设备（现场仪表）在线

组态连接图如图 4-10 所示。图示显示如何将 475 现场通信器直接连接到 HART 设备上，在实验室对现场仪表进行在线组态和校验多用此种；在控制室对现场仪表进行在线组态校验时，475 现场通信器要直接连接到 HART 设备的回路中，但不能直接接在电源两端，还要注意选择 250Ω 电阻的连接位置。

(2) 进入 HART 在线菜单　进行正确连接后，在 475 现场通信器主菜单点击，将自动进入 HART 在线菜单。HART 在线菜单如图 4-11 所示。

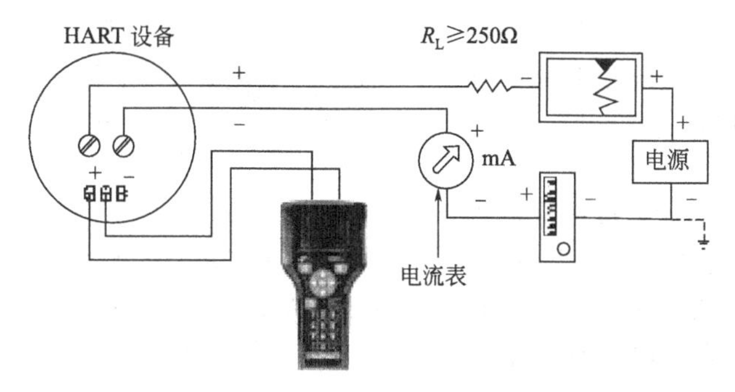

图 4-10　475 现场通信器在线组态连接图

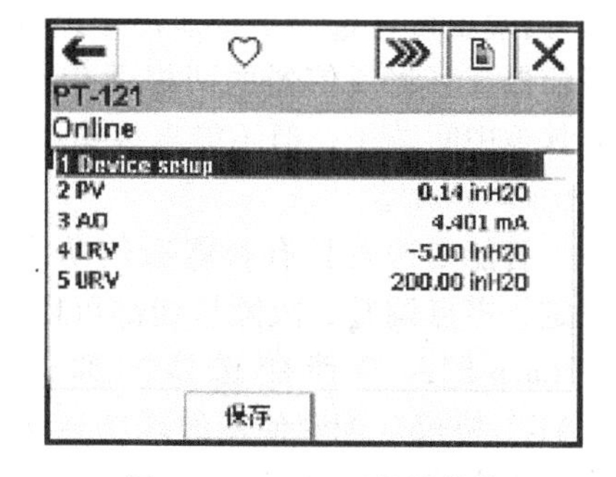

图 4-11　HART 在线菜单

HART 在线菜单是 HART 设备的根菜单，该菜单显示持续更新的最新过程信息，包括设备设置、主要变量 PV、模拟输出 AO、PV 下限值 LRV 、PV 上限值 URV。在以后参数设置的操作中将发现，由于在线菜单是根菜单，所以每个参数设置完成后，都点 HOME 软功能键返回到 HART 在线菜单。

(3) HART 图标　当 475 现场通信器与 HART 现场仪表进行通信时，窗口上方显示一行 HART 图标，图标及其含义如表 4-3 所示。

表 4-3　HART 图标及其含义

图标	含　义
	475 现场通信器正与在线 HART 设备通信
	475 现场通信器与正处于广播状态设备的 HART 回路通信
	475 现场通信器在大声/不听(shout/deaf)模式下工作，这有助于在有噪声的回路中使 475 现场通信器与设备进行通信
	475 现场通信器在大声/不听(shout/deaf)模式下工作，与有正处于广播状态的设备的 HART 回路通信
	未进行通信。这在仅列出非动态参数的情况下很常见
	后退键图标，点击返回前一个菜单
	热键图标，热键菜单是用户可定义的菜单，可以储存多达 20 个最常用任务的快捷方式。预定义的热键选项，因各设备类型不同而有所不同。预定义的热键选项，也无法从热键菜单中删除
	终止键图标，点击结束当前操作
	书写面板图标，书写面板是一种文本编辑器，可用于创建、打开、编辑并保存简单文本(.txt) 文件。书写面板支持非常基本的格式

(4) 软功能键　进入 HART 在线菜单后，在在线菜单中的最下边一行随机四个位置，显示的是软功能键。软功能键的键数、键意，因 HART 设备（现场仪表）不同而不同。

三、DPharp EJA 智能变送器的检查和调整

（一）安装接线

图 4-12 为 DPharp EJA 智能变送器的接线端子，电源线接在“SUPPLY”4 的＋、－端子上，因为是两线制，所以电源线也就是信号线。“CHECK”端子 1 是检查用的，可以接内阻小于 10Ω 的电流表或其他校验仪表，也可以不接。2 为接地端子，变送器外部也有接地端子 3，两端子可任选一个接地，接地电阻≤100Ω。如果连接通信器，可将通信器的两根通信线钩在变送器电源端子或其他中间端子，但不能直接钩在供电电源上。

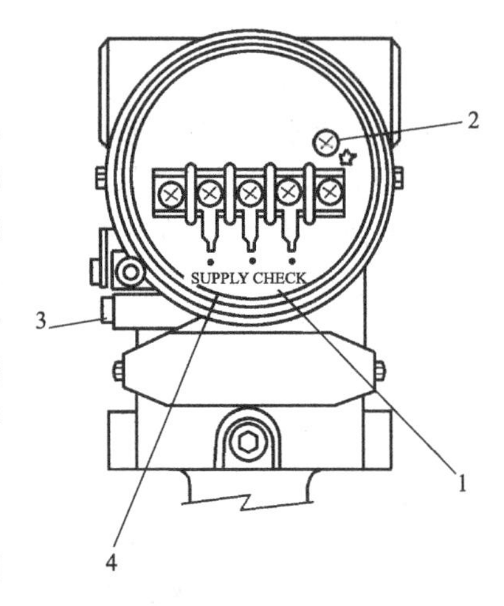

图 4-12 接线端子
1—检查端子；2,3—接地端子；
4—电源（信号）端子

（二）检查

智能变送器具有智能通信功能，所以它的测量范围设定、零点调整、故障诊断都可以在现场通信器上进行。DPharp EJA 智能变送器的通信协议应用最多的是 HART 协议，配套使用的现场通信器为美国艾默生电气公司生产的 275、375、475 等。

下面将具体重点介绍现场应用最多，带 HART 协议的 EJA 变送器与 475 现场通信器通信时的操作方法。

通信协议要求：通信器的 DD（设备描述）和仪表（变送器）DD 必须相匹配，所以使用现场通信器通信之前要检查安装现场通信器的 DD 与将要进行设置的仪表（变送器）是否相匹配。如果通信器内没有正确的 DD，必须通过现场通信器编程站更新 DD。对于版本较低的通信器，也要获取升级后再用。

1. 检查 475 现场通信器的 DD

① 单独打开通信器。

② 从主菜单中调出“Utility”并按▷。

③ 调出“Simulation”并按▷。

④ 通过按▽和▷从产生厂家列表中选出“YOKOGAWA”。

⑤ 选择出仪表型号 EJA，通过按▽和▷显示通信器的 DD。通信器显示如图 4-13 所示，475 现场通信器的 DD 支持仪表版本 1、2、3。

2. 检查 EJA 变送器的 DD

① 将通信器连接到仪表（EJA 变送器）并进行正确接线。

② 调出“Device setup”并按▷。

③ 调出“Review”并按▷。

④ 通过按△或▽找到“Fld dev Rev”来显示 EJA 变送器的 DD。如图 4-14 所示，EJA 变送器的 DD 为版本 2。

（三）零点调整

变送器的零点调整有两种方法。

1. 使用变送器壳体上的调零螺钉进行零点调整

用变送器壳体上的调零螺钉进行零点调整按以下顺序操作。

① 进行正确校验连线。

EJA
→Dev v1,DDv2
→Dev v2,DDv1
→Dev v3,DDv1

图 4-13 检查 475 通信器时的 DD 显示画面

Fid dev Rev
2
OK

图 4-14 检查 EJA 变送器 DD 时的显示画面

② 用 475 现场通信器将 EXE SW 模式设置为［ENABLE］即为允许，解除禁止状态。

③ 调零螺钉为一字螺钉，调零螺钉顺时针转动，输出增加，反之输出减少，调零分辨率可达量程的 0.01%，零点的调整量与调零螺钉的转动速度成正比，因此，微调时应慢，粗调时可以加快转动速度。通过观察与变送器相连接的电流表，将输出电流精确地调至 4mA DC；零点调好后，勿立即切断变送器电源，如果调整后 30s 内切断电源，零点将恢复到原值。

2. 用 475 现场通信器进行零点调整

使用 475 现场通信器能方便地对变送器进行调零，调整方法见 475 现场通信器操作使用和参数设置。

（四）量程调整

变送器的量程调整也有两种方法：一是通过 475 现场通信器进行调整；二是通过使用附在内藏显示表上的“量程设定”开关（按钮）和调零螺钉进行测量范围的上、下限值（LRV 和 HRV）的设定。其操作方法如下。

① 进行正确校验连线。

② 打开电源，并预热 5min。

③ 向变送器高压侧通 0kPa 压力。

④ 按下测量范围设定按钮，这时内藏指示计显示［LEST］(下限设定)。

⑤ 调节外部调零螺钉，使输出信号为 0%（4mA DC）。

⑥ 按下测量范围设定按钮，这时内藏指示计显示［USET］(上限设定)。

⑦ 向变送器高压侧通测量范围上限压力值。

⑧ 调节外部调零螺钉，直到输出信号为 100%（20mA DC）。

⑨ 按下量程设定按钮，使变送器由调整状态回到正常测量状态。

四、DPharp EJA 智能变送器参数设置

475 现场通信器的功能很强，归纳起来主要完成三个方面的功能。

① 参数和自诊断信息显示。

② 参数的设置和修改。

③ 调整测试和存储记录。

参数设置首先要对 DPharp EJA 变送器、475 现场通信器、高精度压力表（0.25 级）、高精度电流表（0.25 级）、24V DC 电源、250Ω 标准电阻、气源、定值器、管线、导线等进行正确连接；如连接正确，上电后，打开 475 现场通信器电源开关，在主菜单进入 HART Application 功能后，立即自动显示如图 4-11 所示的“在线画面（Online）”，所有 DPharp EJA 变送器参数设置和修改的操作，均从此“在线画面”开始。

DPharp EJA 智能变送器软功能键及命令说明如表 4-4 所示。

表 4-4　功能键的命令说明

F1	F2	F3	F4
HELP 在线帮助	ON/OFF 二进制变量的有效/失效	ABORT 结束现在的任务	OK 确认
RETRY 重试(在通信)	DEL 删除现在的文字或 热键菜单项目	ESC 取消操作并退出	ENTER 接受输入数据
EXIT 返回上一级菜单	SEND 向设备发送数据， 或标记发送的数据	QUIT 因通信错误，使通信终止	NEXT 离开当前菜单
YES 回答 YES/NO	PGUP 帮助窗口上翻一页	PGDN 帮助窗口下翻一页	NO 回答 YES/NO
ALL 与设备相关的全部热键， 含热键菜单中的当前热键	PREV 移到信息清单中的 上一条信息	NEXT 移到信息清单中的 下一条信息	SKIP 在离线状态下不标记 被发送的变量
		HOME 切换到开始菜单	ONE 含某装置的热键项目
		BACK 切换到 HOME 之前的菜单	
		EDIT 编辑	
		ADD 将现在的项目加进热键菜单	
		SAVE 存信息到智能终端中	
		SEND 向设备发送数据， 或标记发送的数据	

其中参数设置就是用 475 现场通信器完成对 DPharp EJA 变送器操作的主要内容，参数的用途与选择如表 4-5 所示。

表 4-5　参数的用途与选择

项　目		现场通信器	概　要
内存		Tag	位号，最多 8 个字
		Descriptor	最多 16 个字
		Message	最多 32 个字
		Date	XX/YY/ZZ
变送器	工程单位	Unit	inH_2O，inHg，ftH_2O，mmH_2O，mmHg，psi，bar，mbar，g/cm^2，kg/cm^2，Pa，kPa，MPa，torr，atm
	量程范围	LRV/URV	用按键进行测量量程的标定
		Apply values	施加实际输入进行直流信号 4～20mA 的量程设定
	输出方式	Xfer fnctn	输出信号方式可设定为[线性](与输入的差压信号成比例)，或[开方](与流量成比例)

续表

项目		现场通信器	概要
变送器	阻尼时间常数	Damp	调整对于直流 4～20mA 的输出响应速度
	输出信号低截止模式	Low cut	主要用于输出信号为平方根时，零点附近输出的稳定性。有两种模式可供选择：当输入低于某个值时，强制输出为 0%，或输入输出成线性
		Cut mode	线性或归零
	正反流量测量方式	Bi-dire mode	用于正反流量测量
	H_2O 单位的选择	H_2O Unit select	4℃(39.2 ℉)/20℃(68 ℉)
	温度单位	Snsr temp unit	用通信器进行显示温度单位的设定
	静压单位	Static pres unit	用通信器进行显示静压单位的设定
显示	内藏显示表的显示方式	Display fnctn	可将内藏指示计显示方式设定为[线性](与输入差压信号成比例)或[开方](与流量成比例)
		Display mode	以下 5 种显示方式：%，用户设置，% & 用户设置交替，输入压力显示，输入压力 & %交替显示
	内藏显示表的刻度	Enger disp range	工程单位/工程显示 LRV/工程显示 URV/工程显示点
HART 输出	脉冲模式	Burst option	连续发送数据(压力/%/AO/输出)
		Burst mode	Burst 方式的 ON/OFF 切换
	多路接线方式	Poll addr	设定终端地址(1～15)
		Auto poll	多路接线方式的切换 ON/OFF
监视		Pres	压力变量
		% rnge	%输出变量
		A01 out	4～20mA 的输出变量
		Snsr temp	传感器温度
		Static pres	静压
		Engr display	在 LCD 上显示以工程单位的输出
维护保养	测试输出	Loop test	使用于回路自测。输出可由－5%～110%的范围内，以 1%为单位自由设定
	自诊断	Self test	用自诊断命令自测，并显示错误信息
		Status	显示自检及变送器校正结果
	CPU 异常时的输出	A01 Alarm typ	显示错误发生时的 4～20mA 直流输出的状态
	外部开关的保护/许可	Ext SW mode	显示/设定有关 LRV(URV)设定的外部开关的保护/许可
	写保护	Write protect	显示“通过手操器设置变量”的允许/保护状态
		Enable write	输入密码后，写保护将被解除 10min
		New password	设定新密码
调校	零点调校	Zero trim	将当前的输入值设定在 0kPa
	传感器的调校	Lower-Upper Sensor trim	仅对被测压力值进行调校
	模拟输出的调校	D/A trim，Scaled D/A trim	调校输出电流为 4mA 和 20mA 两点时的输出值

1. 位号设置

变送器出厂时按用户订单要求设置位号。

【例 4-1】 将 Tag（位号）从［YOKOGAWA］变更为［FIC-1A］，可按表 4-6 顺序操作。

表 4-6　位号设置

步骤	显示	键操作	注释
1	EJA:YOKOGAWA Online 1 Device setup 2Pres　0.000KPa 3 A01 Out　12.000mA 4 LRV　-2000.0mmH_2O 5 URV　2000.0mmH_2O SAVE　BACK	▷ 或 #%& 1	正确接线后，打开 475 现场通信器的电源，进入 HART Application，显示如 1 的在线画面 选择[Device setup]
2	EJA: YOKOGAWA Device setup 1 Process Varlables 2 Diag/Service 3 BasicSetup 4 Detailed Setup 5 Review SAVE　HOME	▽ ×2 ▷ 或 DEF 3	选择[Basic Setup]
3	EJA: YOKOGAWA Basic Setup 1 Tag　YOKOGAWA 2Unit　mmH_2O 3 Re -range 4 Device information 5 Xfer fnctn　Linear HELP　SAVE　HOME	▷	选择[Tag]
4	EJA: YOKOGAWA Tag YOKOGAWA YOKOGAWA HELP　DEL　ESC　ENTER		出现设定[Tag]的画面
5	EJA: YOKOGAWA Tag YOKOGAWA FIC-1A HELP　DEL　ESC　ENTER	DEF 3 ×3　GHI 4 ×3　ABC 2 ×3 + * / - ×4　#%& 1 ×4　ABC 2 ENTER	输入数据后，点下 ENTER 软键，将数据存储到通信器中

续表

步骤	显示	键操作	注释
6	EJA: YOKOGAWA Basic setup 1*Tag FIC-1A 2Unit mmH_2O 3 Re-range 4 Device information 5 Xfer fncth Linear HELP SEND HOME	SEND	点下SEND软键，将数据发送到变送器中
7	EJA: FIC-1A Basic setup 1 Tag FIC-1A 2 Unit mmH_2O 3 Re-range 4 Device information 5 Xfer fncth Linear HELP SAVE HOME		♡闪烁时，为通信中 传送结束后，SEND消失，点HOME软键，切换到“在线画面”

2. 单位设置

变送器出厂时按用户订单要求设置单位。

【例 4-2】 将单位从［mmH_2O］变更为［kPa］可按表 4-7 顺序进行操作。

表 4-7 单位设置

步骤	显示	键操作	注释
1	EJA: FIC-1A Online 1 Device setup 2Pres 0.000kPa 3 A01 Out 12.000mA 4 LRV −2000.0mmH_2O 5 URV 2000.0mmH_2O SAVE BACK	▷ 或 #%& 1	正确接线后，打开475现场通信器电源，进入HART Application，显示如1的在线画面 选择[1 Device setup]
2	EJA: FIC-1A Device setup 1 Process Varlables 2 Diag/Service 3 BasicSetup 4 Detailed Setup 5 Review SAVE HOME	▽ ×2 ▷ 或 DEF 3	
3	EJA: FIC-1A Basic Setup 1 Tag FIC-1A 2Unit mmH_2O 3 Re-range 4 Device information 5 Xfer fnctn Linear HELP SAVE HOME	▽ 或 ABC 2 ▷	

续表

步骤	显　示	键 操 作	注　释
4	EJA：FIC-1A Unit mmH_2O inH_2O inHg ftH_2O mmH_2O ESC　ENTER	▽ ×8 ENTER　OK	选择所希望的工程单位(kPa)，并点 ENTER、OK 软键
5	EJA：FIC-1A Basic Setup 1 Tag　FIC-1A 2 *Unit　kPa 3 Re-range 4 Device information 5 Xfer fnctn　Linear HELP　SEND　HOME	SEND	点 SEND 软键，发送数据给变送器
6	EJA：FIC-1A Basic Setup 1 Tag　FIC-1A Unit　kPa 3 Re-range 4 Device information 5 Xfer fnctn　Linear HELP　SAVE　HOME	HOME	单位更改成功 点 HOME 软键，切换到"在线画面"

3. 量程设置

变送器出厂时按用户订单要求设置量程，若要改变其量程，可用如下两种方法进行设置。

(1) 用 475 现场通信器按键操作输入下限值（LRV）、上限值（URV）

【例 4-3】 将量程从 0.000～40.000kPa 调整到 10.000～80.000kPa 的设定方法，可按表 4-8 顺序操作。

表 4-8　475 现场通信器按键操作输入下限值（LRV）、**上限值**（URV）

步骤	显　示	键 操 作	注　释
1	EJA：FIC-1A Online 1 Device se tup 2Pres　0.000kPa 3 A01 Out　4.000mA 4 LRV　0.000kPa 5URV　40.000kPa SAVE　BACK	GHI 4	正确接线后，打开 475 现场通信器，进入 HART Application，显示如 1 的在线画面 选择[LRV]

续表

步骤	显　示	键 操 作	注　释
2	EJA: FIC-1A 1 LRV　0..000kPa 2 URV　40.000kPa HELP　HOME	▷	选择[LRV],设置下限值
3	EJA: FIC-1A LRV 0.000kPa 10.000 HELP　DEL　ESC　ENTER	#%& 1　<> 0　,0' . <> 0　<> 0　<> 0 ENTER	键入[10.000],点 ENTER 软键确认
4	EJA: FIC-1A 1 * LRV　10.000kPa 2 URV　40.000kPa HELP　SEND　HOME	ABC 2	选[URV],设置上限值
5	EJA:FIC-1A URV 40.000kPa 80.000 HELP　DEL　ESC　ENTER	TUV 8　<> 0　,0' .　<> 0 <> 0　<> 0 ENTER	键入[80.000],点 ENTER 软键确认
6	EJA: FIC-1A 1 * LRV　10.000kPa 2 * URV　80.000kPa HELP　SEND　HOME	SEND	点 SEND 软键,发送数据,SEND 消失
7	EJA: FIC-1A 1 LRV　10.000kPa 2 URV　80.000kPa HELP　HOME	HOME	更改量程成功。点 HOME 软键切换到“在线画面”

（2）用输入实际压力和475现场通信器的按键操作改变量程（Apply value）　用此方法改变量程，首先进行气路和电路正确连接，然后通过在变送器高压侧施加一实际大小压力而自动设置上、下限值。若锁定量程，改变下限值，上限值将自己变更。

【例4-4】 将量程从0.000～60.000kPa变更为20.000～80.000kPa时，先调出[WARN-Loop should be]选项后，再按表4-9顺序操作。

表4-9　用输入实际压力和475现场通信器的按键操作改变量程（Apply value）

步骤	显示	键操作	注释
1	EJA：FIC-1A Online 1 Device setup 2Pres　0.000kPa 3 A01 Out　4.000mA 4 LRV　0.000kPa 5URV　60.000kPa SAVE　BACK	#%& 1　DEF 3　DEF 3　ABC 2	调出在线画面，并操作 调出[WARN-Loop should be]选项
2	EJA：FIC-1A WARN-Loop should be removed from automatic control ABORT　OK	OK	
3	EJA：FIC-1A Set the 1 4mA 2 20mA 3 Exit ABORT ENTER	ENTER	选择[4mA]，点ENTER键，以设置下限值
4	EJA：FIC-1A Apply new 4ma input ABORT　OK	OK	施加20kPa的实际压力，压力稳定后，点OK键
5	EJA：FIC-1A Current applied Process value　：20.001 kPa 1 Set as 4mA value 2 Read new value 3 Leave as found ABORT ENTER	ENTER OK	

续表

步骤	显示	键操作	注释
6	**EJA：FIC-1A** **Set the** 1 4mA 2 20mA 3 Exit ABORT ENTER	▽ ENTER	
7	**EJA：FIC-1A** Apply new 20mainput ABORT OK	OK	施加 80kPa 的实际压力，压力稳定后，点 OK 键
8	**EJA：FIC-1A** **Current applied** Process value：20.001 kPa 1 Set as 4mA value 2 Read new value 3 Leave as found ABORT	ENTER	
9	**EJA：FIC-1A** **Set the** 1 4mA 2 20mA 3 Exit ABORT ENTER	ABORT OK HOME	返回在线画面
10	**EJA：FIC-1A** **Online** 1 Device setup 2Pres 0.006kPa 3 A01 Out 4.000mA 4LRV 20.092kPa 5URV 80.054kPa SAVE BACK		改变后的在线画面

4. 输出模式（线性/开方）设置

DPharp EJA 变送器的输出信号模式可设定为“线性”，$I_0=K\Delta P_i$，即输出信号与输入信号的差压成比例，也可设定为“开方”，$I_0=K\sqrt{\Delta P_i}$，即输出信号与输入差压信号的开方成比例。

如仪表原输出模式设置为“线性”，改变其输出模式时，首先进行校验连接，然后进行475 现场通信器的键操作。

【例 4-5】 将原输出模式由线性（Linear）改变为开方（Sq root ）时，按表 4-10 操作。

表 4-10 输出模式（线性/开方）设置

步骤	显示	键操作	注释
1	EJA：FIC-1A Online 1 Device setup 2Pres 0.000kPa 3 A01 Out 4.000mA 4 LRV 0.000kPa 5URV 80.000kPa SAVE BACK	#%& 1　DEF 3　JKL 5	正确接线后，打开 475 现场通信器的电源，进入 HART Application，显示如 1 的在线画面
2	EJA：FIC-1A Transfer function Linear Linear Sq root ESC ENTER	▽ ENTER SEND HOME	选择[Sq root]，点 ENTER 键。点 SEND 将数据发送至变送器 点 HOME 切换到在线画面

变送器的输出模式出厂前按用户要求设置。如果变送器带内藏显示表，输出模式设置为“SQ root”时，则“$\sqrt{\ }$”将显示在表头液晶屏上。

5. 阻尼时间常数设置

阻尼时间常数是决定 4～20mA DC 输出的响应速度。变送器出厂时阻尼时间常数设置为 2.0s。

【例 4-6】 将阻尼时间常数由 2.0s 设置为 0.2s 时，按表 4-11 顺序操作。

表 4-11 阻尼时间常数设置

步骤	显示	键操作	注释
1	EJA：FIC-1A Online 1 Device setup 2Pres 0.000kPa 3 A01 Out 4.000mA 4 LRV 0.000kPa 5URV 80.000kPa SAVE BACK	#%& 1　DEF 3　MNO 6	调出在线画面，并操作
2	EJA：FIC-1A Damping 2.00s 0.20 HELP DEL ESC ENTER	<> 0　.0' .　ABC 2 ENTER	键入[0.20]，点 ENTER 软键确认

续表

步骤	显　示	键操作	注　释
3	EJA：FIC-1A Basic Setup 1 Tag 2 Unit 3 Re-range 4 Device information 5 Xfer fncfn Linear * 6 Damp 0.20s HELP SEND HOME	SEND OK	点 SEND 软键，将数据发送至变送器 点 OK 确认
4	EJA：FIC-1A Basic Setup 1Tag FIC-1A 2 Unit kPa 3 Re -range 4 Device information 5 Xfer fnctn Linear 6 Damp 0.20s HELP SAVE HOME	HOME	出现确认显示画面 SEND 消失，设置成功。点 HOME 切换到“在线画面”

阻尼时间常数设置的数值为：0.2s，0.5s，1.0s，2.0s，4.0s，8.0s，16s，32s，64s。

6. 输出信号低端切除模式的设置

当变送器与节流装置配合检测流量时，其输出选用开方模式，为减少小流量时的测量误差，需要对变送器的低端小信号进行切除，使输出信号稳定。切除点可在 0%～20%量程内任意设置，有“线性”或“归零”两个模式。如图 4-15 所示。

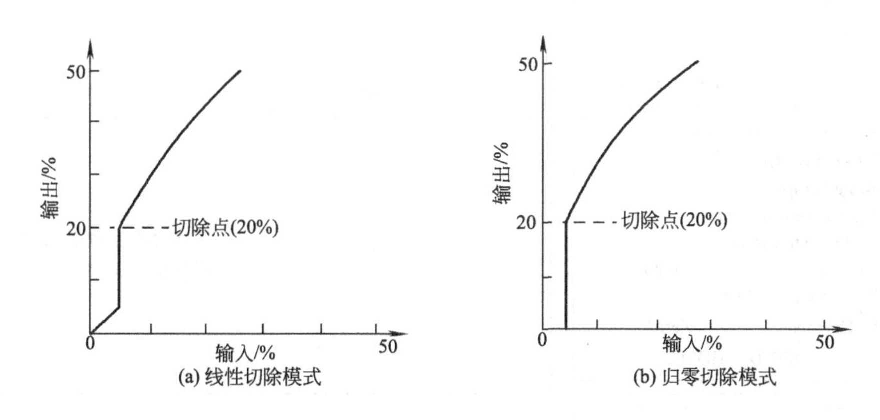

图 4-15　输出信号低端切除模式

【例 4-7】 将低切除点设定为 20%，切除方式设定为“归零”时，按表 4-12 顺序操作。

7. 双向流体测量设置

变送器在测量流体流量时，有时流体正反两个方向流动，这时变送器可设置为双向流体流量。方法如图 4-16 所示。

表 4-12　输出信号低端切除模式的设置

步骤	显　示	键　操　作	注　释
1	EJA: FIC-1A **Online** 1 Device setup 2Pres　0.000kPa 3 A01 Out　4.000mA 4 LRV　0.000kPa 5URV　80.000kPa SAVE　BACK	#%& 1　DEF 3　PQRS 7	调出在线画面,并操作选[Low cut]
2	EJA: FIC-1A **Low cut** 10.00% 20.00 DEL　ESC　ENTER	ABC 2　<> 0　,0 .　<> 0 ENTER	设定为 20%
3	EJA: FIC-1A **Basic Setup** 4 Device information 5 Xfer fnctn Linear 6 Damp　0.20s 7 * Low cut　20.00% 8 Cut mode　Linear SEND　HOME	▽　▷	选[Cut mode]
4	EJA: FIC-1A **Cut mode** Linear Linear Zero ESC　ENTER	▽ ENTER	设定为[Zero]
5	EJA: FIC-1A **Basic Setup** 4 Device information 5 Xfer fnctn Linear 6 Damp　0.20s 7 * Low cut　20.00% 8 * Cut mode　Zero SEND　HOME	SEND	点 SEND 发送数据,SEND 显示消失,设置成功
6	EJA: FIC-1A **Basic Setup** 4 Device information 5 Xfer fnctn Linear 6 Damp　0.20s 7 Low cut　20.00% 8 Cut mode　Zero SEND　HOME	HOME	返回在线画面

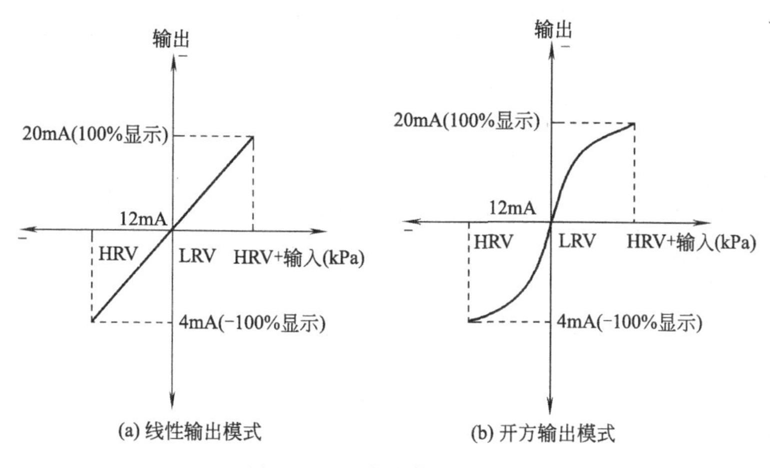

图 4-16 双向流体测量设置

【例 4-8】 将测量范围为 0～3000mmH_2O时（LRV＝0mmH_2O；URV＝3000mmH_2O）设置为双向流体时，按表 4-13 顺序操作。

表 4-13 双向流体测量设置

步骤	显示	键操作	注释
1	EJA：FIC-1A Online 1 Device setup 2Pres 0.000kPa 3 A01 Out 4.000mA 4LRV 0.00mmH_2O 5URV 3000.0mmH_2O SAVE BACK	#%& 1　GHI 4　ABC 2　TUV 8	调出在线画面，并操作。选[Bi-dir mode]
2	EJA：FIC-1A Bi-dir mode OFF Off On ESC ENTER	▽ ENTER SEND	调出[Bi-dir mode]项，选择[On]，点 ENTER 键确认，点 SEND 键发送数据，点 HOME 返回在线画面

如上设置，测量范围为－3000～3000mmH_2O，对应的输出为 0%～50%～100%。LRV 与 URV 不变化，即该参数设置允许输入为 0%时输出为 50%。若 Bi-dir 方式与 Xfer fntcn 结合设置，将对输出 0%～50%及 50%～100%分别独立进行开方计算。

8. 内藏显示表的显示模式设置

EJA 智能变送器内藏显示计的显示模式有两种：线性模式和开方模式。

【例 4-9】 将变送器的［Linear（线性）］模式变更为［Sq root（开方）］模式时，按表 4-14 顺序操作。

表 4-14　内藏显示表的显示模式设置

步骤	显　示	键 操 作	注　释
1	EJA: FIC-1A Online 1 Device setup 2Pres 0.000kPa 3 A01 Out 4.000mA 4 LRV 0.000kPa 5URV 80.000kPa SAVE BACK	#%& 1　GHI 4　GHI 4　ABC 2	调出在线画面，并操作。选择[Display fnctn]
2	EJA: FIC-1A Display fnctn Linear Linear Square Root ESC ENTER	▽ ENTER SEND	选择[Square root]，点 ENTER 键确认。点 SEND 发送数据。点 HOME 返回在线画面

注意：输出模式设置为开方模式后，内藏显示表的显示模式自动锁定为开方模式。

9. 内藏显示表显示数值设置

EJA 变送器内藏显示表数值选项有五种可供选择，其内藏显示表显示数值选项如表 4-15 所示。

表 4-15　内藏显示表显示数值选项

D20:显示选择	显　示	相应参数项	说　明
NORMAL% （百分比）	45.6%	% mge 45.6%	显示值:设定量程的－5%～110%
USER SET （用户设定）	20.0	Engr disp range 20.0M	显示值:设定量程范围(用户单位)用自定义单位不显示
USER&%	45.6% 20.0	% mge 45.6% Engr disp range 20.0M	用户单位与%交替显示(3s)
INP PRES	456kPa	Pres 456kPa	显示输入压力
PRES&%	45.6% 20.0kPa	% mge 45.6% Pres 20.0kPa	输入压力和%交替显示(3s)

注：LCD 上显示的位数，是根据智能终端设定的 URV 的数值决定的。

（1）显示数值选项设置

【例 4-10】 设置内藏显示计显示“User set”（用户设定）模式时，按表 4-16 选项操作。

表 4-16 显示数值选项设置

步骤	显 示	键 操 作	注 释
1	EJA: FIC-1A Online 1 Device setup 2Pres 0.000kPa 3 A01 Out 4.000mA 4LRV 0.000kPa 5URV 80.000kPa SAVE BACK	#%& 1　GHI 4　GHI 4　#%& 1	调出在线画面，并操作。调出[Display mode]项
2	EJA: FIC-1A Display mode Normal % Normal % User set User set & % Input press Input press & % ESC ENTER	▽ ENTER SEND	选择[User set]，点 ENTER 键。点 SEND 键发送数据

(2) 设置用户自定义单位　EJA 变送器可设置用户自定义工程单位。变送器出厂时已按订单要求预置。显示计上不能显示这些自定义的单位符号，而是根据用户的需要，事先将设定好的单位打印在粘胶纸上，再粘在显示计上。此项不必设%显示。

【例 4-11】 将自定义工程单位设置为“M”（米）时，按表 4-17 顺序操作。

表 4-17 用户自定义单位设置

步骤	显 示	键 操 作	注 释
1	EJA: FIC-1A Online 1 Device setup 2Pres 0.000kPa 3 A01 Out 4.000mA 4 LRV 0.000kPa 5URV 80.000kPa SAVE BACK	#%& 1　GH I 4　GH I 4　DEF 3 #%& 1	调出在线画面，并操作。调出[Engr unit]项
2	EJA: FIC-1A Engr unit M DEL ESC ENTER	MNO 6 ENTER SEND	点 ENTER 键，点 SEND 发送数据

(3) 工程单位上、下限设置　[Engr dirp LRV] 与 [Engr disp URV] 参数用于工程单位显示上、下限值的设定。仪表出厂时按订单要求设置，该项不必设置%显示。

【例 4-12】 将下限值（LRV）设定为－50，上限值（URV）设定为 50 时，按表 4-18 顺序操作。

表 4-18　工程单位上、下限设置

步骤	显　示	键　操　作	注　释
1	**EJA：FIC-1A** **Online** 1 Device setup 2Pres　0.000kPa 3 A01 Out　4.000mA 4 LRV　0.000kPa 5URV　80.000kPa SAVE　BACK	#%& 1　GHI 4　GHI 4　DEF 3 ABC 2	调出在线画面，并操作。调出[Engr dirp LRV]项
2	**EJA：FIC-1A** Engr disp LRV 0.0 -50.00 DEL　ESC　ENTER	+*/ -　JKL 5　~<> 0 ENTER	键入－50.00，点 ENTER 键
3	**EJA：FIC-1A** **Engr disp range** 1 Engr unit 2* Engr disp LRV 3 Engr dis　p URV 4 Engr disp point DEL　ESC　ENTER	▽　▷	选择[Engr disp URV]项
4	**EJA：FIC-1A** Engr disp URV 0.0 50 DEL　ESC　ENTER	JKL 5　~<> 0 ENTER	键入 50，点 ENTER 键
5	**EJA：FIC-1A** **Engr disp range** 1 Engr unit 2* Engr disp LRV 3* Engr disp URV 4 Engr disp point DEL　ESC　ENTER	SEND	点 SEND，发送数据
6	**EJA：FIC-1A** **Engr disp range** 1 Engr unit 2Engr disp LRV 3 Engr disp URV 4 Engr disp point SAVE　HOME	HOME	点 HOME，返回在线画面

10. 温度单位设置

在 EJA 变送器的测量部件和放大器内，有测温元件，并能显示其温度值，所以需设定温度单位，仪表出厂时温度单位设定为“C”（摄氏度）。

【例 4-13】 将原温度单位“C”改变为“F”（华氏度）时，按表 4-19 选项操作。

表 4-19 温度单位设置

步骤	显 示	键 操 作	注 释
1	EJA：FIC-1A Online 1 Device setup 2Pres 0.000kPa 3 A01 Out 4.000mA 4 LRV 0.000kPa 5URV 80.000kPa SAVE BACK	#%& 1　GH I 4　#%& 1　ABC 2　ABC 2	调出在线画面，并操作。调出[Snsr temp unit]项
2	EJA：FIC-1A Snsr temp unit C C F ESC ENTER	▽ ENTER SEND	选择：F(华氏) 点 ENTER 键，点 SEND 发送数据

11. 静压单位设置

静压单位有：inH_2O、inHg、ftH_2O、mmH_2O、mmHg、psi、bar、mbar、g/cm^2、kg/cm^2、Pa、kPa、torr、atm 共 14 种。

【例 4-14】 将静压单位由“mmH_2O”变为“kPa”时，按表 4-20 选项操作。

表 4-20 静压单位设置

步骤	显 示	键 操 作	注 释
1	EJA：FIC-1A Online 1 Device setup 2Pres 0.000kPa 3 A01 Out 4.000mA 4 LRV 0.000kPa 5URV 80.000kPa SAVE BACK	#%& 1　GH I 4　#%& 1　DEF 3　ABC 2	调出在线画面，并操作。调出[Static pres unit]项
2	EJA：FIC-1A Static pres unit mmH_2O mmH_2O mmHg Psi bar ESC ENTER	▽ ×8 ENTER SEND	选择[kPa]，点 ENTER 键，确认。点 SEND 键，传送数据

12. 输出测试设置

该功能用于使输出为一恒流源 3.2（−5%）～21.6mA（110%），以检查回路是否正常。

【例 4-15】 设定输出 12mA（50%）恒流值时，按表 4-21 顺序操作。

表 4-21　输出测试设置

步骤	显　　示	键　操　作	注　　释
1	**EJA：FIC-1A** **Online** 1 Device setup 2Pres　0.000kPa 3 A01 Out　4.000mA 4 LRV　0.000kPa 5URV　80.000kPa SAVE　BACK	#%& 1　ABC 2　ABC 2 OK	调出在线画面，并操作。调出[Choose analog output level]项
2	**EJA：FIC-1A** **Choose analog output level** 1 4mA 2 20mA 3 Other 4 End ABORT ENTER	▽ ▽ ENTER	选择[Other]，点 ENTER 键
3	**EJA：FIC-1A** Output(4.000mA) 12.00 HELP　DEL　ABORT ENTER	#%& 1　ABC 2　.0' .　<> 0　<> 0 ENTER OK	输入[12.00]，点 ENTER 键。输出 12mA 恒流
4	**EJA：FIC-1A** Choose analog output Level 1　4mA 2 20mA 3 Other 4 End ABORT ENTER	▽ ▽ ▽ ENTER OK	要结束回路测试，选择 END，点 ENTER 键，点 OK 键，点 HOME，返回在线画面

以上回路检测大致需要 10min，10min 后自动解除。要退出回路检测，要按 OK 恢复，否则变送器无法测量。

13. 传感器微调

每台 DPharp EJA 变送器在出厂前已被特性化，所谓工厂特性化就是一个在基准压力和温度范围内，对变送器传感器模块的输出和一已知输入压力进行比较校正的过程。在特性化过程中，比较信息被储存在变送器的 EEPROM 内。在工作中依赖于输入压力，变送器会使用存储的曲线输出一个使用工程单位的过程变量（PV）。利用传感器微调校正程序，可以对由计算求出的过程变量进行校正。

传感器的微调有两种方法，即传感器的零点调整和满度调整。

零点调整是由安装位置或静压引起的零点漂移进行补正的典型的一点调整法。其调整方法按表 4-22 顺序操作。

表 4-22 传感器零点微调操作

步骤	显示	键操作	注释
1	**EJA：FIC-1A** **Online** 1 Device setup 2Pres 0.000kPa 3 A01 Out 4.000mA 4 LRV 20.000kPa 5URV 60.000kPa SAVE BACK	#%& 1　ABC 2　DEF 3　DEF 3	调出在线画面，并操作。调出[Sensor trim]设置项
2	**EJA：FIC-1A** **Sensor trim** 1 Zero trim 2 Pres 0.001 kPa 3 Lower sensor trim 4 Upper sensor trim 5 Sensor trim points HELP SAVE HOME	#%& 1 OK OK OK OK	进入[Zero trim] 让 $\Delta p=\Delta p_{min}=0, I_0=4mA$

满度调整就是一个两点过程，输入两个精确的端点压力（大于或等于量程值），线性化这两点之间的输出。

【例 4-16】 将测量范围为 20.0～60.0kPa 的传感器进行微调时，按表 4-23 顺序操作。

表 4-23 传感器满度微调操作

步骤	显示	键操作	注释
1	**EJA：FIC-1A** **Online** 1 Device setup 2Pres 0.000kPa 3 A01 Out 3.998mA 4 LRV 20.000kPa 5URV 60.000kPa SAVE BACK	#%& 1　ABC 2　DEF 3　DEF 3	调出在线画面，并操作。调出[Sensor trim]设置项
2	**EJA：FIC-1A** **Sensor trim** 1 Zero trim 2 Pres 3 Lower sensor trim 4 Upper sensor trim 5 Sensor trim points HELP HOME	DEF 3	选择[Lower Sensor trim] $\Delta p=\Delta p_{min}=A, I_0=4mA$

续表

步骤	显　示	键　操　作	注　　释
3	**EJA: FIC-1A** Apply low pressure ABORT　OK	OK	给变送器加 $\Delta p=\Delta p_{min}=$ 20.00kPa 的标准压力。在压力稳定后点 OK
4	**EJA: FIC-1A** Press OK when Pressure is stable ABORT　OK	OK	
5	**EJA: FIC-1A** Enter applied Pressure value　( ) 20.00 HOME ENTER	ENTER	键入 20.00，点 ENTER 键
6	**EJA: FIC-1A** **Sensor trim** 1 Zero trim 2 Pres　20.007 kPa 3 Lower sensor trim 4 Upper sensor trim 5 Sensor trim points HELP SAVE　HOME	GHI 4	选择[Upper sensor trim] 让 $\Delta p=\Delta p_{max}=B, I_0=20mA$
7	**EJA: FIC-1A** Apply hi pressure ABORT　OK	OK	给变送器加 60.00kPa 的标准压力。在压力稳定后点 OK
8	**EJA: FIC-1A** Press OK when Pressure is stable ABORT　OK	OK	

续表

步骤	显示	键操作	注释
9	EJA：FIC1A Enter applied Pressure value （） 60.00 HOME ENTER	ENTER	键入[60.00]，点 ENTER 键。微调操作结束
10	EJA：FIC-1A **Sensor trim** 1 Zero trim 2 Pres 60.007 kPa 3 Lower sensor trim 4 Upper sensor trim 5 Sensor trim points HELP SAVE HOME	HOME	点 HOME 键，返回在线画面

14. 模拟输出微调

调校 DPharp EJA 变送器输出电流为 4mA 和 20mA 两点时的输出值，有两种方法：即采用［D/A trim］或［scaled D/A trim］进行输出微调校。

① 当输出信号为 0% 和 100%，而输出接的校正用数字安培表的读数下限值不是 4.000mA 和上限值不是 20.000mA 时选择［D/A trim］方法。

【例 4-17】 采用安培表接输出端进行输出值调校时，按表 4-24 顺序操作。

表 4-24 采用安培表接输出端进行模拟输出微调操作

步骤	显示	键操作	注释
1	EJA：FIC-1A **Online** 1 Device setup 2Pres 0.000kPa 3 A01 Out 4.000mA 4 LRV 0.000kPa 5URV 80.000kPa SAVE BACK	#%& 1　ABC 2　DEF 3　ABC 2	调出在线画面，并操作。调出[Trim analog output]设置项
2	EJA：FIC-1A **Trim analog output** 1 D/A trim 2 Scaled D/A trim HELP SAVE HOME	#%& 1	选择[D/A trim]项

续表

步骤	显　　示	键　操　作	注　　释
3	**EJA：FIC-1A** WARN -Loop should be removed from automatic control OK	OK	接通安培表(精确到+1μA)
4	**EJA：FIC-1A** Connect reference meter BORT　OK	OK	
5	**EJA：FIC-1A** Setting fld dev Output to 4mA ABORT　OK	OK	变送器输出0%的输出信号
6	**EJA：FIC-1A** Enter meter value　(4.000mA) 4.115 HELP　DEL　ESC　ENTER	GHI 4　,0' .　#%& 1　#%& 1 JKL 5 ENTER	输入安培表读数[4.115]，点ENTER键，改变变送器的输出值
7	**EJA：FIC-1A** Fid dev output 4.000 mA equal to reference meter? 1 Yes 2 No ABORT ENTER	ENTER	如电流表的读数是4.000mA，选择[Yes]，点ENTER。如果读数不是4.000mA时，选择[No]，重复步骤4、5、6直到安培表读数为4.000mA

续表

步骤	显示	键操作	注释
8	EJA: FIC-1A Setting fld dev output to 20mA ABORT OK	OK	按 OK，变送器输出 100%的输出信号
9	EJA: FIC-1A Enter meter value (20.00mA) 19.050 HELP DEL ABORT ENTER	#%& 1 / WXYZ 9 / ,()' . / <> 0 / JKL 5 / <> 0 ENTER	输入安培表的读数：19.050，步骤同上
10	EJA: FIC-1A Fld dev output 20.000 mA epual to reference meter? 1 Yes 2 No ABORT ENTER	ENTER	安培表的读数：20.000mA
11	EJA: FIC-1A NOTE-Loop may be Returned to automatic Control OK	OK	点 OK 后，返回[Trim analog output]画面

② 当校正用数字电压表时，选择［Scaled D/A trim］方法。

因为采用数字电压表接输出端进行输出值微调的方法应用较少，所以此处不再讨论。

15. 调零模式的设置

EJA 变送器有两种调零模式供选择设置，即外部调零模式和内部调零模式。外部调零模式就是运用变送器的外部调零螺钉进行调零，内部调零模式就是用 475 现场通信器进行调零。两调零模式通过 Enable（使能）/Inhibit（禁止）设置来实现。

当设置选项为 Enable（使能）时为可以外部调零，当设置选项为 Inhibit（禁止）时为禁止外部调零，即为内部调零。变送器出厂时，设定为 Enable。

【例 4-18】 进行禁止外部调零设置时，按表 4-25 进行选项操作。

表 4-25　调零模式的设置

步骤	显　示	键　操　作	注　释
1	EJA：FIC-1A Online 1 Device setup 2Pres　0.000kPa 3 A01 Out　4.000mA 4 LRV　0.000kPa 5URV　80.000kPa SAVE　BACK	#%& 1　GHI 4　JKL 5　#%& 1　PQRS 7	调出在线画面，并操作。调出[Ext SW mode]画面
2	EJA：FIC-1A Ext SW mode Enable Enable Inhibit ESC　ENTER	▽ ENTER SEND HOME	选择[Inhibit]，点 ENTER 确认。点 SEND 发送数据。点 HOME 返回在线画面

16. 写保护

EJA 变送器的数据由写保护功能保存。当最大 8 个数字输入到 "New password" 栏内并传送到变送器后，写保护状态变为 "YES"。在此状态下，变送器不接受参数改变。当 8 个数字输入到 "New password" 栏或选择 "Enable write" 并送到变送器后，在 10min 内改变参数是可以的。

要从写保护 "YES" 改为写保护 "NO" 时，需在解除写保护（NO）后在 "New password" 栏内，输入 8 个空格。

（1）写保护与密码口令的设置

【例 4-19】 将密码口令设置为［1 2 3 4 U U U U］时，按表 4-26 进行顺序操作。

表 4-26　密码口令的设置

步骤	显　示	键　操　作	注　释
1	EJA：FIC- 1A Online 1 Device setup 2Pres　0.000kPa 3 A01 Out　4.000mA 4 LRV　0.000kPa 5URV　80.000kPa SAVE　BACK	>>>	调出在线画面，并操作。点热键 >>>，调出[Hot key]画面
2	EJA：FIC- 1A Hot key 1 keypad input 2 wrt protect menu SAVE	ABC 2	选择[wrt protect menu]

续表

步骤	显 示	键 操 作	注 释
3	EJA: FIC-1A **Wrt protect menu** 1 write protect No 2 Enable wrt10min 3 New password 4Soft ware seal Keep HELP SAVE	DEF 3	选择[New password]
4	EJA: FIC-1A Enter new password to change state of wite protect ( ) 1234UUUU DEL ABORT ENTER	#%& 1 ×4 ABC 2 ×4 DEF 3 ×4 GHI 4 ×4 TUV 8 ×8 ENTER ENTER OK	输入新的密码口令，例：1 2 3 4 U U U U
5	EJA: FIC- 1A **Wrt protect menu** 1 write protect Yes 2 Enable wrt10min 3 New password 4 Soft ware seal Keep SAVE	←	写保护状态从[NO]变为[YES]，写保护密码口令设置成功。密码口令为：1 2 3 4 U U U U 点 ← 软键，退出结束

（2）解除写保护状态 10min 的操作　解除写保护状态 10min 的操作，按表 4-27 进行顺序操作。

表 4-27　解除写保护状态 10min 的操作

步骤	显 示	键 操 作	注 释
1	EJA: FIC-1A **Online** 1 Device setup 2Pres 0.000kPa 3 A01 Out 4.000mA 4 LRV 0.000kPa 5URV 80.000kPa SAVE BACK	>>>	点 >>> 热键，调出[Hot key]画面
2	EJA: FIC-1A **Hot key** 1 keypad input 2 wrt protect menu SAVE	ABC 2	调出[wrt protect menu]

续表

步骤	显　示	键 操 作	注　释
3	**EJA: FIC-1A** **Wrt protect menu** 1 write protect　Yes 2 Enable wrt10min 3 New password 4 Soft ware seal　Keep HELP　SAVE	ABC 2	调出[Enable wrt10min]
4	**EJA: FIC-1A** Enter current Password to enable to write for10 minutes( ) 1234UUUU DEL　ABORT　ENTER	#%& 1 ×4　ABC 2 ×4 DEF 3 ×4　GHI 4 ×4 TUV 8 ×8 ENTER　OK　OK	输入已知密码口令:1 2 3 4 U U U U
5	**EJA: FIC-1A** **Wrt protect menu** 1 write protect　NO 2 Enable wrt10min 3 New password 4 Soft ware seal　Keep SAVE	←	解除写保护状态 10min，10min 后，或 EJA 变送器关机后再次开机还进入写保护状态。点 ← 返回[Hot key]
6	**EJA: FIC-1A** **Hot key** 1 keypad input 2 wrt protect menu SAVE	ABC 2	如写保护密码口令已忘记，可先调出写保护[Wrt protect menu]画面，再进行下面操作
7	**EJA: FIC-1A** **Wrt protect menu** 1 write protect　Yes 2 Enable wrt10min 3 New password 4 Soft ware seal　Keep HELP　SAVE	ABC 2	密码口令已忘记，解除写保护状态 10min 的操作。进入[Enable wrt10min]

续表

步骤	显 示	键 操 作	注 释
8	**EJA: FIC-1A** Enter current Password to enable to write for10 minutes ( ) YOKOGAWA DEL ABORT ENTER	YOKOGAWA ENTER OK OK	用显示屏软键盘(SIP)输入大写YOKOGAWA
9	**EJA: FIC-1A** **Wrt protect menu** 1 write protect NO 2 Enable wrt10min 3 New password 4 Soft ware seal Break SAVE	←	解除写保护状态10min,10min后或EJA变送器关机后再次开机还进入写保护状态。点 ← 软键,退出结束

(3) 完全解除写保护状态的操作　完全解除写保护状态的操作，有两种情况。

① 已知密码口令时，按表4-28进行顺序操作。

② 不知密码口令时，按表4-29进行顺序操作。

表4-28　已知密码口令时完全解除写保护状态的操作

步骤	显 示	键 操 作	注 释
1	**EJA: FIC-1A** **Online** 1 Device setup 2Pres 0.000kPa 3 A01 Ou t 4.000mA 4 LRV 0.000kPa 5URV 80.000kPa SAVE BACK	>>>	点 >>> 热键,调出[Hot key]画面
2	**EJA: FIC-1A** **Hot key** 1 keypad input 2 wrt protect menu SAVE	ABC 2	调出[wrt protect menu]
3	**EJA: FIC-1A** **Wrt protect menu** 1 write protect Yes 2 Enable wrt10min 3 New password 4 Soft ware seal Keep HELP SAVE	ABC 2	调出[Enable wrt10min]

续表

步骤	显示	键操作	注释
4	EJA: FIC-1A Enter current Password to enable to write for10 minutes( ) 1234UUUU DEL ABORT ENTER	×4 ×4 ×4 ×4 ×8 ENTER OK OK	输入已知的写保护密码口令1 2 3 4 U U U U
5	**EJA: FIC-1A** **Wrt protect menu** 1 write protect NO 2 Enable wrt10min 3 New password 4 Soft ware seal Keep SAVE		解除写保护状态10min，10min后，或EJA变送器关机后再次开机还进入写保护状态。进入[New password]
6	EJA: FIC-1A Enter new password to change state of write protect: ( ) DEL ABORT ENTER	×8 ENTER ENTER OK	输入8个空格
7	**EJA: FIC 0001** **Wrt protect menu** 1 wri te protect NO 2 Enable wrt10min 3 New password 4 Soft ware seal Keep SAVE	←	完全解除写保护状态。点 ← 软键，退出结束

表 4-29 不知密码口令时完全解除写保护状态的操作

步骤	显示	键操作	注释
1	**EJA: FIC-1A** **Online** 1 Device setup 2Pres 0.000kPa 3 A01 Out 4.000mA 4 LRV 0.000kPa 5URV 80.000kPa SAVE BACK	»	点 » 热键，调出[Hot key]画面

续表

步骤	显　示	键 操 作	注　释
2	EJA: FIC-1A Hot key 1 keypad input 2 wrt protect menu SAVE	ABC 2	调出[wrt protect menu]
3	EJA: FIC-1A Wrt protect menu 1 write protect Yes 2 Enable wrt10min 3 New password 4 Soft ware seal Keep HELP SAVE	ABC 2	调出[Enable wrt10min]
4	EJA: FIC-1A Enter current Password to enable to write for10 minutes( ) YOKOGAWA DEL ABORT ENTER	YOKOGAWA ENTER OK OK	因写保护密码口令已忘记，用触摸屏软键盘(SIP)输入大写 YOKOGAWA
5	EJA: FIC-1A Wrt protect menu 1 write protect NO 2 Enable wrt10min 3 New password 4 Soft ware seal Break SAVE	DEF 3	进入[New password]
6	EJA: FIC-1A Enter new Password to change state of write protect:( ) 1234TTTT DEL ABORT ENTER	#%& 1 ×4 ABC 2 ×4 DEF 3 ×4 GHI 4 ×4 TUV 8 ×4 ENTER ENTER OK	键入新的密码口令，如：1 2 3 4 T T T T

续表

步骤	显示	键操作	注释
7	**EJA:: FIC-1A** **Wrt protect menu** 1 write protect Yes 2 Enable wrt10min 3 New password 4 Soft ware seal Keep HELP SAVE	ABC 2	进入[Enable wrt10min]
8	**EJA: FIC-1A** Enter current Password to enable to write for10 minutes( ) 1234TTTT DEL ABORT ENTER	#%& 1 ×4 ABC 2 ×4 DEF 3 ×4 GHI 4 ×4 TUV 8 ×4 ENTER OK OK	键入新的密码口令,如:1 2 3 4 T T T T
9	**EJA: FIC-1A** **Wrt protect menu** 1 write protect NO 2 Enable wrt10min 3 New password 4 Soft ware seal Keep SAVE	DEF 3	进入[New password]
10	**EJA: FIC-1A** Enter new Password to change state of write protect:( ) DEL ABORT ENTER	<> 0 × 8 ENTER ENTER OK	键入 8 个空格
11	**EJA:: FIC-1A** **Wrt protect menu** 1 write protect NO 2 Enable wrt10min 3 New password 4 Soft ware seal Keep SAVE	←	完全解除写保护状态。点 ← 软键,退出结束

注意：

① [Enable write] 解除写入保护状态只有 10min。在写入保护状态被解除时，“New password”栏输入新的密码。应在 10min 之内设置密码。

② 为了完全解除写入保护状态，新的密码栏里要输入 8 个空格号。状态从 [YES] 变为 [NO]。

③ 当忘记了已设置的密码口令，输入“YOKOGAWA”过 10min 后解除。

17. 硬件写保护和超量程高低显示与设置（带 F1 代码选项）

这一功能通过 CPU 组件上的拨动开关禁止改变参数。在此状态下，硬件写保护开关置于 YES，包括 475 现场通信器在内的任何通信方法都不能改变参数。写保护开关出厂时设置为 NO，N 的位置如图 4-17 所示。

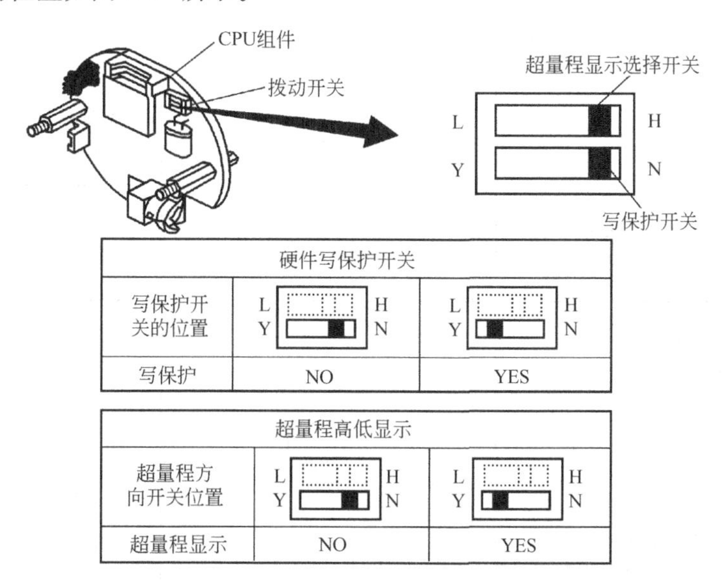

硬件写保护开关		
写保护开关的位置	L H Y N	L H Y N
写保护	NO	YES

超量程高低显示		
超量程方向开关位置	L H Y N	L H Y N
超量程显示	NO	YES

图 4-17　硬件写保护开关和超量程高低显示开关设置

五、自诊断

EJA 变送器本身故障检查有两种，其一是通过 475 现场通信器进行检查，其二是通过变送器本身的内藏指示表进行检查。

1. 使用 475 现场通信器进行检查

变送器的自诊断和不良数据设定的检查可利用 475 现场通信器进行检查。

用 475 现场通信器进行检查时，按表 4-30 进行选项操作。

表 4-30　用 475 现场通讯器进行检查时的操作

步骤	显　示	键　操　作	注　释
1	**EJA：FIC-1A** **Online** 1 Device setup 2Pres　0.000kPa 3 A01 Out　4.000mA 4 LRV　0.000kPa 5URV　80.000kPa SAVE　BACK	#%& 1　ABC 2　#%& 1	调出在线画面，并操作。调出 [Test device]

续表

步骤	显示	键操作	注释
2	EJA: FIC-1A Test device 1 Self test 2 Status HELP SAVE HOME	1	选[Self test]
3	EJA: FIC-1A Se lf test OK ABORT OK	OK	若检测没有错误，则显示[Self test OK]。发生错误，错误信息出现，自诊断结果出现在[Status]项目中
4	EJA: FIC-1A Test device 1 Self test 2 Status HELP SAVE HOME	ABC 2	选择[Status]项目
5	EJA: FIC-1A Status 1 Pressure sensor error OFF 2 Temp(Cap) sensor… OFF 3 Temp(Cap) sensor… OFF 4 EEPROM(Cap) failure OFF …… EXIT	EXIT	如没有错误，自诊断结果显示OFF。有错误则显示ON，此时有必要研究解决错误的对策。点EXIT返回

用475现场通信器进行检查时，其错误信息如表4-31所示。

2. 使用变送器本身内藏指示表进行检查

如果自诊断时发现错误，内藏显示表将显示错误代码，如果错误多于一条，则每隔2s交替显示。已知错误代码，可通过“错误信息表”查找故障原因，从而进行处理。

用内藏指示表进行检查时的显示如图4-18所示。

用内藏指示表进行检查，其错误信息表如表4-32所示。

图4-18 用内藏指示表进行检查时的显示

表 4-31 用 475 现场通信器进行检查时的错误信息

错误信息	原　因	对　策
Pressure sensor error Temp(Cap) sensor error EEPROM(Cap) failure Sensor board not initialized	膜盒故障	更换膜盒
Temp(Amp) sensor error EEPROM(Amp) failure Dev id not entered CPU board not initialized	放大板故障	更换放大器
Invalid Selection		变更设定
Parameter Too High	设置值过高	
Parameter Too Low	设置值过低	
Incorrect Byte Count		
In Write Protect Mode	设定为写保护运转	
Set to Nearest Possible Value	数值设定为最接近的值	
Lower Range Value too High	LRV 设定点过高	变更量程
Lower Range Value too Low	LRV 设定点过低	
Upper Range Value too High	URV 设定点过高	
Upper Range Value too Low	URV 设定点过低	
Span too Small	设定量程过小	
Applied Process Value too High	加压过高	调整加压
Applied Process Valued too Low	加压过低	
INew LRV pushed URV Over Sensor Limit	根据新的 LRV 设定值,URV 的偏移超过 USL	在 USL 范围内变更设定
Excess Correction Attempted	补正量过大	调整补正量
In Proper Current Mode	要求是恒流源方式,未设定为此方式	设定成为固定电流方式
In Multidrop Mode	多路挂接模式中设置	

表 4-32 用内藏指示表进行检查时的错误信息

内藏指示表	概　要	原　因	错误期间的输出	对　策
无	GOOD			
…… Er. 01	CAP MODULE FAULT	膜盒故障	使用参数 D53 设定的模式输出,信号保持高或低	更换膜盒
Er. 02	AMP MODULE FAULT	放大板故障	同上	更换放大板
Er. 03	OUT OF RANGE	输入超过膜盒测量量程极限	输出上限值或下限值	检查输入
Er. 04	OUT OF SP RANGE	静压超过规定的范围	显示现在的输出	检查管道压力(静压)
Er. 05	OVER TEMP (CAP)	膜盒温度超过范围(−50～130℃)	显示现在的输出	为了使温度保持在量程范围内,使用隔热材料或保温材料
Er. 06	OVER TEMP(AMP)	放大器温度超过范围(−50～95℃)	显示现在的输出	同上

续表

内藏指示表	概　　要	原　　因	错误期间的输出	对　　策
Er. 07	OVER OUTPUT	输出超出上限值或下限值	输出上限值或下限值	检查输入和量程设定，根据需要变更
Er. 08	OVER DISPLAY	显示值超过上限值或下限值	显示上限值或下限值	检查输入和显示条件，根据需要变更
Er. 09	ILLEGAL LRV	LRV 超出设定范围	在产生错误之前，输出保持	检查 LRV，根据需要变更
Er. 10	ILEGAL URV	URV 在设定范围之外	在产生错误之前，输出保持	检查 URV，根据需要变更
Er. 11	ILLEGAL SPAN	量程在设定范围之外	错误发生之前，输出保持	检查量程，根据需要变更
Er. 12	ZERO ADJ OVER	零点调整值过大	显示现在的输出	调整零点

六、EJA 变送器的快捷指令

在熟练掌握了 475 现场通信器对 EJA 变送器的组态操作后，即可按 EJA 变送器的 HART 通信器快捷指令序列表进行操作。并可将其做成随身携带的小卡片以备使用方便。

EJA 变送器的 HART 通信器快捷指令序列如表 4-33 所示。

表 4-33　EJA 变送器的 HART 通信器快捷指令序列表

功　　能		通信器快捷键	备　　注
位号		1 3 1	
单位		1 3 2	mmH_2O、kPa、Pa…
按键输入量程设定		4 或 5	LRV、URV
压力输入量程设定		1 3 3 2	
输出模式		1 3 5	线性(Linear)、开方(Sqroot)
阻尼时间		1 3 6	0.2～2.0～64s
小信号切除量		1 3 7	0%～20%
小信号切除方式		1 3 8	线性(Linear)、归零(Zero)
正、反方式(输出方向)		1 4 2 8	正向/逆向
显示模式(内藏表)		1 4 4 2	线性(Linear)、开方(Sqroot)
显示数值设置		1 4 4 1	①%、②User set、③User set&%、④Input Pres 、⑤Pres&%
用户自定义单位设置		1 4 4 3 1	mA、m、m^3/h
工程单位上、下限设置		1 4 4 3 2、3	LRV、URV
温度单位设置		1 4 1 2 2	℃、℉
静压单位设置		1 4 1 3 2	mmH_2O、kPa、Pa…
输出测试设置		1 2 2	
调整	零点调整	1 2 3 3 1	$\Delta p=\Delta p_{min}=0$ 时，$I_0=4mA$
	压力显示	1 2 3 3 2	
	下限值调整	1 2 3 3 3	$\Delta p=\Delta p_{min}=$下限值时，$I_0=4mA$
	上限值调整	1 2 3 3 4	$\Delta p=\Delta p_{max}=$上限值时，$I_0=20mA$
	模拟输出微调	1 2 3 2	D/Atrim、ScaledD/Atrim
调零模式设置		1 4 5 1 7	Enable(使能)/Inhibit(禁止)
报警形式		1 4 3 3	查看：H\L

第二节　智能温度变送器

一、概述

智能温度变送器的种类很多。按通信方式可分为：HART 协议通信方式；现场总线通信方式。按安装方式可分为：现场安装式即传感器（热电偶、热电阻）与装在顶部接线盒的电子组件直接连接的壳体安装一体化的智能温度变送器，传感器（热电偶、热电阻）通过补偿导线或铜导线连接多台电子组件通过轨道而密集安装式的智能温度变送器，还有传感器（热电偶、热电阻）通过补偿导线或铜导线连接安装在控制室控制柜内的卡板式智能温度变送器。因生产厂家不同其形式也各有差异，但它们均具有如下特点。

（1）通用性强　智能温度变送器可以与各种热电偶、热电阻配合使用测量温度值，并可接受其他传感器输出的电阻或毫伏（mV）信号，其量程可调范围宽，量程比大。

（2）使用方便灵活　通过上位机或手持终端可对智能温度变送器的传感器类型、规格、零点、量程等进行任意组态，并可对零点和量程进行远距离调整。

（3）具有各种补偿功能　实现对不同分度号的热电偶、热电阻的非线性补偿，热电偶的冷端温度补偿，热电阻引线补偿。

（4）具有通信功能　可以与其他各种智能化的现场控制设备以及上层管理控制计算机实现双向信息通信。

（5）具有自诊断功能　定时对变送器零点和满度值进行自动校正，以避免产生漂移；对输入信号和输出信号进行回路断线报警、被测变量超限报警，对内部各芯片进行监测，工作出现异常时发出报警信号等。

下面介绍 Rosemount 公司生产的 644H/644R 智能温度变送器。

二、644H/644R 智能温度变送器

644H 是电子组件安装在传感上的连接壳内组成一体化或装于一个接线盒内远离传感器安装的智能温度变送器。644R 是传感器通过补偿导线或铜导线连接至电子组件，而多台电子组件通过轨道密集安装的智能温度变送器。

（一）结构原理

644H/644R 智能温度变送器电子组件主要由输入电路、微处理器、放大器、A/D、D/A 等专用集成电路固化而成。

来自传感器的信号经放大和 A/D 转换后，由微处理器完成线性化、热电偶冷端温度补偿、数字通信、自诊断等功能。它输出的数字信号中包含了传感器的温度、温差及平均值。变送器内置瞬态保护器，以防回路引入的瞬变电流损坏仪表。当电路板产生故障或传感器的漂移超过允许值时，均能输出报警信号。变送器还具有热备份功能，当主传感器故障时，将自动切换到备份传感器，以保证仪表的可靠运行。

（二）特点

传统的温度测量方式是采用传感器直接接线方式，热电阻或热电偶输出一个欧姆或毫伏信号送至 DCS 或二次表。一般现场的温度测量点远离控制室，需要较长的补偿导线，同时 DCS 必须配置特殊的温度 I/O 卡。这种传统测量方式的测量精度及性能较差，取温点与 DCS 间的补偿导线越长，温度测量的总体性能越差。热电偶的补偿导线比普通的 4～20mA DC 用铜导线的价格贵很多，补偿导线的费用是温度测量总成本中不可忽略的一部分。热电偶的毫伏信号极易受干扰，据统计，常见工业噪声等级为 10mV，这会引起 K 型热电偶一个约 28℃的尖峰信号，有时甚至会导致过程停车。

644H/644R 温度变送器可以提高温度测量的精度、总体性能，安装更方便，灵活性更大，减少安装、维护和运行等的总体费用。644H/644R 智能温度变送器能满足各种关键测量点和非关键测量点的不同的温度测量要求。

1. 提高温度测量的精度、总体性能

644H/644R 温度变送器按照传感器的实际曲线微调其内部的温度曲线，可极大地降低传感器互换性误差（达 75%）；精度：可达 0.03%量程±0.15℃（以 Pt100 为例）；稳定性：热电阻和热电偶输入时，12 个月内±0.1%读数或±0.1℃，以大者为准；具有变送器与传感器比对功能、匹配功能；热电偶测量时，变送器将毫伏信号转换为对噪声较不敏感的 4～20mA DC 信号，提高抗干扰的能力，并大大缩短补偿导线的长度；均具有自动的冷端补偿功能，消除了热电偶的冷端温度变化带来的误差。

2. 安装更方便

使用 644H/644R 温度变送器后，所有的电缆均相同，为普通的铜导线；铺设铜电缆比铺设热电偶的补偿导线更容易。

3. 灵活性更大

用 644H/644R 温度变送器时，温度测量如其他过程测量（如压力、液位、流量）一样均是 4～20mA DC 信号，DCS 可使用相同的 I/O 卡；温度输入可以与其他变送器的输入组合在一起，无需配置热电偶和热电阻的专用 I/O 卡。

4. 减少安装、维护和运行等的总体费用

铜电缆比热电偶的补偿导线更便宜；使用铜电缆，无需单独的电缆架和导线管，意味着安装费用更低；DCS 的 I/O 卡类型相同，减少卡件数量和不使用的接线端子数量；智能型变送器有故障诊断功能，可检测和判断出是传感器故障还是过程报警，从而减少到现场维护的次数，这意味着很大的维修节约；更好的温度测量性能，可提高生产效率，意味着很大的生产节约。

（三）通信

具有 HART 协议通信或基金会现场总线通信功能。当采用 HART 协议通信时，输出为与输入成线性的 4～20mA DC/HART；而当采用基金会现场总线通信时，为全数字式输出。

1. 基金会现场总线通信主要技术特性

(1) 功能块

资源块：资源块包含变送器物理信息，包括可用内存、制造标识、设备型号、软件标牌和唯一标识符。

转换块：转换块包含实际温度测量数据，包括传感器和终端温度。包括下列信息：传感器型号和组态、工程单位、线性化、重新测距、阻尼、温度校准和诊断。

LCD 块：如果正在使用 LCD 显示器，LCD 用于本地显示器。

模拟输入（AI）：处理测量数据使之在现场总线上可用。允许有过滤、报警和工程单位变更。

PID 块：变送器的控制功能通过变送器中的一个 PID 功能块实现。PID 块可以用于在现场执行单个环路、级联或前馈控制。

即时功能块：所有变送器所使用的功能块都是即时的，即功能块总数只受变送器中可用物理内存的限制。因为只有即时块才能使用物理内存，所以只要不超出物理内存存储容量，在任何给定时间内都可以使用任一功能块组合。

(2) 启动时间　当阻尼设置为 0s 时，在变送器电源接通后 20s 内达到技术指标。

(3) 状态　如果自诊断系统检测出传感器被烧毁或变送器有故障，将相应更新测量状态。状态也可将 PID 输出值发送至一个安全数值。

(4) 电源 用标准的现场总线电源为基金会现场总线供电。变送器运行时，电压为 9～32V DC，最大电流为 11mA。变送器电源端子额定电压为 42.4V DC。

(5) 报警 模拟输入（AI）功能块可让用户采用不同的优先级和滞后设置将报警组态成高-高、高、低或低-低模式。

(6) 备用链路活动调度器（LAS） 变送器可用作装置链路主机，即如果当前链路主机发生故障或者从网段拆除，变送器可作为链路活动调度器（LAS）发挥作用。用主机或其他组态工具将应用调度时间表下载至链路主机装置。在无链路主机情况下，变送器将申请充当链路活动调度器（LAS）并永久控制 H1 网段。

(7) 现场软件升级 在现场可轻松对配有基金会现场总线用于 644 型的软件进行升级。通过将应用软件装入设备内存中，用户可以充分利用软件增强功能。

2. 4～20mA DC/HART 通信主要技术特性

(1) 通信要求 变送器电源端子额定电压为 42.4V DC，HART 通信装置要求环路电阻在 250～1100Ω 之间，当变送器端子电压低于 12V DC 时，644 HART 设备不进行通信 。

(2) 电源 HART 设备需要外部电源。变送器运行时，变送器端子电压在 12.0～42.4V DC 之间，负载电阻在 250～1100Ω 之间。负载 250Ω 时，要求端子电压最小为 17.75V DC。变送器电源端子额定值为 42.4V DC。

最大负载：40.8×(供电电压－12.0)

(3) 温度极限

工作温度：－40～85℃

－15～65℃（配备 LCD 显示器）

存储温度：－50～120℃

－20～75℃（不配 LCD 显示器）

(4) 硬件和软件故障模式 644 型具有软件驱动报警诊断功能。当微处理器软件发生故障时，则设计独立电路以提供备份报警输出。用户可通过使用故障模式开关来选择报警方向（高、低）。如果出现故障，开关位置决定驱动输出的方向（高或低）。开关将信息馈送至数/模（D/A）转换器，即使在微处理器发生故障时，该转换器也能驱动正确的报警输出。变送器在故障模式下驱动输出所需的数值取决于其是否配置成标准、自定义，还是符合 NAMUR. NE 43 运行。表 4-34 为可用于待配置设备的报警范围。

表 4-34 可用于待配置设备的报警范围

输出状态	标准	符合 NAMUR. NE 43
线性输出	3.9mA≤I≤20.5mA	3.8mA≤I≤20.5mA
故障高输出	21mA≤I≤23mA	21mA≤I≤23mA
故障低输出	3.5mA≤I≤3.75mA	3.5mA≤I≤3.6mA

(5) 自定义报警和饱和电平 采用选项代码 C1，报警和饱和电平的自定义工厂组态可用于有效值。这些值也可以在现场使用 HART 通信装置进行组态。

(6) 启动时间 当阻尼值设置为 0s 时，在变送器电源接通后 5s 内达到技术规格范围内的性能。

(四) 组态

变送器可采用用于 HART 或基金会现场总线的标准组态设置。用 HART 通信器或任何使用 HART 协议的上位机均可很容易地对 644H/644R 变送器组态；通过基金会现场总线主机或组态工具，可在现场改变组态设置和块组态。

1. 标准 HART 组态

除非特别指定，否则变送器出厂时将按表 4-35 组态。

表 4-35 标准 HART 组态

传感器类型	Pt100 热电阻，0℃时为 0.00385
接线数	4 线
4mA 值	0℃
20mA 值	100℃
阻尼	5s
输出	线性温度
故障/饱和模式	高(21.75mA)/上限(20.5mA)
电压滤波器	50Hz

2. 标准基金会现场总线组态

除非另有指定，否则变送器出厂时将按表 4-36 配置。

表 4-36 标准基金会现场总线组态

传感器类型	Pt100 热电阻，0℃时为 0.00385
接线数	4 线
阻尼	5s
测量单位	℃
线电压滤波器	50Hz
功能块标牌	资源块(RB) 传感器块(TB) LCD 块 (LCD) 模拟输入块(AI1、AI2)
报警范围	0
AI1、AI2 报警极限	高-高：100℃ 高：95℃ 低：5℃ 低-低：0℃
本地显示器	温度工程单位
标准块组态	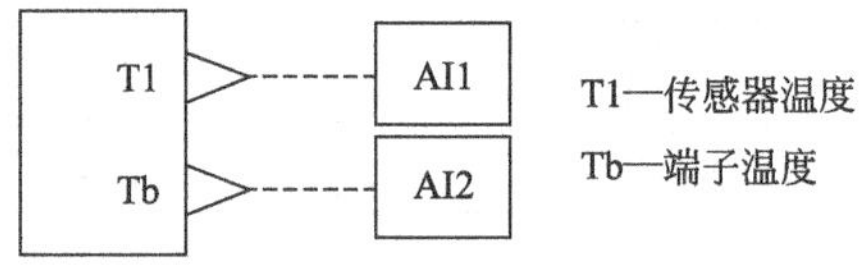 T1 ---- AI1 Tb ---- AI2 T1—传感器温度 Tb—端子温度

(五) 接线

1. 传感器接线

644 型传感器接线如图 4-19 所示。

644H/644R 温度变送器可配接 2 线制、3 线制、4 线制多种热电阻 (Pt100、Pt200、Pt500、Pt1000、Cu10、Ni20)，和 2 线制热电偶 (B、S、K、E、J、N、R)，也可输入毫伏或电阻信号。

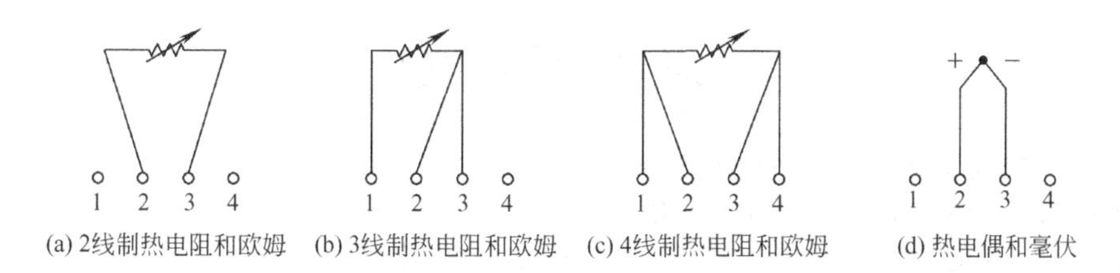

图 4-19 644 型传感器接线

2. 校验接线

644H/644R 智能温度变送器校验接线如图 4-20 所示。

644H/644R 智能温度变送器在选择好热电阻或热电偶后，投入温度测量前要进行校验，校验时按图 4-20 接线。

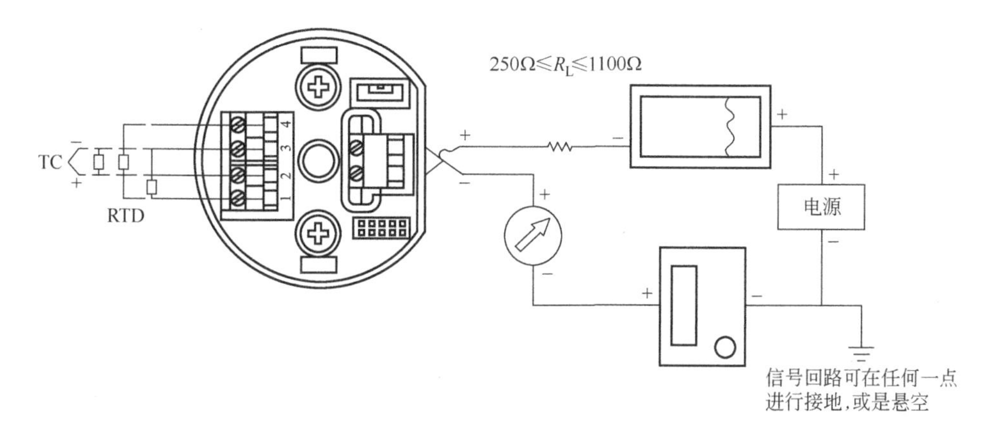

图 4-20 644H/644R 智能温度变送器校验接线

本章小结

本章介绍了智能变送器的特点、种类、操作等内容，智能变送器主要包括：智能压力（差压、流量、物位等）变送器；智能温度变送器（热电偶输入、热电阻输入或现场壳内安装型和导轨安装型）。

本章介绍的 DPharp EJA 智能变送器采用了世界上先进的单晶硅谐振传感技术，其型号齐全，且每种型号都有较宽的零点迁移范围和较大的量程调整比；除保证高精度外，传感器自身消除了静压、温度等变化的影响；可长期连续使用，可靠性高；小型，轻便，使其不受安装场所的限制，可自由安装；具有完整的自诊断功能，能保证零点的长期稳定性，提高了维护效率。能满足高压力，高静压，高温度，高精度的要求。传感器直接输出频率信号，简化与数字系统的接口；高精度，一般为±0.065%；连续 10 万次过压试验后≤±0.03%/16mPa；连续五年工作不需要调校零点；具有四种通信协议：BRAIN、HART、FF、PROFIBUS。通过编程组态可实现其各种功能，并能手动外部调零和调量程。

用 475 现场通信器对 EJA 进行编程组态的操作是本章介绍的重点内容，将每个参数的设置和组态进行表格化，使其操作明了，便于记忆，使读者有耳目一新的感觉。

智能温度变送器以美国 Rosemount 公司生产的 644 系列为典型仪表进行介绍。

思考题与习题

4-1　简述智能变送器的特点，试比较与模拟变送器的差别。

4-2　简述 DPharp EJA 智能变送器的基本工作原理。

4-3　DPharp EJA 智能变送器有几种调零方法？分别叙述怎么进行调零。

4-4　DPharp EJA 智能变送器有几种调量程方法？分别叙述怎么进行调量程。

4-5　475 现场通信器共有多少个键？试说明每个键的功能和用途。

4-6　试说明 F1、F2、F3、F4 四个位置所对应的功能键内容。

4-7　试分析当内藏显示表显示：Er. 01、Er. 02、Er. 09、Er. 10、Er. 12 为何种故障？如何正确处理？

4-8　简述 644H/644R 智能温度变送器的特点，试比较与模拟温度变送器的差别。

4-9　试说明 644 型智能温度变送器组态内容。

第五章　C3900 过程控制器

C3900 过程控制器是浙江中控自动化仪表有限公司，在总结研究国外同类仪表的基础上，几经升级变型，于 2008 年推出的新型过程控制器。是单体过程控制器中最完善、最典型的仪表，它集：显示、记录、分析、报警、流量累积、流量补偿、复杂运算、程序控制、ON/OFF 控制、PID 控制、通信、存储等于一体。实现了控制仪表和计算机一体化，达到了过程控制器的高级程度，是一台小的 DCS。C3900 控制器除了在控制规律、操作习惯、信号制及外形尺寸等方面与其他可编程控制器有共同点之外，在设计思想上还有独树一帜之处，它的主要特点有以下几点。

① 采用 32 位微处理器和 5.6 英寸 TFT 彩色液晶显示屏，外形尺寸为 144mm×144mm×245mm。

② 编程组态语言简单，全部采用可提示的简体中文界面，只通过正面板上几个按键的操作，即可完成编程组态的全部工作。

③ 用户程序采用在线编制方式，即过程控制器本身带有编程器，用户可任意编程组态、变更各种参数。采用不挥发性存储器，不但停电时不丢失数据，而且改变程序时也不用擦除器擦除，便于现场改程序。

④ 有 4 个单回路 PID 控制模块，通过编程组态可实现 4 个单回路分别控制，还可实现串级、分程、三冲量、比值等各种复杂控制。

⑤ 具有流量累积、流量补偿应用程序，通过组态可实现流体流量的准确测量和流量累积。

⑥ 有 3 个程序控制模块，通过编程组态可实现程序控制功能。

⑦ 有 6 个 ON/OFF 控制模块，通过编程组态可实现开关量控制。

⑧ 具有控制的自整定功能，通过编程组态可实现 P、I、D 参数的自整定。

⑨ 具有自诊断功能，在编程组态中，如哪一步出错，随时提醒。系统出现异常，立即显示故障状态标志，并保持输出。

⑩ 输入输出模拟量和数字量的点数多，最多可输入 12 个模拟量信号，输出 4 个模拟量信号，输入 2 个开关量信号，输入 2 个脉冲信号，输出 12 个开关量信号。

⑪供电方式可选：100～240V AC 或 24V DC。

⑫具有供配电功能，输出为 24V DC，可为两线制现场变送器提供电源，有 30mA、60mA、100mA 供选择。

第一节　结构原理

一、整体外形结构

C3900 控制器是一种盘装式仪表，它采用国际标准的外观尺寸，正好是 1 个控制器的 2 倍，它的整体结构由表芯、表壳、正面板、接线端子等部分组成。其中可操作部分是正面板和接线端子。C3900 控制器的整体外形结构如图 5-1 所示。

（一）正面板

C3900 控制器的正面板及部件布置如图 5-2 所示。它主要包括：LCD 彩色液晶显示屏、

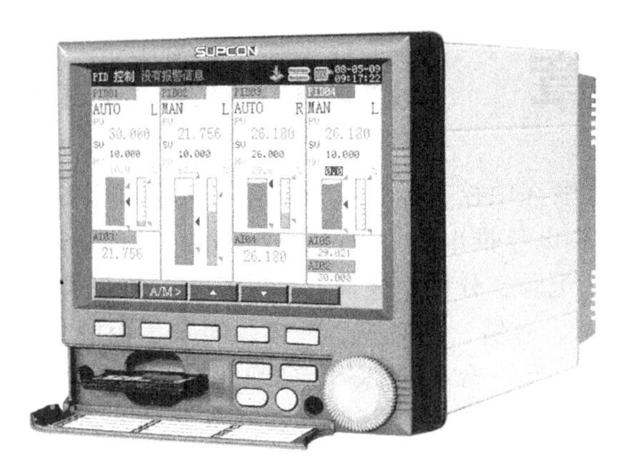

图 5-1　C3900 控制器整体外形结构

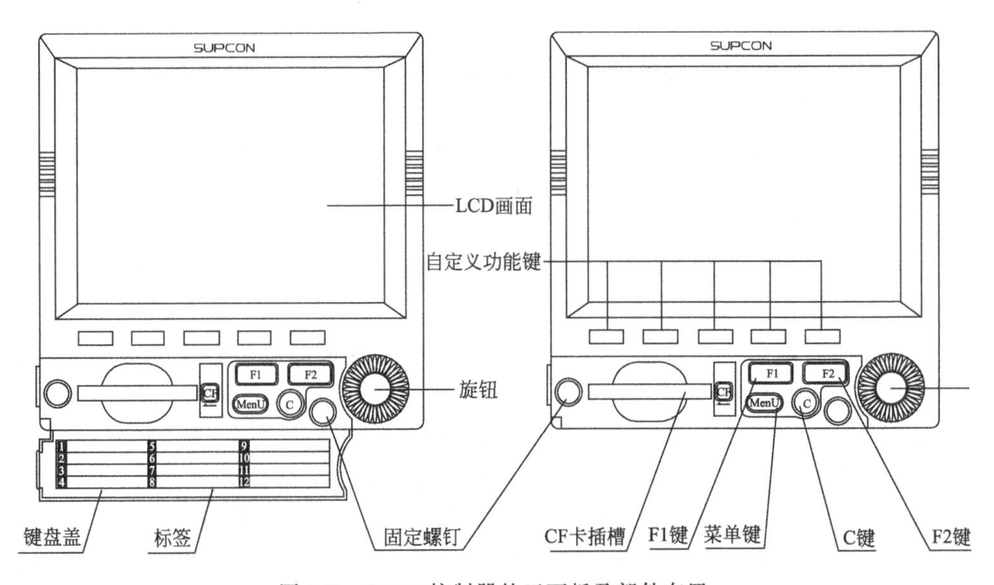

图 5-2　C3900 控制器的正面板及部件布置

旋钮、自定义功能键、菜单键、F1 键、F2 键、C 键、键盘盖、CF 卡插槽、标签等。

LCD 彩色画面液晶显示屏：显示监控、组态等各个画面。

标签：记录用户通道信息。

键盘盖：用于防尘、防误操作。组态设置时先将键盘盖打开。

CF 卡插槽：水平插入 CF 卡。

旋钮：包括【左旋】、【右旋】、【单击】、【长按】四种操作方式。

【左旋】：焦点框（光标）上移或者左移，以逆时针模式选中各项。

【右旋】：焦点框（光标）下移或者右移，以顺时针模式选中各项。

【单击】：页面切换或确认功能。

【长按】：在监控画面中长按弹出导航菜单。

MENU 组态键。在任意监控画面中，单击此键，即进入组态主菜单画面；在任意组态画面，单击此键，退出至监控画面，若组态有更改，则弹出启用组态对话框。

F1 键。在通道组态中，焦点框停留在【通道】处，单击此键复制通道组态内容，焦点框停留在字符输入框处，单击此键复制该输入框内容；在监控画面中，单击此键拷贝屏幕图像到 CF 卡中。

F2 键。在通道组态中，焦点框停留在【通道】处，单击此键粘贴通道组态内容，焦点框停留在字符输入框处，单击此键粘贴之前复制内容至该输入框；在监控画面中，若有修改常数的组态，单击此键弹出修改常数的画面。

C 键。在任意监控画面中，单击此键弹出快捷菜单。快捷菜单有：亮度调节、CF 卡操作、打印操作、显示设定、停止记录、添加标签。

（二）接线端子

（1）端子排列　端子排列如图 5-3 所示。

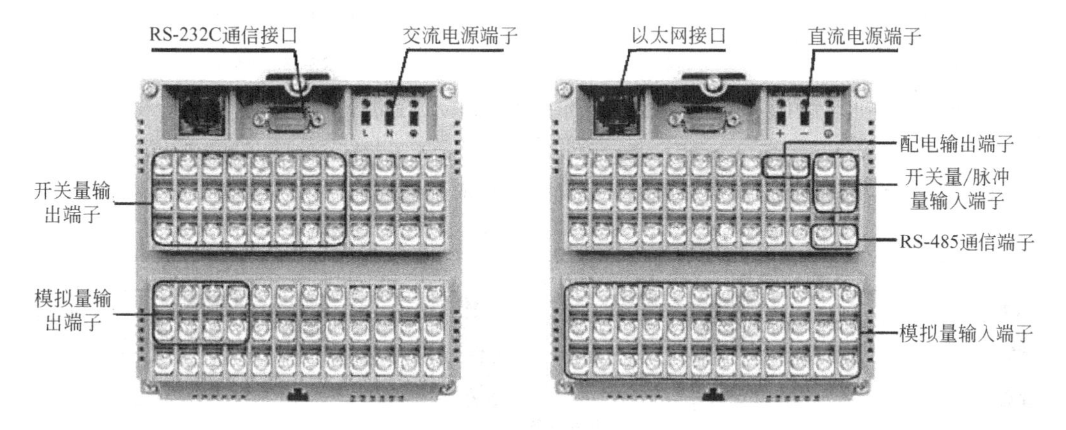

图 5-3　C3900 控制器的接线端子排列图

（2）端子说明　端子标志符号如图 5-4 所示。

Ⓐ

⑦⓪	⑥⑦	⑥④	⑥①	⑤⑧	⑤⑤	⑤②	④⑨	④⑥	④③	④⓪	③⑦
R10A R	R10B R	R7A R	R7B R	R4A R	R4B R	R1A R	R1B R	P1A P+	P1B P-	D1A D+	D1B D-
⑦①	⑥⑧	⑥⑤	⑥②	⑤⑨	⑤⑥	⑤③	⑤⓪	④⑦	④④	④①	③⑧
R11A R	R11B R	R8A R	R8B R	R5A R	R5B R	R2A R	R2B R			D2A D+	D2B D-
⑦②	⑥⑨	⑥⑥	⑥③	⑥⓪	⑤⑦	⑤④	⑤①	④⑧	④⑤	④②	③⑨
R12A R	R12B R	R9A R	R9B R	R6A R	R6B R	R3A R	R3B R			CA COM+	CB COM-

Ⓑ

③④	③①	②⑧	②⑤	②②	①⑨	①⑥	①③	①⓪	⑦	④	①
A12A V+	A11A V+	A10A V+	A9A V+	A8A V+	A7A V+	A6A V+	A5A V+	A4A V+	A3A V+	A2A V+	A1A V+
③⑤	③②	②⑨	②⑥	②③	②⓪	①⑦	①④	①①	⑧	⑤	②
A12B I+	A11B I+	A10B I+	A9B I+	A8B I+	A7B I+	A6B I+	A5B I+	A4B I+	A3B I+	A2B I+	A1B I+
③⑥	③③	③⓪	②⑦	②④	②①	①⑧	①⑤	①②	⑨	⑥	③
A12C G	A11C G	A10C G	A9C G	A8C G	A7C G	A6C G	A5C G	A4C G	A3C G	A2C G	A1C G

图 5-4　C3900 控制器的端子符号

端子标志符号定义如表 5-1 所示。

表 5-1　端子标志符号定义

端　　子	端子序号	端　　子　　说　　明
模拟量输入端子	1～36	模拟量输入第 1～12 通道
模拟量输出端子	25～35	模拟量输出第 1～4 通道
开关量/脉冲量输入端子	40、37	开关量/脉冲量输入第 1 通道
	41、38	开关量/脉冲量输入第 2 通道
配电输出端子	46～43	配电输出通道
开关量输出端子	49～72	开关量输出第 1～12 通道
通信口端子	42、39	RS-485 通信口

注：使用模拟量输出功能时，模拟量的输出通道占用原模拟量输入通道的第 9、10、11、12 路，模拟量输入通道减少为最多 8 路。

（3）信号端子接线　信号端子接线如图 5-5 所示。

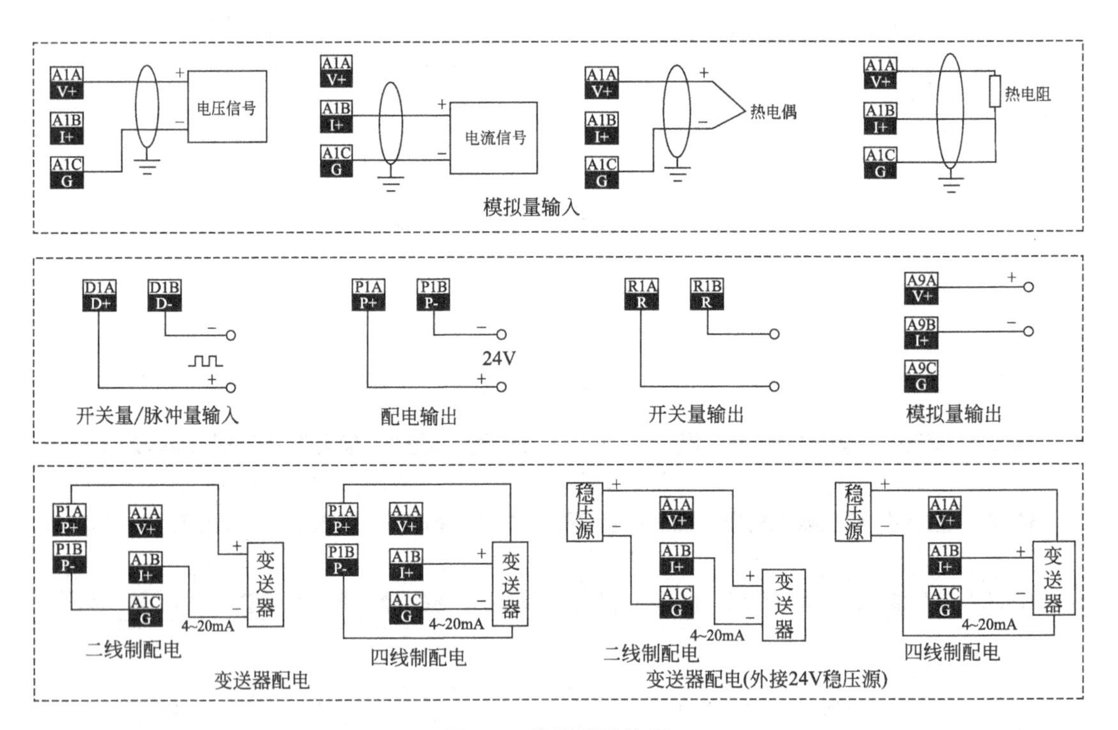

图 5-5　信号端子接线

二、监控画面调出与切换

利用旋钮的【长按】、【单击】、【左旋】、【右旋】来实现监控画面调出与切换，监控画面调出与切换可通过以下两种方式进行。

（1）利用监控画面导航菜单切换　如图 5-6 所示。

（2）单击旋钮切换（默认所有监控画面均为收藏画面）单击旋钮切换监控画面如图 5-7 所示。

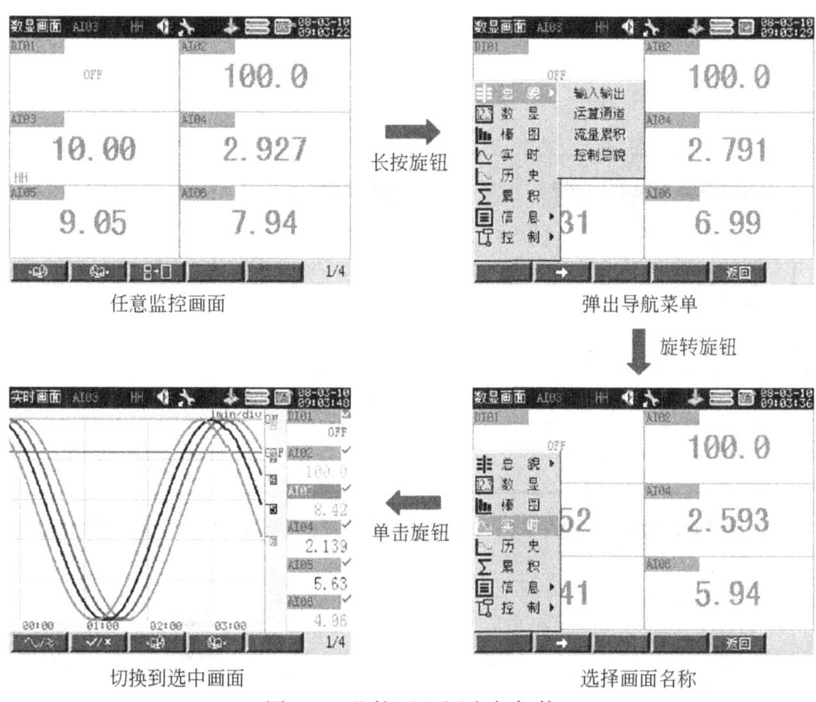

图 5-6　监控画面调出与切换

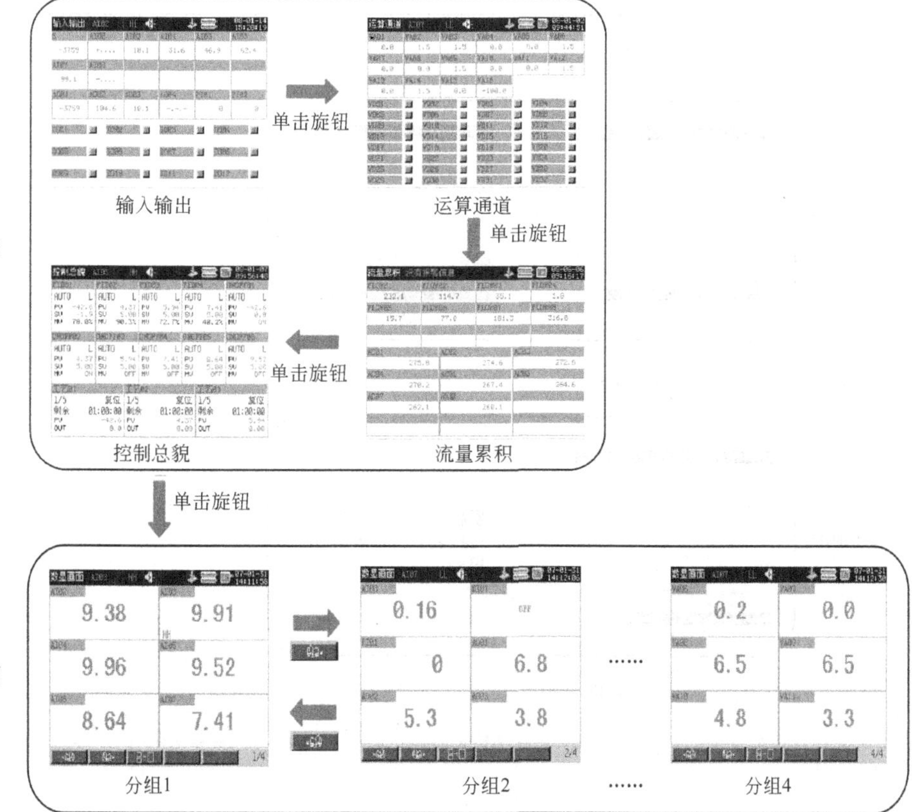

图 5-7

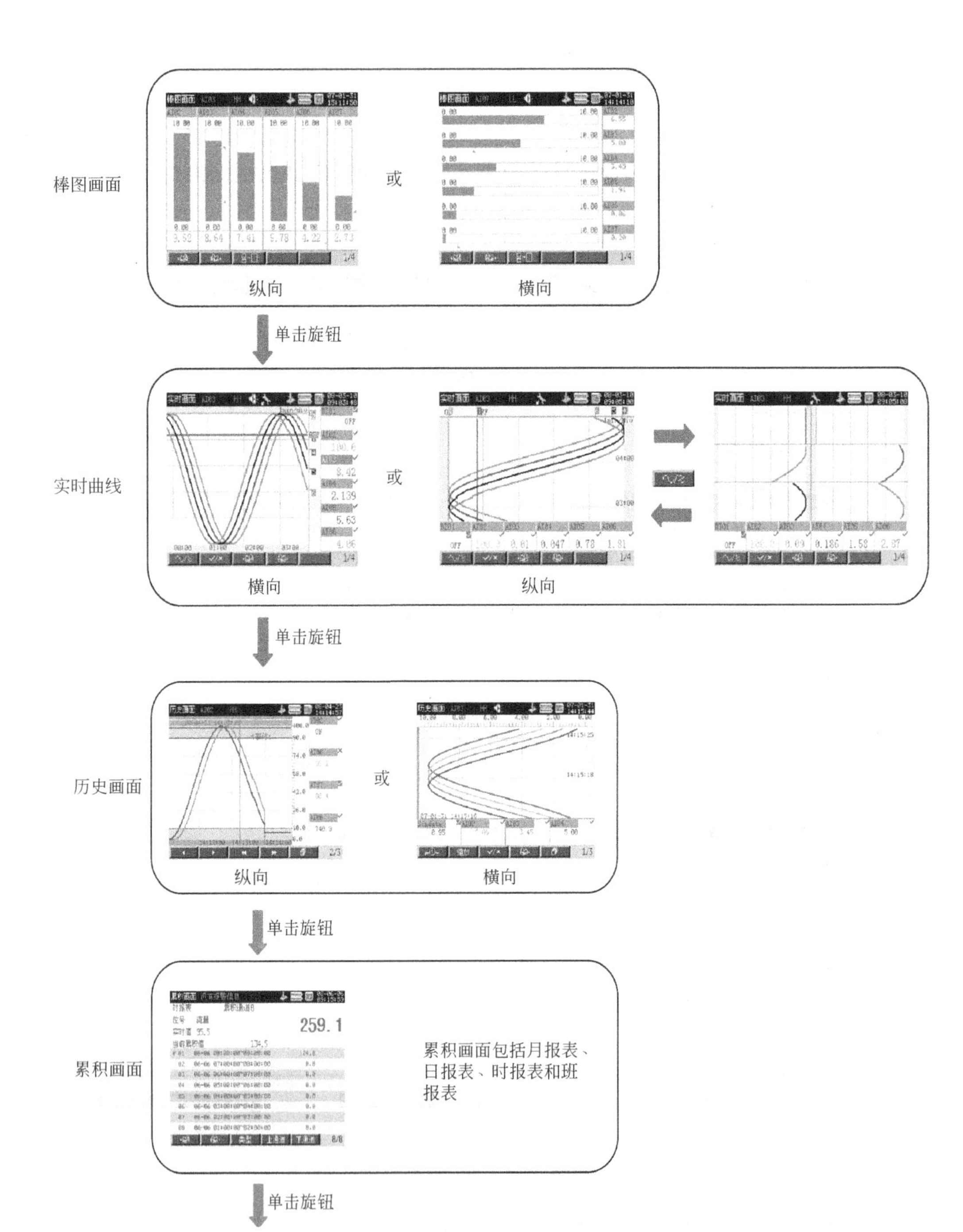
棒图画面
或
纵向
横向
单击旋钮
实时曲线
或
横向
纵向
单击旋钮
历史画面
或
纵向
横向
单击旋钮
累积画面
259.1
累积画面包括月报表、日报表、时报表和班报表
单击旋钮

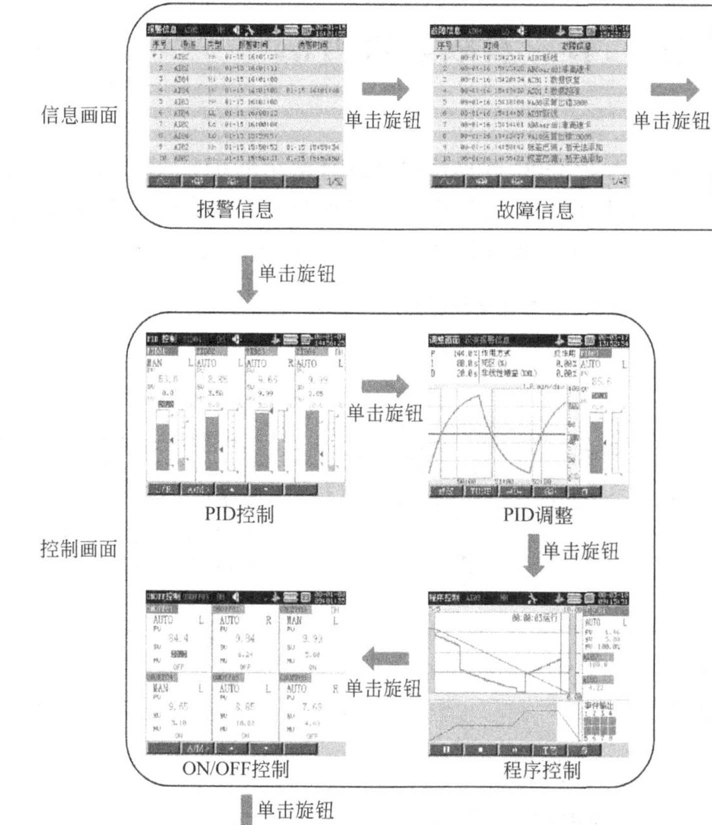

图 5-7　单击旋钮切换监控画面

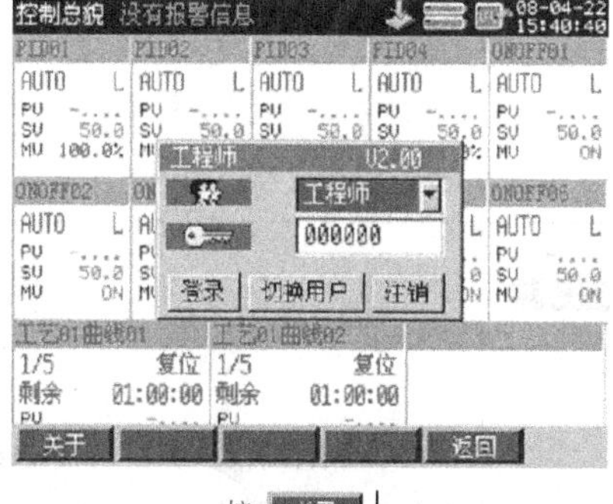

按 关于

关于信息　没有报警信息　08-06-12 09:47:44

版本信息　U2.00

主机板：　0.0　　电源板：　0.0
主机程序：　0.0　　CPLD程序：　0.0
A/D板：　0.0　　D/A板：　0.0
A/D程序：　0.0　　D/A程序：　0.0
仪表序列号：SUPCON
出厂日期：　20080610
选型代码：　C3908A4R12DI01PI1FW3M4CPE1FC1FL2PID4ONF6PG1/SP3L/UC/ZC

返回　1/2

三、关于信息查看

C3900过程控制器关于信息查看的步骤如下。

① 在任意监控画面下，单击 MENU 。

② 按 关于 进入关于信息查看画面。

③ 按 ◀ 或 ▶ 或旋转旋钮查看系统配置信息和版本信息。

④ 按 返回 退出关于信息查看画面。

关于信息查看画面如图 5-8 所示。

关于信息　没有报警信息　08-06-12 09:47:50

系统配置

类型	总数	已用	末用	类型	总数	已用	末用
AI	08	08	00	FLOW	08	08	00
DI	01	01	00	PID	04	04	00
PI	01	01	00	ONOFF	06	06	00
AO	04	04	00	PROG	03	02	01
DO	12	00	12	UA	16	00	16
PWM	04	00	04	UD	32	00	32
AC	08	08	00	REC	10	10	00

存储容量128MB

返回　2/2

图 5-8　关于信息查看画面

第二节　参数设置方法

一、组态登录

组态登录是组态工作的第一步。C3900 过程控制器具有操作员 01 、操作员 02 、操作员 03、工程师四种登录权限。不同的用户有不同的权限，工程师拥有最高的组态权限，可以设置其他三个用户的组态权限。组态登录步骤画面及说明如表 5-2 所示。

表 5-2　组态登录步骤画面及说明

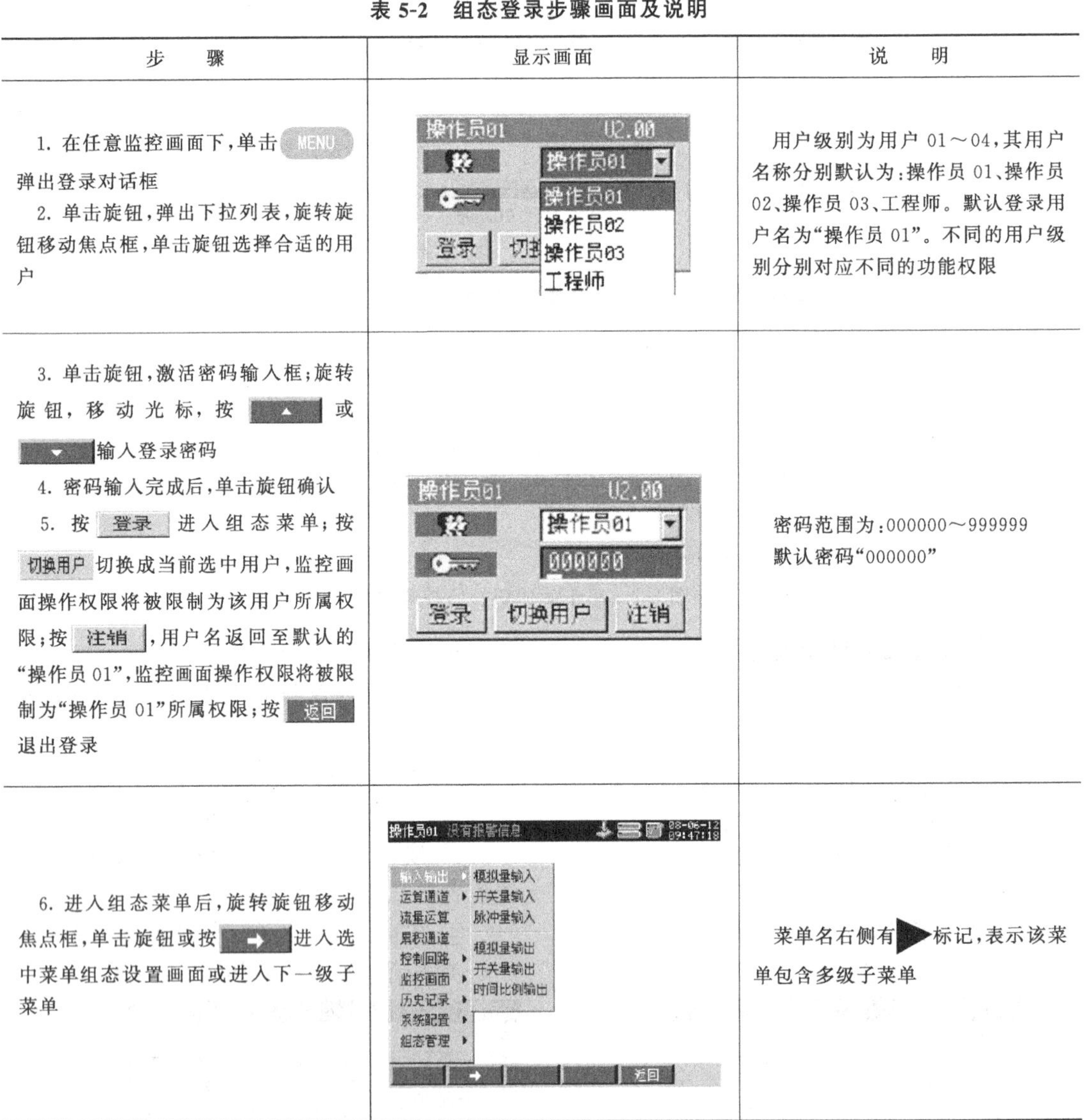

步　　骤	显示画面	说　　明
1. 在任意监控画面下，单击 MENU 弹出登录对话框 2. 单击旋钮，弹出下拉列表，旋转旋钮移动焦点框，单击旋钮选择合适的用户	操作员01　U2.00 操作员01 操作员01 操作员02 操作员03 工程师 登录　切换	用户级别为用户 01～04，其用户名称分别默认为：操作员 01、操作员 02、操作员 03、工程师。默认登录用户名为“操作员 01”。不同的用户级别分别对应不同的功能权限
3. 单击旋钮，激活密码输入框；旋转旋钮，移动光标，按 ▲ 或 ▼ 输入登录密码 4. 密码输入完成后，单击旋钮确认 5. 按 登录 进入组态菜单；按 切换用户 切换成当前选中用户，监控画面操作权限将被限制为该用户所属权限；按 注销，用户名返回至默认的“操作员 01”，监控画面操作权限将被限制为“操作员 01”所属权限；按 返回 退出登录	操作员01　U2.00 操作员01 000000 登录　切换用户　注销	密码范围为：000000～999999 默认密码“000000”
6. 进入组态菜单后，旋转旋钮移动焦点框，单击旋钮或按 → 进入选中菜单组态设置画面或进入下一级子菜单	操作员01　没有报警信息　08-06-12 09:47:18 输入输出　模拟量输入 运算通道　开关量输入 流量运算　脉冲量输入 累积通道　模拟量输出 控制回路　开关量输出 监控画面　时间比例输出 历史记录 系统配置 组态管理 →　返回	菜单名右侧有▶标记，表示该菜单包含多级子菜单

二、权限设置

C3900 过程控制器的操作用户按权限分为四个等级：操作员 01 、操作员 02 、操作员 03、工程师 。其中“工程师”拥有最高权限，可决定操作员 01、操作员 02 、操作员 03。

（1）用户权限选项　各级用户权限选项如表 5-3 所示。

（2）权限设置方法　如表 5-4 所示。

表 5-3　各级用户权限选项

权限选项 \ 用户	用户 01	用户 02	用户 03	用户 04
登录	√	√	√	√
权限设置	×	×	×	√
信息清除	×	×	×	√
设定时间	×	×	×	√
记录总数	×	×	×	√
恢复出厂	×	×	×	√
显示设定	待定	待定	待定	√
添加标签	待定	待定	待定	√
启停记录	待定	待定	待定	√
CF 卡操作	待定	待定	待定	√
打印操作	待定	待定	待定	√
PID 控制	待定	待定	待定	√
ON/OFF 控制	待定	待定	待定	√
调整画面	待定	待定	待定	√
工艺更换	待定	待定	待定	√
工艺修改	待定	待定	待定	√

注：“待定”是指用户 01、用户 02 和用户 03 对这些功能的权限由用户 04 决定。具体设置方法见表 5-4。

表 5-4　权限设置方法

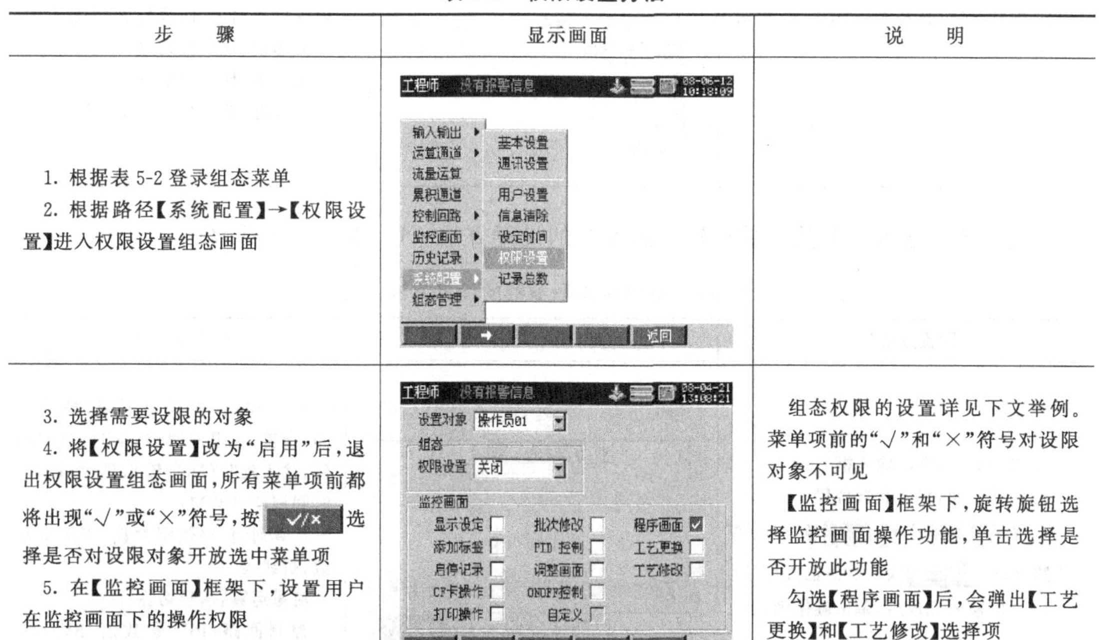

步　　骤	显示画面	说　　明
1. 根据表 5-2 登录组态菜单 2. 根据路径【系统配置】→【权限设置】进入权限设置组态画面	工程师　没有报警信息　08-06-12 10:18:09 输入输出　运算通道　流量运算　累积通道　控制回路　监控画面　历史记录　系统配置　组态管理 基本设置　通讯设置　用户设置　信息清除　设定时间　权限设置　记录总数 返回	
3. 选择需要设限的对象 4. 将【权限设置】改为“启用”后，退出权限设置组态画面，所有菜单项前都将出现“√”或“×”符号，按 √/× 选择是否对设限对象开放选中菜单项 5. 在【监控画面】框架下，设置用户在监控画面下的操作权限	工程师　没有报警信息　08-04-21 13:08:21 设置对象 操作员01 组态　权限设置 关闭 监控画面　显示设定　批次修改　程序画面　添加标签　PID 控制　工艺更换　启停记录　调整画面　工艺修改　CF卡操作　ONOFF控制　打印操作　自定义 返回	组态权限的设置详见下文举例。菜单项前的“√”和“×”符号对设限对象不可见 【监控画面】框架下，旋转旋钮选择监控画面操作功能，单击选择是否开放此功能 勾选【程序画面】后，会弹出【工艺更换】和【工艺修改】选择项

例：【设置对象】选择“操作员 01”，将【组态】框架下的【权限设置】改为“启用”后，退出权限设置组态画面。按 √/× 将【输入输出】前的“√”改为“×”，此时其子菜

单前的"√"也将同时变为"×"。启用组态后退出，使用"操作员 01"登录后，此时，【输入输出】及其子菜单都被屏蔽，不再显示。权限设置组态如图 5-9 所示。

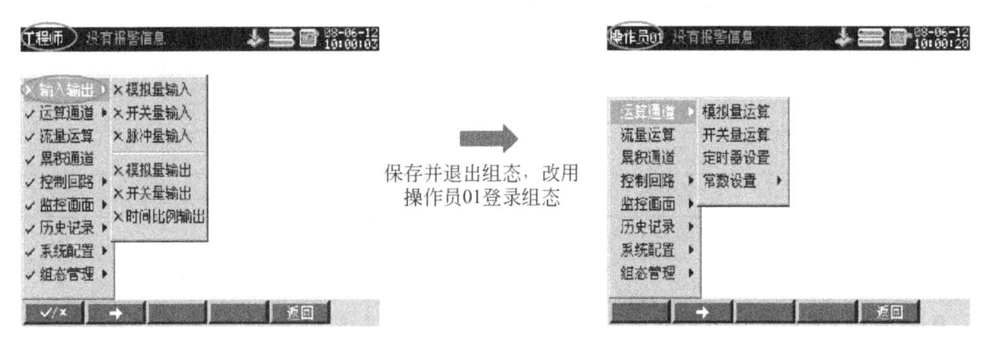

图 5-9　权限设置组态

三、参数类型和设置方法

C3900 过程控制器的参数类型有：列举型参数、数值输入型参数、字符输入型参数、时间输入型参数、表达式输入方法。

（1）列举型参数　列举型参数的设置方法如表 5-5 所示。

表 5-5　列举型参数的设置方法

设置方法	显示画面	涉及参数举例
1. 单击旋钮，弹出下拉框 2. 旋转旋钮，选择合适的选项，单击旋钮确认	信号类别 信号下限 信号上限 V 0.00 10.00 单击旋钮↓ 信号类别 信号下限 信号上限 V 0.00 10.00 mA V mV 热电偶 热电阻	通道号选择 关闭/启用状态选择 信号来源选择 输入输出通道：信号类别、小数位数 运算通道：触发模式、循环触发 流量运算：计算模型；补偿类型 PID 通道：正反作用方式等

（2）数值输入型参数　数值输入型参数的设置方法（1）如表 5-6 所示。

表 5-6　数值输入型参数的设置方法（1）

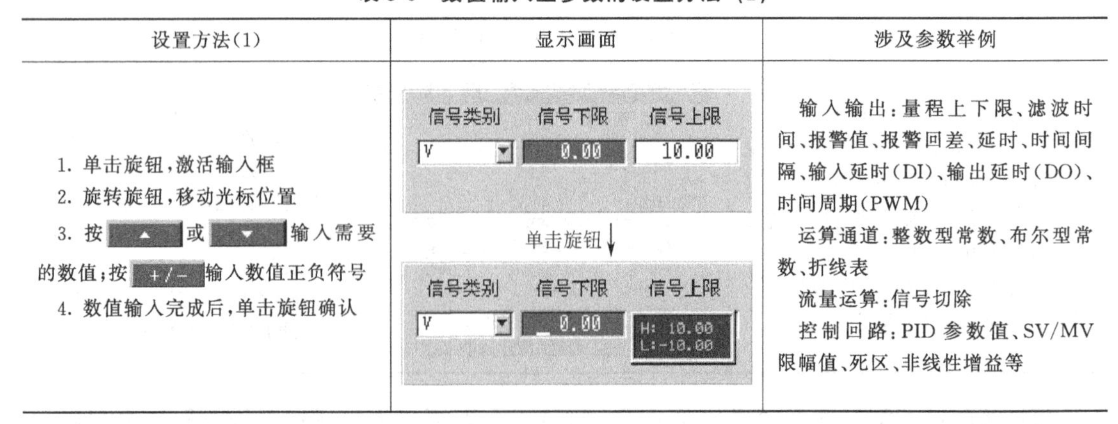

设置方法(1)	显示画面	涉及参数举例
1. 单击旋钮，激活输入框 2. 旋转旋钮，移动光标位置 3. 按 ▲ 或 ▼ 输入需要的数值；按 +/- 输入数值正负符号 4. 数值输入完成后，单击旋钮确认	信号类别 信号下限 信号上限 V 0.00 10.00 单击旋钮↓ 信号类别 信号下限 信号上限 V _0.00 H: 10.00 L:-10.00	输入输出：量程上下限、滤波时间、报警值、报警回差、延时、时间间隔、输入延时(DI)、输出延时(DO)、时间周期(PWM) 运算通道：整数型常数、布尔型常数、折线表 流量运算：信号切除 控制回路：PID 参数值、SV/MV 限幅值、死区、非线性增益等

数值输入型参数的设置方法（2）如表 5-7 所示。

表 5-7　数值输入型参数的设置方法（2）

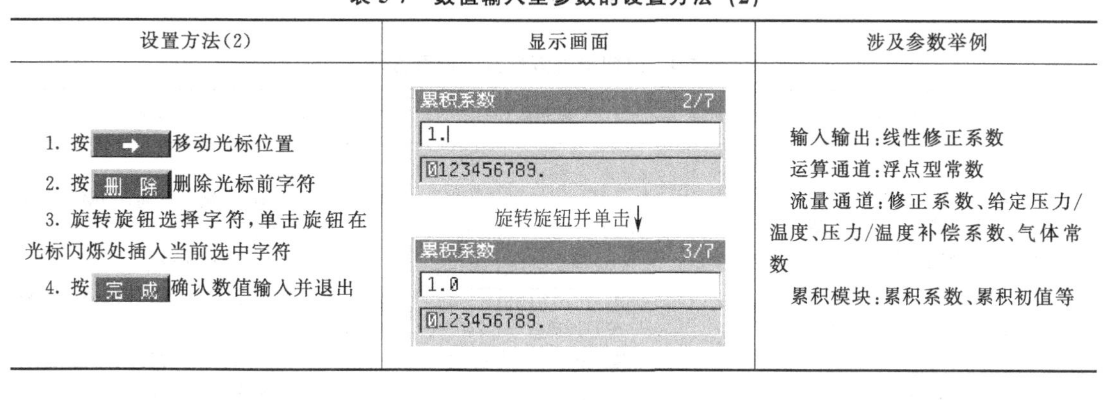

设置方法(2)	显示画面	涉及参数举例
1. 按 → 移动光标位置 2. 按 删 除 删除光标前字符 3. 旋转旋钮选择字符，单击旋钮在光标闪烁处插入当前选中字符 4. 按 完 成 确认数值输入并退出	累积系数 2/7 1. 0123456789. 旋转旋钮并单击↓ 累积系数 3/7 1.0 0123456789.	输入输出：线性修正系数 运算通道：浮点型常数 流量通道：修正系数、给定压力/温度、压力/温度补偿系数、气体常数 累积模块：累积系数、累积初值等

（3）字符输入型参数　字符输入型参数设置方法如表 5-8 所示。

表 5-8　字符输入型参数设置方法

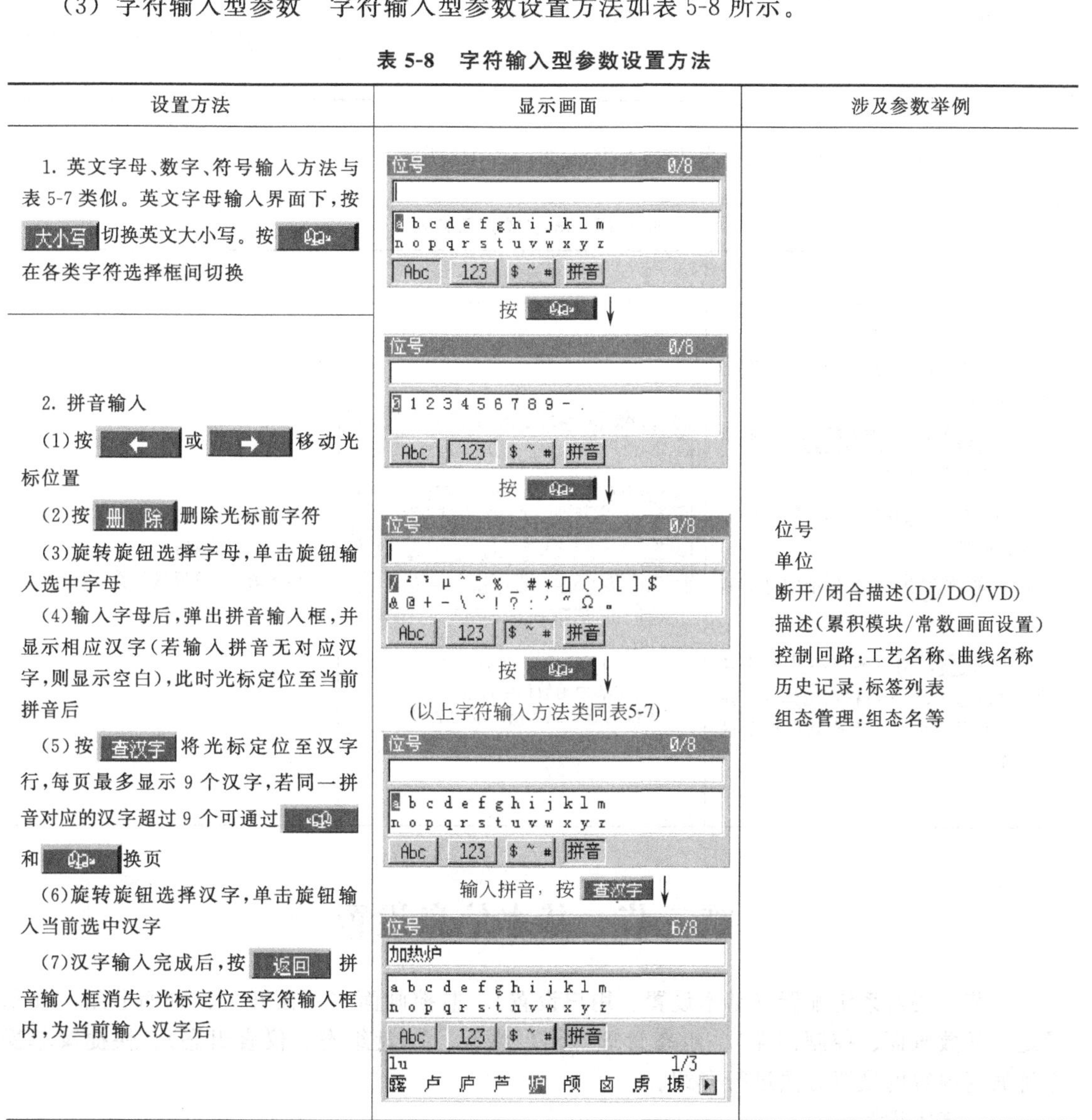

设置方法	显示画面	涉及参数举例
1. 英文字母、数字、符号输入方法与表 5-7 类似。英文字母输入界面下，按 大小写 切换英文大小写。按 [按钮] 在各类字符选择框间切换	位号 0/8 a b c d e f g h i j k l m n o p q r s t u v w x y z Abc 123 $ ~ # 拼音 按 [按钮]↓ 位号 0/8 0 1 2 3 4 5 6 7 8 9 - . Abc 123 $ ~ # 拼音 按 [按钮]↓ 位号 0/8 / ² ³ µ ^ ° % _ # * □ ( ) [ ] $ & @ + - \ ~ ! ? : ' " Ω 。 Abc 123 $ ~ # 拼音 按 [按钮]↓ （以上字符输入方法类同表5-7）	位号 单位 断开/闭合描述(DI/DO/VD) 描述(累积模块/常数画面设置) 控制回路：工艺名称、曲线名称 历史记录：标签列表 组态管理：组态名等
2. 拼音输入 (1)按 ← 或 → 移动光标位置 (2)按 删 除 删除光标前字符 (3)旋转旋钮选择字母，单击旋钮输入选中字母 (4)输入字母后，弹出拼音输入框，并显示相应汉字（若输入拼音无对应汉字，则显示空白），此时光标定位至当前拼音后 (5)按 查汉字 将光标定位至汉字行，每页最多显示 9 个汉字，若同一拼音对应的汉字超过 9 个可通过 [按钮] 和 [按钮] 换页 (6)旋转旋钮选择汉字，单击旋钮输入当前选中汉字 (7)汉字输入完成后，按 返回 拼音输入框消失，光标定位至字符输入框内，为当前输入汉字后	位号 0/8 a b c d e f g h i j k l m n o p q r s t u v w x y z Abc 123 $ ~ # 拼音 输入拼音，按 查汉字↓ 位号 6/8 加热炉 a b c d e f g h i j k l m n o p q r s t u v w x y z Abc 123 $ ~ # 拼音 lu 1/3 露 卢 庐 芦 泸 颅 卤 虏 掳	
3. 字符输入完成后，按 完 成 退出		

（4）时间输入型参数　时间输入型参数的设置方法如表 5-9 所示。

表 5-9　时间输入型参数的设置方法

设置方法	显示画面	涉及参数举例
1. 旋转旋钮移动焦点框位置 2. 按 ▲ 或 ▼ 修改日期时间 3. 修改完成后，单击旋钮确认并退出该对话框 4. 若要放弃修改，按 返回 直接退出该对话框	时间设定 YY-MM-DD HH:MM:SS 07-11-15 09:03:44 按 ▲ 或 ▼ 修改 “YY-MM-DD”指“年-月-日” “HH:MM:SS”指“时-分-秒”	运算通道：触发时间（TIM）、定时长度（TIM） 累积模块：班次设定 控制回路：段持续时间设置（程序控制） 历史记录：记录时间（记录参数） 系统配置：热启动时间（基本设置）、设定时间 CF 卡操作：保存部分历史数据等

（5）表达式输入方法　表达式输入方法如表 5-10 所示。

表 5-10　表达式输入方法

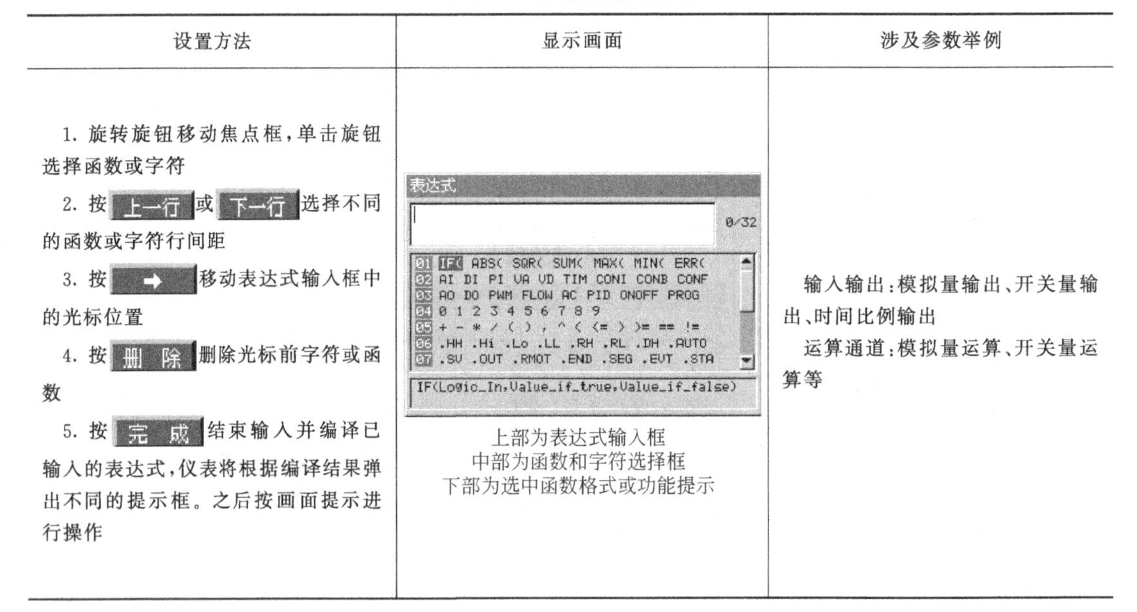

设置方法	显示画面	涉及参数举例
1. 旋转旋钮移动焦点框，单击旋钮选择函数或字符 2. 按 上一行 或 下一行 选择不同的函数或字符行间距 3. 按 ➡ 移动表达式输入框中的光标位置 4. 按 删 除 删除光标前字符或函数 5. 按 完 成 结束输入并编译已输入的表达式，仪表将根据编译结果弹出不同的提示框。之后按画面提示进行操作	表达式 0/32 01 IF(ABS(SQR(SUM(MAX(MIN(ERR(02 AI DI PI VA VD TIM CONI CONB CONF 03 AO DO PWM FLOW AC PID ONOFF PROG 04 0 1 2 3 4 5 6 7 8 9 05 + - * / ( ) , ^ < <= > >= == != 06 .HH .Hi .Lo .LL .RH .RL .DH .AUTO 07 .SV .OUT .RMOT .END .SEG .EVT .STA IF(Logic_In,Value_if_true,Value_if_false) 上部为表达式输入框 中部为函数和字符选择框 下部为选中函数格式或功能提示	输入输出：模拟量输出、开关量输出、时间比例输出 运算通道：模拟量运算、开关量运算等

第三节　基本信息设置

本节主要对系统配置（基本设置、用户设置）、监控画面（画面开关、画面分组、显示设定、常数画面、控制回路）、组态管理（出厂恢复、U 盘组态、仪表组态）、快捷菜单操作等通用内容的设置方法进行介绍。

一、基本设置

（1）基本设置组态步骤　基本设置组态步骤如表 5-11 所示。

（2）基本设置组态参数　基本设置组态参数说明如表 5-12 所示。

表 5-11　基本设置组态步骤

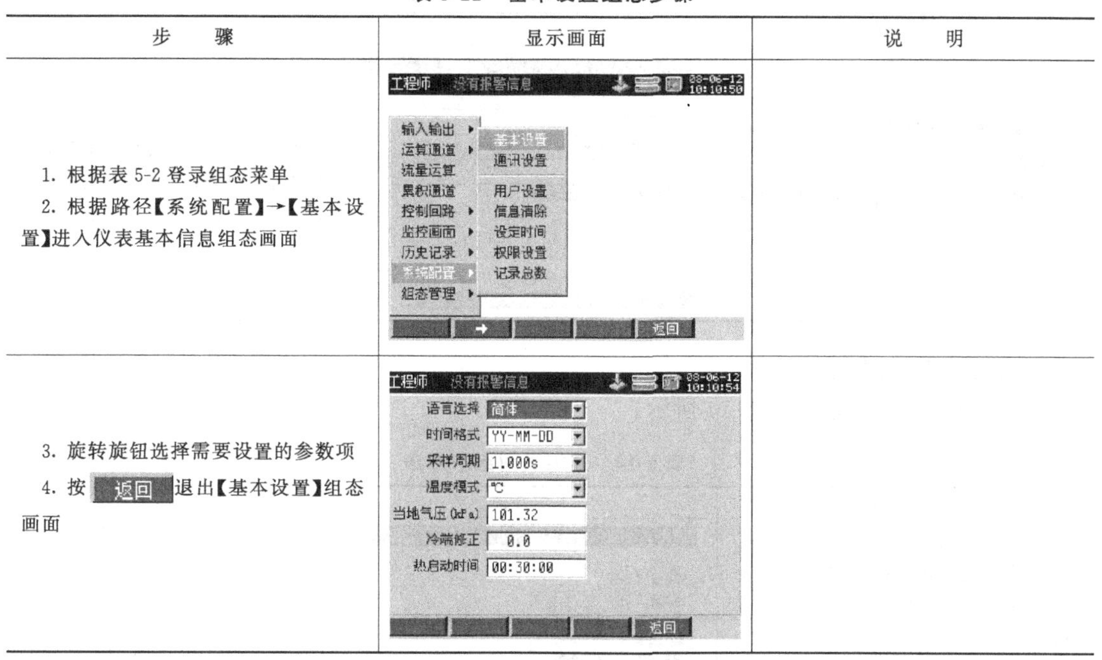

步　　骤	显示画面	说　　明
1. 根据表 5-2 登录组态菜单 2. 根据路径【系统配置】→【基本设置】进入仪表基本信息组态画面		
3. 旋转旋钮选择需要设置的参数项 4. 按 返回 退出【基本设置】组态画面		

表 5-12　基本设置组态参数说明

参　数	功　　能	设定范围	初始值
语言选择	选择界面文字的语言类型	简体/English/繁体	简体
时间格式	选择系统时间的日期显示格式：年-月-日、日-月-年或月-日-年	YY-MM-DD/ DD-MM-YY/ MM-DD-YY	YY-MM-DD
采样周期	选择信号采用周期	根据选型配置定	—
温度模式	选择温度显示模式：摄氏度或华氏度	℃/℉	℃
当地气压/kPa	设定当地标准大气压	0.00～300.00	101.32
冷端修正	设定冷端补偿值，单位由温度模式决定	−12.7～12.7	0.0
热启动时间	设定热启动时间	00:00:00～24:00:00	00:30:00

二、用户设置

用户设置方法如表 5-13 所示。

表 5-13　用户设置方法

步　骤	显示画面	备　注
1. 根据表 5-2 登录组态菜单 2. 根据路径【系统配置】→【用户设置】进入用户设置组态画面		

续表

步　骤	显示画面	备　注
3. 旋转旋钮选择需要设置的用户名和密码 4. 按 返回 退出【基本设置】组态画面		其中，用户04可设置所有用户的用户名和密码；其他用户只能对自身的用户名和密码进行设置

三、监控画面组态

监控画面组态方法如表5-14所示。

表5-14　监控画面组态方法

步　骤	显示画面	说　明
1. 根据表5-2登录组态菜单 2. 进入【监控画面】组态菜单 3. 旋转旋钮选择需要设置的子菜单项 4. 按 返回 退出【监控画面】组态菜单 5. 旋转旋钮选择并单击，进入【画面开关】组态画面	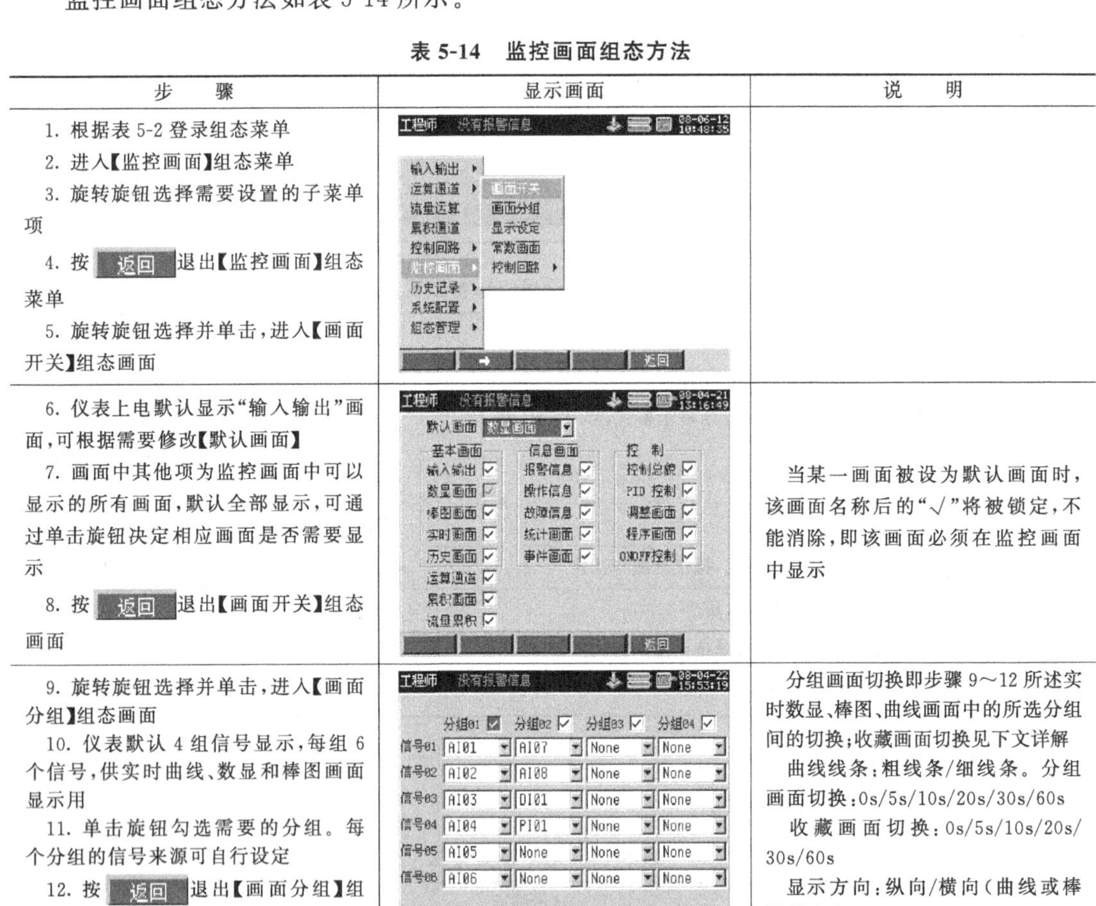	
6. 仪表上电默认显示“输入输出”画面，可根据需要修改【默认画面】 7. 画面中其他项为监控画面中可以显示的所有画面，默认全部显示，可通过单击旋钮决定相应画面是否需要显示 8. 按 返回 退出【画面开关】组态画面		当某一画面被设为默认画面时，该画面名称后的“√”将被锁定，不能消除，即该画面必须在监控画面中显示
9. 旋转旋钮选择并单击，进入【画面分组】组态画面 10. 仪表默认4组信号显示，每组6个信号，供实时曲线、数显和棒图画面显示用 11. 单击旋钮勾选需要的分组。每个分组的信号来源可自行设定 12. 按 返回 退出【画面分组】组态画面		分组画面切换即步骤9～12所述实时数显、棒图、曲线画面中的所选分组间的切换；收藏画面切换见下文详解 曲线线条：粗线条/细线条。分组画面切换：0s/5s/10s/20s/30s/60s 收藏画面切换：0s/5s/10s/20s/30s/60s 显示方向：纵向/横向（曲线或棒图的走向） 刻度标尺：空/01格/02格/03格/04格/05格（棒图刻度显示，分别对应无刻度/5等分/10等分/15等分/20等分/25等分） 显示个数：每页01个/02个/03个/04个/05个（历史画面每页显示的通道数） 屏保设置：从不/01min/05min/10min/30min 屏保亮度：关闭/高/中/低
13. 旋转旋钮选择并单击，进入【显示设定】组态画面 14. 旋转旋钮移动焦点框选择设置项 15. 按 返回 退出【显示设定】组态画面	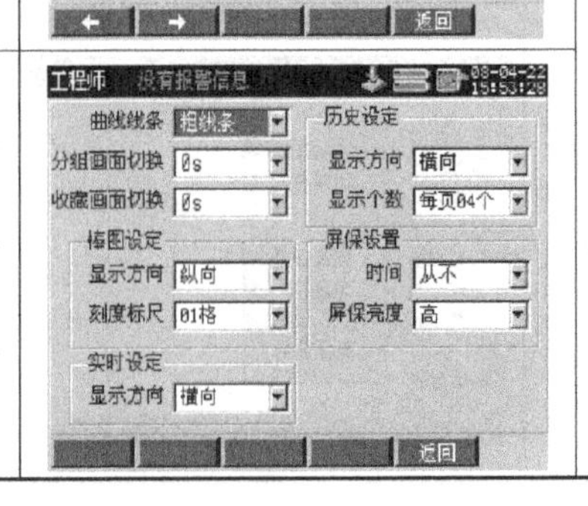	

续表

步　骤	显示画面	说　明
16. 旋转旋钮选择并单击，进入【常数画面】组态画面 17. 旋转旋钮移动焦点框选择设置项 18. 按 返回 退出【常数画面】组态画面		可设定 16 个常数，在任意监控画面下按 F2 ，即可对其进行修改 常数类型有整数型 CONI/布尔型 CONB/浮点型 CONF 三种可选 常数编号即所选常数类型对应的通道号 描述相当于位号功能，可对所选常数进行描述识别
19. 旋转旋钮选择并单击，进入【控制回路】子菜单 20. 旋转旋钮移动焦点框选择设置项 21. 按 返回 退出【控制回路】子菜单 22. 选择【PID 控制】，单击旋钮进入该组态画面，可为每个 PID 通道设置 2 个监控值		监控值信号来源可选择 AI/DI/PI/AO/DO/PWM/VA/VD/FLOW/PID/ON OFF/PROG 【ONOFF 控制】组态方法与【PID 控制】相同；【程序控制】组态还需选择【控制相关】信号来源，包括 PID/ON OFF

【显示设定】组态也可按以下步骤操作：在任意监控画面，按 C ，弹出快捷菜单，旋转旋钮移动焦点框至【显示设定】，单击旋钮进入显示设定组态画面。

四、收藏画面切换

收藏画面切换选择如图 5-10 所示。

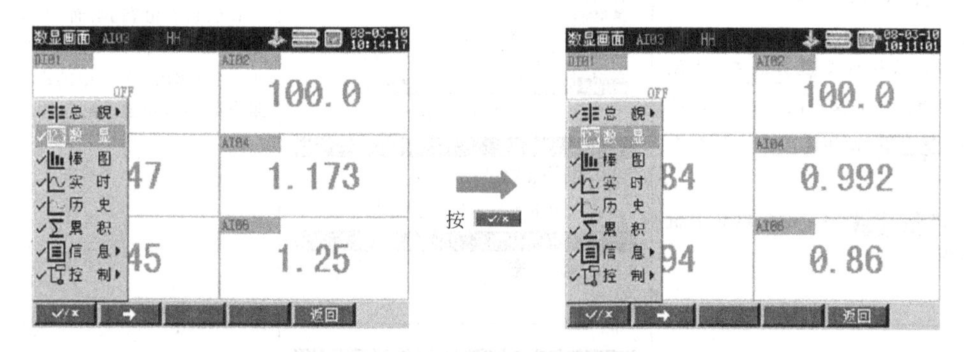

图 5-10　收藏画面切换选择

在用户 04（默认用户名为“工程师”）操作权限下，长按旋钮弹出导航菜单，名称前显示“√”的为收藏画面，按 ✓/× 可选择是否将该监控画面收藏。单击旋钮可在收藏画面间手动循环切换，当【显示设定】组态中设置了非 0s 的收藏画面切换时间后，所有被勾选的监控画面将按设定时间自动循环切换。

五、组态管理

组态管理组态如表 5-15 所示。

表 5-15　组态管理组态

步　　骤	显示画面	说　　明
1. 根据表 5-2 登录组态菜单 2. 进入【组态管理】菜单 3. 旋转旋钮选择需要设置的子菜单项 4. 按 返回 退出【组态管理菜单】		
5. 旋转旋钮选择并单击，进入【仪表组态】画面 6. 按 保存 将当前组态保存到仪表中 7. 按 读取 或单击旋钮调用当前选中的组态备份 8. 按 重命名 更改组态名 9. 按 返回 退出【仪表组态】画面		在【仪表组态】画面，可保存当前组态到仪表中，也可调用已备份的组态 共能保存 8 组不同的组态，且组态名都可自定义
10. 旋转旋钮选择并单击，进入【CF 卡组态】画面 11. 按【保存组态】将当前组态保存至 CF 卡中 12. 按【读取组态】进入 CF 卡文件目录 13. 单击旋钮或按 打开 进入到 CF 卡目录的组态文件画面后，单击旋钮或按 读取 调用当前选中的组态文件 14. 按 返回 逐步退出【CF 卡组态】画面	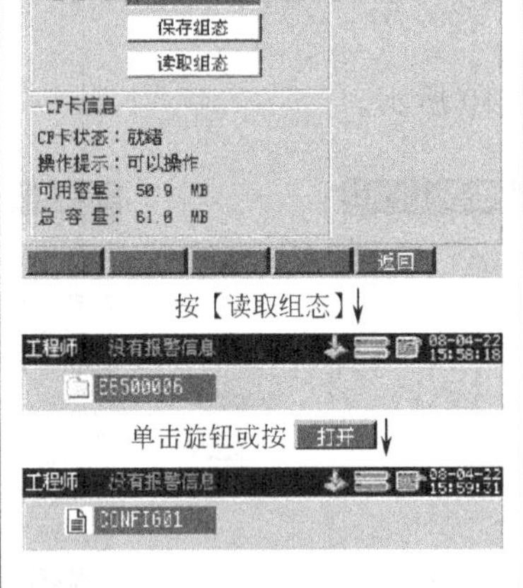	在【CF 卡组态】画面，可保存当前组态到 CF 卡中 CONFIG 文件夹中，也可调用 CF 卡中的组态。保存组态前必须先键入组态名
15. 旋转旋钮，将焦点框定位至【恢复出厂】并单击，弹出恢复出厂询问对话框 16. 按 是 恢复出厂组态；按 否 或 返回 取消恢复出厂操作	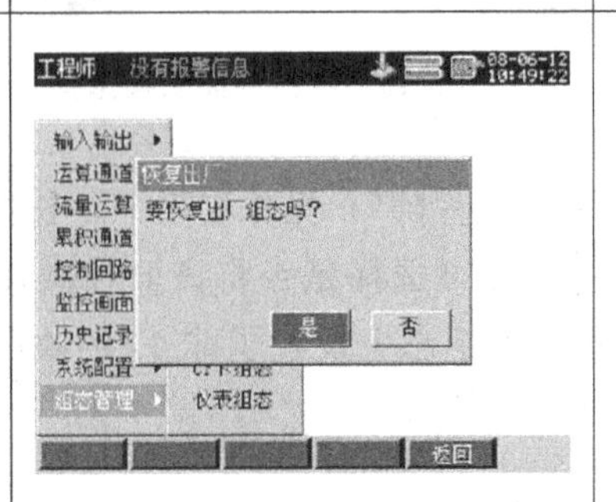	进入编译画面的相关描述

六、启用组态

启用组态对话框如图 5-11 所示。

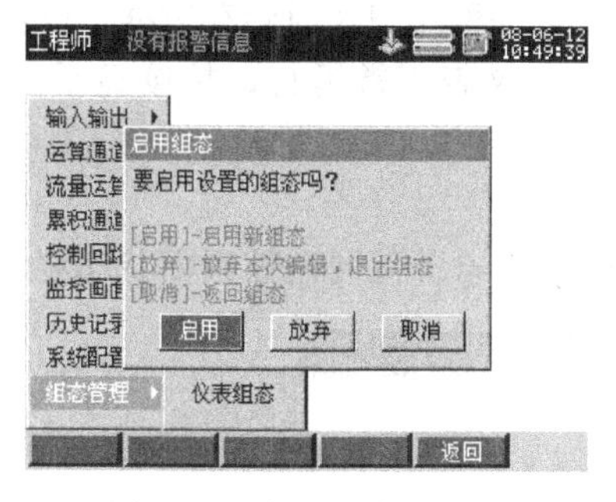

图 5-11 启用组态对话框

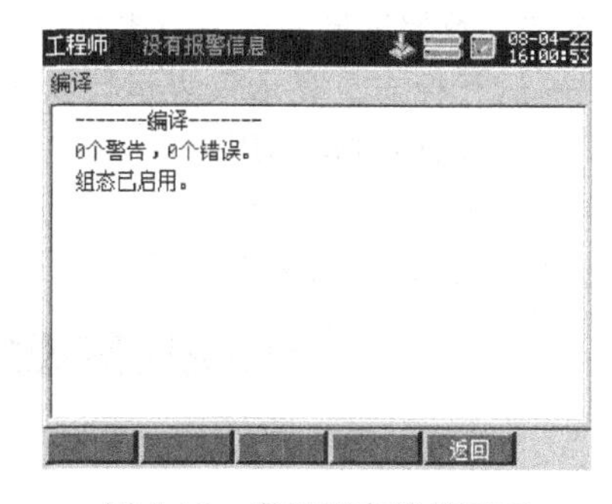

图 5-12 启用组态编辑画面

控制器提供了组态编译功能，任何组态内容修改后，在退出组态前，都会弹出“启用组态”对话框。按 取消 不启用组态，仍停留在组态画面可继续进行设置；按 放弃 不启用组态，直接返回至监控画面；按 启用 启用组态，进入编译画面。

若组态设置内容不正确，编译画面会提示相应的错误信息或警告信息，可根据提示内容进一步修改组态，直至组态无误。启用组态编辑画面如图 5-12 所示。

七、快捷菜单操作

利用快捷菜单操作调节亮度如图 5-13 所示。

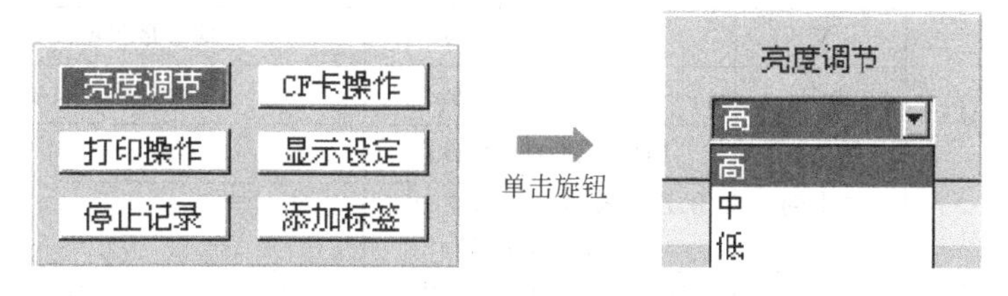

图 5-13 利用快捷菜单操作调节亮度

在任意监控画面下按 ，弹出快捷菜单。快捷菜单操作有六项内容：【亮度调节】、【CF卡操作】、【打印操作】、【显示设定】、【停止记录】和【添加标签】。

八、状态栏基本信息介绍

（一）监控画面状态栏

监控画面状态栏如图 5-14 所示。

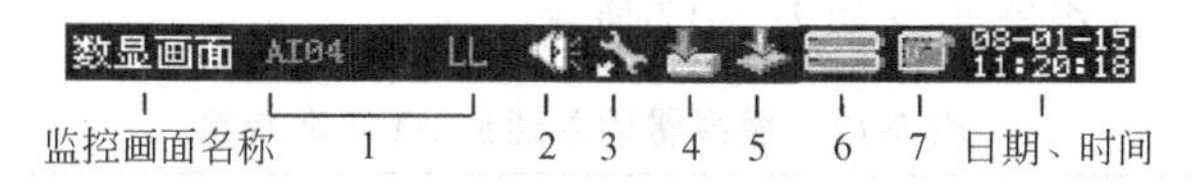

图 5-14 监控画面状态栏

各标志含义如下。

1——显示报警信息。报警信息列表尚未产生报警信息时，此处显示“没有报警信息”。产生报警后，报警信息以红色显示，消警信息以绿色显示。

2——报警状态标志。表示有通道处于报警状态，当所有报警消除后此标志隐藏。

3——故障信息标志。表示有未查看的故障信息，浏览故障信息画面后此标志隐藏。

4——CF 卡工作标志。该标志出现时，说明 CF 卡正在工作。

5——绿色箭头闪动时，表示正在记录数据；静止时表示 CF 卡正在拷贝画面。当仪表停止记录数据时标记变为。

6——内存状态标志。上部表示记录的数据，下部表示记录块。正常为绿色，当未转存的历史数据的个数超过最大记录个数的90%时，转为红色，提醒用户及时转存数据，以免丢失。

7——运行标志。显示仪表运行状态，绿色曲线表示仪表正常运行，持续显示红色曲线时表示表达式功能过量使用。

（二）组态画面状态栏

组态画面状态栏如图5-15所示。组态画面状态栏各标志含义同监控画面状态栏。

用户名称

图5-15　组态画面状态栏

第四节　输入输出

C3900过程控制器涉及的所有输入输出通道类型及其所支持的信号类别、类型和量程范围，如表5-16所示。

表5-16　输入输出信号类别、类型和量程范围

通道类型	信号类别	量程范围/信号类型	说　明
模拟量输入通道AI	mA	0.00～20.00mA	信号量程可设置，不可反向
	V	－10.00～10.00V	信号量程可设置，不可反向
	mV	－100.00～100.00mV	信号量程可设置，不可反向
	热电阻	Pt100、JPt100、Cu50	—
	热电偶	B、E、J、K、S、T、WRe5-26、WRe3-25、R、N	—
开关量输入通道DI	V	0(<1V)，1(4.5～10V)	C4100/C3100、C4200/C3200无此功能
脉冲量输入通道PI	Hz	0～10000Hz	响应周期为1s
模拟量输出通道AO	mA	0.00～20.00mA	信号量程可设置，可反向
开关量输出通道DO	开关量	0，1	输出到相关继电器触点
时间比例输出通道PWM	开关量	0，1	输出分辨率1/32s

一、模拟量输入通道AI

1. 模拟量输入通道AI组态

模拟量输入通道AI组态步骤如表5-17所示。

表5-17　模拟量输入通道AI组态步骤

步　骤	显示画面	说　明
1. 根据表5-2登录组态菜单 2. 根据路径【输入输出】→【模拟量输入】进入AI通道组态画面 3. 旋转旋钮选择需要设置的参数项	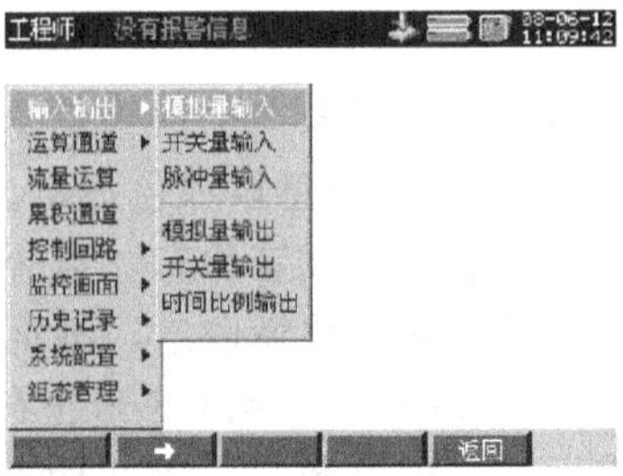	

续表

步骤	显示画面	说明
4 按 [图标] 或 [图标] 选择不同的通道设置 5. 按 返回 退出 AI 通道组态画面	工程师 设置报警信息 08-04-22 16:04:04 通道 AI02 滤波时间(s) 0.0 报警组态 位号 单位 信号类别 (4.00~20.00)mA 量程范围 0.0~100.0 线性修正Y=A*X+B A 1.0 B 0.0 返回 2/8	

2. AI参数说明

模拟量输入组态参数说明如表5-18所示。

表5-18 模拟量输入组态参数说明

参数	功能	设定范围	初始值
通道	选择需要设置的通道号	AI01～AI12	AI01
位号	描述选中的通道，输入方法参见表5-8	可输入8个字符	—
单位	设定信号的单位，输入方法同位号	可输入8个字符	—
信号类别	选择输入信号的类型和范围	见表5-16	4.00～20.0mA
量程范围	设定需显示的小数点位数和量程上下限	－30000～30000	0.0～100
滤波时间/s	设定一阶惯性滤波的时间	0.0～25.5	0.0
A	设定修正公式 $Y=AX+B$ 的一次项系数	－999～9999	1.0
B	设定修正公式 $Y=AX+B$ 的常数项	－999～9999	0
报警组态	设定上下限报警和速率报警相关参数	见表5-19及说明	—

报警组态参数说明如表5-19所示

表5-19 报警组态参数说明

参数	功能	备注
上上限 HH	设定选中通道的上下限报警值、延时时间及报警回差	报警值不得超过量程的上下限范围，各个报警值和量程的大小关系如下图所示 量程上限 HH Hi Lo LL 量程下限 量程下限 LL Lo Hi HH 量程上限
上限 Hi		
下限 Lo		
下下限 L		
上升速率 RH	设定选中通道的速率报警值、延时时间及时间间隔	报警值不得超过量程
下降速率 RL		

(1) 信号类别　信号类别若选择mA、V或mV时，需要设置信号上下限。单击旋钮，激活输入框后，信号上下限的范围会在输入框边上显示，如图5-16所示。输入方法参见表5-6，若输入超出此范围，系统将自动保存为所允许的最大值或最小值。信号上下限必须满足【信号下限】＜【信号上限】，否则启用组态会出现错误而无法通过编译。

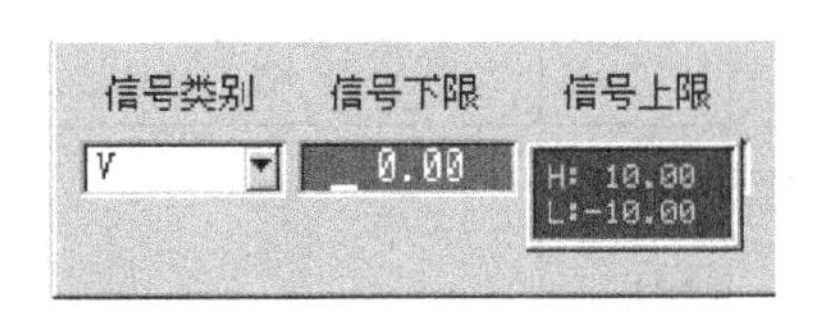

图 5-16　电压、电流信号设置框

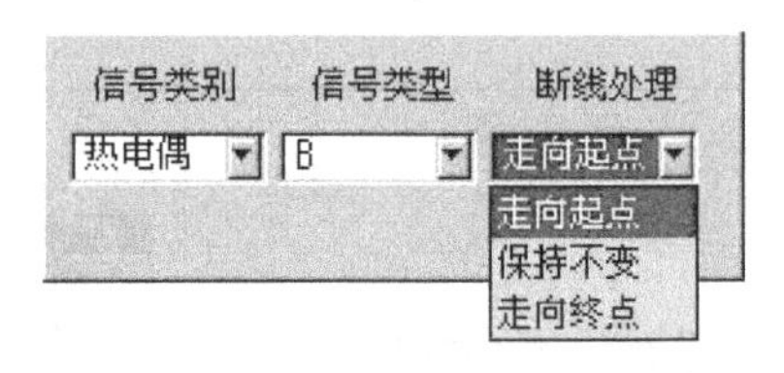

图 5-17　热电偶、热电阻信号设置框

信号类别若选择热电偶或热电阻时，需选择具体的信号类别，并设置合适的断线处理方式，如图 5-17 所示。信号的量程范围即该通道的实际量程范围。断线处理方式含义如下。

走向起点：热电偶或热电阻信号断线后，显示该通道的量程下限值。

保持不变：热电偶或热电阻信号断线后，保持断线前数值不变。

走向终点：热电偶或热电阻信号断线后，显示该通道的量程上限值。

对于热电偶信号，测量时还需考虑冷端。短接热电偶的输入端，则该通道显示值即为该通道的冷端温度。当仪表的冷端不够准确时，进行冷端修正。无论仪表采用何种温度模式，冷端修正的调整范围均为－12.7～12.7。

仪表可通过摄氏和华氏两种温标进行显示，使用热电偶和热电阻信号类别时应注意温度模式选择。

例： 某用户使用 AI05 通道测量 K 型热电偶的温度，实际冷端温度比室温低 1℃。可组态如图 5-18、图 5-19 所示。

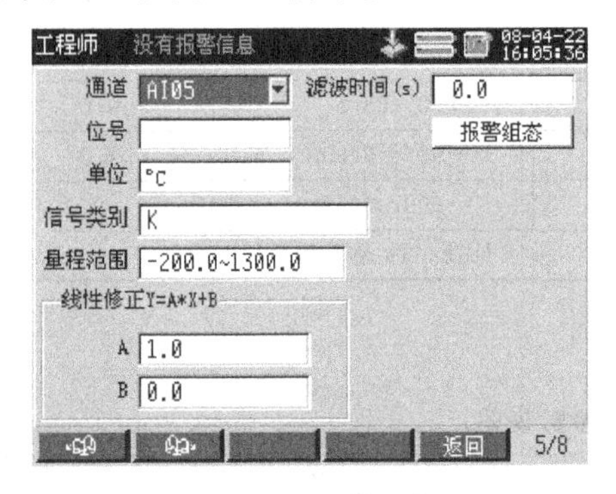

图 5-18　通道状态

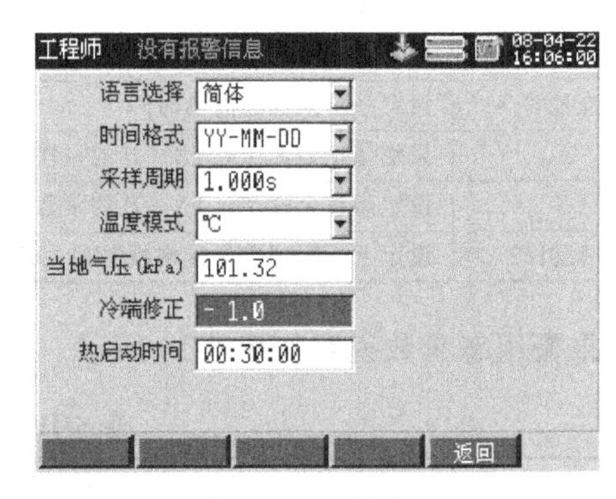

图 5-19　冷端修正

(2) 滤波时间　控制器采用一阶惯性数字滤波，滤波公式为

$$y(i)=x(i)\frac{T_s}{T_s+T_F}+y(i-1)\frac{T_F}{T_s+T_F}$$

式中，$y(i)$为通道当前显示值；$x(i)$为通道未使用滤波时的当前显示值；$y(i-1)$为通道前一采样周期的显示值；T_s 为采样周期；T_F 为滤波时间。如图 5-20 所示。

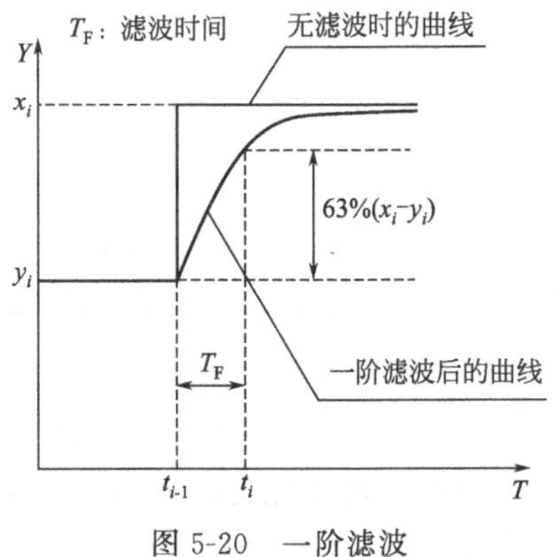

图 5-20　一阶滤波

由公式及图 5-20 可得知设定滤波时间有助于提高曲线的平滑程度，减小干扰信号对曲线的影响。滤波时间越长，当前采样周期的信号对显示值的影响越小，曲线也越平稳。

滤波时间常数可在 0.0～25.5s 之间任意设定，仪表默认的滤波时间为 0.0，表示滤波功能关闭。

（3）线性修正　当用户对信号的处理有特殊要求时可选择线性修正功能进行线性的校正。

线性修正的公式为 $Y=AX+B$，其中 A 表示线性系数，B 表示零点修正。默认状态下，$A=1$，$B=0$，即不进行修正。X 表示修正前通道应显示的工程量，Y 表示修正后通道显示的值。

例：某 AI 通道如图 5-21 组态，则当输入信号为 12.00mA 时，该通道显示为 150.00。

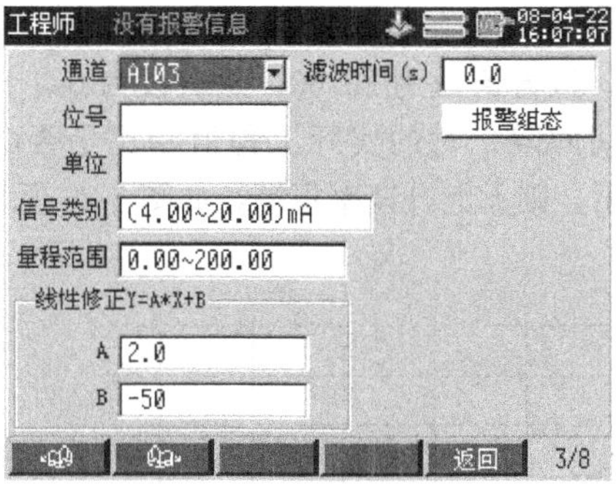

图 5-21　线性修正

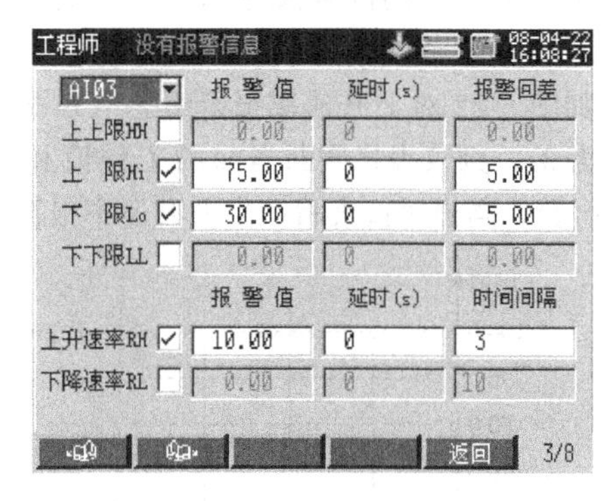

图 5-22　报警组态

（4）报警组态　报警组态画面如图 5-22 所示。上下限报警、速率报警均默认关闭，可通过单击旋钮将其激活。

（5）上下限报警　当实际工程值在报警点附近波动时，仪表会不断进入和退出报警状态，这样输出触点会经常动作，频繁报警，从而可能导致外部联锁装置发生故障。报警回差功能，避免了这种情况的发生。

现对上限和下限报警时的回差举例说明如下。

如图 5-22 对上限报警和下限报警组态，则实际报警和消警状态应如下所述。

如图 5-23 所示，当实际工程值大于等于 75.00 时记录仪进入报警状态；当输入减小，实际工程值小于 75.00，记录仪不会马上退出报警状态，而是直到记录仪实际工程值小于等于 70.00 后，记录仪才退出报警状态。

如图 5-24 所示，当实际工程值小于等于 30.00 时记录仪进入报警状态；当输入增大，实际工程值大于 30.00，记录仪不会马上退出报警状态，而是直到记录仪实际工程值大于等于 35.00 后，记录仪才退出报警状态。

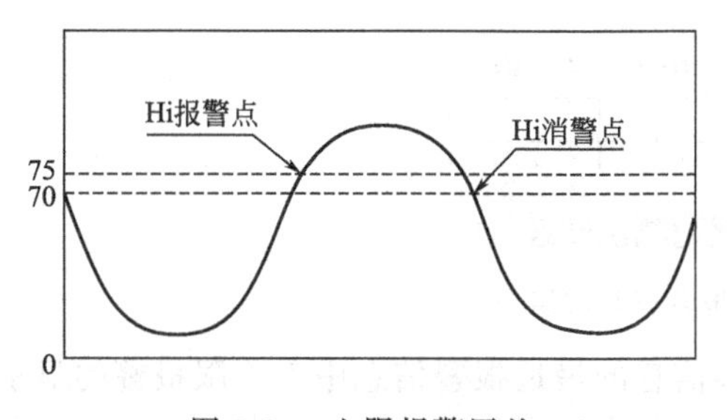

图 5-23　上限报警回差

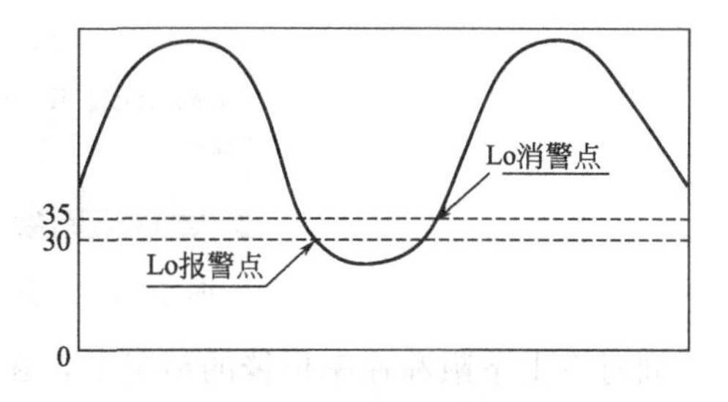

图 5-24　下限报警回差

上上限报警回差的设置和报警、消警原理与上限报警的一致，下下限报警回差设置和报警、消警原理与下限报警的一致。

上下限报警都具有报警延时、消警延时功能，延时时间设置范围为 0～30s。

若延时设为 0，仪表即时报警和即时消警。否则，当仪表检测到输入信号符合报警条件时，不是马上报警，而是在设定的报警延时时间内一直符合报警条件，在延时时间到达时才会产生报警。同理，消警也是如此。

(6) 速率报警　在某些情况下，实际工程值虽然没有超过上下限报警值，但在短时间内上升或下降的变化量过大也需要报警，速率报警功能实现了这一需求。

有上升的变化趋势为上升速率报警，有下降的变化趋势为下降速率报警。可根据实际需要对报警值、时间间隔及延时时间进行组态。时间间隔的设置范围为 1～30 个采样周期，延时时间的设置范围为 0～30s。

如图 5-22 对上升速率报警组态（1s 采样周期下，报警值设为 10.00，延时设为 0s，时间间隔设为 3），则仪表将判断当前的工程值和前 3s（时间间隔）时的实际工程值相比是否高出 10（报警值），高出时仪表将产生上升速率报警，若不高出，则无上升速率报警，如图 5-25 所示。

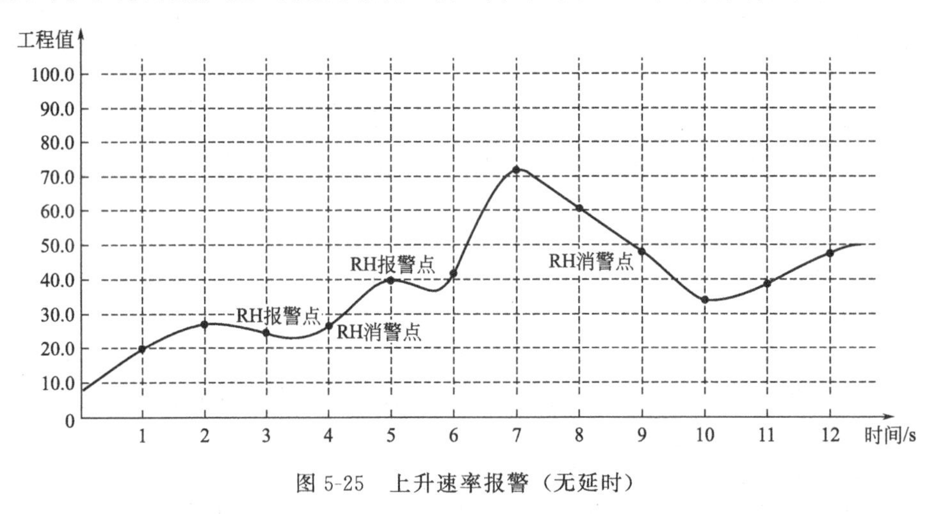

图 5-25　上升速率报警（无延时）

若延时时间非 0，则当上升或下降状态在延时时间内的各个时刻均满足报警条件，在延时时间到时仪表才报警。

如图 5-26 所示，对上升速率报警组态（1s 采样周期下，报警值设为 10.00，延时设为 2s，时间间隔设为 3），则仪表将判断当前的采样值和前 3s（时间间隔）时的采样值相比是否高出 10（报警值），若连续 2s（延时时间）内的采样值均比其前 3s 的采样值高出 10，则仪表将产生上升速率报警，当 2s 内的任意一秒与其前 3s 的采样值相比不高出 10，则无上升速率报警，如图 5-27 所示。

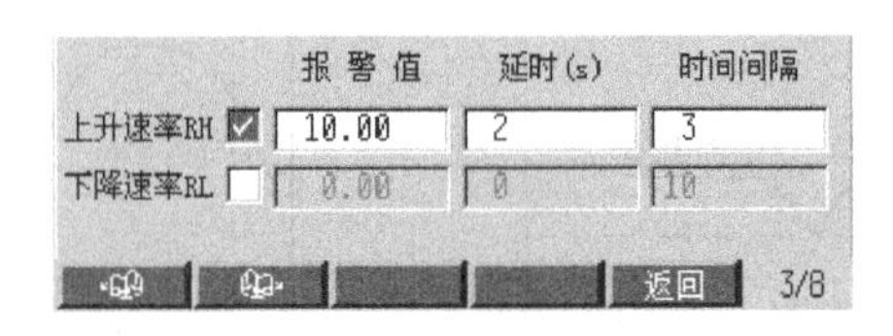

图 5-26　上升速率报警有延时组态

同时有上下限和速率报警的情况下，在头条信息的最近报警信息中上下限报警的显示优先级要高于速率报警，报警信息记录画面两者显示优先级别相同。

二、开关量输入通道 DI

1. 开关量输入通道 DI 组态

开关量输入通道 DI 组态步骤如表 5-20 所示。

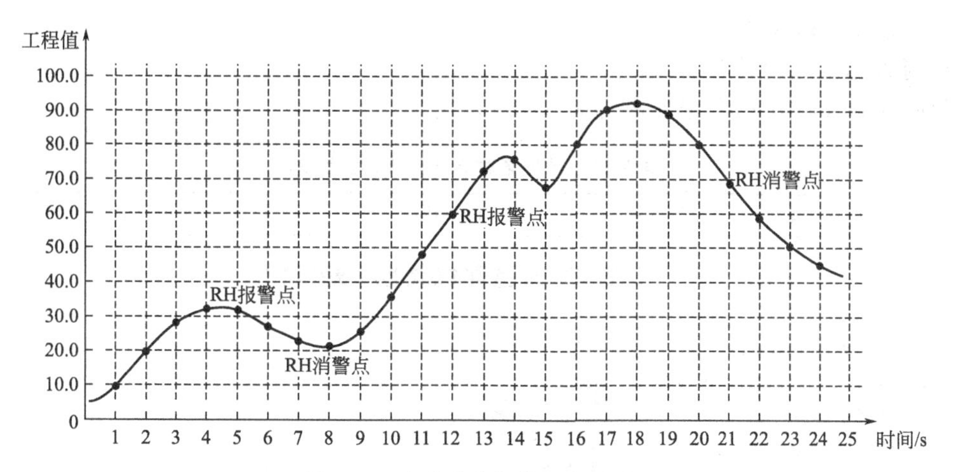

图 5-27 上升速率报警（有延时）

表 5-20 开关量输入通道 DI 组态步骤

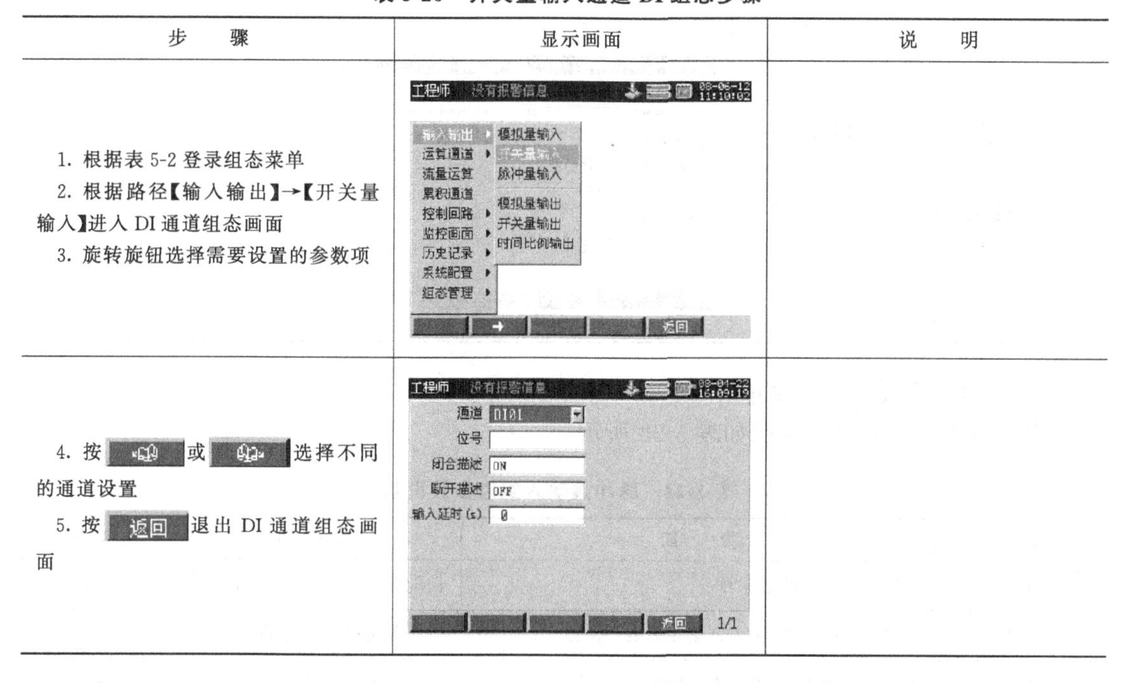

步 骤	显示画面	说 明
1. 根据表 5-2 登录组态菜单 2. 根据路径【输入输出】→【开关量输入】进入 DI 通道组态画面 3. 旋转旋钮选择需要设置的参数项	工程师 没有报警信息 08-06-12 11:10:02 输入输出 ▸ 模拟量输入 / 开关量输入 / 脉冲量输入 / 模拟量输出 / 开关量输出 / 时间比例输出 运算通道 ▸ 流量运算 累积通道 控制回路 ▸ 监控画面 ▸ 历史记录 ▸ 系统配置 ▸ 组态管理 ▸ → 返回	
4. 按 [按钮] 或 [按钮] 选择不同的通道设置 5. 按 返回 退出 DI 通道组态画面	工程师 没有报警信息 08-04-22 16:09:19 通道 DI01 位号 闭合描述 ON 断开描述 OFF 输入延时（s） 0 返回 1/1	

2. DI 参数介绍

开关量输入组态参数说明如表 5-21 所示。

表 5-21 开关量输入组态参数说明

参 数	功 能	设定范围	初始值
通 道	选择需要设置的通道号	由配置决定，最大 2 个通道	DI01
位 号	描述选中的通道，输入方法参见表 5-8	可输入 8 个字符	—
闭合描述	描述信号闭合状态，输入方法同位号	可输入 8 个字符	ON
断开描述	描述信号断开状态，输入方法同位号	可输入 8 个字符	OFF
输入延时	开关量输入的延时时间，即在设置的延时时间内检测到持续的高电平（或低电平），才显示闭合状态（或断开状态）	0～30s	0

三、脉冲量输入通道 PI

1. 脉冲量输入通道 PI 组态

脉冲量输入通道 PI 组态步骤如表 5-22 所示。

表 5-22　脉冲量输入通道 PI 组态步骤

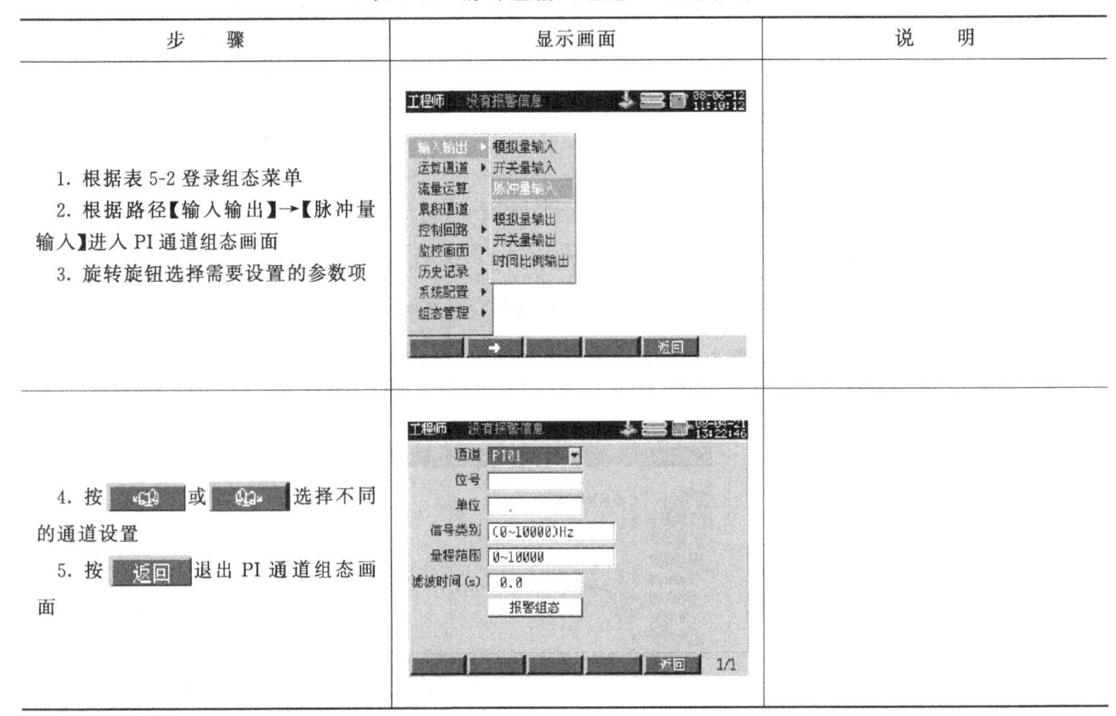

步　骤	显示画面	说　明
1. 根据表 5-2 登录组态菜单 2. 根据路径【输入输出】→【脉冲量输入】进入 PI 通道组态画面 3. 旋转旋钮选择需要设置的参数项		
4. 按 [按钮] 或 [按钮] 选择不同的通道设置 5. 按 返回 退出 PI 通道组态画面		

2. 脉冲量输入组态参数介绍

脉冲量输入组态参数说明如表 5-23 所示。

表 5-23　脉冲量输入组态参数说明

参　数	功　　能	设定范围	初始值
通 道	选择需要设置的通道号	由配置决定，最大 2 个通道	PI01
位 号	描述选中的通道，输入方法参见表 5-8	可输入 8 个字符	—
单 位	设定信号的单位，输入方法同位号	可输入 8 个字符	—
信号类别	选择输入信号的范围	0～10000Hz	0～10000Hz
量程范围	设定需显示的小数点位数和量程上下限	−30000～30000	0～10000
滤波时间/s	设定一阶惯性滤波的时间	0.0～25.5	0.0
报警组态	设定上下限报警和速率报警相关参数	同 AI 输入报警组态	—

四、模拟量输出通道 AO

1. 模拟量输出通道 AO 组态

模拟量输出通道 AO 组态步骤如表 5-24 所示。

2. 模拟量输出通道 AO 参数介绍

模拟量输出通道 AO 参数组态说明如表 5-25 所示。

表 5-24　模拟量输出通道 AO 组态步骤

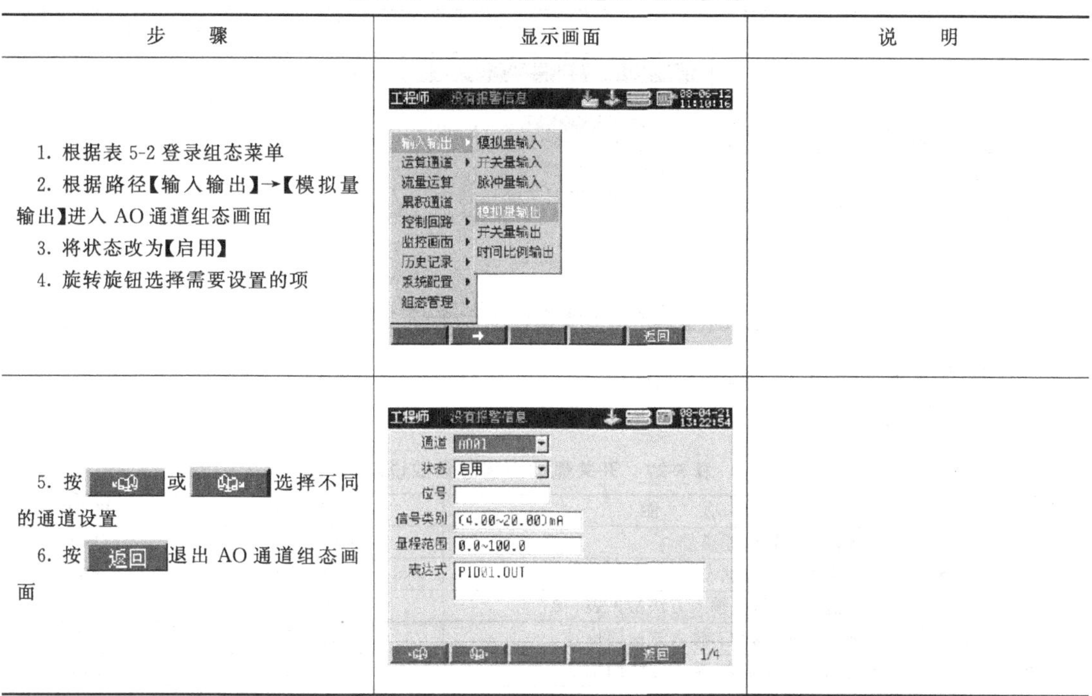

步　　骤	显示画面	说　　明
1. 根据表 5-2 登录组态菜单 2. 根据路径【输入输出】→【模拟量输出】进入 AO 通道组态画面 3. 将状态改为【启用】 4. 旋转旋钮选择需要设置的项		
5. 按 [↵] 或 [↳] 选择不同的通道设置 6. 按 [返回] 退出 AO 通道组态画面		

表 5-25　模拟量输出通道 AO 组态参数说明

参　数	功　　能	设定范围	初始值
通 道	选择需要设置的通道号	AO01～AO04	AO01
状 态	选择通道的工作状态	关闭/启用	关闭
位 号	描述选中的通道，输入方法参见表 5-8	可输入 8 个字符	—
信号类别	选择输入信号的范围	0～20mA	4.00～20.00mA
量程范围	设定需显示的小数点位数和量程上下限	－30000～30000	0.0～100.0
表达式	设定输出信号的来源，输入方法参见表 5-10	可输入 32 个字符	PID01.OUT

五、开关量输出通道 DO

1. 开关量输出通道 DO 组态

开关量输出通道 DO 组态步骤如表 5-26 所示。

表 5-26　开关量输出通道 DO 组态步骤

步　　骤	显示画面	说　　明
1. 根据 5-2 登录组态菜单 2. 根据路径【输入输出】→【开关量输出】进入 DO 通道组态画面 3. 将状态改为【启用】 4. 旋转旋钮选择需要设置参数项		

续表

步　　骤	显示画面	说　　明
5. 按 [◁] 或 [▷] 选择不同的通道设置 6. 按 [返回] 退出 DO 通道组态画面		

2. 开关量输出通道 DO 参数介绍

开关量输出组态参数说明如表 5-27 所示。

表 5-27　开关量输出组态参数说明

参　数	功　　能	设定范围	初始值
通 道	选择需要设置的通道号	DO01～DO12	DO01
状 态	选择通道的工作状态	关闭/启用	关闭
位 号	描述选中的通道，输入方法参见表 5-8	可输入 8 个字符	—
闭合描述	描述信号闭合状态，输入方法同位号	可输入 8 个字符	ON
断开描述	描述信号断开状态，输入方法同位号	可输入 8 个字符	OFF
表达式	设定输出信号的来源，输入方法参见表 5-10	可输入 32 个字符	—
输出延时	开关量输出的延时时间，即在设置的延时时间内检测到持续的高电平(或低电平)，才显示闭合状态(或断开状态)	0～30s	0

六、时间比例输出通道 PWM

1. 时间比例输出通道 PWM 组态步骤

时间比例输出通道 PWM 组态步骤如表 5-28 所示。

表 5-28　时间比例输出通道 PWM 组态步骤

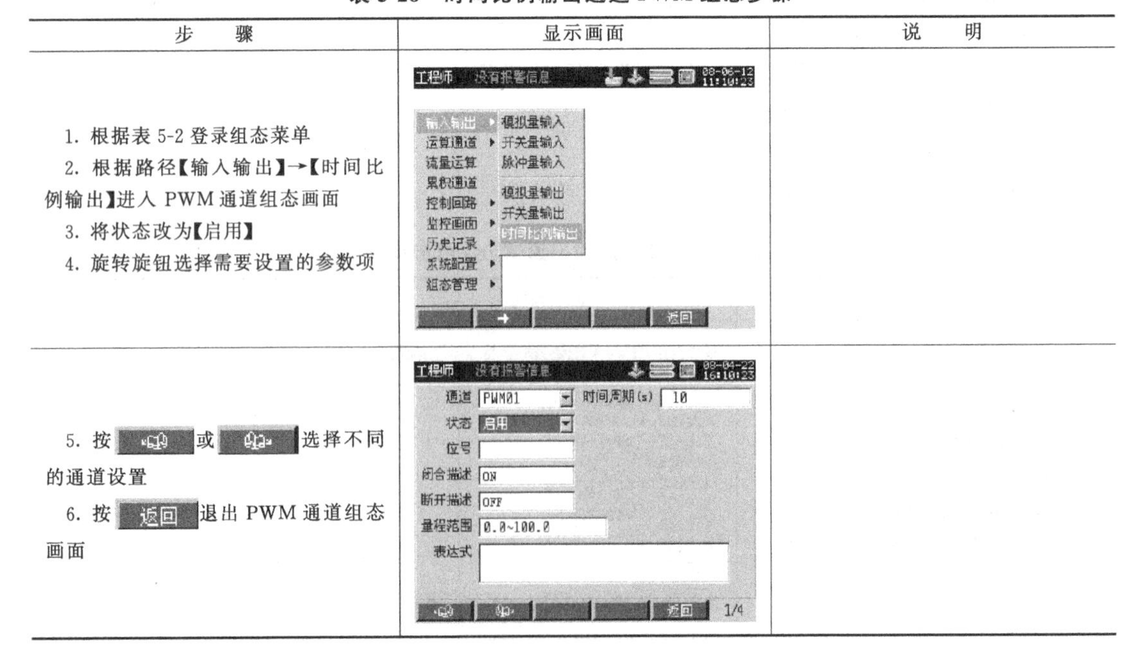

步　　骤	显示画面	说　　明
1. 根据表 5-2 登录组态菜单 2. 根据路径【输入输出】→【时间比例输出】进入 PWM 通道组态画面 3. 将状态改为【启用】 4. 旋转旋钮选择需要设置的参数项		
5. 按 [◁] 或 [▷] 选择不同的通道设置 6. 按 [返回] 退出 PWM 通道组态画面		

2. 时间比例输出通道PWM参数介绍

时间比例输出组态参数说明如表5-29所示。

表5-29 时间比例输出组态参数说明

参 数	设 定 范 围	功 能	初始值
通 道	选择需要设置的通道号	PWM01～PWM04	PWM01
状 态	选择通道的工作状态	关闭/启用	关闭
位 号	描述选中的通道,输入方法参见表5-8	可输入8个字符	—
闭合描述	描述信号闭合状态,输入方法同位号	可输入8个字符	ON
断开描述	描述信号断开状态,输入方法同位号	可输入8个字符	OFF
量程范围	设定需显示的小数点位数和量程上下限	－30000～30000	0.0～100.0
表达式	设定输出信号的来源,输入方法参见表5-10	可输入32个字符	—
时间周期	输出时间比例信号的周期	1～999s	10

注意：PWM显示、输出、参与运算均为开关量，PWM01～PWM04分别占用DO01～DO04。PWM通道启用后，相应的DO通道应关闭，否则无法通过编译。

七、输入输出相关监控画面

1. 输入输出总貌画面

输入输出总貌画面如图5-28所示。

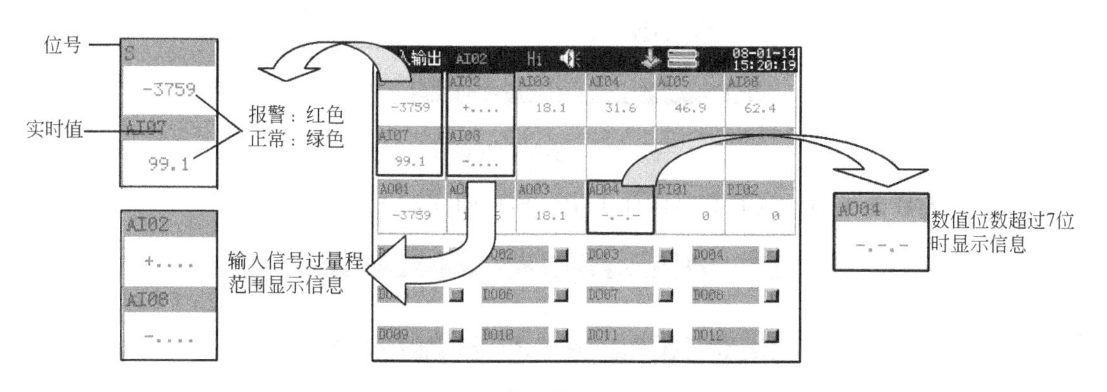

图5-28 输入输出总貌画面

输入输出总貌画面显示当前所有输入输出通道（包括模拟量输入AI、开关量输入DI、脉冲量输入PI、模拟量输出AO及开关量输出DO）的运行状况、实时数值或状态。

正常情况下实时模拟量数值为绿色显示，若处于报警状态，则以红色显示。对于开关量，绿色表示断开，红色表示闭合。

通道显示位号内容由用户自定义。若组态设置位号项空缺，则以默认通道号显示。

所有类型的模拟量通道均允许±4%的过量程范围，当信号的范围仍然超出此范围则显示“+....”或“-....”；当信号范围位于±4%的过量程范围内时，若数值位数超过7位（负号和小数点各占一位）时，显示“-.-.-”；当IO板出现故障或通道运算出错时，相关通道将显示为“××××”。

2. 实时显示画面

实时显示画面如图 5-29 所示。

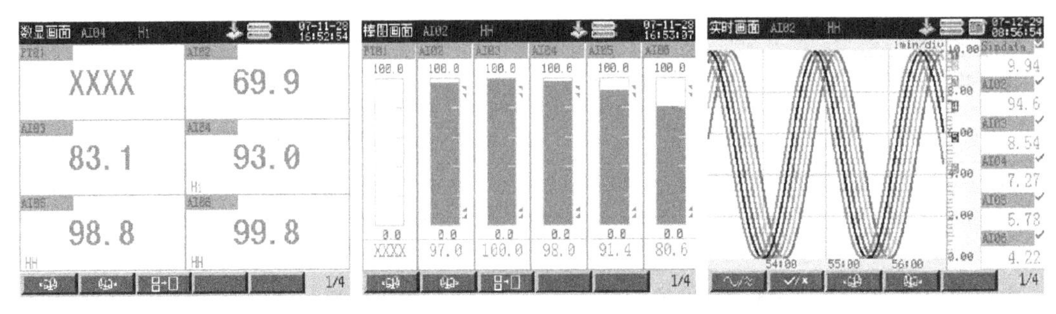

图 5-29　实时显示画面

数显画面、棒图画面和曲线画面三幅画面均显示当前实时数据，是实时数据的三种显示状态。每一类型画面最多可有 4 页，每页中显示的信号可根据需要在【画面分组】中自行选择设置。每页最多为 6 个信号显示，若少于 6 个，则系统自动调整，该位置以空白显示，实时数显画面如图 5-30 所示。

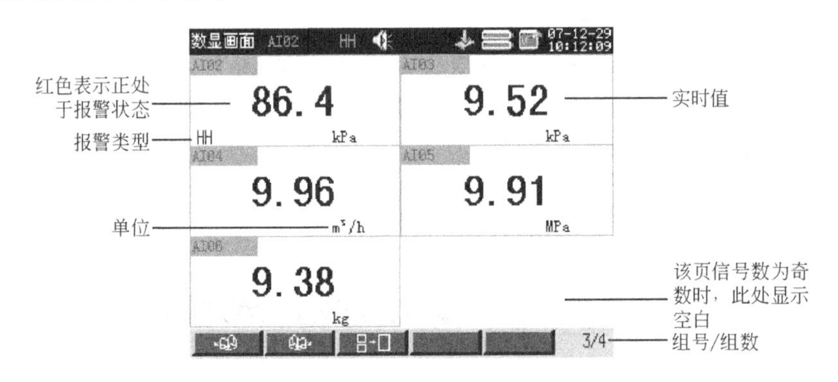

图 5-30　实时数显画面

（1）实时数显画面　实时数显画面下指令框如图 5-31 所示。

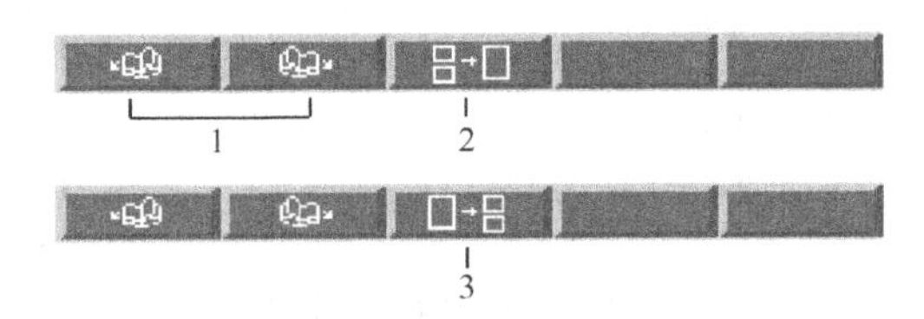

图 5-31　实时数显画面下指令框

其中：

1——翻页键。在最多 4 页数显画面中循环翻页。

2——单个分组画面显示切换至两个分组画面共同显示。

3——从两个分组画面共同显示切换至单个分组画面显示。

（2）实时棒图画面　实时棒图纵向显示画面如图 5-32 所示。

在【显示设定】组态画面，可将其改为横向显示，并修改标尺刻度显示（详见表 5-14 所示）。棒图画面的按键操作功能同实时数显画面。

（3）实时曲线画面　实时曲线画面如图 5-33 所示。

实时曲线画面下指令框如图 5-34 所示。

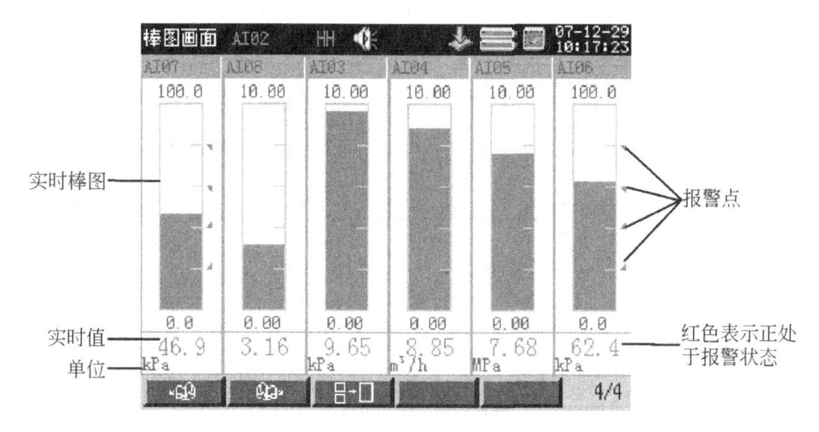

图 5-32 实时棒图纵向显示画面

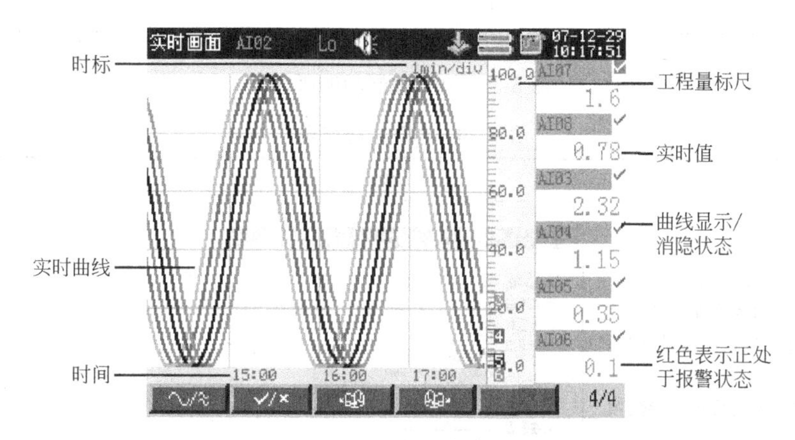

图 5-33 实时曲线画面

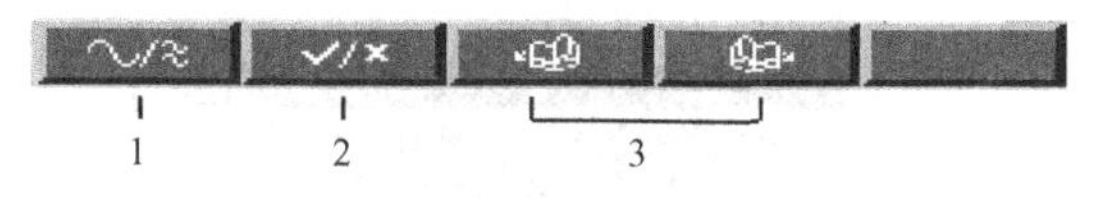

图 5-34 实时曲线画面下指令框

其中：

1——显示切换键，按此键可使各个通道的实时曲线在各自独立的区域内显示；

2——显示/消隐键，选择显示或隐藏选中通道的实时曲线；

3——翻页键，在最多 4 页曲线画面中循环翻页。

第五节 PID 控制

C3900 过程控制器最多具有 4 个单回路 PID 控制模块，每个 PID 控制功能原理如图 5-35 所示。针对流程工业，结合表达式函数运算功能可以配置为单回路控制、串级控制回路、比值控制、分程控制、前馈控制、均匀控制、三冲量控制等复杂控制模式。

一、PID 组态步骤

PID 组态步骤如表 5-30 所示。

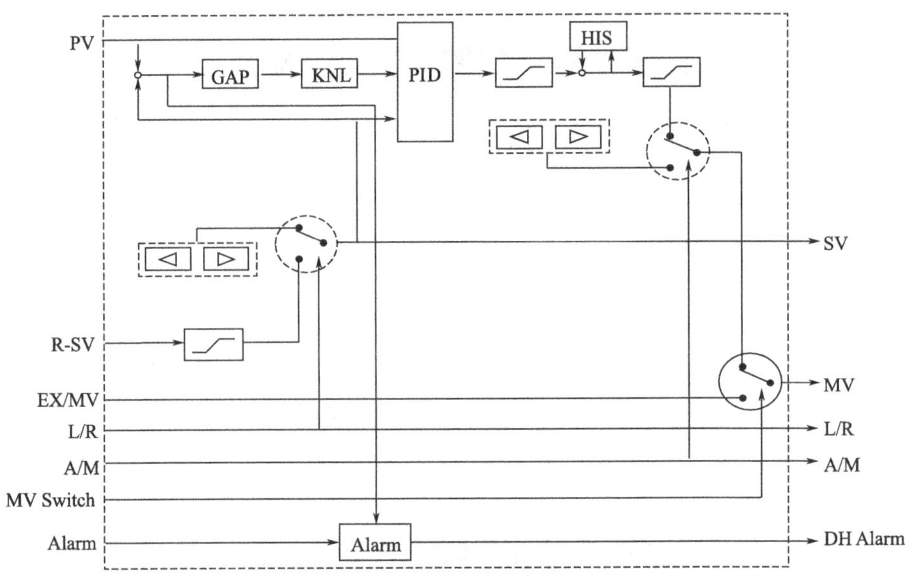

图 5-35　PID 控制功能原理

表 5-30　PID 组态步骤

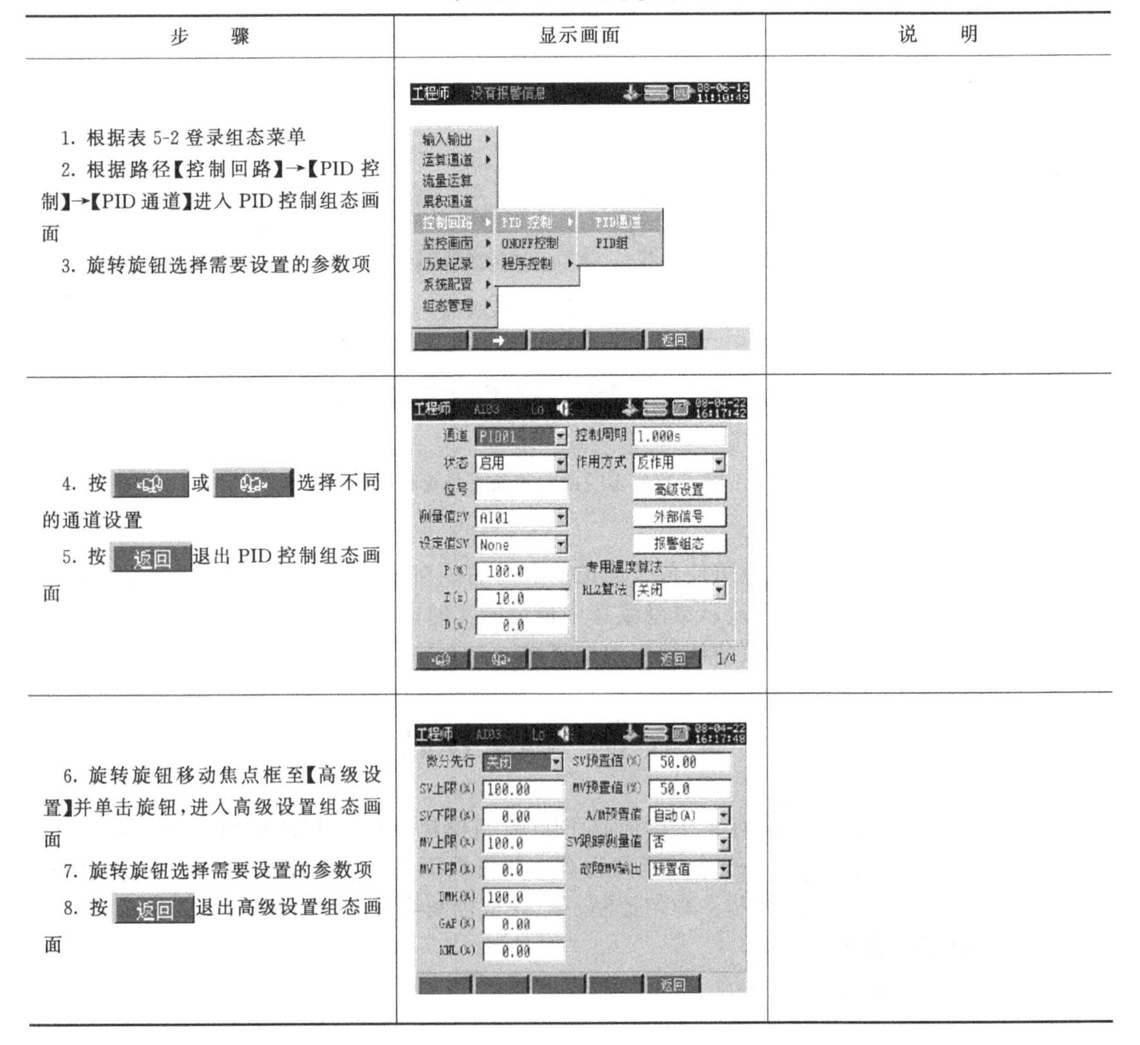

步　　骤	显示画面	说　　明
1. 根据表 5-2 登录组态菜单 2. 根据路径【控制回路】→【PID 控制】→【PID 通道】进入 PID 控制组态画面 3. 旋转旋钮选择需要设置的参数项		
4. 按 [按钮] 或 [按钮] 选择不同的通道设置 5. 按 [返回] 退出 PID 控制组态画面		
6. 旋转旋钮移动焦点框至【高级设置】并单击旋钮，进入高级设置组态画面 7. 旋转旋钮选择需要设置的参数项 8. 按 [返回] 退出高级设置组态画面		

续表

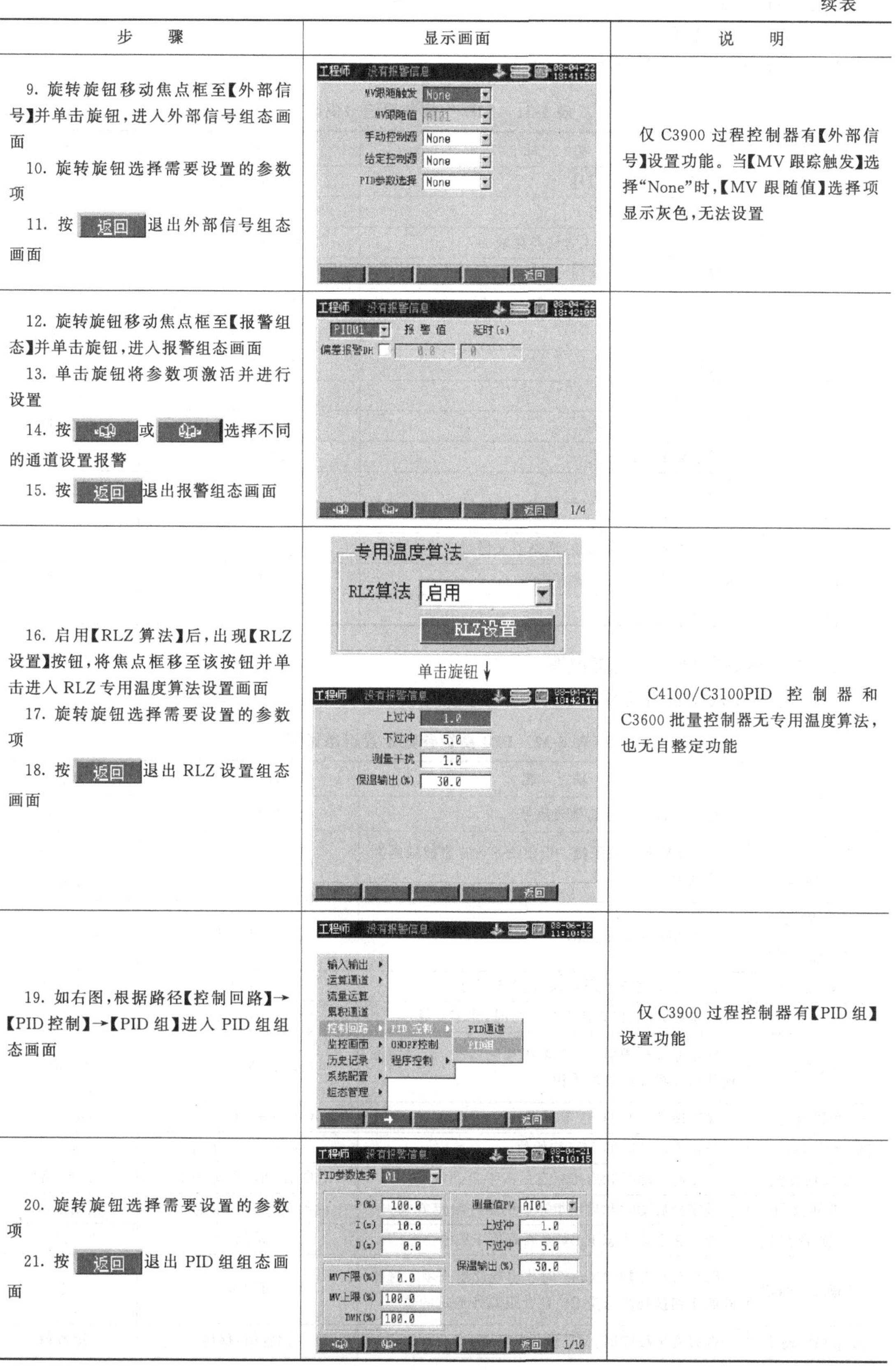

步　　骤	显示画面	说　　明
9. 旋转旋钮移动焦点框至【外部信号】并单击旋钮，进入外部信号组态画面 10. 旋转旋钮选择需要设置的参数项 11. 按 返回 退出外部信号组态画面	工程师 没有报警信息 08-04-22 18:41:58 MV跟随触发 None MV跟随值 AI01 手动控制源 None 给定控制源 None PID参数选择 None 返回	仅 C3900 过程控制器有【外部信号】设置功能。当【MV 跟踪触发】选择“None”时，【MV 跟随值】选择项显示灰色，无法设置
12. 旋转旋钮移动焦点框至【报警组态】并单击旋钮，进入报警组态画面 13. 单击旋钮将参数项激活并进行设置 14. 按 ◀ 或 ▶ 选择不同的通道设置报警 15. 按 返回 退出报警组态画面	工程师 没有报警信息 08-04-22 18:42:05 PID01 报警值 延时(s) 偏差报警DH 0.0 0 返回 1/4	
16. 启用【RLZ 算法】后，出现【RLZ 设置】按钮，将焦点框移至该按钮并单击进入 RLZ 专用温度算法设置画面 17. 旋转旋钮选择需要设置的参数项 18. 按 返回 退出 RLZ 设置组态画面	专用温度算法 RLZ算法 启用 RLZ设置 单击旋钮↓ 工程师 没有报警信息 08-04-22 18:42:17 上过冲 1.0 下过冲 5.0 测量干扰 1.0 保温输出(%) 30.0 返回	C4100/C3100PID 控制器和 C3600 批量控制器无专用温度算法，也无自整定功能
19. 如右图，根据路径【控制回路】→【PID 控制】→【PID 组】进入 PID 组组态画面	工程师 没有报警信息 08-06-12 11:10:53 输入输出 运算通道 流量运算 累积通道 控制回路 监控画面 历史记录 系统配置 组态管理 PID控制 ON/OFF控制 程序控制 PID通道 PID组 返回	仅 C3900 过程控制器有【PID 组】设置功能
20. 旋转旋钮选择需要设置的参数项 21. 按 返回 退出 PID 组组态画面	工程师 没有报警信息 08-04-21 19:10:15 PID参数选择 01 P(%) 100.0　I(s) 10.0　D(s) 0.0 测量值PV AI01　上过冲 1.0　下过冲 5.0　保温输出(%) 30.0 MV下限(%) 0.0　MV上限(%) 100.0　DMH(%) 100.0 返回 1/10	

二、PID 参数介绍

1. PID 一般参数组态说明

PID 一般参数组态说明如表 5-31 所示。

表 5-31　PID 一般参数组态说明

参　数	功　　能	设定范围	初始值
通 道	选择需要设置的通道号	PID01～PID04	PID01
状 态	选择通道的工作状态	关闭/启用	启用
位 号	描述选中的通道，输入方法参见表 5-7	可输入 8 个字符	—
测量值 PV	选择测量值的信号来源	AI/PI/VA/PID	AI01
设定值 SV	选择设定值的信号来源。选择 None 时为内给定状态	None/AI/PI/VA/PID/PROG	None
P	设定比例带的值	0.1%～3000.0%	100.0%
I	设定积分时间	0.1～3000.0s	10.0s
D	设定微分时间	0.0～900.0s	0.0s
控制周期	设定回路的控制周期	(1～30)×采样周期	根据选型配置
作用方式	选择回路的作用方式	反作用/正作用	反作用
高级设置	详见表 5-32	—	—
外部信号	详见表 5-33	—	—
报警组态	设定偏差报警相关参数，详见下文详解	—	—
RLZ 算法	选择是否启用专用温度算法	关闭/启用	关闭
RLZ 设置	详见表 5-34	—	—

2. PID 高级参数设置组态说明

PID 高级参数设置组态说明如表 5-32 所示。

表 5-32　PID 高级参数设置组态说明

参　数	功　　能	设定范围	初始值
微分先行	选择是否引入导前微分信号	关闭/启用	启用
SV 上限(%)	设定 SV 上下限限幅。设定值 SV 的值被限制在此范围内	(0.00～100.00)%	100.00%
SV 下限(%)			0.00%
MV 上限(%)	设定 MV 上下限限幅	设定范围	100.0%
MV 下限(%)			0.0%
DMH(%)	设定 MV 变化率限幅，防止 MV 突变	(0.1～100.0)%	10.0%
GAP(%)	设定死区值，偏差落在死区内时，作零计算	(0.00～100.00)%	0.00%
KNL(%)	设定非线性增益，偏差落在死区内时，偏差为原偏差与非线性增益的乘积	(0.00～300.00)%	0.00%
SV 预置值(%)	设定冷启动时的 SV 初始值	(0.00～100.00)%	50.00%
MV 预置值(%)	设定冷启动时的 MV 初始值	(0.0～100.0)%	50.0%
A/M 预置值	设定冷启动时和启用组态后的手自动状态	自动(A)/手动(M)	自动(A)
L/R 预置值	设定冷启动时和启用组态后的内外给定方式	内给定(L)/外给定(R)	内给定(L)
SV 跟踪测量值	选择在手动状态下 SV 是否跟踪 PV 值	是/否	否
SV 跟踪外给定	【设定值 SV】非“None”时才出现此组态项。选择外给定切换到内给定 SV 是否跟踪外给定的值	是/否	否
故障 MV 输出	选择发生故障时，MV 输出的状态	预置值/保持	预置值

3. PID外部信号参数设置组态说明

PID外部信号参数设置组态说明如表5-33所示。

表5-33 PID外部信号参数设置组态说明

参 数	功 能	设定范围	初始值
MV跟踪触发	选择手动状态下MV跟踪PV值的触发信号	None/DI/DO/VD	None
MV跟随值	选择手动状态下MV跟踪值的信号来源值	AI/PI/VA	AI01
手动控制源	选择手自动状态切换的触发信号源	None/DI/DO/VD	None
给定控制源	【设定值SV】非“None”时才出现此组态项。选择给定方式切换的触发信号源	None/DI/DO/VD	None
PID参数选择信号源	与【PID组】结合使用，选择触发信号源，使仪表根据运行段的变化启用不同的PID参数	None/AI/PI/VA	None

4. PID RLZ参数设置组态说明

PID RLZ参数设置组态说明如表5-34所示。

表5-34 PID RLZ参数设置组态说明

参 数	功 能	设定范围	初始值
上过冲	抑制测量值在设定值之上时的过冲	同PV信号来源的量程值	1.00
下过冲	抑制测量值在设定值之下时的过冲	同PV信号来源的量程值	5.00
测量干扰	设定测量值的干扰	同PV信号来源的量程值	0.10
保温输出	设定保温输出初始值	(0.00～100.00)%	30.00%

三、几个参数的说明

1. 偏差报警

控制器提供回路偏差报警功能，在自动状态下，当设定值和测量值之间的偏差的绝对值大于设定的报警值后输出偏差报警信息。手动状态下，偏差报警不起作用。

偏差报警信息（.DH）可在表达式中被引用，如开关量输出通道DO01引用表达式PID01.DH，则偏差报警产生时，继电器吸合；没有偏差报警时，继电器断开。也可在记录通道选择DO01，对偏差报警状态进行记录。

与模拟量测量通道AI、模拟量运算通道VA相同，偏差报警的信息可在状态栏实时显示，同时在报警信息画面显示并记录。

2. 微分先行

在控制系统的实际运行中，操作人员对设定值的调整大多是阶跃式的。这将使微分输出产生极大的突跳，突跳使操纵变量产生很大变化，这是有些生产过程所不允许的，也使被控变量产生很大的超调。为了避免设定值变化引起的微分突跳，又保持微分的改善控制品质的作用，可以使用微分先行，即将仪表的微分部分移前至测量通道中。具有微分先行作用的PID框图如图5-36所示。

微分作用加在不同通道的比较如图5-37所示。针对微分动作加在偏差通道和加在测量通道（即微分先行）两种情况，比较了它们在设定值阶跃变化下的响应。

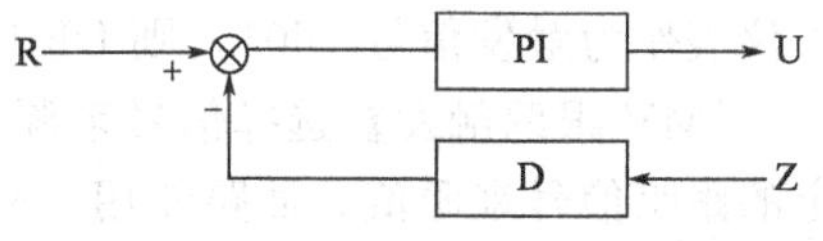

图5-36 具有微分先行作用的PID框图

两种控制效果比较可以看出有微分先行的PID算法输出值MV变化缓慢，超调小，达到稳定状态需要时间长；没有微分先行的PID算法MV变化较快，超

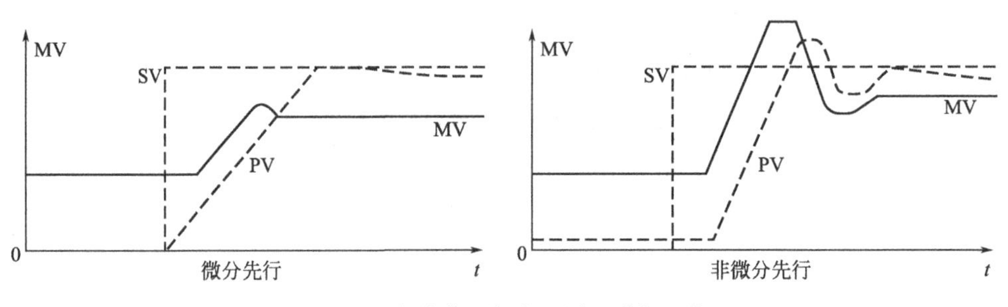

图 5-37　微分作用加在不同通道的比较

调大，达到稳定状态需要时间相对短一些。

在一些要求 MV 不能大范围变动的场合需要使用微分先行；而对于需要测量值迅速跟踪设定值变化的场合则不需要。

3. 死区（GAP）

在有些工业生产过程被控对象中，其被控变量不一定要求严格控制在给定值上，而允许在规定的范围内变化。另外，有些系统为避免执行机构频繁动作而造成损坏，故在实际工业应用中，采用带有死区的 PID 算法。

死区的大小，由实际的需求来定，死区过大，系统控制迟缓，死区过小，执行机构将动作频繁。

4. 非线性增益（KNL）

落入死区范围内的偏差，实际参与运算时，偏差为原偏差与非线性增益系数的乘积。非线性增益能在设定值附近改变控制效果，可应用于一些非线性控制系统，解决被控对象的严重非线性问题。

死区、非线性增益的设置对应组态【参数设置】中的 GAP、KNL 项，可以根据需要设置相应的参数内容，均为百分量数值。不使用死区、非线性增益时，设置 GAP＝0.0％，KNL＝0.0％即可。

5. SV 跟踪

SV 跟踪测量值：手动状态下，SV 跟踪测量值 PV。

SV 跟踪外给定：选择“否”时，当外给定切换至内给定后，SV 保持上次内给定的值；选择“是”时，当外给定切换至内给定后，SV 保持外给定时的终值。

若同时选择了 SV 跟踪测量值和外给定，则在外给定手动状态下，SV 显示外给定值；当切换至内给定后，SV 从外给定时的终值开始跟踪 PV 值。

6. MV 跟踪

在有些工业应用场合，需要手动状态下输出值 MV 能跟踪外部信号与之保持一致。如外置硬手操时，需要仪表的 MV 输出能跟踪手操器的值，此时可以使用 MV 跟踪功能，把手操器的值引入控制器作为跟踪信号来源，等触发条件成立后，MV 值将跟踪设定好的信号来源值。

硬手操 MV 跟踪过程如图 5-38 所示，手操器的值 AO 通过模拟量测量通道引入仪表作为跟踪信号来源 AI01，手操器的值 DO（硬手操和软手操之间切换）通过开关量输入通道引入仪表作为触发信号 DI01，则 DI01 为高时，PID 回路 MV 值跟踪 AI01 测量值。

【MV 跟踪触发】选择信号来源后，一旦触发条件成立，回路手动状态下 MV 值跟踪设定的跟踪信号来源值。回路使用“MV 跟踪”功能时，手动状态下不能手动修改 MV 值。

7. 专用温度算法

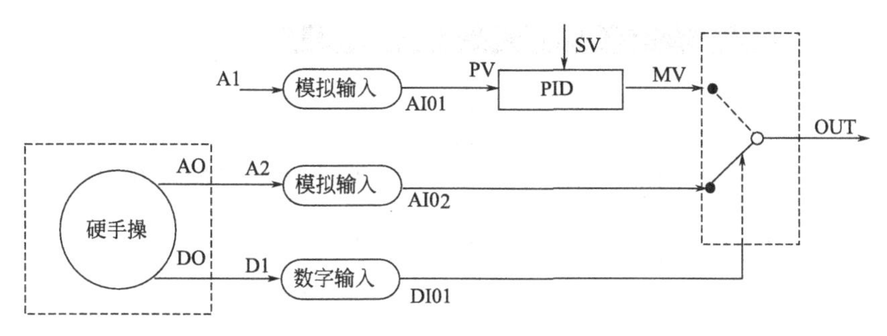

图 5-38 硬手操 MV 跟踪过程

RLZ 算法是专门针对温度对象设计的控制算法。通过设定与过程相匹配的上、下过冲值及保温输出值，可使得仪表输出合适的值，以达到较好的控制效果。

8. 自整定

为方便使用，控制器提供了基于继电反馈的参数自整定功能，为缺少经验的使用者提供 P、I、D 初值和保温输出值。

自整定过程中，为防止干扰，仪表提供了【测量干扰】组态项，当 PV 介于（SV＋测量干扰）和（SV－测量干扰）之间时，仪表将保持 MV 输出不变；否则将输出 MV 上限或下限值。

自整定结束后，仪表会计算出 P、I、D 和保温输出，组态及监控画面中的相应值也会随之更改。

9. 切换 PID 参数

切换 PID 参数通过【PID 参数选择】项和【PID 组】的组态实现。

【PID 参数选择】项可选择模拟量信号通道 AI、PI 或 VA，当 1≤所选信号工程量值<11 时有效。如图 5-39 所示，当所选信号工程量值<1 时，仪表默认采用 PID 通道中的参数设置；当 1≤所选信号工程量值<2 时，仪表自动将 PID 参数切换成 PID 组 01 的值；当 2≤所选信号工程量值<3 时，仪表自动将 PID 参数切换成 PID 组 02 的值，以此类推。

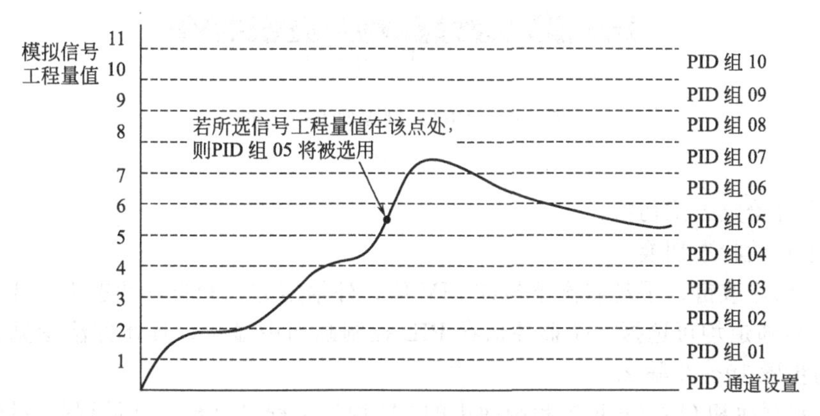

图 5-39 PID 参数选择图示

用户使用切换 PID 参数功能时，可选择尚未使用的模拟量信号通道作为触发信号源。

四、PID 相关监控画面

1. 控制总貌

控制总貌画面如图 5-40 所示。

2. PID 监控画面

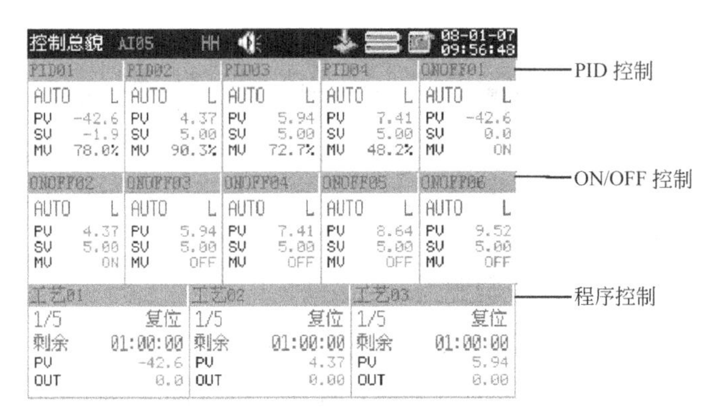

图 5-40　控制总貌画面

PID 控制画面如图 5-41 所示。

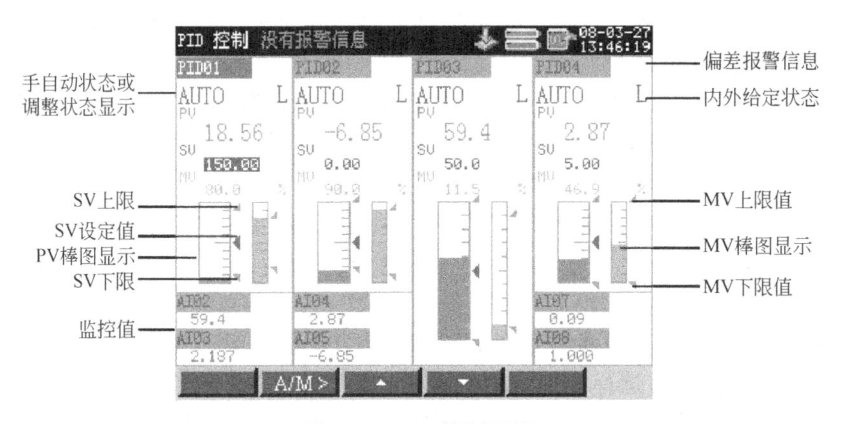

图 5-41　PID 控制画面

PID 控制画面下指令框如图 5-42 所示。

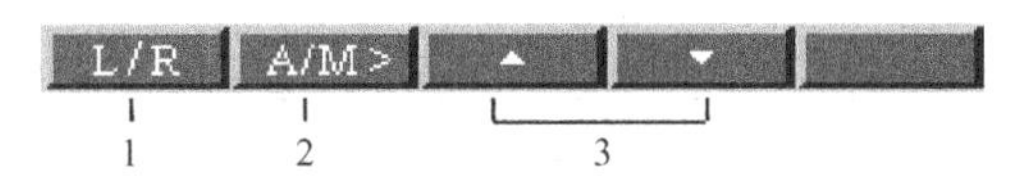

图 5-42　PID 控制画面下指令框

其中：

1——内外给定方式切换；

2——手自动状态切换；

3——数值修改键，手动状态下修改 MV 值，外给定方式和自动状态下修改 SV 值。

每个 PID 通道均可选择 2 个监控值在 PID 控制画面中显示，具体方法参见表 5-14 监控画面组态的步骤 19～步骤 22。

PID 控制画面和 ON/OFF 控制画面中的 SV 均为工程量显示，其量程范围同 PV 信号来源的量程范围。外给定时，SV 值由 SV 信号来源经百分量传递得到。

例如：PID01 的 PV 信号来源为 AI02，SV 信号来源为 AI03。AI02 的量程范围为 0.00～50.00，

AI03 的量程范围为 0.000～20.000。则 SV 的量程范围同 AI02 的量程范围一致，为 0.00～50.00。

当 AI03 的实时值（工程量）为 10.000 时，对应的百分量为 10.000/(20.000－0.000)

×100％＝50％，则 SV 值对应的百分量也是 50％，其对应的工程量为（50.00－0.00）×50％＝25.00。

3. PID 调整画面

PID 调整画面如图 5-43 所示。

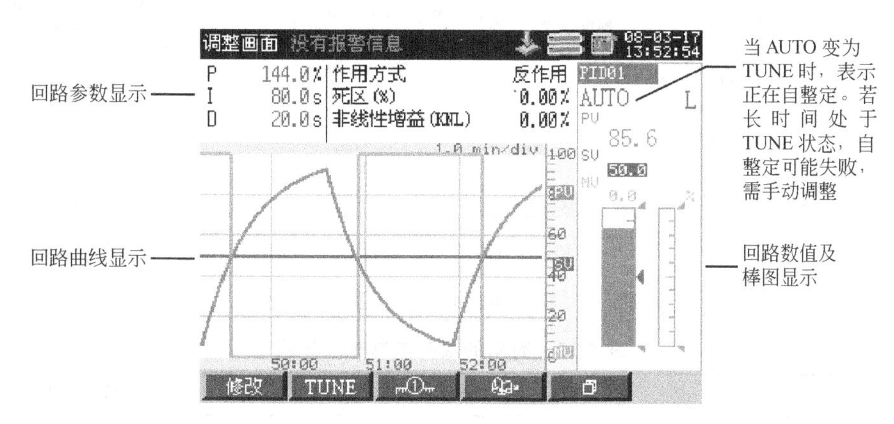

图 5-43　PID 调整画面

PID 调整画面下指令框如图 5-44 所示。

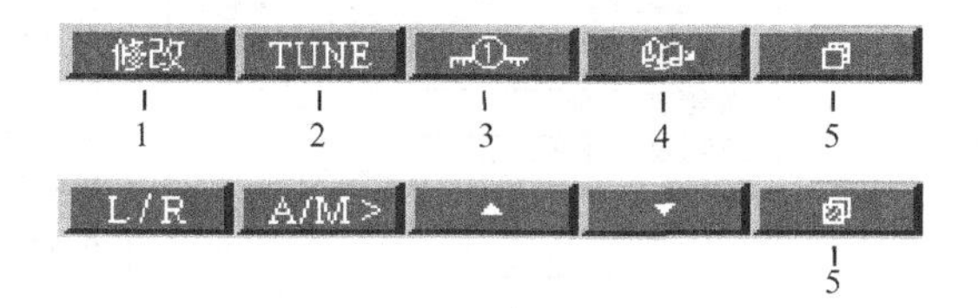

图 5-44　PID 调整画面下指令框

其中：

1——修改键，按此键弹出参数设置框，修改 P、I、D 三个参数，如图 5-45 所示，按 保存 保存修改的参数并退出参数设置框，按 放弃 不保存数据直接退出参数设置框；

2——调整键，按此键进行自整定；

3——时标键，按此键修改曲线显示的时间间隔；

4——翻页键，按此键在各个通道间循环切换；

5——软键切换，按此键切换软键功能。

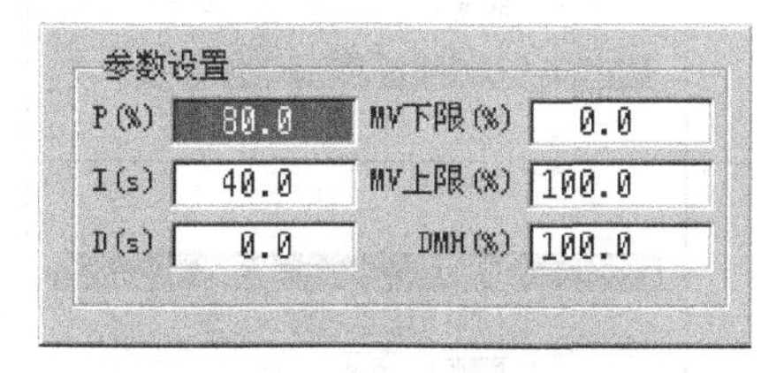

图 5-45　PID 参数设置框

五、应用举例

（一）单回路控制

该单回路控制系统实现的是一简单的温度控制，其控制流程图和组态图如图 5-46 所示，测量信号是被加热物料流体的温度，输出信号作用在燃料流量的控制阀上控制阀门开度。

简单的温度控制组态步骤如表 5-35 所示。

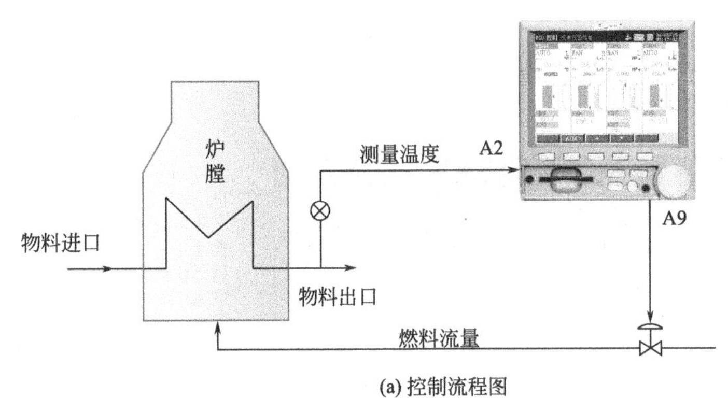

(a) 控制流程图　　(b) 组态原理图

图 5-46　温度单回路控制流程、组态图

表 5-35　简单的温度控制组态步骤

步　　骤	显示画面	说　　明
1. AI02 用于温度测量通道组态	工程师　没有报警信息　08-05-15 09:02:50 通道 AI02　滤波时间(s) 0.0 位号 温度　报警组态 单位 ℃ 信号类别 Pt100 量程范围 -200.0~800.0 线性修正 Y=A*X+B A 1.0 B 0.0 返回　2/8	通道：AI02 单位：℃ 信号类别：热电阻 信号类型：Pt100 量程范围：－200.0～800.0 A＝1 B＝0
2. PID01 用于控制回路组态	工程师　没有报警信息　08-05-15 09:03:00 通道 PID01　控制周期 1.000s 状态 启用　作用方式 反作用 位号　高级设置 测量值PV AI02　外部信号 设定值SV None　报警组态 P(%) 5.0　专用温度算法 I(s) 240.0　RLZ算法 启用 D(s) 60.0　RLZ设置 返回　1/4	通道：PID01 测量值 PV：AI02 设定值 SV：None 作用方式：反作用 SV 预置值：50.00% MV 预置值：50.00% A/M 预置值：手动(M) SV 跟踪测量值：是 RLZ 算法：启用
3. RLZ 设置	工程师　没有报警信息　08-05-15 09:03:15 上过冲 1.0 下过冲 5.0 测量干扰 1.0 保温输出(%) 30.0 返回	RLZ 设置

续表

步 骤	显示画面	说 明
4. AO01 用于输出信号组态	工程师 没有报警信息 08-05-15 09:03:36 通道 AO01 状态 启用 位号 信号类别 (4.00~20.00)mA 量程范围 0.0~100.0 表达式 PID01.OUT 返回 1/4	通道:AO01 信号类别:(4.00~20.00)mA 量程范围:0.0~100.0 表达式:PID01.OUT
5. 在控制画面中手动调节 MV 值,使得 PV 值到达设定值附近 6. 将回路状态“A/M”→A(切换到自动),观察测量值是否达到要求 7. 若要调节 PID 参数则可进入调整画面,通过适当调节 PID 参数,以使系统达到要求		

（二）串级控制

该串级控制系统完成的是通过控制燃料的流量来控制炉膛内的温度，其流程和原理如图 5-47 所示。由于温度变化比较缓慢，所以把燃料油的压力作为中间值，由阀门来控制。若阀门为气动阀，无气时阀门需关闭，所以阀门选择气开阀。温度控制作为主控制回路，压力控制作为副控制回路。温度、流量串级控制组态步骤如表 5-36 所示。

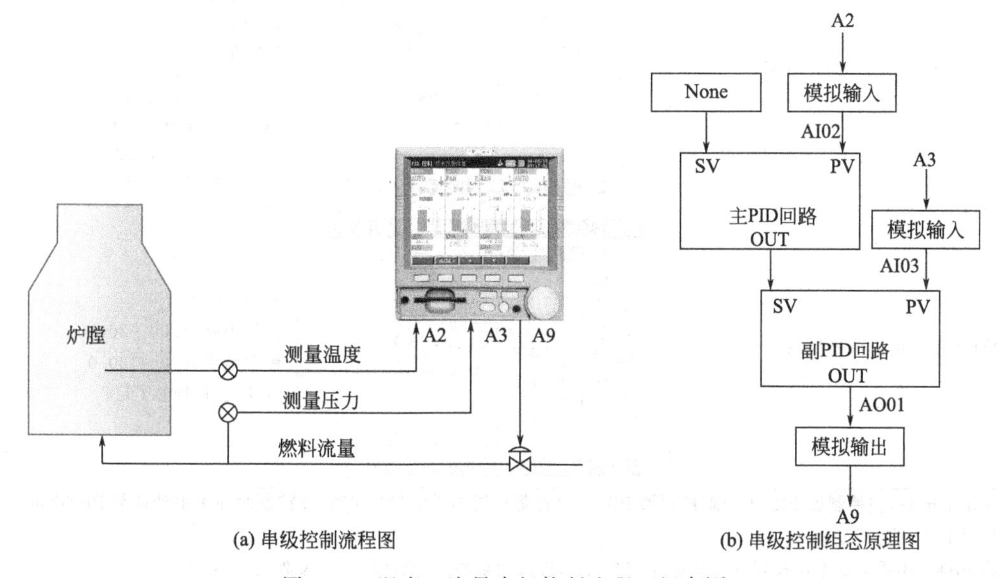

(a) 串级控制流程图 (b) 串级控制组态原理图

图 5-47 温度、流量串级控制流程、组态图

表 5-36　温度、流量串级控制组态步骤

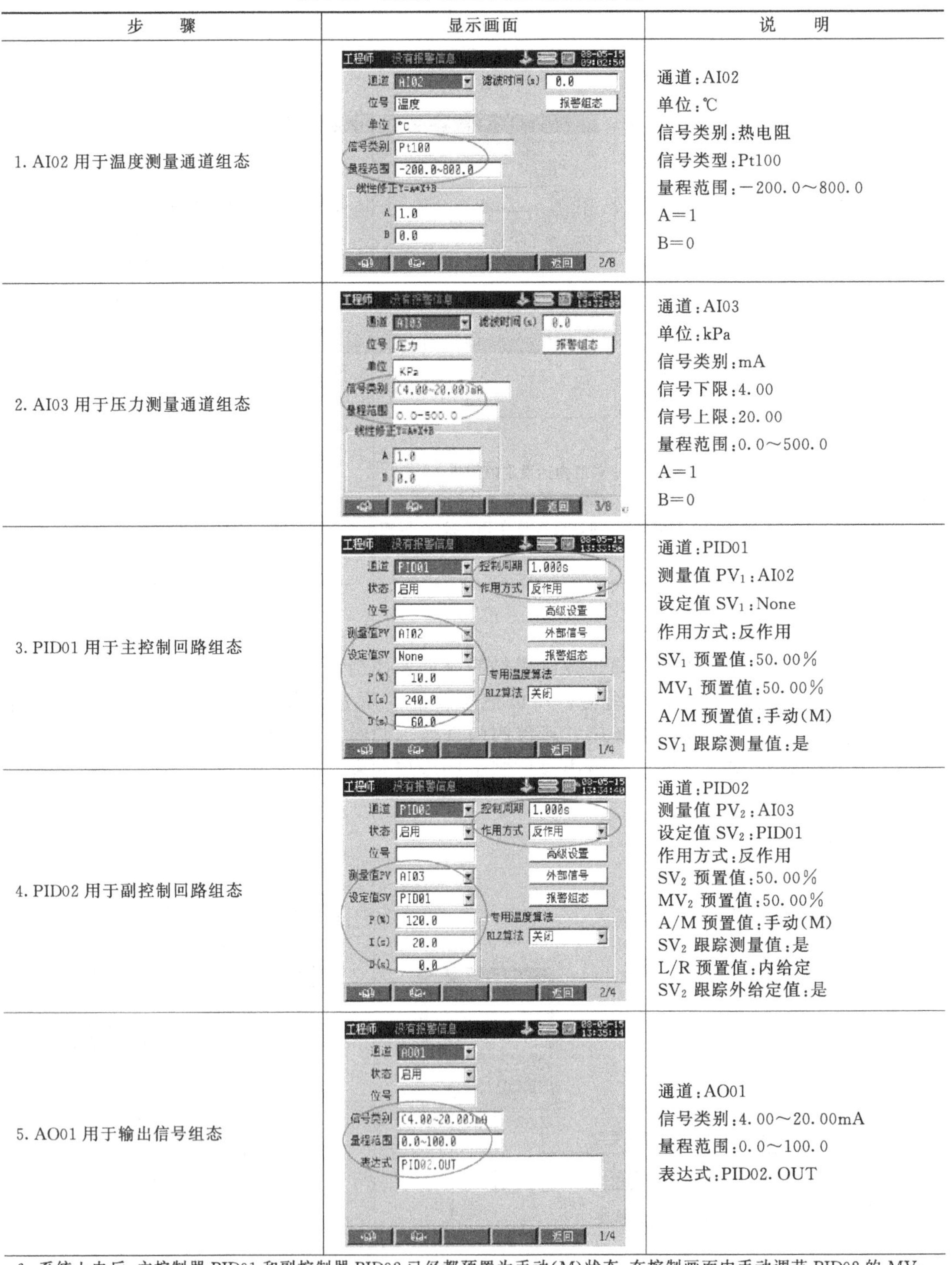

步　　骤	显示画面	说　　明
1. AI02 用于温度测量通道组态		通道：AI02 单位：℃ 信号类别：热电阻 信号类型：Pt100 量程范围：－200.0～800.0 A＝1 B＝0
2. AI03 用于压力测量通道组态		通道：AI03 单位：kPa 信号类别：mA 信号下限：4.00 信号上限：20.00 量程范围：0.0～500.0 A＝1 B＝0
3. PID01 用于主控制回路组态		通道：PID01 测量值 PV_1：AI02 设定值 SV_1：None 作用方式：反作用 SV_1 预置值：50.00% MV_1 预置值：50.00% A/M 预置值：手动(M) SV_1 跟踪测量值：是
4. PID02 用于副控制回路组态		通道：PID02 测量值 PV_2：AI03 设定值 SV_2：PID01 作用方式：反作用 SV_2 预置值：50.00% MV_2 预置值：50.00% A/M 预置值：手动(M) SV_2 跟踪测量值：是 L/R 预置值：内给定 SV_2 跟踪外给定值：是
5. AO01 用于输出信号组态		通道：AO01 信号类别：4.00～20.00mA 量程范围：0.0～100.0 表达式：PID02.OUT
6. 系统上电后，主控制器 PID01 和副控制器 PID02 已经都预置为手动(M)状态，在控制画面中手动调节 PID02 的 MV_2，使得 PV_1 到达设定值		
7. 将 PID02 由手动状态切换到自动状态(A/M→A)，进入调整画面，调整其 PID 参数，使回路稳定		
8. 手动调节 PID01 的 MV_1 值，使得 $MV_1=SV_2$，然后将 PID02 由内给定状态切换到外给定(L/R→R)		
9. 在控制画面将主控制器 PID01 由手动(M)状态切换到自动(A)状态(A/M→A)		
10. 适当调节 PID01 的 SV_1 值到合适的工作值。进入调整画面，设置 PID 参数，使回路达到稳定状态		

第六节 ON/OFF 控制

C3900 过程控制器 ON/OFF 控制功能原理如图 5-48 所示。

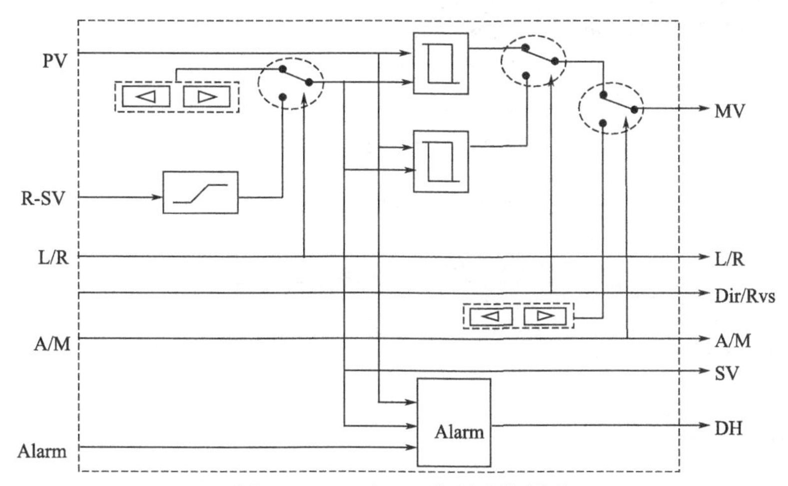

图 5-48 ON/OFF 控制功能原理

它最多具有 6 路 ON/OFF 控制模块，可配置为位式控制模式。当被控变量偏离设定值时，输出不是最大就是最小，从而迫使控制阀全开或者全关，因此 ON/OFF 控制适用于时间常数较大，纯滞后较小的单容对象。例如：恒温箱、加热炉等的温度控制；水塔以及一些储罐的液位控制；还有空气压缩机的压力控制等。在实施时，选用带上下限接点的检测仪表、控制器（启用 ON/OFF 控制回路），以及继电器、电磁阀、执行器等即可构成位式控制系统。

一、ON/OFF 控制组态

ON/OFF 控制组态步骤如表 5-37 所示。

表 5-37 ON/OFF 控制组态步骤

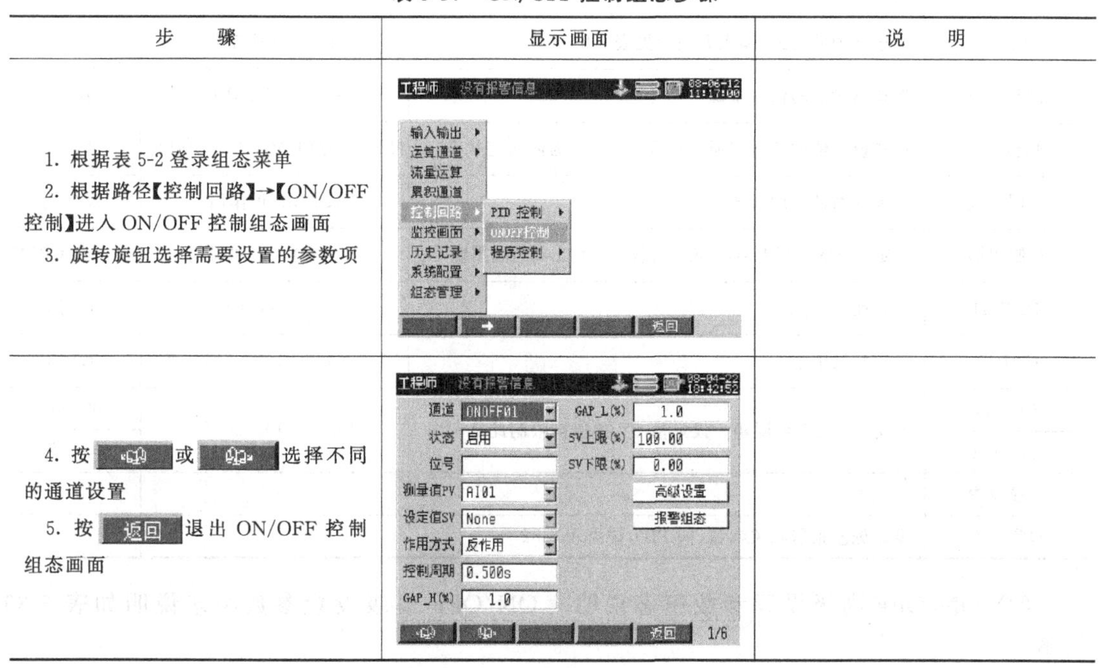

步骤	显示画面	说明
1. 根据表 5-2 登录组态菜单 2. 根据路径【控制回路】→【ON/OFF 控制】进入 ON/OFF 控制组态画面 3. 旋转旋钮选择需要设置的参数项		
4. 按 [按钮] 或 [按钮] 选择不同的通道设置 5. 按 返回 退出 ON/OFF 控制组态画面		

续表

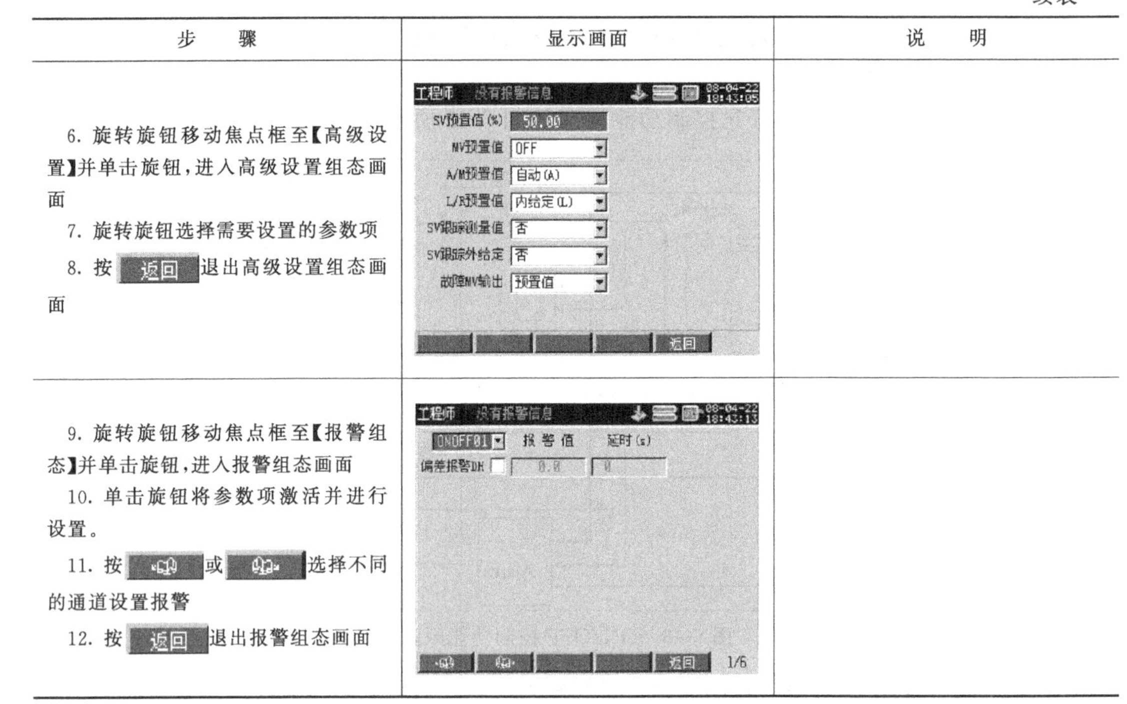

步骤	显示画面	说明
6. 旋转旋钮移动焦点框至【高级设置】并单击旋钮，进入高级设置组态画面 7. 旋转旋钮选择需要设置的参数项 8. 按 返回 退出高级设置组态画面		
9. 旋转旋钮移动焦点框至【报警组态】并单击旋钮，进入报警组态画面 10. 单击旋钮将参数项激活并进行设置。 11. 按 ◄ 或 ► 选择不同的通道设置报警 12. 按 返回 退出报警组态画面		

二、ON/OFF 控制参数介绍

(1) ON/OFF 控制参数组态说明　ON/OFF 控制参数组态说明如表 5-38 所示。

表 5-38　ON/OFF 控制参数组态说明

参　数	功　能	设定范围	初始值
通 道	选择需要设置的通道号	ONOFF01～ONOFF06	ON/OFF01
状 态	选择通道的工作状态	关闭/启用	启用
位 号	描述选中的通道，输入方法参见表 5-8	可输入 8 个字符	—
测量值 PV	选择测量值的信号来源	AI/PI/VA/PID	AI01
设定值 SV	选择设定值的信号来源。选择 None 时为内给定状态	None/AI/PI/VA/PID/PROG	None
作用方式	选择回路的作用方式	反作用/正作用	反作用
控制周期	设定回路的控制周期，即仪表计算一次输出的时间周期	(1～30)×采样周期	根据选型配置
GAP_H	设定死区上限	(0.0～100.0)%	1.0%
GAP_L	设定死区下限	(0.0～100.0)%	1.0%
SV 上限	设定 SV 上下限限幅。设定值 SV 的值被限制此范围内	(0.00～100.00)%	100.00%
SV 下限			0.00%
高级设置	详见表 5-39	—	—
报警组态	设定偏差报警相关参数，同 PID，详见表 5-32	—	—

(2) ON/OFF 高级设置参数组态说明　ON/OFF 高级设置参数组态说明如表 5-39 所示。

表 5-39　ON/OFF 高级设置参数组态说明

参　数	功　　能	设定范围	初始值
SV 预置值	设定冷启动时的 SV 初始值	(0.00～100.00)%	50.00%
MV 预置值	设定冷启动时的 MV 初始值	ON/OFF	OFF
A/M 预置值	设定冷启动时和启用组态后的手自动状态	自动(A)/手动(M)	自动(A)
L/R 预置值	设定冷启动时和启用组态后的内外给定方式	内给定(L)/外给定(R)	内给定(L)
SV 跟踪测量值	选择在手动状态下 SV 是否跟踪 PV 值	是/否	否
SV 跟踪外给定	选择外给定切换到内给定时 SV 是否跟踪外给定的值。同 PID 中此项参数，详见表 5-32	是/否	否
故障 MV 输出	选择发生故障时，MV 输出的状态	预置值/保持	预置值

(3) 死区 (GAP _ H，GAP _ L)　由于 ON/OFF 控制回路只有一个设定值，当被控变量在设定值附近变化时，运算输出将频繁改变，这样被控变量的接点和执行器的动作都会过于频繁，易于损坏。ON/OFF 控制回路提供了死区上下限设置功能以避免输出频繁变化，当偏差落入该死区上下限范围内时，此时输出不变化，保持上个周期的状态。

自动状态、反作用控制方式下改变测量值或设定值，当 PV、SV 满足关系 PV<SV－GAP-L 时，输出为 ON，当 PV>SV＋GAP-H 输出为 OFF，死区之间输出保持上个周期的状态。自动状态、正作用控制方式下改变测量值或设定值，当 PV、SV 满足关系 PV>SV－GAP-L 时，输出为 ON，当 PV<SV＋GAP-H 输出为 OFF，死区之间输出保持上个周期的状态。ON/OFF 控制死区输出如图 5-49 所示。

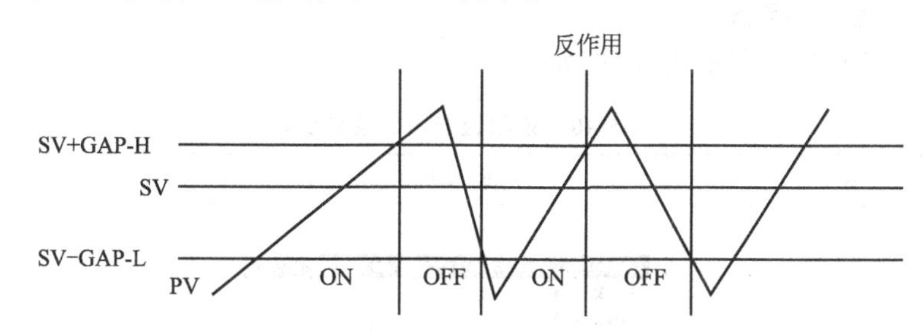

图 5-49　ON/OFF 控制死区输出

三、ON/OFF 控制相关监控画面

ON/OFF 控制相关监控画面如图 5-50 所示。

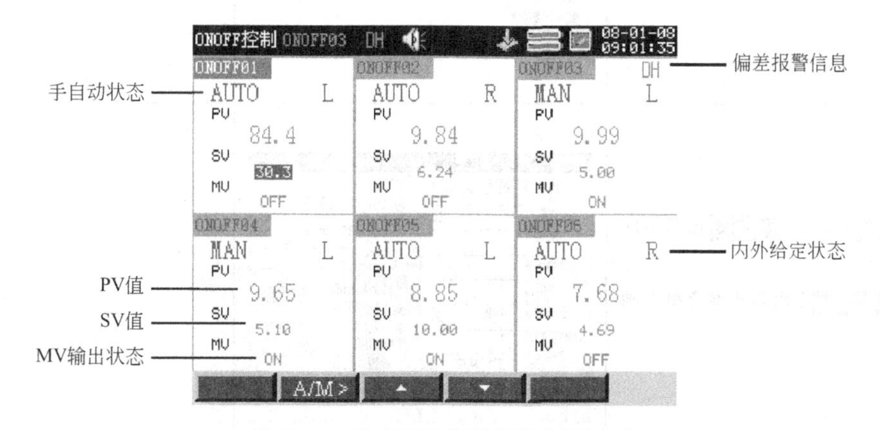

图 5-50　ON/OFF 控制相关监控画面

每个 ON/OFF 通道均可选择 2 个监控值在 ON/OFF 控制画面中显示，具体方法参见表 5-14 监控画面组态的步骤 19～步骤 22。

ON/OFF 控制相关监控画面下指令框如图 5-51 所示。

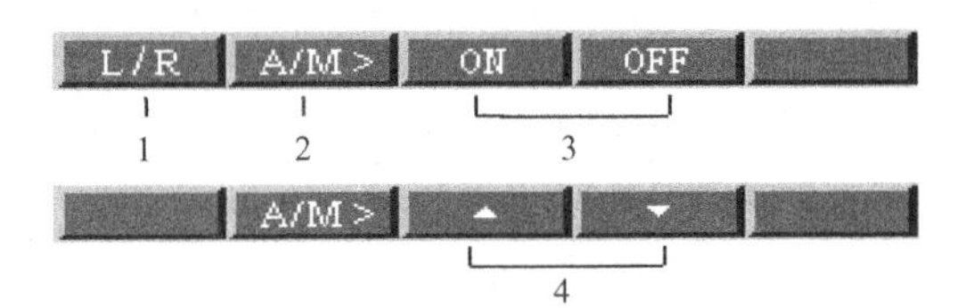

图 5-51　ON/OFF 控制相关监控画面下指令框

其中：

1——内外给定方式切换；

2——手自动状态切换；

3——手动状态下修改 MV 输出状态；

4——内给定方式且自动状态下修改 SV 值。

第七节　累积运算

C3900 过程控制器提供了累积功能，支持最多 12 路流量累积，并且生成月报表、日报表、时报表、班报表。启用正确的累积通道组态，可对选定信号进行流量累积或热量累积计算。

一、累积通道 AC 组态

累积通道 AC 组态步骤如表 5-40 所示。

表 5-40　累积通道 AC 组态步骤

步　　骤	显示画面	说　　明
1. 根据表 5-2 登录组态菜单 2. 进入【累积通道】组态画面 3. 旋转旋钮选择需要设置的参数项		
4. 按 [按钮] 或 [按钮] 选择不同的通道设置 5. 按 返回 退出累积通道组态画面		

续表

步骤	显示画面	说明
6. 在【累积通道】组态画面，旋转旋钮移动焦点框至【累积复位】，单击旋钮进入累积复位操作画面 7. 旋转旋钮选择需要设置的参数项 8. 按 返回 退出累积复位画面	工程师 没有报警信息 08-04-22 18:45:20 通道 全部通道 累积复位 报表清除 类型 全部报表 清除 返回	

二、累积通道AC参数介绍

累积通道AC参数组态说明如表5-41所示。

表5-41 累积通道组态参数说明

参数	功能	设定范围	初始值
通道	选择需要设置的通道号	AC01～AC12	AC01
状态	选择通道的工作状	关闭/启用	启用
位号	描述选中的通道，输入方法参见表5-8	可输入8个字符	—
描述	设定描述信息	可输入8个字符	—
单位	设定信号的单位，输入方法同位号	可输入8个字符	—
信号来源	选择需累积的信号来源	AI/PI/VA/FLOW	AI01
累积系数	设定累积系数	0～9999999	1.0
班次01	设定班次01开始时间	00:00:00～23:59:59	00:00:00
班次02	设定班次02开始时间	00:00:00～23:59:59	08:00:00
班次03	设定班次03开始时间	00:00:00～23:59:59	16:00:00
时最小累积值	设定每小时最小累积值，低于该值以该值累积	0～9999999	0.0
累积初值	设定累积初始值	0～9999999	0.0

(1) 累积系数　仪表每秒以（当前值×累积系数/3600）累加。累积系数为1时，每秒以当前值的1/3600累加；累积系数为60时，每秒以当前值的1/60累加；累积系数为3600时，每秒以当前值累加。

(2) 班次　自班次01的设置时间开始，按照班次01→班次02→班次03→班次01的顺序，到下一个班次01开始时结束，为一个循环，共24小时。下一班次开始时，将生成上一班次的报表。班报表的正常运行取决于各班次开始时间的设定，必须遵循如下原则：班次01≤班次02≤班次03，否则将无法启用组态。

注意：三个班次的时间不能完全相同，否则启用组态时无法通过编译。

(3) 累积初值　设置累积初值后，必须对该通道进行累积复位操作，累积值才能在累积初值的基础上重新进行累积。

三、累积通道AC相关监控画面

累积列表如图5-52所示。

若组态画面中位号为空，则累积列表画面中位号处显示累积通道号。

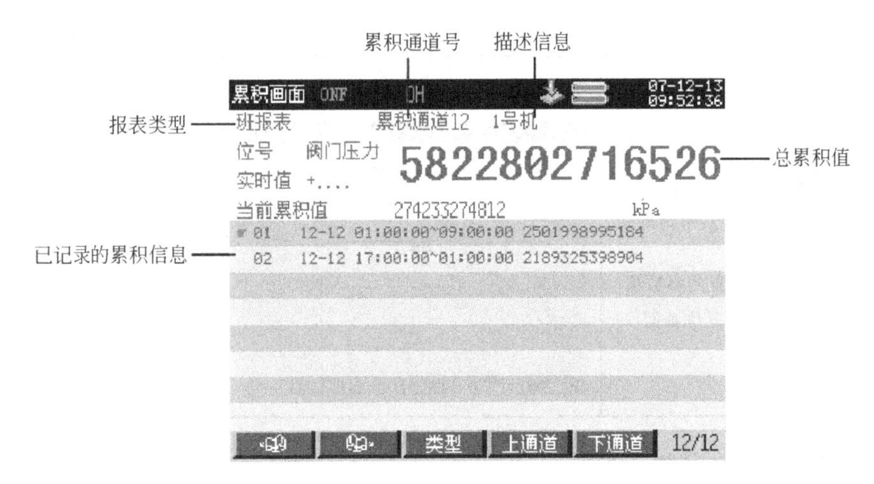

图 5-52 累积列表

班报表、时报表、日报表、月报表分别最多可记录 135 条、1024 条、45 条和 12 条。累积列表下指令框如图 5-53 所示。

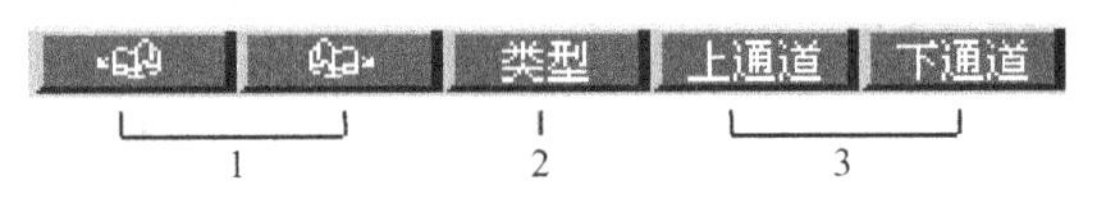

图 5-53 累积列表下指令框

其中：

1——翻页键，在同一通道的累积信息画面中循环翻页；

2——循环切换报表类型；

3——循环切换通道号。

第八节 历史数据记录

C3900 过程控制器提供了强大的历史数据记录功能，可自由选择需要记录的数据。修改记录间隔，不影响已有的记录，即支持记录间隔的修改，最小支持 0.125s 记录间隔，可手动或自动启动（或停止）记录。对于 32MB 的 NANDFlash，最大记录块个数为 1026 个，以 1s 记录间隔为例，记录通道数和可记录时间的关系如表 5-42 所示。

表 5-42 历史数据可记录时间举例

记录间隔	记录通道数	可记录时间	记录间隔	记录通道数	可记录时间
1.000s	1	140 天 14 时 11 分 37 秒	1.000s	9	15 天 14 时 54 分 37 秒
	2	70 天 7 时 5 分 48 秒		10	14 天 1 时 25 分 9 秒
	3	46 天 20 时 43 分 52 秒		11	12 天 18 时 44 分 41 秒
	4	35 天 3 时 32 分 54 秒		12	11 天 17 时 10 分 58 秒
	5	28 天 2 时 50 分 19 秒		13	10 天 19 时 33 分 12 秒
	6	23 天 10 时 21 分 56 秒		14	10 天 1 时 0 分 49 秒
	7	20 天 2 时 1 分 39 秒		15	9 天 8 时 56 分 46 秒
	8	17 天 13 时 46 分 27 秒		16	8 天 18 时 53 分 13 秒

一、历史记录 REC 组态

历史记录 REC 组态步骤如表 5-43 所示。

表 5-43　历史记录 REC 组态步骤

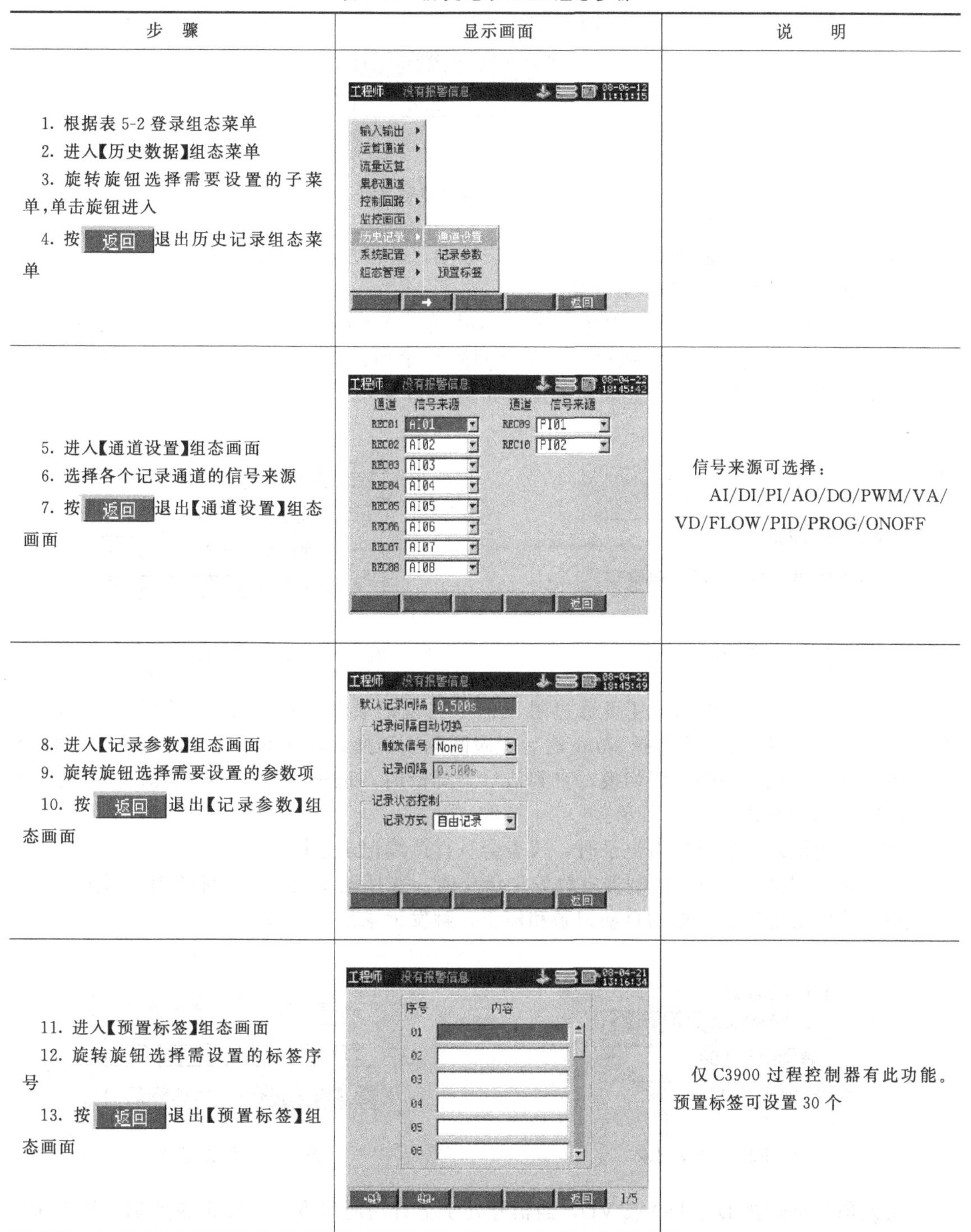

步　骤	显示画面	说　明
1. 根据表 5-2 登录组态菜单 2. 进入【历史数据】组态菜单 3. 旋转旋钮选择需要设置的子菜单,单击旋钮进入 4. 按 返回 退出历史记录组态菜单		
5. 进入【通道设置】组态画面 6. 选择各个记录通道的信号来源 7. 按 返回 退出【通道设置】组态画面		信号来源可选择： AI/DI/PI/AO/DO/PWM/VA/VD/FLOW/PID/PROG/ONOFF
8. 进入【记录参数】组态画面 9. 旋转旋钮选择需要设置的参数项 10. 按 返回 退出【记录参数】组态画面		
11. 进入【预置标签】组态画面 12. 旋转旋钮选择需设置的标签序号 13. 按 返回 退出【预置标签】组态画面		仅 C3900 过程控制器有此功能。预置标签可设置 30 个

二、改变记录通道总数

若因实际情况需要改变记录通道总数时，按以下步骤操作：根据表 5-2 登录组态菜单，根据路径【系统配置】→【记录总数】进入历史记录通道总数组态画面，设定通道总数，按 返回 退出。改变记录通道总数如图 5-54 所示。记录总数可设置为 2/4/6/8/10/12/14/16 个，通道总数修改后，须按【应用】启用修改后的值，否则修改无效。

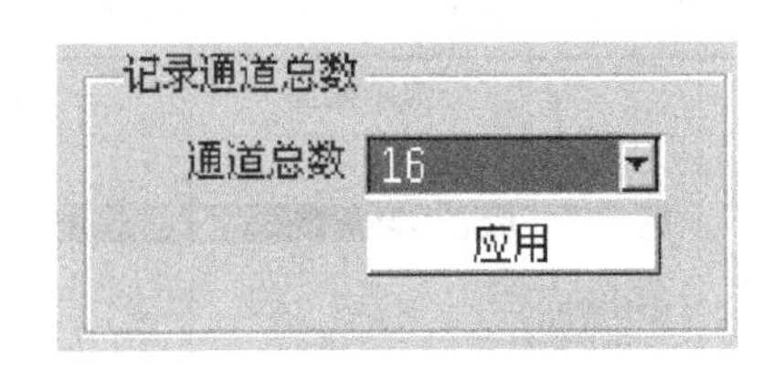

图 5-54　改变记录通道总数

注意：改变记录通道总数会丢失全部历史数据，并恢复出厂组态，应谨慎操作。

三、历史记录 REC 组态参数介绍

(1) 记录间隔　记录间隔＝基本间隔×倍乘项，基本间隔可选择 0.125s、1s、1min 或 1h。当基本间隔不变，增加倍乘项时，记录间隔也增加，可记录的时间也随之增加，倍乘项设定范围为 1～60 的整数。记录间隔设定如图 5-55 所示。

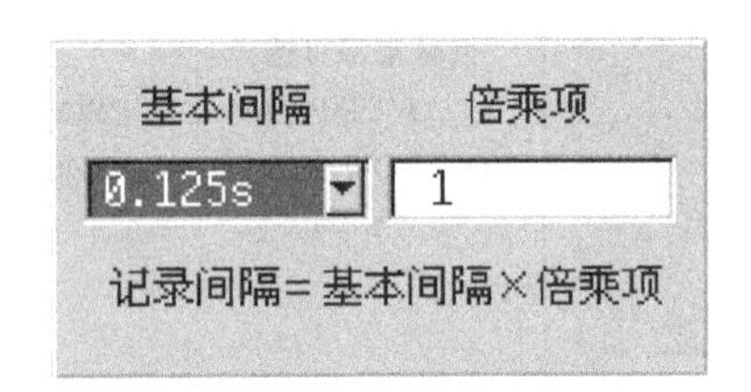

图 5-55　记录间隔设定

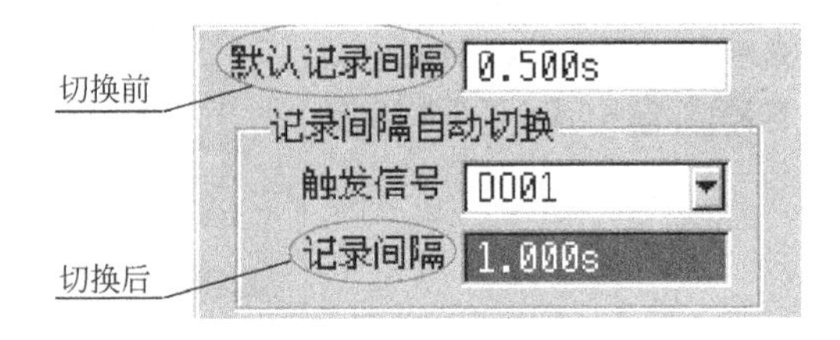

图 5-56　记录间隔自动切换

其中，C3900 过程控制器还可通过触发信号实现记录间隔自动切换，触发信号可选择 None、DI、DO 或 VD。若选择 None 时，记录间隔不切换；若选择 DI、DO 或 VD，则信号上升沿时触发，记录间隔实现切换，直到信号下降沿时，记录间隔又跳转至默认记录间隔。记录间隔自动切换如图 5-56 所示。

(2) 自由记录　选择自由记录时，仪表会一直持续记录数据。

(3) 触发记录　C3900 控制器有触发记录功能。选择触发记录时，可使用定时方式或表达式逻辑功能实现历史数据的自动记录和停止，触发记录如图 5-57 所示。

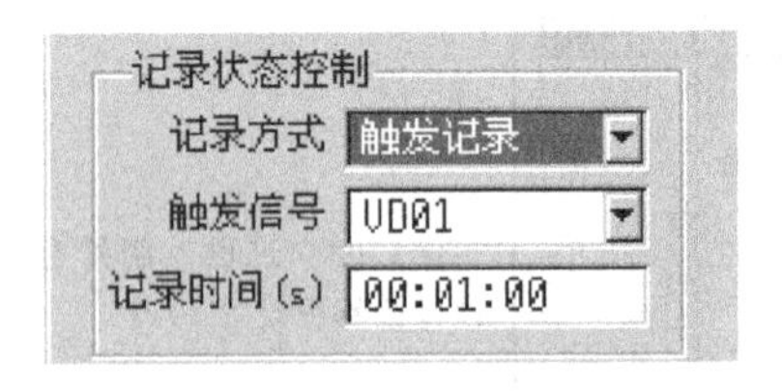

图 5-57　触发记录

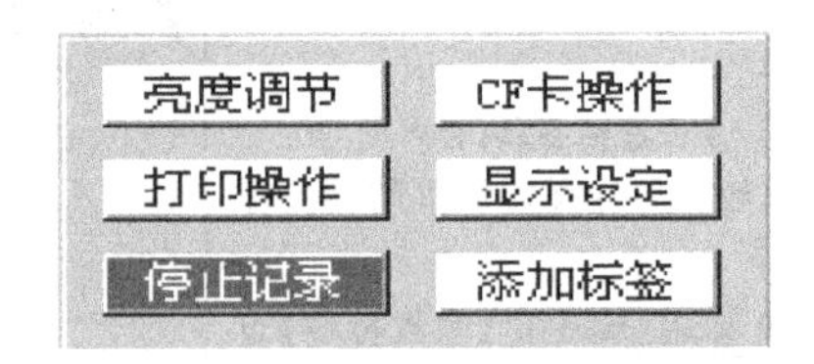

图 5-58　停止记录

触发信号可选择 DI、DO 或 VD，当信号处于上升沿时触发，开始记录数据，连续记录设定的记录时间后停止记录，等待下一次上升沿再次触发记录，实现对记录状态的自动控制。

记录时间是指触发开始记录到停止记录的时间，最长可设置 10h。

若记录时间设置成 0s，则当开关量信号处于高电平时，仪表将开始并一直记录数据直至信号转为下降沿，故可通过改变触发信号实现手动触发记录功能。

(4) 停止记录　C3900 控制器有停止记录功能，如图 5-58 所示。在任意监控画面，按弹出快捷菜单，旋转旋钮至【停止记录】并单击旋钮，即可停止历史数据记录，此时状态栏中的标记变为，【停止记录】按钮变为【开始记录】按钮，再次单击旋钮即可恢复历史数据记录。

（5）预置标签　C3900 过程控制器有此功能。此处设定标签名称，可在任意监控画面下应用于历史画面中，起到书签作用。操作步骤如下：按弹出快捷菜单，旋转旋钮至【添加标签】并单击旋钮→旋转旋钮选择需要的标签序号（此处也可单击旋钮修改标签名称）→按 应用 添加到历史画面中。

在历史画面中选择添加标签，将在标尺所在时间处添加标签；在其他监控画面下选择添加标签时，将在当前时刻添加标签。

四、历史记录 REC 相关监控画面

历史记录 REC 相关监控画面如图 5-59 所示。

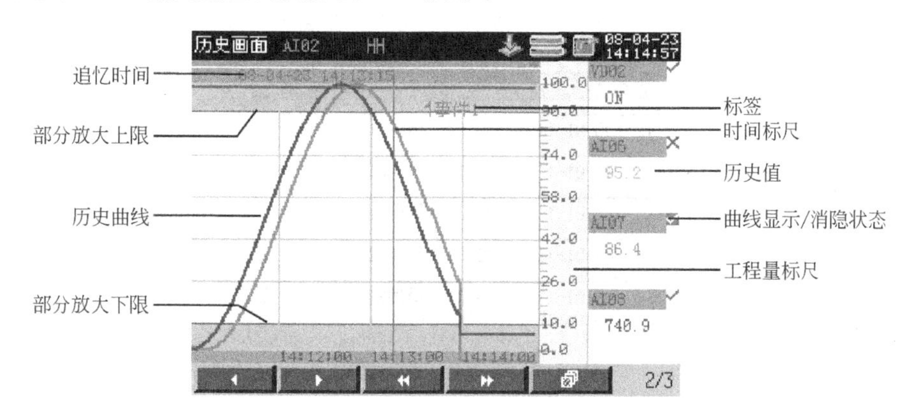

图 5-59　历史记录 REC 相关监控画面

REC 相关监控画面下指令框如图 5-60 所示。

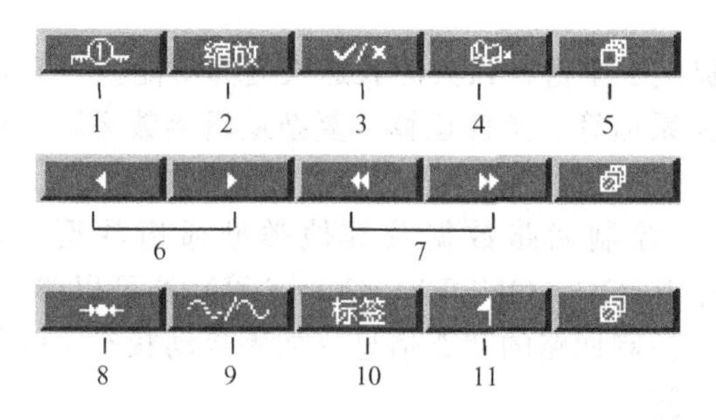

图 5-60　REC 相关监控画面下指令框

其中：

1——时标键。按此键修改曲线显示的时间间隔，即改变每屏显示的历史数据量。

2——缩放键。按此键弹出如图 5-61 所示的对话框，可对显示曲线进行部分放大，以便于查看。

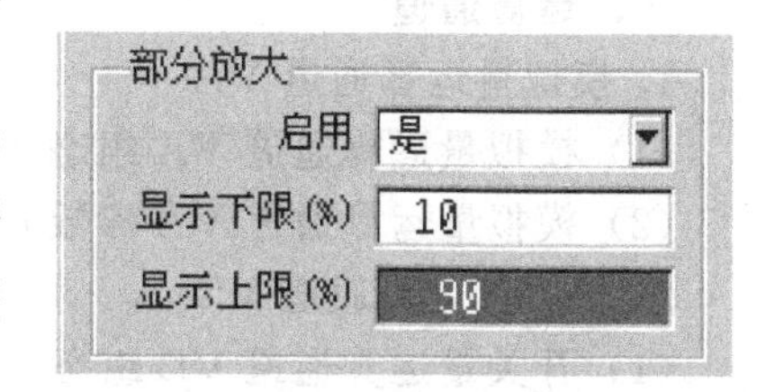

图 5-61　部分缩放

3——显示/消隐键。选择显示或隐藏选中通道的实时曲线。在历史画面中选择添加标签，将在标尺所在时间处添加标签；在其他监控画面下选择添加标签时，将在当前时刻添加标签。

4——翻页键。按此键在各个历史记录通道中循环翻页。

5——软键切换。按此键切换软键功能。

6——移动时间标尺。按一下此键移动 1 倍时标数据。

7——快速移动时间标尺。按一下此键移动一屏数据。

8——定点追忆。按此键弹出定点追忆时间设置框，时间设置完成后，单击旋钮，系统将自动定位到定点时间。当该时间早于可追忆时间范围时，系统将自动定位至最早记录时间处；晚于当前时间时，系统将自动定位至当前时间处。

9——实时曲线与历史曲线间切换。

10——按此键弹出标签列表，如图 5-62 所示。标签列表显示已记录的标签信息，包括时间和名称。

11——按[按钮]显示标签（每 2000 个记录点最多显示 6 个标签），按[按钮]隐藏标签。

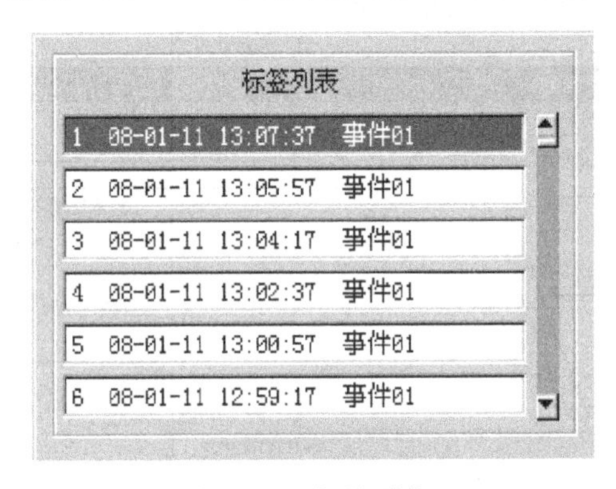

图 5-62　标签列表

第九节　表达式运算

C3900 过程控制器提供了丰富、强大的表达式运算功能。运算类型支持四则运算、逻辑运算、数学函数运算、关系运算、条件运算、复杂逻辑函数运算、统计功能函数运算以及一些特殊功能函数。

输入输出通道数据、控制回路数据及其他类型通道数据（AI、DI、PI、AO、DO、PWM、VA、VD、PID、PROG、ONOFF、CONF 等）均可以参与表达式运算；信息状态数据包括通道报警信息、控制回路的状态信息（如手自动状态、内外给定状态以及结束状态等）也均可参与表达式运算。

仪表中有 5 种通道类型可使用表达式运算功能：模拟量输出通道 AO、开关量输出通道 DO、时间比例输出通道 PWM、模拟量运算通道 VA、开关量运算通道 VD。其中，AO、DO、PWM 是输出信号，VA、VD 是内部信号。

一、运算通道

1. 模拟量运算通道 VA

（1）模拟量运算通道 VA 组态　步骤如表 5-44 所示。

（2）模拟量运算通道 VA 参数介绍　如表 5-45 所示。

2. 开关量运算通道 VD

（1）开关量运算通道 VD 组态　步骤如表 5-46 所示。

（2）开关量运算通道 VD 参数介绍　如表 5-47 所示。

表 5-44 模拟量运算通道 VA 组态步骤

步骤	显示画面
登录组态菜单，根据路径【运算通道】→【模拟量运算】进入 VA 通道组态画面。将通道状态改为【启用】，旋转旋钮选择需要设置的参数项。按 或 选择不同的通道设置。按 返回 退出 VA 通道组态画面	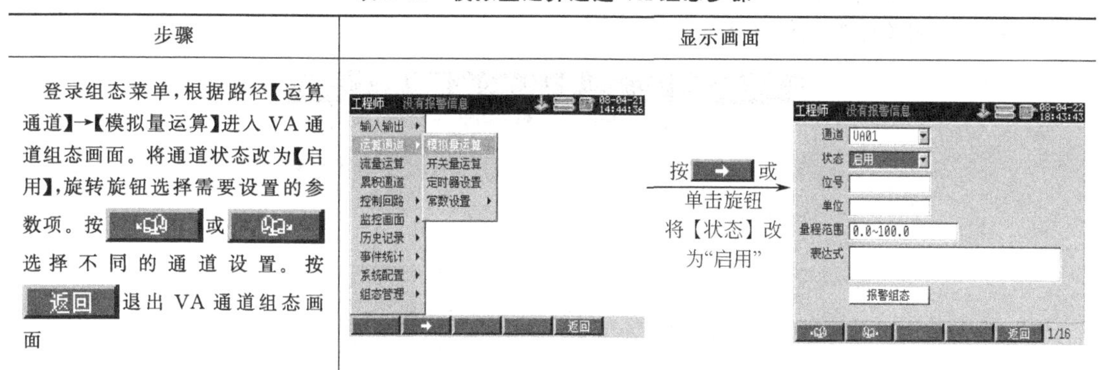

表 5-45 模拟量运算通道 VA 参数介绍说明

参　数	功　　能	设定范围	初始值
通道	选择需要设置的通道号	VA01～VA16	VA01
状态	选择通道的工作状态	关闭/启用	关闭
位号	描述选中的通道	可输入 8 个字符	—
单位	设定信号的单位，输入方法同位号	可输入 8 个字符	—
量程范围	设定显示的小数点位数和量程上下限	－30000～30000	0.0～100.0
表达式	设定输出信号的来源	可输入 32 个字符	—
报警组态	设定上下限报警和速率报警相关参数	同 AI 输入报警组态	—

表 5-46 开关量运算通道 VD 组态步骤

步　骤	显示画面
登录组态菜单，根据路径【运算通道】→【开关量运算】进入 VD 通道组态画面。将通道状态改为【启用】，旋转旋钮选择需要设置的参数项。按 或 选择不同的通道设置。按 返回 退出 VD 通道组态画面	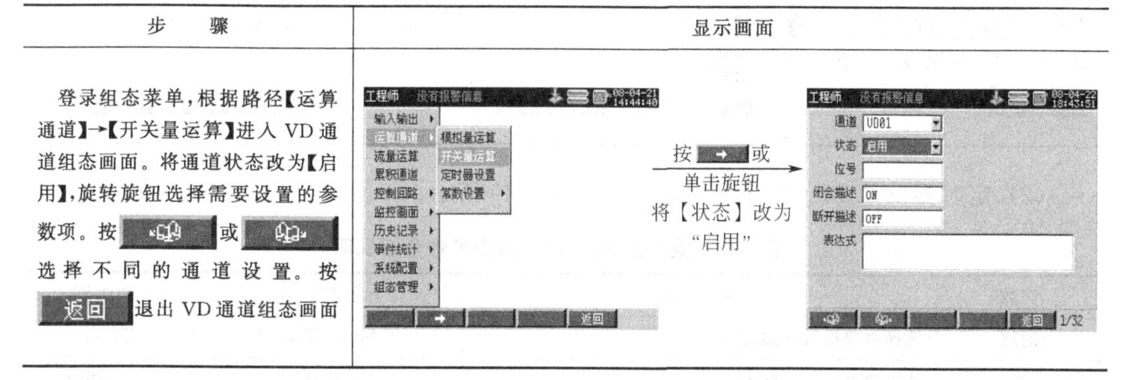

表 5-47 开关量运算通道 VD 组态参数说明

参　数	功　　能	设定范围	初始值
通道	选择需要设置的通道号	VD01～VD32	VD01
状态	选择通道的工作状态	关闭/启用	关闭
位号	描述选中的通道	可输入 8 个字符	—
闭合描述	描述信号闭合状态，输入方法同位号	可输入 8 个字符	ON
断开描述	描述信号断开状态，输入方法同位号	可输入 8 个字符	OFF
表达式	设定输出信号的来源	可输入 32 个字符	—

3. VA/VD 相关监控画面

VA/VD 相关监控画面如图 5-63 所示。

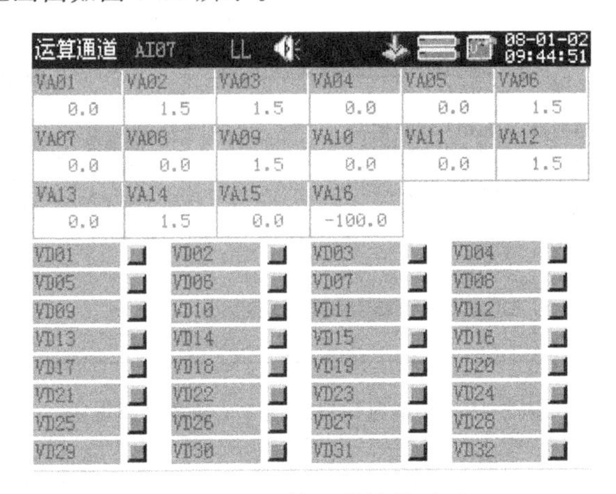

图 5-63　运算通道总貌画面

4. 定时器设置 TIM

(1) 定时器设置 TIM 组态　步骤如表 5-48 所示。

表 5-48　定时器设置 TIM 组态步骤

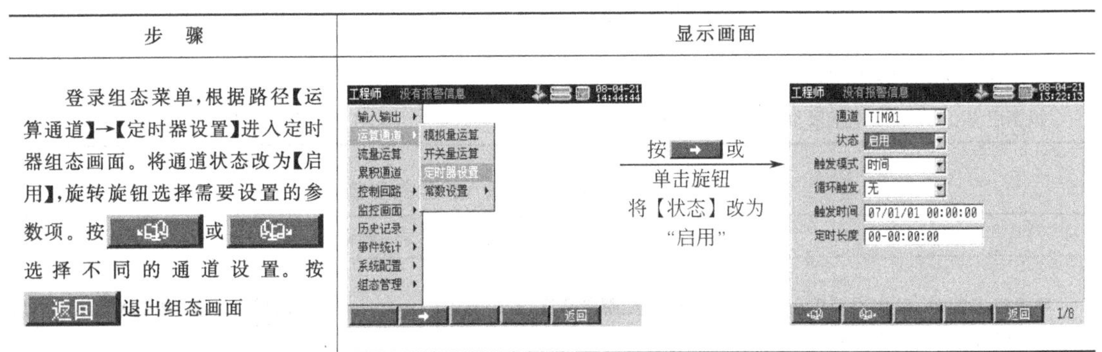

步　骤	显示画面
登录组态菜单，根据路径【运算通道】→【定时器设置】进入定时器组态画面。将通道状态改为【启用】，旋转旋钮选择需要设置的参数项。按 [左翻键] 或 [右翻键] 选择不同的通道设置。按 [返回] 退出组态画面	按 [→] 或单击旋钮将【状态】改为“启用”

(2) 定时器设置 TIM 组态参数介绍　如表 5-49 所示。

表 5-49　定时器设置 TIM 组态参数介绍说明

参数	功　能	设定范围	初始值
通道	选择需要设置的通道号	TIM01～TIM08	TIM01
状态	选择通道的工作状态	关闭/启用	关闭
触发模式	选择触发方式	时间/信号	时间
循环触发	选择循环触发的模式，信号触发时无此选项	无/每年/每月/每日/每时/每分	无
触发时间	设定触发时间，信号触发时无此选项	00/01/0100:00:00～99/12/31 23:59:59	07/01/01 00:00:00
触发信号	设定触发信号，时间触发时无此选项	DI/DO/VD	VD01
定时长度	设定定时长度	00-00:00:00～45-23:59:59	00-00:00:00

① 时间触发。【触发模式】选择“时间”时，定时器可通过绝对时钟触发或相对时钟触发。

绝对时钟触发：【循环触发】选择“无”时，只要仪表的系统时间到达设定的触发时间时，定时器就被触发，持续长度即为定时长度。

相对时钟触发：【循环触发】选择“每年”、“每月”、“每日”、“每时”或“每分”时，定时器将在设定的触发时间点被循环触发，持续长度也为定时长度。

若设置了循环触发模式，则定时长度必须小于循环时间，否则定时器会出错。如：选择“每分”触发时，定时长度必须小于 1min；选择“每时”触发时，定时长度必须小于 1h。

② 信号触发。【触发模式】选择“信号”时，需设置【触发信号】。当触发信号为高电平时，定时器被触发，持续长度即为定时长度。

若设置了循环触发模式，则定时长度必须小于循环时间，否则定时器会出错。如：选择“每分”触发时，定时长度必须小于 1min；选择“每时”触发时，定时长度必须小于 1h。

5. 常数设置 CON

(1) 常数组态　常数类型共有三种：整型常数 CONI、布尔型常数 CONB、浮点型常数 CONF。

常数组态步骤如表 5-50 所示。

表 5-50　常数组态步骤

步　骤	显示画面
登录组态菜单。根据路径【运算通道】→【常数设置】进入常数设置菜单。旋转旋钮选择需要设置的常数类型，单击进入该类型常数设置画面	单击旋钮 →
进入整数型常数组态画面。旋转旋钮纵向依次选择常数进行组态。按 ← 或 → 横向依次选择常数进行组态。按 返回 退出整数型常数组态画面。布尔型常数和浮点型常数组态步骤同整数型常数	

其中，整数型常数 CONI01～CONI24 设置范围为－30000～30000，默认值为 0；布尔型常数 CONB01～CONB24 设置范围为 0 或 1，默认值为 0；浮点型常数 CONF01～CONF24 设置范围为－999999～9999999，默认值为 0.0。

(2) 折线表组态　如表 5-51 所示。

表 5-51　折线表组态

步　骤	显示画面
进入折线表 01 组态画面。折线表共分两页显示，按 上一页 或 下一页 进行翻页。点设置完成后，按 预览 可查看折线段图。按 返回 退出折线表 01 组态画面。折线表 02 组态步骤同折线表 01	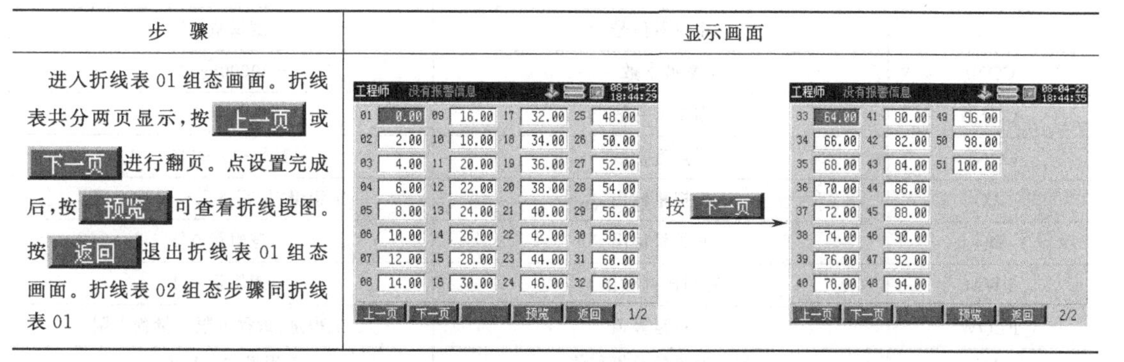

注意：非线性表格是对数值的一种修正，通过百分比对应关系将百分量数值转换为工程量数值，可配合表达式中的 TAB 函数进行数据运算。

折线表中 51 个点将（0.00～100.00）%数值范围等分为 50 段，通过对 51 个点的设置，将（0.00～100.00）%之间的数值重新赋值，两点之间的数值成线性关系。如图 5-64 所示。

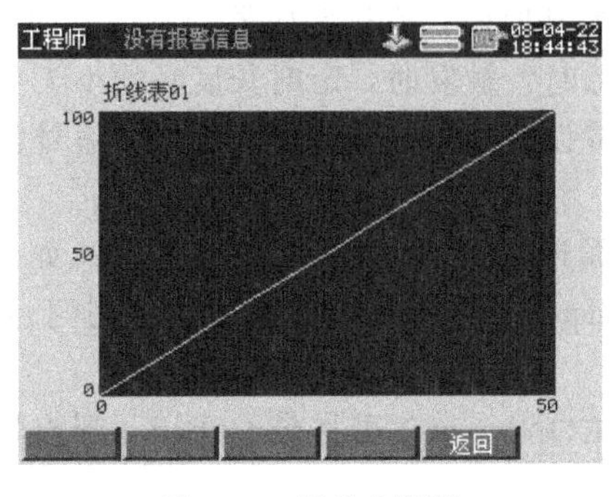

图 5-64　折线表预览

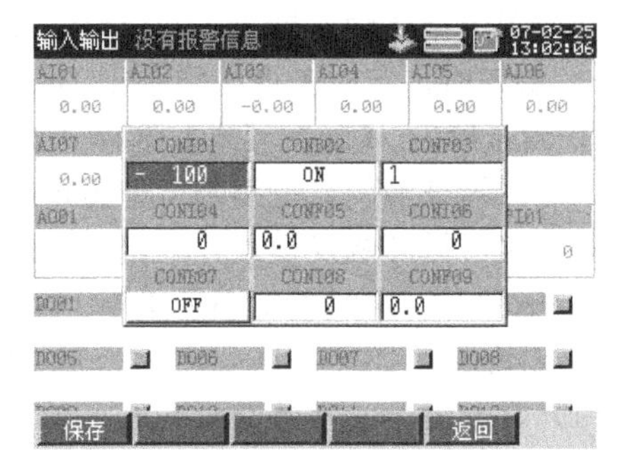

图 5-65　常数修改画面

（3）常数相关监控画面　如图 5-65 所示。

在【监控画面】→【常数画面】启用常数后，在任意监控画面下按 F2 键，即可对其中设定的常数进行修改，无须再进入组态设置常数新值，避免了重新启用组态引起的不便。三种常数修改完成后，按 保存 将修改后的值保存到组态中，按 返回 退出常数修改画面；若不按 保存 ，则修改仅在当前组态下有效，当下次启用组态或重新上电后，该常数项恢复为修改前的值，即组态中的值。

二、运算信号

表达式运算功能支持多种信号类型，按照组合方式大体可分为独立信号和组合信号两种，可以单独参加运算的独立信号如表 5-52 所示，与相关信号组合后才能参与运算的组合信号如表 5-53 所示。

表 5-52　可以单独参加运算的独立信号

信　号	说　明	信号范围
AI	模拟量输入	工程量:量程下限～量程上限
DI	开关量输入	逻辑量 0/1
PI	脉冲量输入	工程量:量程下限～量程上限
VA	模拟量运算通道	工程量:量程下限～量程上限
VD	开关量运算通道	逻辑量 0/1
TIM	定时器信号	逻辑量 0/1
CONI	整型常数	－30000～30000
CONB	布尔型常数	逻辑量 0/1
CONF	浮点型常数	$-(10^6-1)\sim(10^7-1)$
AO	模拟量输出	工程量:量程下限～量程上限
DO	开关量输出	逻辑量 0/1
PWM	时间比例输出	逻辑量 0/1
FLOW	流量运算值	工程量:量程下限～量程上限
AC	累积通道的总累积值	工程量:$0\sim10^{13}-1$

表 5-53 与相关信号组合后才能参与运算的组合信号

信 号	说 明	信号范围
PROG	程序控制输出	PV 量程
PID	PID 控制回路输出	0～100
ONOFF	ON/OFF 控制回路输出	逻辑量 0/1
. HH	AI、PI、VA 通道的上上限报警信号	逻辑量 0/1
. Hi	AI、PI、VA 通道的上限报警信号	逻辑量 0/1
. Lo	AI、PI、VA 通道的下限报警信号	逻辑量 0/1
. LL	AI、PI、VA 通道的下下限报警信号	逻辑量 0/1
. RH	AI、PI、VA 通道的上升速率报警信号	逻辑量 0/1
. RL	AI、PI、VA 通道的下降速率报警信号	逻辑量 0/1
. DH	PID、ON/OFF 回路的偏差报警信号	逻辑量 0/1
. AUTO	PID、ON/OFF 回路是否为自动状态	逻辑量 0/1
. SV	PID、ON/OFF 回路的 SV 设定值	工程量:量程下限～量程上限
OUT	PID、PROG 的输出值	工程量:量程下限～量程上限
	ON/OFF 的输出值	逻辑量 0/1
. RMOT	PID、ON/OFF 回路是否为外给定状态	逻辑量 0/1
. END	程序控制是否结束的状态位信号	逻辑量 0/1
. SEG	程序控制输出当前运行的段号	1～60 的整数
. EVT	程序控制事件输出	0～255 的整数
. STA	程序控制运行状态	1,复位状态
		2,运行状态
		3,保持状态
		4,快速运行状态
		5,等待状态
		6,结束状态

独立信号须与相应的通道序号组合使用，如 AI01、PWM02、AC03、TIM08、CONF24 等。表达式对话框中的数字只能作为通道序号使用，不能作为具体的数值参与运算。需使用常数数值的表达式可以使用常数设置。

组合信号须与相关信号组合使用，如 VA02. RH（VA02 的上升速率报警状态）、AI01. HH（AI01 的上上限报警状态）、PID01. OUT（PID01 的输出即 MV 值）、ONOFF02. DH（ONOFF02 的偏差报警状态）、PID02. AUTO（PID02 的手自动状态）、PROG01. SEG（第 1 路程序输出当前运行的段数）等。

表达式的运算周期与仪表采样周期相同。在一个运算周期中，完成所有表达式运算。

在一个运算周期中，仪表按照输入信号采集、运算通道处理、控制模块处理、输出运算处理的顺序依次对信号数据进行处理。同类型通道参与运算时，序号小的通道优先运算（如 VA01、VA02 同时参与运算，仪表内部运算处理顺序为先计算通道 VA01，再计算通道 VA02）。

表达式中引用的通道数值均为工程量数值，使用时应注意区分百分量、工程量的关系。在运算应用时，应注意信号类型以及通道序号等的运算顺序的影响。运算顺序如图5-66所示。

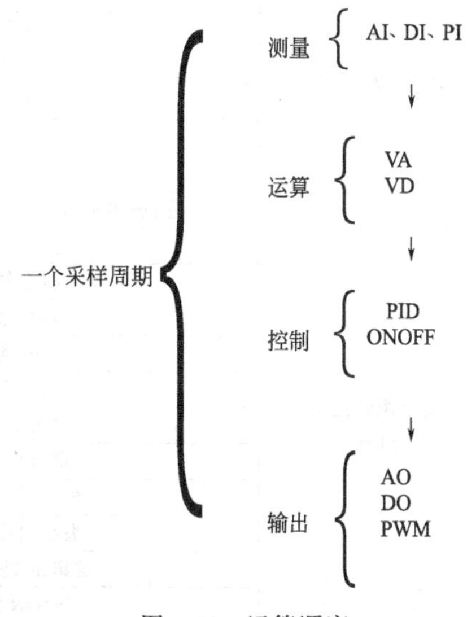

图 5-66 运算顺序

三、运算函数

(一) 运算类型

运算类型如表 5-54 所示。

表 5-54　运算类型

种类	内容	
四则运算(5 个)	加	+
	减	−
	乘	*
	除	/
	幂乘	^
数学运算函数(15 个)	求绝对值	ABS(Value)
	求平方根	SQR(Value)
	求以 10 为底的对数	LOG(Value)
	求以 e 为底的对数	LN(Value)
	求以常数 e 为底数的幂	EXP(Value)
	求正弦	SIN(Value)
	求反正弦	ASIN(Value)
	求余弦	COS(Value)
	求反余弦	ACOS(Value)
	求正切	TAN(Value)
	求反正切	ATAN(Value)
	取整函数	INT(Value)
	取余函数 MOD	MOD(Value1,Value2)
	求输入四个逻辑量的 BCD 码值	BCD(Logic1,Logic 2,Logic 3,Logic 4)
	非线性表格运算	TAB(Value,TabNo. ,Range-L,Range-H)
逻辑运算(7 个)	与	AND
	或	OR
	异或	XOR
	非	NOT
	按位与	ANDB
	按位或	ORB
	按位异或	XORB
关系运算(6 个)	小于	＜
	小于等于	≤
	大于	＞
	大于等于	≥
	等于	=
	不等于	≠
注:逻辑运算与关系运算的结果均以 0(假)、1(真)的方式输出		
复杂逻辑运算(11 个)	上升沿触发函数	TRIG(Logic_In)
	状态锁定函数	LTCH(Logic_L,Logic_U)
	双稳触发函数	TGFF(Logic_In,Logic_Rst)
	ON 延时函数	ONDT(Logic_In,DT_Time)
	OFF 延时函数	OFFDT(Logic_In,DT_Time)
	定时发生器函数	PTMR(Logic_Rst,Time)
	定长度脉冲函数	PULSE(Logic_In,Time)
	最大时限脉冲函数	MAXPL(Logic_In,Time)
	最小时限脉冲函数	MINPL(Logic_In,Time)
	逻辑量变化检测函数	CHDCT(Logic_In)
	RS 触发器函数	RS(Logic_R,Logic_S,Logic_SW)

续表

种类	内容	
特殊功能函数（11个）	条件选择运算函数	IF(Logic-In,Value_if_true,Value_if_false)
	跟踪保持函数	TAHD(Value,Logic_In)
	上升计数器函数	UPCNT(Logic_In,Logic_Rst,Cnt_Pre)
	计数器函数	CNT(Logic_En,Logic_Rst,Cnt_Pre)
	超前函数	LEAD(Value,TI,TD)
	滞后函数	LAG(Value,TI)
	纯滞后函数	DET(Value,Tlag)
	Smith纯滞后补偿函数	SMITH(Value,TI,Tlag)
	复位累积通道函数	RSTAC(Ch-No,logic_Rst)
	故障检测函数	ERR(Level)
	碳势函数	CP(Ec,T,Pco,q)
统计功能函数(6个)	统计累积值函数	SUM(Value,Factor,logic_En,logic_Rst)
	统计最大值函数	MAX(Value,logic_En,logic_Rst)
	统计最小值函数	MIN(Value,logic_En,logic_Rst)
	统计平均值函数	AVE(Value,logic_En,logic_Rst)
	移动平均函数	RAVE(Value,Num,logic_Rst)
	标准偏差函数	STDEV(Value,logic_En,logic_Rst)
配合符号(3个)	左括号	(
	右括号	)
	分隔符	,

部分函数有数量限制，在使用中不可超过最大限制个数，见表5-55。所有函数可组合嵌套使用，以完成复杂运算功能。

表5-55 函数使用个数限制

函数类型	个数	函数类型	个数	函数类型	个数	函数类型	个数
AVE	8	LTCH	8	PTMR	8	SUM	8
CHDCT	8	MAX	8	PULSE	8	TAHD	8
CNT	8	MAXPL	8	RAVE	2	TGFF	8
DET	8	MIN	8	RS	8	TRIG	8
LAG	8	OFFDT	8	SMITH	2	UPCNT	8
LEAD	8	ONDT	8	STDEV	8	—	—

（二）运算优先级

运算式中各项的运算顺序如表5-56所示，优先顺序从高到低排列（级别1最高，级别5最低）。

表5-56 运算优先级顺序

级别	种类	运算项
1	括号	)、(
2	函数类	ABS()、SQR()、LOG()、LN()、EXP()、IF()等
3	逻辑非	NOT
	幂乘	^
4	乘、除	*、/
	大小关系	<、≤、>、≥、=、≠
	逻辑关系	AND、OR、XOR、ANDB、ORB、XORB
5	加、减	+、−

（三）运算表达式的应用

运算数据类型包含逻辑量运算和工程量运算，即参与表达式运算的数据或得到的结果只有两种：逻辑量（0/1）或工程量。

每个表达式在全部字符个数不大于 64 的情况下最多允许输入 32 个符号［符号指表达式输入对话框中每一个独立的运算符，例如信号类型（DI）、分隔符（,）、序号（1）等均为一个符号］。

1. 四则运算

四则运算如表 5-57 所示。

表 5-57　四则运算

类型	表达式示例	相关说明
加法	AI01＋AI02	求通道 AI01 和 AI02 的测量值之和
减法	AI01－AI02	求通道 AI01 和 AI02 的测量值之差
乘法	AI01 * CONI01	求通道 AI01 的测量值乘以常数 CONI01 的值
除法	AI01/CONI02	求通道 AI01 的测量值除以常数 CONI02 的值
幂	AI01^AI02	求通道 AI01 的测量值的通道 AI02 的测量值次幂(负数的非整数次幂不能运算)

2. 数学函数运算

数学函数运算如表 5-58 所示。

表 5-58　数学函数运算

类型	表达式示例	相关说明
绝对值	ABS(AI01)	求通道 AI01 的测量值的绝对值
平方根	SQR(AI01)	求通道 AI01 的测量值的平方根
常用对数	LOG(AI01)	求 lg 通道 AI01 的测量值的值
自然对数	LN(AI01)	求 ln 通道 AI01 的测量值的值
指数	EXP(AI01)	求以 e 为底数的通道 AI01 的测量值次幂
正弦	SIN(AI01)	求通道 AI01 的测量值的正弦值
反正弦	ASIN(AI01)	求通道 AI01 的测量值的反正弦值
余弦	COS(AI01)	求通道 AI01 的测量值的余弦值
反余弦	ACOS(AI01)	求通道 AI01 的测量值的反余弦值
正切	TAN(AI01)	求通道 AI01 的测量值的正切值
反正切	ATAN(AI01)	求通道 AI01 的测量值的反正切值
取整	INT(AI01)	求通道 AI01 的测量值的整数部分 如：AI01 的工程值为 11.07，那么 INT(AI01)＝11
求余	MOD(AI01，CONI01)	求通道 AI01 的测量值整除 CONI01 后的余数 算法为：AI01－INT(AI01/CONI01) * CONI01
求 BCD 码值	BCD(CONB0，CONB02，CONB03，CONB04)	求 4 个布尔型常数组成的 BCD 码值，其中 CONB01 是最低位，CONB04 是最高位 如：CONB01、CONB02、CONB03、CONB04 的值分别为 1、1、1、0 那么 BCD(CONB01，CONB02，CONB03，CONB04)＝7
非线性表格	TAB(AI01，CONI01，CONF01，CONF02)	说明：对 AI01(工程量)进行非线性表格运算；其中 CONI01 为选取的表格号码，CONF01 为运算时参照的量程下限，CONF02 为参照的量程上限，运算结果是工程量 图示：百分量 100.0%；0.0；100.0% 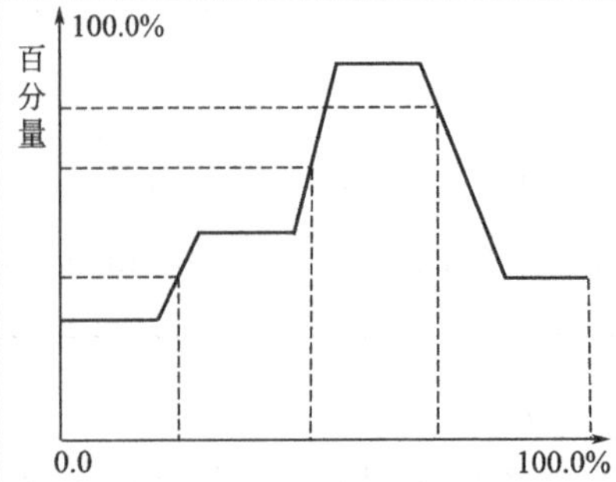

非线性表格是对数值的一种修正，通过百分比对应关系将百分量数值转换为工程量数值。如图 5-67 所示，折线表中 51 个点将（0.00～100.00）%数值范围等分为 50 段，每两点之间是 2.00%的数值范围，通过对 51 个点的设置，将（0.00～100.00）%之间的数值重新赋值，两点之间的数值成线性关系。

依据测量值占运算量程的百分比数值找到折线表中对应的点数，则经过运算后的工程量数值为该点对应的设置百分量数值与量程范围的乘积。

如表达式 TAB（AI01，CONI01，CONF01，CONF02），其中 CONI01＝1，表示应用折线表 1，量程上下限 CONF01＝0.0、CONF02＝200.0。其折线对应关系如图 5-67 所示。

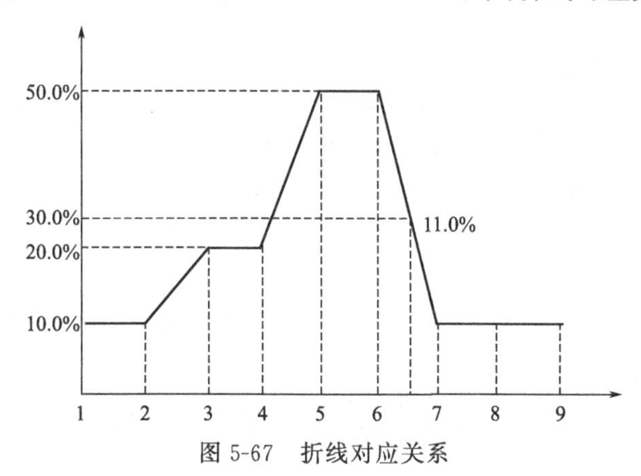

图 5-67　折线对应关系

3. 关系运算

关系运算如表 5-59 所示。

表 5-59　关系运算

类型	表达式示例	相关说明
大于	AI01＞AI02	AI01 的测量值大于 AI02 的测量值时，运算结果为 1，否则为 0
大于等于	AI01≥AI02	AI01 的测量值大于等于 AI02 的测量值时，运算结果为 1，否则为 0
小于	AI01＜AI02	AI01 的测量值小于 AI02 的测量值时，运算结果为 1，否则为 0
小于等于	AI01≤AI02	AI01 的测量值小于等于 AI02 的测量值时，运算结果为 1，否则为 0
等于	AI01＝AI02	AI01 的测量值等于 AI02 的测量值时，运算结果为 1，否则为 0
不等于	AI01≠AI02	AI01 的测量值不等于 AI02 的测量值时，运算结果为 1，否则为 0

4. 逻辑运算

逻辑运算如表 5-60 所示。

表 5-60　逻辑运算

<table>
<tr><th>类型</th><th>表达式示例</th><th colspan="5">相关说明</th></tr>
<tr><td>与</td><td>DI01 AND DI02</td><td colspan="5">DI01、DI02 同时为非 0，运算结果为 1，否则为 0</td></tr>
<tr><td>或</td><td>DI01 OR DI02</td><td colspan="5">DI01、DI02 同时为 0，运算结果为 0，否则为 1</td></tr>
<tr><td rowspan="5">异或</td><td rowspan="5">DI01 XOR DI02</td><td colspan="5">DI01、DI02 状态不同时，运算结果为 1，否则为 0</td></tr>
<tr><td colspan="5">逻辑状态表</td></tr>
<tr><td>DI01</td><td>0</td><td>非 0</td><td>0</td><td>非 0</td></tr>
<tr><td>DI02</td><td>0</td><td>非 0</td><td>非 0</td><td>0</td></tr>
<tr><td>结果</td><td>0</td><td>0</td><td>1</td><td>1</td></tr>
<tr><td>非</td><td>NOT DI01</td><td colspan="5">DI01 为 0，运算结果为 1，否则为 0</td></tr>
<tr><td>按位与</td><td>CONI01 ANDB CONI02</td><td colspan="5">CONI01 和 CONI02 的二进制数值进行按位与运算的结果</td></tr>
<tr><td>按位或</td><td>CONI01 ORB CONI02</td><td colspan="5">CONI01 和 CONI02 的二进制数值进行按位或运算的结果</td></tr>
<tr><td>按位异或</td><td>CONI01 XORB CONI02</td><td colspan="5">CONI01 和 CONI02 的二进制数值进行按位异或运算的结果</td></tr>
</table>

5. 复杂逻辑运算

复杂逻辑运算如表 5-61 所示。

表 5-61　复杂逻辑运算

<table>
<tr><td rowspan="2">边沿触发函数</td><td>函数式
说　明</td><td colspan="12">TRIG(Logic_In)
当输入 Logic_In 从 0 变为 1 时，提供 1 个采样周期长度的 1 输出，否则输出为 0</td></tr>
<tr><td>波形图</td><td colspan="12">输入
输出　T　T　T</td></tr>
<tr><td rowspan="7">状态锁定函数</td><td>函数式</td><td colspan="12">LTCH(Logic_L,Logic_U)</td></tr>
<tr><td>说　明</td><td colspan="12">输入 Logic_L 为 1，且 Logic_U 为 0 时输出为 1，否则保持上次输出值；当输入 Logic_U 为 1 时，输出为 0</td></tr>
<tr><td rowspan="5">逻辑状态</td><td colspan="4">Logic_L</td><td colspan="4">Logic_U</td><td colspan="4">输出</td></tr>
<tr><td colspan="4">0</td><td colspan="4">1</td><td colspan="4">0</td></tr>
<tr><td colspan="4">1</td><td colspan="4">1</td><td colspan="4">0</td></tr>
<tr><td colspan="4">1</td><td colspan="4">0</td><td colspan="4">1</td></tr>
<tr><td colspan="4">0</td><td colspan="4">0</td><td colspan="4">保持</td></tr>
<tr><td rowspan="8">双稳触发函数</td><td>函数式</td><td colspan="12">TGFF(Logic_In,Logic_Rst)</td></tr>
<tr><td>说　明</td><td colspan="12">当输入 Logic_In 从 0 变为 1，Logic_Rst 为 0，且上次的输出值为 0 时，提供 1 输出，否则保持上次输出值
当输入 Logic_In 从 1 变为 0，Logic_Rst 为 0，且上次的输出值为 1 时，提供 0 输出，否则保持上次输出值
当输入 Logic_Rst 为 1 时，输出为 0</td></tr>
<tr><td rowspan="6">逻辑状态</td><td colspan="3">Logic_In</td><td colspan="3">Logic_Rst</td><td colspan="3">上次输出值</td><td colspan="3">输出值</td></tr>
<tr><td colspan="3">上升沿</td><td colspan="3">0</td><td colspan="3">0</td><td colspan="3">1</td></tr>
<tr><td colspan="3">上升沿</td><td colspan="3">0</td><td colspan="3">1</td><td colspan="3">保持</td></tr>
<tr><td colspan="3">下降沿</td><td colspan="3">0</td><td colspan="3">1</td><td colspan="3">0</td></tr>
<tr><td colspan="3">下降沿</td><td colspan="3">0</td><td colspan="3">0</td><td colspan="3">保持</td></tr>
<tr><td colspan="3">上升沿/下降沿</td><td colspan="3">1</td><td colspan="3">0/1</td><td colspan="3">0</td></tr>
<tr><td rowspan="3">ON 延时函数</td><td>函数式</td><td colspan="12">ONDT(Logic_In,DT_Time)</td></tr>
<tr><td>说　明</td><td colspan="12">当输入 Logic_In 从 0 变为 1 时，开始按照 DT_Time 进行延时，在延时时间到达时，如果 Logic_In 仍然为 1，则输出为 1，否则为 0</td></tr>
<tr><td>波形图</td><td colspan="12">输入
DT_Time　DT_Time
输出</td></tr>
<tr><td rowspan="3">OFF 延时函数</td><td>函数式</td><td colspan="12">OFFDT(Logic_In,DT_Time)</td></tr>
<tr><td>说　明</td><td colspan="12">当输入 Logic_In 从 1 变为 0 时，开始按照 DT_Time 进行延时，在延时时间到达时，如果 Logic_In 仍然为 0，则输出为 0，否则为 1 输出</td></tr>
<tr><td>波形图</td><td colspan="12">输入
DT_Time　DT_Time
输出</td></tr>
</table>

续表

<table>
<tr><td rowspan="2">定时发生器函数</td><td>函数式</td><td colspan="4">PTMR(Logic_Rst,Time)</td></tr>
<tr><td>说　明</td><td colspan="4">当 Logic_Rst 为 1 时，清空内部计数器值；Logic_Rst 为 0 时，按照采样周期内部计数，计数累积值到达 Time 数值后，停止计数，并提供 1 个采样周期的 1 输出；其他情况时为 0 输出</td></tr>
<tr><td rowspan="3">定长度脉冲函数</td><td>函数式</td><td colspan="4">PULSE(Logic_In,Time)</td></tr>
<tr><td>说　明</td><td colspan="4">当 Logic_In 为上升沿时，提供 Time(整型数)个采样周期长度的 1 输出，否则为 0 输出</td></tr>
<tr><td>波形图</td><td colspan="4">输入
输出 Time Time</td></tr>
<tr><td rowspan="3">最大时限脉冲函数</td><td>函数式</td><td colspan="4">MAXPL(Logic_In,Time)</td></tr>
<tr><td>说　明</td><td colspan="4">当输入 Logic_In 从 0 变为 1 时，并按照 Logic_In 为 1 的时间长度，提供最大 Time 个采样周期长度的 1 输出，否则为 0 输出</td></tr>
<tr><td>波形图</td><td colspan="4">输入
输出 Time Time</td></tr>
<tr><td rowspan="3">最小时限脉冲函数</td><td>函数式</td><td colspan="4">MINPL(Logic_In,Time)</td></tr>
<tr><td>说　明</td><td colspan="4">当输入 Logic_In 从 0 变为 1 时，并按照 Logic_In 为 1 的时间长度，提供最小 Time 个采样周期长度的 1 输出，否则为 0 输出</td></tr>
<tr><td>波形图</td><td colspan="4">输入
输出 Time Time</td></tr>
<tr><td rowspan="2">逻辑量变化监测函数</td><td>函数式</td><td colspan="4">CHDCT(Logic_In)</td></tr>
<tr><td>说　明</td><td colspan="4">如果 Logic_In 和前一个值不同，则提供 1 个采样周期长度的 1 输出，否则为 0 输出</td></tr>
<tr><td rowspan="6">RS 触发器</td><td>函数式</td><td colspan="4">RS(Logic_R,Logic_S,Logic_SW)</td></tr>
<tr><td rowspan="5">逻辑状态</td><td>R</td><td>S</td><td>SW</td><td>输出</td></tr>
<tr><td>0</td><td>1</td><td>无关</td><td>0</td></tr>
<tr><td>1</td><td>1</td><td>无关</td><td>SW</td></tr>
<tr><td>1</td><td>0</td><td>无关</td><td>1</td></tr>
<tr><td>0</td><td>0</td><td>无关</td><td>保持</td></tr>
</table>

6. 特殊功能函数运算

特殊功能函数运算如表 5-62 所示。

表 5-62　特殊功能函数运算

<table>
<tr><td rowspan="3">条件选择运算函数</td><td>函数式</td><td>IF(Logic_In,Value_if_true,Value_if_false)</td></tr>
<tr><td>说　明</td><td>当 Logic_In 为 1 时，输出值为 Value_if_true
当 Logic_In 为 0 时，输出值为 Value_if_false</td></tr>
<tr><td>应用举例</td><td>IF(AI01. HH,AI01,AI02)
若 AI01 的上上限报警为 1(即 AI01. HH=1)，运算输出为 AI01 的测量值，否则为 AI02 的测量值
F(AI01. HH,DI01,DI02)
若 AI01 的上上限报警为 1(即 AI01. HH==1)，运算输出为 DI01 的测量值，否则为 DI02 的测量值</td></tr>
</table>

续表

函数	项目	内容	波形图
跟踪保持函数	函数式	TAHD(Value,Logic_In)	
	说　明	当 Logic_In 为 1 时,输出值与输入值 Value 一致 当 Logic_In 为 0 时,输出值保持上次值不变	
上升计数器函数	函数式	UPCNT(Logic_In,Logic_Rst,Cnt_Pre)	
	说　明	当 Logic_In 为上升沿,且 Logic_Rst 为 0,同时内部计数器值未达到 Cnt_Pre 所设的值时内部计数器值加 1 当 Logic_Rst 为 1 时,将内部计数器值清零,运算输出值为内部计数器值	
计数器函数	函数式	CNT(Logic_En,Logic_Rst,Cnt_Pre)	
	说　明	当 Logic_En 为 1,且 Logic_Rst 为 0,同时内部计数器值未达到数值 Cnt_Pre 时,内部计数加 1; 当 Logic_Rst 为 1 时,将内部计数器值清零,运算输出值为内部计数器值	
超前函数	函数式	LAG(Value,TI)	波形图:输入信号;超前函数输出;O;t
	说　明	使用的公式为 1/(TI * S+1),离散化后的公式为 Outn1 = Outn1 − 1 + (Value − Outn1-1)/(TI+1) 式中,TI:初级滞后时间常数;Outn1-1 为 Outn1 上次运算值;输出值为 Outn1 的值	
滞后函数	函数式	LAG(Value,TI)	波形图:输入信号;滞后函数输出;O;t
	说　明	使用的公式为 1/(TI * S+1),离散化后公式为 Outn1 = Outn1 − 1 + (Value − Outn1 − 1)/(TI+1) 式中,TI:初级滞后时间常数;Outn1−1 为 Outn1 上次运算值;输出值为 Outn1 的值	
纯滞后函数	函数式	DET(Value,L)	波形图:输入信号;输出信号;纯滞后时间;O;t
	说　明	对 Value 值进行滞后处理,输出值是经过处理后的结果。当前输入值在 L 采样周期后进行输出。其中 L 为滞后时间	
Smith 纯滞后补偿函数	函数式	SMITH(Value,TI,L)	
	说　明	等效于 LAG(Value,TI)-DET(Value,L)Smith,纯滞后补偿公式为(1-e^-LS)/(TI * S+1),离散化后的公式为 Outn1=Outn1-1+(Value−Outn1-1)/(TI+1) SMITH=Outn1−Outn1-e 式中,Outn1-1 为 Outn1 上次运算值;Outn1-e 为 Outn1 经过 e^-LS 滞后处理后的值;TI 为初级滞后时间常数;L 为滞后时间	
复位累积通道函数	函数式	RSTAC(ChNo,Logic_Rst)	
	说　明	ChNo 为选择的累积通道号(累积通道 1～累积通道 12) 当 Logic_Rst 为 1 时,复位相应累积通道的值 当 Logic_Rst 为 0 时,无动作	

7. 统计功能函数运算

统计功能函数运算如表 5-63 所示。

表 5-63 统计功能函数运算

<table>
<tr><td rowspan="6">统计累积值函数</td><td>函数式</td><td colspan="3">SUM(Value,Factor,Logic_En,Logic_Rst)</td></tr>
<tr><td>说　明</td><td colspan="3">在 Logic_Rst 不处于上升沿的情况下,Logic_En 为 1 时且进行累积,Logic_En 为 0 时,停止累积,保持上次累积值(统计值最大可达到 $10^{13}-1$)
在 Logic_Rst 为上升沿的情况下,清除累积值并重新累积
累积统计公式为 SUMn=SUMn-1+Value * Factor
式中,SUMn-1 为 SUMn 上次累积值;Factor 为信号放大系数</td></tr>
<tr><td rowspan="4">逻辑状态</td><td>Logic_En</td><td>Logic_Rst</td><td>状态</td></tr>
<tr><td>1</td><td>非上升沿</td><td>统计累积值</td></tr>
<tr><td>0</td><td>非上升沿</td><td>停止累积,保持上次值</td></tr>
<tr><td>1/0</td><td>上升沿</td><td>清除累积值,重新统计</td></tr>
<tr><td rowspan="6">统计最大值函数</td><td>函数式</td><td colspan="3">MAX(Value,Logic_En,Logic_Rst)</td></tr>
<tr><td>说　明</td><td colspan="3">在 Logic_Rst 不处于上升沿的情况下,Logic_En 为 1 时,统计最大值;Logic_En 为 0 时,停止统计,保持上次最大值;在 Logic_Rst 为上升沿的情况下,设置当前 Value 值为最大值,重新统计</td></tr>
<tr><td rowspan="4">逻辑状态</td><td>Logic_En</td><td>Logic_Rst</td><td>状态</td></tr>
<tr><td>1</td><td>非上升沿</td><td>统计最大值</td></tr>
<tr><td>0</td><td>非上升沿</td><td>停止统计,保持上次值</td></tr>
<tr><td>1/0</td><td>上升沿</td><td>设置当前值为最大值,重新统计</td></tr>
<tr><td rowspan="6">统计最小值函数</td><td>函数式</td><td colspan="3">MIN(Value,Logic_En,Logic_Rst)</td></tr>
<tr><td>说　明</td><td colspan="3">在 Logic_Rst 不处于上升沿的情况下,Logic_En 为 1 时,统计最小值
Logic_En 为 0 的情况下,停止统计,保持上次最小值
在 Logic_Rst 为上升沿的情况下,设置当前 Value 为最小值,重新统计</td></tr>
<tr><td rowspan="4">逻辑状态</td><td>Logic_En</td><td>Logic_Rst</td><td>状态</td></tr>
<tr><td>1</td><td>非上升沿</td><td>统计最小值</td></tr>
<tr><td>0</td><td>非上升沿</td><td>停止统计,保持上次值</td></tr>
<tr><td>1/0</td><td>上升沿</td><td>设置当前值为最小值,重新统计</td></tr>
<tr><td rowspan="6">统计平均值函数</td><td>函数式</td><td colspan="3">AVE(Value,Logic_En,Logic_Rst)</td></tr>
<tr><td>说　明</td><td colspan="3">在 Logic_Rst 不处于上升沿的情况下,Logic_En 为 1 时,进行累积并计算其平均值
Logic_En 为 0 的情况下,停止累积,保持上次计算值;在 Logic_Rst 为上升沿的情况下,清除累积值并重新计算
平均值统计公式为
SUMn=SUMn-1+Value
AVE=SUMn/Num(Num 为统计次数,以采样周期计算)
式中,SUMn-1 为 SUMn 上次累积值;Num 为统计次数(在次数大于 10^9 或者累积值大于 $10^{13}-1$ 时重新累积并统计平均值)</td></tr>
<tr><td rowspan="4">逻辑状态</td><td>Logic_En</td><td>Logic_Rst</td><td>状态</td></tr>
<tr><td>1</td><td>非上升沿</td><td>进行累积并计算平均值</td></tr>
<tr><td>0</td><td>非上升沿</td><td>停止累积保持上次值</td></tr>
<tr><td>1/0</td><td>上升沿</td><td>清空累积值重新计算</td></tr>
<tr><td rowspan="2">移动平均函数</td><td>函数式</td><td colspan="3">RAVE(Value,Num,Logic_Rst)</td></tr>
<tr><td>说　明</td><td colspan="3">在 Logic_Rst 为上升沿的情况下,清除累积值,重新计算
Logic_Rst 不为上升沿的情况下,进行累积并计算平均值
移动平均值统计公式为
SUMn=SUMn-1+Value
RAVE=SUMn/Num
式中:SUMn-1 为 SUMn 上次累积值;SUMn 是最新 Num 个数据的累积和;Num(≤120)是移动平均值计算的数据个数</td></tr>
</table>

续表

<table>
<tr><td rowspan="4">标准偏差函数</td><td>函数式</td><td colspan="3">STDEV(Value,Logic_En,Logic_Rst)</td></tr>
<tr><td>说　明</td><td colspan="3">在 Logic_Rst 不处于上升沿的情况下，Logic_En 为 1 时，进行累积并计算偏差
Logic_En 为 0 的情况下，停止累积，保持上次计算值
在 Logic_Rst 为上升沿的情况下，清除累积值并重新计算
标准偏差计算公式为
STDEV＝sqrt(((X1－X)^2＋…＋(Xn－X)^2)/(n－1))
或
STDEV＝sqrt((X1^2＋…＋Xn^2－n＊(X^2))/(n－1))
式中，X1～Xn 分别是 n 次采样值(在次数大于 10^9 或者累积值大于 $10^{13}-1$ 时重新累积并计算偏差)；X 是(X1～Xn)n 个采样值的平均值</td></tr>
<tr><td rowspan="2">逻辑状态</td><td>Logic_En</td><td>Logic_Rst</td><td>状态</td></tr>
<tr><td>1
0
1/0</td><td>非上升沿
非上升沿
上升沿</td><td>进行累积并计算偏差
停止累积保持上次值
清空累积值重新计算</td></tr>
</table>

四、运算举例

1. 测量值切换控制

利用 IF 条件运算函数，可实现根据外部信号的不同来切换 PID 控制回路的测量值 PV。

开关量输入信号 DI 作为条件切换信号，两路测量通道 AI01、AI02 作为测量值，1 路模拟量运算通道 VA 完成条件切换表达式运算。实现方法如图 5-68 所示。

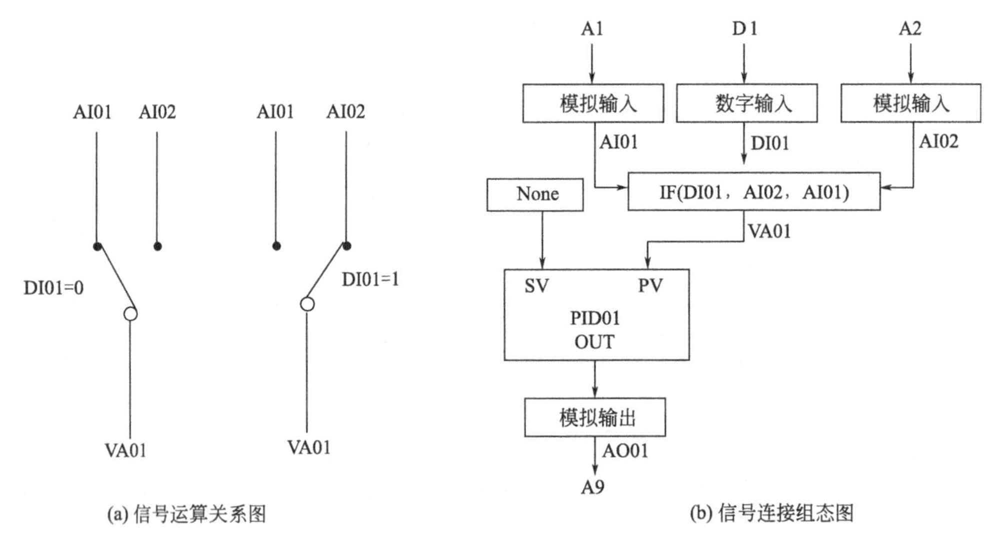

图 5-68　测量值切换控制示意图

VA01 的【表达式】及 PID01 的【测量值 PV】组态如图 5-69 所示。

2. 变送输出

(1) 直接变送输出　把 1.00～5.00V 的标准电压信号转换为 4.00～20.00mA 的标准电流信号进行输出，同时要求量程为原来的 2 倍。可如图 5-70 所示组态，输出结果如图 5-71 所示。

当输入为 2V 时，输入的工程量为 25.0，输出工程量为 25.0，输出百分量为 12.5%，输出的电流值为 (20mA－4mA) ×12.5%＋4.0mA ＝6mA。

当输入为 5V 时，输入的工程量为 100.0，输出工程量为 100.0，输出百分量为 50.0%，

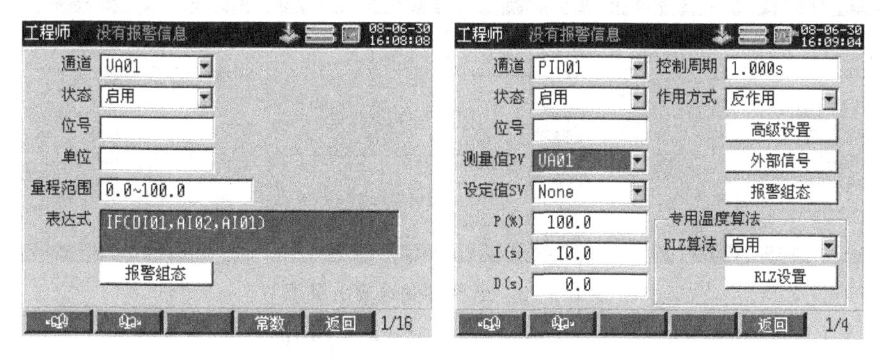

图 5-69 测量值切换关键步骤组态

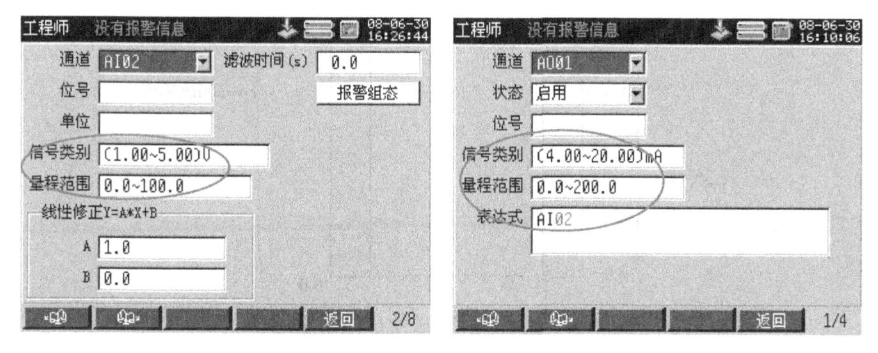

图 5-70 直接变送输出组态

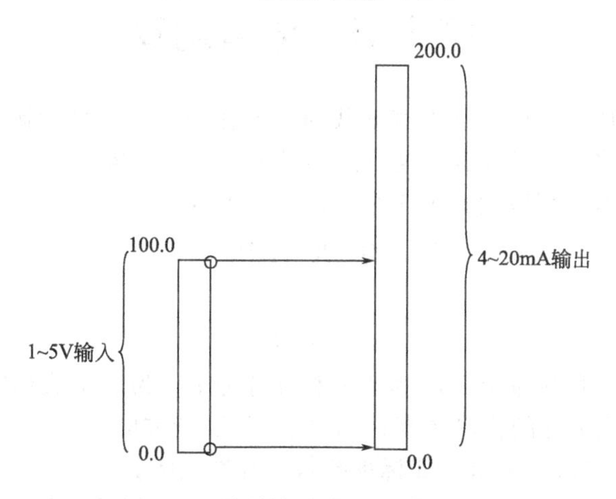

图 5-71 直接变送输出结果示意图

输出的电流值为（20mA－4mA）×50.0%＋4.0mA ＝12mA。

（2）运算后变送输出上例中，AI通道、AO通道工程量数值是一致的，但是AI通道百分量数值是AO通道百分量数值的2倍。要保证两者百分量数值的一致，需要进行运算转换。可如图5-72所示组态，输出结果如图5-73所示。

当输入为2V时，输入的工程量为25.0，输出工程量为50.0，输出百分量为25.0%，输出的电流值为（20.0mA－4.0mA）×25.0%＋4.0mA ＝8mA。

当输入为5V时，输入的工程量为100.0，输出工程量为200.0，输出百分量为100.0%，输出的电流值为（20.0mA－4.0mA）×100.0%＋4.0mA ＝20mA。

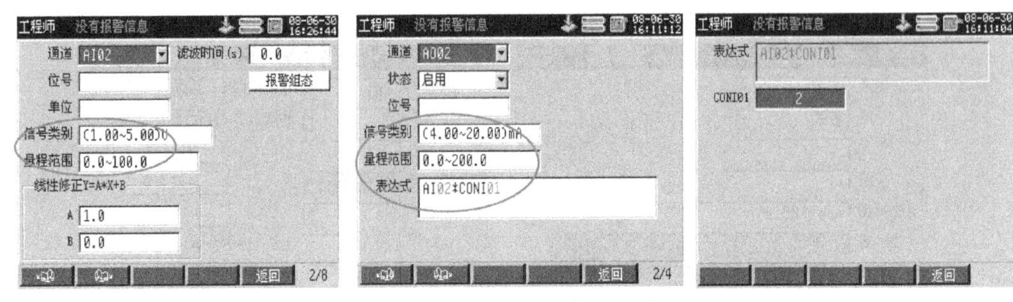

图 5-72　运算后变送输出组态

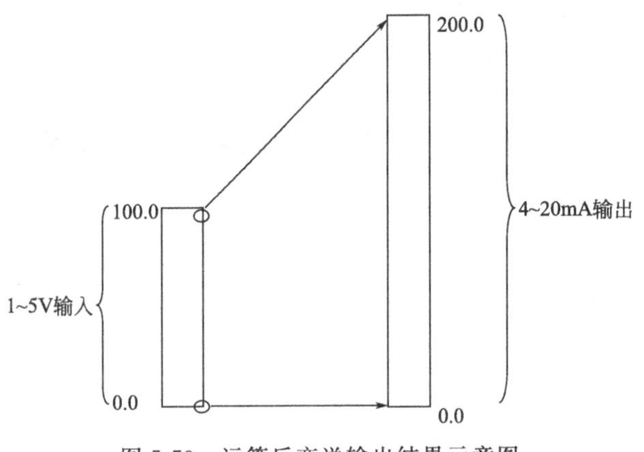

图 5-73　运算后变送输出结果示意图

第十节　流量运算

流量通常是指单位时间内流经管道某截面的流体的数量，即为瞬时流量（流量/时间），测量流量的方法有很多，有节流式、速度式、脉冲频率式、容积式、质量式等。对于我国目前常用的流量计，基本上可以用以下三个表达式来表示：

$$Q=K\sqrt{\Delta P\rho} \tag{5-1}$$

$$Q=I_f\rho/K \tag{5-2}$$

$$Q=K\Delta P'\sqrt{\rho} \tag{5-3}$$

式中，Q 为表示质量流量值；K 为表示修正系数；ρ 为表示流体密度；ΔP 为表示输入的差压值；I_f为速度流量计的输出频率；$\Delta P'$为差压已开方的值。

式（5-1）适用于节流式流量计如标准孔板、标准喷嘴；

式（5-2）适用于速度式、脉冲频率式流量计如涡街、涡轮流量计、电磁流量计；

式（5-3）由式（5-1）衍生出来，适用于差压已开方的测量系统。

从以上三式可以看出，流体的流量与流体的密度有正比或开方正比的关系，而大多数气（汽）相流体（即气体）密度随工况的压力和温度的变化而变化，因此要准确测量气体的流量，必须对气体的密度进行补偿。而对于不同的气体，它的密度补偿模型是不一样的，C3900 仪表提供 5 种气体流量的补偿类型：过热蒸汽、饱和蒸汽、一般气体、压力补偿和温度补偿。当然，若无必要，也可选择“不补偿”。

一、流量运算组态

1. 流量运算组态步骤

流量运算组态步骤及显示画面如表 5-64 所示。

表 5-64　流量运算组态步骤及显示画面

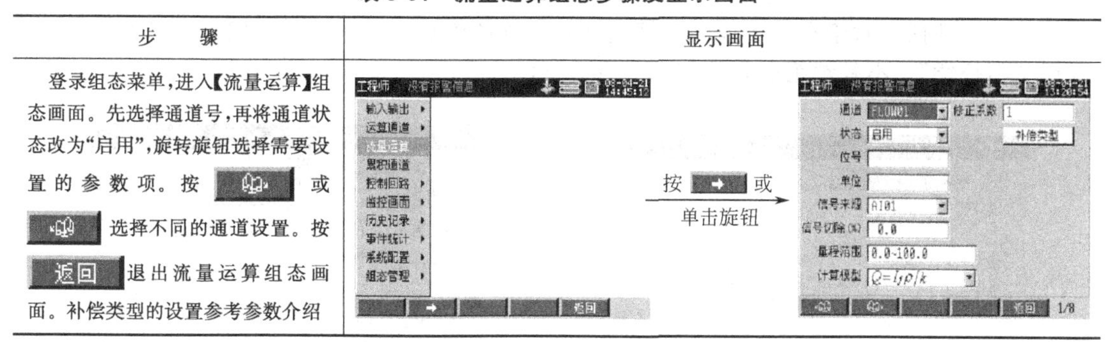

步　骤	显示画面
登录组态菜单，进入【流量运算】组态画面。先选择通道号，再将通道状态改为“启用”，旋转旋钮选择需要设置的参数项。按 或 选择不同的通道设置。按 返回 退出流量运算组态画面。补偿类型的设置参考参数介绍	按 → 或 单击旋钮

2. 流量运算组态参数介绍

流量运算组态参数说明如表 5-65 所示。

补偿类型组态参数说明如表 5-66 所示。

表 5-65　流量运算组态参数说明

参　数	功　　能	设定范围	初始值
通　道	选择需要设置的通道号	FLOW01～FLOW12	FLOW01
状　态	选择通道的工作状态	关闭/启用	关闭
位　号	描述选中的通道	可输入 8 个字符	—
单　位	设定信号的单位，输入方法同位号	可输入 8 个字符	—
信号来源	选择流量信号的来源	AI/PI/VA	AI01
信号切除	可用于切除小流量	(0.0～25.0)%	0.0
量程范围	设定需显示的小数点位数和量程上下限	－30000～30000	0.0～100.0
计算模型	根据实际工况选择合适的流量计算公式	$Q=K\sqrt{\Delta P\rho}$ $Q=I_f\rho/K$ $Q=K\Delta P'\sqrt{\rho}$	$Q=I_f\rho/K$
补偿类型	选择补偿类型并设定相关参数	参见表 5-66 及下文详解	—
修正系数	设定修正系数	0～9999999	1

表 5-66　补偿类型组态参数说明

参　数	功　　能	设定范围	初始值
补偿类型	选择温压补偿的类型	不补偿/过热蒸汽/饱和蒸汽/一般气体/压力补偿/温度补偿	不补偿
流体密度	选择不补偿时需设置流体密度	0～9999999	10
压力通道	选择压力输入通道	None/AI	None
给定压力	当压力通道为“None”时，需设置此项	－999999～9999999	10
温度通道	选择温度输入通道	None/AI	None
给定温度	当温度通道为“None”时，需设置此项	－999999～9999999	10
气体常数	选择一般气体补偿时需设置气体常数	－999999～9999999	1
A	线性公式一次项系数和常数项。选择压力补偿或温度补偿时需设置此项	－999999～9999999	1
B		－999999～9999999	0
热量计算	当使用【过热蒸汽】和【饱和蒸汽】补偿时出现此项，选择是否需要计算热量	是/否	否
最大流量	选择式(5-1)和式(5-3)时，须设置这 4 个参数，用于计算模型中的常数 K。可参阅相关流量计说明书	－999999～9999999	1000
最大差压		－999999～9999999	100
设计压力		－999999～9999999	2
设计温度		－999999～9999999	100

3. 补偿类型画面及说明

（1）不补偿　对于有些要求测量精度不高的气体流量测量系统，其组态时补偿类型项可选择“不补偿”。不补偿组态画面如图 5-74 所示。

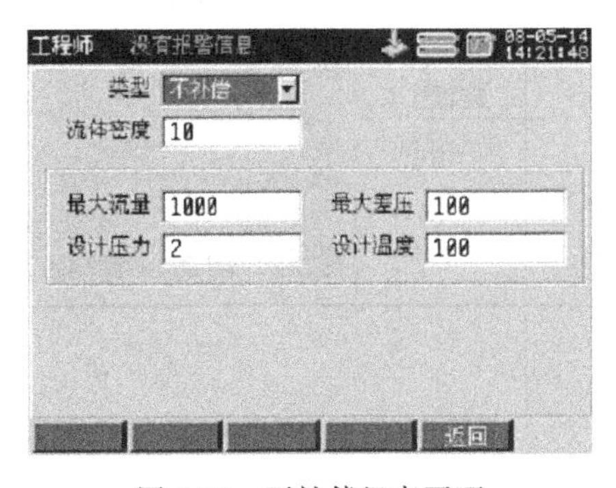

图 5-74　不补偿组态画面

图 5-75　过热蒸汽组态画面

（2）过热蒸汽　对于要求测量精度较高的过热蒸汽测量系统，其组态时补偿类型项可选择“过热蒸汽”。过热蒸汽组态画面如图 5-75 所示。

经过热处理的蒸汽称为过热蒸汽，它具有如下特点。

过热蒸汽中绝不含有液滴或液雾，属于实际气体。过热蒸汽的温度和压力参数是两个独立的参数，过热蒸汽的密度由这两个参数决定。在工程中过热蒸汽较饱和蒸汽容易计量。

适用的范围为：压力 0.1～16MPa（表压）、温度 140～560℃。需要对压力、温度进行组态，运算方式采用查表法。

压力单位必须设置为 MPa，温度单位必须设置为和仪表使用温标的单位一致。本书所列举的示例均使用摄氏温标。

（3）饱和蒸汽　对于要求测量精度较高的饱和蒸汽测量系统，其组态时补偿类型项可选择“饱和蒸汽”。饱和蒸汽组态画面如图 5-76 所示。

未经过热处理的蒸汽称为饱和蒸汽，携带热能密度大，是良好的热载体，在实际的供热系统中应用很广泛。它具有如下特点。

温度和压力一一对应，二者之间只有一个独立变量；易凝结，在传输过程中如有热量损失，蒸汽中便有液滴或液雾形成，并导致温度和压力下降。本仪表只能测量干饱和蒸汽，对湿饱和蒸汽不能准确测量。

适用的范围为：0.1～16MPa（表压）。需要对压力进行组态，运算方式采用查表法。压力单位为 MPa，温度单位为℃。

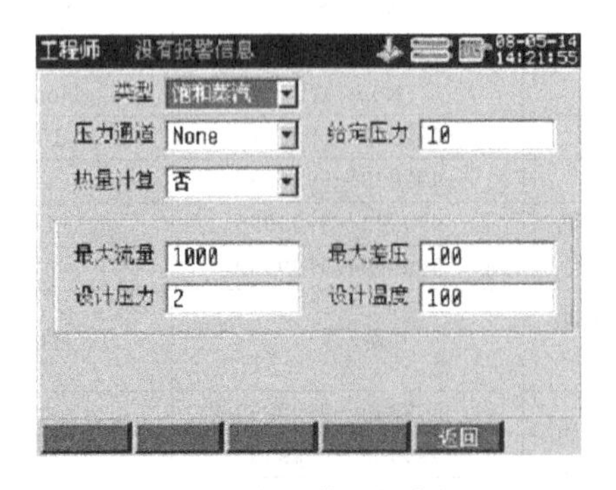

图 5-76　饱和蒸汽组态画面

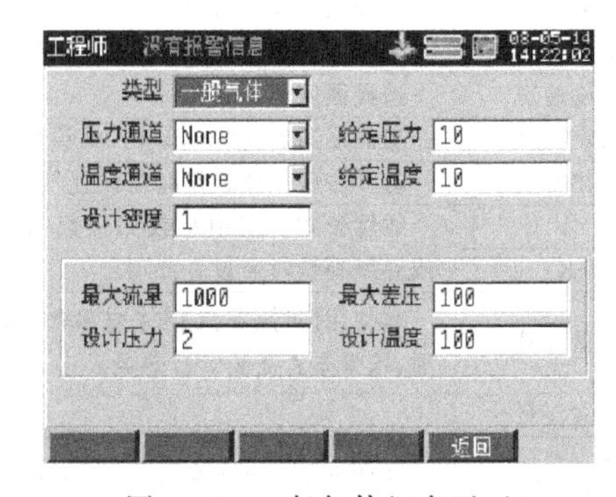

图 5-77　一般气体组态画面

过热蒸汽或饱和蒸汽补偿时，若【热量计算】组为“是”，则当以该通道值进行累积时，实际累积的量为热量。

(4) 一般气体　对于要求测量精度较高的一般气体测量系统，其组态时补偿类型项可选择“一般气体”。一般气体组态画面如图 5-77 所示。

需要对压力、温度、气体常数进行组态，运算方式采用公式法。公式中压力单位为 MPa，温度单位为℃，$\rho=\dfrac{(P+P_0)\times1000000}{Z\times(t+273.15)}$，其中 Z 为取设计和标准状况下的两点的密度进行反运算得出。

(5) 线性压力补偿　在某些场合，被测气体流量的密度与温度的关系不密切，只与压力成一定的线性关系，或被测流体的温度比较稳定的场合，可以采用线性压力补偿。对于采用线性压力补偿测量系统，其组态时补偿类型项可选择“压力补偿”。线性压力补偿组态画面如图 5-78 所示。

线性压力补偿需要对压力系数 A、B 进行运算和组态。运算方式采用公式法：$\rho=AP+B$，式中，A、B 为系数；P 为压力（仪表显示的为表压、该公式中 P 为绝压），压力单位为 MPa。

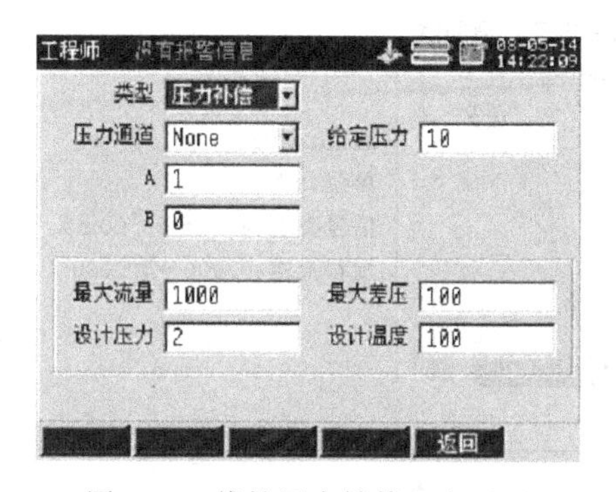

图 5-78　线性压力补偿组态画面

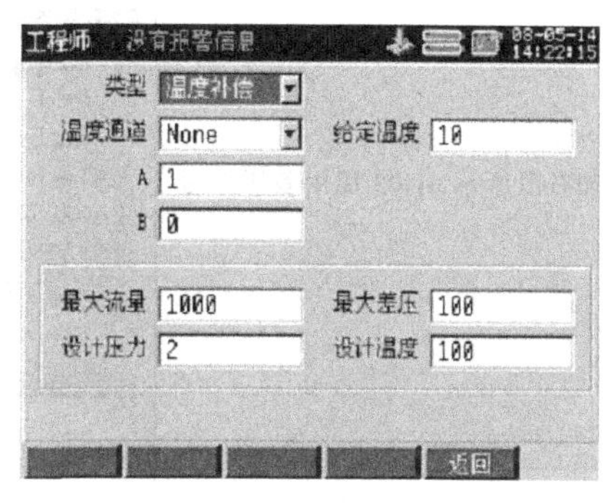

图 5-79　线性温度补偿组态画面

(6) 线性温度补偿　在某些场合，被测气体流量的密度与压力的关系不密切，只与温度成一定的线性关系，或被测流体的压力比较稳定的场合，可以采用线性温度补偿。对于采用线性温度补偿测量系统，其组态时补偿类型项可选择“温度补偿”。线性温度补偿组态画面如图 5-79 所示。线性温度补偿需要对温度系数 A、B 进行组态，运算方式采用公式法：$\rho=At+B$，式中，A、B 为系数；t 为现场温度，温度单位为℃。

二、流量运算相关监控画面

流量运算相关监控画面如图 5-80 所示。

图中显示的总累积量是以该流量运算通道为信号来源的累积通道的总累积量，若有多个累积通道同时以该流量运算通道作为信号来源，则此处显示序号小的累积通道的总累积量，例如 AC01 和 AC04 都以 FLOW01 为信号来源，则此处显示 AC01 的总累积量。其余通道均相同处理。

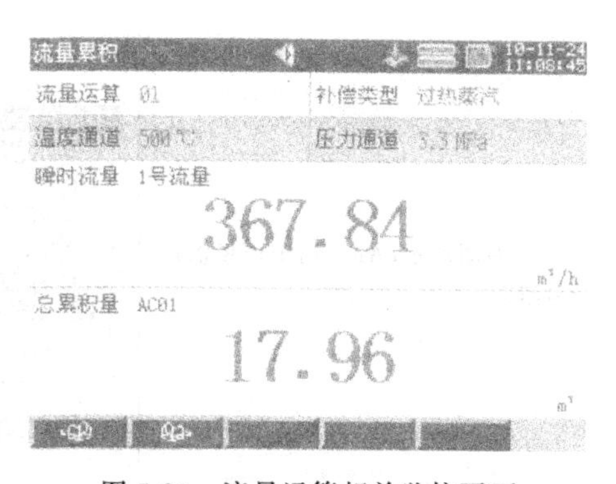

图 5-80　流量运算相关监控画面

三、温压补偿举例

【例 5-1】　过热蒸汽补偿

某工厂采用标准孔板测量过热蒸汽流量，配

置智能差压变送器，该变送器输出模式选“线性”，现采用过热蒸汽补偿类型对流体密度进行补偿。

设计工艺条件如下。

设计工况温度：250.0℃；

设计工况压力：1.2MPa；

设计差压变送器量程范围：0.000～30.000kPa（对差压信号未开方）；

设计流量量程范围：0.00～50.00t/h；

现场压力变送器量程范围：0.000～2.000MPa（绝压）；

现场温度变送器量程范围：−200～800℃，热电阻型号为Pt100。

仪表采用AI02通道显示差压信号（kPa），AI03通道显示现场压力（MPa），AI04通道显示现场温度（℃），流量运算通道FLOW01显示流量（t/h）。过热蒸汽补偿组态步骤和画面显示如表5-67所示。

表5-67 过热蒸汽补偿组态步骤和显示画面

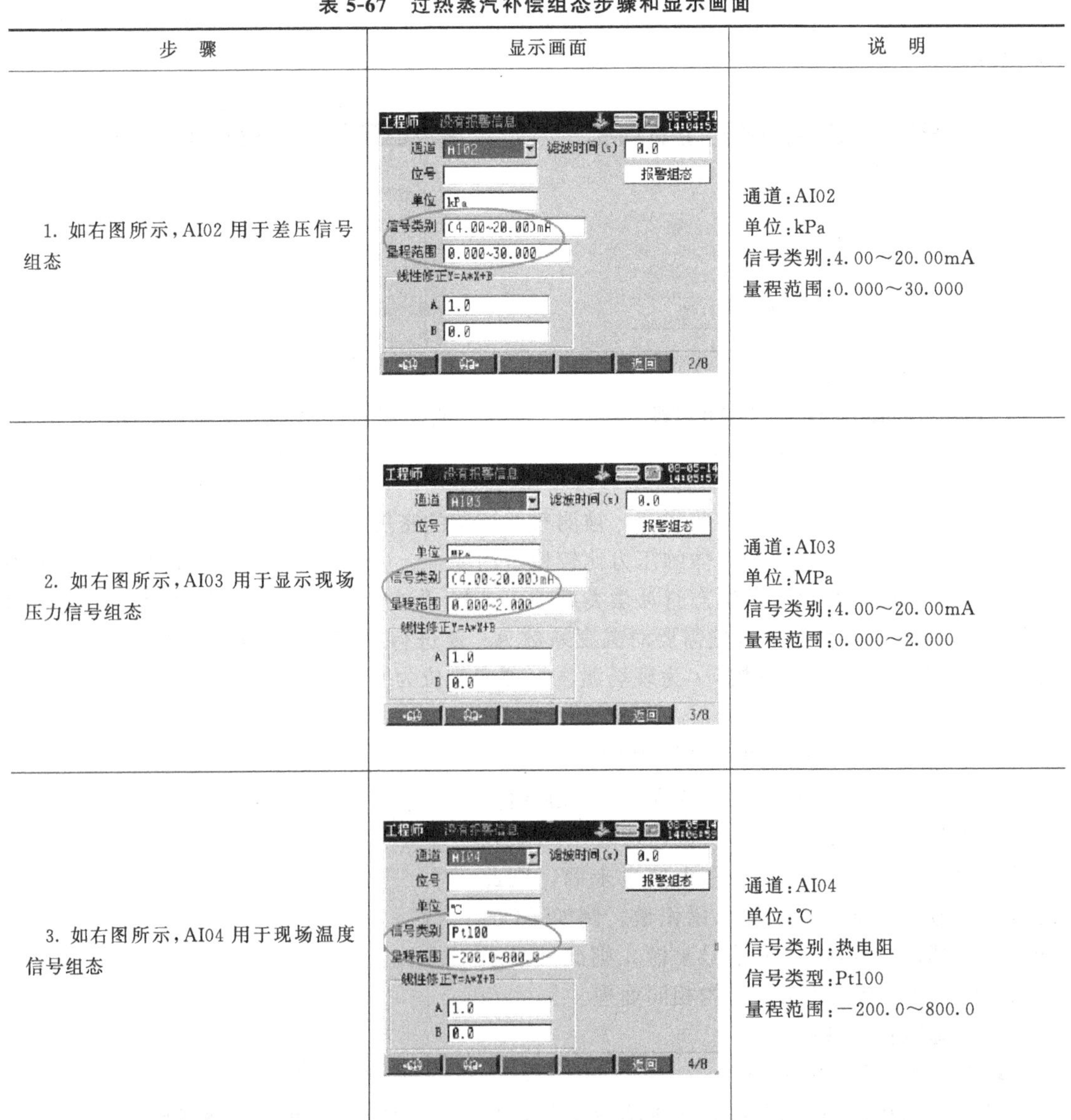

步 骤	显示画面	说 明
1. 如右图所示，AI02用于差压信号组态		通道：AI02 单位：kPa 信号类别：4.00～20.00mA 量程范围：0.000～30.000
2. 如右图所示，AI03用于显示现场压力信号组态		通道：AI03 单位：MPa 信号类别：4.00～20.00mA 量程范围：0.000～2.000
3. 如右图所示，AI04用于现场温度信号组态		通道：AI04 单位：℃ 信号类别：热电阻 信号类型：Pt100 量程范围：−200.0～800.0

续表

步 骤	显示画面	说 明
4. 如右图所示，FLOW01 用于流量组态	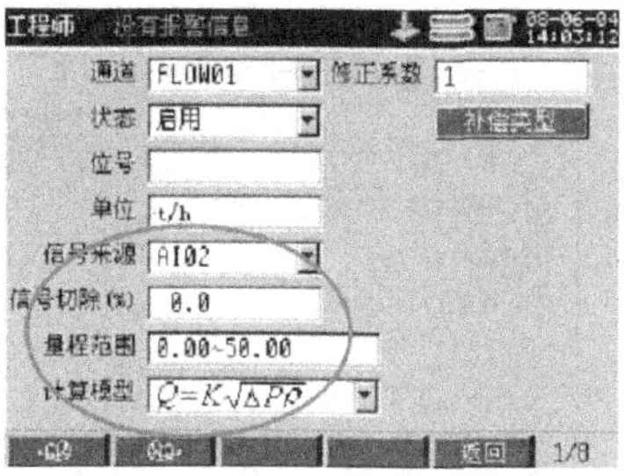	通道：FLOW01 状态：启用 单位：t/h 信号来源：AI02 信号切除：0.0 量程范围：0.00～50.00 计算模型：$Q=K\sqrt{\Delta P\rho}$
5. 如右图所示，过热蒸汽用于补偿类型组态	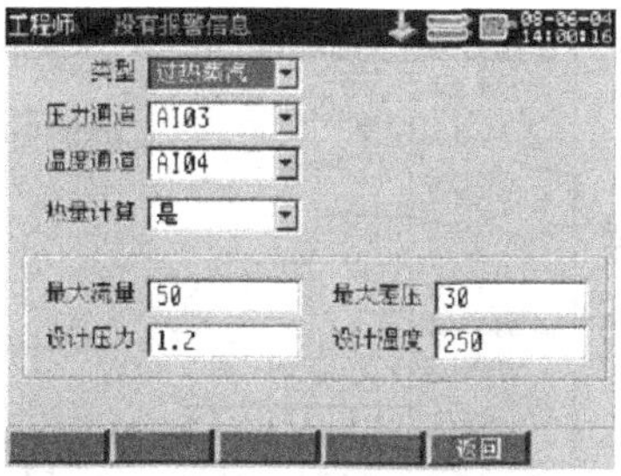	补偿类型：过热蒸汽 压力通道：AI03 温度通道：AI04 热量计算：是 最大流量：50 最大差压：30 设计压力：1.2 设计温度：250

【例 5-2】 饱和蒸汽补偿

某工厂采用标准喷嘴测量饱和蒸汽流量，所配置的是智能差压变送器，该智能差压变送器输出模式选“线性”，现采用饱和蒸汽补偿类型对流体密度进行补偿。

设计工况压力为 0.4MPa。

差压变送器量程范围为 0.000～30.000kPa，输出信号为 4.00～20.00mA；流量量程范围为 0.000～50.000t/h。

现场压力变送器量程范围为 0.000～2.000MPa，输出信号为 4.00～20.00mA DC。

仪表采用 AI02 通道显示实际送入仪表的流量信号（t/h），AI03 通道显示现场压力（MPa），流量运算通道 FLOW01 显示流量（t/h）。饱和蒸汽补偿组态步骤和画面显示如表 5-68 所示。

表 5-68 饱和蒸汽补偿组态步骤和画面显示

步 骤	显示画面	说 明
1. 如右图所示，AI02 用于差压信号组态	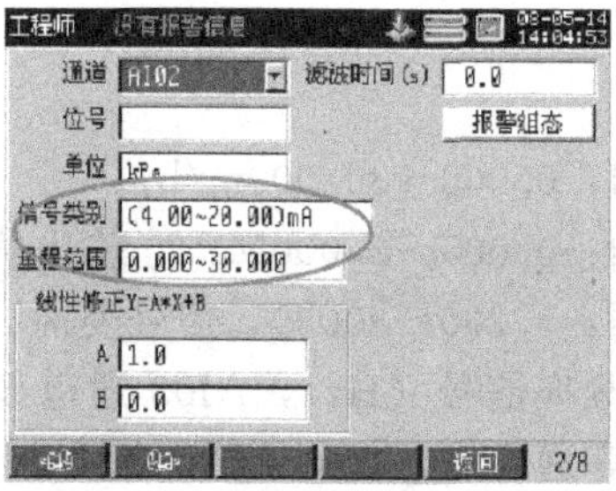	通道：AI02 单位：kPa 信号类别：4.00～20.0mA 量程范围：0.000～30.000 A=1 B=0

续表

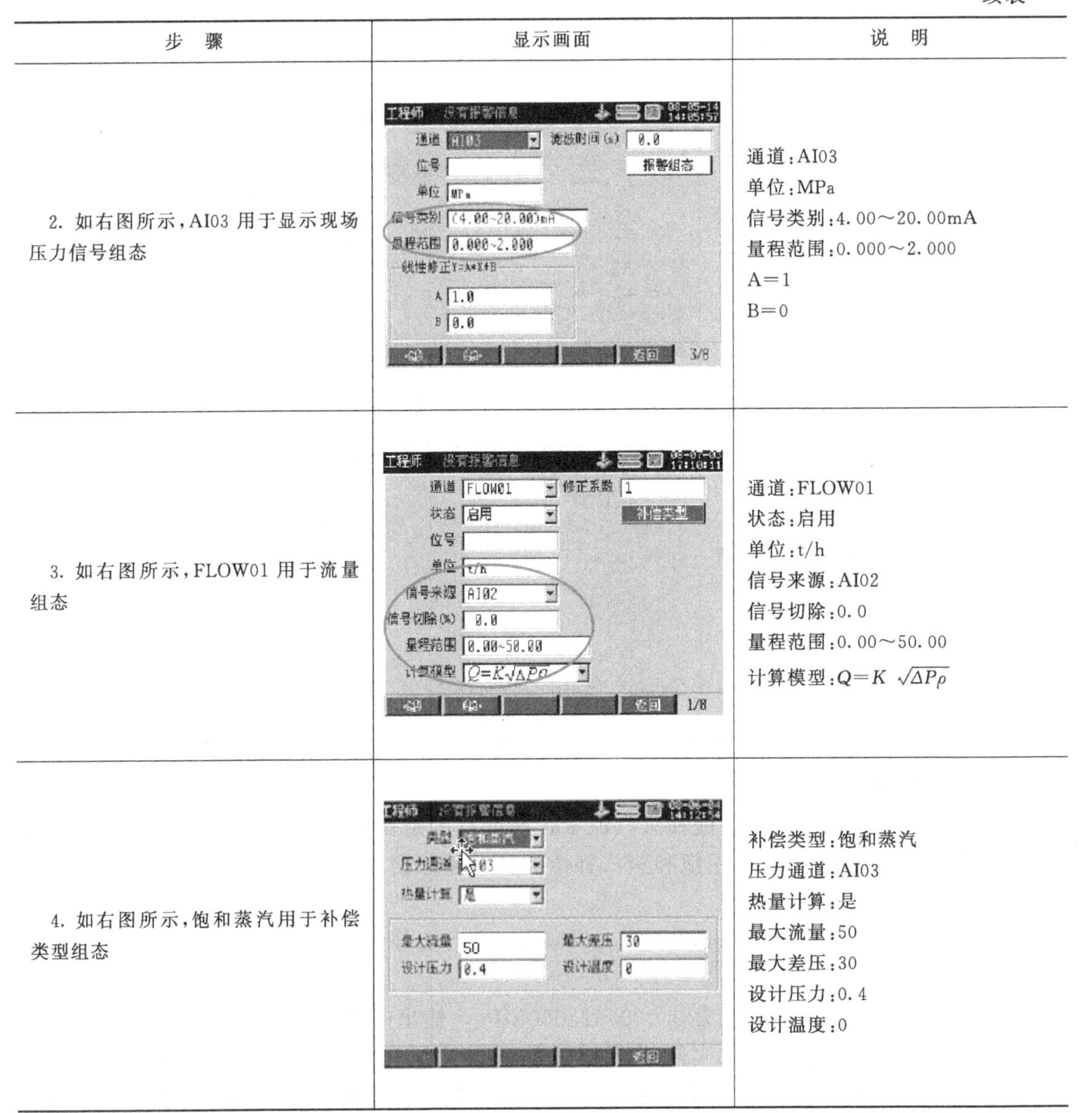

步　骤	显示画面	说　明
2. 如右图所示，AI03 用于显示现场压力信号组态		通道：AI03 单位：MPa 信号类别：4.00～20.00mA 量程范围：0.000～2.000 A=1 B=0
3. 如右图所示，FLOW01 用于流量组态		通道：FLOW01 状态：启用 单位：t/h 信号来源：AI02 信号切除：0.0 量程范围：0.00～50.00 计算模型：$Q=K\sqrt{\Delta P\rho}$
4. 如右图所示，饱和蒸汽用于补偿类型组态		补偿类型：饱和蒸汽 压力通道：AI03 热量计算：是 最大流量：50 最大差压：30 设计压力：0.4 设计温度：0

【例 5-3】 一般气体补偿

某工厂采用涡街流量计，测量一般气体流量，现采用一般气体补偿模型对流体密度进行补偿。

设计工艺条件如下。

设计工况温度：0.0℃；

设计工况压力：0.0MPa；

涡街流量计流量量程范围：0.000～30.000m/h；

现场压力变送器量程范围：0.000～2.000MPa，输出信号为 4.00～20.00mA DC；

现场温度变送器量程范围：－200～800℃，信号类别：热电阻，信号类型：Pt100。

仪表采用 PI01 通道显示频率信号（Hz），AI03 通道显示现场压力（MPa），AI04 通道显示现场温度（℃），流量运算通道 FLOW01 显示流量（m/h）。一般气体补偿组态步骤和画面显示如表 5-69 所示。

表 5-69 一般气体补偿组态步骤和画面显示

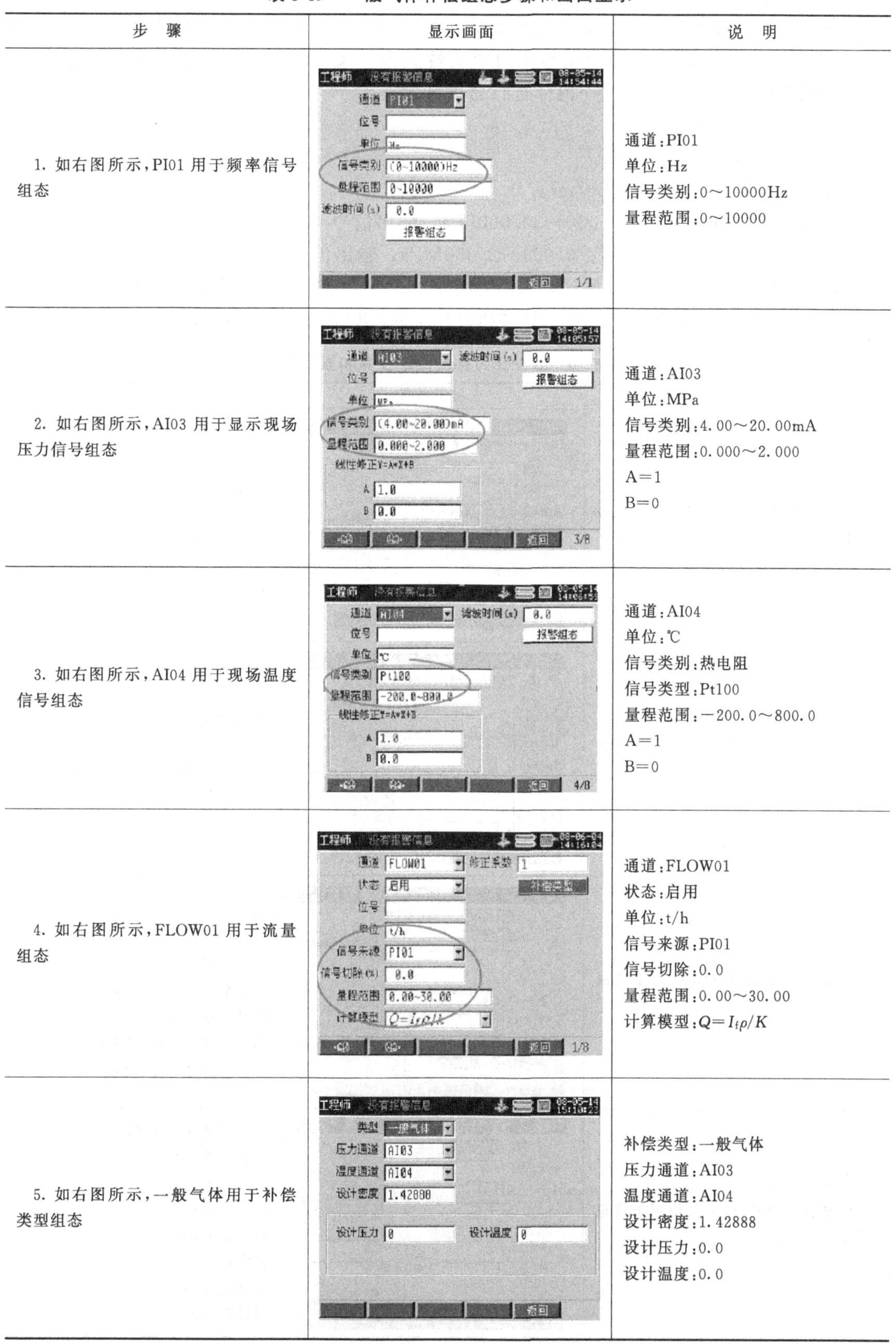

步 骤	显示画面	说 明
1. 如右图所示，PI01 用于频率信号组态		通道：PI01 单位：Hz 信号类别：0～10000Hz 量程范围：0～10000
2. 如右图所示，AI03 用于显示现场压力信号组态		通道：AI03 单位：MPa 信号类别：4.00～20.00mA 量程范围：0.000～2.000 A=1 B=0
3. 如右图所示，AI04 用于现场温度信号组态		通道：AI04 单位：℃ 信号类别：热电阻 信号类型：Pt100 量程范围：－200.0～800.0 A=1 B=0
4. 如右图所示，FLOW01 用于流量组态		通道：FLOW01 状态：启用 单位：t/h 信号来源：PI01 信号切除：0.0 量程范围：0.00～30.00 计算模型：$Q=I_f\rho/K$
5. 如右图所示，一般气体用于补偿类型组态		补偿类型：一般气体 压力通道：AI03 温度通道：AI04 设计密度：1.42888 设计压力：0.0 设计温度：0.0

【例 5-4】 线性压力补偿

某工厂采用标准喷嘴测量某一气体流量，配置智能型差压变送器，该智能差压变送器输出模式选“线性”，该流体的密度与压力成线性关系，温度的变化对流体的密度影响不大，现采用线性压力补偿模型对这一流体进行密度补偿。

设计工艺条件如下。

设计工况压力：0.3MPa；

设计工况密度：1.68011kg/m^3；

差压变送器量程范围：0.000～30.000kPa，输出信号 4.00～20.00mA DC；

现场压力变送器量程范围：0.000～2.000MPa，输出信号 4.00～20.00mA DC。

仪表采用 AI02 通道显示实际送入仪表的信号（kPa），AI03 通道显示现场压力（MPa），流量运算通道 FLOW01 显示流量（m/h）。线性压力补偿组态步骤和显示画面如表 5-70 所示。

表 5-70 线性压力补偿组态步骤和显示画面

步 骤	显示画面	说 明
1. 如右图所示，AI02 用于流量信号组态	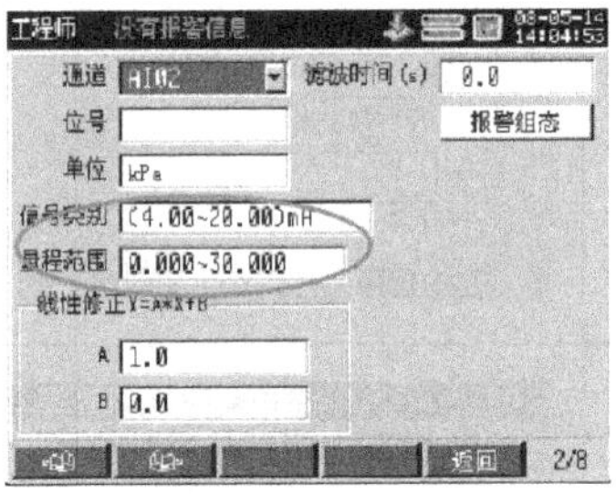	通道：AI02 单位：kPa 信号类别：4.00～20.00mA 量程范围：0.000～30.000
2. 如右图所示，AI03 用于显示现场压力信号组态	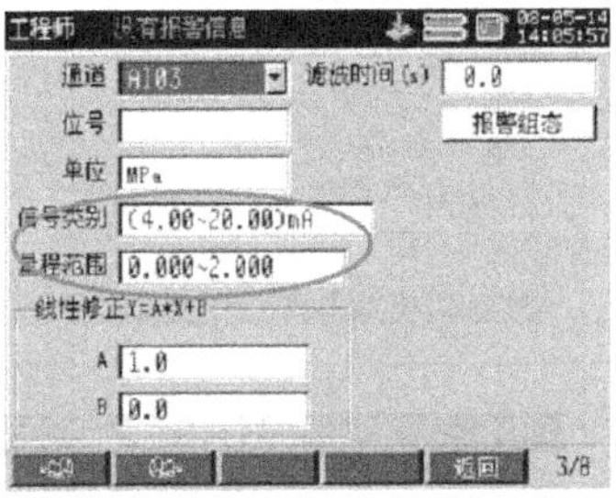	通道：AI03 单位：MPa 信号类别：4.00～20.00mA 量程范围：0.000～2.000
3. 如右图所示，FLOW01 用于流量组态	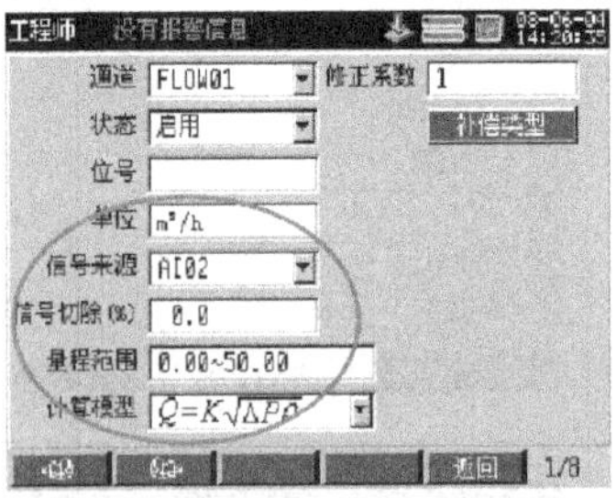	通道：FLOW01 状态：启用 单位：m^3/h 信号来源：AI02 信号切除：0.0 量程范围：0.00～50.00 计算模型：$Q=K\sqrt{\Delta P\rho}$
4. 如右图所示，压力补偿用于流量组态	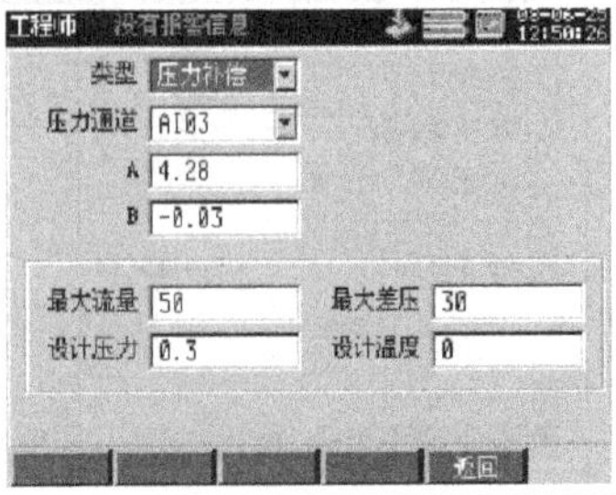	补偿类型：压力补偿 压力通道：AI03 A=4.28 B=－0.03 最大流量：50 最大差压：30 设计压力：0.3 设计温度：0

设计工况流体表压：$P_1=0.3$MPa，设计工况流体密度：$\rho_1=1.68011$kg/m^3；

实际工况流体表压：$P_2=0.4$MPa，实际工况流体密度：$\rho_2=2.10793$kg/m^3。

根据公式 $\rho=AP+B$，此公式中的 P 为绝压（表压＋0.1，单位为 MPa），可得二元一次方程组：

$$\begin{cases}\rho_1=A(P_1+0.1)+B\\ \rho_2=A(P_2+0.1)+B\end{cases}$$

将 $P_1=0.3$MPa、$\rho_1=1.68011$kg/m^3、$P_2=0.4$MPa、$\rho_2=2.10793$kg/m^3 代入上式，再解二元一次方程组，可得该气体的系数 $A=4.28$，$B=-0.03$。

第十一节　程序控制

在控制过程中，有很多应用场合需要过程值随时间的变化而变化，程序控制模块就能实现这样的功能。在程序控制模块中，可同时设置三个不同的设定值，并使之按照不同的规律变化（即三条曲线）。它们可直接输出去控制其他仪表，也可供内部 PID 控制模块使用。

C3900 过程控制器提供同步和异步两种程序控制模式。

选型代码选择 PG3（10 个工艺×20 段）和 PG4（3 个工艺×60 段）时为同步模式。

选型代码选择 PG1（30 个工艺×20 段）和 PG2（10 个工艺×60 段）时为异步模式。

同步模式下，所有曲线都同时启动/暂停和复位，但是曲线的段数和持续时间可以不同，曲线间的同步运行可通过每段的等待事件来实现；异步模式下，各条曲线都相互独立，互不影响。同步和异步模式下，均只能同时运行 3 条曲线。

一、同步模式（PG3 或 PG4）

1. 同步模式组态

同步模式组态步骤及显示画面如表 5-71 所示。

表 5-71　同步模式组态步骤及显示画面

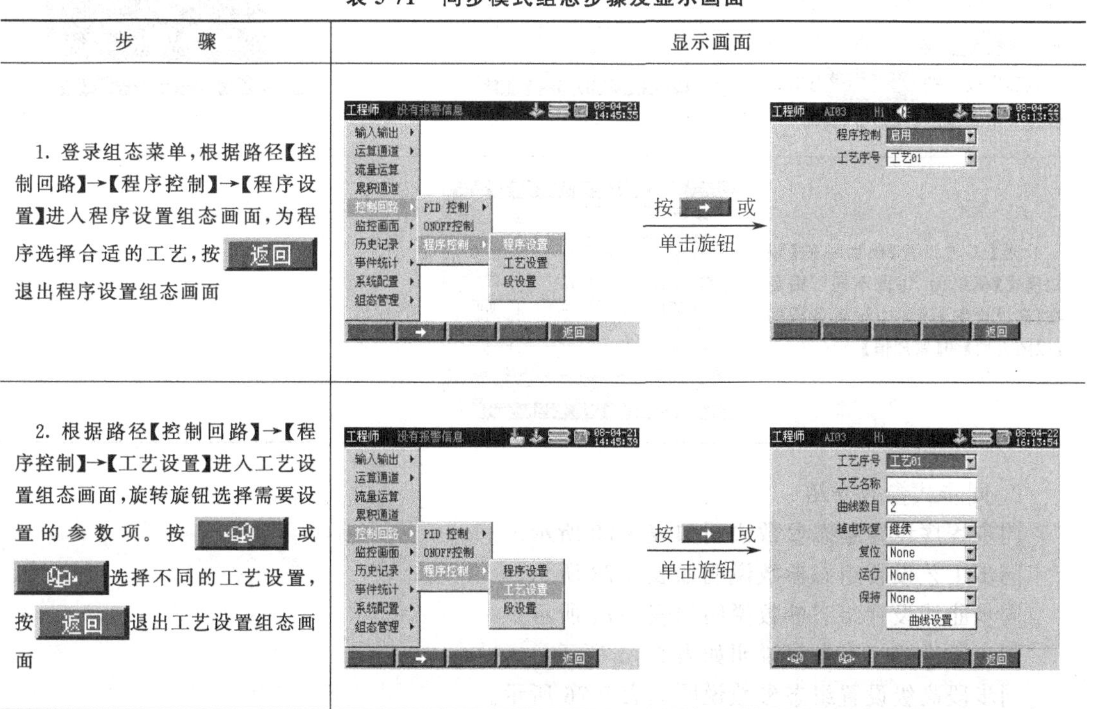

步　　骤	显示画面
1. 登录组态菜单，根据路径【控制回路】→【程序控制】→【程序设置】进入程序设置组态画面，为程序选择合适的工艺，按 返回 退出程序设置组态画面	按 → 或 单击旋钮
2. 根据路径【控制回路】→【程序控制】→【工艺设置】进入工艺设置组态画面，旋转旋钮选择需要设置的参数项。按 ◁ 或 ▷ 选择不同的工艺设置，按 返回 退出工艺设置组态画面	按 → 或 单击旋钮

续表

步　　骤	显示画面
3. 在工艺设置组态画面，旋转旋钮移动焦点框至【曲线设置】，单击进入曲线设置画面，旋转旋钮选择需要设置的参数项。按【】或【】选择不同的曲线设置，按【返回】退出曲线设置组态画面	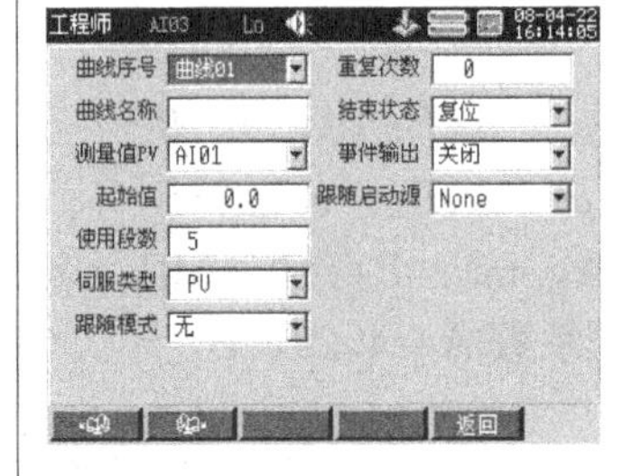
4. 根据路径【控制回路】→【程序控制】→【段设置】进入段设置组态画面，旋转旋钮选择需要设置的参数项。按【上一段】或【下一段】移动水平滚动条，选择显示不同的段信息以方便设置。按【预览】可进入曲线画面预览程序段，按【返回】退出段设置组态画面	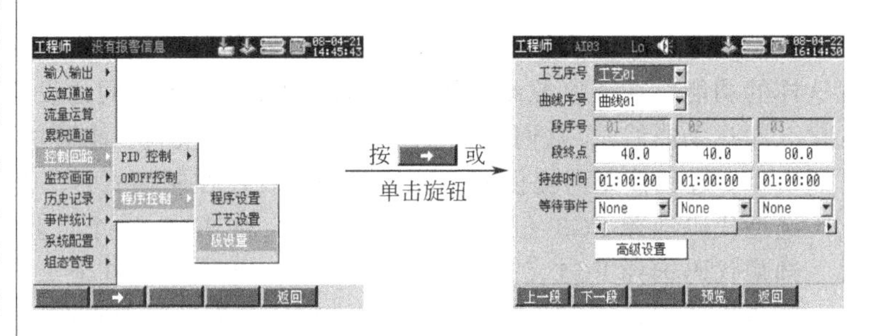
5. 在段设置组态画面，旋转旋钮移动焦点框至【高级设置】，单击进入高级设置组态画面，旋转旋钮选择需要设置的参数项。按【上一段】或【下一段】移动水平滚动条，选择不同的段信息进行设置。按【预览】可进入曲线画面预览程序段。按【返回】退出高级设置组态(或曲线预览)画面	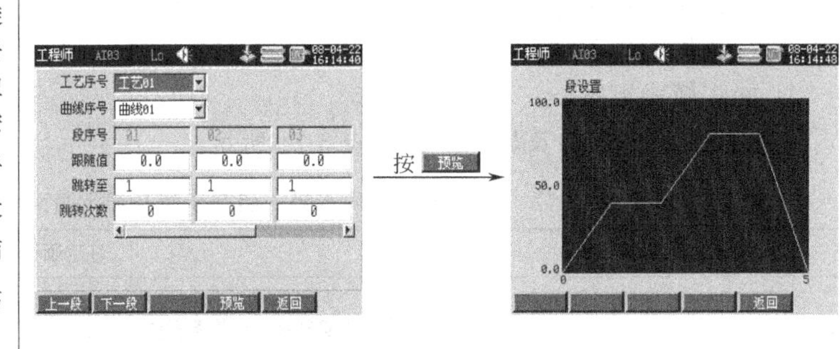
6. 若【工艺设置】画面中的【跟随模式】项组为“每段不同”，则需在【高级设置】画面中设置各段的【跟随类型】和【跟随值】	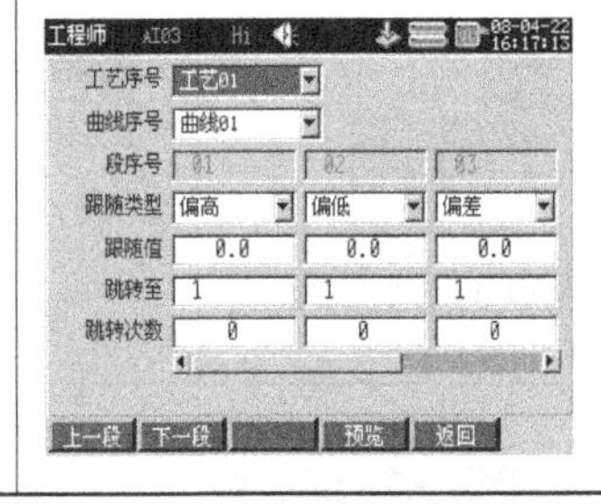

2. 同步式参数介绍

同步程序设置组态参数说明如表 5-72 所示。

同步工艺设置组态参数说明如表 5-73 所示。

同步曲线设置组态参数说明如表 5-74 所示。

同步段设置组态参数说明如表 5-75 所示。

同步段高级设置组态参数说明如表 5-76 所示。

表 5-72 同步程序设置组态参数说明

参 数	功 能	设定范围	初始值
程序控制	选择程序控制的工作状态	关闭/启用	启用
工艺名称	选择程序控制需要采用的工艺号	PG3:工艺 01～工艺 10 PG4:工艺 01～工艺 03	工艺 01

表 5-73 同步工艺设置组态参数说明

参 数	功 能	设定范围	初始值
工艺序号	选择需要设置的工艺号	PG3:工艺 01～工艺 10 PG4:工艺 01～工艺 03	工艺 01
工艺名称	描述选中的工艺	可输入 6 个字符	—
曲线数目	设定该工艺的曲线数量	1～3	2
掉电恢复	选择热启动后程序运行状态	继续/复位/保持	继续
复位	选择复位触发信号来源	None/DI/DO/VD	None
运行	选择运行触发信号来源	None/DI/DO/VD	None
暂停	选择暂停触发信号来源	None/DI/DO/VD	None
曲线设置	对每条曲线进行进一步设置,详见表 5-74	—	—

表 5-74 同步曲线设置组态参数说明

参 数	功 能	设定范围	初始值
曲线序号	选择需要设置的曲线号	由工艺设置中的曲线数目决定	曲线 01
曲线名称	描述选中的曲线	可输入 6 个字符	—
测量值 PV	选择 PV 的信号来源	AI/PI/VA	AI01
起始值	设定曲线第一段的起始点值	同测量值 PV 的量程范围	0.00
使用段数	设定曲线或工艺需要使用的折线段的数目	PG3:3～20 PG4:3～60	5
伺服类型	选择伺服类型启动程序	PV/SV	PV
跟随模式	选择跟随模式暂停程序,使得 PV 与 SV 差值保持在一定范围内	无/每段相同/每段不同	无
跟随类型	【跟随模式】为每段相同时出现此组态项,每段不同时,该项需在段设置画面中进行组态	偏高/偏低/偏差	偏高
跟随值		同测量值 PV 的量程值	0.00
重复次数	设定曲线重复运行次数	0～100	0
结束状态	选择程序运行结束后的状态:SV 复位至初值或保持在终值	复位/保持	复位
事件输出	启用事件输出后,段高级设置中出现【DO(8→1)】项	关闭/启用	关闭
跟随启动源	选择跟随模式的触发信号	None/DI/DO/VD	None

表 5-75 同步段设置组态参数说明

参 数	功 能	设定范围	初始值
工艺序号	选择需要设置的工艺号	PG3:工艺 01～工艺 10 PG4:工艺 01～工艺 03	工艺 01
曲线序号	选择需要设置的曲线号	由【曲线数目】决定	曲线 01
段序号	显示各段的序号	—	—
段终点	设定各段的终点值	同测量值 PV 的量程值	—
持续时间	选择各段的运行时间	00:00:03～99:59:59	01:00:00
等待事件	选择段等待的触发信号	None/DI/DO/VD	None
高级设置	详见表 5-76	—	—

表 5-76 同步段高级设置组态参数说明

参 数	功 能	设定范围	初始值
工艺序号	选择需要设置的工艺号	PG3:工艺 01～工艺 10 PG4:工艺 01～工艺 03	工艺 01
曲线序号	选择需要设置的曲线号	由【曲线数目】决定	曲线 01
段序号	显示各段的序号	—	—
DO(8→1)	设置 8 位事件输出，每一位都可单独作为开关量信号输出	00000000～11111111	00000000
跳转至	选择该段运行结束后跳转的段序号	由【使用段数】决定	1
跳转次数	设定跳转次数	0～10000	0

3. 同步模式有关参数说明

(1) 段 段是组成程序输出折线段的基本单元，可以是任意斜率的直线段。段的设置如图 5-81 所示。

段的设置通过设定点和持续时间来实现，各条曲线的起始点在【工艺设置】画面进行设定（如图 5-81 中的点 SP01），其他点和各段的持续时间在【段设置】画面设定。

两点确定一个段，前一段的终点同时作为下一段的起点。如图 5-81 中的点 SP02 和点 SP03 确定段 2，点 SP02 是段 1 的终点，同时是段 2 的起点。

若两设定点数值相同，则该段是长度为设置持续时间、斜率为 0 的直线段；若两设定点数值不同，则该段是长度为设置持续时间、斜率不为 0 的直线段。程序输出按照时间的递增，按设定折线段依次输出。

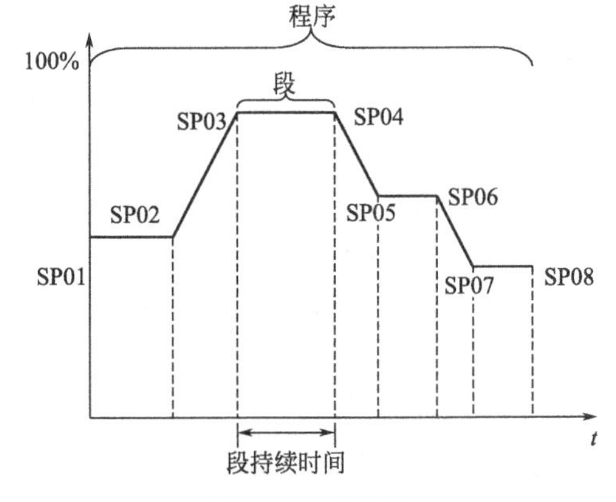

图 5-81 程序段

(2) 掉电恢复 在程序运行过程中仪表可能发生断电，此时若仪表热启动，则程序会根据【掉电恢复】中的设置项进行处理。若冷启动，程序全部复位。

继续：程序从掉电前的状态开始继续运行。

复位：程序复位。

保持：程序暂停在掉电前的状态。

(3) 伺服（PV/SV 伺服） 程序运行可选择 SV 伺服或 PV 伺服。

SV 伺服时，曲线从起始点开始运行。SV 伺服可保证第一段的时间周期准确。

PV 伺服时，曲线在第一段查找与测量值相同的匹配值，找到后，曲线从该点开始运行；如未找到，则曲线从最接近该测量值的点开始运行（若曲线第一段斜率为 0，即所有点都相等，则在未找到匹配值的情况下从起始点开始运行）。PV 伺服可使启动比较平滑，减少对过程的冲击。

(4) 跟随模式、跟随类型、跟随值、启动源跟随 当测量值与设定值达到一定的差值时，可用跟随功能来暂停程序直到两者差值在设定范围内为止。【跟随模式】可选择“每段相同”或“每段不同”。

每段相同：曲线中的各段都遵循相同的【跟随类型】和【跟随值】。

每段不同：曲线中的各段都需设置各自的【跟随类型】和【跟随值】。

【跟随类型】共分以下三种。

偏高：（|PV－SV|＞跟随值）时起作用。

偏低：（｜PV－SV｜＜跟随值）时起作用。

偏差：以上两种情况下均起作用。

【跟随启动源】即跟随模式的触发信号。当选择“None”时，程序运行过程中，跟随模式一直有效；当选择其他信号来源时，在程序运行过程中，只有在触发信号低电平时，跟随模式才起作用。

（5）事件输出、DO→1　程序各段都可设置最多8个事件输出，用以驱动外部的不同的设备来配合程序的运行。

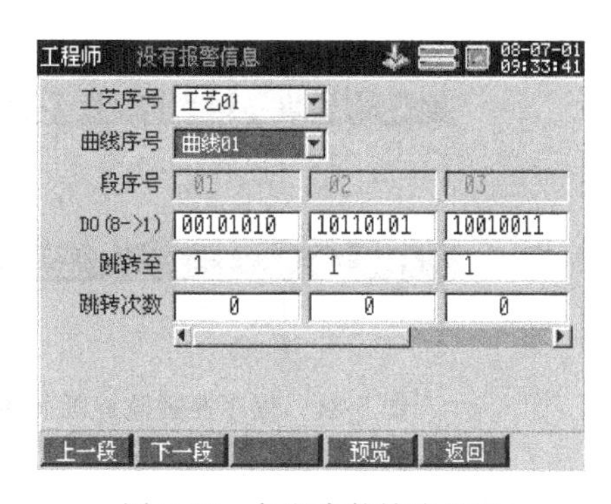

图 5-82　各段事件输出设置

当【事件输出】选择“启用”后，【段设置】中各段都需设置【DO（8→1)】项，如图 5-82 所示。

【DO（8→1)】为 00000000～11111111 的二进制数，每一位表示一个事件，均可通过表达式作为逻辑量输出，0 表示 OFF，1 表示 ON。

例如：可通过程序控制事件输出和整数型常数进行按位与运算，即“PROG02.EVT BITAND CONI01”得到需要的结果。其中，CONI01 的取值范围为 2^{n-1}（n 为所要输出事件所在数位)。如图 5-82 组态，若 $n=3$，则当曲线在第一段运行时，输出 0；当曲线运行至第二段时，输出 1；当运行至第三段时，输出 0。

（6）等待事件　当程序的某段运行结束后，可通过等待事件让其暂停执行下一段。等待事件即 DI、DO 或 VD 等开关量信号。当某段执行结束后，等待事件信号来源若为高电平，则程序开始等待，直到其变为低电平后才开始执行下一段。

（7）段跳转　在段【高级设置】中，可设置段跳转的目标段和跳转次数。即当某段运行结束后，根据组态设置，跳转至目标段后继续运行，直到执行完设定的跳转次数后，程序按照正常的顺序继续运行。但当目标段序号＞当前段序号时，跳转最多只能执行一次，故设置大于 1 的跳转次数时，程序均只执行 1 次跳转。

曲线重复运行时和第一次运行均如上相同处理。

4. 同步模式监控画面

程序控制监控画面如图 5-83 所示。

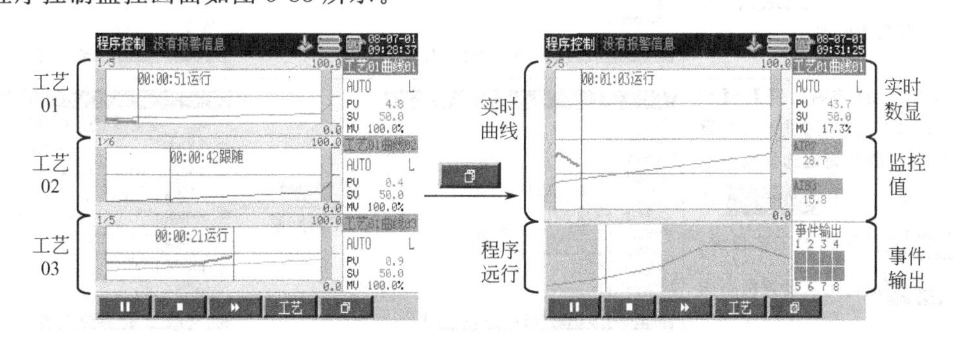

图 5-83　程序控制监控画面

每条曲线均可选择 2 个监控值在程序控制画面中显示，具体方法参见“监控画面组态”。

其中图 5-83，右图中右下角“事件输出”显示部分，1～8 分别对应【DO（8→1)】的第 1～8 位。当某一位组为 0 时，图中对应的事件输出指示块显示绿色（如第 2、4、7 位)；组为 1 时，则显示红色（如第 1、3、5、6、8 位)。

程序控制相关监控画面下指令框如图 5-84 所示。

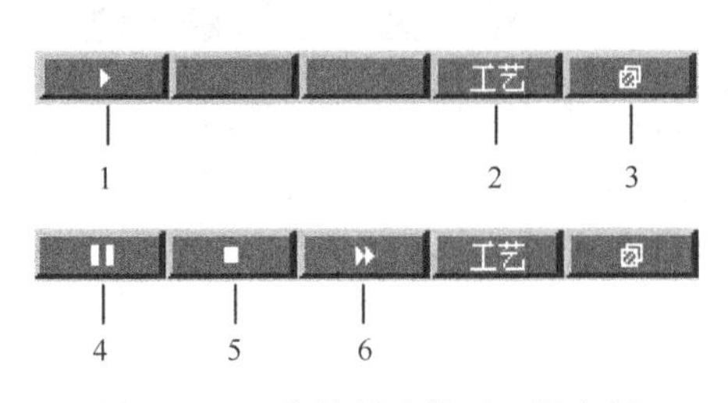

图 5-84　程序控制监控画面指令框

图 5-85　工艺列表

其中：

1—开始键。按此键运行程序。

2—工艺键。按此键弹出【工艺列表】，如按 导入 或单击旋钮导入已设置工艺；按 编辑 对选中工艺进行编辑。如图 5-85 所示。

3—切换键。按此键在多程序画面和单程序画面间进行切换。

4—暂停键。按此键暂停程序。

5—复位键。按此键程序复位至初始状态。

6—快进键。按此键可使程序快进至当前段末并暂停。

二、异步模式（PG1 或 PG2）

1. 异步模式组态

异步模式组态步骤及显示画面如表 5-77 所示。

表 5-77　异步模式组态步骤及显示画面

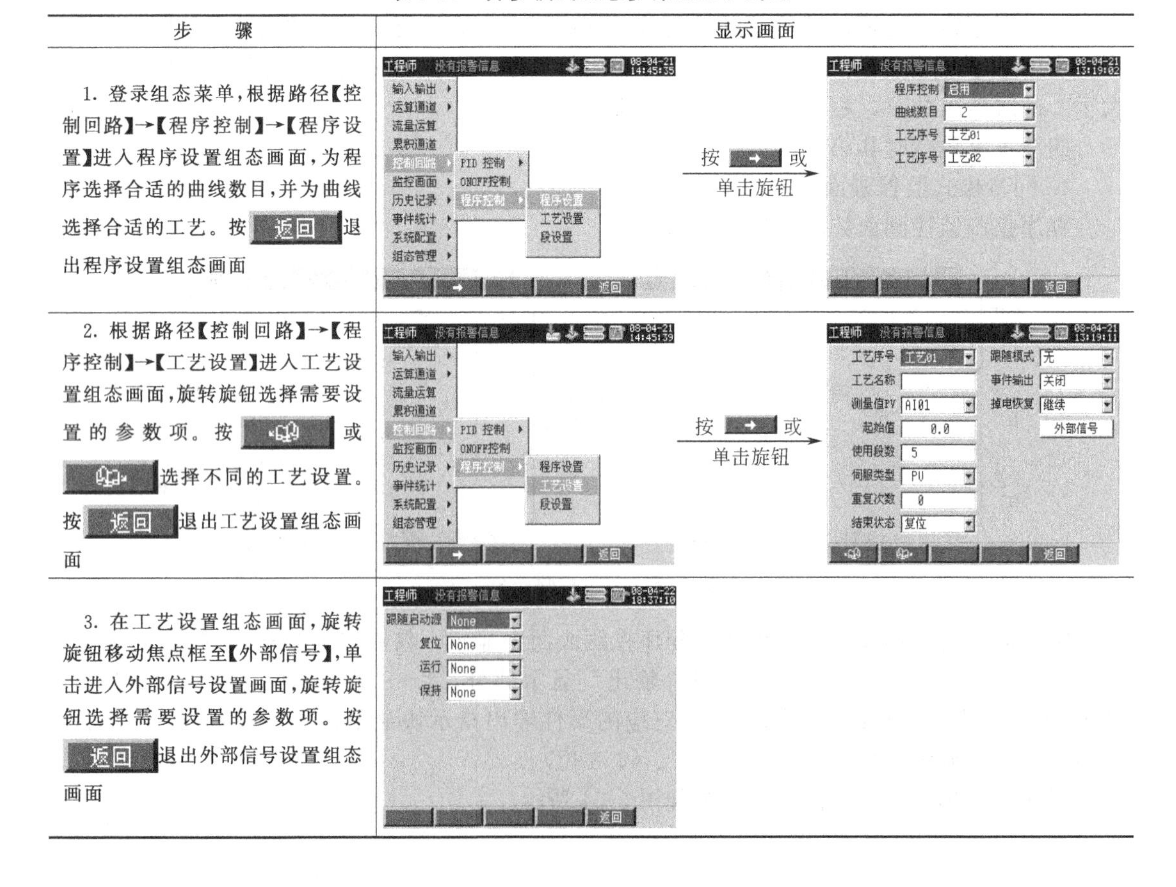

步　骤	显示画面
1. 登录组态菜单，根据路径【控制回路】→【程序控制】→【程序设置】进入程序设置组态画面，为程序选择合适的曲线数目，并为曲线选择合适的工艺。按 返回 退出程序设置组态画面	按 → 或单击旋钮
2. 根据路径【控制回路】→【程序控制】→【工艺设置】进入工艺设置组态画面，旋转旋钮选择需要设置的参数项。按 [按钮] 或 [按钮] 选择不同的工艺设置。按 返回 退出工艺设置组态画面	按 → 或单击旋钮
3. 在工艺设置组态画面，旋转旋钮移动焦点框至【外部信号】，单击进入外部信号设置画面，旋转旋钮选择需要设置的参数项。按 返回 退出外部信号设置组态画面	

续表

<table>
<tr><th>步　骤</th><th>显示画面</th></tr>
<tr><td>4. 根据路径【控制回路】→【程序控制】→【段设置】进入段设置组态画面，旋转旋钮选择需要设置的参数项。按 上一段 或 下一段 移动水平滚动条，选择显示不同的段信息以方便设置。按 预览 可进入曲线画面预览程序段。按 返回 退出段设置组态画面</td><td>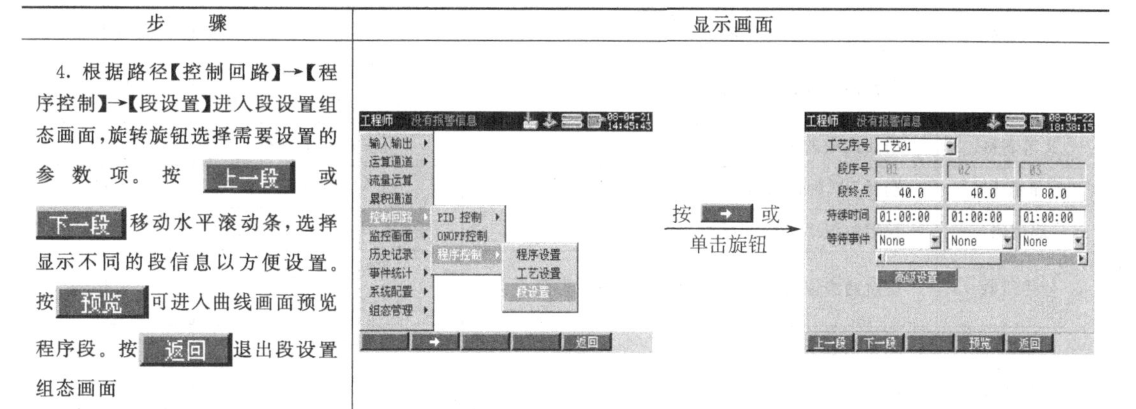</td></tr>
<tr><td>5. 在段设置组态画面，旋转旋钮移动焦点框至【高级设置】，单击进入高级设置组态画面，旋转旋钮选择需要设置的参数项。按 上一段 或 下一段 移动水平滚动条，选择不同的段信息进行设置。按 预览 可进入曲线画面预览程序段。按 返回 退出高级设置组态（或曲线预览）画面</td><td>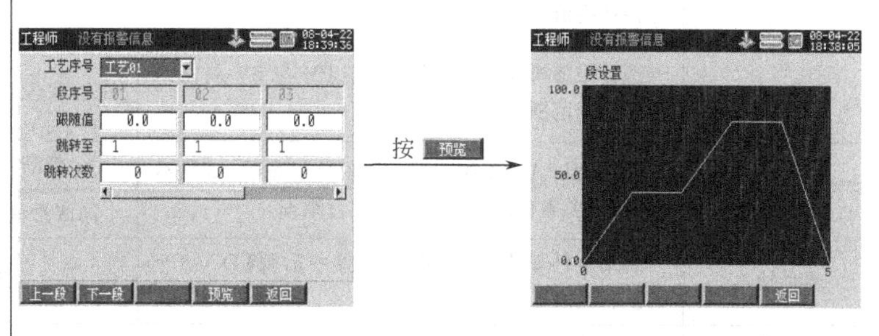</td></tr>
<tr><td>6. 若【工艺设置】画面中的【跟随模式】项组为“每段不同”，则还需在【高级设置】画面中设置各段的【跟随类型】和【跟随值】</td><td>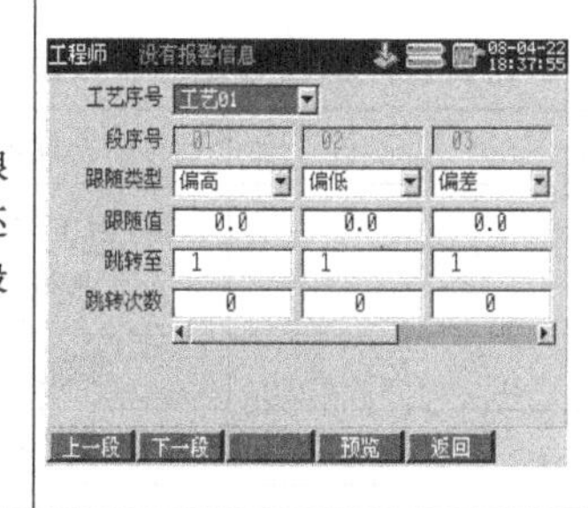</td></tr>
</table>

2. 异步式参数介绍

异步程序设置组态参数说明如表 5-78 所示。

异步工艺设置组态参数说明如表 5-79 所示。

异步工艺设置外部信号组态参数说明如表 5-80 所示。

异步段设置组态参数说明如表 5-81 所示。

异步段高级设置组态参数说明如表 5-82 所示。

表 5-78　异步程序设置组态参数说明

参　数	功　　能	设定范围	初始值
程序控制	选择程序控制的工作状态	关闭/启用	启用
曲线数目	设定该工艺的曲线数量	1～3	2
工艺序号	选择需要设置的工艺号	PG1：工艺 01～工艺 30 PG2：工艺 01～工艺 10	工艺 01～02

表 5-79 异步工艺设置组态参数说明

参 数	功 能	设定范围	初始值
工艺序号	选择需要设置的工艺号	PG1:工艺 01～工艺 30 PG2:工艺 01～工艺 10	工艺 01
工艺名称	描述选中的工艺	可输入 6 个字符	—
测量值 PV	选择 PV 的信号来源	AI/PI/VA	AI01
起始值	设定曲线第一段的起始点值	同测量值 PV 的量程范围	0.00
使用段数	设定曲线或工艺需要使用的折线段的数目	PG1:3～20 PG2:3～60	5
伺服类型	选择伺服类型启动程序	PV/SV	PV
重复次数	设定曲线重复运行次数	0～100	0
结束状态	选择程序运行结束后的状态:SV 复位至初值或保持在终值	复位/保持	复位
跟随模式	选择跟随模式暂停程序,使得 PV 与 SV 差值保持在一定范围内	无/每段相同/每段不同	无
跟随类型	【跟随模式】为每段相同时出现此组态项,每段不同时,该项需在段设置画面中进行组态	偏高/偏低/偏差	偏高
跟随值		同测量值 PV 的量程值	0.00
事件输出	启用事件输出后,段高级设置中出现【DO(8→1)】项,见表 5-82	关闭/启用	关闭
掉电恢复	选择热启动后程序运行状态	继续/复位/保持	继续

表 5-80 异步工艺设置外部信号组态参数说明

参 数	功 能	设定范围	初始值
曲线序号	选择需要设置的曲线号	由工艺设置中的 曲线数目决定	曲线 01
曲线名称	描述选中的曲线	可输入 6 个字符	—
跟随启动源	选择跟随模式的触发信号	None/DI/DO/VD	None
复位	选择复位触发信号来源	None/DI/DO/VD	None
运行	选择运行触发信号来源	None/DI/DO/VD	None
暂停	选择暂停触发信号来源	None/DI/DO/VD	None

表 5-81 异步段设置组态参数说明

参 数	功 能	设定范围	初始值
工艺序号	选择需要设置的工艺号	PG1:工艺 01～工艺 30 PG2:工艺 01～工艺 10	工艺 01
段序号	显示各段的序号	—	—
段终点	设定各段的终点值	同测量值 PV 的量程值	—
持续时间	选择各段的运行时间	00:00:03～99:59:59	01:00:00
等待事件	选择段等待的触发信号	None/DI/DO/VD	None
高级设置	详见表 5-82	—	—

表 5-82　异步段高级设置组态参数说明

参　数	功　　能	设定范围	初始值
工艺序号	选择需要设置的工艺号	PG1:工艺 01～工艺 30 PG2:工艺 01～工艺 10	工艺 01
段序号	显示各段的序号	—	—
DO(8→1)	设置 8 位事件输出,每一位都可单独作为开关量信号输出	00000000～11111111	00000000
跳转至	选择该段运行结束后跳转的段序号	由【使用段数】决定	1
跳转次数	设定跳转次数	0～10000	0

3. 异步模式有关参数说明

(1) 段　段是组成程序输出折线段的基本单元，可以是任意斜率的直线段。段的设置如图 5-86 所示。

段的设置通过设定点和持续时间来实现，各条曲线的起始点在【工艺设置】画面进行设定（如图 5-86 中的点 SP01），其他点和各段的持续时间在【段设置】画面设定。

两点确定一个段，前一段的终点同时作为下一段的起点。如图 5-86 中的点 SP02 和点 SP03 确定段 2，点 SP02 是段 1 的终点，同时是段 2 的起点。

若两设定点数值相同，则该段是长度为设置持续时间、斜率为 0 的直线段；若两设定点数值不同，则该段是长度为设置持续时间、斜率不为 0 的直线段。程序输出按照时间的递增，按设定折线段依次输出。

(2) 掉电恢复　在程序运行过程中仪表可能发生断电，此时若仪表热启动，则程序会根据【掉电恢复】中的设置项进行处理。若冷启动，程序全部复位。

继续：程序从掉电前的状态开始继续运行。

复位：程序复位。

保持：程序暂停在掉电前的状态。

(3) 伺服类型（PV/SV 伺服）　程序运行可选择 SV 伺服或 PV 伺服。

SV 伺服时，曲线从起始点开始运行。SV 伺服可保证第一段的时间周期准确。

PV 伺服时，曲线在第一段查找与测量值相同的匹配值，找到后，曲线从该点开始运行；如未找到，则曲线从最接近该测量值的点开始运行（若曲线第一段斜率为 0，即所有点都相等，则在未找到匹配值的情况下从起始点开始运行）。PV 伺服可使启动比较平滑，减少对过程的冲击。

(4) 跟随模式、跟随类型、跟随值、跟随启动源　当测量值与设定值达到一定的差值时，可用跟随功能来暂停程序直到两者差值在设定范围内为止。【跟随模式】可选择“每段相同”或“每段不同”。

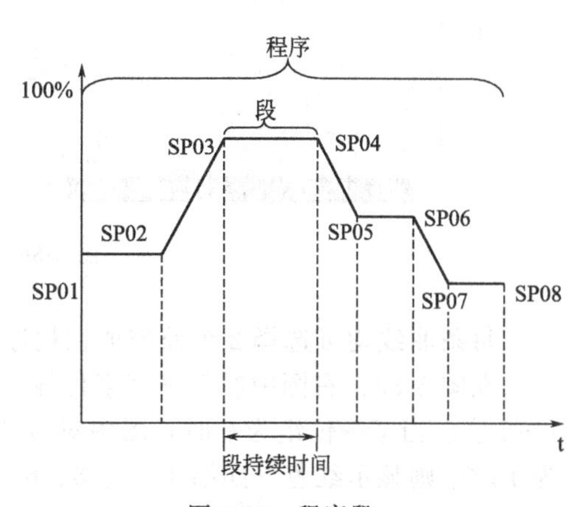

图 5-86　程序段

每段相同：曲线中的各段都遵循相同的【跟随类型】和【跟随值】。

每段不同：曲线中的各段都需设置各自的【跟随类型】和【跟随值】。

【跟随类型】共分以下三种。

偏高：(｜PV－SV｜＞跟随值) 时起作用。

偏低：(｜PV－SV｜＜跟随值) 时起作用。

偏差：以上两种情况下均起作用。

【跟随启动源】即跟随模式的触发信号。当选择“None”时，程序运行过程中，跟随模式一直有效；当选择其它信号来源时，在程序运行过程中，只有在触发信号低电平时，跟随模式才起作用。

（5）事件输出、DO→1　程序各段都可设置最多8个事件输出，用以驱动外部的不同的设备来配合程序的运行。

当【事件输出】选择“启用”后，【段设置】中各段都需设置【DO（8→1）】项，各段事件输出设置如图5-87所示。

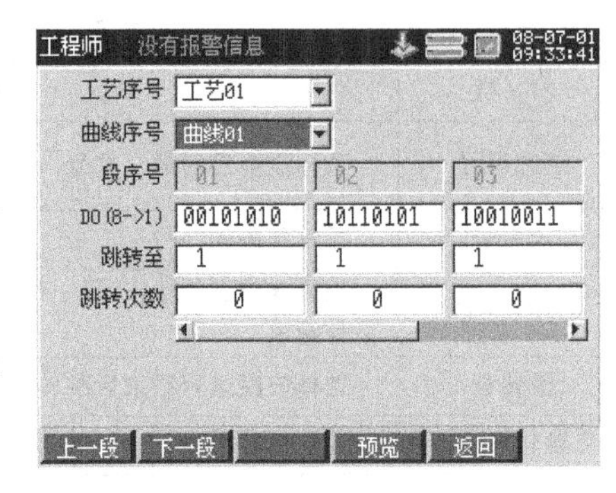

图5-87　各段事件输出设置

【DO（8→1）】为00000000～11111111的二进制数，每一位表示一个事件，均可通过表达式作为逻辑量输出，0表示OFF，1表示ON。

例如：可通过程序控制事件输出和整数型常数进行按位与运算，即“PROG02.EVT BITAND CONI01”得到需要的结果。其中，CONI01的取值范围为2^{n-1}（n为所要输出事件所在数位）。如图5-82组态，若$n=3$，则当曲线在第一段运行时，输出0；当曲线运行至第二段时，输出1；当运行至第三段时，输出0。

（6）等待事件　当程序的某段运行结束后，可通过等待事件让其暂停执行下一段。等待事件即DI、DO或VD等开关量信号。当某段执行结束后，等待事件信号来源若为高电平，则程序开始等待，直到其变为低电平后才开始执行下一段。

（7）段跳转　在段【高级设置】中，可设置段跳转的目标段和跳转次数。即当某段运行结束后，根据组态设置，跳转至目标段后继续运行，直到执行完设定的跳转次数后，程序按照正常的顺序继续运行。但当目标段序号>当前段序号时，跳转最多只能执行一次，故设置大于1的跳转次数时，程序均只执行1次跳转。

4. 异步模式监控画面

程序控制监控画面如图5-88所示。

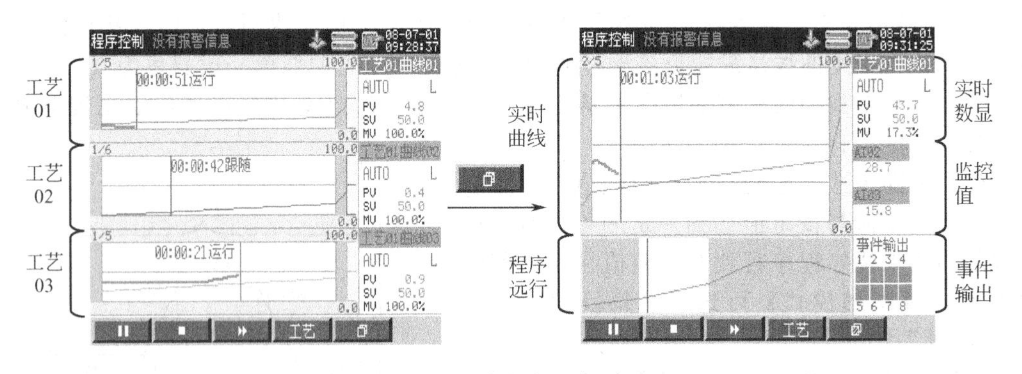

图5-88　程序控制监控画面

每条曲线均可选择2个监控值在程序控制画面中显示，具体方法参见“监控画面组态”。

在图5-88，右图中右下角“事件输出”显示部分，1～8分别对应【DO（8→1）】的第1～8位。当某一位组为0时，图中对应的事件输出指示块显示绿色（如第2、4、7位）；组为1时，则显示红色（如第1、3、5、6、8位）。

程序控制相关监控画面下指令框如图5-89所示。

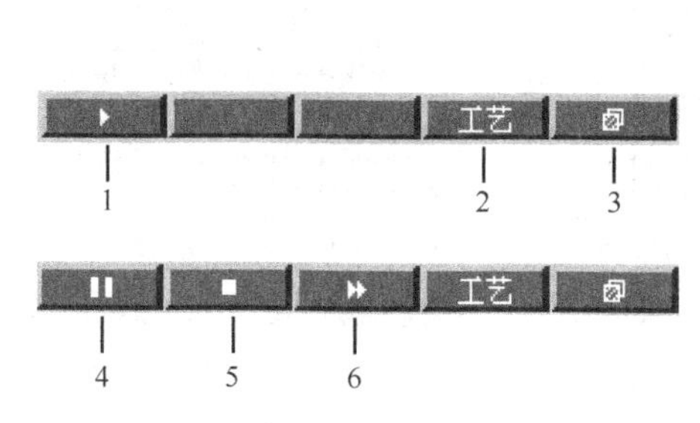

图 5-89 程序控制监控画面下指令框

工艺列表

工艺01	工艺02	工艺03	工艺04	工艺05
工艺06	工艺07	工艺08	工艺09	工艺10
工艺11	工艺12	工艺13	工艺14	工艺15
工艺16	工艺17	工艺18	工艺19	工艺20
工艺21	工艺22	工艺23	工艺24	工艺25
工艺26	工艺27	工艺28	工艺29	工艺30

图 5-90 工艺列表

其中：

1—开始键。按此键运行程序。

2—工艺键。按此键弹出【工艺列表】。如，按 导入 或单击旋钮导入已设置工艺；按 编辑 对选中工艺进行编辑。工艺列表如图 5-90 所示。

3—切换键。按此键在多程序画面和单程序画面间进行切换。

4—暂停键。按此键暂停程序。

5—复位键。按此键程序复位至初始状态。

6—快进键。按此键可使程序快进至当前段末并暂停。

第十二节 其他操作

其他操作包括：信息列表、CF 卡操作、通信操作、打印操作。

一、信息列表

C3900 过程控制器除前边提到的标签列表外，控制器还提供了对通道报警信息、故障信息和操作信息的记录功能。每种信息最多可存储 512 条，当记满 512 条后再产生新的信息时，系统将自动删除最早的记录以保存最新信息。在三幅画面下，按 ∿ 可快速定位至历史画面的相应时刻，查看该点数据。

(1) 报警信息　报警信息列表记录所有报警状态，包括报警通道、报警类型、报警时间和消警时间。

如图 5-91 所示，报警类型显示红色时，表示该通道当前正处于报警状态。

报警类型显示绿色时，表示该通道报警信息已正常消除，并已记录消警时间。

报警类型显示蓝色时，为非正常消警，表示该通道报警过程中曾断电，不记录消警时间，若断电时间处于设定的热启动时间范围内，则仍按正常情况处理。

(2) 故障信息　故障信息主要记录输入输出通道的故障（如断线、运算出错等）和板卡故障等信息。故障信息如图 5-92 所示。

(3) 操作信息　操作信息主要记录对仪表操作的信息，如开、关机信息（冷、热启动等）、用户编辑组态的信息（登录、退出组态，备份组态等信息）、用户操作控制回路的信息（如手自动状态切换，MV、SV 值修改等信息）和 CF 卡操作信息。CF 卡操作信息如图5-93 所示。

(4) 信息清除　信息清除步骤如表 5-83 所示。

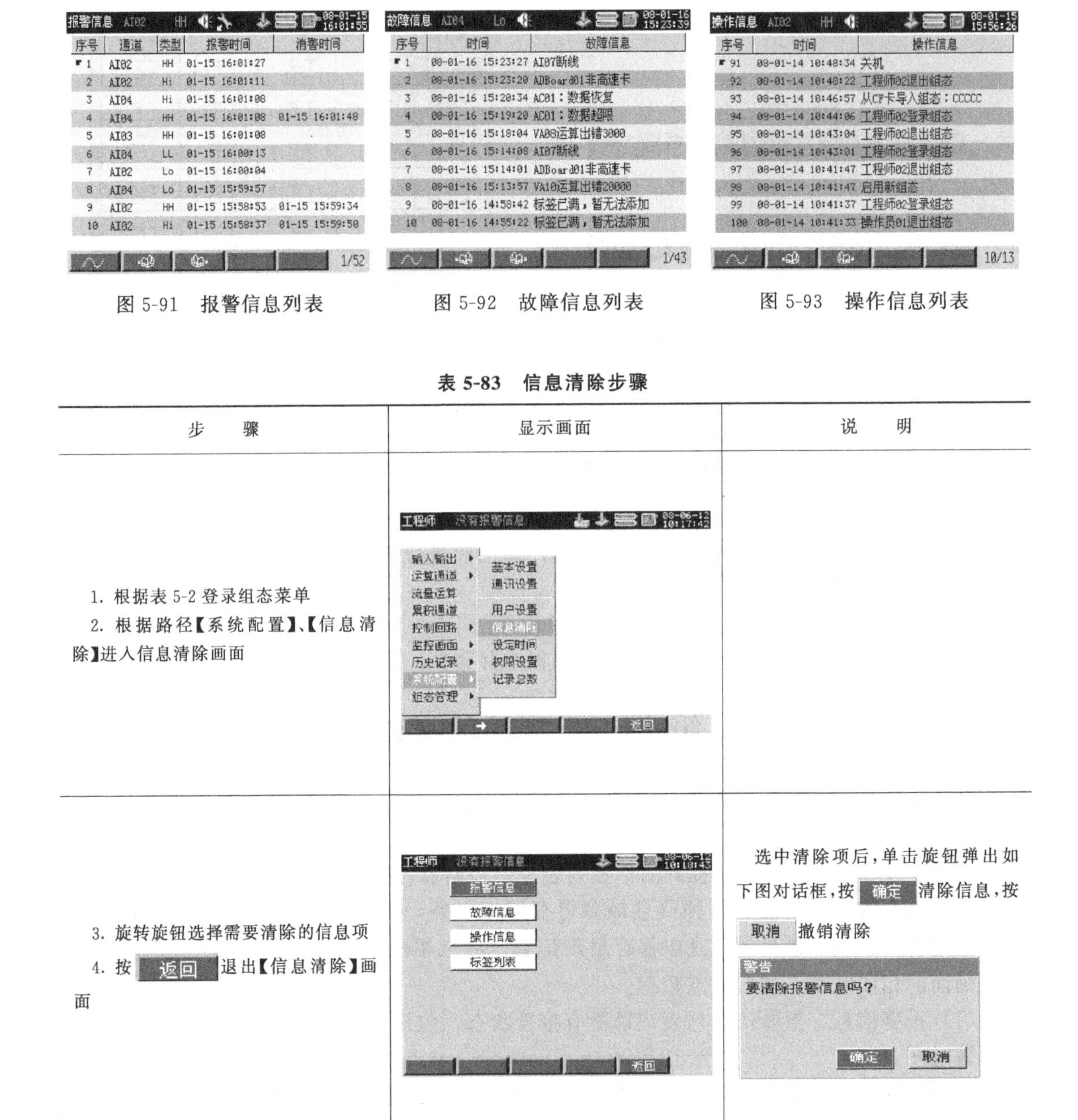

图 5-91　报警信息列表　　图 5-92　故障信息列表　　图 5-93　操作信息列表

表 5-83　信息清除步骤

步　　骤	显示画面	说　　明
1. 根据表 5-2 登录组态菜单 2. 根据路径【系统配置】、【信息清除】进入信息清除画面	工程师 没有报警信息 08-06-12 10:17:42 输入输出 运算通道 流量运算 累积通道 控制回路 监控画面 历史记录 系统配置 组态管理 基本设置 通讯设置 用户设置 信息清除 设定时间 权限设置 记录总数 返回	
3. 旋转旋钮选择需要清除的信息项 4. 按 返回 退出【信息清除】画面	工程师 没有报警信息 08-06-12 10:18:43 报警信息 故障信息 操作信息 标签列表 返回	选中清除项后，单击旋钮弹出如下图对话框，按 确定 清除信息，按 取消 撤销清除 警告 要清除报警信息吗？ 确定 取消

二、CF 卡操作

C3900 过程控制器支持 CF 卡作为外部存储介质，可将需要保存的历史数据或组态配置通过 CF 卡转存到计算机永久保存，也可将 CF 卡中保存的组态数据读到仪表中。支持最大 2G 容量的 CF 卡。在【CF 卡操作】画面中，可查看 CF 卡当前的存储状况，并可进行格式化或保存历史数据、信息列表、累积列表等操作。

在 CF 卡操作过程中，画面顶部的状态栏中会有闪烁的图标，表示 CF 卡正在工作，此时不宜拔出，否则可能损坏 CF 卡。

(1) CF 卡格式化　CF 卡格式化步骤如表 5-84 所示。

表 5-84 CF卡格式化步骤

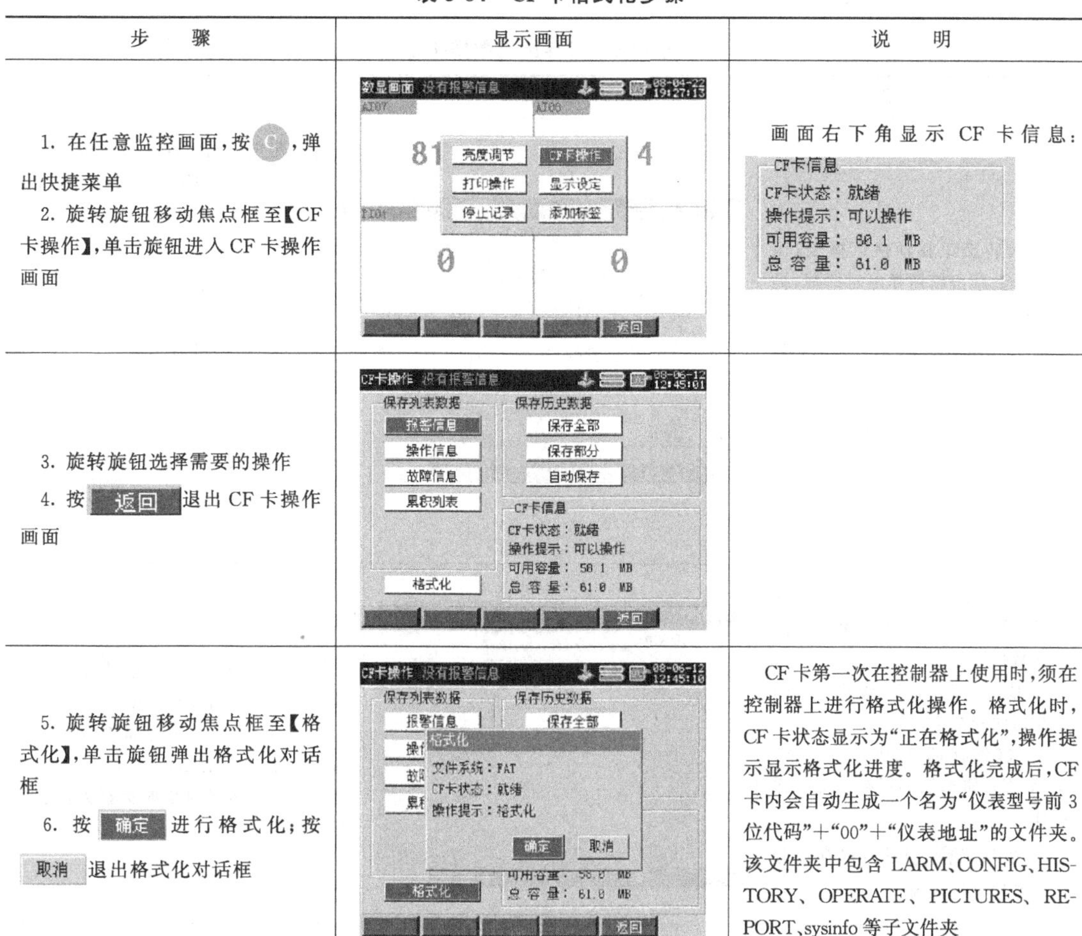

步骤	显示画面	说明
1. 在任意监控画面，按 C，弹出快捷菜单 2. 旋转旋钮移动焦点框至【CF卡操作】，单击旋钮进入CF卡操作画面		画面右下角显示CF卡信息： CF卡信息 CF卡状态：就绪 操作提示：可以操作 可用容量：60.1 MB 总 容 量：61.0 MB
3. 旋转旋钮选择需要的操作 4. 按 返回 退出CF卡操作画面		
5. 旋转旋钮移动焦点框至【格式化】，单击旋钮弹出格式化对话框 6. 按 确定 进行格式化；按 取消 退出格式化对话框		CF卡第一次在控制器上使用时，须在控制器上进行格式化操作。格式化时，CF卡状态显示为"正在格式化"，操作提示显示格式化进度。格式化完成后，CF卡内会自动生成一个名为"仪表型号前3位代码"+"00"+"仪表地址"的文件夹。该文件夹中包含LARM、CONFIG、HISTORY、OPERATE、PICTURES、REPORT、sysinfo等子文件夹

(2) 保存列表数据 保存列表数据步骤如表5-85所示。

表 5-85 保存列表数据步骤

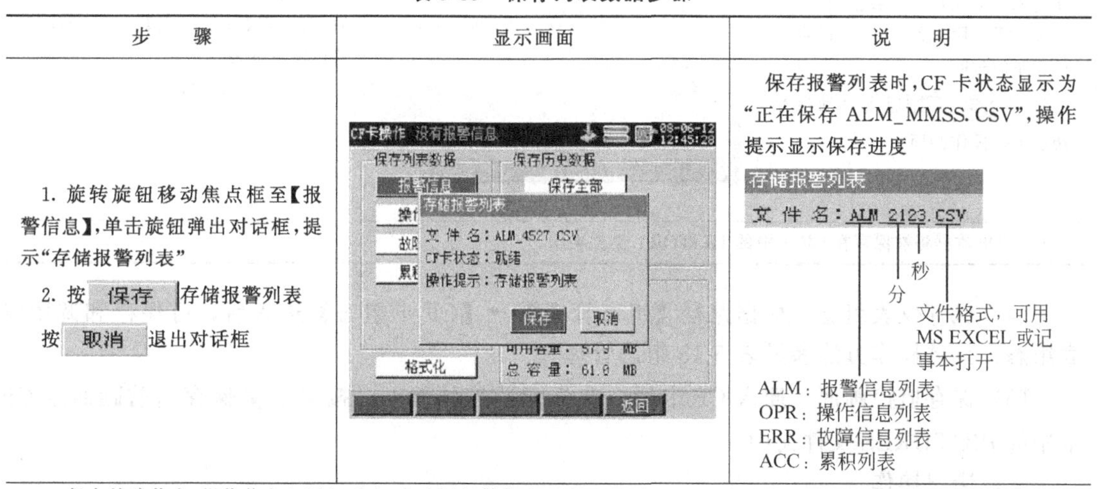

步骤	显示画面	说明
1. 旋转旋钮移动焦点框至【报警信息】，单击旋钮弹出对话框，提示"存储报警列表" 2. 按 保存 存储报警列表 按 取消 退出对话框		保存报警列表时，CF卡状态显示为"正在保存ALM_MMSS.CSV"，操作提示显示保存进度 存储报警列表 文 件 名：ALM 2123.CSV 分　秒 文件格式，可用MS EXCEL或记事本打开 ALM：报警信息列表 OPR：操作信息列表 ERR：故障信息列表 ACC：累积列表
3. 保存故障信息、操作信息和累积列表，方法同报警信息列表		
4. 报警信息列表、操作信息列表和故障信息列表将被分别保存在CF卡中的ALARM、OPERATE和sysinfo文件夹中；累积列表将都被保存在REPORT文件夹中		

（3）保存历史数据 保存历史数据步骤如表5-86所示。

表 5-86 保存历史数据步骤

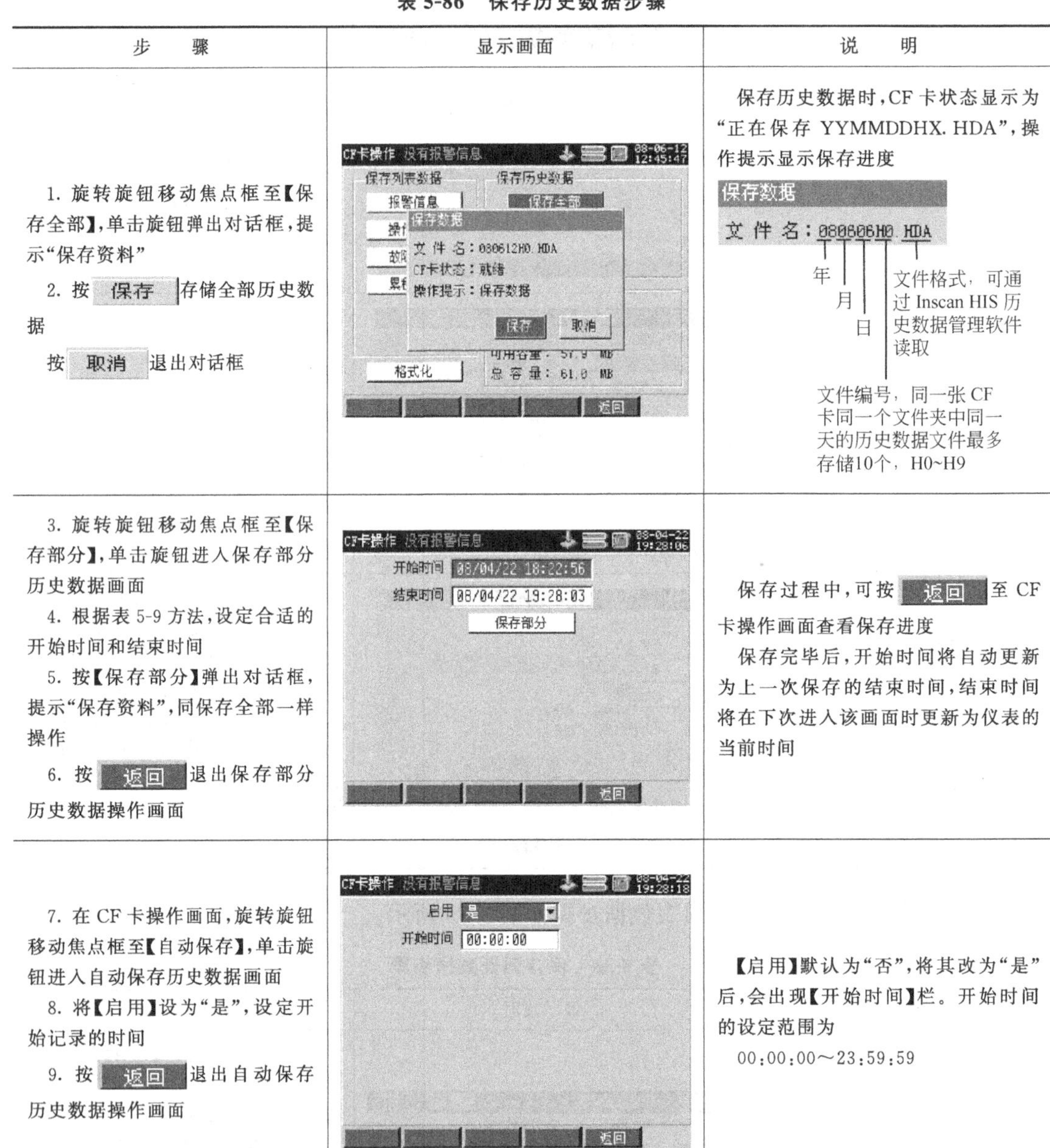

步 骤	显示画面	说 明
1. 旋转旋钮移动焦点框至【保存全部】，单击旋钮弹出对话框，提示“保存资料” 2. 按 保存 存储全部历史数据 按 取消 退出对话框	CF卡操作 没有报警信息 08-06-12 12:45:47 保存列表数据 保存历史数据 报警信息 保存全部 保存数据 文件名：080612H0.HDA CF卡状态：就绪 操作提示：保存数据 保存 取消 格式化 可用容量：57.9 MB 总容量：61.0 MB 返回	保存历史数据时，CF卡状态显示为“正在保存YYMMDDHX.HDA”，操作提示显示保存进度 保存数据 文件名：080606H0.HDA 年 月 日 文件格式，可通过Inscan HIS历史数据管理软件读取 文件编号，同一张CF卡同一个文件夹中同一天的历史数据文件最多存储10个，H0~H9
3. 旋转旋钮移动焦点框至【保存部分】，单击旋钮进入保存部分历史数据画面 4. 根据表5-9方法，设定合适的开始时间和结束时间 5. 按【保存部分】弹出对话框，提示“保存资料”，同保存全部一样操作 6. 按 返回 退出保存部分历史数据操作画面	CF卡操作 没有报警信息 08-04-22 19:28:06 开始时间 08/04/22 18:22:56 结束时间 08/04/22 19:28:03 保存部分 返回	保存过程中，可按 返回 至CF卡操作画面查看保存进度 保存完毕后，开始时间将自动更新为上一次保存的结束时间，结束时间将在下次进入该画面时更新为仪表的当前时间
7. 在CF卡操作画面，旋转旋钮移动焦点框至【自动保存】，单击旋钮进入自动保存历史数据画面 8. 将【启用】设为“是”，设定开始记录的时间 9. 按 返回 退出自动保存历史数据操作画面	CF卡操作 没有报警信息 08-04-22 19:28:18 启用 是 开始时间 00:00:00 返回	【启用】默认为“否”，将其改为“是”后，会出现【开始时间】栏。开始时间的设定范围为 00:00:00～23:59:59
10. 历史数据将被保存在CF卡中的HISTORY文件夹中		

（4）保存仪表组态 根据路径【组态管理】→【CF卡组态】进入后，可保存和调用仪表组态，具体操作方法参见表5-15组态管理。

（5）保存监控画面 插入CF卡后，在任意监控画面下，按 F1 保存当前画面至CF卡中的PICTURES文件夹中。

三、通讯操作

C3900过程控制器支持与上位机的通讯操作，实现对仪表的实时监控和历史数据的读取。

（1）通讯设置组态步骤　如表 5-87 所示。

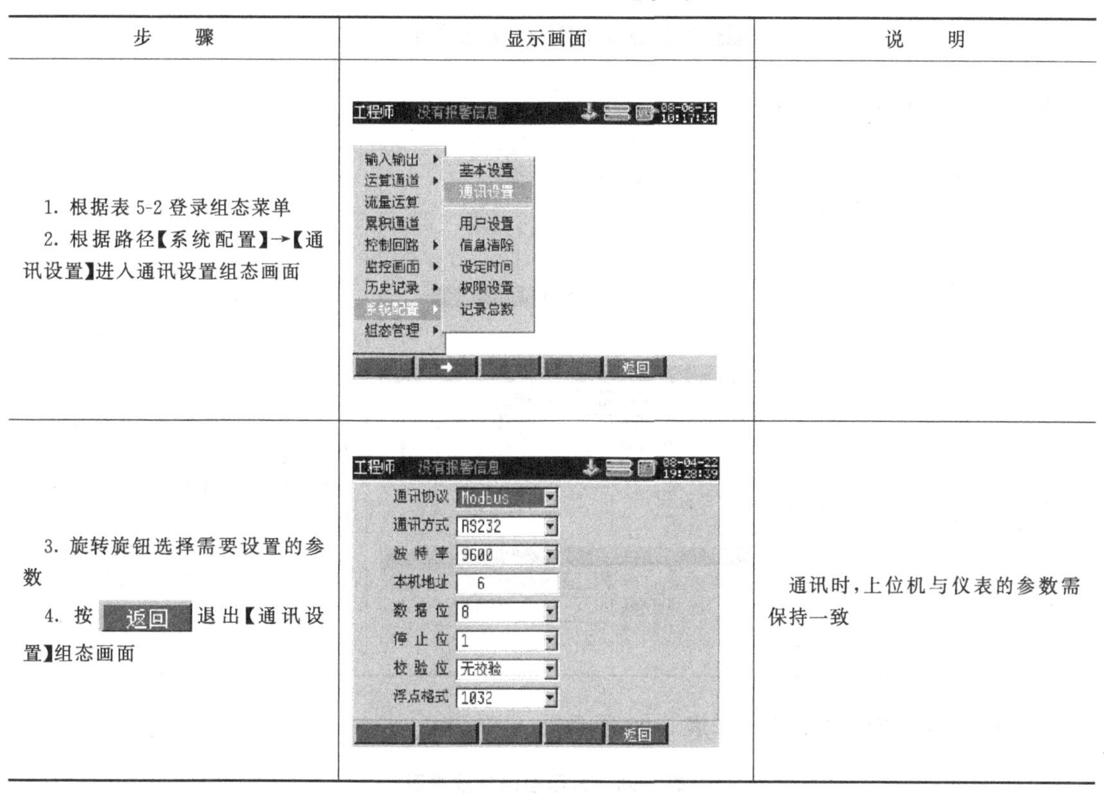

表 5-87　通讯设置组态步骤

步　骤	显示画面	说　明
1. 根据表 5-2 登录组态菜单 2. 根据路径【系统配置】→【通讯设置】进入通讯设置组态画面		
3. 旋转旋钮选择需要设置的参数 4. 按 返回 退出【通讯设置】组态画面		通讯时，上位机与仪表的参数需保持一致

（2）通讯设置参数介绍　通讯设置参数组态说明如表 5-88 所示。

表 5-88　通讯设置参数组态说明

参数	设定范围	初始值
通讯协议	Rbus/Modbus	Modbus
通讯方式	RS-232/RS-485	RS-232
波特率	1200/9600/19200/57600/115200	9600
本机地址	6～254	6
数据位	8/7	8
停止位	1/2	1
校验位	无校验/奇校验/偶校验/常 0 校验/常 1 校验	无校验
浮点格式	0123/1032/2301/3210	1032

注：通讯协议选择 Modbus 时，才需设置浮点格式。

四、打印操作

C3900 过程控制器可以与微型打印机联机，提供打印输出功能，打印内容包括：历史曲线、历史数据、月报表、日报表、时报表、班报表等，可以根据需要选择不同的打印倍率、打印不同时间段的数据或报表。

（1）打印组态步骤　如表 5-89 所示。

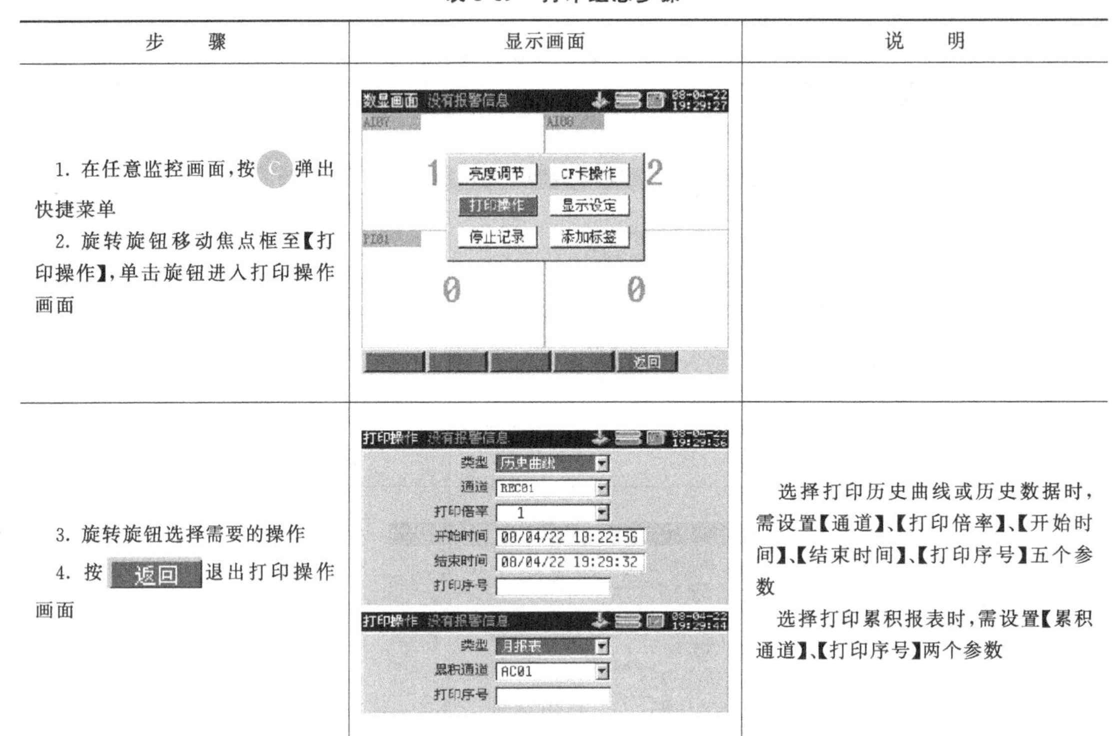

表 5-89　打印组态步骤

步　　骤	显示画面	说　　明
1. 在任意监控画面，按 C 弹出快捷菜单 2. 旋转旋钮移动焦点框至【打印操作】，单击旋钮进入打印操作画面		
3. 旋转旋钮选择需要的操作 4. 按 返回 退出打印操作画面		选择打印历史曲线或历史数据时，需设置【通道】、【打印倍率】、【开始时间】、【结束时间】、【打印序号】五个参数 选择打印累积报表时，需设置【累积通道】、【打印序号】两个参数

（2）打印组态参数介绍　如表 5-90 所示。

表 5-90　打印组态参数说明

参数	功　　能	设定范围	初始值
类型	选择需要打印的数据类型	历史曲线/历史数据/月报表/日报表/时报表/班报表	历史曲线
通道	选择需要打印的历史曲线或数据的通道号	REC01～REC16	REC01
累积通道	选择需要打印的报表对应的累积通道号	AC01～AC12	AC01
打印倍率	选择打印历史曲线和历史数据的倍率	1/2/4/8/16	1
开始时间	选择打印历史曲线和历史数据的开始时间	00/01/0100:00:00～99/12/3123:59:59	有历史记录的最早时间
结束时间	选择打印历史曲线和历史数据的结束时间	00/01/0100:00:00～99/12/3123:59:59	当前系统时间
打印序号	设置打印序号，用以区分打印的段	可输入 8 个字符	—

打印倍率用以缩放历史数据或历史曲线的打印间隔，实际打印间隔＝记录间隔×打印倍率，若打印倍率选择 1，则历史数据或历史曲线的打印间隔与记录间隔一致，若打印倍率选择 2 倍或以上，则打印间隔也相应扩大，同时数据或曲线同倍数压缩。

打印开始时间需要早于打印结束时间，若打印参数设置错误，则无法打印。

（3）打印机的连接　仪表和 SPCF-40 面板式打印机之间的连接如图 5-94 所示，通信线使用屏蔽双绞线制作，长度不能超过 10m。

（4）打印操作　连接好打印机，打印参数设置完毕后，按 打印 开始打印操作，打印过程中可按 停止 终止打印，此时，画面按键提示 停止中，表示正在停止打印。

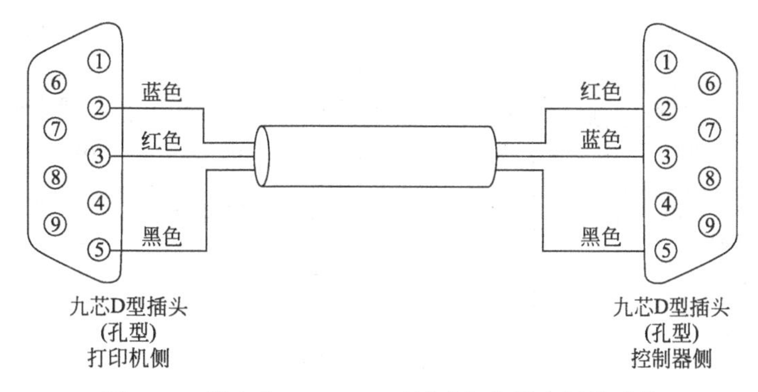

图 5-94 仪表和 SPCF-40 面板式打印机之间的连接

第十三节 综合应用

前述介绍了 C3900 过程控制器各种功能的实现及参数的设置、组态方法。综合应用就是举例说明 C3900 过程控制器在各种复杂检测、控制系统中如何进行编程组态，为应用者提供编程组态实例。

一、用一台 C3900 过程控制器实现三冲量等几种控制功能，并进行编程组态

1. 锅炉液位三冲量串级控制，并对过热蒸汽流量进行温压补偿和流量累积及历史记录

(1) 锅炉液位三冲量串级控制流程图和组态原理 锅炉液位三冲量串级控制流程图如图 5-95 所示。锅炉液位三冲量串级控制组态原理图如图 5-96 所示。

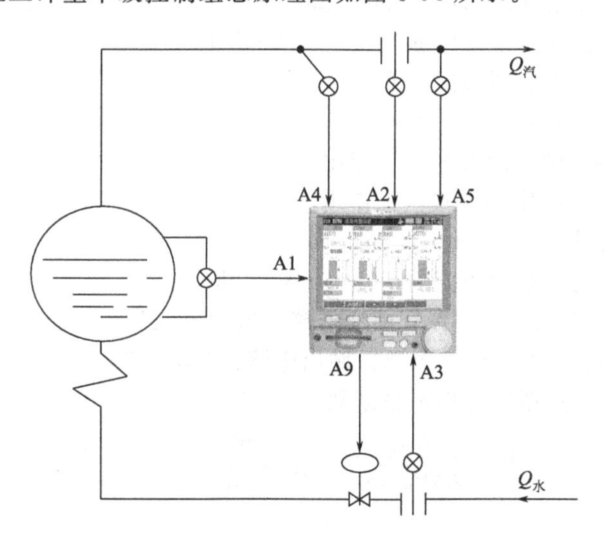

图 5-95 锅炉三冲量串级控制流程图

(2) 已知数据与选择数据 过热蒸汽流量温压补偿数据如下。

过热蒸汽流量测量设计节流装置时的条件为：

设计工况温度：340℃。

设计工况压力：1.8MPa（绝压）。

设计工况密度：$\rho_s=6.4599\text{kg/m}^3$。

设计蒸汽流量差压变送器量程范围：0.00～30.00kPa。

选蒸汽流量差压变送器为 EJA 智能变送器，输出模式为线性。

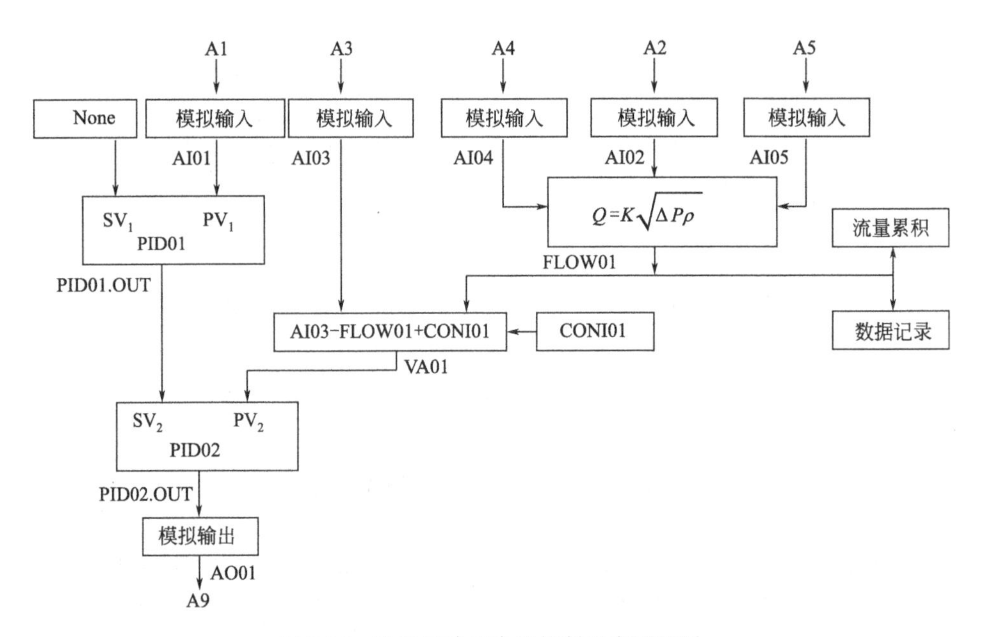

图 5-96 锅炉三冲量串级控制组态原理图

设计蒸汽流量量程范围：0.00～50.00t/h

工况下温度波动范围：280～380℃

工况下压力波动范围：1.000～2.000MPa（绝对压力）。

选蒸汽温度变送器量程范围：200.0～400.0℃，选热电阻信号类型：Pt100。

选蒸汽绝对压力变送器量程范围：0.5～2.000MPa。

锅炉液位三冲量串级控制数据如下。

选气动调节阀的开关方式：气关式。

选主控制器 PID01 的作用方式：反作用。

选副控制器 PID02 的作用方式：正作用。

选锅炉液位送器量程范围：0～1.5m。

选锅炉进水差压变送器量程范围：0.00～30.00kPa。

选锅炉进水差压变送器为 EJA 智能变送器，输出模式为线性。

进水量量程范围：0.00～50.00t/h；输出电流：4.00～20.00mA。

(3) 求过热蒸汽流量温压补偿流量系数

$$K=\frac{Q_{\max}}{\sqrt{\Delta P_{\max}\rho_s}}=\frac{50}{\sqrt{30\times 6.4599}}=3.591$$

则流量方程为

$$Q=3.591\times\sqrt{\Delta P\rho}$$

(4) 补偿前后误差　当测量参数温度和压力偏离设计工况点而差压一定时补偿前后的误差。

如实际工况温度、压力、密度、差压为

$t_1=200℃$　　$P_1=1.0\text{MPa}$　　$\rho_1=4.7551\ \text{kg/m}^3$　　$\Delta P_1=10\text{kPa}$

补偿前：　$Q_{前}=3.591\times\sqrt{\Delta P\rho}=3.591\times\sqrt{10\times 6.4599}=28.8621\text{t/h}$

补偿后：　$Q_{后}=3.591\times\sqrt{\Delta P\rho}=3.591\times\sqrt{10\times 4.7551}=24.7625\text{t/h}$

相对误差：

$$\varepsilon=\frac{Q_{前}-Q_{后}}{Q_{max}}\times 100\%$$

$$\varepsilon=\frac{28.8621-24.7625}{50}\times 100\%=8.1992\%$$

（5）投运　做好投运前的各项准备工作：设计→填写仪表组态表→键入组态数据→仪表安装→进料开车等。

① 系统上电后，主控制器 PID01 和副控制器 PID02 已经都预置为手动（M）状态，在控制画面对副控制器 PID02 的 MV_2进行手动操作，使 PV_1 接近或到达设定值，设置 CONI01 的具体数值，让 PV_2 指示中间值。因为选择了 SV_2 跟踪，所以 $PV_2=SV_2$，此时将副控制器 PID02 由手动（M）状态切换到自动（A）状态（A/M→A）。

② 在控制画面进行对主控制器 PID01 的 MV_1 进行手动操作，使 MV_1 接近或等于设定值 SV_2。因为选择了 SV_1 跟踪，所以此时 $PV_1=SV_1$。再将副控制器 PID02 的内给定切换到外给定（L/R→R）。

③ 在控制画面将主控制器 PID01 由手动（M）状态切换到自动（A）状态（A/M→A）。

2. 某厂储气罐，为保证罐内的压力恒定而采用分程控制

（1）控制流程图与组态原理图　如图 5-97 所示。

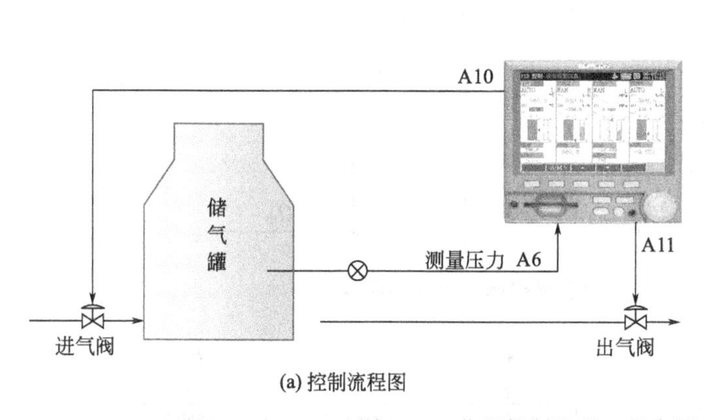

(a) 控制流程图

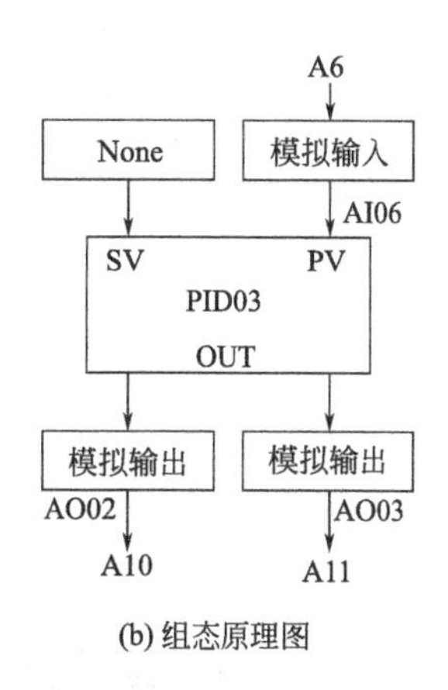

(b) 组态原理图

图 5-97　分程控制流程、组态图

在分程控制系统中，一个 PID 模块的输出需要带动两个或两个以上的调节阀工作，并且按输出信号的不同区间操作不同阀门。C3900 控制器对分程控制的实现可以通过将 PID 回路的输出引入多个模拟量输出通道 AO，利用 AO 通道的表达式运算功能来进行阀门之间的切换。

（2）气动控制阀的选择　进气阀和出气阀都选用气动阀门。无气时进气阀应该关闭，出气阀应该打开，所以进气阀选择气开阀，出气阀选择气关阀。若储气罐内压力较设定压力小，总是需要开大进气阀关小出气阀。

（3）PID 作用方式　为反作用，罐内压力小于设定值时 PID 调节器输出增大。PID 输出在 50%时是稳定点，则进气阀的分程区间在高信号区（PID 回路输出 50.0%～100.0%），出气阀的分程区间在低信号区（PID 回路输出 0.0%～50.0%）。气罐内压力分程控制气动阀的选择如图 5-98 所示。

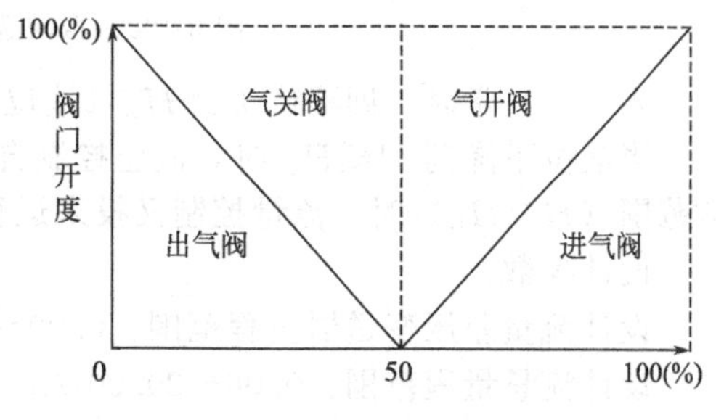

图 5-98　气动阀的选择

(4) 压力变送器的量程范围 0.00～800.00kPa。

(5) 投运 做好投运前的各项准备工作：设计→填写仪表组态表→键入组态数据→仪表安装→进料开车等。

① 系统上电后，控制器 PID01 已经预置为手动（M）状态，在控制画面对控制器 PID01 的 MV 进行手动操作，使 PV 接近或到达设定值。

② 因为选择了 SV 跟踪，所以 PV=SV，此时将控制器 PID01 由手动（M）状态切换到自动（A）状态（A/M→A）。观察测量值是否达到要求。

③ 若要调节 PID 参数则可进入调整画面，手动修改 PID 参数值，直至控制效果达到要求。

3. 自动选择控制

自动选择控制系统控制流程图如图 5-99 所示。

自动选择控制系统控制组态图如图 5-100 所示。

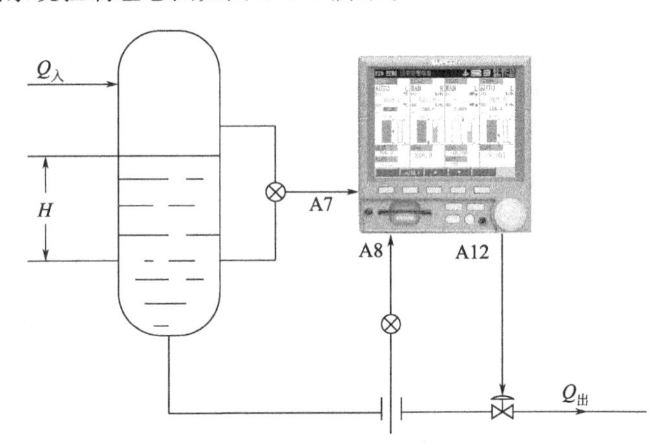

图 5-99 自动选择控制系统控制流程图

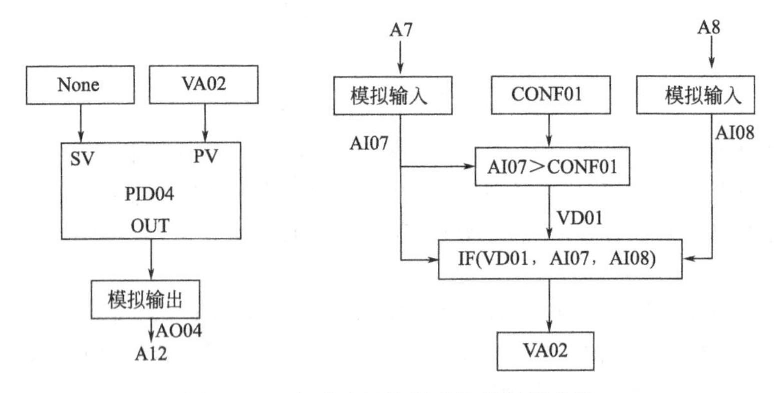

图 5-100 自动选择控制系统控制组态图

要求：正常时，即液位 $H>H_L$（液位下限）时，流量控制工作，进行流量控制。

当液位下降到 $H\leqslant H_L$ 时，液位控制自动投入工作，进行液位控制，直到液位恢复到正常范围（$H>H_L$）时，流量控制又投入运行。

设计参数：

设计流量差压变送器量程范围：0.00～20.00kPa

设计流量量程范围：0.00～20.00t/h。

选流量差压变送器为 EJA 智能变送器，输出模式为开方。

设计液位差压变送器量程范围：0.0～2.0m，4.00～20.00mA。

选液位差压变送器为EJA智能变送器，输出模式为线性。

气动控制阀选气开式。

控制模块PID04作用方式：反作用。

H_L（液位下限）用CONF01=1。

4. 填写组态表

如表5-91～表5-104所示。

表5-91 C3900控制器AI输入组态表

参数＼通道		AI01	AI02	AI03	AI04	AI05	AI06	AI07	AI08
位号		锅炉液位	锅炉出口差压	锅炉进水量	锅炉出口温度	锅炉出口压力	储罐压力	自选液位	自选流量
单位		m	kPa	t/h	℃	MPa	kPa	m	t/h
信号类别		mA	mA	mA	热电阻	mA	mA	mA	mA
信号类型		0.00～20.00mA	0.00～20.00mA	0.00～20.00mA	Pt100	0.00～20.00mA	0.00～20.00mA	0.00～20.00mA	0.00～20.00mA
断线处理					走向终点				
量程范围		0～1.5	0.0～30.0	0.0～50.0	200.0～400.0	0.5～2.00	0.00～800.00	0.0～2.0	0.0～20.00
滤波时间/s		1	1	1	1	1	1	1	1
信号切除/%		0.0	0.0	0.0	0.0	0.0	0.0	0	00
A		1.0	1.0	1.0	1.0	1.0	1.0	1.0	1.0
B		0	0	0	0	0	0	0	0
报警组态	HH								
	Hi	1.2				1.8	700.0	90	
	Lo	0.5				1.0	100.0		
	LL							10	
	RH								
	RL								

表5-92 C3900控制器AO输出组态表

参数＼通道	AO01	AO02	AO03	AO04
状态	启用	启用	启用	启用
位号	串级阀	分程出气阀	分程进气阀	自动选择控制阀
信号类别	4.00～20.00mA	4.00～20.00mA	4.00～20.00mA	4.00～20.00mA
量程范围	0.0～100.0	0.0～50.0	50.0～100.0	0.0～100.0
表达式	PID02.OUT	PID03.OUT	PID03.OUT	PID04.OUT

表 5-93 C3900 控制器 DO 输出组态表

参数 \ 通道	DO01	DO02	DO03	DO04	DO05	DO06	DO07	DO08～12
状态	启用	启用	启用	启用	启用	启用	关闭	关闭
位号	AI01. Hi	AI01. LO	AI05. Hi	AI05. LO	AI06. Hi	AI06. LO		
闭合描述	ON	ON	ON	ON	ON	ON		
断开描述	OFF	OFF	OFF	OFF	OFF	OFF		
表达式	AI01. Hi	AI01. LO	AI05. Hi	AI05. LO	AI06. Hi	AI06. LO		
输出延时	5s	5s	5s	5s	5s	5s		

表 5-94 C3900 控制器 PID 组态表

参数 \ 通道		PID01	PID02	PID03	PID04
状态		启用	启用	启用	启用
位号					
测量值 PV		AI01	VA01	AI06	VA02
设定值 SV		None	PID01	None	None
P		100. 0	100. 0	100. 0	100. 0
I		10	10	10	10
D		0	0	0	0
控制周期		0. 500s	0. 500s	0. 500s	0. 500s
作用方式		反作用	正作用	反作用	反作用
报警组态	DH 值	0. 5	0. 5	0. 5	
	延时/s	5	5	5	5
RLZ 算法		启用	关闭	关闭	关闭

表 5-95 C3900 控制器 PID（高级设置）组态表

参数 \ 通道	PID01	PID02	PID03	PID04
微分先行	关闭	关闭	关闭	关闭
SV 上限幅/%	100. 00	100. 0	100. 0	100. 0
SV 下限幅/%	0. 00	0. 00	0. 00	0. 00
MV 上限幅/%	100. 00	100. 0	100. 0	100. 0
MV 下限幅/%	0. 00	0. 00	0. 00	0. 00
DMH 变化率限幅/%	100. 0	100. 0	100. 0	100. 0
GAP 死区/%	0. 0	0. 0	0. 0	0. 0
KNL/%	0. 0	0. 0	0. 0	0. 0
SV 预置值/%	50. 00	50. 0	50. 0	50. 0
MV 预置值/%	50. 0	50. 0	50. 0	50. 0
A/M 预置值	手动(M)	手动(M)	手动(M)	手动(M)
L/R 预置值		内给定(L)		
SV 跟踪测量值	是	是	是	是
SV 跟踪外给定	否	否		
故障 MV 输出	预置值	预置值	预置值	预置值

表 5-96　C3900 控制器 PID 监控值设置组态表

参数＼通道	PID01	PID02	PID03	PID04
监控值 01	AI02	AI02		AI07
监控值 02	AI03			AI08

表 5-97　C3900 控制器 PID（RLZ 设置）组态表

参数＼通道	PID01	PID02	PID03	PID04
上 过 冲	0.10			
下 过 冲	0.50			
测量干扰	0.10			
保温输出/%	30.0			

表 5-98　C3900 控制器模拟运算 VA 组态表

参数＼通道		VA01	VA02	VA03	VA04	VA05	VA06～16
状态		启用	启用	关闭	关闭	关闭	关闭
位号		蒸汽温压补偿	自动选择 PV				
单位		t/h	%				
量程范围		0.0～50.0	0.0～100.0				
表 达 式		AI03-FLOW01＋CONF01	IF(VD01,AI07,AI08)				
报警组态	HH						
	Hi	40					
	Lo	10					
	LL						
	RH						
	RL						

表 5-99　C3900 控制器模拟运算 VD 组态表

参数＼通道	VD01	VD02	VD03	VD04	VD05	VD06～32
状态	启用	关闭	关闭	关闭	关闭	关闭
位号	自动选择 VD01					
闭合描述	ON					
断开描述	OFF					
状态颜色	闭合-红 断开-绿					
表达式	AI07＞CONF01					

表 5-100　C3900 控制器常数 CON 组态表

类 型＼序 号	01	02	03	04	05	06	07	08	09	10～24
CONI	50									
CONB										
CONF	10									

表 5-101 C3900 控制器流量运算 FLOW 组态表

通道 参数	FLOW01	FLOW02	FLOW03	FLOW04	FLOW05	FLOW06～14
状态	启用	关闭	关闭	关闭	关闭	关闭
位号	FLOW01					
单位	t/h					
信号来源	AI02					
信号切除	0.0					
量程范围	0.0～50.0					
计算模型	$Q=K\sqrt{\Delta P\rho}$					
修正系数	1					
补偿类型	过热蒸汽					
流体密度						
压力通道	AI05					
给定压力						
温度通道	AI04					
给定温度						
气体常数						
A						
B						
热量计算	是					
最大流量	50					
最大差压	30					
设计压力	1.8					
设计温度	340					

表 5-102 C3900 控制器累积流量 AC 组态表

通道 参数	AC01	AC02	AC03	AC04	AC05	AC06	AC07～12
状态	启用	启用	关闭	关闭	关闭	关闭	关闭
位号	蒸汽流量	进水流量					
描述	蒸汽流量	进水流量					
单位	t/h	t/h					
信号来源	FLOW01	AI03					
累积系数	60	60					
班次 01	01:00:00	01:00:00					
班次 02	08:00:00	08:00:00					
班次 03	17:00:00	17:00:00					
时最小累积值	0.0	0.0					
累积初值	0.0	0.0					

表 5-103 C3900 控制器画面分组组态表

分组 信号	分组☑	分组☑	分组☐	分组☐
信号 01	AI01	AI06		
信号 02	AI02	AO02		
信号 03	AI03	AO03		
信号 04	AI04	AI07		
信号 05	AI05	AI08		
信号 06	VA01	VA02		

表 5-104 C3900 控制器历史记录组态表

通道 参数	信号来源	默认记录间隔	记录间隔自动切换		记录状态控制		预置标签
			触发信号	记录间隔	记录方式	触发信号	
REC01	AI01	0.500s	None	0.500s	自由记录		
REC02	FLOW01	0.500s	None	0.500s	自由记录		
REC03	AI03	0.500s	None	0.500s	自由记录		
REC04							
REC05							
REC06	AI06	0.500s	None	0.500s	自由记录		
REC07	AI07	0.500s	None	0.500s	自由记录		
REC08	AI08	0.500s	None	0.500s	自由记录		
REC09							
REC10							

二、用一台 C3900 过程控制器实现比值等几种控制功能，并进行编程组态

1. 甲烷转化反应中的天然气、蒸汽和空气比值控制

甲烷转化反应中，为了保证甲烷的转化率，就必须保持天然气、蒸汽和空气之间成一定比值。为了安全起见，选择蒸汽为主动流量，这样当蒸汽供应不足时，天然气马上跟着减少以防止析碳。空气在转化炉加热后送入二段转化炉，为保证氢氮比，空气作为从动流量与蒸汽组成比值控制，或与天然气作为从动流量组成比值控制。蒸汽为主流量，天然气和空气为从动流量的比值控制流程如图 5-101 所示。蒸汽、天然气、空气比值控制组态原理如图 5-102 所示。

(1) 已知条件　用差压法测量流量，已经开方运算。

蒸汽流量的最大值 $Q_{1max}=31100m^3/h$。

天然气流量的最大值 $Q_{3max}=11000m^3/h$。

空气流量的最大值 $Q_{2max}=14000m^3/h$。

天然气与蒸汽之间的比值：$k_1=1:3$。

空气与蒸汽之间的比值：　$k_2=1.4:3$。

(2) 天然气流量测量压力补偿数据　天然气流量测量设计节流装置时的条件为：

设计工况温度：$t_s=25℃$。

设计工况压力：$P_s=1.0$ MPa（绝压）。

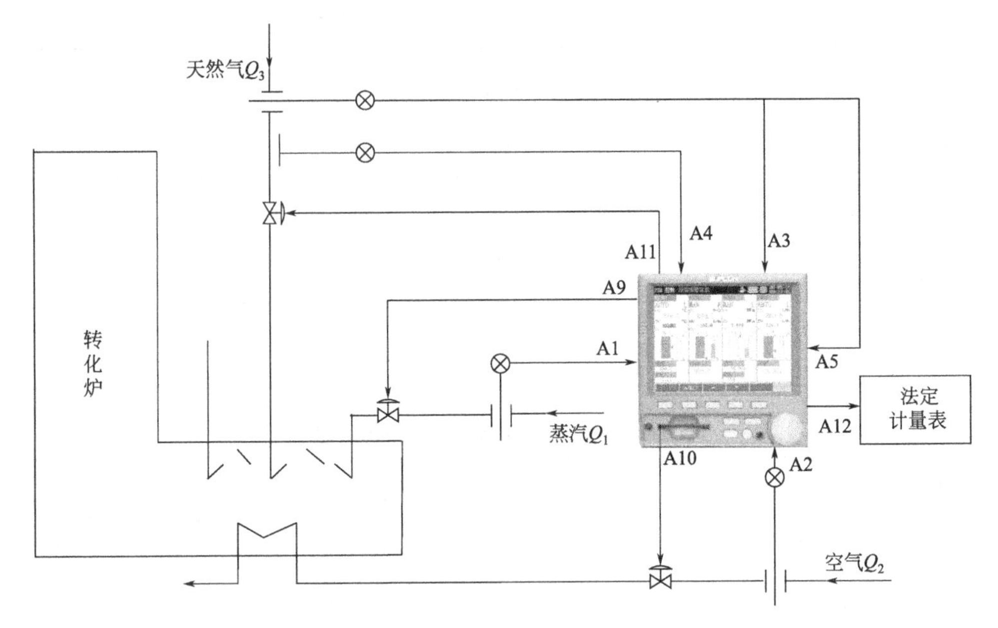

图 5-101 蒸汽、天然气、空气比值控制流程图

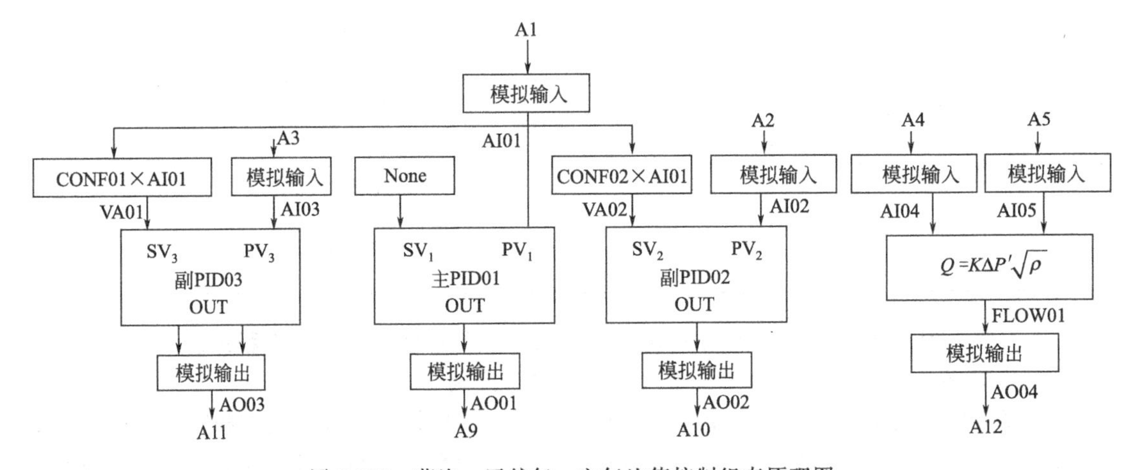

图 5-102 蒸汽、天然气、空气比值控制组态原理图

设计工况密度：$\rho_s=6.7972\text{kg/m}^3$。

压力波动范围：$P_1=0.8\text{MPa}$，$P_2=1.2\text{MPa}$（绝压）。

密度波动范围：$\rho_1=5.438\text{kg/m}^3$ $\rho_2=8.157\text{kg/m}^3$。

(3) 选变送器及量程范围

选蒸汽、天然气、空气三台变送器为 EJA 智能变送器，其输出模式：开方。

选蒸汽压力变送器为 EJA 智能变送器，其输出模式：线性。

蒸汽差压变送器流量量程范围：0.00～31100m³/h。

蒸汽差压变送器差压量程范围：0.00～40.00kPa。

天然气差压变送器流量量程范围：0.00～11000m³/h。

天然气差压变送器差压量程范围：0.00～30.00kPa。

天然气压力变送器压力量程范围：0.00～2.00MPa（绝压）。

空气差压变送器流量量程范围：0.00～14000m³/h。

空气差压变送器差压量程范围：0.00～30.00kPa。

选三个气动调节阀的开关方式：气开式。

选主控制器 PID01 的作用方式：反作用。

选副控制器 PID02、PID03 的作用方式：反作用。

（4）求比值系数

$$K_1=k_1\left(\frac{Q_{1\max}}{Q_{3\max}}\right)=\frac{1}{3}\times\frac{31100}{11000}=0.94$$

$$K_2=k_2\left(\frac{Q_{1\max}}{Q_{2\max}}\right)=\frac{1.4}{3}\times\frac{31100}{14000}=1.04$$

（5）求天然气流量测量压力补偿系数 A、B

已知：$P_1=0.8\text{MPa}$，$\rho_1=5.438\text{kg/m}^3$；$P_2=1.2\text{MPa}$，$\rho_2=8.157\text{kg/m}^3$。

根据压力补偿密度方程式可得：$\begin{cases}\rho_1=AP_1+B\\ \rho_2=AP_2+B\end{cases}$

代入数据并解方程组可得：$A=6.7975$，$B=0$

则密度方程式为： $\rho=6.7975P+B$

（6）求天然气流量测量流量系数

$$K=Q_{\max}/\Delta P'_{\max}\sqrt{\rho_s}=\frac{11000}{30\times\sqrt{6.7972}}=140.64$$

则天然气流量测量流量方程式为

$$Q=K\times\Delta P'\times\sqrt{\rho}=140.64\times\Delta P'\sqrt{\rho}$$

（7）补偿前后误差　当测量参数温度和压力偏离设计工况点而差压一定时补偿前后的误差。

如实际工况压力、差压为

$$P_{实}=0.8\text{MPa}\qquad \rho_{实}=6.7975\times P+B\qquad \Delta P'_1=10\text{kPa}$$

补偿前： $Q_{前}=140.64\times\Delta P'\sqrt{\rho}$

$Q_{前}=140.64\times10\times\sqrt{6.7972}=3666.6874\text{m}^3/\text{h}$

补偿后： $Q_{后}=140.64\times\Delta P'\times\sqrt{6.7975\times P+B}$

$Q_{后}=140.64\times10\times\sqrt{6.7975\times0.8+0}=3279.6573\text{m}^3/\text{h}$

相对误差： $\varepsilon=\dfrac{Q_{前}-Q_{后}}{Q_{\max}}\times100\%$

$$\varepsilon=\frac{3666.6874-3279.6573}{11000}\times100\%=3.518\%$$

（8）投运　做好投运前的各项准备工作：设计→填写仪表组态表→键入组态数据→仪表安装→进料开车等。

① 系统上电后，因为主控制器 PID01 和副控制器 PID02、PID03 已经都预置为手动（M）状态，K_1、K_2 已组态键入。在控制画面中手动调节 PID01 的 MV_1，使得 PV_1 到达设定值附近。

② 将 PID01 由手动状态切换到自动状态（A/M→A），整定其 PID 参数，使回路稳定。

③ 在控制画面中分别手动调节 PID02 、PID03 的 MV_2、MV_3，使得 PV_2、PV_3 到达设定值附近，将 PID02 、PID02 由手动（M）状态切换到自动（A）状态（A/M→A）。整定其 PID 参数，使回路稳定。

④ 修改 PID02、PID03 的设定值，使设定值跟踪主回路的测量值，然后将其由内给定状态切换到外给定状态（L/R→R）。

m^3、%、mA 对应表如表 5-105 所示。

表 5-105　m^3、%、mA 对应表

Q_1/m^3	0.0	3110	6220	9330	12440	15550	18660	21770	24880	27990	31100
Q_2/m^3	0.0	1400	2800	4200	5600	7000	8400	9800	11200	12600	14000
Q_3/m^3	0.0	1100	2200	3300	4400	5500	6600	7700	8800	9900	11000
%	0	10	20	30	40	50	60	70	80	90	100
mA	4.0	5.6	7.2	8.8	9.6	12.0	13.6	15.2	16.8	18.4	20.0

2. 利用 ON/OFF 单回路控制实现对某恒温箱的温度控制

恒温箱的测量温度作为回路测量值，ON/OFF 控制回路输出控制外接继电器的通断。ON/OFF 加热器控制流程如图 5-103 所示；ON/OFF 加热器控制组态如图 5-104 所示。

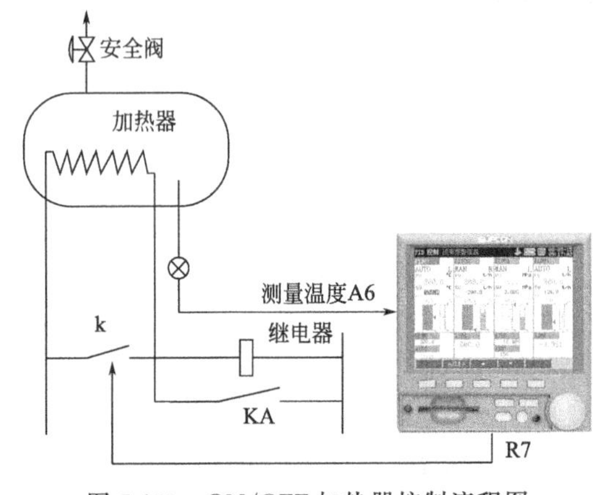

图 5-103　ON/OFF 加热器控制流程图

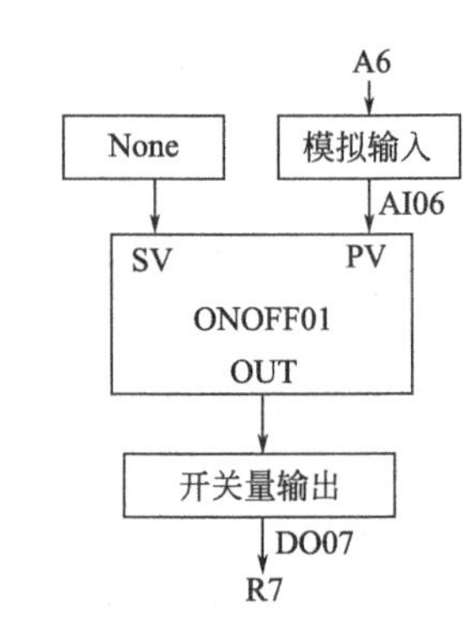

图 5-104　ON/OFF 加热器控制组态图

模拟量测量通道 AI06 测量温箱内的温度，采用 ON/OFF 控制回路 ONOFF01，开关量输出通道 DO07 控制继电器。

ONOFF01 回路给定方式为内给定、测量值为 AI06、作用方式为反作用。

根据实际需要设置合适的死区上下限值 GAP-L 、GAP-H。

开关量输出 DO07 引用表达式 ONOFF01. OUT；ONOFF01 输出 OFF 时，DO01 断开，输出为 ON 时，继电器吸合。

投运：

① 回路手动状态下，将测量值调节至设定值附近；

② 长按手自动切换键，将回路状态设置为自动。

3. 93# 汽油单路批量灌装系统

可以手动设定灌装量 0～20t；能够手动启动灌装过程，灌装完成后自动停止；罐装过程中能够实时显示当前流量值以及已完成的灌装量；可以利用紧急停止按钮实现紧急停止灌装的操作。

(1) 93# 汽油批量单路灌装系统控制流程原理与控制组态原理　93# 汽油批量单路灌装系统控制流程原理如图 5-105 所示。93# 汽油批量单路灌装系统控制组态原理如图 5-106 所示。

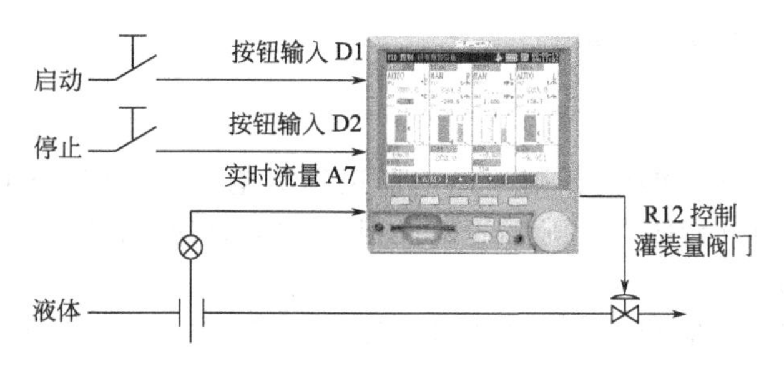

图 5-105 93# 汽油批量单路灌装系统控制流程原理图

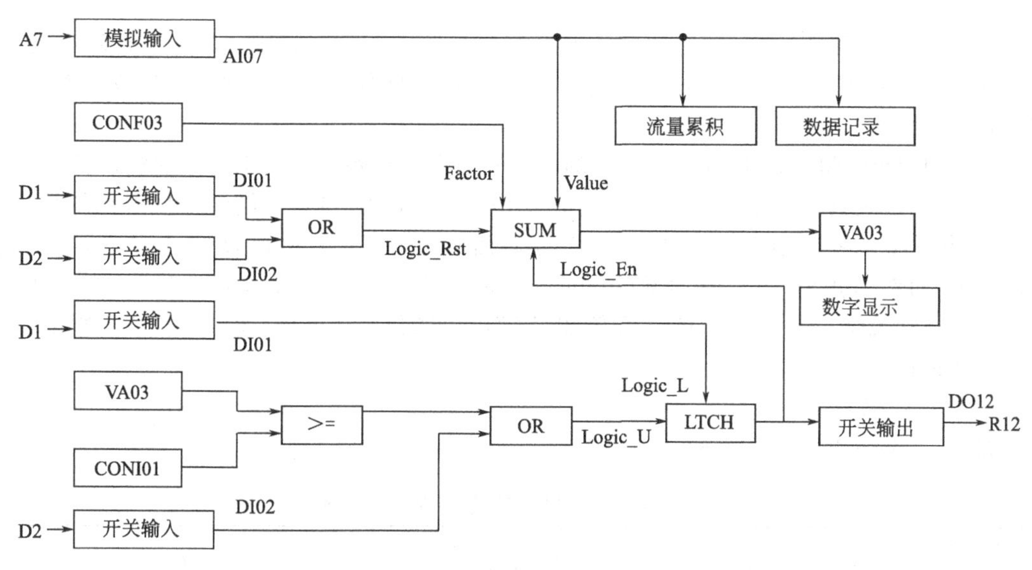

图 5-106 93# 汽油批量单路灌装系统控制组态原理图

（2）输入输出信号的确定 罐装过程中的实时流量值可以通过模拟量测量通道 AI07 实现。

设计节流装置时已确定数据为：

设计汽油流量差压变送器量程范围：0.00～30.00kPa。

设计汽油流量量程范围：0.00～50.00t/h。

选汽油流量差压变送器为 EJA 智能变送器，输出模式为线性。

手动启动罐装过程可以通过将外部按键信号引入开关量输入通道 DI01 来实现；紧急停止罐装过程可以通过将外部按键信号引入开关量输入通道 DI02 来实现；手动设定罐装量可以通过常数设置来实现。

罐装完成后自动停止罐装可以通过开关量输出通道 DO12 判断已完成罐装量与设定罐装量的关系来实现；已完成的罐装量可以在模拟量虚拟通道 VA01 通过统计累积值函数 SUM（Value，Factor，Logic _ En，Logic _ Rst）来统计累积流量值；“Value”为测量罐装流量 AI07，“Factor ”为流量系数 CONF03＝2，使能信号 Logic _ En 为 LTCH（DI01，DI02 OR（VA01>＝CONI01）），CONI01 为手动设定装罐量（t），复位信号 Logic _ Rst 为 DI01OR DI02 即紧急停止按钮。

实时显示流量值以及已完成罐装量可以在实时显示信号类型组态选择相应的信号来源 AI07 和 VA03 来实现。

实时显示流量以及罐装量画面组态：按路径【监控画面】→【画面分组】→进入分组画

面，选择 AI07、VA03 的信号通道。

(3) 动作过程

启动前：

① 因为 VA03＜＝CONI01，则“＞＝”运算后输出为“0”，DI02 也为“0”，所以 Logic _ U为“0”；DI01 没闭合，则 Logic _ L 也为“0”，使 LTCH 输出“0”，则 DO12 为 OFF，电磁阀不打开。

② 因为 LTCH 运算输出“0”，使能信号 Logic _ En 为“0”，所以 SUM 停止统计累积，数字显示归零。

启动后：

① DI01 闭合则 Logic _ L 为“1”，因为 VA03＜＝CONI01，则“＞＝”运算后输出为“0”，DI02 也为“0”，所以 Logic _ U 为“0”；使 LTCH 输出“1”，则 DO12 为 ON，电磁阀打开。

② 因为 DI01 闭合，使 Logic _ Rst 的“上升前沿”清除上次累积值并重新累积。

③ 因为 LTCH 运算输出“1”，使能信号 Logic _ En 为“1”，所以 SUM 开始统计累积。

④ 当 VA03＞＝CONI01，则“＞＝”运算后输出为“1”，尽管 DI02 为“0”，则 Logic _ U 也为“1”（虽然 DI01 闭合则 Logic _ L 为“1”），使 LTCH 输出“0”，则 DO12 为 OFF，电磁阀关闭。因为 LTCH 运算输出“0”，使能信号 Logic _ En 为“0”，所以 SUM 停止统计累积。

4. 填写组态表

如表 5-106～表 5-121 所示。

表 5-106　C3900 控制器 AI 输入组态表

参数＼通道		AI01	AI02	AI03	AI04	AI05	AI06	AI07	AI08
位号		蒸汽流量	空气流量	天然气流量	天然气压力	天然气差压	加热器温控	汽油流量	
单位		%	%	%	MPa	kPa	℃	t/h	
信号类别		mA	mA	mA	mA	mA	热电阻	mA	
信号类型		0.00～20.00mA	0.00～20.00mA	0.00～20.00mA	0.00～20.00mA	0.00～20.00mA	Pt100	0.00～20.00mA	
断线处理							走向终点		
量程范围		0.0～100.0	0.0～100.0	0.0～100.0	0.00～0.80	0.0～30.0	0.0～500.00	0.0～50.00	
滤波时间/s		1	1	1	1	1	1	1	
信号切除/%		0.0	0.0	0.0	0.0	0.0	0.0	0.0	
A		1.0	1.0	1.0	1.0	1.0	1.0	1.0	
B		0	0	0	0	0	0	0	
报警组态	HH								
	Hi	90.0	90.0	90.0	0.7		400.0		
	Lo	10.0	10.0	10.0	0.1		50.0		
	LL								
	RH								
	RL								

表 5-107　C3900 控制器 DI 输入组态表

参数 通道	位号	闭合描述	断开描述	输入延时/s	状态反转	状态颜色
DI01	手动启动按键	ON	OFF	1.0	否	闭合-红;断开-绿
DI02	紧急停止按键	ON	OFF	0.0	否	闭合-红;断开-绿

表 5-108　C3900 控制器 AO 输出组态表

通道 参数	AO01	AO02	AO03	AO04
状态	启用	启用	启用	启用
位号	蒸汽流量	空气流量	天然气流量	补偿后天然气流量
信号类别	4.00～20.00mA	4.00～20.00mA	4.00～20.00mA	4.00～20.00mA
量程范围	0.0～100.0	0.0～100.0	0.0～100.0	0.0～100.0
表达式	PID01.OUT	PID02.OUT	PID03.OUT	FLOW01

表 5-109　C3900 控制器 DO 输出组态表（1）

通道 参数	DO01	DO02	DO03	DO04	DO05	DO06
状态	启用	启用	启用	启用	启用	启用
位号	AI01.Hi	AI01.LO	AI02.Hi	AI02.LO	AI03.Hi	AI03.LO
闭合描述	ON	ON	ON	ON	ON	ON
断开描述	OFF	OFF	OFF	OFF	OFF	OFF
状态反转	否	否	否	否	否	否
状态颜色	闭合-红 断开-绿	闭合-红 断开-绿	闭合-红 断开-绿	闭合-红 断开-绿	闭合-红 断开-绿	闭合-红 断开-绿
表达式	AI01.Hi	AI01.LO	AI02.Hi	AI02.LO	AI03.Hi	AI03.LO
输出延时/s	5	5	5	5	5	5

表 5-110　C3900 控制器 DO 输出组态表（2）

通道 参数	DO07	DO08	DO09	DO10	DO11	DO12
状态	启用	关闭	关闭	关闭	关闭	启用
位号	ONOFF01.OUT					电磁阀开关
闭合描述	ON					ON
断开描述	OFF					OFF
状态反转	否					否
状态颜色	闭合-红 断开-绿					闭合-红 断开-绿
表达式	ONOFF01.OUT					LTCH(DI01,DI02 OR(VA01>=CONI01))
输出延时/s	5					5

表 5-111 C3900 控制器 PID 组态表

参数 \ 通道		PID01	PID02	PID03	PID04
状态		启用	启用	启用	关闭
位号		蒸汽流量	空气流量	天然气流量	
测量值 PV		AI01	AI02	AI03	
设定值 SV		None	VA02	VA01	
P		100.0	100.0	100.0	
I		10	10	10	
D		0	0	0	
控制周期		0.500s	0.500s	0.500s	
作用方式		反作用	反作用	反作用	
报警组态	DH 值	0.5	0.5	0.5	
	延时/s	5	5	5	
RLZ 算法		启用	关闭	关闭	

表 5-112 C3900 控制器 PID（高级设置）组态表

参数 \ 通道	PID01	PID02	PID03	PID04
微分先行	关闭	关闭	关闭	关闭
SV 上限幅/%	100.00	100.0	100.0	
SV 下限幅/%	0.00	0.00	0.00	
MV 上限幅/%	100.00	100.0	100.0	
MV 下限幅/%	0.00	0.00	0.00	
DMH 变化率限幅/%	100.0	100.0	100.0	
GAP 死区/%	0.0	0.0	0.0	
KNL/%	0.0	0.0	0.0	
SV 预置值/%	50.00	50.0	50.0	
MV 预置值/%	50.0	50.0	50.0	
A/M 预置值	手动(M)	手动(M)	手动(M)	
L/R 预置值		内给定(L)	内给定(L)	
SV 跟踪测量值	是	是	是	
SV 跟踪外给定	否	是	是	
故障 MV 输出	预置值	预置值	预置值	

表 5-113 C3900 控制器 PID 监控值设置组态表

参数 \ 通道	PID01	PID02	PID03	PID04
监控值 01	AI02	AI01	AI01	
监控值 02	AI03			

表 5-114 表 5-107 C3900 控制器 PID（RLZ 设置）组态表

参数＼通道	PID01	PID02	PID03	PID04
上过冲	0.10			
下过冲	0.50			
测量干扰	0.10			
保温输出(%)	30.0			

表 5-115 C3900 控制器模拟运算 VA 组态表

参数＼通道		VA01	VA02	VA03	VA04	VA05	VA06～16
状态		启用	启用	启用	关闭	关闭	关闭
位号		天然气/蒸汽	空气/蒸汽	罐装流量			
单位		%	%	t			
量程范围		0.0～100.0	0.0～100.0	0.0～32			
表达式		AI01×CONF01	AI01×CONF02	SUM(AI07,CONF03,DO12,DI01ORDI02)			
报警组态	HH						
	Hi	90	90				
	Lo	10	10				
	LL						
	RH						
	RL						

表 5-116 C3900 控制器常数 CON 组态表

类型＼序号	01	02	03	04	05	06	07	08	09	10～24
CONI	20									
CONB										
CONF	0.94	1.04	2.00							

表 5-117 C3900 控制器流量运算 FLOW 组态表

参数＼通道	FLOW01	FLOW02	FLOW03	FLOW04	FLOW05	FLOW06～14
状态	启用	关闭	关闭	关闭	关闭	关闭
位号	FLOW01					
单位	m^3/h					
信号来源	AI05					
信号切除	0.0					
量程范围	0.0～11000					

续表

参数＼通道	FLOW01	FLOW02	FLOW03	FLOW04	FLOW05	FLOW06～14
计算模型	$Q=K\Delta P'\sqrt{\rho}$					
修正系数	1					
补偿类型	压力补偿					
流体密度						
压力通道	AI04					
给定压力						
温度通道						
给定温度						
气体常数						
A	6.7975					
B	0.00					
热量计算	否					
最大流量	11000					
最大差压	30					
设计压力	1					
设计温度	25					

表 5-118　C3900 控制器累积流量 AC 组态表

参数＼通道	AC01	AC02	AC03	AC04	AC05	AC06	AC07～12
状态	启用	启用	启用	启用	启用	关闭	关闭
位号	FW001	FW002	FW003	FW004	FW005		
描述	蒸汽流量	天然气补偿前流量	空气流量	天然气补偿后流量	罐装流量		
单位	m^3/h	m^3/h	m^3/h	m^3/h	t/h		
信号来源	AI01	AI03	AI02	FLOW01	AI07		
累积系数	60	60	60	60	60		
班次 01	01:00:00	01:00:00	01:00:00	01:00:00	01:00:00		
班次 02	08:00:00	08:00:00	08:00:00	08:00:00	08:00:00		
班次 03	17:00:00	17:00:00	17:00:00	17:00:00	17:00:00		
时最小累积值	0.0	0.0	0.0	0.0	0.0		
累积初值	0.0	0.0	0.0	0.0	0.0		

表 5-119　C3900 控制器 ON/OFF 控制组态表

参数＼通道	ONOFF01	ONOFF02	ONOFF03	ONOFF04	ONOFF05	ONOFF06
状 态	启用	关闭	关闭	关闭	关闭	关闭
位 号	ON/OFF01					
测量值 PV	AI06					
设定值 SV	None					
作用方式	反作用					

续表

参数 \ 通道		ONOFF01	ONOFF02	ONOFF03	ONOFF04	ONOFF05	ONOFF06
控制周期		1s					
GAP_H		0.50%					
GAP_L		0.50%					
SV上限		100.00%					
SV下限		0.00%					
报警组态	DH值	0.5					
	延时/s	5					
SV预置值		50.00					
MV预置值		OFF					
A/M预置值		手动(M)					
L/R预置值		内给定(L)					
SV跟踪测量值		是					
SV跟踪外给定		否					
故障MV输出		预置值					

表5-120 C3900控制器画面分组组态表

信号 \ 分组	分组☑	分组☑	分组☐	分组☐
信号01	AI01	AI06		
信号02	AI02	DO07		
信号03	AI03	AI07		
信号04	VA01			
信号05	AI04			
信号06	AI05			

表5-121 C3900控制器历史记录组态表

参数 \ 通道	信号来源	默认记录间隔	记录间隔自动切换		记录状态控制		预置标签
			触发信号	记录间隔	记录方式	触发信号	
REC01	AI01	0.500s	None	0.500s	自由记录		
REC02	AI02	0.500s	None	0.500s	自由记录		
REC03	FLOW01	0.500s	None	0.500s	自由记录		
REC04							
REC05							
REC06	AI06	0.500s	None	0.500s	自由记录		
REC07	AI07	0.500s	DI01	0.500s	触发记录	DI01	
REC08	DO12	0.500s	DI01	0.500s	触发记录	DI01	
REC09							
REC10							

本章小结

本章首先讲述了C3900控制器的整体外形结构、正面板及部件布置、接线端子、按键操作、监控画面及切换，组态登录步骤，信息查看等。对于列举型参数、数值输入参数、字符输入型参数、时间输入型参数和表达式的输入设置方法、步骤进行了详细叙述。

C3900控制器赋予了操作员（01、02、03）、工程师不同内容的操作权限，其中工程师具有编程组态参数设置的最高权限。操作员的权限内容要通过工程师组态设置。

C3900控制器进行组态登录后，可根据自动弹出的“组态导航菜单”按通道逐项分级进行组态和参数设置。“组态导航菜单”详细列出各个通道要组态的项目和内容，它将指导操作人员操作顺序。从“组态导航菜单”中看出了C3900控制器能实现的各种功能和要编程组态的内容。

C3900控制器输入输出通道类型分为：模拟量输入通道AI、开关量输入通道DI、脉冲量输入通道PI、模拟量输出通道AO、开关量输出通道DO、时间比例输出通道PWM；在其进行组态时要对信号类别、信号类型、量程范围等分别进行填写。

C3900控制器最多有4个单回路PID控制模块，根据工艺过程，结合表达式函数运算功能组态配置为单回路控制、串级控制、比值控制、分程控制、前馈控制、均匀控制、三冲量控制等各种复杂控制模式。对PID控制进行组态时要根据生产工艺流程图，对PID参数表中的各项内容进行合适填写；其中SV跟踪、MV跟踪、自整定功能的引入，为操作者创造了方便的条件，也使C3900控制器提高到了一个高级程度。在控制系统中，操作人员可通过调出“PID调整画面”，对其P、I、D参数进行调整和修改。亦可通过“TUNE”键的调整操作进行自整定，从而得出合适的P、I、D参数值。

C3900控制器最多具有6个ON/OFF控制模块，可组态配置成位式控制模式。ON/OFF控制特别适用恒温箱、加热炉的温度控制，水塔、储罐的液位控制，空气压缩机的压力控制。

C3900控制器累积通道具有12路的累积功能，启用正确的累积通道和编程组态，可对选定信号进行流量累积和热量累积计算；通过不同的累积系数设置，可在一段时间内根据流量量程大小来累积显示具体数值。

C3900控制器提供了强大的历史数据记录功能，记录总数最多可设置16个，修改记录间隔时间，可决定记录时间长短。

C3900控制器支持CF卡作为外部存储功能，通过CF卡操作，可保存仪表组态和监控画面。即可将监控画面拷贝到CF卡中，以备保存和打印。

C3900控制器提供了丰富、强大的表达式运算功能。运算类型包括四则运算（5个）、逻辑运算（7个）、数学函数运算（15个）、关系运算（6个）、复杂逻辑函数运算（11个）、统计功能函数运算（6个）、特殊功能函数运算（11个）共计61个。

表达式运算功能支持多种信号类型，按照组合方式大体可分为独立信号和组合信号两种。

能参与表达式运算功能的通道类型有：模拟量输出通道AO、开关量输出通道DO、时间比例输出通道PWM、模拟量运算通道VA、开关量运算通道VD。其中，AO、DO、PWM是输出信号，VA、VD是内部信号。

运算数据类型包含逻辑量运算和工程量运算，即参与表达式运算的数据或得到的结果只有两种：逻辑量（0/1）或者工程量。表达式中引用的通道数值均为工程量数值，使用时应注意区分百分量、工程量的关系。

C3900 控制器的气体流量测量温压补偿功能有 5 种补偿类型：过热蒸汽温压补偿、饱和蒸汽压力补偿、气体温压补偿、线性压力补偿、线性温度补偿。在进行编程组态时要注意变送器量程的选取和信号匹配，防止信号溢出。

C3900 控制器的程序控制功能，提供了同步和异步两种程序控制模式。在仪表订购时根据需要选择合适的选型代码。

C3900 控制器的综合应用即编程组态，是本专业全部知识的总体应用，是一个难点问题。C3900 控制器的编程组态，主要是根据现场控制系统的要求进行，对于任一控制系统而言，其组态方法（即组态图）都不是唯一的，可以有几种或多种，这就是可编程控制器在使用上的灵活性。

思考题与习题

5-1　试列举 C3900 控制器的 10 项功能特点。

5-2　C3900 控制器共有几个操作键和旋钮，其用途是什么？

5-3　写出 C3900 控制器监控画面的导航菜单。

5-4　写出 C3900 控制器组态画面的导航菜单。

5-5　怎么进行 C3900 控制器的“关于信息查看”？信息内容有哪些？

5-6　C3900 控制器操作员 01（02、03）不可操作的权限内容有哪些？可设置的操作权限内容有哪些？

5-7　C3900 控制器的基本设置参数有哪些？

5-8　C3900 控制器为何进行组态登录？

5-9　【开关画面】如何进行组态？

5-10　【常数画面】组态和【常数设置】组态有何不同？各自的组态内容是什么？

5-11　在【监控画面】组态中的【控制回路】组态内容是什么？

5-12　试说明监控画面状态栏的图标含义？

5-13　“快捷菜单操作”可设的项目有哪些？

5-14　分别写出输入输出的“通道类型”、“信号类别”和“信号类型”内容。

5-15　试说明模拟量输入通道 AI 组态步骤和项目。

5-16　C3900 控制器有几个 PID 控制回路？对应几个模拟输出通道？

5-17　写出 C3900 控制器的 PID 组态步骤。

5-18　何为微分先行控制作用？

5-19　何为 SV 跟踪功能？何为 MV 跟踪功能？

5-20　何为参数自整定功能？C3900 控制器怎么进行“自整定”功能操作？

5-21　如何调出“PID 调整画面”？怎么进行 P、I、D 参数修改？

5-22　何为 PID 通道监控值？怎么进行监控值设置？

5-23　ON/OFF 控制应用于何种场合？

5-24　写出 C3900 控制器的 ON/OFF 组态步骤。

5-25　在 ON/OFF 控制中“死区上下限设置功能”起什么作用？

5-26　在累积通道中“累积系数”的含义是什么？

5-27　对某一气（汽）体流量进行累积，当 $Q_{max}=50t/h$，取累积系数为 3600 时，则累积 1h 显示的流量值为多少？

5-28　C3900 控制器历史数据记录功能中，当记录时间间隔为 1.000s，记录通道数为 8 通道时，可记录时间为多少？

5-29　设置、改变记录通道的总数怎么操作？

5-30　如何消除报警信息？

5-31 “保存仪表组态”怎么进行操作？

5-32 利用CF卡的存储功能，想复制打印一幅“监控画面”如何操作？

5-33 C3900控制器与上位机的通信方式有几种？分别是什么？

5-34 能使用表达式运算功能的通道类型是哪几种？

5-35 何为独立信号和组合信号？

5-36 表达式中引用的通道数值均为工程量数值，是什么意思？

5-37 举例说明工程量和百分量有何不同？

5-38 在运算应用时，信号类型及通道序号的运算顺序是什么？

5-39 运算式中各项运算顺序及优先级别从高到低如何排列？

5-40 参与表达式运算的数据或运算后得到的结果有几种数据类型？分别是什么？

5-41 何为“状态锁定函数”？说明其具体含义。

5-42 何为“条件选择运算函数”？举例说明如何应用。

5-43 在气（汽）体流量测量中为什么要进行温度压力补偿？

5-44 在进行气（汽）体流量测量的密度补偿时C3900控制器提供了几种补偿类型？分别是什么？

5-45 C3900控制器提供了几种温压补偿流量计算模型？分别是什么？

5-46 C3900控制器有几种程序控制模式？分别是什么？当选型代码为PG4时是什么意思？

5-47 何为同步控制模式？何为异步控制模式？

第六章　智能阀门定位器

第一节　概　　述

智能阀门定位器与前述的电气阀门定位器在控制系统中的作用是相同的，它可与调节阀和气动执行器（直行程、角行程）配套使用，是对阀门起定位控制作用的数字型重要仪表。

智能阀门定位器具备传统阀门定位器的基本功能，又具有数字仪表的通信、运算、控制、报警等功能。相比之下有如下特点。

① 定位精度高，可达±0.2%。控制系统稳定性好，基本取消了死区。

② 通过非线性补偿环节，改变了被控变量的流量特性。

③ 具有自动调零和调量程、智能诊断、报警显示等功能。

④ 安装和调试成本较低，系统维护方便。

⑤ 阀位检测采用霍尔应变式、电感式和非接触式传感器，提高了控制回路的性能。

⑥ 可接收模拟、数字混合信号或全数字信号（符合现场总线通信协议）：4～20mA DC/HART、FF、PROFIBUS 等。

⑦ 通过手持终端或其他组态工具能对智能阀门定位器进行就地或远程组态。

⑧ 品种齐全，安全防爆，应用广泛。

智能阀门定位器越来越多地应用于过程控制系统中，各生产厂家也不断推出新产品，市场竞争激烈，本章将介绍的是 Siemens 公司生产的 SIPART PS2 智能阀门定位器。

第二节　SIPART PS2 智能阀门定位器

一、结构

SIPART PS2 智能阀门定位器是一种采用高集成度带微处理器的数字式现场仪表，有单作用和双作用之分，其外形结构如图 6-1 所示。其中，图 6-1（a）为塑铝外壳定位器，图 6-1（b）为用于非危险区或危险区域的本安型（EExia/ib）或隔爆型（EExd）外壳定位器，图 6-1（c）为用于特殊腐蚀性环境不锈钢外壳定位器。

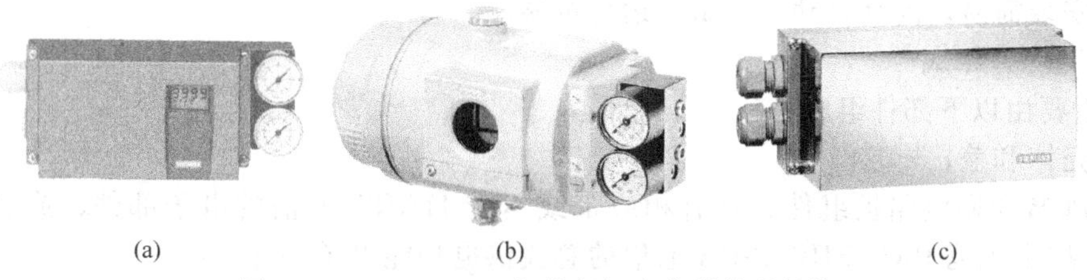

(a)　(b)　(c)

图 6-1　SIPART PS2 智能阀门定位器外形结构

SIPART PS2 智能阀门定位器其内部结构如图 6-2 所示。

（一）特点

SIPART PS2 智能阀门定位器可用于直行程或角行程执行机构的控制，直行程执行机构的行程范围是 3～130mm，反馈杠杆的转角为 16°～90°，角行程执行机构的角度为 30°～100°。

SIPART PS2 智能阀门定位器驱动执行机构使阀门到达与给定值相对应的位置。附加功

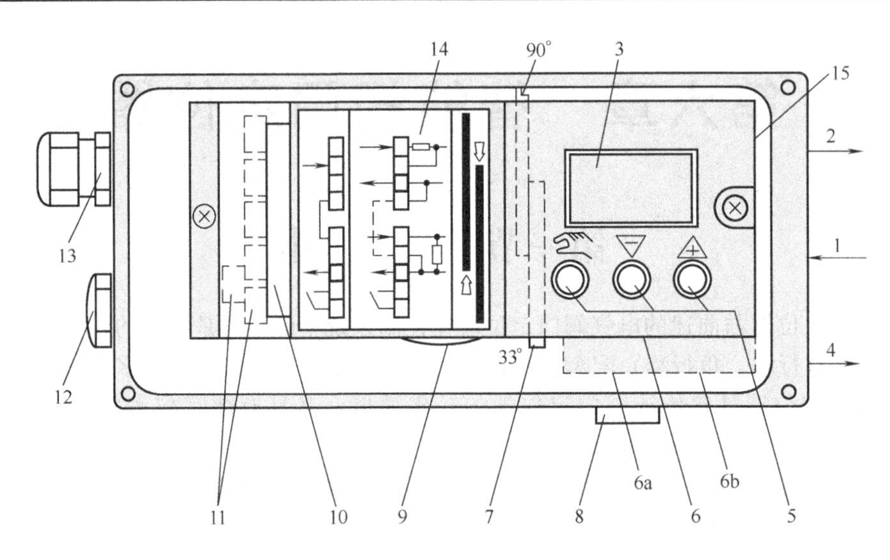

图 6-2　SIPART PS2 智能阀门定位器内部结构

1—输入（气源入口 PZ）；2—输出（定位器压力 Y1）；3—显示；4—输出（定位器压力 Y2，双作用执行机构）；5—输入键；6—限流器；6a—限流器 Y1（双作用执行机构）；6b—限流器 Y2（双作用执行机构）；7—转换比选择器；8—消声器；9—滑动离合器拉定尺辊；10—基本单元接线端子；11—可逆模块接线端子；12—塞子；13—电缆密封头；14—标签（在外壳上）；15—吹洗空气选择器

能的输入可用于锁定阀位或驱动阀门达到安全位置，为此，在基型产品中都有一个用于这个目的的二进制输入接口。

SIPART PS2 智能阀门定位器与传统的电气阀门定位器相比，有许多独特而实用的优点。

① 直行程和角行程执行机构采用同一型号的定位器。

② 三个操作按键和双行 LCD 显示器可实现简洁的操作和编程。

③ 具有零位和行程范围自动调整功能。

④ 手动操作时无须另外的设备和电源。

⑤ 具有自诊断功能。

⑥ 设定值和控制变量的极限值可进行选择。

⑦ 可编程设置阀门“紧密关闭”功能。

⑧ 因为行程检测组件采用非接触式阀位传感器，可使定位器和执行器分离安装，使控制系统更加安全可靠。

⑨ 安装简易，高度自动化调试，运行可靠。

（二）部件组成

它主要由以下部件组成。

① 壳体和盖。

② PCB 印刷电路板组件。具有相应带或不带 HART 通信的电子部件，或者符合 IEC 1158—2 技术规范 PRO FIBUS-PA 通信的总线供电功能电子部件。

③ 执行机构行程检测组件（阀位反馈系统）。

④ 螺纹接线端子盒。

⑤ 由压电阀组构成的气路控制及放大部分。压电阀组安装在壳体内部，进气和输出压力的气动接口位于定位器的右侧。可分接压力表或电磁阀。位于壳体内部设有多个安装电路板的插槽，可按编号分别插入具有以下功能模块：ly 模块，采用两线制 4～20mA 位置反馈信号模块，报警模块（3 个输出、1 个输入）。

二、工作原理

SIPART PS2 智能阀门定位器的结构原理如图 6-3 所示。

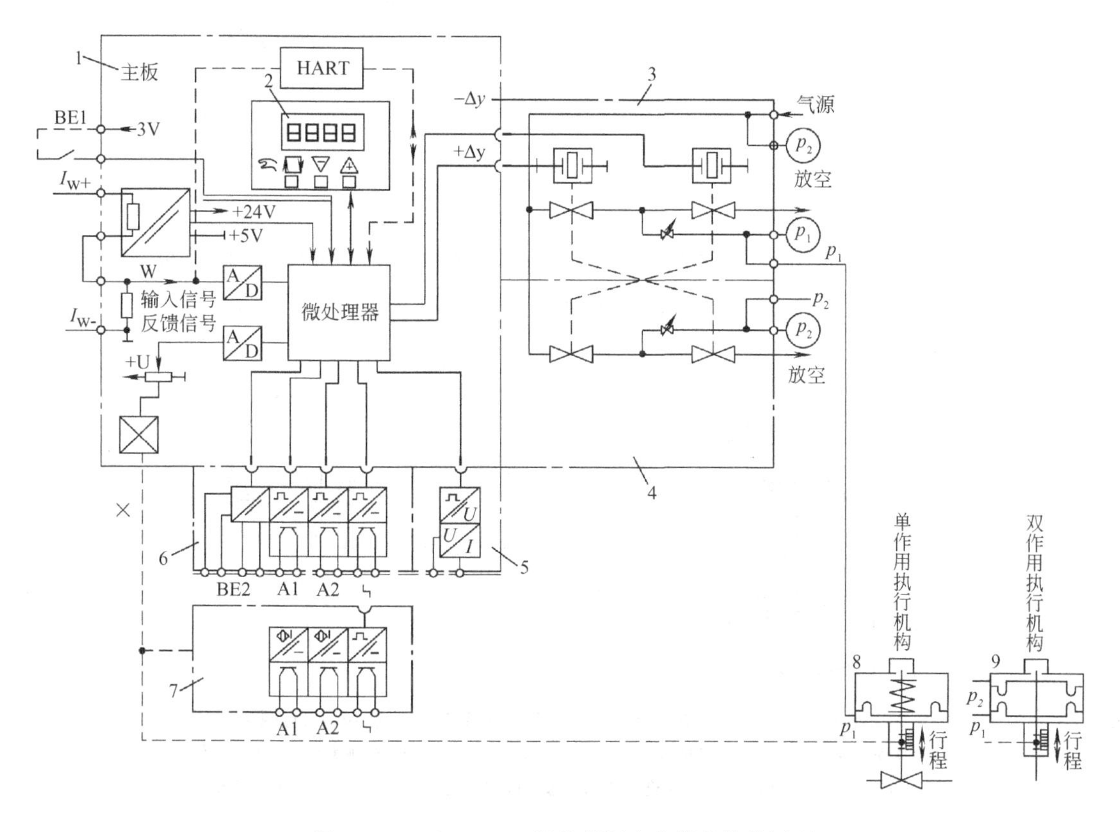

图 6-3 SIPART PS2 智能阀门定位器的结构原理

1—带微处理器的输入电路主板；2—带 LCD 和按键的控制面板；3，4—压电阀单元；5—两线制 4～20mA 位置反馈信号模块；6—报警模块；7—限位开关报警模块；8，9—气动执行结构

（一）组成

SIPART PS2 智能阀门定位器由电路主板、控制面板、压电阀单元、执行机构以及一系列功能模块组成。电路主板上带有相应的符合 HART 协议、PROFIBUS-PA 或者 FF 总线协议的数字通信部件。报警模块有 3 个报警输出，其中 2 个作为行程或者转角的限位信号，可单独设置为最大或最小值；1 个作为故障显示，在自动模式时，若执行机构达不到设定位置或发生故障，该定位器将输出报警信号，报警模块中还带有 1 个两进制输入接口，可用于阀门锁定或安全可靠定位。该定位器有单作用定位器和双作用定位器两种，分别用于有弹簧加载的执行机构和无弹簧执行机构。所有外壳式产品（防爆型除外）的行程检测组件（非接触式阀位传感器）和控制器都可以分离安装，以适应特殊的环境，如温度过高、振动过强或具有核辐射等。非接触式阀位传感器在阀体上的安装如图 6-4 所示。

SIPART PS2 可以在两线制系统中工作，并可实现行程检测组件（非接触式阀位传感器）和控制器分离安装。行程检测组件（非接触式阀位传感器）是由一个固定的感应器和一个安装在直行程执行机构阀杆或角行程执行机构转轴上的磁性体组成。控制器可单独安装在离执行器一定距离的地方，如安装在管道或类似安装件上。控制器通过一根电缆与行程检测组件连接，用一根或两根气动连接管与执行机构连接。分离安装的执行机构行程检测系统和控制单元的连接如图 6-5 所示。

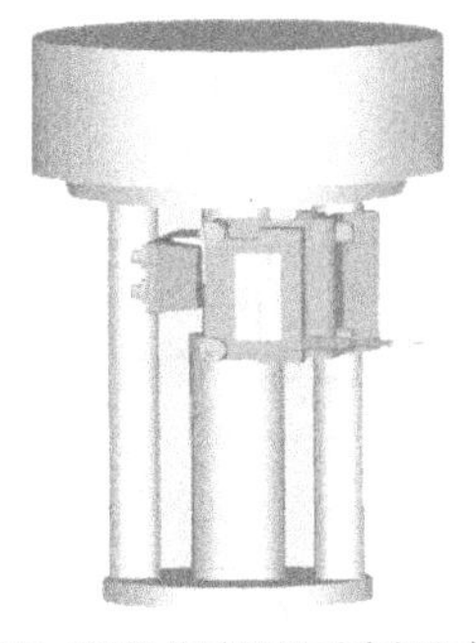

(a) 非接触式阀位传感器用于直行程执行机构

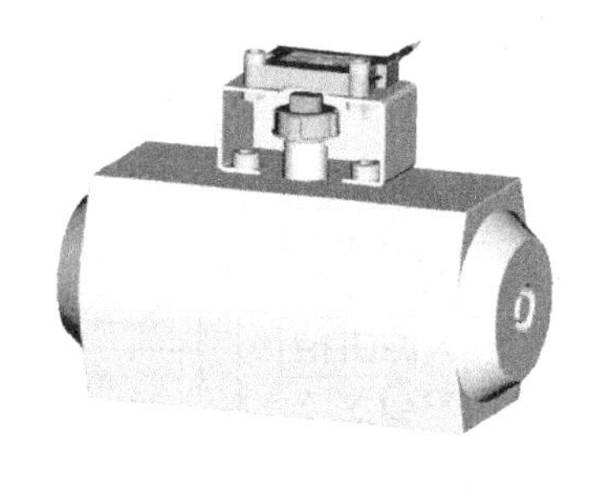

(b) 非接触式阀位传感器用于角行程执行机构

图 6-4　非接触阀位传感器在阀体上的安装

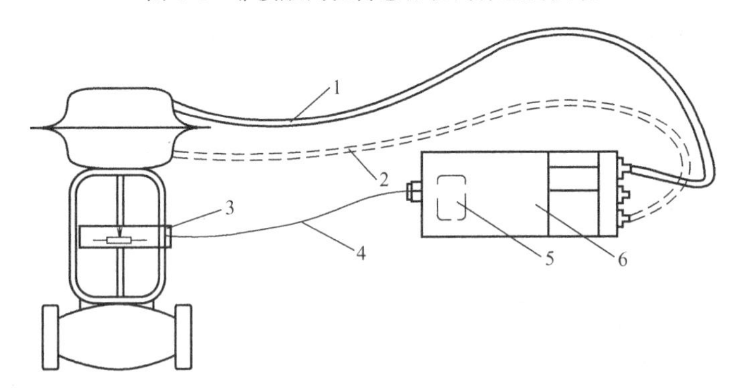

图 6-5　分离安装的执行机构行程检测系统和控制单元的连接

1—气动连接管；2—气动连接管（双作用执行机构）；3—行程检测系统（10kΩ 电位器或 NCE）；4—电缆；5—改进的 EMC 滤波模块（定位器内）；6—SIPARTPS2

（二）原理

SIPART PS2 智能电气阀门定位器的工作原理与传统的定位器完全不同。它采用微处理器对给定值和位置反馈信号进行比较，如果检测到偏差，则根据偏差的大小和方向，向压电阀输出一个控制指令，压电阀进而调节进入执行机构气室的流量。偏差很大时，定位器输出连续信号；偏差较小时，输出连续脉冲；偏差很小时（自适应或可调死区状态）则不输出控制指令。压电阀可释放较窄的控制脉冲，以确保定位器能达到较高的定位精度。

三、操作

以下介绍 SIPART PS2 智能阀门定位器的操作方法。

（一）显示

定位器上有两排 LCD 显示，每排符号的组成不同。上排为 7 段字符显示，下排为 14 段字符显示。显示取决于可选择的模式。如果阀门定位器使用时温度低于－10℃，LCD 的显示变慢并且清晰度明显下降。

（二）操作按键

定位器在现场可采用三个按键实现定位器的操作，按键的功能取决于可选择的工作模式。该阀门定位器的显示屏和操作按键如图 6-6 所示。

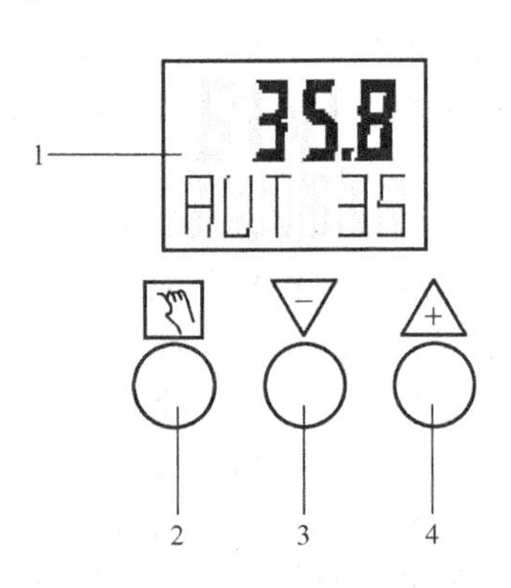

图 6-6　阀门定位器的显示屏和操作按键

1—显示屏；2—工作模式按键；3—下降按键；4—上升按键

（三）模式

改变操作模式如图 6-7 所示。

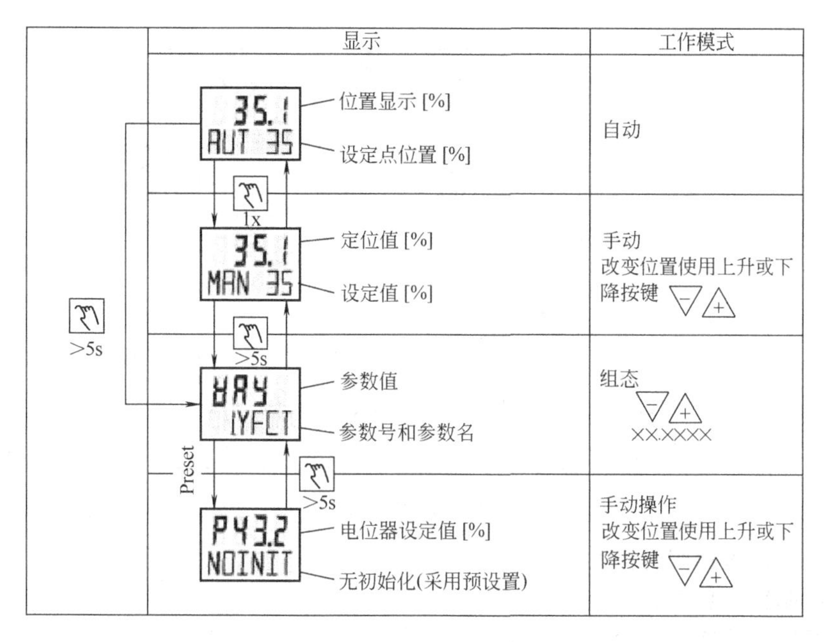

图 6-7 改变操作模式

1. 自动模式（AUT）

自动模式是常用的模式，经初始化（组态）的定位器，自动地按设定值改变并且不断地使系统的偏差尽可能趋于最小值。这时下降按键（▽）和上升按键（△）不起作用。在屏幕的顶部以百分数显示当前的阀位。在下面一行左侧表示所选模式“AUT”，右侧以百分数表示当前的设定值。

2. 手动模式（MAN）

按工作模式键，使定位器从自动模式切换到手动模式。使用按键和 LCD 可以手动操作气动执行机构。通过按△或▽按键达到分步调整。先按△键，然后再按▽键，为快速增升；先按▽键，然后再按△键，为快速减降。

一旦释放△/▽键，执行机构就停在其当前的位置，内设定值被调整至当前的操作变量。由于定位器内部手动模式控制是闭环的，因此即使处于定位器气源渗漏事故时仍能保持当前阀位。当前阀位在显示屏上以百分数表示。下一行左侧表示所选工作模式“MAN”，右侧表示当前设定值。

3. 组态模式

SIPART PS2 组态综览如图 6-8 所示。

SIPART PS2 可以在组态模式下对如下设置进行组态。

① 输入电流范围 0～20mA 或 4～20mA。

② 设定点上升或下降特性。

③ 定位速度限值（给定值斜率）。

④ 分程调节，可调整起始值和满度值。

⑤ 响应阈值（死区），自动设定或人工设定。

⑥ 动作方向，随设定点上升而上升或下降的输出压力。

⑦ 定位范围的限值（起始刻度和满度值）。

⑧ 执行机构位置的限值（报警），最小值和最大值。

⑨ 自动“紧密关闭”功能（可调响应阈值）。

图 6-8　组态综览

⑩ 行程可以根据阀门特性进行校正。

⑪ 二进制输入功能。

⑫ 报警输出功能。

SIPART PS2 不同型号的组态内容基本相同，少有差异。

用工作模式按键，可从自动模式或手动模式转换为“组态”模式。组态综览如图 6-8 所示。转换时必须按住模式转换键至少 5s，直至完成转换。在“组态”模式下能改变定位器的参数值。显示屏上排表示当前参数值（设定），下排表示参数名（简写形式）及参数编号。使用工作模式键可选择下一个参数。如果在按工作模式键（＜5s）的同时按住下降键，则以相反次序选择参数。利用下降按键（▽）或上升按键（△）可改变参数值。

（四）参数

SIPART PS2 智能阀门定位器所有参数如表 6-1 所示。

表中在“功能”栏中，对参数功能作了简单描述，同时还表示了各项显示模式、参数值、物理单位、工厂设置等。参数共 55 项，以下就其中主要参数的意义和设置加以介绍。

1. YFCT（执行机构形式）　执行机构选用直行程执行机构（WAY）、角行程执行机构（TURN）。如果选择 1. YFCT＝TURN，则由于线性位移转换为角位移产生的非线性通过定位器得以补偿。如果采用外接线性电位器作为直行程执行机构的位置检测，1. YFCT 必须设置为 WAY。初始化后，在定位器上不显示位置数值。

2. YAGL（反馈轴额定转角，见图 6-9）　如果选择 1. YFCT＝TURN（见上述），则角行程执行机构的转角自动设置为 90°。对直行程执行机构（1. YFCT＝WAY），则可设定为 33°或 90°，这都取决于行程范围。33°行程≤20mm；90°行程＞20mm。如采用 35mm 的行程杆，则两种转角（33°和 90°）都可以。长杆臂（行程＞35mm）仅采用设定 90°转角。

3. YWAY（杠杆反馈比率）　此参数是选择性的，仅在直行程执行机构初始化结束时，希望以 mm 显示仪表计算位置时，才必须设置此参数。杆臂范围的选择：定位器在初始化之后显示实际的位移，此参数仅直行程才有，如果在此选择参数“OFF”，在初始化之后，不显示实际的位移。

设置 YWAY 必须符合机械杠杆比率，驱动机构设置必须达到执行机构的行程值，如果执行机构行程值不在刻度上，应达到下一挡最大的刻度值。

表 6-1 SIPART PS2 智能阀门定位器参数

参数名称	显示	功能	参数值	单位	工厂设置	自定义
1. YFCT	1 YFCT	执行器类型	turn(角行程执行机构) WAY(直行程执行机构) LWAY(直行程执行机构不带正弦波校正) ncst(角行程执行机构带 NCS) —ncst(同上,执行机构反向) (直行程执行机构带 NCS)		WAY	
2. YAGL[①]	2 YAGL	额定反馈角 见转换比选择器(7) (见设备图)	90° 33°	(°)	33°	
3. YWAY[②]	3 YWAY	行程范围(可选设定) 当选择这个选项的时候,行程值必须与执行器反馈杆值一致,执行器驱动销与行程一致,如果不一致,选择最靠近的下一个挡	OFF 5|10|15|20 (短杠杆 33°) 25|30|35 (短杠杆 90°) 40|50|60|70|90|110|130 (长杠杆 90°)	mm	OFF	
4. INITA	4 INITA	初始化(自动)	noini|no ###.#|Strt		no	
5. INITM	5 INITM	初始化(手动)	noini|no ###.#|Strt		no	
6. SCUR	6 SCUR	设定电流范围 0～20mA 4～20mA	0mA 4mA		4mA	
7. SDIR	7 SDIR	设定方向 上升 下降	riSE FALL		riSE	
8. SPRA	8 SPRA	分程范围设定起始点	0.0 to 100.0	%	0.0	
9. SPRE	9 SPRE	分程范围设定终点	0.0 to 100.0	%	100	
10. TSUP	10 TSUP	上斜率设定	Auto 0 to 400	s	0	

续表

参数名称	显示	功能	参数值	单位	工厂设置	自定义
11. TSDO	11 TSDO	下斜率设定	0 to 400	s	0	
12. SFCT	12 SFCT	设定点功能 线性 等百分比 1∶25,1∶33,1∶50 快开 1∶25,1∶33,1∶50 自由调整	Lin 1-25 1-33 1-50 n1-25 n1-33 n1-50 FrEE		Lin	
13. SL0 14. SL1 usw. bis[3] 32. SL19 33. SL20	13 SL0 (example)	设定添加折点在0% 5% 到 95% 100%	0.0 to 100.0	%	0.0 5.0 等等,到 95.0 100.0	
34. DEBA	34 DEBA	控制器死区	Auto 0.1 to 10.0	%	Auto	
35. YA	35 YA	行程下限值	0.0 to 100.0	%	0.0	
36. YE	36 YE	行程上限值	0.0 to 100.0	%	100.0	
37. YNRM	37 YNRM	操作变量标准化(LED 显示) 机械行程(实际值) 流量(0～100%)	MPOS FLOW		MPOS	
38. YDIR	38 YDIR	行程方向显示 上升 下降	riSE FALL		riSE	
39. YCLS	39 YCLS	“紧密关闭”带人工操作变量 无 仅上升 仅下降 上升和下降	no uP do uP do		no	
40. YCDO	40 YCDO	紧闭关断,底部	0.0 to 100.0	%	0.5	
41. YCUP	41 YCUP	紧闭关断,顶部	0.0 to 100.0	%	99.5	

续表

<table>
<tr><th>参数名称</th><th>显示</th><th>功能</th><th colspan="4">参数值</th><th>单位</th><th>工厂设置</th><th>自定义</th></tr>
<tr><td rowspan="2">42. BIN1④</td><td rowspan="2">42 BIN1</td><td rowspan="2">二进制输入 1 的功能 无
仅显示信息
锁定配置
配置并手动
驱动阀位到 YE
驱动阀位到 YA
锁定配置</td><td colspan="4">OFF</td><td rowspan="2"></td><td rowspan="2">OFF</td><td rowspan="2"></td></tr>
<tr><td>NO
接点</td><td>on
bLoc1
bLoc2
uP
doWn
StoP</td><td>-on

-uP
-doWn
-StoP</td><td>NC
接点</td></tr>
<tr><td rowspan="2">43. BIN2④</td><td rowspan="2">43 BIN2</td><td rowspan="2">二进制输入 2 的功能 无
仅显示信息
驱动阀位到 YE
驱动阀位到 YA
锁定配置</td><td colspan="4">OFF</td><td rowspan="2"></td><td rowspan="2">OFF</td><td rowspan="2"></td></tr>
<tr><td>NO
接点</td><td>on
uP
doWn
StoP</td><td>-on
-uP
-doWn
-StoP</td><td>NC
接点</td></tr>
<tr><td rowspan="2">44. AFCT⑤</td><td rowspan="2">44 AFCT</td><td rowspan="2">报警功能 无
A1=min,A2=max
A1=min,A2=min
A1=max,A2=max</td><td colspan="4">OFF</td><td rowspan="2"></td><td rowspan="2">OFF</td><td rowspan="2"></td></tr>
<tr><td>normal</td><td>n,nR
n,n
nR,nR</td><td>$\overline{n}$,$\overline{n}$R
$\overline{n}$,$\overline{n}$,
$\overline{n}$R $\overline{n}$R</td><td>inverted</td></tr>
<tr><td>45. A1</td><td>45 A1</td><td>报警响应阈值 1</td><td colspan="4">0.0 to 100.0</td><td>%</td><td>10.0</td><td></td></tr>
<tr><td>46. A2</td><td>46 A2</td><td>报警响应阈值 2</td><td colspan="4">0.0 to 100.0</td><td>%</td><td>90.0</td><td></td></tr>
<tr><td>47. ϟFCT⑤</td><td>47 ϟFCT</td><td>报警输出功能
默认(显示)
显示+非自动状态
显示+非自动状态+二进制输入
(“+”表示逻辑或操作)</td><td>normal</td><td>ϟ
ϟnR
ϟnRb</td><td>-ϟ
-ϟnR
-ϟnRb</td><td>inverted</td><td></td><td>ϟ</td><td></td></tr>
<tr><td>48. ϟTIM</td><td>48 ϟTIM</td><td>监视时间设定(故障信息)
“控制偏差”</td><td colspan="4">Auto
0 to 100</td><td>s</td><td>Auto</td><td></td></tr>
<tr><td>49. ϟLIM</td><td>49 ϟLIM</td><td>故障信息的响应阈值
“控制偏差”</td><td colspan="4">Auto
0.0 to 100.0</td><td>%</td><td>Auto</td><td></td></tr>
</table>

续表

参数名称	显　示	功　能	参　数　值	单位	工厂设置	自定义
50. ϟSTRK	50 ϟSTRK	行程累计极限值	OFF 1 to 1.00E9		OFF	
51. ϟDCHG	51 ϟDCHG	方向改变极值	OFF 1 to 1.00E9		OFF	
52. ϟZERO	52 ϟZERO	极限用于零极值监视	OFF 0.0 to 100.0	%	OFF	
53. ϟOPEN	53 ϟOPEN	极限用于上极值监控	OFF 0.0 to 100.0	%	OFF	
54. ϟDEBA	54 ϟDEBA	极限用于死区极值监控	OFF 0.0 to 10.0	%	OFF	
55. PRST	55 PRST	预设定(工厂设定) “no”未启动 “Strt”按 5s 后启动工厂设置 “oCAY”工厂设置成功后显示 注意:预设后导致“NO INI”	no Strt oCAY			

① 只有选择了“TURN”或“WAY”，参数才出现。
② 如果 YFCT 参数中选择了“TURN”、“WAY”或“NCS”，此参数不出现。
③ 初始值是从 5%～95%为线性特性曲线。
④ NC 意味开关常闭或高电平；NO 意味开关常开或低电位。
⑤ normal 表示高电平且无故障；inverted 表示低电平且无故障。

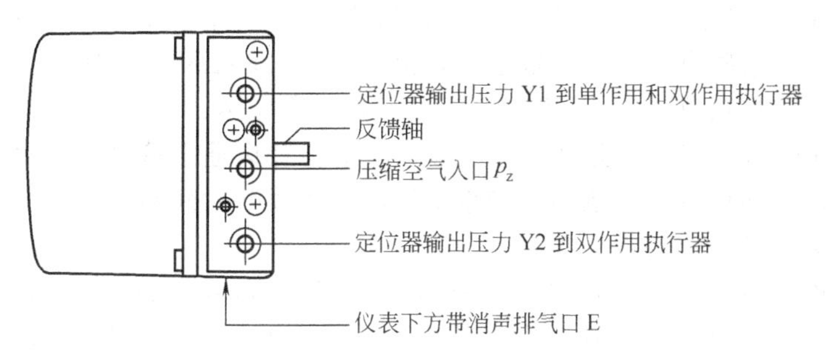

图 6-9　气路连接

4. INIT（初始化）　如果选择“Strt”并按上升键（>5s），则开始自动初始化。初始化进行显示“RUN1”至“RUN5”的过程。

6. SCUR（直接设置设定值范围）　选择直接设置设定范围取决于连接形式。设“0mA”（0～20mA）仅能用于3/4线制接线。

7. SDIR（设置方向，见图 6-10）　设置定值的方向是用于设置改变设定值的方向，主要用于分程控制和具有设置“UP”的作用驱动。

8. SPRA（分程控制的起始点设置，见图 6-10）　同 7. SDIR。

9. SPRE（分程控制的结束点设置，见图 6-10）　参数“8. SPRA”及“9. SPRE”和参数“7. SDIR”一起用来限制有效设定值范围，这样可以通过特性曲线来解决分程任务。

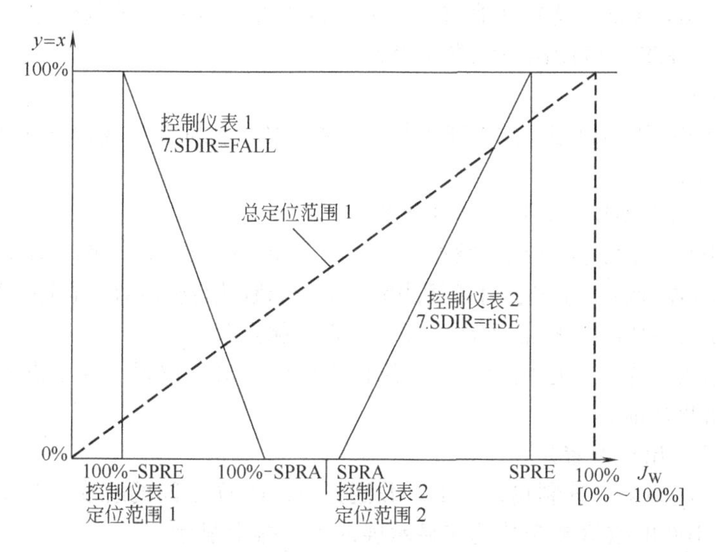

图 6-10　具有两台仪表的分程操作一例

10. TSUP（设定值斜率）　设定值斜率在自动模式和限制有效设定值变化率时起作用。当仪表从手动模式转换为自动模式时，通过设定值斜率使有效设定值与仪表上的设定值相匹配，达到手动和自动间无扰动切换，避免系统波动过大。当设置 TS=AUTO，初始化的 2 倍执行时间由设定值斜率所确定。

12. SFCT（设定值功能）　采用这一功能使阀门的非线性特性线性化。并且在阀门的线性化特性曲线上，任何流量特性都可以模拟。仪表中存储了三种阀门的特性曲线：

等百分比 1∶25（12SFCT=1∶25）；

等百分比 1∶50（12SFCT=1∶50）；

反等百分比 1∶25（12SFCT=FREE，出厂设置）

13. SL0 至 33. SL20（SL0～SL20 设定值转折点）　每个设定值转折点可从 10％的行程上赋予流量特性值。这些点组成一个多边形，由 20 根直线组成，从而模拟一个典型的阀门特性曲线。设定值转折点只有当 12SFCT＝FREE 时才能输入。

34. DEBA（控制器死区）　当 DEBA＝AUTO 时，死区通常符合自动模式下控制回路的要求。如果一步步增加检测死区范围而产生了控制，用改变时间判据来减少振荡，其分程控制时的控制器死区，设置值通常为常数。

35. YA（操作变量下限），36. YE（操作变量上限）　借助参数 35. YA 和 36. YE，机械行程（从停到停）被限定至设定值内。采用这种方法，执行机构正确的机械行程能被限制在有效流量范围内，并且能避免调节器的积分饱和影响。

37. YNRM（常规操作变量），38. YDIR（操作变量的方向显示）　用于设置显示动作方向（增加或减少）和位置反馈（JY）。

39. YCLS（操作变量的“紧闭功能”）　利用这一功能阀门能达到最大开启度（保持压电阀接触通电），紧闭功能可作用于单输出或双输出执行器的定位。当设定值低于 0.5％或大于 99.5％时 YCLS 起作用。当 YA 和 YE 设定值范围为 0～100％时，依据流量的紧闭功能动作点，可借助 YA 设置在较低数值，借助 YE 设置在较高数值。

42. BIN1（两进制输入 1 功能见参数表），43. BIN2（两进制输入 2 功能见参数表）　参数 42. BIN1 和 43. BIN2 可分别设定，以满足要求。动作方向能适应 NOC 或 NCC。

BIN1 或 BIN2＝ON 或-ON

如果逻辑 ORed（或）具有其他信号，则来自外部设备的二进制信号（例如压力或温度开关）可通过 HART 接口读出或触发报警输出。

BIN1＝bLoc1

不能进行操作级别的组态，故不能进行再设置工作（例如在接线端子 9 和 10 之间跳线）。

BIN2＝bLoc2

如执行 BE1 则手动模式，增加操作级别组态。

BIN1 或 BIN2＝uP 或 doWn（触点开启）或－uP 或－doWn（触点闭合）

当二进制输入保持触点动作时，执行机构动作，直行程执行机构动作至上一级或下一级停止。

BIN1 或 BIN2＝StoP（触点开启）或－StoP（触点闭合）

当二进制输入动作，压电阀锁定并且执行机构停在最终位置。这个设置可用于检测泄漏而无须进行初始化功能。

BIN1＝OFF（出厂设置）

当 P 手操时，如果二进制输入 1 的动作通过 9、10 端子间的跳线，“NOINT”和输入电流（mA）乘以 100 的数值被交替地在显示屏的下一排上显示。

44. AFCT（报警功能）　执行此功能能及时反应超出（max）或低于（min）预设置的行程或转角。报警响应（限位触点）以 MPOS 分度。报警信号通过报警模板输出。此报警亦可通过 HART 接口读出。二进制输出的动作方向符合从高到低后续系统动作顺序。

45. A1（报警 1 响应阈值）　和 44. AFCT 相同。

46. A2（报警 2 响应阈值）　响应阈值符合机械惯例（MPOS 分度）。

47. FCT（故障报警输出功能）　故障报警用于监控全过程系统的偏差，可包括下列事件：失电、过程故障、执行机构故障、阀门故障、压缩空气无压力。

报警故障可以是逻辑 ORed，具有“非自动信号”和二进制输入。二进制输出动作的方向能适应从高到低后续系统动作。

48. TIM（设定报警的监控时间）　定义时间设置值，在此时间内定位器必须达到正常状态。对应的响应阈值默认数值为 35，超过设置时间，输出报警。

49. LIM（报警响应阈值）　在此可设置为系统允许偏差引起报警的（%）数值。如果参数 48 和 49 都设置为“Auto”，则在一定时间内如不能达到短步区域范围，要设置报警。这个时间为初始化时间×5（在行程 5%～95%内），初始化时间×10（在行程 10%～90%以外）。

55. PRST（预设置）　出厂设置的复位和再设置初始化。在预设置之后，定位器必须进行重新初始化，全部维护参数等经计算的要重新设置。

四、调试

SIPART PS2 智能阀门定位器的调试即初始化。在初始化时，微处理器自动确定执行机构的零点、最大行程、作用方向和执行机构的定位速度，用这些来确定最小脉冲时间和死区，从而使控制达到最佳。

SIPART PS2 智能阀门定位器由于有多种应用，为了使定位器装配后与执行机构相适应，投运前必须先进行初始化。初始化有以下三种模式。

① 自动初始化　初始化是自动进行的，定位器顺序测定作用方向、行程或转角，执行器的行程时间并配以执行器动态工况时的控制参数。

② 手动初始化　执行机构的行程或转角可用手动调整，其余参数同自动初始化一样自动测定。

③ 定位器置换时复制初始化数据　对具有 HART 功能的定位器，其初始化数据可以读出并传送到另一个定位器。因此，更换一台故障定位器，不会因为初始化而中断生产过程。初始化之前只需对定位器设置很少参数，其余参数带有缺值，通常不必修改，只要遵循如下几点，调试不会有任何问题。

同时按下工作模式键和▽键可以返回前一参数。

（一）直行程执行器的调试

1. 准备

① 用相应的安装配件安装定位器，杠杆比率开关的位置对定位器非常重要。冲程、杆、比率开关位置的设置如表 6-2 所示。

表 6-2　冲程、杆、比率开关位置的设置

冲程	杆	比率开关位置	冲程	杆	比率开关位置
5～20mm	短	≤33°	40～130mm	长	≤90°
25～35mm	短	≤90°			

② 推动杆上驱动销钉的位置要到达额定冲程的位置或更高的一个刻度位置，并用螺母拧紧驱动销钉。

③ 用气动管缆连接定位器与执行机构，给定位器提供气源。

④ 连接相应的电流或电压源。

⑤ 让定位器处于 P manual 模式，在显示屏上一行显示当前电位计的百分比电压值（P），例如 P 37.5，显示屏下行 NOINI 在闪烁。

显示：P37.5 NOINI

⑥ 通过△和▽键操作移动执行机构达到每一个位置，来检查机械装置是否可在全部调整范围内自由移动。当保持第一方向键向下按压的同时下压另一方向键时，可快速移动执行机构动作。

⑦ 移动执行器推杆，使反馈杆达到水平位置，显示屏将显示一个介于 P48.0～P52.0 之

间的值。如果不是这种情况，调整摩擦夹紧单元，直到杆水平并显示 P50.0 时。确切地说，达到了这一值，定位器测定的位移将更精确。

2. 直行程执行机构的自动初始化

正确移动执行机构推杆，使其离开中心位置，开始初始化。

① 按下工作模式键 5s 以上进入组态模式。

显示：UAY 1 YFCT

② 通过短按工作模式键，切换到第二参数。

显示：33° 2 YAGL 或 90° 2 YAGL

这一参数必须与杠杆比率开关的设定值相匹配（33°或 90°）。

③ 用工作模式键切换到下列显示。

OFF 3 YWAY

如果希望在初始化阶段完成后，计算的整个冲程量用 mm 表示，这一步必须设置。为此，需要在显示屏上选择与刻度杆上驱动钉设定值相同的值。

④ 用工作模式键切换到如下显示。

no 4 INITA

⑤ 按下△ 键超过 5s，初始化开始。

显示：Strt 4 INITA

初始化进行时 RUN1～RUN5 一个接一个出现于显示屏下行。初始化过程依据执行机构可持续 15min，有下列显示时初始化完成。

FINSH

在短按工作模式键后，出现如下显示。

4 INITA

通过按下工作模式键超过 5s，退出组态模式。约 5s 后，软件版本显示，在松开工作模式键时，处于手动模式。如想进一步设定参数则按表 6-1 进行。可以在任何时候用自动或手动模式开始初始化。

3. 直行程执行器手动初始化

利用这一功能，不需硬性驱动执行机构到终点位置即可进行初始化。推杆的开始和终止位置可手工设定，初始化剩下的步骤（控制参数最佳化）如同自动初始化一样自动进行。直行程执行机构手动初始化的步骤如下。

① 先做好初始化的“准备”工作，通过手工驱动保证推杆位移全部冲程，即电位计显示设定处于 P5.0 和 P95.0 的允许范围中间。

② 按下工作模式键 5s 以上，将进入组态模式。

显示：UAY 1 YFCT

③ 短按工作模式键，切换到第二参数。

显示：33° 2 YAGL 或 90° 2 YAGL

这一值必须与传送速率选择器的设定相对应（33°或 90°)。

④ 按工作模式键转到下列显示。

OFF
3 YWAY

如果希望初始化过程结束时，测定的全冲程用 mm 表示，需要在显示器中选择与驱动销钉在推杆刻度上设定的值相同。

⑤ 通过按下工作模式键两次。

显示： no
5 INITM

⑥ 按下增加键 5s 以上，开始初始化。

显示： Strt
5 INITM

⑦ 5s 之后，显示改变。

显示： P32.9
YEND1

电位计调整的显示在这里出现。例如，用增加键和减少键驱动执行机构到规定的两个终端位置的第一个位置，然后按下工作模式键。用这种方法，当前位置被终点位置 1 取代，并将切换到下一步。

如果信息 RANGE 在下行出现，所选终点位置在规定测量范围之外，有几种选择可纠正这一错误。

- 调整摩擦夹紧单元，直到出现 OK ，然后再按一次工作模式键。
- 用增加键和减少键驱动到另一个结束位置。
- 按下工作模式键，中断初始化，切换到手动模式，按照第①步校正行程和测量位置。

⑧ 第⑦步成功完成后，出现下列显示。

P22.4
YEND2

现在用增加和减少键驱动执行机构到规定的第二终点位置。然后按下工作模式键，当前位置将被终点位置 2 取代。

如果信息 RANGE 出现在下行，所选终点位置超出允许的测量范围，或者是测量跨度太小，有几种选择可纠正这一错误。

- 用增加和减少键驱动到另一终点位置。
- 通过按下工作模式键中断初始化，这样已切换到 P Manual 模式，按照步骤①修改行程和进行位置测量。

如果信息 Set Middle 出现，杆臂必须用增加和减少键移到水平位置，并按下工作模式键，这样调整直行程执行机构正弦修正基准点。

⑨ 初始化的停止是自动出现的。RUN1～RUN5 顺序出现在显示屏的下行。当初始化全部完成时，出现如下显示。

FINSH

如果已有 3YWAY 参数输入设置了杆长，显示屏首行附加出现以 mm 表示的规定冲程。短按工作模式键，5INITM 再次出现在下行。这表示现在是重来一次组态模式。按下工作模式键超过 5s，离开该组态模式。接近 5s 后软件显示将出现，松开工作模式键后，装置将在 Manual 模式。

（二）角行程执行器调试

1. 准备

通常对角行程执行机构，切换杠杆比率开关要调整为 90°，这一点非常重要。

① 用相应的配件安装定位器。

② 用气动管缆连接执行机构和定位器，并给定位器提供气源。

③ 连接适当的电流或电压源。

④ 定位器处于 P manual 模式。显示屏上行显示当前电位计电压（P）的百分比值，例如 P 37.5 ，下行 NOINI 在闪烁。

P37.5
NOINI

⑤ 用△和▽键调整执行机构推杆到每一个位置，并能自由移动全部设定范围，从而可检验机械装置。当保持第一方向键按下时，再按另一个方向键可快速移动执行机构推杆动作。

2. 角行程执行机构的自动初始化

通过正确调整角度，能移动执行机构推杆离开中心位置，开始自动初始化。

① 按下工作模式键超过 5s，进入组态模式。

显示：WAY
1 YFCT

② 用▽键调整参数到 turn。

显示：turn
1 YFCT

③ 用短按工作模式键切换到第二参数，第二参数自动设在 90°。

显示：90°
2 YAGL

④ 用工作模式键切换到下列显示。

no
4 INITA

⑤ 按下△键超过 5s，初始化开始。

显示：Strt
4 INITA

初始化进行时 RUN1～RUN5 顺序出现在显示器下行。依据执行机构初始化可持续 15min。

下列显示当前初始化完成。

93.5°
FINSH

其中，上行值是执行机构旋转的全部角度值，例如 93.5°。

在短按工作模式键后，下列显示出现。

93.5°
4 INITA

按下工作模式键超过 5s，退出组态模式。大约 5s 后，软件版本显示。当松开工作模式键，装置处于手动模式。如果想进一步调整参数可按表 6-1 顺序进行，可以随时从自动或手动模式开始初始化。

3. 角行程执行机构手动初始化

利用这一功能，定位器初始化不需要硬性驱动执行机构到终点停止。手工调整行程的开始和终止位置。初始化步骤的保存（最佳控制参数）可与自动初始化一样自动测定。角行程执行器手动初始化的顺序步骤如下。

① 先做好角行程执行机构初始化的“准备”工作，通过手动驱动保证角行程在设定范围内自由移动，该行程显示的电位器设定在允许的 P5.0～P95.5 范围之间。

② 按下工作模式键超过 5s，进入组态模式。

显示：WAY 1 YFCT

③ 用减少键调整参数 YFCT 改变。

显示：turn 1 YFCT

④ 短按工作模式键切换到第二参数。

显示：90° 2 YAGL

保证传输速率选择在 90°。

⑤ 按工作模式键两次转到下列显示。

no 5 INITM

下面的步骤与直行程执行机构初始化的第⑥～⑨步相同。初始化完成后测定的转角度数出现在显示屏下行。短按工作模式键后，5 INITM 出现在显示屏下行，现在再一次处于组态模式。按下工作模式键超过 5s，退出组态模式，接近 5s 软件版本出现。松开工作模式键，装置处于手动模式。

（三）复制初始化数据（定位器置换）

有了这一功能，就可以很方便地将一台有故障的定位器从装置上置换下来，而不用中断生产过程；没经初始化的新定位器，马上就可调试。

初始化（自动或手动）尽可能在后来进行，使其执行机构的机械特性和动态特性最佳化。

从被置换故障定位器到置换后的新定位器的数据传输，要通过 HART 通信接口进行，如要置换定位器，必须完成如下步骤。

① 从被置换的定位器中，通过 PDM 或 HART 通信器和存储器中读出装置参数和初始化数据（初始化时测定的）。如果装置已由 PDM 初始化并且数据已被储存，这一步可以不要。

② 固定执行器在通常位置上（机械的或气动的）。

③ 从被置换定位器的显示中读出当前位置值并且记录，如果电子器件有故障，通过执行机构或阀门的测定来测出当前位置数据。

④ 拆下定位器，安装定位器杆臂到置换装置上，安装置换定位器的附件，置传送速率选择开关在与故障装置相同的位置。读出装置数据和来自 PDM 或 Handheld 的初始化数据。

⑤ 如果显示的当前值与从故障定位器记录的值不一样，用摩擦夹紧装置调出正确值。

⑥ 置换完成，新定位器已经可以操作。

与正确初始化过的定位器相比精度和动态特性是有限的，特别是硬件停的位置和相应的工作数据将出现偏差，因而初始化必须在一个可能的机会完成。

五、自诊断功能与故障处理

SIPART PS2 具有丰富的诊断功能和检测功能，能报告执行机构和调节阀变化的多项信息，这种信息对调节阀和执行机构的诊断和检测是非常重要的。

SIPART PS2 可实现测量（一些极值可调整）和监控的功能，包括行程累积、行程方向改变次数、报警计数、死区自调整、阀门极限位置（例如阀座的磨损）、最高/最低温度下的运行小时数（按照温度范围）、压电阀运行次数、阀门定位时间、执行机构泄漏。

自诊断功能与故障处理的内容和方法如表 6-3 所示。

表 6-3 自诊断功能与故障处理的内容和方法

故障描述(症状)	原　因	正确做法	发生故障的操作模式	发生故障的环境条件	发生故障的时间
SIPART PS2 停在 RUN1	① 初始化从最后停止开始 ② 最大反应时间 1min,无等待 ③ 网络压力没连上或太低	① 不要从最终停时开始初始化 ② 最多 1min,需要等待时间 ③ 确认网络压力	初始化		经常的(重复发生)
SIPART PS2 停在 RUN2	① 传送速率选择器和参数 2(YAGL)与真实冲程不相符 ② 杆上冲程设定不正确 ③ 压电阀没有切换	① 检查设置 ② 见表 6-1 中参数 2 和 3 ③ 检查杆的冲程设置			
SIPART PS2 停在 RUN3	执行机构定位时间太长	① 完全打开限流器和/或调整压力 p_z (1)到允许最高值 ② 使用升压器			
SIPART PS2 停在 RUN5,没达到 FINISH(等待时间大于 5min)	定位器执行机构配件装配的操作不正确	① 直行程执行机构:检查耦合轮双头螺栓安装 ② 角行程执行机构:检查杆在定位器轴上的安装 ③ 校正执行器与配件间的其他安装			
SIPART PS2 显示屏上 CPU 测试闪烁(2s/次) 压电阀不切换	阀支管中有水(由湿压缩空气产生)	① 初期可用干空气分步操作校正(必要时在 50～70℃ 温度柜中) ② 其他方法,如在西门子服务中心修正	手动模式和自动模式	① 潮湿环境(例如大雨或有连续的冷凝液) ② 振动 ③ 湿压缩空气 ④ 脏的压缩空气(被颗粒污染)	① 经常的(重复发生) ② 经常在一个确定的操作周期之后发生
执行机构在自动或手动模式不能移动或只能一个方向移动	阀的支管含水				
压电阀不切换,手动模式按压△、▽键时无轻微咔哒声	盖板和阀支管之间螺钉不紧或盖卡住	拧紧螺钉或将卡住处放松			
	阀支管脏(充满颗粒)	在西门子服务中心修理或用带有过滤器的新装置(过滤器可置换或可清洗)			
	来自强振动连续受力的磨损产生电路板或阀支管之间接点上有沉积物	用乙醇清洗接点表面(当需要支管接点弹簧背面有空隙时)			

续表

故障描述(症状)	原　因	正确做法	发生故障的操作模式	发生故障的环境条件	发生故障的时间
执行器不能移动	压缩空气小于1.4bar①	调整进口压缩空气大于1.4bar	手动模式和自动模式	脏的压缩空气(被颗粒污染)	①经常的(重复发生) ②经常在一个确定的操作周期之后发生
压电阀不能切换(虽然在用手动模式按△、▽键时可听到柔软的咔哒声)	限制器向下关闭(螺钉在右端停止)	打开限制器螺钉转向左端			
	阀支管脏	在西门子服务中心修理,或用带过滤器的新装置(可置换与清洗)			
一个压电阀经常在固定的自动模式(固定设定点)和手动模式	定位器、执行机构、气路系统泄漏,在RUN3开始检验(初始化)	①整修执行机构和气源管漏点 ②如果执行机构和气源管未受损,去西门子服务中心修理SIPART PS2或更换新装置			
	阀支路脏(见上述点)	同上			
两个压电阀经常交替切换在固定的自动模式(固定设定点),执行机构绕中心点摆动	配件填料盒上的静态摩擦力或执行机构太高	减小静态摩擦力或SIPART PS2的死区(参数dEbA),直到摆动停止	手动模式和自动模式		经常的(重复发生)
	执行机构、定位器、配件的操作不正确	①直行程执行器:检查耦合轮柱、螺钉的安装 ②角行程执行器:检查杆在定位器轴上的安装 ③校正执行器与配件间其他安装			
	执行机构太快	①通过限制器螺钉增加定位器时间 ②如需要快的定位器时间则增加死区(参数dEbA)直到摆动停止			
SIPART PS2不能驱动阀升到终端位置(20mA时)	①供压太低 ②调节器负载太低或系统输出太低,需要可提供的负载	①增加供压 ②改变介质负载 ③选择3/4线制操作			
零点偶然漂移(大于3%)	通过碰撞和冲击使摩擦夹紧单元发生位移(例如蒸汽喷射在蒸汽管线上)	①断掉这种情况 ②定位器重新初始化 ③在西门子服务中心安装加固摩擦夹紧单元	手动模式和自动模式	①振动 ②碰撞和冲击下(如蒸汽喷射或飞离的碎片)	①偶发的(不重复的) ②经常在一个确定的操作周期之后发生

续表

故障描述(症状)	原　因	正确做法	发生故障的操作模式	发生故障的环境条件	发生故障的时间
装置功能全部断掉，无显示	不合适的电源供应	检查供电	手动模式和自动模式	① 振动 ② 碰撞和冲击下(如蒸汽喷射或飞离的碎片)	① 偶发的(不重复的) ② 经常在一个确定的操作周期之后发生
	经过振动有非常高的连续的压力时会发生： 电气端子螺钉脱落； 电气端子/电气模块被振脱落	① 上紧螺钉，用密封胶 ② 在西门子服务中心修理 ③ 防护：SIPART PS2 安装在橡胶材料上			

① 1bar＝10^5Pa，下同。

本章小结

本章介绍了智能阀门定位器与传统电气阀门定位器的不同点和特点。重点介绍了 SIPART PS2 的特点、结构、工作原理、操作（工作模式、组态、调试）和自诊断及故障处理等内容。

SIPART SP2 构成新颖，型号齐全，操作相对简单；其行程检测组件（非接触式位置传感器）与控制器可分离安装，这种分体安装适用于极端环境条件，同时这种环境条件超过了定位器正常操作的条件极限，为安全生产提供了保证。

SIPART SP2 在安装后投运前必须先进行初始化（自动初始化、手动初始化），初始化前要先做好各项准备工作：将 SIPART SP2 与执行机构进行电路和气路的正确连接，并以 4～20mA DC 电流供电，禁止电压供电。

初始化的主要内容如下。

① 确认反馈角度（33°和 90°）。

② 利用调节轮和反馈杆长度调整零点和量程（调节轮调整相当于零点调整，反馈杆长度调整相当于量程调整）。

③ 将量程下限调整至 5%～10%。

④ 将量程上限调整至 95%。

⑤ 确认并保持阀门位置在 50%。

⑥ 进入参数设置并确认相关参数（RUN1、RUN2、RUN3）。

⑦ 进入参数 RUN4，开始自动初始化（如手动初始化，则进入参数 RUN5）。

其中：

RUN1—确定执行器正反作用；

RUN2—标定零点和行程，从停止到停止；

RUN3—确定和显示定位器的动作时间；

RUN4—确定最小定位增量；

RUN5—优化响应特性曲线。

⑧ FINISH 出现则初始化成功。

SIPART SP2 组态时的几个重要参数如下。

1. YFCT（执行机构的类型）：TURN（角行程）、WAY（直行程）。

2. YAGL（反馈角）。

3. YWAY（行程值）。

4. INITA（自动初始化）。

5. INITM（手动初始化）。

6. SCUR（输入电流范围）。

7. SDIR（正反作用）。

39. YCLS（阀禁闭功能）。

55. PRST（工厂设置）。

SIPART PS2 智能阀门定位器初始化操作步骤如下。

① 按工作模式键＞5s 进入组态模式。

② 按工作模式键，调到 PRST（工厂设置模式）。

③ 按“△”键＞5s 进入 OCAY。

④ 按工作模式键和“△”键＞5s 进入 P. manual。

⑤ 按“△”或“▽”，调整阀位到 50%处，指示为 P48～P52（最佳 P50）如若不能指示 P50，则调整加紧单元。

⑥ 按下工作模式键＞5s 后，退出 P 模式，进入组态模式。

a. 设：1 YFCT 为：WAY。

b. 短按工作模式键切换到 2 YAGL，设为：33°或 90°。

c. 短按工作模式键切换到 3 YWAY，设为：OFF。

d. 短按工作模式键切换到 4 INITA，显示为：no。

e. 按“△”键＞5s 进入初始化，显示：strt。

⑦ 当显示 FINSH 时短按工作模式键后。显示：4 INITA。

⑧ 按工作模式键＞5s 后，退出组态。初始化结束。

思考题与习题

6-1　电气阀门定位器在控制系统中的主要用途是什么？

6-2　智能阀门定位器与传统的电气阀门定位器相比有何特点？

6-3　SIPART PS2 有何特点？

6-4　简述 SIPART SP2 的构成原理。

6-5　SIPART SP2 主要分几种类型？每种类型主要应用场合是什么？

6-6　在 SIPART SP2 中“分离安装”的含义是什么？

6-7　SIPART SP2 有几种工作模式？分别是什么？

6-8　何为 SIPART SP2 的初始化？

6-9　SIPART SP2“组态”主要有哪些参数？

6-10　在控制系统中，SIPART SP2 不能使执行器动作，试分析是什么原因，应怎样进行处理？

第七章　三菱 F700 变频器

变频器就是利用半导体开关器件的通断作用、将固定频率（通常为工频 50Hz）的交流电变换成频率连续可调的交流电的电源装置。变频器的负载通常为交流异步电动机，由变频器和交流异步电动机等负载组成了变频调速系统。

一般通用变频器都具有 U/f 控制、PID 控制、矢量控制和直接转矩控制的功能。U/f 控制的特点是对变频器输出的电压和频率同时进行调节，通过使 U/f 的比值保持一定而得到所需的转矩，U/f 控制多用于对精度要求不高的变频调速。PID 控制是在 U/f 控制的基础上增加负反馈，对给定与反馈的差值信号进行 PID 运算。与 U/f 控制相比，PID 控制提高了动静态精度。变频器在出厂时通常设置为 U/f 控制。

变频器最初的作用是在节能方面，通过对风机、泵类负载的变频控制实现了显著的节能效果。现在变频器在提高生产率和提高产品质量等方面的作用越来越显著，其在生产过程控制、机械加工、家用电器等领域的应用越来越普遍。

第一节　F700 系列变频器的初步认知

三菱变频器的正面盖板上都有和“MITSUBISHI”符号，这是三菱变频器的特有标记。三菱 700 系列变频器分为 FR-A700、FR-F700、FR-E700 FR-D700 四个系列。

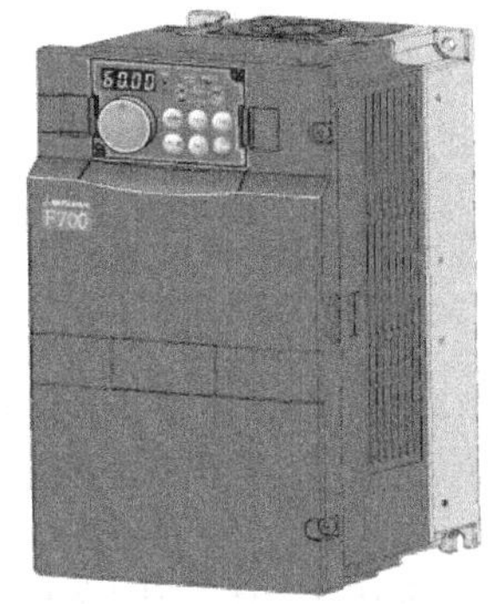

图 7-1　FR-F700 变频器外形图

A700 产品是三菱变频器里比较高端的，属于重载荷系列，主要用于重负载及需要精确控制的闭环控制场合，F700 变频器除了应用在很多通用场合外，特别适合于风机、水泵、空调等行业。E700 系列为可实现高驱动性能的经济型产品，可应用于起重、电梯、包装、机械、抽压机等行业。D700 系列产品为多功能、紧凑型产品。

FR-F700 变频器外观如图 7-1 所示，该系列变频器特别适合于风机和泵类负载。功率范围为 0.75～630kW，具有简易磁通矢量控制方式和采用最佳励磁方式，具有 PID 控制、变频/工频切换和实现多泵控制等功能。

一、变频器型号

以 FR-F740-3.7K-CH 产品为例介绍变频器型号的含义，其型号含义如下。

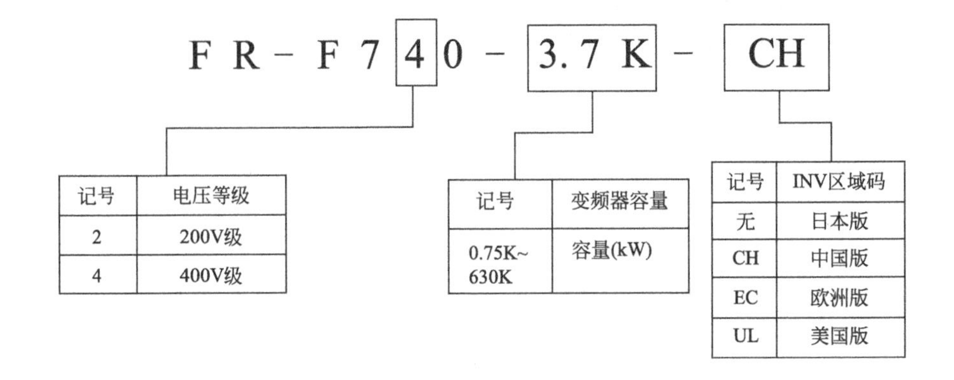

记号	电压等级
2	200V级
4	400V级

记号	变频器容量
0.75K~630K	容量(kW)

记号	INV区域码
无	日本版
CH	中国版
EC	欧洲版
UL	美国版

二、变频器铭牌

变频器的铭牌如图 7-2 所示。铭牌中包含了型号、适用电动机容量、额定输入电压、额定输入电流、额定输出电压、额定输出电流、频率范围等信息。

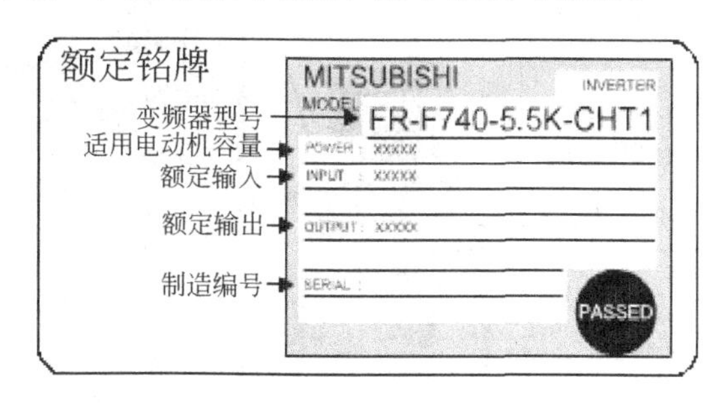

图 7-2 FR-F700 变频器铭牌

三、变频器的型号与容量系列

变频器的型号与适配电动机容量如表 7-1 所示。

表 7-1 变频器的型号与适配电动机容量

变频器型号	适配电动机容量/kW	变频器型号	适配电动机容量/kW	变频器型号	适配电动机容量/kW
FR-F740-1.5K-CH	1.5	FR-F740-37K-CH	37	FR-F740-S250K-CH	250
FR-F740-2.2K-CH	2.2	FR-F740-45K-CH	45	FR-F740-S280K-CH	280
FR-F740-3.7K-CH	3.7	FR-F740-55K-CH	55	FR-F740-S315K-CH	315
FR-F740-5.5K-CH	5.5	FR-F740-S75K-CH	75	FR-F740-S355K-CH	355
FR-F740-7.5K-CH	7.5	FR-F740-S90K-CH	90	FR-F740-S400K-CH	400
FR-F740-11K-CH	11	FR-F740-S110K-CH	110	FR-F740-S450K-CH	450
FR-F740-15K-CH	15	FR-F740-S132K-CH	132	FR-F740-S500K-CH	500
FR-F740-18.5K-CH	18.5	FR-F740-S160K-CH	160	FR-F740-S560K-CH	560
FR-F740-22K-CH	22	FR-F740-S185K-CH	185	FR-F740-S630K-CH	630
FR-F740-30K-CH	30	FR-F740-S220K-CH	220		

四、变频器的结构

变频器的结构如图 7-3 所示，变频器的结构可分为盖板、箱体两大部分。在盖板上安装有操作面板，操作面板也可从盖板上取下。箱体中主要是主电路模块和控制电路板、接线端子排，并设有通信端口。

五、变频器的前盖板与操作面板的拆卸安装

（一）操作面板的拆卸与安装

进行操作面板的拆卸时，先松开操作面板的两处固定螺钉（螺钉不能卸下），然后按住操作面板左右两侧的插销，把操作面板往前拉出后卸下，如图 7-4 所示。进行操作面板安装时，需要笔直插入并安装牢靠，然后旋紧螺钉。

（二）前盖板的拆卸与安装

进行 F700 变频器前盖板的拆卸时，先旋松安装前盖板用的螺钉一边按着表面护盖上的安装卡爪，一边以左边的固定卡爪为固定支点向前拉取，如图 7-5 所示。

安装与拆卸时的动作相反，将表面护盖左侧的两处固定卡爪插入机体的接口，并以固定

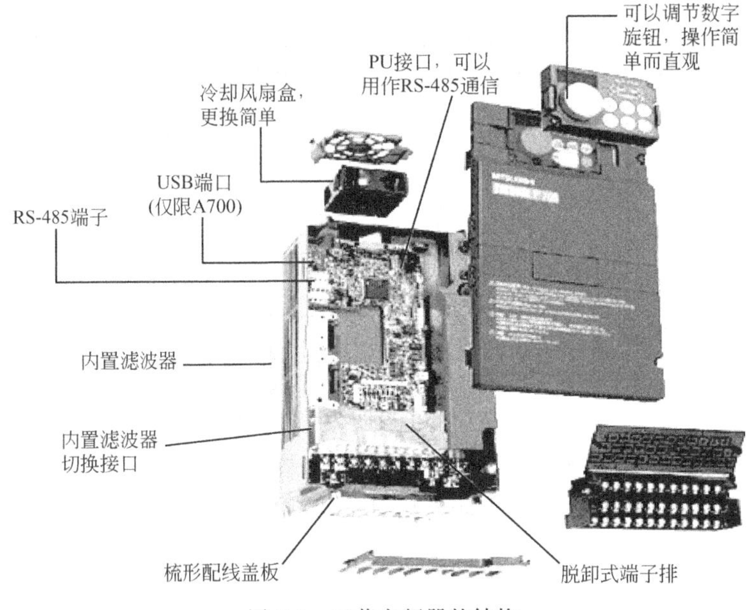

图 7-3　三菱变频器的结构

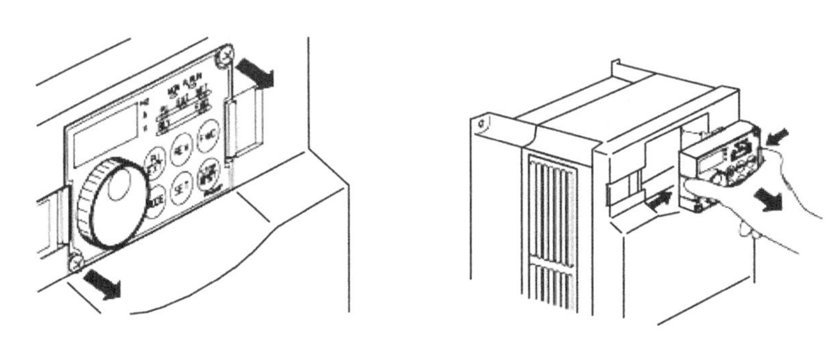

图 7-4　F700 变频器的操作面板的拆卸

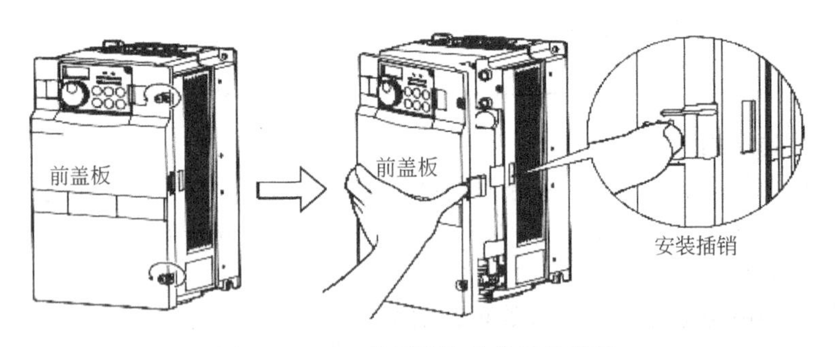

图 7-5　F700 变频器的前盖板的拆卸

卡爪部分为支点，确实地将表面压进机体，最后拧紧安装螺钉。

六、变频器的简单接线

拆卸变频器的前盖板，可以看到变频器的主电路接线端子，如图 7-6 所示。以三相 400V 级电压为例，将三相工频 380V 电源与主电路接线端子的 R、S、T 相连，接线端子的 U、V、W 与电动机相连即可。三相交流电源与 R、S、T 接线端子相连时可不考虑相序。

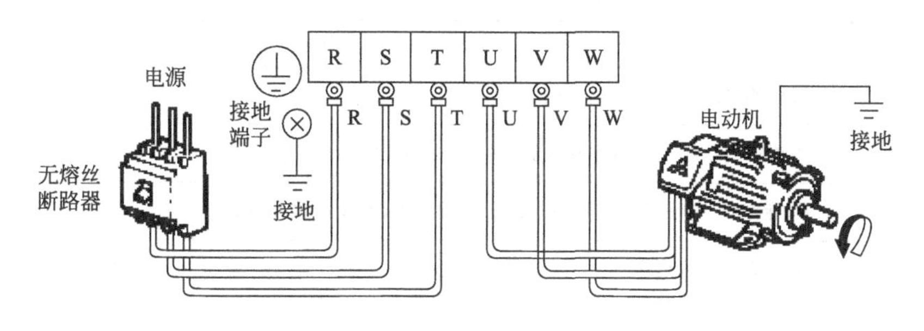

图 7-6　变频器的简单接线

第二节　F700 变频器的操作面板与接线端子

三菱 F700 变频器的操作面板如图 7-7 所示。操作面板上有按键、M 旋钮、监视器、发光二极管等。

图 7-7　F700 变频器的操作面板

一、各发光二极管的含义

各发光二极管的含义如表 7-2 所示。

表 7-2　三菱变频器各发光二极管的含义

发光二极管	含义	说明
Hz	显示频率时灯亮	变频器显示内容可以是输出频率、电压、电流中的任意一个
V	显示电压时灯亮	
A	显示电流时灯亮	
MON	显示器处于监视模式时灯亮	—
EXT	外部运行模式时灯亮	EXT、PU 同时亮时，表示变频器为组合运行模式
PU	面板(PU)运行模式时灯亮	
REV	电动机反转	—
FWD	电动机正转	
P. RUN	无功能	—

二、各按键的功能

各按键的功能含义如表 7-3 所示。

表 7-3　各按键的功能含义

按键名称或图形	说　明
MODE	可以选择运行模式和给定模式
SET	用该键确认给定的频率和参数，或读出功能码中的数据
(旋钮图形)	M 旋钮(三菱变频器的旋钮)，用于设置频率，改变参数的设定值
REV	用于给出反转指令
FWD	用于给出正转指令
STOP/RESET	用于停止变频器的运行，用于保护功能动作输出停止时，使变频器复位
PU/EXT	PU 运行模式与外部运行模式的切换，PU:PU 运行模式；EXT:外部运行模式

三、变频器的工作状态

变频器有四种工作状态：运行模式切换、频率监视和频率设定模式、参数设定、报警历史。基本操作（为出厂时的设定）如图 7-8 所示。

（一）运行模式切换

用 PU/EXT 键可实现变频器各种工作状态的切换。

变频器出厂后第一次通电时，监视器显示为“0.00”，单位指示“Hz”灯亮，监视“MON”灯亮，运行模式“EXT”灯亮。说明变频器工作在外部运行模式，同时监视器监视输出频率，其输出频率为 0.00Hz。

1. 按下 PU/EXT 键进入 PU（操作面板）运行模式

在外部运行模式时，按下 PU/EXT 键进入 PU 运行模式。此时监视器显示为“0.00”，单位指示“Hz”灯亮，监视“MON”灯亮，运行模式“PU”灯亮。

2. 按下 PU/EXT 键切换为 PU 点动运行模式

在 PU 运行模式时，按下 PU/EXT 键进入 PU 点动运行模式。此时监视器显示为“JOG”（点动），单位指示“Hz”灯亮，监视“MON”灯亮，运行模式“PU”灯亮。

3. 按下 PU/EXT 键进入 EXT（外部）运行模式

在 PU 点动运行模式时，按下 PU/EXT 键又回到外部运行模式，即回到变频器第一次通电后的状态。

可以看出，外部运行模式、PU 运行模式、PU 点动运行模式之间是通过 PU/EXT 键进行切换的。

4. 相关运行模式的含义

① 外部运行模式，就是给定频率及启动信号，都是通过变频器控制端子的外接线（外部）来完成，而不是用变频器的操作面板输入的。

② PU 运行模式，也就是操作面板运行模式。这种运行模式的给定频率和启动信号都是由变频器的操作面板直接输入，而不是通过变频器控制端子的外接线来完成。

③ PU 点动运行模式，是指给定频率和启动信号都是由变频器的操作面板直接输入，但启动后，需要一直按下 PU 面板上的正转或反转按键，电动机才能连续运行，否则，松开按键，电动机就会停下来。

（二）频率监视和频率设定模式

1. 用 SET 键切换监视信号

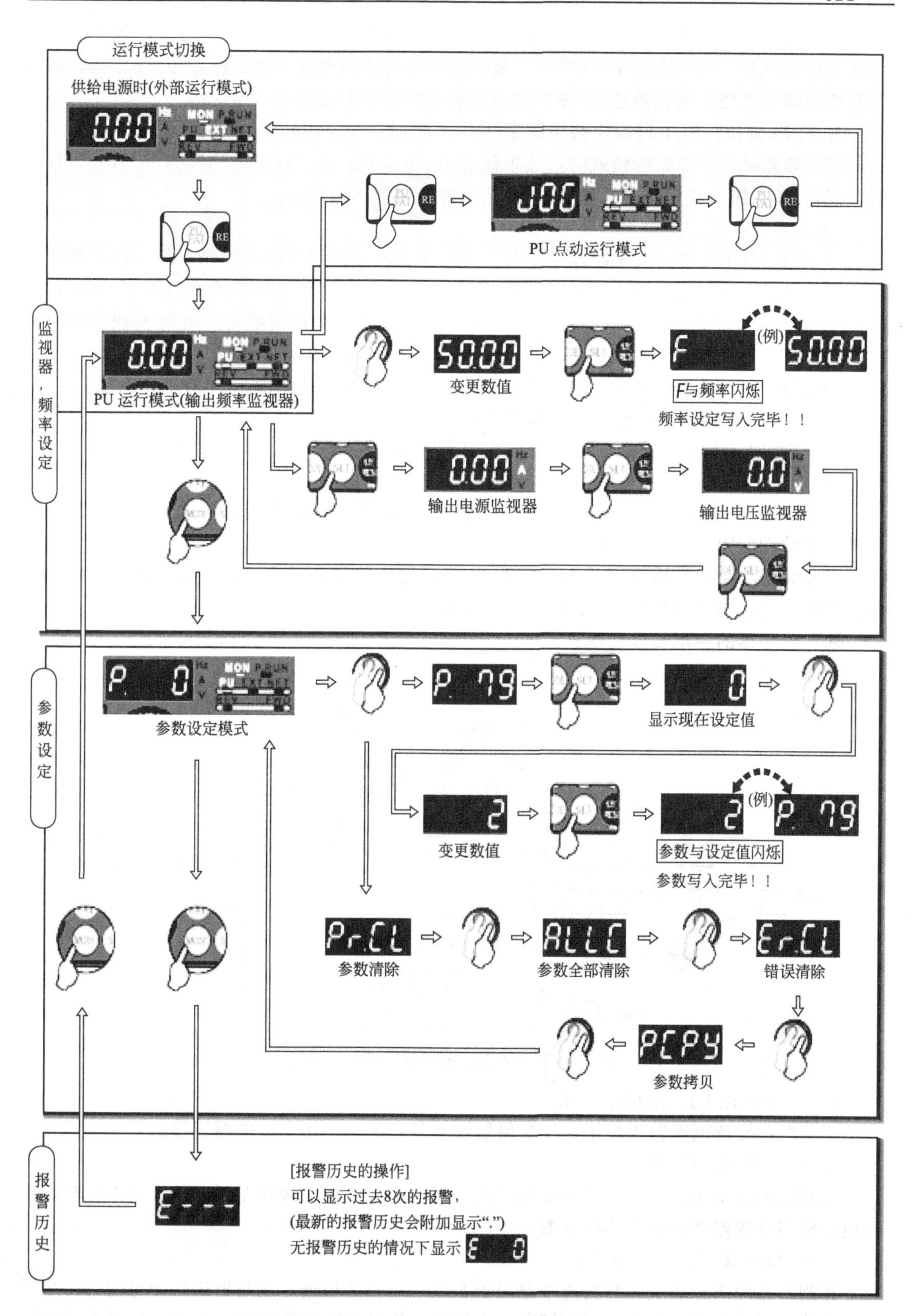

图 7-8　F700 变频器的工作状态

出厂时默认的监视信号是输出频率。通过按下 SET 键，可以循环显示输出频率、输出电流和输出电压。第一次按下 SET 键，监视信号变为输出电流，第二次按下 SET 键，监视信号变为输出电压。若连续按动 SET 键，监视信号重复上述显示。

2. 用 M 旋钮、SET 键设定输出频率

当变频器处于 PU 运行模式时，监视器显示“0.00”，且“Hz”、“MON”、“PU”灯亮时，旋转 M 旋钮，调到需要的频率，按 SET 键实现频率的设定。

（三）参数设定

① 按下 MODE 键进入参数设定状态。所谓参数就是变频器的功能码，每一种参数代表变频器的一种功能。参数设定，就是对变频器的功能进行设定。在监视器显示“0.00”，且“Hz”、“MON”、“PU”灯亮时，按下 MODE 键就进入参数设置状态。此时监视器显示为参数“P.0”（或上次修改的参数）。

② 按下 SET 键，可以读出参数的内容。

③ 旋转 M 旋钮，可以修改参数的内容。

④ 再次 SET 键，将修改后的参数内容写入内存。

（四）报警历史

当变频器处于参数设定模式时，按下 MODE 建，就进入报警历史模式，可以查出每次报警的名称和原因。

当变频器处于报警历史模式下，按下 MODE 键，又重新回到 PU 运行模式。所以变频器的四种工作状态之间是用 MODE 键来切换的。

四、变频器的主电路接线端子

主电路端子如图 7-9 所示，各端子功能如下。

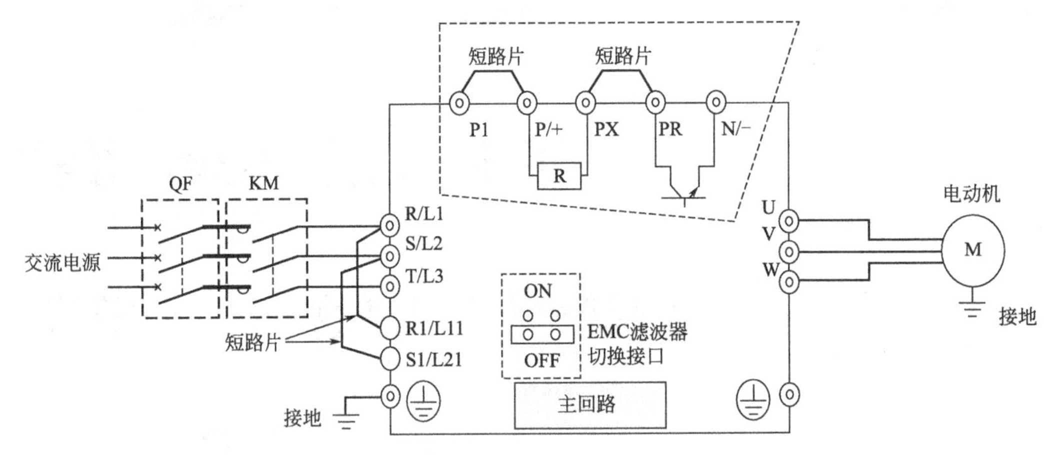

图 7-9 变频器的主电路接线端子与接线

（一）端子 R/L1、S/L2、T/L3

变频器的交流电源输入端子，经接触器或空气开关与三相交流电源连接。

（二）端子 U、V、W

变频器的输出端子，接三相异步电动机。当电动机采用工频和变频两种方式工作时，应在电动机与变频器之间串入热继电器。

（三）端子 R1/L11、S1/L21

控制回路用电源端子，与交流电源端子 R/L1、S/L2 相连。变频器运行中可能会出现异常或故障情况，造成主电路电源被切断。为便于分析异常或故障原因，希望变频器能保持异

常显示或异常输出，这就要求控制回路在主电路电源被切断的情况下继续供电。拆下端子 R/L1 和 R1/L11 之间以及 S/L2 和 S1/L21 之间的短路片，从外部对端子 R1/L11、S1/L21 单独输入电源可实现这一要求。

将 R1/L11、S1/L21 端子改接由外部供电的操作步骤如图 7-10 所示。①取出上排螺钉；②取出下排螺钉；③短路片向前推并取出；④控制回路用的电源线接到上排端子 R1/L11、S1/L21（不能将电源线连接到下排端子，否则可能损坏变频器）。

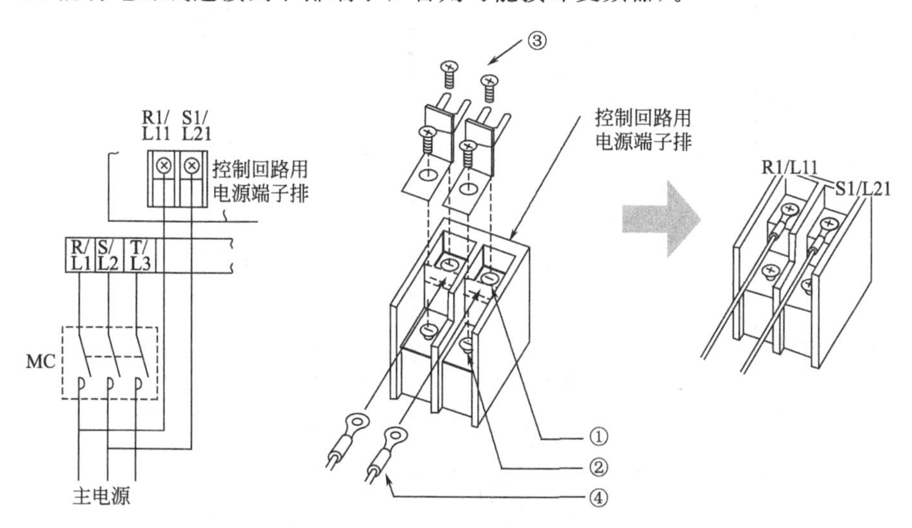

图 7-10　变频器控制回路电源外接的操作步骤

（四）端子 P1 、P/＋

当变频器的容量较小，对电网的功率因数影响不需考虑时，可不必另行考虑提高功率因数的措施，此时将 P1 、P/＋直接短接即可。55kW 以下的产品出厂时，在 P1 、P/＋之间已经设置了短接片，在这种情况下，若需要提高功率因数，应拆下端子 P/＋和 P1 间的短路片，连接改善功率因数直流电抗器。75K 以上的产品已有标准 DC 电抗器配件，且必须连接。

（五）端子 PR、PX

内置制动器回路连接端子。出厂时端子 PX-PR 间连接有短路片，内置的制动器（功率晶体管，作为制动电路的开关）为有效。当采用外部制动电阻时，拆下端子 PR 和端子 PX 的螺丝，取下短路片，在端子 P/＋、PR 上连接制动电阻。

（六）端子 P/＋、N/－

当变频器的容量较大时或为了提高减速时的制动能力，须外部连接制动电阻和制动单元。此时应将 PX 和 PR 之间的短接片断开，在变频器的 P/＋与 N/－之间接入外接制动电阻和制动单元（开关），形成回路，作为外接制动回路。

（七）端子⏚

接地，变频器外壳必须接大地。

五、控制回路端子

控制回路接线端子分为两大类，即控制信号输入端子和控制信号输出端子，如图 7-11 所示。

（一）控制信号输入端子

控制信号输入端子中，又可分为开关量输入端子和模拟量输入端子两大类。

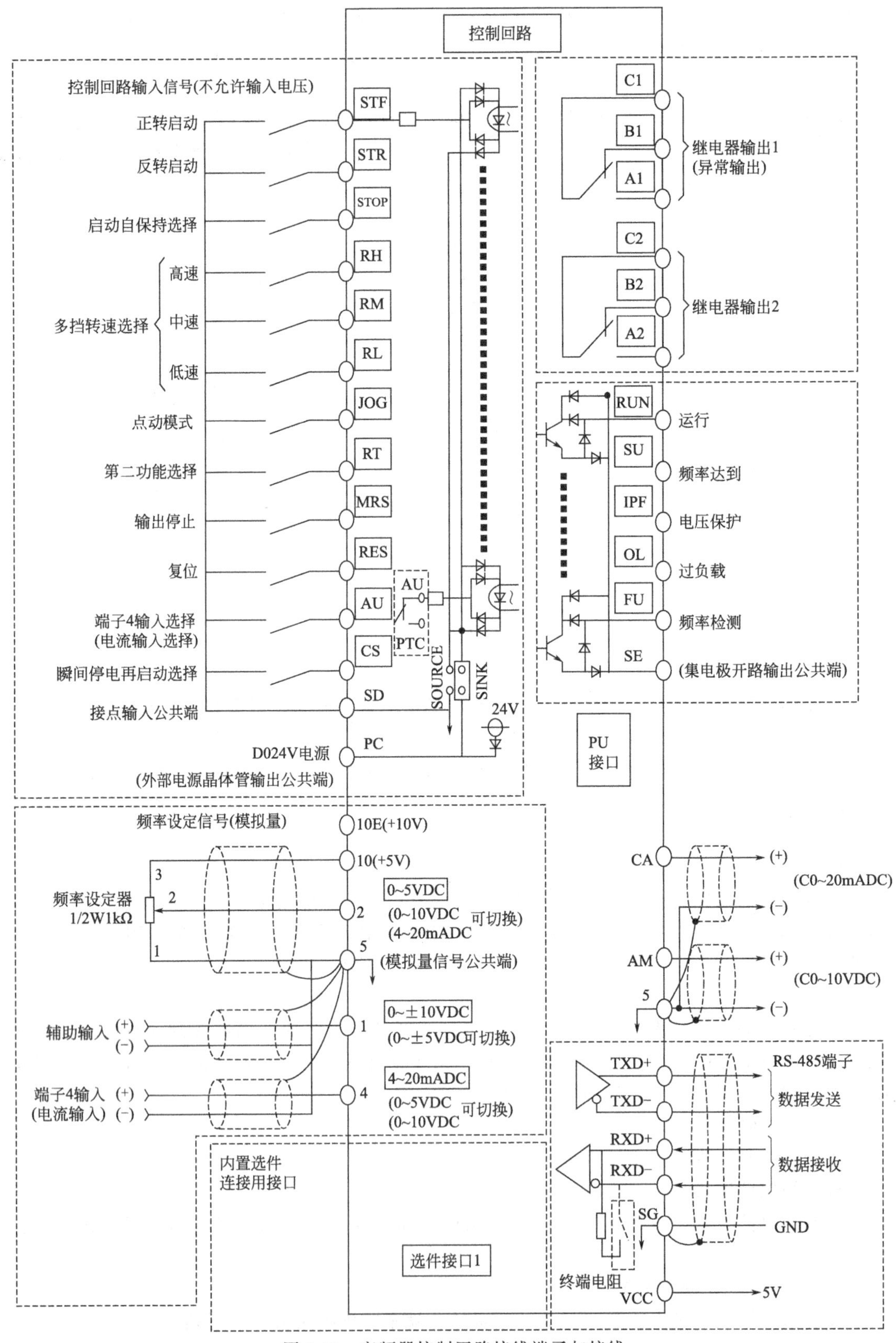

图 7-11　变频器控制回路接线端子与接线

1. 开关量输入端子

(1) 电动机启停控制端子

① STF 正转启动，当 STF 闭合（ON）时正转，断开（OFF）时停止。

② STR 反转启动，当 STR 闭合（ON）时反转，断开（OFF）时停止。

当 STF 和 STR 同时闭合（ON）时，减速后停止。

③ JOG 点动方式选择，当 JOG 闭合（ON）时，点动运行。

④ STOP 启动自保持，当 STOP 闭合（ON）时为启动自锁状态。此端子通过参数设置可有第二功能。

(2) 多挡速度控制端子

① RH、RM、RL 多挡转速选择，通过三个端子的不同组合，可选择 7 挡转速。此端子通过参数设置可有第二功能。

② RT 第二加/减速时间选择，当 RT 处于闭合（ON）时选择第二加速时间。

(3) 其他功能设定端子

① MRS 输出停止，当 MRS 处于闭合（ON ）20ms 以上时，变频器输出停止。用于电磁抱闸停止电动机或在系统发生故障时停止变频器的输出。

② RES 复位，RES 闭合（ON）0.1s 以上然后断开，用于解除保护电路的保护状态。

③ AU 电流输入选择端，当 AU 闭合（ON）时，变频器可用 4～20mA DC 电流信号设定频率。此端子通过参数设置可有第二功能。

④ CS 瞬时停电再启动选择，CS 处于闭合（ON）时，如果发生瞬时停电，变频器可自动再启动，出厂时设定为断开（OFF）。此端子通过参数设置可有第二功能。

⑤ SD 输入信号公共端子（漏型）。

⑥ PC 输入信号公共端子（源型）。

2. 模拟量输入端子

(1) 频率设定端子

① 端子 10E：提供用于频率设定的电源 10V DC 正端，允许负载电流 10mA。

② 端子 10：提供用于频率设定电源 5V DC 正端，允许负载电流 10mA。

③ 端子 5：频率设定公共端。

④ 端子 2：模拟电压频率设定端，在端子 2 和 5 之间输入 0～5V DC（出厂设定）时，所对应的变频器输出频率为 0～f_{max}，变频器输出频率与输入电压大小成比例关系。

⑤ 端子 4：模拟电流频率设定端。在端子 4 和 5 之间输入 4～20mA DC（出厂设定）电流时，所对应的变频器输出频率为 0～f_{max}，变频器输出频率与输入电流大小成比例关系。

⑥ 端子 1：辅助频率设定，在端子 1 和 5 之间输入电压信号时，端子 2 或 4 的频率设定信号与这个信号相加。

(二) 控制信号输出端子

控制信号输出端子可分为开关量输出端子和模拟量输出端子。

(1) 开关量输出端子

① 端子 A、B、C：异常报警输出，以继电器形式输出信号。正常工作状态时，B-C 导通，A-C 断开。当变频器出现故障发生异常情况时，B-C 断开、A-C 导通。可用来切断变频器电源及接通报警装置，允许负载为 220V/0.3A AC、30V/0.3A DC。

② 端子 RUN：变频器运行状态，变频器输出频率在启动频率以上时，输出信号为低电平，正在停止或直流制动时输出信号为高电平，允许负载为 24V/0.1A DC。

③ 端子 SU：频率达到信号。当变频器输出频率达到设定频率的±10%（初始值）时，输出信号为低电平，正在加/减速或停车时输出信号为高电平，允许负载 24V/0.1A DC。

④ 端子 OL：过载报警输出端子。当失速保护功能动作时，输出信号为低电平，当失速保护功能解除时输出信号为高电平，允许负载 24V/0.1A DC。

⑤ 端子 IPF：欠电压保护输出端子。欠电压保护动作时输出信号为低电平，允许负载为 24V/0.1A DC，此端子通过参数设置可有第二功能。

⑥ 端子 FU：频率检测，输出频率在设定检测频率以上时输出信号为低电平，允许负载为 24V/0.1A DC。

⑦ 端子 SE：输出公共端。在使用 RUN、SU、OL、IPF、FU 端子时 SE 作为公共端子。

(2) 模拟量输出端子

① 端子 CA：模拟电流输出端子，用于频率测量，输出 0～10mA DC 电流信号，外接模拟频率计。

② 端子 AM：模拟电压输出端子，用于频率测量，输出 0～10V DC 电压信号，外接模拟频率计。

第三节　F700 变频器的基本功能与参数设置

三菱变频器的功能强大，主要包括频率和控制信号的设定功能、电动机保护功能、输出信号大小设定、信号监视、对输入输出端子设定、加减速时间设定，频率上下限设定、PID 控制、开环矢量控制、闭环矢量控制功能等。

一、参数锁定功能

参数锁定功能对防止参数值被意外改写具有保护作用，因此可以在调试结束后设置参数写保护。对应此功能的参数为 Pr.77，其初始值为 0，设定值范围和对应功能如下。

① Pr.77=0，仅限于停止时可以写入。

② Pr.77=1，不可写入参数。

③ Pr.77=2，可以在所有运行模式中不受运行状态限制写入参数。

二、使参数恢复为初始值

参数初始化是非常重要的一个步骤，它能将所有的参数恢复到出厂设定值。在调试变频器的参数过程中，经常会出现控制失常的现象，这时最好的办法就是使参数恢复初始值，以确认到底是变频器参数设置的原因，还是其他原因。

对应此功能的参数有两个（一般使用其中一个就可以），一个是参数清除 Pr.CL，另一个是参数全清除 ALLC。这两个参数的初始值都为 0。其参数的设定值范围和对应功能如下。

（一）参数清除 Pr.CL

① Pr.CL=0，不能进行清除。

② Pr.CL=1，除校验参数 C0（Pr.900）～C7（Pr.907）之外，其余参数回到初始值。

参数 Pr.CL 在执行完参数清除后，其值又重新回到初始值 0。

（二）参数全清除 ALLC

① ALLC=0，不能进行清除。

② ALLC=1，全部参数回到初始值。

同参数 Pr.CL 一样，参数 ALLC 在执行完参数清除后，其值又重新回到初始值 0。

三、变频器的操作模式

变频器的操作模式是指控制电动机运行速度的频率信号和控制电动机启停的命令信号的不同来源方式。控制电动机运转速度的频率称为设定频率。根据频率信号和命令信号的来源可分为以下四种情况。

（一）PU 面板操作模式

这种操作模式的频率和命令信号均来自操作面板。用户在选择面板 PU 操作模式时，可通过设定参数 Pr. 79 来实现。

① 设定 Pr. 79=0（初始值），即设定为外部/PU 切换模式。通过 PU/EXT 键可在外部和 PU 两种运行模式间进行切换。电源投入时参数 Pr. 79=0，且为外部运行模式，通过 PU/EXT 键可切换到 PU 运行模式 。

② 设定 Pr. 79=1，固定为 PU 运行模式。此时只为 PU 运行一种模式。

（二）EXT 外部操作模式

这种模式用外接启动开关和频率设定电位器来控制变频器的运行。变频器在出厂时就是外部运行模式（通过按键可切换到 PU 运行模式）。也可通过重新设定参数 Pr. 7=2，固定为外部运行模式。

（三）组合操作模式

不同于外部运行模式和操作面板运行模式，这种运行模式的频率信号和命令信号分别来自不同的方向，一种信号来自接线端子，另一种信号则来自 PU 操作面板。组合模式又分为以下两种情况。

1. 组合操作模式 1

启动信号用外部信号设定，采用按钮、继电器触点、PLC 输出触点等指令电器控制正转和反转，频率信号由面板设定。采用组合操作模式 1 时需设定 Pr. 79=3。

2. 组合操作模式 2

启动信号用操作面板设定，频率信号由外部电位器设定。采用组合操作模式 2 时需设定 Pr. 79=4。

（四）计算机通信模式

通过 RS-485 接口电路和通信电缆可将变频器与 PLC、数字化仪表和计算机（称为上位机）相连接，实现数字化控制。当上位机的通信接口为 RS-232 电路时，应加接一个 RS-232 与 RS-485 的转换器。采用计算机通信模式时需设定 Pr. 79=6。

四、变频器的基本运行功能

（一）基准频率和基准电压

此功能使变频器的输出电压和频率符合电动机的额定值，实现该功能的参数有 Pr. 3、Pr. 19 和 Pr. 47。上述三个参数的初始值和设定范围如表 7-4 所示。

表 7-4 三菱 F700 变频器基准频率与基准频率电压参数表

参数	名称	初始值	设定范围	内 容
Pr. 3	基准频率	50Hz	0～400Hz	设定电动机额定转矩时的频率(50Hz/60Hz)
Pr. 19	基准频率电压	9999	0～1000V	设定基准电压
			8888	电源电压的 95%
			9999	与电源电压相同
Pr. 47	第 2V/F(基准频率)	9999	0～400Hz	设定 RT 信号 ON 时的基准频率
			9999	第 2V/F 无效

1. 基准频率 Pr. 3 的设定

① 当使用标准电动机运行时，一般将 Pr. 3 基准频率设定为电动机的额定频率。当需要电动机在工频电源和变频器之间切换运行时，应将 Pr. 3 基准频率设定为电源频率。

② 电动机额定频率为 50Hz 时，参数 Pr. 3 必须设定为 50Hz，使用三菱恒转矩电动机时，应将 Pr. 3 设定为 60Hz。

2. 基准频率电压 Pr. 19 的设定

① Pr. 19 基准频率电压是对变频器输出到达基准频率时的电压值（电动机的额定电压）进行设定。

② 设定值如果低于电源电压，则变频器的最大输出电压是 Pr. 19 中设定的电压。

基准频率和基准电压的对应关系如图 7-12 所示。

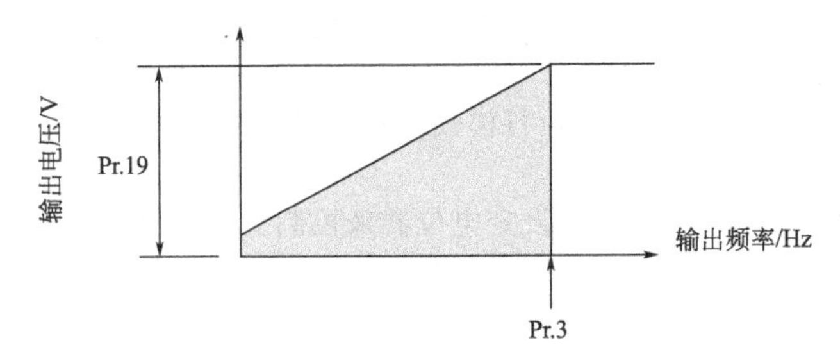

图 7-12 基准频率和基准电压

3. 第二基准频率（Pr. 47）的设定

当使用一台变频器切换驱动多台电动机运行时，需要对基本频率进行更改，此时可以使用 Pr. 47 第 2V/F（基准频率）。第二基准频率在 RT 信号 ON 时有效。

（二）启动频率和启动时输出保持功能

实现该功能的参数有启动频率参数 Pr. 13 和启动维持时间参数 Pr. 571。一般轻负载启动时，上述两参数可设定为出厂值。

对于惯性较大或摩擦转矩较大的负载，为容易启动，启动时需要有合适的机械冲击力，可根据实际情况设定启动频率，使电动机在该频率下直接启动，如图 7-13（a）所示。

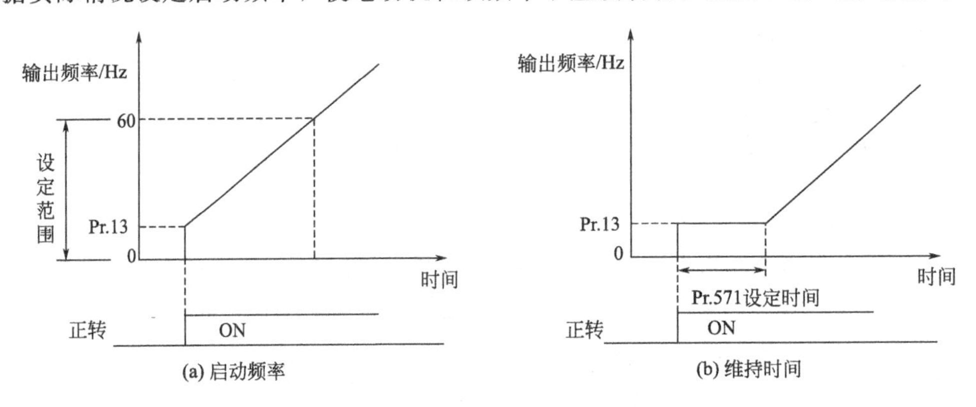

图 7-13 启动频率和启动维持时间

若单设启动频率，仍不能顺利启动，还可以设置启动维持时间，即将设定的启动频率保持一定时间，如图 7-13（b）所示。

1. 启动频率

启动频率功能参数为 Pr. 13，其初始值为 0.5Hz，设定范围为 0～60Hz。

2. 启动维持时间参数

启动维持时间的参数为 Pr. 571，其初始值为 9999，此时启动时维持功能无效。设定范围为 0.0～10.0s。

（三）加速和减速时间

设定加速和减速时间的参数分别为 Pr. 7 和 Pr. 8，加减速基准频率参数为 Pr. 20。

1. 加速时间的设定

加速时间 Pr. 7 的定义为变频器输出频率从停止（0Hz）上升到加减速基准频率 Pr. 20（初始值为 50Hz）时所用的时间。如图 7-14 所示。

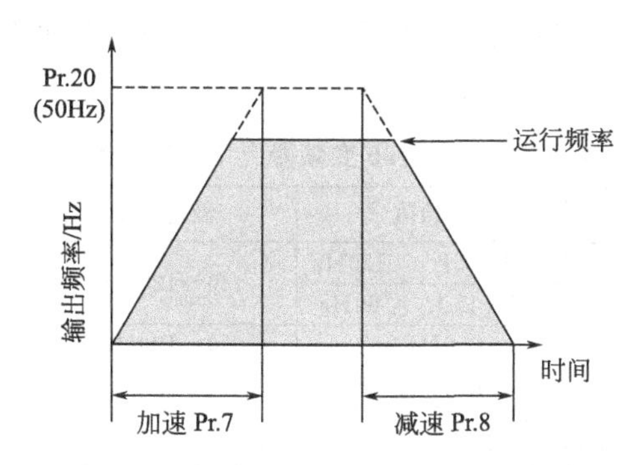

图 7-14　加减速时间和加减速基准频率

加速时间的设定值公式如下：

$$\text{加速时间设定值}=\frac{\text{Pr. 20}}{\text{运行频率}-\text{Pr. 13}}\times\begin{matrix}\text{从启动频率加速到}\\\text{运行频率的加速时间}\end{matrix}\tag{7-1}$$

2. 减速时间的设定

减速时间定义为变频器输出频率从 Pr. 20 加减速基准频率（初始值为 50Hz）下降到停止（0Hz）时所用的时间。如图 7-14 所示。

减速时间的设定值公式如下

$$\text{减速时间设定值}=\frac{\text{Pr. 20}}{\text{运行频率}-\text{Pr. 13}}\times\begin{matrix}\text{从运行频率减速到}\\\text{启动频率的减速时间}\end{matrix}\tag{7-2}$$

【例 7-1】 Pr. 20＝120Hz，Pr. 13＝3Hz，能够以 10s 的速度减速到运行频率 40Hz 时，则应设置减速时间：

$$\text{Pr. 8}=\frac{50\text{Hz}}{40\text{Hz}-3\text{Hz}}\times 10\text{s}\approx 13.5\text{s}$$

加速时间 Pr. 7、减速时间 Pr. 8、加减速基准频率 Pr. 20 的初始值和设定范围如表 7-5 所示。

表 7-5　三菱 F700 变频器加减速时间参数表

参数	名　称	初始值		设定范围	内　　容
Pr. 7	加速时间	7.5K 以下	5s	0～3600/360s	设定电动机加速时间
		11K 以上	15s		
Pr. 8	减速时间	7.5K 以下	10s	0～3600/360s	设定电动机减速时间
		11K 以上	30s		
Pr. 20	加减速基准频率	50Hz		1～400Hz	设定作为加减速时间基准的频率。加减速时间设定为停止到 Pr. 20 间的频率变化时间

3. 加减速时间设定原则

慢慢地加速时可设定为较大值，快速启动时可设定为较小值。

对于升速过程，时间越短越好。但升速时间越短，越容易引起过电流，这是升速过程中的矛盾。因此，在不产生过电流、过电压和生产设备工艺允许的前提下，应尽量缩短加减速时间。

4. 与加减速时间有关的其他参数

与加减速时间有关的参数还有加减速时间单位 Pr. 21、第二加减速时间 Pr. 44、第二减速时间 Pr. 45。参数 Pr. 21 设定单位为分为 0.1s 和 0.01s 两种情况。第二加减速时间和第二减速时间在 RT 信号 ON 时有效。

（四）上限频率和下限频率

为保证拖动系统的安全和产品的质量，要对电动机的最高转速和最低转速进行限制，上限频率和下限频便可实现这一功能。频率上限的参数为 Pr. 1 和 Pr. 18，频率下限的参数为 Pr. 2。参数的初始值和设定范围如表 7-6 所示。

表 7-6 三菱 F700 变频器上下限频率参数表

参数	名 称	初始值		设定范围	内 容
Pr. 1	上限频率	55K 以下	120Hz	0～120Hz	设定输出频率的上限
		S75K 以上	60Hz		
Pr. 2	下限频率	0Hz		0～120Hz	设定输出频率的下限
Pr. 18	高速上限频率	55K 以下	120Hz	120～400Hz	120Hz 以上运行时设定
		S75K 以上	60Hz		

在设定了上限频率和下限频率之后，输出频率和频率指令之间的关系如图 7-15 所示。

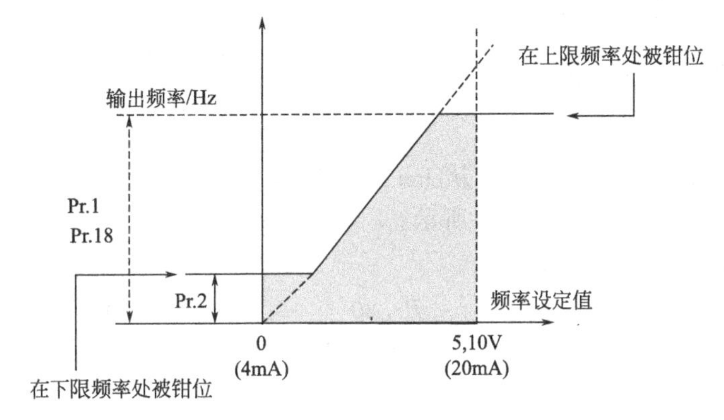

图 7-15 上下限频率与高速上限频率

当设定输出频率的上限 Pr. 1 后，即使输入了大于设定频率的频率指令，输出频率也会被钳位于上限频率处。当设定输出频率的下限 Pr. 2 后，即使设定频率小于 Pr. 2 中的频率值，输出频率也会被钳位于 Pr. 2 处。

若设定的上限频率大于 120Hz，应在 Pr. 18 高速上限频率中设定输出频率的上限。当对 Pr. 18 进行设定后，Pr. 1 自动切换为 Pr. 18 中所设定的频率。当对 Pr. 1 进行设定后，Pr. 18 也将自动切换为 Pr. 1 中所设定的频率。

（五）避开机械共振点（频率跳变）

机械在运转过程中，都或多或少会发生振动。每台机器又都有一个固有振荡频率，它取决于机械的结构。如果生产机械运行在某一转速时，所引起的振动频率和机械的固有振荡频率相吻合的话，则机械的振动将因发生谐振而变得十分强烈，并可能产生损坏机械的严重后果。设置回避频率的目的，就是使拖动系统避开可能引起谐振的转速，决定回避频率的参数为 Pr. 31～Pr. 36，参数的初始值和设定范围如表 7-7 所示。

表 7-7 三菱 F700 变频器频率跳变参数表

参数	名称	初始值	设定值	内 容
Pr. 31	频率跳变 1A	9999	0～400Hz,9999	1A～1B,2A～2B,3A～3B 为跳变频率 9999 功能无效
Pr. 32	频率跳变 1B	9999	0～400Hz,9999	
Pr. 33	频率跳变 2A	9999	0～400Hz,9999	
Pr. 34	频率跳变 2B	9999	0～400Hz,9999	
Pr. 35	频率跳变 3A	9999	0～400Hz,9999	
Pr. 36	频率跳变 3B	9999	0～400Hz,9999	

如图 7-16 所示，跳变区间可设 3 处，跳变频率设定为各处的上点或下点。其中频率跳变 1A、2A 和 3A 的设定值为跳变区间的频率运行值。

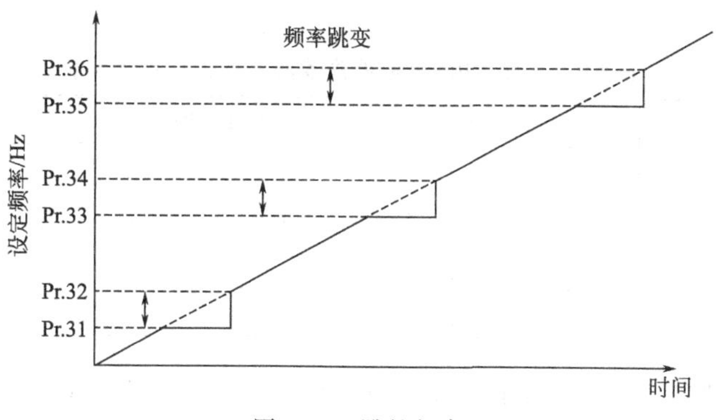

图 7-16　跳越频率

比如在 30～35Hz 之间欲固定在 30Hz 运行时，将 Pr. 33 设定为 30Hz，Pr. 34 设定为 35Hz。又如在 30～35Hz 之间欲跳变至 35Hz 运行时，将 Pr. 33 设定为 35Hz，Pr. 34 设定为 30Hz。

（六）调整电动机的输出转矩

1. 转矩提升

变频器低频运行时电压降低，电磁转矩降低，带负载能力下降，因此可对低频区的电压降低进行补偿，以提高电动机在低速范围内的电动机转矩，提高带负载能力。实现此功能的参数为转矩提升 Pr. 0 和第二转矩提升 Pr. 46。参数的初始值即设定范围如表 7-8 所示。

表 7-8　三菱 F700 变频器转矩提升参数表

参数	名　称	初始值		设定范围	内　容
Pr. 0	转矩提升	0.75K	6%	0～30%	0Hz 时的输出电压按%设定
		1.5K～3.7K	4%		
		5.5K,7.5K	3%		
		11K～37K	2%		
		45K,55K	1.5%		
		S75K 以上	1%		
Pr. 46	第 2 转矩提升	9999		0～30%	RT 信号为 ON 时设定转矩提升值
				9999	无第 2 转矩提升

设置转矩提升后，输出电压和输出频率的对应关系如图 7-17 所示。转矩提升的设定值对应 0Hz 时的输出电压输出值，为基准电压（一般为电动机额定电压）的百分值。转矩提升的设定值一定要结合负载的实际情况，既不能过大，也不能过小。因为过小电动机带负载能力下降，可能会造成电动机的过载；过大，会造成电动机过热。

根据用途更改转矩提升时，或是用一台变频器通过切换驱动多台电动机时，应使用第 2 转矩提升（对应参数为 Pr. 46）。第 2 转矩提升只有当 RT 信号 ON 时才有效。

2. 失速防止动作

如果给定的加速或减速时间过短，变频器的输出频率变化远远超过电动机转速的变化，变频器将因过电流和再生电压过高而跳闸，运行停止，这种现象称为失速。为了防止失速，使电动机继

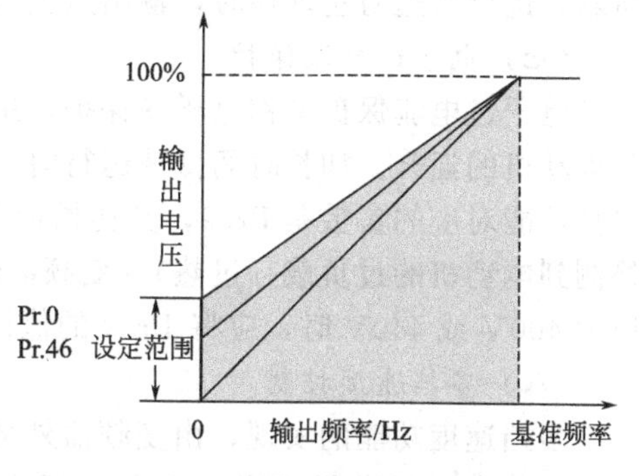

图 7-17　转矩提升的设置

续运行，就要检测出电流和再生电压大小以进行频率控制，适当抑制加减速速率，也就是应合理设定失速防止的动作水平。失速防止动作水平的设定参数为 Pr. 22。参数 Pr. 22 的设定值如表 7-9 所示。

表 7-9　三菱 F700 变频器失速防止动作水平参数表

参数	名称	初始值		设定范围		内　容
Pr. 22	失速防止动作水平	55K 以下	120%	0		失速防止动作无效
				55K 以下	0.1～150%	在额定频率之上的高速运行时可以降低失速动作水平
				S75K 以上	0.1～120%	
		S75K 以上	110%	9999		模拟量输入

防失速动作示例如图 7-18 所示。失速防止动作水平 Pr. 22 的设定值为百分值，所代表的含义是输出电流为变频器额定电流的百分值，当变频器输出电流到达该值及以上时，失速防止动作。失速防止动作水平 Pr. 22 通常设定为初始值，即容量在 55K 以下设定为 120%，S75K 以上设定为 110%。

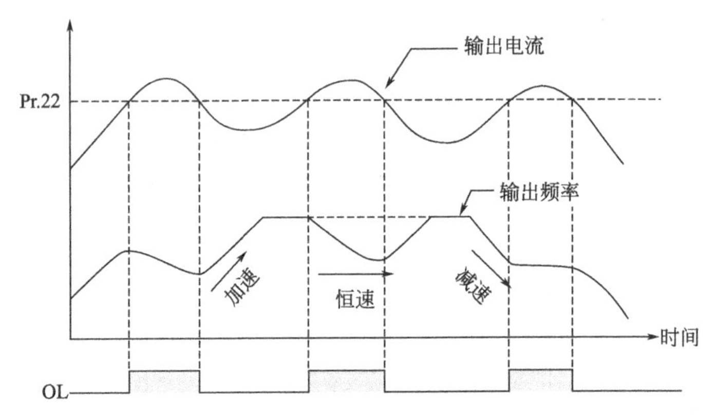

图 7-18　失速防止动作

失速防止动作过程说明如下。

在电动机加速时，若输出电流超过 Pr. 22 的设定值，则失速防止动作，输出频率下降，待输出电流低于 Pr. 22 的设定值，输出频率再继续增加。在电动机恒速运转时，若输出电流超过 Pr. 22 的设定值，失速防止动作，输出频率下降，待输出电流低于 Pr. 22 的设定值，再恢复原来的运行频率。在电动机减速时，若输出电流超过 Pr. 22 的设定值，输出频率不再继续下降，先维持不变，待输出电流低于 Pr. 22 的设定值，输出频率再继续下降。如图 7-18 所示。进行失速防止动作时，输出过负荷报警 OL 信号。

（七）电子过电流保护

电子过电流保护又称电子热保护，主要是针对电动机过载进行保护。其保护的主要依据是电动机的温升。如长时间低速运行时，因电动机冷却能力下降而出现过热。与电子过电流保护功能对应的参数是 Pr. 9，其初始值是变频器额定输出电流。电子过电流保护的功能是检测到电动机的过负载（过热），变频器输出晶体管停止工作，变频器停止输出。当电源电压为 400V 或 440V 时，应将 Pr. 9 的值设定为电动机额定电流的 1.1 倍。

（八）多挡速度控制

多挡速度功能的实现，由变频器外部输入端子开关状态的组合控制实现。在一些机械的往复运动中，要进行速度与方向的切换控制，其速度的切换就是靠多挡速度控制功能实现的。

1. 多挡速度控制的方法

RH、RM、RL 端子的通断组合及各挡速度的对应关系如图 7-19 所示。

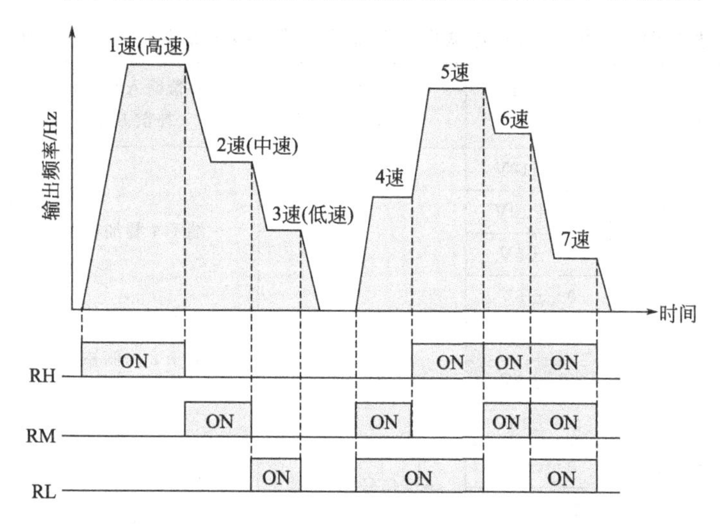

图 7-19　多挡速度控制

2. 各挡转速的对应工作频率

1～3 挡（高、中、低）的频率设置由参数 Pr. 4 、Pr. 5 和 Pr. 6 实现，4～7 挡的频率设置由参数 Pr. 24、Pr. 25、Pr26 和 Pr27 实现。参数设定范围是 0～400Hz。

此外，通过将 RT 端子定义为 REX 端子，配合 RH、RM、RL 的通断，最多可选择 15 段速度。

（九）模拟电压或电流设定频率时的频率增益

对应此项功能的参数为 Pr. 125 和 Pr. 126。出厂设置时，端子 2 输入电压规格为 0～5V，当端子 2 输入电压达最大 5V 时，所对应的频率由 Pr. 125（初始值 50Hz）决定，当端子 2 输入为 DC0～5V 变化时，输出频率 0～50Hz 变化。若当端子 2 输入电压为 0～5V 时要求输出频率为 0～60Hz，则应设定 Pr. 125＝60；端子 4 输入电压规格 4～20mA，所对应的频率由 Pr. 126（初始值 50Hz）决定，当端子 4 输入电压为 4～20mA 时输出频率为 0～50Hz，若当端子 4 输入电压为 4～20mA 时要求输出频率为 0～60Hz，则应设定 Pr. 126＝60。

第四节　F700 变频器模拟量输入和输出的选择

三菱 F700 变频器可由外部模拟量作为频率设定信号，通过参数设定可以选择模拟量的类型、模拟量的输入端子。三菱 F700 变频器可通过输出的模拟量来监视变频器的各种工作状态，通过参数设定可对模拟量监视的内容进行选择。

一、模拟量频率设定信号选择

变频器可以通过外部电压、电流信号设定输出频率。F700 从外部接线端子 2、4 和 1 输入模拟量电压或电流，作为频率设定信号。这些频率设定信号可分为主速设定和辅助设定，辅助设定通过对主速设定信号进行叠加补偿或比例补偿，调整频率设定信号。其中端子 2 和 1 既可作为主速设定，也可作为辅助设定，端子 4 只可作为主速设定输入端子。端子 2 和端子 4 可以选择电压和电流信号中的任意一种，端子 1 只能输入电压信号，但允许输入正负电压。

确定模拟输入端子和模拟输入信号的参数是 Pr. 73 和 Pr. 267，此外还应设置端子 4 输入选择 AU 信号的状态（ON 或 OFF）。

参数 Pr. 73 和 Pr. 267 的设定值与端子的选择情况如表 7-10 所示。

表 7-10 三菱 F700 变频器选择模拟输入端子和模拟输入信号的参数表

<table>
<tr><th>Pr. 73
设定值</th><th>端子 2
输入</th><th>端子 1
输入</th><th>端子 4
输入</th><th>补偿输入端子和
补偿方法</th><th>极性可逆</th></tr>
<tr><td>0</td><td>0～10V</td><td>0～±10V</td><td rowspan="16">AU 信号 OFF 时</td><td rowspan="4">端子 1 叠加补偿</td><td rowspan="8">否（显示无法接受负极性的频率指令信号的状态）</td></tr>
<tr><td>1(初始值)</td><td>0～5V</td><td>0～±10V</td></tr>
<tr><td>2</td><td>0～10V</td><td>0～±5V</td></tr>
<tr><td>3</td><td>0～5V</td><td>0～±5V</td></tr>
<tr><td>4</td><td>0～10V</td><td>0～±10V</td><td rowspan="2">端子 2 比例补偿</td></tr>
<tr><td>5</td><td>0～5V</td><td>0～±5V</td></tr>
<tr><td>6</td><td>4～20mA</td><td>0～±10V</td><td rowspan="6">端子 1 叠加补偿</td></tr>
<tr><td>7</td><td>4～20mA</td><td>0～±5V</td></tr>
<tr><td>10</td><td>0～10V</td><td>0～±10V</td><td rowspan="8">是</td></tr>
<tr><td>11</td><td>0～5V</td><td>0～±10V</td></tr>
<tr><td>12</td><td>0～10V</td><td>0～±5V</td></tr>
<tr><td>13</td><td>0～5V</td><td>0～±5V</td></tr>
<tr><td>14</td><td>0～10V</td><td>0～±10V</td><td rowspan="2">端子 2 比例补偿</td></tr>
<tr><td>15</td><td>0～5V</td><td>0～±5V</td></tr>
<tr><td>16</td><td>4～20mA</td><td>0～±10V</td><td rowspan="2">端子 1 叠加补偿</td></tr>
<tr><td>17</td><td>4～20mA</td><td>0～±5V</td></tr>
<tr><td>0</td><td rowspan="4">×</td><td>0～±10V</td><td rowspan="16">AU 信号 ON 时根据 Pr. 267 设定值。0:4～20mA(初始值)；
1：0～5V；
2：0～10V</td><td rowspan="4">端子 1 叠加补偿</td><td rowspan="8">否（显示无法接受负极性的频率指令信号的状态）</td></tr>
<tr><td>1(初始值)</td><td>0～±10V</td></tr>
<tr><td>2</td><td>0～±5V</td></tr>
<tr><td>3</td><td>0～±5V</td></tr>
<tr><td>4</td><td>0～10V</td><td rowspan="2">×</td><td rowspan="2">端子 2 比例补偿</td></tr>
<tr><td>5</td><td>0～5V</td></tr>
<tr><td>6</td><td rowspan="2">×</td><td>0～±10V</td><td rowspan="6">端子 1 叠加补偿</td></tr>
<tr><td>7</td><td>0～±5V</td></tr>
<tr><td>10</td><td rowspan="4">×</td><td>0～±10V</td><td rowspan="8">是</td></tr>
<tr><td>11</td><td>0～±10V</td></tr>
<tr><td>12</td><td>0～±5V</td></tr>
<tr><td>13</td><td>0～±5V</td></tr>
<tr><td>14</td><td>0～10V</td><td rowspan="2">×</td><td rowspan="2">端子 2 比例补偿</td></tr>
<tr><td>15</td><td>0～5V</td></tr>
<tr><td>16</td><td rowspan="2">×</td><td>0～±10V</td><td rowspan="2">端子 1 叠加补偿</td></tr>
<tr><td>17</td><td>0～±5V</td></tr>
</table>

注：表 7-10 中灰色的单元格中的数据为主速设定。

（一）模拟输入电压运行

F700 的外部频率设定信号可以有 0～5V DC 或 0～10V DC 两种规格，这两种规格的电压信号可由外部提供，也可使用变频器内部提供。当使用变频器内部电源时，对应的端子如下。

① 端子 10 和 5，其中端子 10 为电源正端，5 为电源负端，输出 0～5V DC。

② 端子 10E 和 5，其中端子 10E 为电源正端，5 为电源负端，输出 0～10V DC。

在现场实时控制时，变频器使用外部电源，外部电源一般来自变送器输出的信号。

【例 7-2】 在端子 2-5 之间输入 0～5V DC 电压，将该电压作为频率设定信号。由于选择端子 2，要求 AU 信号为 OFF 状态；端子 2 输入为 0～5V DC 电压，Pr. 73 的值可设定为 1（初始值）、3、11、13 中的任何一个。使用端子 2 输入 0～5V DC 电压的接线图如图 7-20（a）所示。

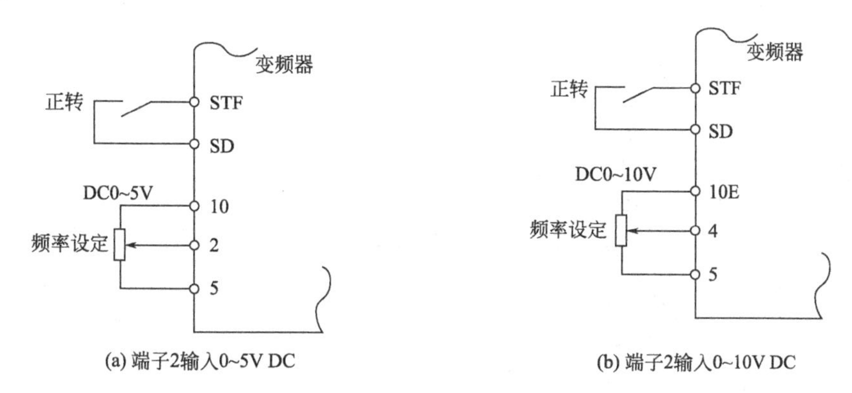

图 7-20　端子 2 电压输入的接线图

【例 7-3】 从端子 4-5 之间输入 0～10V DC 电压，将该电压作为频率设定信号。由于选择端子 4，要求将 AU 信号设置为 ON 状态；端子 4 输入为 0～10V DC 电压，应将 Pr. 267 的值设定为 2。使用端子 4 输入 0～10V DC 的接线图如图 7-20（b）所示。

（二）模拟输入电流运行

F700 变频器可以用电流信号作为频率设定信号，但变频器本身没有电流信号源，该电流信号只能来自外部，比如来自温度、压力、流量等变送器的输出。

【例 7-4】 从端子 4-5 之间输入 4～20mA DC 电流作为频率设定信号。将 AU 信号置于 ON 时，端子 4 输入有效；将 Pr. 267 的值设定为 0，选择 4～20mA DC 电流信号。使用端子 4 输入 4～20mA DC 电流信号的接线如图 7-21（a）所示。

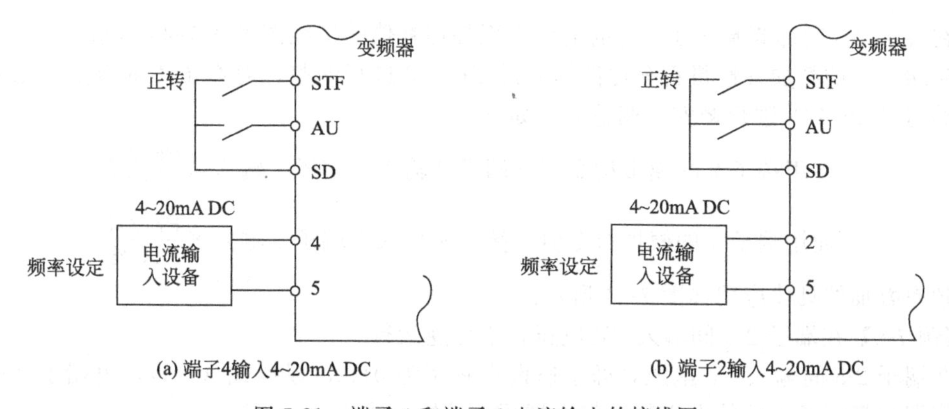

图 7-21　端子 4 和端子 2 电流输入的接线图

【**例 7-5**】从端子 2-5 之间输入 4～20mA DC 电流作为频率设定信号。将 AU 信号置于 OFF 时，端子 2 输入有效；将 Pr. 73 的值设定为 6、7、16、17 中的任何一个，选择 4～20mA DC 电流信号。使用端子 2 输入 4～20mA DC 电流信号的接线如图 7-21（b）所示。

（三）模拟输入电压的极性可逆运行

变频器端子 1 作为补偿输入端，可以单独接收正负电压信号，由端子 1 输入正电压信号时，电动机正转运行，由端子 1 输入负电压信号时，电动机反转运行，如图 7-22 所示。

（四）叠加补偿

辅助输入能够对多段速运行及端子 2 和端子 4 的主速速度设定信号进行叠加补偿，以便在速度同步控制中实现很好的同步控制功能。例如可在端子 2-5 间加算端子 1-5 间的电压，也可在端子 4-5 间加算端子 1-5 间的电压。相关的参数是 Pr. 73，Pr. 242，Pr. 243。各参数初始值及设定范围如表 7-11 所示。

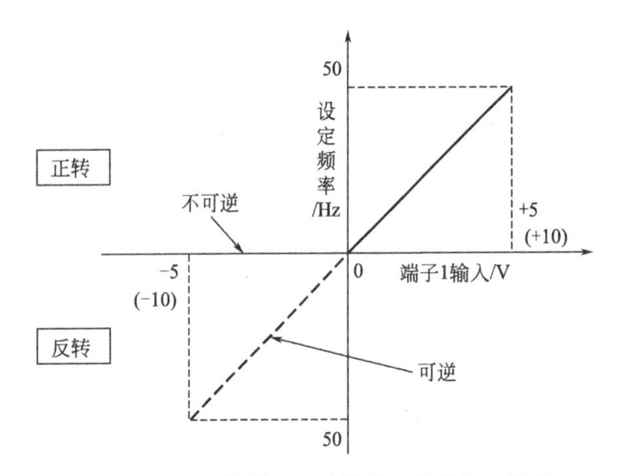

图 7-22　STF 信号 ON 时端子 1 补偿输入特性

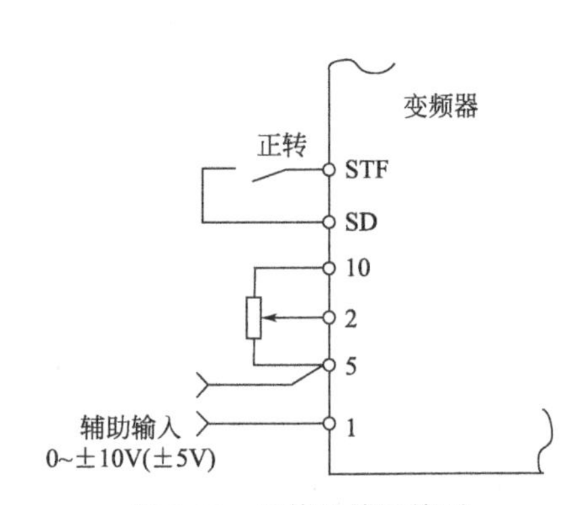

图 7-23　加算补偿连接图

表 7-11　三菱 F700 变频器叠加补偿参数表

参数	名称	初始值	设定范围	内容
Pr. 73	模拟输入选择	1	0～3,6,7, 10～13,16,17	叠加补偿
Pr. 242	端子 1 叠加补偿增益 （端子 2）	100%	0～100%	端子 2 设定主速时的叠加补偿量的比例
Pr. 243	端子 1 叠加补偿增益 （端子 4）	75%	0～100%	端子 4 设定主速时的叠加补偿量的比例

在端子 2-5 间加算端子 1-5 间的电压实现叠加补偿的接线图如图 7-23 所示。

对端子 2 的叠加补偿量百分比能够通过 Pr. 242 进行调整，对端子 4 的叠加补偿量百分比能够通过 Pr. 243 进行调整，调整公式如下：

$$\text{使用端子 2 的模拟指令值} = \text{端子 2 输入} + \text{端子 1 输入} \times \frac{\text{Pr. 242}}{100\%} \tag{7-3}$$

$$\text{使用端子 4 的模拟指令值} = \text{端子 4 输入} + \text{端子 1 输入} \times \frac{\text{Pr. 243}}{100\%} \tag{7-4}$$

频率叠加的具体应用如图 7-24 所示。

【**例 7-6**】在端子 2-5 间输入 0V 电压，不可逆运行。

在端子 2-5 间输入 0V 电压，即主速设定频率为 0Hz，根据式（7-3），由端子 2 的模拟指令值即加算端子 1 后的设定频率仅由端子 1 的输入决定。

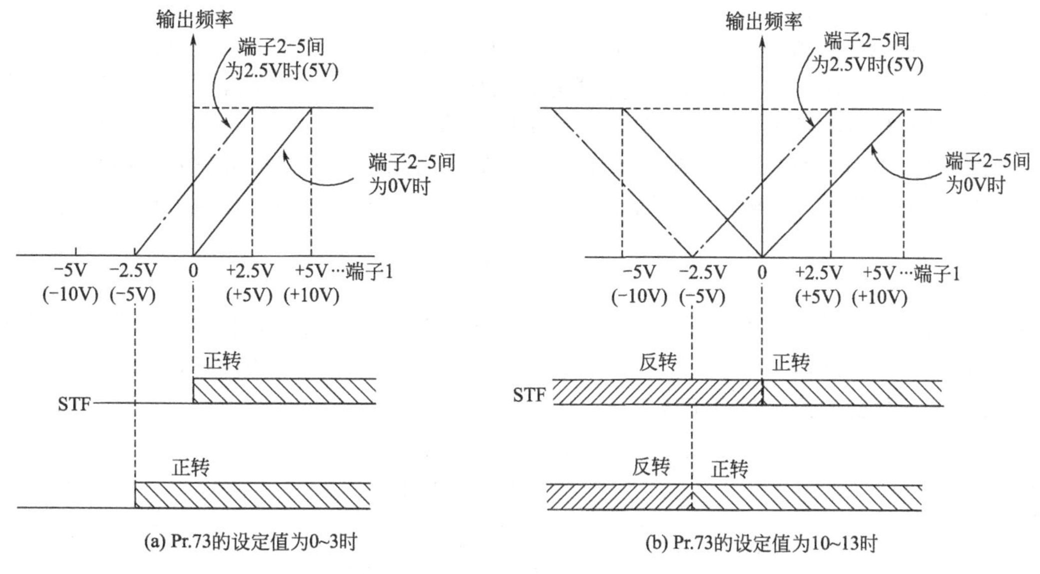

图 7-24　端子 2-5 间加算端子 1-5 间电压的叠加补偿

（1）端子 1 输入为 0～±5V 电压　此时应设定参数 Pr. 73＝2 或 3。在参数 Pr. 242 和 Pr. 125 均为初始值的情况下，当端子 1 输入电压为 0～＋5V 时，加算前的频率为 0～50Hz，加算后的频率即设定频率也是 0～50Hz；当端子 1 输入为 0～－5V 时，加算前的频率为 0～－50Hz，但由于为不可逆运行，加算后的设定频率为 0Hz。如图 7-24（a）所示。

（2）端子 1 输入为 0～±10V 电压　此时应设定参数 Pr. 73 的值为 0 和 1。在参数 Pr. 242 和 Pr. 125 均为初始值的情况下，当端子 1 输入为 0～＋10V 时，加算前的频率为0～50Hz，加算后的频率即设定频率也是 0～50Hz；当端子 1 输入为 0～－10V 时，加算前的频率为 0～－50Hz，但由于参数 Pr. 73 的值为 0 和 1 时极性不可逆，加算后的设定频率为 0Hz。如图 7-24（a）所示。

【例 7-7】 在端子 2-5 间输入 2.5V 电压，不可逆运行。

根据式（7-3），由端子 2 的模拟指令值即设定频率由端子 2 和端子 1 的输入加算后决定。假设参数 Pr. 125 为 50（初始值），将参数 Pr. 73 的值设定为 1（初始值），此时由端子 2 的输入对应加算前的频率为 25Hz。

当参数 Pr. 73 的值为 1 时，端子 1 允许输入电压 0～±10V。若端子 1 输入电压为－5～＋5V，在参数 Pr. 242 为初始值的情况下，端子 1 的输入对应加算前的频率为－25～25Hz，根据公式，使用端子 2 的模拟指令值即加算后的频率为 0～50Hz。当端子 1 的输入大于＋5V 时，加算后的频率保持 50Hz 不变，当端子 1 的输入小于－5V 时，加算后的频率保持 0Hz 不变。如图 7-24（a）所示。

【例 7-8】 在端子 2-5 间输入 0V 电压，可逆运行。

此时，在端子 2-5 间的输入对应加算前的频率为 0Hz。由图 7-24（b）可知，若端子 1 的输入电压为正，控制电动机正转，若端子 1 的输入电压为正负，控制电动机反转。现设定参数 Pr. 73 的值为 10，端子 1 允许输入 0～±10V 电压。当端子 1 的输入电压从 0～10V 变化时，加算后的频率为 0～50Hz，电动机正转；当端子 1 的输入电压为 0～－10V 时，加算后的频率为 0～－50Hz，电动机反转。如图 7-24（b）所示。

【例 7-9】 在端子 2-5 间输入 5V 电压，可逆运行。

假设参数 Pr. 125、和 Pr. 242 均为初始值，将参数 Pr. 73 的值设定为 12，此时由端子 2

的输入对应加算前的频率为25Hz。

当参数Pr.73的值为12时，端子1允许输入电压0～±5V。若端子1的输入电压从−5～0V变化时，端子1的输入对应加算前的频率为−50～0Hz，根据公式，由端子2的模拟指令值即加算后的频率为−25～25Hz。若端子1输入电压从0～2.5V变化，当端子1的输入对应加算前的频率为0～25Hz，根据式（7-3），由端子2的模拟指令值即加算后的频率为从25～50Hz变化。当端子1的输入大于2.5V时，加算后的频率保持50Hz不变。如图7-24（b)所示。

（五）比例补偿功能

选择比例补偿时，端子1或端子4为主速设定，端子2为比例补偿信号（不输入端子1或端子4的主速度时，通过端子2的补偿无效），与此功相关的参数有Pr.73、Pr.252、Pr.253。各参数初始值及设定范围如表7-12所示。

表7-12 三菱F700变频器比例补偿参数表

参数	名称	初始值	设定范围	内容
Pr.73	模拟输入选择	1	4,5,14,15	比例补偿补偿
Pr.252	比例补偿偏置	50%	0～200%	设定比例补偿功能的偏置侧补偿值
Pr.253	比例补偿增益	150%	0～200%	设定比例补偿功能的增益侧补偿值

比例补偿时设定频率的计算公式如下：

$$设定频率(Hz)=主速设定频率(Hz)\times\frac{补偿量(\%)}{100\%} \tag{7-5}$$

式中，主速设定频率包括端子1、4输入以及多段速度设定；补偿量（%）为端子2输入。

【例7-10】 参数Pr.73=5，端子1作为主速度设定，端子2作为频率比例补偿，比例补偿接线图如图7-25（a）所示。设定频率的确定方法如下。

（1）确定比例补偿量的大小 因Pr.73=5，端子2-5间允许输入电压为0～5V。该电压作为比例补偿量，其大小与补偿量的对应关系如图7-25（b）所示。

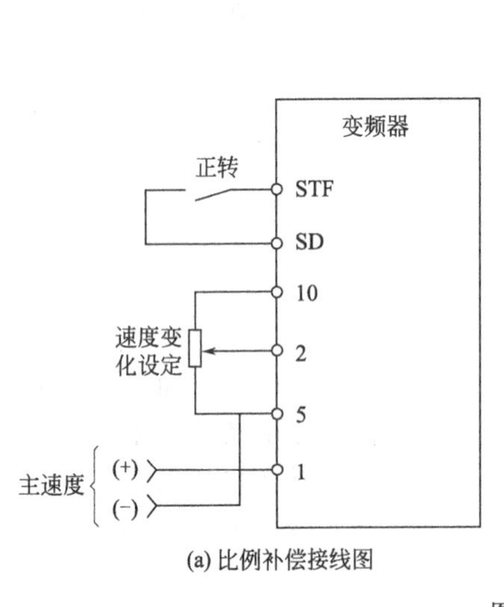

(a) 比例补偿接线图

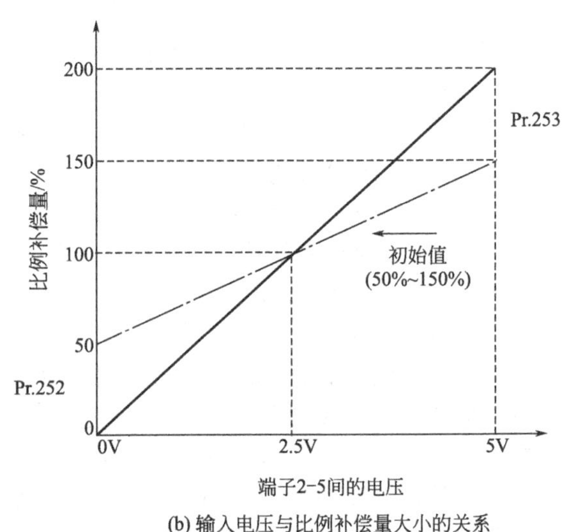

(b) 输入电压与比例补偿量大小的关系

图7-25 比例补偿的实现

图中虚线对应比例补偿量的初始设定线，Pr. 252 和 Pr. 253 均为初始值。Pr. 252 对应端子 2-5 间的输入电压为 0V 时的比例补偿量，Pr. 253 对应输入电压 5V 时的比例补偿量。当输入电压由小到大变化时，比例补偿量由小到大线性增大。

图中实线对应 Pr. 252 和 Pr. 253 变化后的比例补偿量的设定线，此设定线对应Pr. 252＝0，Pr. 253＝200％。

（2）主速设定频率　因 Pr. 73＝5，当端子 1 输入 0～5V DC 电压时，所代表的主速设定频率为 0～50Hz。

（3）设定频率　以 Pr. 252 和 Pr. 253 均为初始值为例。当端子 2 输入 2. 5V 电压时，比例补偿量为 100％，设定频率就等于主速设定频率，当主速设定频率为 0～50Hz 时，设定频率也是 0～50Hz；当端子 2 输入 5V 电压时，比例补偿量为 150％，此时，设定频率就等于主速设定频率的 1. 5 倍，当主速设定频率为 0～50Hz 时，计算的设定频率就是 0～75Hz（实际的上限频率受 Pr. 1 等上限频率参数的限制）。

设定频率与主速设定频率和比例补偿量的关系如图 7-26 所示。

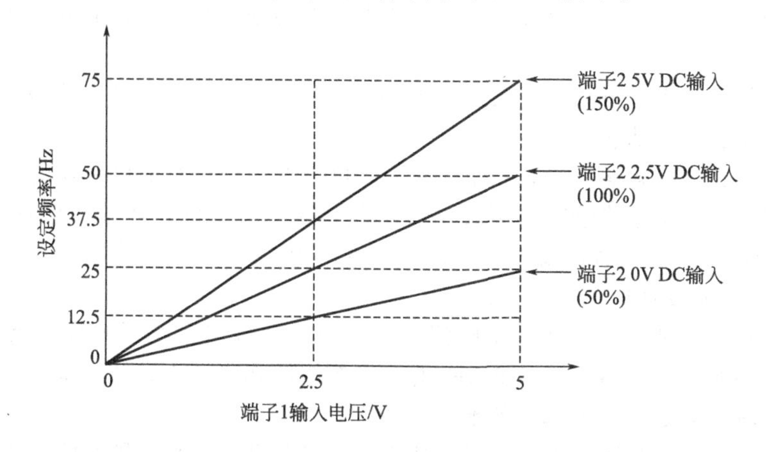

图 7-26　设定频率与主速设定频率和比例补偿量的关系

二、输出监视器选择

（一）输出监视器选择

在信号输出中，端子 CA 称作模拟量电流输出端子，其输出为直流电流信号，在初始状态下，当输出频率从 0～50Hz 变化时，CA 输出电流大小对应从 4～20mA DC 变化，作为频率监视器。端子 AM 称作模拟量电压输出端子，其输出为直流电压信号，在初始状态下，当输出频率从 0～50Hz 变化时，AM 输出电压大小对应从 0～10V DC 变化，作为频率监视器。

通过改变参数 Pr. 54 和 Pr. 158 的设定值，可以使 CA、AM 设定为除频率监视器之外的其他监视器。参数 Pr. 54 和 Pr. 158 的初始值和设定值范围如表 7-13 所示。

表 7-13　三菱 F700 变频器模拟量选择对应的参数

参数	名称	初始值	设定范围	内容
Pr. 54	CA 端子功能选择	1 （输出频率）	1～3，5，6，8～14， 17，21，24，50，52，53	选择输出到端子 CA 的监视器
Pr. 158	AM 端子功能选择			选择输出到端子 AM 的监视器

参数 Pr. 54 和 Pr. 158 的部分设定值及其表达的不同含义如表 7-14 所示。

表 7-14 三菱 F700 变频器模拟量选择对应参数的可选设定值（部分）

监视器的种类	单 位	Pr. 54(CA)和 Pr. 158(AM)设定值	满刻度值	内 容
输出频率	0.01Hz	1	Pr. 55	显示变频器输出频率
输出电流	0.01A(55K以下时)	2	Pr. 56	显示变频器输出电流有效值
输出电压	0.1V	3	800V	显示变频器输出电压
频率设定值	0.01Hz	5	Pr. 55	显示设定的频率
运行速度	1(r/min)	6	以 Pr. 37 的值变换到 Pr. 55 后得到的值	显示电动机转速(根据 Pr. 37、Pr. 144 的设定)
直流侧电压	0.1V	8	800V	显示直流母线电压

（二）频率监视器的基准

在初始条件下，端子 CA 的电流输出及端子 AM 的电压输出为频率监视器。当输出频率变化时，端子 CA 和 AM 的输出按线性规律增大，即端子 CA 和 AM 的输出变化反映的是输出频率的变化。

在初始条件下，当输出频率增大到 50Hz 时，端子 CA 的电流输出达最大值 20mA，端子 AM 的电压输出达最大值 10V。

调整参数 Pr. 55 即调整频率监视器的基准，可以调整端子 CA 和 AM 的输出达最大值时的频率，如图 7-27 所示。例如当参数 Pr. 55 的设定值为 100 时，当输出频率达到 50Hz 时，端子 CA 的电流输出为 5mA，端子 AM 的电压输出为 5V。

（三）电流监视器的基准

当端子 CA 和 AM 的输出选择了电流监视器时，其输出大小反映变频器输出电流的大小，当输出频率变化时，端子 CA 和 AM 的输出按线性规律变化。初始条件下，变频器输出电流达额定值时，端子 CA 和 AM 的输出达最大。

调整参数 Pr. 56 即调整电流监视器的基准，可以调整端子 CA 和 AM 的输出达最大值时的输出电流，如图 7-28 所示。例如若参数 Pr. 56 的设定值为变频器输出额定电流的两倍时，变频器输出电流达额定值时，端子 CA 和 AM 的分别为 5mA 和 5V。

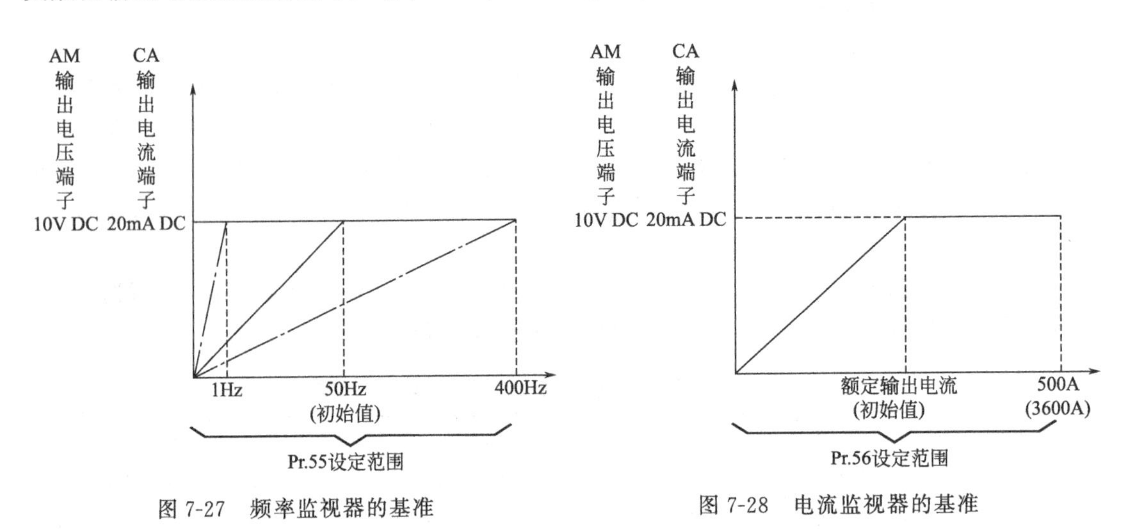

图 7-27 频率监视器的基准

图 7-28 电流监视器的基准

第五节　F700 开关量输入端子功能分配

F700 的外部输入端子包括 STF、STR、RL、RM、RH、RT、AU、JOG、CS、MRS、STOP、RES 等端子，各端子的初始功能分别为正转指令、反转指令、低速运行指令、中速运行指令、高速运行指令、第二功能选择、端子 4 输入选择、点动运行选择、瞬间停止再启动选择、输出停止、启动信号自保持选择、变频器复位。

各输入端子对应的参数为 Pr. 178～Pr. 189，各参数的初始值和设定范围如表 7-15 所示。

表 7-15　三菱 F700 变频器选择输入端子功能的参数表

参数	名　称	初始值	初始信号	设定范围
Pr. 178	STF 端子功能选择	60	STF(正转指令)	0～8,10～12,14,16,24, 25, 37,60,62,64～67,9999
Pr. 179	STR 端子功能选择	61	STR(反转指令)	0～8,10～12,14,16,24, 25, 37,61,62,64～67,9999
Pr. 180	RL 端子功能选择	0	RL(低速运行指令)	0～8,10～12,14,16,24, 25, 37,62,64～67,9999
Pr. 181	RM 端子功能选择	1	RM(中速运行指令)	
Pr. 182	RH 端子功能选择	2	RH(高速运行指令)	
Pr. 183	RT 端子功能选择	3	RT(第二功能选择)	
Pr. 184	AU 端子功能选择	4	AU(端子 4 输入选择)	0～8,10～12,14,16,24, 25, 37,62～67,9999
Pr. 185	JOG 端子功能选择	5	JOG (点动运行选择)	0～8,10～12,14,16,24, 25, 37,62,64～67,9999
Pr. 186	CS 端子功能选择	6	CS(瞬间停止再启动选择)	
Pr. 187	MRS 端子功能选择	24	MRS(输出停止)	
Pr. 188	STOP 端子功能选择	25	STOP(启动信号自保持选择)	
Pr. 189	RES 端子功能选择	62	RES(变频器复位)	

上述参数在 Pr. 160（用户参数组读出选择）的值等于 0 时可以进行设定。

一、输入端子的功能分配

通过对参数 Pr. 178～Pr. 189 设置不同值，可以变更输入端子的功能，各输入端子的功能选择如表 7-16 所示。

二、启动信号选择

在参数 Pr. 178、Pr. 179 为初始值不变的情况下，由 STF 端子输入的信号称作 STF 信号，由 STR 端子输入的信号称作 STR 信号。在参数 Pr. 250 也取初始值的情况下，STF 信号作为正转启动信号，STR 信号作为反转启动信号。而在参数 Pr. 250 不取初始值的情况下，STF、STR 信号的功能也会发生某些变化，具体情况如表 7-17 所示。

（一）两线制接线

在初始设定时，正反转信号为启动兼停止信号。不管是哪个信号，当其中的一个变为 ON 时都可以启动。运行中将两个信号都切换为 OFF（或两个信号都切换为 ON）时，变频器减速停止。

表 7-16 三菱 F700 变频器各输入端子功能参数的设定值

<table>
<tr><th>设定值(部分)</th><th>信号名</th><th colspan="2">功能</th></tr>
<tr><td rowspan="2">0</td><td rowspan="2">RL</td><td>Pr. 59=0(初始值)</td><td>低速运行指令</td></tr>
<tr><td>Pr. 59=1,2</td><td>遥控设定(设定清零)</td></tr>
<tr><td rowspan="2">1</td><td rowspan="2">RM</td><td>Pr. 59=0(初始值)</td><td>中速运行指令</td></tr>
<tr><td>Pr. 59=1,2</td><td>遥控设定(减速)</td></tr>
<tr><td rowspan="2">2</td><td rowspan="2">RH</td><td>Pr. 59=0(初始值)</td><td>高速运行指令</td></tr>
<tr><td>Pr. 59=1,2</td><td>遥控设定(加速)</td></tr>
<tr><td>3</td><td>RT</td><td colspan="2">第二功能选择</td></tr>
<tr><td>4</td><td>AU</td><td colspan="2">端子 4 输入选择</td></tr>
<tr><td>5</td><td>JOG</td><td colspan="2">点动运行选择</td></tr>
<tr><td>7</td><td>OH</td><td colspan="2">外部热继电器输入</td></tr>
<tr><td>8</td><td>REX</td><td colspan="2">15 速选择 (同 RL,RM,RH 的 3 速组合)</td></tr>
<tr><td>14</td><td>X14</td><td colspan="2">PID 控制有效端子</td></tr>
<tr><td>24</td><td>MRS</td><td colspan="2">输出停止</td></tr>
<tr><td>25</td><td>STOP</td><td colspan="2">启动自保持选择</td></tr>
<tr><td>60</td><td>STF</td><td colspan="2">正转指令 (仅 STF 端子)</td></tr>
<tr><td>61</td><td>STR</td><td colspan="2">反转指令 (仅 STR 端子)</td></tr>
<tr><td>62</td><td>RES</td><td colspan="2">变频器复位</td></tr>
<tr><td>63</td><td>PTC</td><td colspan="2">PTC 热敏电阻输入(仅 AU 端子)</td></tr>
<tr><td>64</td><td>X64</td><td colspan="2">PID 正反动作切换</td></tr>
</table>

表 7-17 三菱 F700 变频器停止选择及 STF、STR 信号在正反转启动时的作用

<table>
<tr><th rowspan="2">参数</th><th rowspan="2">名称</th><th rowspan="2">初始值</th><th>设定范围</th><th colspan="2">内容</th></tr>
<tr><th>启动信号(STF/STR)</th><th colspan="2">停止动作</th></tr>
<tr><td rowspan="4">Pr. 250</td><td rowspan="4">停止选择</td><td rowspan="4">9999</td><td>0～100s</td><td>STF 信号正转启动
STR 信号反转启动</td><td rowspan="2">启动信号置于 OFF,设定时间后停止自由运行。设定 1000 ～ 1100s 时,(Pr. 250－1000)s 后,停止自由运行</td></tr>
<tr><td>1000～1100s</td><td>STF 信号启动信号
STR 信号正反信号</td></tr>
<tr><td>9999</td><td>STF 信号正转启动
STR 信号反转启动</td><td rowspan="2">启动信号置于 OFF 后,减速停止</td></tr>
<tr><td>8888</td><td>STF 信号启动信号
STR 信号正反信号</td></tr>
</table>

先将启动信号置于 ON,电动机处于运行状态。当 Pr. 250 的设定值为 0～100s 时,启动信号置于 OFF 后,在设定的时间内,电动机继续运行,等到设定的时间一到,停止运行。当 Pr. 250 的设定值为 1000～1100s 时,启动信号置于 OFF 后,再经 (Pr. 250－1000) s 后停止运行。当在启动信号变为 OFF 的同时,通过机械制动使电动机停止时通常应用这两种情况。

现假设在速度设定输入端子 2-5 间输入 0～5V DC 的电压信号，采用两线制接线，根据 Pr. 250 的设定值不同，有以下两种典型的运行情况。

① Pr. 250＝9999（初始值），STF 信号为正转启动信号，STR 信号为反转启动信号，停车时按设定的减速时间停车。Pr. 250＝9999 时的两线制接线及运行情况如图 7-29 所示。

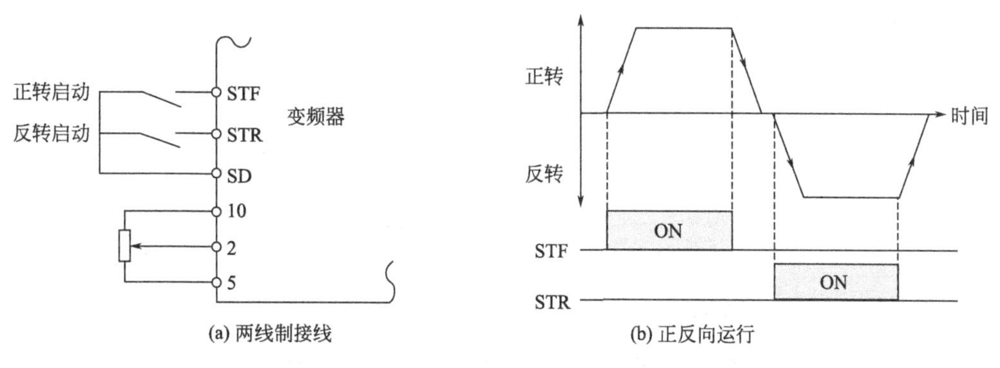

(a) 两线制接线　(b) 正反向运行

图 7-29　Pr. 250＝9999 时两线制接线与运行情况

② Pr. 250＝8888，STF 信号为启动信号，STR 信号为正反信号，停车时按设定的减速时间停车。Pr. 250＝8888 时的两线制接线及运行情况如图 7-30 所示。

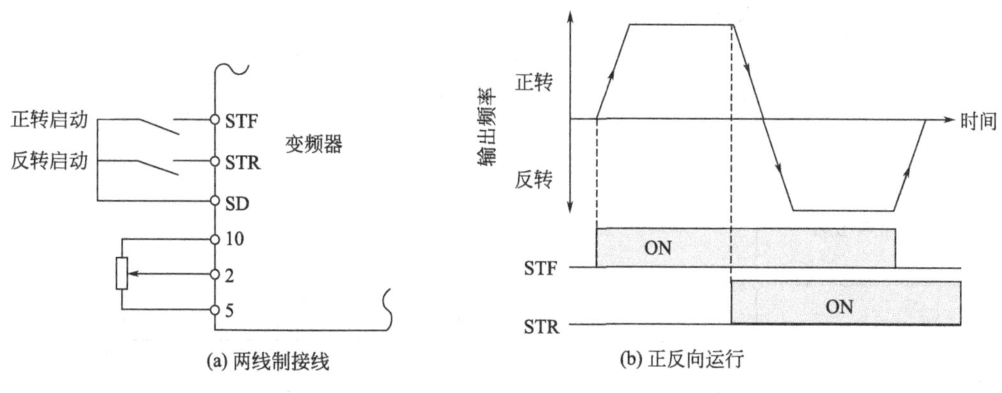

(a) 两线制接线　(b) 正反向运行

图 7-30　Pr. 250＝8888 时两线制接线与运行情况

（二）三线制接线

三线制接线除了正反转的 STF、STR 信号，还有启动自保持选择的 STOP 信号，STOP 信号变为 ON 时，启动自动保持功能有效，STOP 信号变为 OFF 时，启动自动保持功能无效。启动自动保持功能有效时，正反转信号仅作为启动信号工作，也就是当启动信号（STF 或者 STR）由 ON 置于 OFF 时，由于启动自动保持功能的作用，变频器仍能继续运行。当由正转变为反转时，应先将 STOP 变为 OFF，启动自动保持功能无效，待电动机停止后再进行反转。三线制接线及运行有以下两种情况。

① Pr. 250＝9999，STF 信号为正转启动信号，STR 信号为反转启动信号，停车时按设定的减速时间停车，Pr. 250＝9999 时三线制接线与运行情况如图 7-31 所示。

② Pr. 250＝8888，STF 信号为启动信号，STR 信号为正反信号，停车时按设定的减速时间停车。Pr. 250＝8888 时三线制接线及运行情况如图 7-32 所示。

三、第二功能 RT 信号执行条件选择

当一台变频器带两台或多台电动机或带不同负载分时运行时，一些参数需重新设定。比

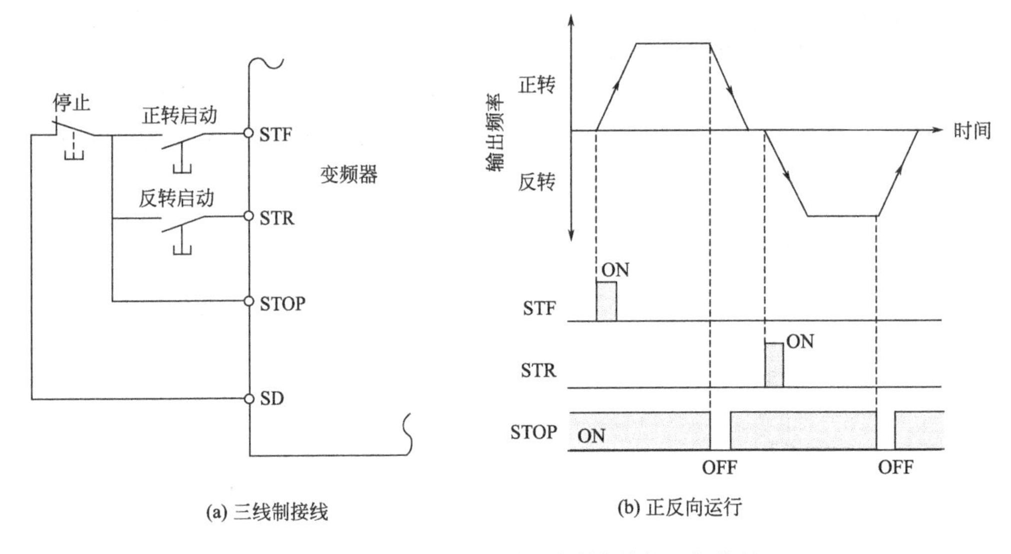

图 7-31　Pr. 250＝9999 时三线制接线与运行情况

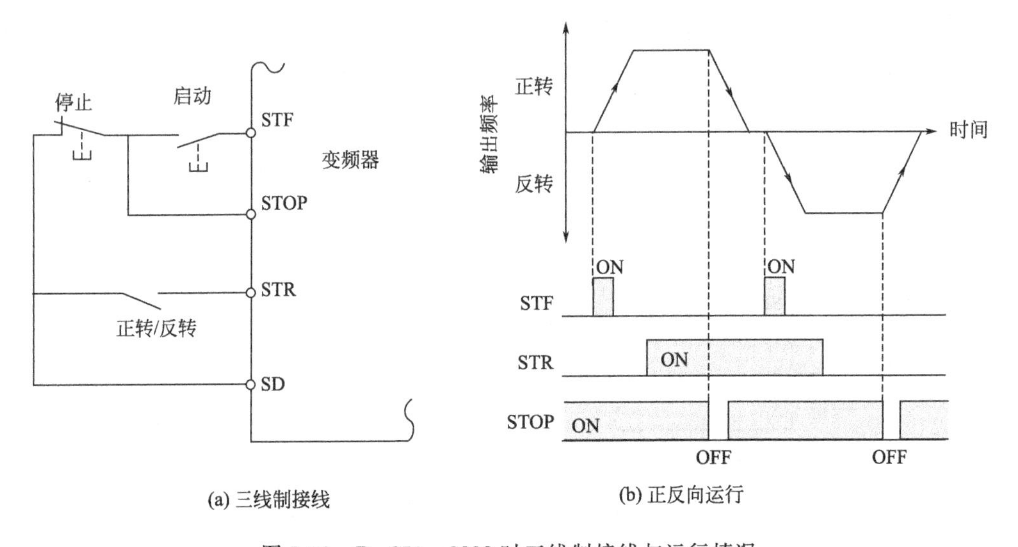

图 7-32　Pr. 250＝8888 时三线制接线与运行情况

如负载可分为轻重两种不同情况，如果只用一个转矩提升参数 Pr. 0，轻负载启动时需设定较小的 Pr. 0 值，重负载启动时需设定较大的 Pr. 0 值，这样负载变化一次，Pr. 0 值就得修改一次，当负载频繁变动时，需反复修改 Pr. 0 值，况且负载变化时，修改的参数不光只有 Pr. 0 一个。像加减速时间、基准频率等都有可能发生变化，这样反复修改参数就很不方便，因此变频器提供了第二功能。第二功能可以设定的项目如表 7-18 所示。

表 7-18　三菱 F700 变频器第二功能参数表

功能	第一功能参数编号	第二功能参数编号	功能	第一功能参数编号	第二功能参数编号
转矩提升	Pr. 0	Pr. 46	减速时间	Pr. 8	Pr. 44、Pr. 45
基准频率	Pr. 3	Pr. 47	电子过电流	Pr. 9	Pr. 51
加速时间	Pr. 7	Pr. 44	失速防止	Pr. 22	Pr. 48、Pr. 49

当 RT 信号变为 ON 时，第二功能有效。另外，也可以设定 RT 信号的工作条件（执行条件）。若 Pr. 155 的值为 0（初始值）时，当 RT 信号为 ON，第二功能立刻有效。若 Pr. 155 的值为 10 时，RT 信号为 ON 后，要等到恒速运行时第二功能才有效。

如图 7-33 所示为采用多段速控制速度变化的端子接线图，由端子 RH 和 RM 控制电动机的两挡转速。若 Pr. 155 的值为 0 时，当 RT 信号为 ON 后，加速时间立即变为第二加速时间，如图 7-34（a）所示；若 Pr. 155 的值为 10 时，当 RT 信号为 ON 后，加速时间并不立即变为第二加速时间，而是等到恒速后，若再次加速运行，则加速时间变为第二加速时间。如图 7-34（b）所示。

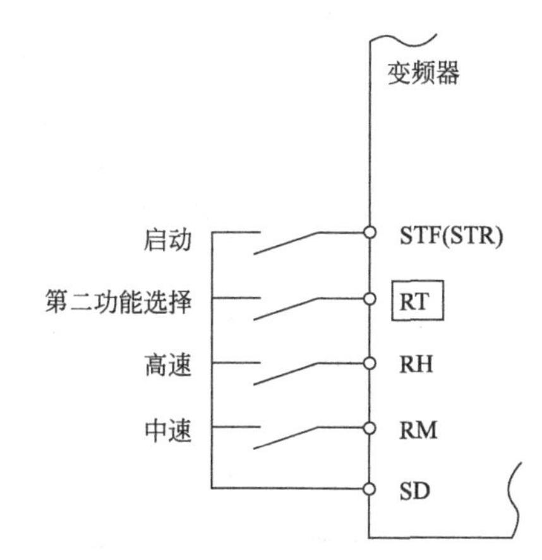

图 7-33　多段速控制的端子接线

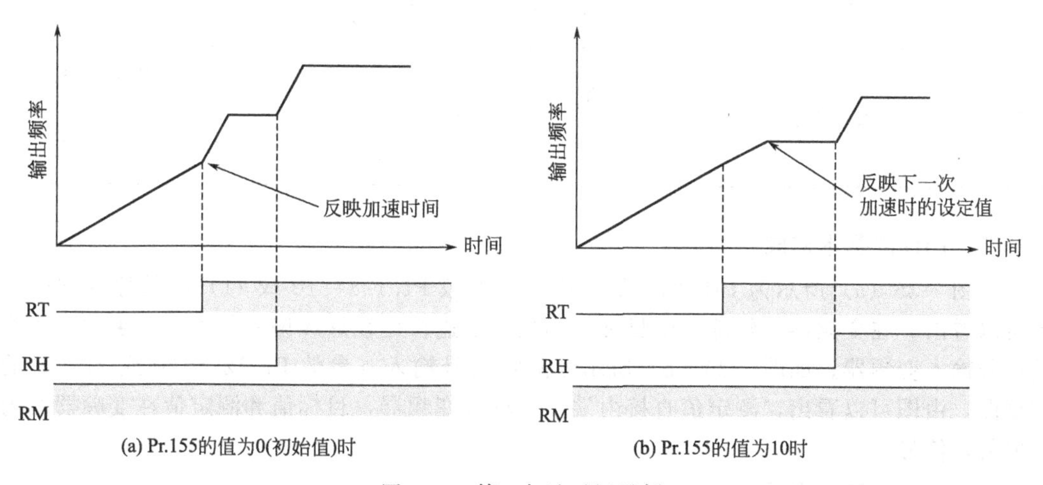

图 7-34　第二加速时间示例

第六节　F700 变频器的 PID 控制功能

三菱 F-700 变频器具有内置 PID 功能，因此用内置的 PID 功能可以代替外部的 PID 调节器，用于流量、风量、压力和温度等控制。

一、PID 相关参数设置

表 7-19 所列为三菱 F-700 变频器常用的 PID 相关参数，主要包括 PID 调节参数和 PID 通道参数。PID 控制的目标值由端子 2 输入信号或由参数设定，反馈量由端子 4 输入。

表 7-19　三菱 F-700 变频器常用的 PID 相关参数

<table>
<tr><th>参数</th><th>名称</th><th>初始值</th><th>设定范围</th><th colspan="2">内　容</th></tr>
<tr><td rowspan="2">Pr. 127</td><td rowspan="2">PID 控制自动切换频率</td><td rowspan="2">9999</td><td>0～400Hz</td><td colspan="2">设定自动切换到 PID 控制的频率</td></tr>
<tr><td>9999</td><td colspan="2">无 PID 控制自动切换功能</td></tr>
<tr><td rowspan="5">Pr. 128</td><td rowspan="5">PID 动作选择</td><td rowspan="5">10</td><td>10</td><td>PID 负作用</td><td rowspan="2">偏差量信号输入（端子 1）</td></tr>
<tr><td>11</td><td>PID 正作用</td></tr>
<tr><td>20</td><td>PID 负作用</td><td rowspan="2">测定值（端子 4）
目标值（端子 2 或 Pr. 133）</td></tr>
<tr><td>21</td><td>PID 正作用</td></tr>
<tr><td>50、51、60、61</td><td colspan="2">内容部分详见说明书</td></tr>
<tr><td rowspan="2">Pr. 129</td><td rowspan="2">PID 比例带</td><td rowspan="2">100%</td><td>0.1～1000%</td><td colspan="2">如果比例常数范围较窄（参数设定值较小），反馈量的微小变化会引起执行量的很大改变。因此，随着比例范围变窄，响应的灵敏性（增益）得到改善，但稳定性变差，例如发生振荡
增益 $K_p=1/$比例常数</td></tr>
<tr><td>9999</td><td colspan="2">无比例控制</td></tr>
<tr><td rowspan="2">Pr. 130</td><td rowspan="2">PID 积分时间</td><td rowspan="2">1s</td><td>0.1～3600s</td><td colspan="2">随着积分时间（T_i）的减少，到达设定值就越快，但也容易发生振荡</td></tr>
<tr><td>9999</td><td colspan="2">无积分控制</td></tr>
<tr><td rowspan="2">Pr. 133</td><td rowspan="2">PID 目标设定</td><td rowspan="2">9999</td><td>0～100%</td><td colspan="2">设定 PID 控制时的设定值</td></tr>
<tr><td>9999</td><td colspan="2">端子 2 输入为目标值</td></tr>
<tr><td rowspan="2">Pr. 134</td><td rowspan="2">PID 微分时间</td><td rowspan="2">9999</td><td>0.01～10.00s</td><td colspan="2">随着微分时间（Td）的增大，对偏差的变化的反应也加大</td></tr>
<tr><td>9999</td><td colspan="2">无微分控制</td></tr>
</table>

二、PID 的基本构成

如图 7-35 (a) 所示为 PID 偏差信号输入（参数 Pr. 128＝10 或 11）时的原理框图，由图可以看出，在变频器的外部先由目标值和测定值进行比较形成偏差信号，再由端子 1 将偏差信号输入变频器。如图 7-35 (b) 所示为测定信号输入（参数 Pr. 128＝20 或 21）时的原理框图，由图可以看出，测定值直接由端子 4 输入变频器，目标值和测定值在变频器的内部形成偏差信号。

三、PID 的正负作用

在 PID 的作用中，存在两种类型，即负作用与正作用。负作用是当偏差信号（目标值－测量值）为正时，增加输出频率，如果偏差为负，则降低输出频率。正作用的动作顺序刚好相反，具体如图 7-36 所示。

以温度控制为例，在冬天的暖气控制时为负作用。假设在冬天的暖气控制目标温度为 25℃，若当实际温度为 20℃，即目标温度与实测的偏差信号为正，由于冬季为负作用，变频器的输出频率增加，温度升高。若当实际温度为 28℃，即目标温度与实测的偏差信号为负，则变频器的输出频率下降，温度降低。在夏天的冷气控制时为正作用。若目标温度与实测温度的偏差为正，变频器的输出频率下降，偏差为负，频率上升。

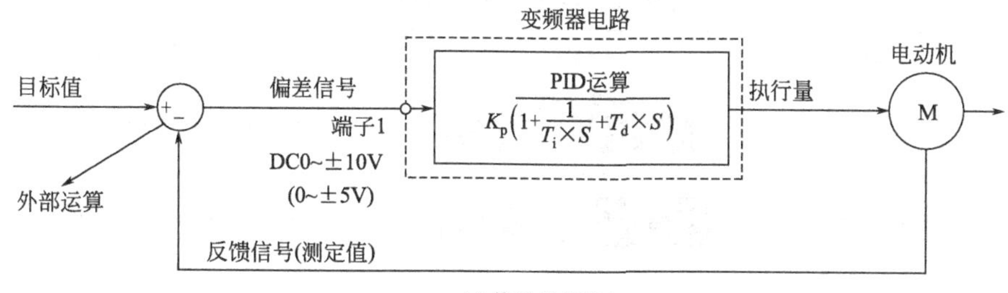

(a) 偏差信号输入

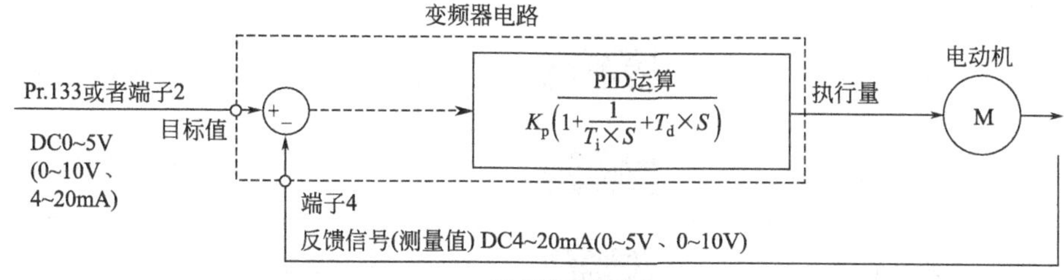

(b) 测定信号输入

图 7-35　PID 框图

K_p—比例常数；T_i—积分时间；S—拉氏算子；T_d—微分时间

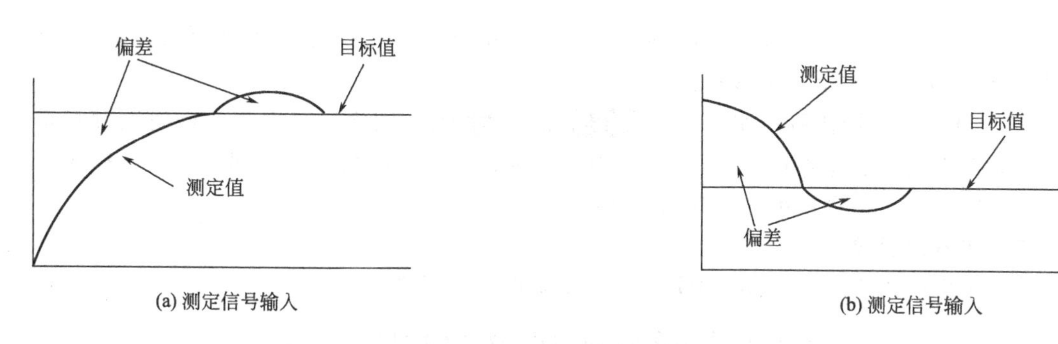

图 7-36　PID 的正负作用

四、PID 的自动切换

为了加快 PID 控制运行时开始阶段的系统上升过程，可以仅在启动时以通常模式上升。实现这一功能的参数为 Pr. 127，参数 Pr. 127 作为自动切换频率。从启动到 Pr. 127 的频率上升过程以通常模式运行，待频率到达 Pr. 127 设定值后，才转换为 PID 控制。参数 Pr. 127 的设定值仅在 PID 运行时有效，其他阶段无效。

第七节　F700 变频器的基本操作

一、参数全部清除

通过设定 ALLC 参数全部清除的值为 1，使参数恢复为初始值。在调试过程中，若出现不正常情况，进行此项操作，可帮助查找造成不正常的原因。操作步骤如表 7-20 所示。

相关说明如下。

① 如果设定写入选择参数 Pr. 77=1，则无法清除。

② 也可以通过设定参数 Pr. CL=1，实现参数清除（但有个别参数不能清除）。

表 7-20　参数全部清除操作步骤

序号	操作	显示	说　明
1	接通电源	0.00 Hz MON P.RUN PU EXT NET REV FWD	供给电源时，变频器为外部运行模式
2	按 PU/EXT 键	0.00 PU EXT NET	切换到 PU 运行模式，PU 灯亮
3	按 MODE 键	P. 0	切换到参数设定状态，显示以前读出的参数
4	旋转 M 旋钮	ALLC	参数 ALLC 为参数全部清除
5	按 SET 键	0	读出 ALLC 的当前值，当前设定值为 0
6	旋转 M 旋钮	1	旋转旋钮，改变设定值为 1
7	按 SET 键	1　ALLC	ALLC 和 1 交替闪烁，参数设置完毕

③ 在显示读出的参数时，旋转 M 旋钮可以读取其他参数；按 SET 键再次显示设定值；按 2 次 SET 键，显示下一个参数。

④ 上述第 7 步操作后，如果出现 1 变为 Er-4 后闪烁，是因为运行模式没有切换到 PU 运行模式。处理的办法是按下 PU/EXT 键，使 PU 灯亮，切换到 PU 运行模式（当参数 Pr. 79＝0 时），再从第 6 步开始重新操作。

二、参数的更改

将上限频率由 120Hz 改为 50Hz。操作步骤如表 7-21 所示。

表 7-21　将上限频率由 120Hz 改为 50Hz 的操作步骤

序号	操作	显示	说　明
1	接通电源	0.00 Hz MON P.RUN PU EXT NET REV FWD	供给电源时，变频器为外部运行模式
2	按 PU/EXT 键	0.00 PU EXT NET	切换到 PU 运行模式，PU 灯亮
3	按 MODE 键	P. 0	切换到参数设定状态，显示以前读出的参数
4	旋转旋钮	P. 1	参数 P. 1 为上限频率
5	按 SET 键	120.0 Hz	读出 P. 1 的当前值，当前值为 120. 0Hz
6	旋转旋钮	50.00 Hz	旋转旋钮，改变设定值为 50. 00Hz
7	按 SET 键，将设定值写入内存	50.00 Hz　P. 1	参数值 50. 00 和参数编号 P. 1 交替闪烁，参数设置完毕

三、操作锁定

为防止参数变更或变频器意外启动或停止，通过操作锁定功能可以使操作面板的 M 旋钮、键盘操作等无效。

（一）操作锁定

操作的步骤为将参数 Pr. 161 的值设定为 10 或 11，将 MODE 键按住 2s 左右，M 旋钮和键盘操作均将无效。

M 旋钮和键盘操作无效后，操作面板上显示“HOLD”字样，说明操作锁定设置成功。

在 M 旋钮、键盘操作无效的状态下，旋转 M 旋钮或进行键盘操作将显示“HOLD”字样，提示 M 旋钮和键盘操作处于锁定状态。应当注意，在操作锁定状态下依然有效的功能是 STOP/RESET 键引发的停止与复位。

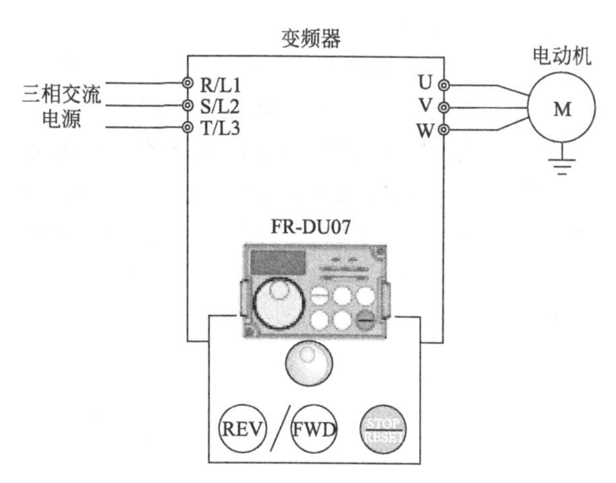

图 7-37 PU 运行时的变频器接线

（二）取消操作锁定

在操作锁定的状态下，为再次使 M 旋钮及键盘操作有效，按住 MODE 键 2s 左右。

四、从操作面板实施启停和频率控制（PU 运行）

PU 运行，就是电动机运转的频率指令和控制电动机启停的指令都由操作面板发出，即用 M 旋钮设定频率，用 FWD 或 REV 键控制电动机的启动，用 STOP/RESET 键控制电动机的停止，接线示例如图 7-37 所示。

现以 30Hz 运行为例，运行的操作步骤如表 7-22 所示。

表 7-22 PU 运行设定频率为 30Hz 的操作步骤

序号	操作	显示	说明
1	接通电源	0.00 Hz MON EXT	供给电源时，变频器为外部运行模式
2	按 PU/EXT 键	0.00 PU	切换到 PU 运行模式，PU 灯亮
3	旋转 M 旋钮	30.00 闪烁5s左右	旋转 M 旋钮，直接设定频率，设定值闪烁 5s
4	按 SET 键	30.00 F	“30.00”和“F”交替闪烁，设置完毕
5		0.00 Hz MON EXT	闪烁 3s 左右后显示“0.00”
6	按 FWD 或 REV 键	0.00 → 30.00 Hz MON PU FWD	电动机正转或反转启动，频率由 0Hz 逐渐上升到 30Hz
7	按 STOP/RESET 键	30.00 → 0.00 Hz MON PU	按下停止键，电动机停止，频率由 30Hz 逐渐下降到 0 Hz

有关说明如下。

PU 运行要求参数 Pr. 79 设定值为 0 或为 1。当 Pr. 79=0 时，通过 PU/EXT 键切换至 PU 模式；当 Pr. 79=1 时，固定为 PU 模式。

五、从外部端子启停和模拟电压的频率设定（EXT 运行）

如图 7-38 所示为通过模拟电压进行频率设定的 EXT 运行模式的接线，这种模式的启动命令、频率命令均由外部端子输入。当端子 STF-SD 置为 ON，电动机正转运行；当端子 STR-SD 置为 ON，电动机反转运行。端子 2-5 间输入 0～5V 直流电压（由变频器内部电源从端子 10 输出），通过电位器调节输入电压就可改变电动机的转速。运行的操作步骤如表 7-23 所示。

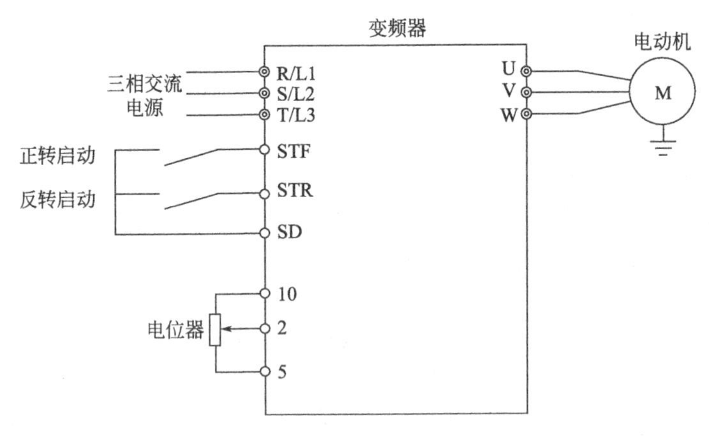

图 7-38 EXT 运行时的变频器接线

表 7-23 EXT 运行设定频率为 50Hz 的操作步骤

序号	操作	开关或电位器状态	显示	说明
1	接通电源	ON	0.00 Hz MON P.RUN PU EXT NET REV FWD	供给电源时，变频器为外部运行模式
2	启动运行，STF（或 STR）置 ON	正转 反转	0.00 Hz MON P.RUN PU EXT NET REV FWD 闪烁	运行状态显示“FWD”（或“STR”），正转运行
3	加速→恒速，电位器慢慢向右旋转到最大	2 3 4 5 6 7 8 9 10	50.00 Hz MON P.RUN PU EXT NET REV FWD	监视器的显示值根据 Pr. 7 加速时间慢慢变大，最后变为 50.00Hz
4	减速，电位器慢慢向左旋转到最小	2 3 4 5 6 7 8 9 10	0.00 Hz MON P.RUN PU EXT NET REV FWD 停止 闪烁	监视器的显示值根据 Pr. 8 减速时间慢慢变小，最后变为 0Hz
5	停止	正转 反转 OFF	0.00 Hz MON P.RUN PU EXT NET	启动开关 STF（或 STR）置为 OFF

上述操作时应注意 PU 运行时参数 Pr. 79 设定值应为 0 或为 2。当 Pr. 79＝0 时，通过 PU/EXT 键切换至 EXT 模式；当 Pr. 79＝2 时，固定为 EXT 模式。

六、从外部端子启动和操作面板的频率设定（组合运行模式 1）

采用组合运行模式 1 运行时，应设置 Pr. 79 的值为 3。根据图 7-39 所示接线要求，启动指令用端子 STF（STR）-SD 置位 ON 来进行，频率给定通过 PU 面板设定，运行的操作步骤如表 7-24 所示。

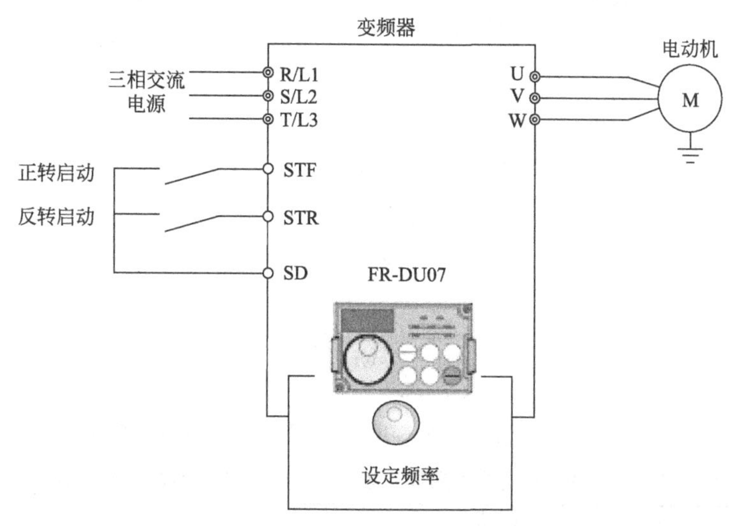

图 7-39　PU 设定运行频率外部端子启动时的变频器接线

表 7-24　PU 设定运行频率、外部端子启动的操作步骤

序号	操作	开关、操作键或电位器状态	显示	说明
1	接通电源	ON	0.00 Hz MON EXT	供给电源时，变频器为外部运行模式
2	Pr. 79 的值设定为 3	略	略	参数设定值的更改见本节“参数的更改”项
3	将启动开关 STF（STR）置 ON	正转 反转 ON	50.00 Hz MON PU EXT FWD	监视器的显示值根据 Pr. 7 加速时间慢慢变大，最后变为 50.00Hz
4	旋转 M 旋钮改变运行频率，调整到想设定的值		40.00 约闪烁5秒钟	调整后的值约闪烁 5s
5	数值闪烁时按 SET 键设定频率	SET	40.00 F	40.00 和 F 交替闪烁，参数设置完毕
6	将启动开关 STF（STR）置 OFF	正转 反转 OFF	停止	在 Pr. 8 设定的减速时间后，电动机停止运行

七、从操作面板启动和模拟电压的频率设定（组合运行模式 2）

按图 7-40 所示接线，即启动命令由变频器 PU 发出，频率命令由电位器设定，进行参数设置，此时应设置参数 Pr. 79 的值为 4。其操作和显示如表 7-25 所示。

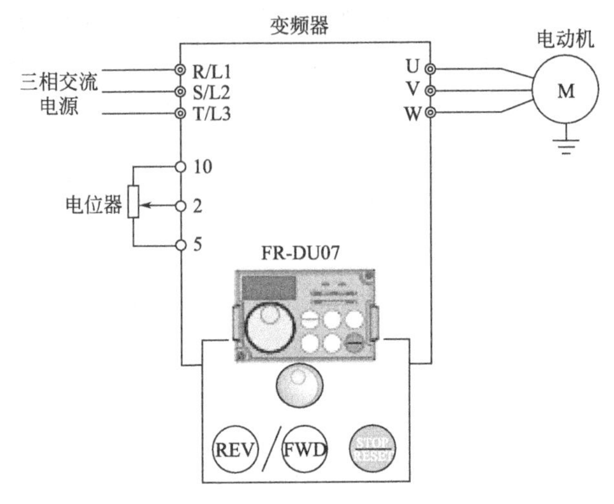

图 7-40　PU 启动、外部电压设定频率时的变频器接线

表 7-25　PU 启动电位器频率设定（电压输入）时的操作步骤

序号	操作	开关、操作键或电位器状态	显示	说明
1	接通电源	ON	0.00	供给电源时，变频器为外部运行模式
2	将 Pr. 79 的值设定为 4	略	略	参数设定值的更改见本节"参数的更改"项
3	启动，按下 FWD 或 REV 键	FWD / REV	0.00 闪烁	显示运行状态的 FWD 或 REV 灯闪烁
4	加速→恒速，电位器慢慢向右旋至最大		50.00	监视器的显示值根据 Pr. 7 加速时间慢慢变大，最后变为 50.00Hz
5	减速，电位器慢慢向左旋至最小		0.00 闪烁 停止	显示的频率数值按 Pr. 8 设定的减速时间逐渐变小，显示 0.00Hz。显示运行状态的 FWD 或 REV 灯闪烁。电动机停止运行
6	停止，按下 STOP/RESET 键	STOP RESET	0.00	显示运行状态的 FWD 或 REV 灯熄灭

说明：通过更改作为端子 2 频率设定增益频率的参数 Pr. 125 的设定值，可以改变电位器的最大设定值时的频率（初始值 50Hz）。利用作为端子 2 频率设定偏置频率的校正参数

C2 可以更改电位器的最小值时的频率（初始值 0Hz）。

八、通过模拟电流进行频率设定（组合运行模式 2）

按图 7-41 所示接线，采用端子 4 电流给定，端子 AU-SD 短接。即启动命令由 PU 发出，频率由 4～20mA 电流设定，进行参数设置。其操作和显示如表 7-26 所示。

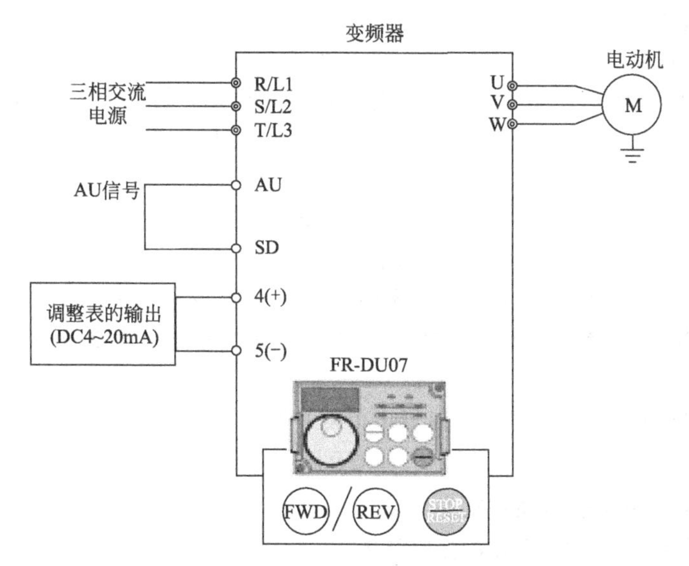

图 7-41 PU 启动、外部电压设定频率时的变频器接线

表 7-26 PU 启动、外部电流设定频率时的操作步骤

序号	操作	开关、操作键或仪表状态	显示	说明
1	接通电源	ON	0.00 Hz MON EXT	供给电源时，变频器为外部运行模式
2	将 Pr.79 的值设定为 4	略	略	参数设定值的更改见本节“参数的更改”项
3	启动，按下 FWD 或 REV 键	FWD REV	0.00 Hz MON PU EXT FWD 闪烁	显示运行状态的 FWD 或 REV 灯闪烁
4	加速→恒速输入 20mA 电流	调整表的输出 4～20mA	50.00 Hz MON PU EXT FWD	监视器的显示值根据 Pr.7 加速时间慢慢变大，最后变为 50.00Hz
5	减速，输入 4mA 电流	调整表的输出 4～20mA	0.00 Hz MON PU EXT FWD 停止 闪烁	显示的频率数值按 Pr.8 设定的减速时间逐渐变小，最后显示 0.00Hz。显示运行状态的 FWD 或 REV 灯闪烁。电动机停止运行
6	停止，按下 STOP/RESET 键	STOP RESET	0.00 Hz MON PU EXT	显示运行状态的 FWD 或 REV 灯熄灭

第八节 变频器的选择安装与使用注意事项

一、变频器的选择

（一）变频器额定值

1. 输入侧额定值

变频器输入侧额定值主要是交流电源电压相数和频率。目前，中小容量的变频器主要分为三相380V/50Hz、三相220V/50Hz和单相220V/50Hz三种。

2. 输出侧额定值

（1）输出电压额定值U_{CN} 变频器输出电压的额定值U_{CN}就是输出电压中的最大值，即变频器输出频率等于电动机额定频率时的输出电压值。

（2）输出电流额定值I_{CN} 输出电流额定值I_{CN}是指变频器允许长时间输出的最大电流值。这是用户选用变频器的主要依据之一，这个指标反映了变频器电力半导体器件的过载能力。

（3）输出容量S_{CN} 变频器输出容量由下式计算

$$S_{CN}=\sqrt{3}U_{CN}I_{CN} \tag{7-6}$$

式中，S_{CN}为变频器输出视在功率，kV·A 。

（二）变频器连续运行时所需容量的计算

1. 依据电动机功率选择变频器

用标准的2、4极电动机组成的拖动系统，若拖动的是连续恒定负载，可根据适用的电动机功率选择变频器。对于6极以上或多速电动机所拖动的负载、变动负载和断续负载等，应按运行过程中可能出现的最大电流来选择变频器。

2. 变频器容量计算

采用变频器驱动异步电动机调速，通常选择变频器额定输出电流≥（1.05～1.1）倍的电动机额定电流或实际运行中电动机的最大电流，即

$$I_{INV}\geqslant(1.05\sim1.1)I_{MN} \tag{7-7}$$

或

$$I_{INV}\geqslant(1.05\sim1.1)I_{max} \tag{7-8}$$

式中，I_{INV}为变频器额定输出电流，A；I_{MN}为电动机额定电流，A；I_{max}为实际运行中电动机的最大电流，A。

（1）频繁升/降速运行时变频器容量的选择 通常情况下，对于短时间升速或降速而言，变频器允许电流输出能达到额定电流的130%～150%（视变频器容量而定）。因此在短时间内，升速或降速时转矩也可以增大。如果只需要较小的升速或降速转矩，就可以降低选择变频器容量。由于电流脉动原因，此时应将变频器的最大输出电流降低10%后再进行选定。

（2）电动机直接启动变频器容量计算 通常，三相异步电动机直接用于工频启动，其电流为额定电流的5～7倍。对于10kW以下的电动机直接启动时，可按下式计算变频器的额定输出电流。

$$I_{INV}\geqslant\frac{I_K}{K_g} \tag{7-9}$$

式中，I_K为在额定电压和额定频率下电动机启动时堵转电流，A；K_g为变频器允许的过载倍数，取130%～150%。

实际上，变频器的容量选择除了上面介绍的情况外还须考虑不同类型负载的影响。

二、变频器的安装环境

变频器单元中较多采用了半导体元件，为了提高其可靠性并长期稳定使用，应在充分满足装置规格的环境中使用变频器。在超过此条件的场所使用时不仅会带来性能降低，寿命减短，还会引起故障。变频器安装环境的标准规格如下。

1. 温度

变频器的容许温度范围是－10～＋50℃或－10～＋40℃，必须在此温度范围内使用。超过此范围使用时，半导体元件、电容器等的寿命会显著缩短。

2. 湿度

变频器要求的周围湿度范围通常为45％～90％。湿度过高时会发生绝缘降低及金属部位的腐蚀现象，湿度过低，会产生空间绝缘破坏。

3. 尘埃、油雾

尘埃、油雾会引起接触部分的接触不良，积尘吸湿后会引起绝缘降低，冷却效果下降。若过滤网孔堵塞，会引起电气柜内温度上升等不良现象。另外，在有漂浮导电性的粉末环境使用时，会在短时间内产生误动作、绝缘劣化和短路等故障。

4. 易燃易爆性气体

变频器并非防爆结构设计，在可能会有爆炸性气体或粉尘引起爆炸的场所下使用时，必须在结构上符合规定中的基准指标并检验合格，必须安装在防爆结构设计的盘内使用。这样，电气柜的价格（包括检验费用）会非常高，所以，最好应避免安装在以上场所使用。

5. 变频器周围的间隙

为了散热及维护方便，变频器周围空间应留出一定尺寸，以保证与其他装置及盘的壁面分开。变频器下部作为布线空间，变频器上部作为散热用空间。变频器安装或使用时周围空间至少应保证如图7-42所示尺寸。

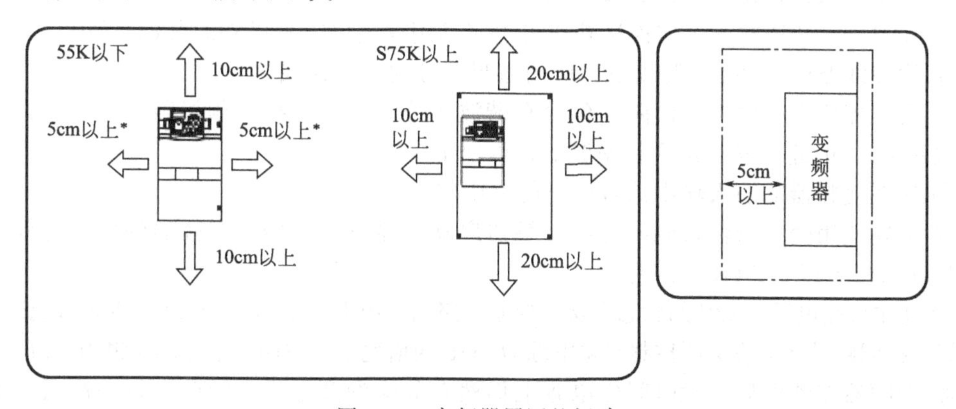

图7-42 变频器周围的间隙

＊3.7K以下为1cm以上

6. 变频器的安装方向

变频器应正确规范地安装在壁面。不要进行水平或其他方式的安装。

7. 变频器的上部

变频器的上部有内置在单元中的小型风扇，以保证变频器内部的热量从下往上上升，在上部如果配置有器件时应确保不会受到热的影响。

8. 安装多台变频器的情况

在同一个电气柜内安装多台变频器时，通常按如图7-43（a）所示进行横向摆放。电气柜内空间较小需要进行纵向摆放时，由于下部变频器的热量会引起上部变频器的温度上升导致变频器的故障，应采取安装导板等对策，如图7-43（b）所示。

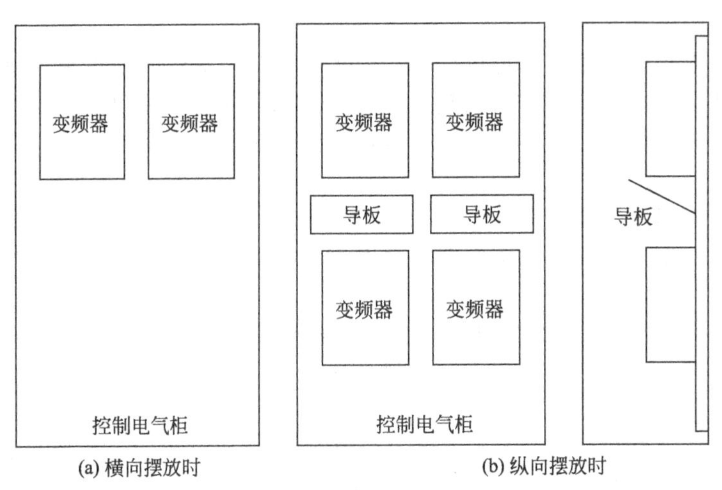

图 7-43　多台变频器安装时的放置

另外，在同一个电气柜内安装多台变频器使用时，应注意换气、通风或是将电气柜的尺寸做得大一点，以保证变频器周围的温度不超过容许范围。

三、变频器的使用注意事项

① 三相电源应连接在输入端 R、S、T 上，绝不能接到变频器的输出端 U、V、W 上，否则将损坏变频器。

② 在变频器的输出侧不要安装移相电容器、浪涌抑制器或无线电噪声滤波器。否则会引起变频器跳闸，电容器、浪涌抑制器破损。

③ 防止变频器输出端的短路或接地，否则会引起变频器模块的损坏

④ 在 P/＋、PR 端子上勿连接外接再生制动用放电电阻器以外的其他装置。

⑤ 为使线路电压降在 2%以下，应用适当型号的电线接线。

⑥ 变频器输入或输出主回路中包含有谐波成分，可能干扰变频器附近的通信设备（如 AM 收音机）。因此，安装抗干扰滤波器，可使干扰降至最小。

⑦ 接在变频器的输入输出信号回路的电压应在许可值以内。

⑧ 不要使用变频器输入侧的电磁接触器启动、停止变频器。变频器的启动与停止必须使用启动信号 STF、STR 来进行。

⑨ 在主回路电源为 ON 的状态下勿将控制回路用电源 R1、S1 设为 OFF，否则可能造成变频器损坏。在回路设计上应保证控制回路电源为 OFF 的情况下，主回路电源同时也为 OFF。

⑩ 变频器在断电后一段时间内电容上仍然有危险的高电压，因此运行一次后想改变接线时，应在切断电源 10min 以上，用万用表测试电压并确认安全后进行。

⑪ 当有工频供电时，在变频器与工频电源的切换操作中，应为交流接触器 KM1、KM2 提供电气和机械互锁。如图 7-44 所示为有工频供电时的电气和机械互锁。

⑫ 在使用时应对布线进行确认，避免由于设定速度用电位器的连接错误而导致端子 10E-5 间短路的情况发生。

⑬ 过负荷运行时的注意事项。当变频器反复运行与停止时，有大量的反复电流通过，变频器会因热疲劳而导致使用寿命缩短。作为应对的办法，可以扩大变频器容量，但最多提高两个等级。

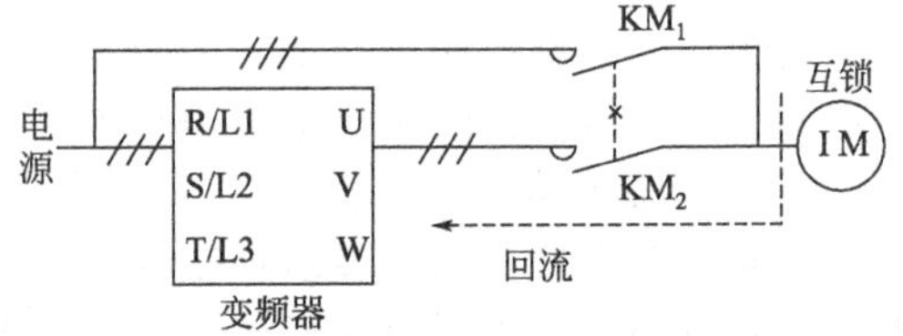

图 7-44　有工频供电时的电气和机械互锁

第九节　变频器的应用

一、三菱变频器在恒压供水系统中的应用

如图 7-45 所示为恒压供水系统的示意图，其中变频器采用三菱 F700 系列，并采用内置 PID 控制。

如图 7-46 所示为硬件设计原理。设定压力信号由端子 2 输入，采用变频器内部 DC0～5V

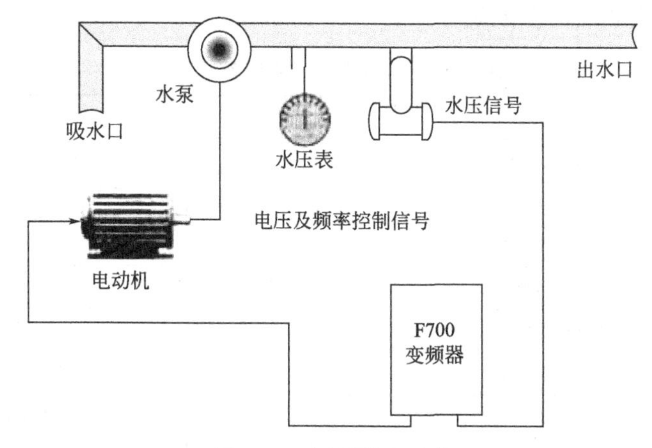

图 7-45　恒压供水示意

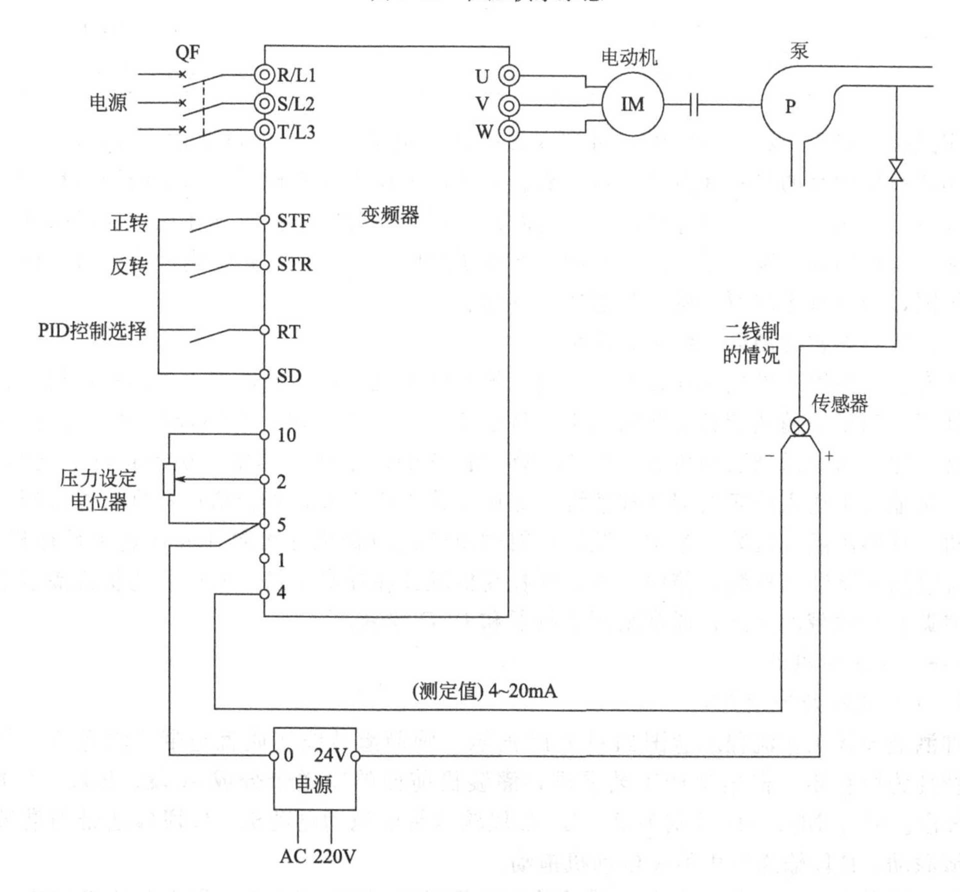

图 7-46　恒压供水电气原理

电源经电位器进行压力设定，反馈压力信号由端子 4 输入，通过二线制压力传感器作为实际压力反馈，设定压力信号和反馈压力信号在变频器内部形成偏差信号。根据恒压控制原理，PID 应采用负作用控制。恒压供水的自动调节过程如下。

当用水流量减少时，供水能力大于用水流量，供水压力（实际压力）增大，设定压力与实际压力偏差为负，变频器输出频率下降，电动机转速下降，供水能力降低，直到实际压力大小恢复到设定值，供水能力与用水流量重新达到平衡为止；反之，当用水流量增加，设定压力与实际压力偏差为正，变频器输出频率上升，供水能力提高，供水能力与用水流量重新又达到新的平衡。变频器的参数设置如表 7-27 所示。

表 7-27　恒压供水变频器参数设置

参数	功　能	设定数值	说　明
Pr. 73	模拟量选择	1	允许端子 2 输入 0～5V
Pr. 79	运行模式选择	2	外部模式固定
Pr. 128	PID 动作选择	20	PID 负作用
Pr. 129	PID 比例带	150%	可根据实际调整
Pr. 130	PID 积分时间	1s	可根据实际调整
Pr. 133	PID 动作目标值	9999	端子 2 作为目标值
Pr. 134	PID(微分时间)	0. 1s	可根据实际调整
Pr. 178	STF 功能选择	60	正转命令
Pr. 183	RT 功能选择	14	PID 控制选择
Pr. 267	端子 4 输入选择	0	允许输入 4～20mA 电流

实践表明采用变频器恒压供水可实现显著的节能效果，节水量通常在 10%～40%。采用变频器恒压供水的另一优点是运行可靠。变频器恒压供水实现了供水系统压力稳定，流量可在大范围变化，从而可以保证用户任何时候的用水压力，不会出现在用水高峰时期，热水器不能正常使用的情况。另外采用变频器实现了泵的软启动，防止管网冲击，避免由于管网压力超限，造成管道破裂，延长管道使用寿命。

二、变频器在啤酒灌装线上的应用

装有空瓶的箱子堆放在托盘上，由交流异步电动机驱动的输送带送到卸托盘机，将托盘逐个卸下，箱子随输送带送到卸箱机中，将空瓶从箱子中取出，空箱经输送带送到洗箱机，经清洗干净，再输送到装箱机旁，以便将盛有饮料的瓶子装入其中。从卸箱机取出的空瓶，由另一条输送带送入洗瓶机清洗和消毒，经瓶子检验机检验，符合清洁标准后进入灌装机和封盖机。饮料由灌装机装入瓶中。装好饮料的瓶子经封盖机加盖封住并输送到贴标机贴标，贴好标签后送至装箱机装入箱中，再送到托盘机堆放在托盘上送入仓库。为提高灌装效率便于随时调整输送带的速度，通常采用变频器和 PLC 控制。

（一）系统的组成

1. 工艺流程及控制方案

啤酒灌装线工艺流程示意图如图 7-47 所示。啤酒灌装线实质就是带式输送机，其负载机械特性为恒转矩。根据生产工艺要求，灌装机前面的输送带分成 A 段、B 段、C 段、D 段、E 段。M_1、M_2、M_3 分别为 A、B、C 段输送带的拖动电动机。D 段输送带与灌装机形成机械联动，E 段输送带由另一电动机拖动。

各段输送带上均安装有光电传感器检测空瓶流动速度。PLC 根据空瓶流动速度，控制

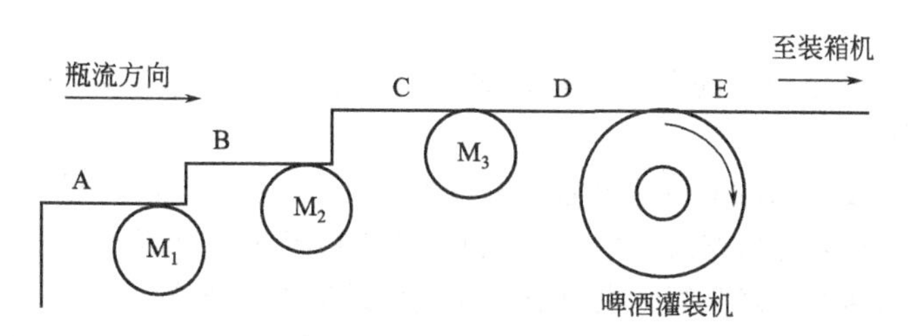

图 7-47　啤酒灌装线示意图

变频器输出频率，调整各段输送带的速度，使整个系统协调工作。

2. 电气控制系统组成

电气控制系统原理如图 7-48 所示。采用 4 台三菱 FR-F700 系列变频器和 1 台型号为 FX2N-64MR 三菱 PLC，以及外围电器组成控制系统。1 号、2 号、3 号变频器分别控制电动机 M_1、M_2、M_3（主回路接线图略）。AM、5 是来自灌装机主变频器（图中未画出）0～10V 的输出信号，经过线性电压隔离器的转换作为 1 号、2 号和 3 号变频器的控制信号。RP_1～RP_6 为分压电位器。

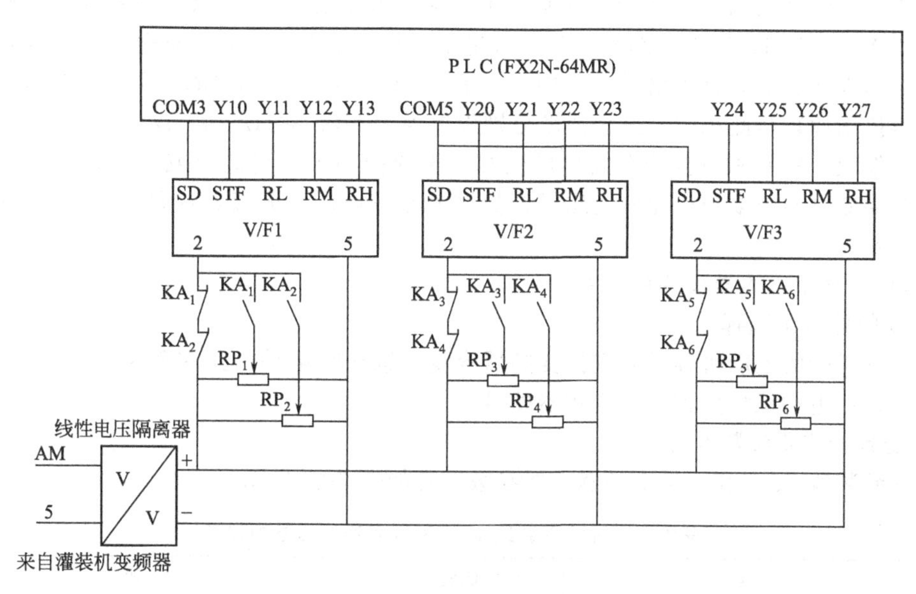

图 7-48　啤酒灌装线电气控制系统原理图

如图 7-49 所示为 PLC 控制的辅助继电器电路，图中 KA_1～KA_6 为辅助继电器（PLC 的输入端子略）。图 7-48 与图 7-49 中的 PLC 为同一个 PLC，图 7-49 中的 COM6 接 DC24V 电压，控制辅助继电器。

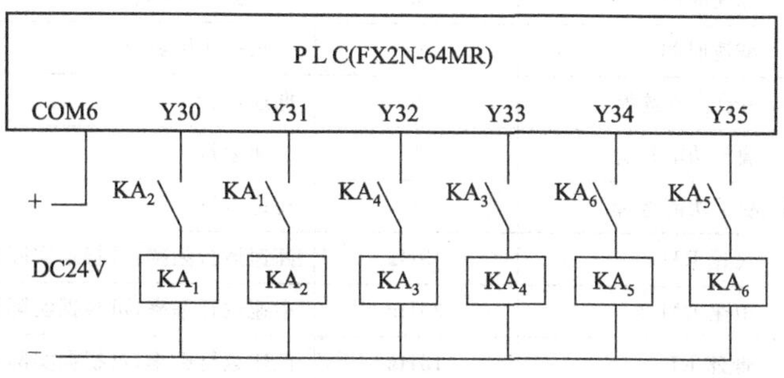

图 7-49　啤酒灌装线电气控制系统原理图

（二）电气控制原理

1 号、2 号和 3 号变频器的调速控制方式有模拟量控制方式和多挡速度控制方式两种。

1. 模拟量控制方式

来自灌装机主机变频器的模拟输出电压为 DC0～10V，经过线性电压隔离器仍输出DC0～10V 模拟电压，再经过电位器分压作为 1 号、2 号和 3 号变频器的给定信号，进行开环调速，这样可做到输送带与灌装机速度很好匹配。模拟信号通过辅助继电器 KA_1、KA_2、KA_3 和 KA_4、KA_5、KA_6 的组合控制，再经 RP_1、RP_2、RP_3 和 RP_4、RP_5、RP_6 分压控制，实现对变频器输出频率的三挡控制。KA_1 闭合时变频器高速运行，KA_2 闭合时为低速运行；当 KA_1、KA_2 都断开时，变频器为最高速。在模拟控制方式的调整中，电位器分压比的调整是关键，通过在调试中的反复摸索，找出比较好的速度匹配方式。分压比一旦调好，就不能再随意改动。

2. 多挡速度控制方式

通过 PLC 编程，由 PLC 发出控制信号实现多挡速度控制。PLC 根据灌装机操作台发出的信号判断使用哪种速度控制方式，又根据瓶流情况选择高低速运行。PLC 的输出点 Y10、Y11、Y12、Y13、Y20、Y21、Y22、Y23、Y24、Y25、Y26、Y27 分别调节各个变频器的输出频率以达到多段输送带的速度协调，并与灌装机速度匹配。以 1 号变频器为例，PLC 的输出点 Y10、Y11、Y12、Y13 用于多挡速度控制。当 Y10、Y11 有输出时，变频器为低速运行；当 Y10、Y12 有输出时，为中速运行；当 Y10、Y13 有输出时为高速运行。2、3 号变频器控制原理与此相同。三挡速度分别设置为 15Hz、30Hz、45Hz。

通过编程，PLC 根据操作台发出的信号，选择控制模拟量调速或多挡速度调速的控制方式。三菱变频器的多挡速度调速比模拟量调速有较高的优先级，这是在 PLC 编程中应该注意的问题。

（三）变频器的选择及参数设置

1. 变频器容量选择

根据输送带的电动机容量来选择变频器容量。输送带电动机是在额定功率以下工作的，因此，选择比电动机稍大容量的变频器即可。

2. 变频器主要参数设置

啤酒灌装线 1、2 和 3 号变频器主要参数设置如表 7-28 所示。

表 7-28　啤酒灌装线 1、2 和 3 号变频器参数设置

参数	功　能	设定数值	说　明
Pr. 73	模拟量选择	0	允许端子 2 输入 0～10V
Pr. 79	运行模式选择	2	外部模式固定
Pr. 13	启动频率	5Hz	为防止空瓶滑倒，通常设置为 5～10Hz
Pr. 7	加速时间	10s	可根据实际调整
Pr. 8	减速时间	2s	可根据实际调整
Pr. 180	RL 端子功能选择	0	低速运行
Pr. 181	RM 端子功能选择	1	中速运行
Pr. 182	RH 端子功能选择	2	高速运行
Pr. 4	高速 RH	45Hz	高速运行频率，可根据实际调整
Pr. 5	中速 RM	30Hz	中速运行频率，可根据实际调整
Pr. 6	低速 RL	15Hz	低速运行频率，可根据实际调整

工程实践表明，采用变频器与 PLC 控制，做到了输送带速度与灌装机速度的最佳匹配，运行稳定可靠，提高了生产效率，完全满足了啤酒灌装生产线输瓶带的调速要求。由此可见，这种控制方式也可用于其他需要速度配合的电动机变频调速系统。

本章小结

变频器就是将固定频率的交流电，变换成可变频变压的电源装置。三菱 F700 系列变频器的铭牌包含变频器的型号、使用电动机容量、额定输入额定输出等信息。变频器的结构可分为盖板、箱体两大部分。在盖板上安装有操作面板，操作面板也可从盖板上取下。

变频器的最简单接线只有主电路的接线，输入端子 R、S、T 接电源输入端，输出端子 U、V、W 接电动机，注意绝对不要把电源连接到输出端子 U、V、W 上，否则会造成变频器的损坏。

通过操作面板可以实现对变频器的各种参数设定，实现变频器的各种功能。通过操作面板可实现“运行模式切换”、“频率监视和频率设定模式”、“参数设定”、“报警历史”四种工作状态之间的切换。

变频器的控制电路的输入端子，可分为模拟量输入端子和开关量输入端子。模拟量输入端子可用外部电压或电流实现对变频器输出频率的设定，开关量输入端子可以输入外部开关量，实现对变频器启动、停止等控制。变频器控制电路的输出端子，可分为模拟量输出端子和开关量输出端子。模拟量输出端子输出电压或电流两种类型的模拟量，用于监测变频器的输出频率、直流电路电压等各种状态信息，开关量输出端子可分为报警信号输出端子和测量信号输出端子。

变频器的大部分输入输出端子都具有多种功能，可以通过参数设定选择不同的功能。

变频器最常用的参数包括操作模式选择、基准频率、上下限频率和加减速时间等。通过操作模式参数 Pr. 79 的选择，可以实现 PU 运行模式、EXT 运行模式、组合运行模式 1、组合运行模式 2 之间的切换。

变频器的 PID 控制，首先应使 PID 功能有效，并确定 PID 的正负作用，根据实际合理选择 P、I、D 参数。

变频器的基本操作包括参数全清除、参数的更改与实现变频器的各种运行模式等。

用标准的 2、4 极电动机组成的拖动系统，若拖动的是连续恒定负载，可根据变频器适用的电动机功率选择变频器。变频器的安装及操作必须符合变频器使用说明书的相关规定。

思考题与习题

7-1　查找资料，找到三菱 F700 变频器的一具体铭牌，分析能从产品铭牌上读出哪些信息。

7-2　三菱变频器的主电路接线和控制电路接线应注意哪些问题？

7-3　三菱 F700 变频器出厂时设置是什么运行模式？画出在该模式时的变频器的简单接线。

7-4　三菱 F700 变频器操作面板各发光二极管和各按键的含义和作用如何？

7-5　三菱 F700 变频器有几种工作状态？如何切换？

7-6　三菱变频器的报警输出端子是哪几个？在设计变频器的控制电路时如何使用这些端子？

7-7　三菱 F700 变频器如何将参数恢复为出厂设置？写出操作步骤。

7-8　三菱变频器有几种基本的运行模式？在这些模式中，参数 Pr. 79 应如何设置？电路如何接线？

7-9　查阅资料如何实现三菱变频器的 15 段速度控制？

7-10　参数 Pr. 73 有哪些功能？在选择不同的模拟输入信号时如何选择该参数？

7-11　三菱变频器的 PID 功能如何实现？应注意哪些问题？

7-12　如图 7-50 所示为三菱 F700 变频器运行 U/f 曲线，请根据图中的数字标注进行参数设定。

7-13　如图 7-51 所示为三菱 F700 变频器控制接线及输出频率-时间的坐标轴，要求变频器实现正转和反转的端子控制，需要设定哪些参数？并根据启动时序图画出相对应的输出频率和时间的关系曲线。

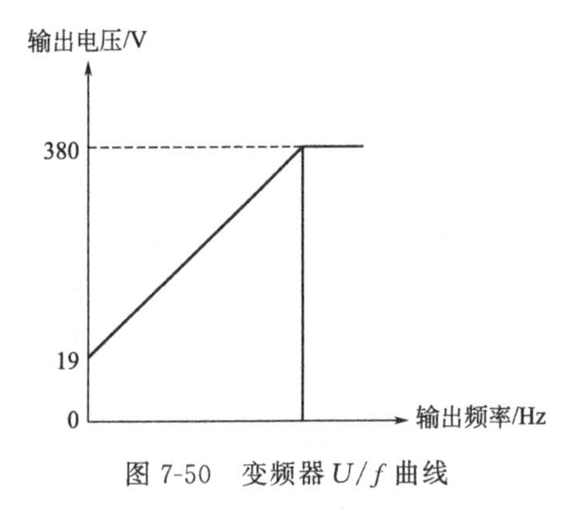

图 7-50　变频器 U/f 曲线

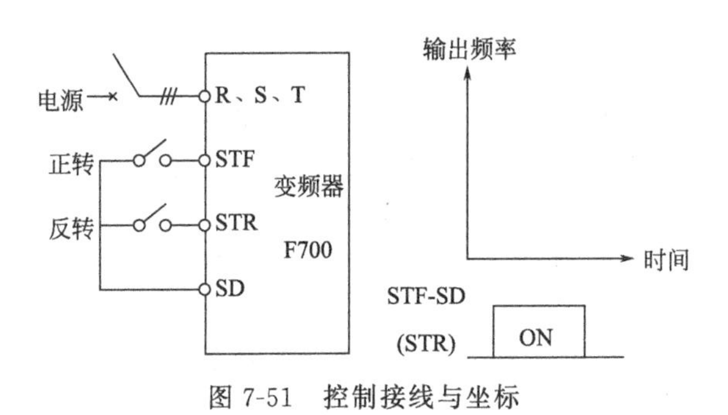

图 7-51　控制接线与坐标

参 考 文 献

[1] 刘巨良主编．过程控制仪表．北京：化学工业出版社，1998.

[2] 刘巨良主编．过程控制仪表．第二版．北京：化学工业出版社，2008.

[3] 尹廷金主编．电动调节仪表．北京：化学工业出版社，1988.

[4] 吴勤勤主编．控制仪表及装置．第3版．北京：化学工业出版社，2006.

[5] 曹润生等编．过程控制仪表．杭州：浙江大学出版社，1987.

[6] 夏焕彬等编．单回路数字调节器．北京：化学工业出版社，1990.

[7] 陈荣主编．模拟调节仪表．北京：化学工业出版社，1992.

[8] 夏焕彬主编．气动调节仪表．北京：化学工业出版社，1989.

[9] 李克勤主编．气动调节仪表．北京：化学工业出版社，1993.

[10] 化学工业部化工进口项目建设指挥部编．DDZ—Ⅲ型电动单元组合仪表．北京：化学工业出版社，1981.

[11] 杜建生等编．1151系列电容式变送器培训教材．西安仪表厂．

[12] Kent电感式变送器使用说明书．天津自动化仪表厂．

[13] 周春晖主编．过程控制工程手册．北京：化学工业出版社，1993.

[14] 朱炳兴编著．变送器选用与维护．北京：化学工业出版社，2000.

[15] DPharp EJA智能变送器选型样本．横河川仪有限公司．

[16] DPharp EJA智能变送器用户手册．横河川仪有限公司．

[17] DPharp EJA智能变送器HART通讯用户手册．横河川仪有限公司．

[18] SIPART PS2智能电气阀门定位器选型样本．SIEMENS公司．

[19] SIPART PS2智能电气阀门定位器操作说明．SIEMENS公司．

[20] C3900系列控制器使用说明书．浙江中控自动化仪表有限公司．

[21] C3900系列控制器运算表达式参考手册．浙江中控自动化仪表有限公司．

[22] C3900系列控制器程序控制参考手册．浙江中控自动化仪表有限公司．

[23] AR3000系列记录仪温压补偿参考手册．浙江中控自动化仪表有限公司．

[24] EPP1000系列电/气阀门定位器使用说明书．乐清市自动化仪表九厂．

[25] EPC1000系列电/转换器使用说明书．乐清市自动化仪表九厂．

[26] 三菱FR-F740（应用篇）变频器使用手册．

[27] 李方园．变频器控制技术．北京：电子工业出版社，2013.